微机原理及接口技术

主　编　张　明

副主编　武　刚　吴　琼

东北大学出版社

·沈　阳·

图书在版编目（CIP）数据

微机原理及接口技术 / 张明主编 . — 沈阳 ：东北大学出版社，2014. 7（2025. 7 重印）
ISBN 978-7-5517-0713-8

Ⅰ. ①微… Ⅱ. ①张… Ⅲ. ①微型计算机—理论—高等学校—教材 ②微型计算机—接口技术—高等学校—教材 Ⅳ. ①TP36

中国版本图书馆 CIP 数据核字（2014）第 160486 号

出 版 者：东北大学出版社
地址：沈阳市和平区文化路 3 号巷 11 号
邮编：110004
电话：024—83687331（市场部） 83680267（社务室）
传真：024—83680180（市场部） 83680265（社务室）
E-mail：neuph @ neupress. com
http：//www. neupress. com
印 刷 者：廊坊市文峰档案印务有限公司
发 行 者：东北大学出版社
幅面尺寸：185mm × 260mm
印　　张：24. 5
字　　数：627 千字
出版时间：2014 年 9 月第 1 版
印刷时间：2025 年 7 月第 3 次印刷
责任编辑：王兆元
责任校对：刘　璇
封面设计：唯　美
责任出版：唐敏智

ISBN 978-7-5517-0713-8　　　　定　价：68. 00 元

前　　言

“微机原理及接口技术”课程是高等院校计算机及电类专业的一门专业基础主干课程，学习和掌握与之相关内容是高等院校学生的需求和迫切愿望。为了使学生更好地掌握本门课程的核心内容，满足培养高素质人才和教学改革的需要，作者根据多年从事高校本门课程的教学实践和体会编写了本书。

本书以 Intel 80x86 和 IBM 系列机为对象，详细、系统地介绍了微型计算机的基本原理和接口技术。其主要内容有：信息在计算机中的存储形式，数制及相互转换、二进制数的算术和逻辑运算等基础知识；8086/8088 微型计算机的系统及 80x86 的逻辑结构及寻址方式；半导体存储器及其与微处理器的连接；微机系统中数据传送方式和微机总线，以及微机系统中各种控制和接口电路，包括中断控制器、DMA 控制器、定时/计数控制器、并行接口、串行接口、网络接口和模拟接口。本书在内容编排上考虑了学生的认知规律，注重各知识环节的内在联系，循序渐进，重点突出。力求反映微机的最新发展技术，面向系统、面向应用，由浅入深，通俗易懂。本书旨在帮助学生掌握微型计算机技术中的基本概念、关键内容，了解微机发展的先进技术，为后续专业知识学习打下坚实的基础。

本书可作为应用型本科院校计算机科学与技术专业、高职高专计算机应用及相关电子类专业的专业课教材，同时也可作为相关工程技术人员的学习参考书。

本书第 1 ~ 4 章由张明编写，第 7 ~ 9 章由吴琼编写，第 5，6，10 章由武刚编写。张明负责全书内容的统稿和定稿。

编　者

2014 年 4 月

目　录

第 1 章　微型计算机基础知识

计算机是 20 世纪发展最为迅速、普及程度最高、应用最为广泛的科学技术之一。自 1946 年世界上第一台计算机在美国诞生至今，经过半个多世纪的发展，计算机已经渗透到国民经济和社会生活的各个领域，极大地改变着人们的工作方式和生活方式，转化为推动社会前进的巨大生产力。

计算机按其性能、体积和价格等的不同，可分为巨型机、大型机、中型机、小型机、微型机和单片机六大类。

微型计算机诞生于 20 世纪 70 年代。由于它体积小、价格低，尤其是日益提高的性能价格比，使其迅速在各行各业以及家庭中得到广泛的应用。微机原理与接口技术是学习和使用微型计算机的基础。

本章介绍微型计算机的发展概况、微型计算机的基本结构、微型计算机系统的组成和主要性能指标、典型微型计算机的组成结构以及微型计算机的应用。

1.1　微型计算机的发展概况

1.1.1　微型计算机的发展历史

在 60 多年的发展历史中，计算机经历了采用电子管、晶体管、集成电路、大规模集成电路以及超大规模集成电路的发展历程。但是计算机真正的辉煌时期是从 1971 年第一片微处理器(Micro-Processor)诞生之日起，在此后的 30 多年时间里，计算机以惊人的速度发展。美国 Intel 公司的微处理器从 4004，8080，8085，8086，80286，80386，80486 发展到 Pentium，PentiumⅡ，PentiumⅢ，PentiumⅣ，就 80X86 系列微处理器而言已经经历了 8 代产品的更新。并行处理的数据位数从 4 位、8 位、16 位、32 位到 64 位，主频也从 1MHz 提高到 4GHz 以上。CPU 芯片中集成的晶体管数由几千个跃升到几千万个(增长了 1 万倍左右)。半导体制造技术的规模由 SSI(小规模 IC)、MSI(中规模 IC)、LSI(大规模 IC)发展到 VLSI(超大规模 IC)，采用的工艺由微米级向纳米级进军。

若以字长和典型的微处理器芯片作为微型计算机发展的标志，那么从 1971 年至今，微型计算机经历了以下几个发展时期。

(1) 4 位和低档 8 位微处理器时期(1971—1973 年)。

这一时期的典型产品有 Intel 4004 和 Intel 8008。其中，Intel 8008 是第一个 8 位通用微处理器。以 4004 和 8008 为 CPU 构成的微型计算机分别是 MCS-4 和 MCS-8。

这一代微处理器的特点是：芯片采用 PMOS 工艺，集成度为每片 2000 个晶体管，主时钟频率为 1MHz，平均指令执行时间为 15~20μs，指令系统简单，运算功能单一，仅能进行串行十进制运算。采用机器语言编程，其价格低廉、使用方便，主要应用于简单计算与控制。

(2) 中高档 8 位微处理器时期(1973—1978 年)。

1973 年，Intel 公司推出了性能更好的 8 位微处理器 8080。它的出现加速了微处理器和微型计算机的发展。很多公司对微处理器产生了极大兴趣，纷纷加入这一行业。从此，微处理器和微型计算机像雨后春笋般地蓬勃发展起来。先后推出了一批性能优良的 8 位微处理器产品，如 Motorola 公司的 MC 6800，Zilog 公司的 Z80，Intel 公司的 8085 等。这一时期，微处理器的设计和生产技术已经相当成熟，微处理器的生产普遍采用 NMOS 工艺，集成度高达每片上万个晶体管，性能有明显的改进，主时钟频率为 2～4MHz，平均指令执行时间为 1～2μs，指令系统较为完善。这一时期推出的微型计算机，在系统结构上已具有典型的计算机体系结构以及中断、DMA 等控制功能，在系统设计上考虑了机器间的兼容性、接口的标准化和通用性，外围配套电路种类齐全、功能完善。在系统软件方面，除可使用汇编语言外，还配有高级语言和操作系统。已经广泛用于数据处理、工业控制、汽车、电子、智能仪器仪表和家电等领域。

(3) 16 位微处理器时期(1978—1983 年)。

Intel 公司的 8086/8088、Motorola 公司的 MC 68000 和 Zilog 公司的 Z800，这些高性能的 16 位微处理器是当时国内外市场上最流行的典型产品，其集成度高达每片 29000 个晶体管。其中，MC 68000 集成了 68000 个元件，采用 HMOS 高密度制造工艺技术，时钟频率为 5～40MHz，平均指令执行时间为 0.5μs，数据总线宽度为 16 位，地址线为 20 位，最大可寻址空间为 1MB，具有丰富的指令系统，且 CPU 的内部结构有很大的改进。例如，Intel 8086/8088 内部采用流水线结构，设置了指令预取队列，使处理速度大大提高。在软件方面可以使用多种高级语言，有完善的操作系统，支持构成多处理系统。总之，其性能指标已达到或超过当时的中档小型机的水平，传统的小型机也从此受到严峻的挑战，而激烈的竞争又促使微型计算机技术以更快的速度发展。特别是在 1982 年，Intel 公司推出了 16 位微处理器中的高档芯片 80286，它具有多任务系统所必需的任务切换功能、存储器管理功能和多种保护功能，支持虚拟存储体系结构，地址总线从 20 位增加到 24 位，其存储器可直接寻址空间为 16MB，时钟频率提高到 5～25MHz。从 20 世纪 80 年代中后期到 90 年代初期，80286 一直是个人计算机 IBM PC/AT 机的主流型 CPU。同期的产品还有 Motorola 的 MC 68010。

(4) 32 位微处理器时期(1983—1993 年)。

1983 年 Zilog 公司推出 Z8000 微处理器，1984 年 Motorola 公司推出 MC 68020 微处理器，1985 年后 Intel 公司相继推出 Intel 80386 和 Intel 80486，1989 年 Motorola 公司又推出 MC 68040 等 32 位微处理器。1985 年 Intel 公司首次推出的 32 位微处理器芯片 80386，拥有 32 位数据线和 32 位地址线，集成度达到每片 27.5 万个晶体管，每秒钟可完成 60 万条指令。同期，其他一些微处理器生产厂商(如 AMD、TEXAS 等)也推出了 80386 系列的芯片，使 80386 芯片品种较多，如按工作时钟频率的不同可分成 16MHz、20MHz、33MHz、40MHz 等，按内部结构的差异可分成 80386SX、80386DX 等。80386 采用总线速度不同的分级总线结构，使微机整体性能得到进一步提高。

1989 年 Intel 发布了 80486 芯片，其集成度达到每片 120 万个晶体管，时钟频率为 33～120MHz 不等。80486CPU 内部还集成了浮点运算协处理器 FPU(相当于 80387)。为了进一步提高微机的运行速度，解决大容量存储器速度较慢的问题，80486 增加了一个大容量(8KB)的高速缓冲存储器(Cache)，并在 CPU 内的指令译码和高速缓存之间采用 128 位总线，把译码及执行部件扩展成五级流水线，提高了指令和浮点数据的传送速度，进一步增强了并行处理能力。同期，AMD、TEXAS、IBM、CYRIX 等厂商也推出了相应的 80486 芯片。

(5) Pentium 微处理器时期(1993—1996 年)。

1993 年 Intel 公司发布奔腾芯片，集成度达到每片 310 万个晶体管，每秒钟可完成 100 万条指令。它拥有 32 位寄存器、64 位数据总线、内置 16KB 超高速缓存(Cache)和高性能浮点处理单元，浮点处理的能力较 80486 提高了 5～10 倍。Pentium 采用了超标量结构和动态执行(非顺序执行)的新体系结构，具有两条相对独立的指令并行流水线——U 线和 V 线，缩短了指令的执行时间。

1995 年 Intel 公司推出了高能奔腾(Pentium Pro)芯片，集成度达到每片 550 万个晶体管，内部还装有 256KB 高速缓存，每秒钟可完成 400 万条指令。1996 年 Intel 将 MMX (Multi Media eXtension)多媒体扩展技术用于 Pentium，推出了多能奔腾芯片(MMX Pentium)。

(6) 加强型 Pentium 时期(1997 年至今)。

1997 年 Intel 公司将 MMX 多媒体技术用于 Pentium Pro，推出了 Pentium Ⅱ芯片。从 1997 年 4 月起，AMD 公司陆续推出性能更完善的微处理器 AMD-K6，AMD-K6-2 和 AMD-K6-3，Intel 公司也推出了 Pentium Ⅲ。IBM 公司在 1997 年底也推出了同级的 6X86MX 微处理器。这一时期，微处理器的市场竞争愈演愈烈，出现了由 Intel 公司首次提出的 Slot1 微处理器接口与其他厂商继续沿用的 Socket7 接口之间的竞争。同时，不同厂商生产的微处理器的内部结构开始出现较大的差异，AMD 公司的 K6 主要采用了增强的 RISC 技术，使指令的执行速度进一步加快，增加多媒体指令，而 Intel 公司的 Pentium Ⅱ/Ⅲ采用双独立总线架构。Pentium Ⅲ采用 SSE 指令集(即 MMX2 指令集)，32KB 一级缓存和 256KB 全速二级缓存，100～133MHz 系统总线。1999 年 9 月，AMD 公司推出功能更加强大的 X86 新型微处理器 Athlon，采用先进的 EV6 总线接口，使安装 Athlon 的微型计算机系统总线可以工作在 200～400MHz 的频率，数据传输速率达 3.2Gb/s。同时，全新设计的浮点处理部件 FPU 具有 3 条超标量流水线，提高了浮点指令处理能力和整体传输量。2000 年 3 月，AMD 与 Intel 分别推出了时钟频率达 1GHz 的 Athlon 和 Pentium 4 高性能微处理器。

1.1.2　微型计算机的发展现状

目前已上市的 1.30，1.40，1.50，1.60，1.70，1.80，2.40 和 3.06GHz 的 Pentium4 (P4)处理器采用了 Intel 的 NetBurst 微处理器体系结构，有以下处理能力。

(1) 超级流水线技术将流水线深度增加了 1 倍，达到 20 级，显著提高了处理器的时钟频率及其他性能。快速执行引擎使处理器的算术逻辑单元达到了双倍内核频率，从而实现了更高的执行吞吐量，并缩短了等待时间。400MHz 系统总线，更强的高级动态执行，增强的浮点使数据能够有效地穿过流水线，实现了逼真的视频和三维图形。

(2) 数据流单指令多数据扩展 2(SSE2)指令集扩展了 MMX 和 SSE 技术，而且，利用新增加的 144 条指令，Pentium 4 处理器为用户提供了更加先进的技术，使之能够获得丰富的互联网体验。

(3) 采用了全新的一级(L1)指令高速缓存技术，其执行跟踪高速缓存可更有效地利用高速缓存并提供更高性能指令。此外，Pentium 4 处理器还具有先进的 256KB 二级传输高速缓存和内建内存，提高了总体性能。

(4) 采用先进的 400MHz 系统总线，可提供 3 倍于 Pentium Ⅲ处理器系统总线的带宽。此总线在 Pentium 4 处理器和内存控制器之间提供了 3.2GB/s 的传输速度，是现有的最高带宽台式机系统总线，提供了响应更迅捷的系统性能。

(5) 具有双通道 RDRAM，可实现更高性能。双通道 RDRAM 的数据传输速率高达 3.2GB/s，从而可以充分享受处理器主频提高带来的优势，实现了性能的全面优化。

近年来，Intel 公司又推出 64 位外部数据总线 Pentium 微处理器 PS，集成度约为每片数百万个晶体管电路，在这些微处理器的基础上相继产生了各种各样的个人微型计算机和专用微型计算机。

目前，微型计算机仍继续向着微型化的方向发展，同时也在向网络化和智能化方向发展。随着微电子技术的发展，微处理器的集成度越来越高，芯片功能越来越强，从而使微型计算机的体积进一步减小，重量进一步减轻，而功能则在不断地增强。

1.2　微型计算机的基本结构

1.2.1　微型计算机的结构特点

目前的各种微型计算机，无论是简单的单片机、单板机，还是较复杂的个人计算机(PC 机)，以至超级微机，从硬件体系结构来看，采用的基本上是计算机的经典结构——冯·诺依曼结构。这种结构的特点如下。

(1) 由运算器、控制器、存储器、输入设备和输出设备 5 大部分组成。

(2) 数据和程序以二进制代码形式不加区别地存放在存储器中，存放位置由地址指定，地址码也为二进制。

(3) 控制器是根据存放在存储器中的指令序列即程序来工作的，并由一个程序计数器(即指令地址计数器)控制指令的执行。控制器具有判断能力，能以计算结果为基础，选择不同的动作流程。

由此可见，任何一个微型机系统都是由硬件和软件两大部分组成的。而其中硬件又由运算器、控制器、存储器、输入设备和输出设备 5 部分组成。图 1-1 给出了具有这种结构特点的微型计算机典型硬件组成框图。

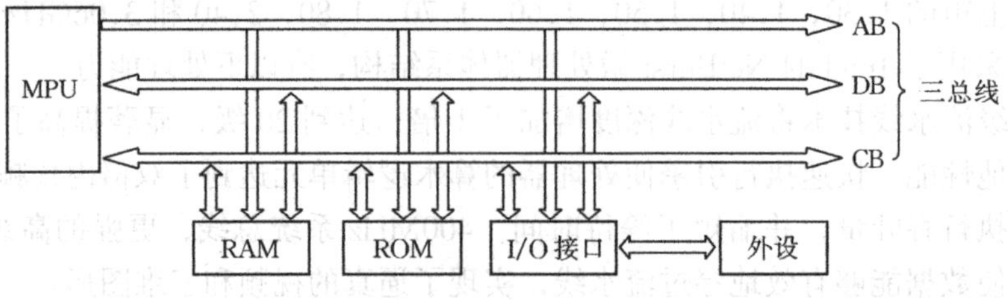

图 1-1　微型计算机结构框图

图中微处理器 MPU 包含了上述的运算器和控制器；RAM 和 ROM 为存储器；I/O 接口及外设是输入、输出设备的总称。各组成部分之间通过地址总线 AB、数据总线 DB、控制总线 CB 联系在一起。

有时也将微型计算机的这种系统结构称为三总线结构，简称总线结构。采用总线结构，可使微型计算机的系统构造比较方便，并且具有更大的灵活性和更好的可扩展性和可维修性。

1.2.2 微处理器

微处理器也称做中央处理单元，简称 CPU(Central Processing Unit)。它本身具有运算和控制功能。多数 CPU 是单片的，有时也会见到多片型的，即几个片合起来完成一个 CPU 的功能。

微处理器是微型计算机的核心。尽管各种 CPU 的性能指标不相同，但是有共同的特点。

首先，CPU 一般都具备下列功能：可以进行算术和逻辑运算；能对指令进行译码并执行规定的动作；可暂存少量数据；提供整个系统所需要的定时和控制；能和存储器、外设交换数据；可以响应其他部件发来的中断请求。

另外，CPU 在内部结构上都包含下面这些部分：算术逻辑部件(ALU)；累加器和通用寄存器组；程序计数器(指令指针)、指令寄存器和译码器；时序和控制部件。

算术逻辑部件是专门用来处理各种数据信息的，它可以进行加、减、乘、除算术运算和与、或、非、异或等逻辑运算。比较低档的 CPU 不能进行乘、除运算，在这种情况下，可以用程序来实现。

累加器和通用寄存器组用来保存参加运算的数据以及运算的中间结果，也用来存放地址。累加器也是寄存器，不过，它有特殊性，即许多指令的执行过程以累加器为中心。往往在运算指令执行前，累加器中存放一个操作数，指令执行后，由累加器保存运算结果。此外，输入/输出指令一般也通用累加器来完成。

程序计数器指向下一条要取出的指令。由于程序一般存放在内存的一个连续区域，所以，顺序执行程序时，每取一个指令字节，程序计数器便自动加 1。指令寄存器存放从存储器中取出的指令码。指令译码器则对指令码进行译码和分析，从而确定指令的操作，并确定操作数的地址，再得到操作数，以完成指定的操作。

指令译码器对指令进行译码时，产生相应的控制信号送到时序和控制逻辑电路，组合成外部电路所需要的时序和控制信号。这些信号送到微型计算机的相应部件，以控制这些部件协调工作。

实际上，微处理器一方面通过对指令的译码，由 CPU 内部产生相应的控制信号，送到存储器、输入/输出接口电路和其他部件；另一方面微型计算机系统的其他部件也会在它们需要的时候向 CPU 发出各种请求信号，如中断请求、总线请求等。如此，协调完成各项任务。

1.2.3 内存储器

内存储器又叫内存或主存，是微型计算机的存储和记忆部件，用以存放数据(包括原始数据、中间结果和最终结果)和程序。微机的内存采用半导体存储器。

(1) 内存单元的地址和内容。

内存中存放的数据和程序，从形式上看都是二进制数。内存是由一个个内存单元组成的，每一个内存单元中一般存放一个字节(8 位)的二进制信息。内存单元的总数目叫内存容量。

微机通过给各个内存单元规定不同地址来管理内存。这样，CPU 便能识别不同的内存单元，正确地对它们进行操作。注意，内存单元的地址和内存单元的内容是两个完全不同的概念，图1-2给出了这两个概念的示意图。

地址	内容
00000H	10110010
00001H	11000111
00002H	00001100
⋮	⋮
F0000H	00111110
⋮	⋮
FFFFFH	00000000

图 1-2　内存单元的地址和内容

(2) 内存操作。

CPU 对内存的操作有读、写两种。读操作是 CPU 将内存单元的内容取入 CPU 内部，而写操作是 CPU 将其内部信息传送到内存单元保存起来。显然，写操作的结果改变了被写单元的内容，而读操作则不改变被读单元中原有的内容。

(3) 内存分类。

按工作方式不同，内存可分为两大类：随机存取存储器 RAM(Random Access Memory)和只读存储器 ROM(Read Only Memory)。

RAM 可以被 CPU 随机地读和写，所以又称为读写存储器。这种存储器用于存放用户装入的程序、数据及部分系统信息。当机器断电后，所存信息消失。

ROM 中的信息只能被 CPU 随机读取，而不能由 CPU 任意写入。机器断电，信息并不丢失。所以，这种存储器主要用来存放各种程序，如汇编程序、各种高级语言解释或编译程序、监控程序、基本 I/O 程序等标准子程序以及存放各种常用数据和表格等。ROM 中的内容是由生产厂家或用户使用专用设备写入固化的。

1.2.4　输入输出设备和输入输出接口

输入输出设备是指微型计算机上配备的 I/O 设备，也称为外部设备或外围设备(简称外设)，其功能是为微型计算机提供具体的输入/输出手段。

微型计算机上配置的标准输入设备和标准输出设备一般是指键盘和显示器，二者又合称为控制台。此外，系统还可以选择鼠标、打印机、绘图仪、扫描仪等 I/O 设备。作为外部存储器驱动装置的磁盘驱动器，既可以看做是一个输出设备，又可以看做是一个输入设备。

由于各种外设的工作速度、驱动方法差别很大，无法与 CPU 直接匹配，所以不可能将它们简单地连接到系统总线，需要通过 I/O 接口电路来充当它们与 CPU 之间的桥梁，通过该电路完成信号变换、数据缓冲、与 CPU 联络等工作。在微机系统中，较复杂的 I/O接口电路一般都被做在电路插板上，这种电路插板又被称为“卡”(Card)。由卡的一侧引出连接外设的插座，另一侧则做成插入端，只要将它们插入总线插槽(I/O 通道)就等于将它们连接到了系统总线。

1.2.5　总　线

总线实际上是由一组导线和相关电路组成的，是各种公共信号线的集合，用做微机各部分之间传递信息所共同使用的“高速信息公路”。在 CPU、存储器、I/O 接口之间传输信息的总线称为“系统总线”。系统总线包括数据总线、地址总线和控制总线。

(1) 数据总线(Data Bus，DB)。

数据总线用来传输数据信息，是双向总线，CPU 既可以通过 DB 从内存或输入设备输入数据，又可以通过 DB 将内部数据送至内存或输出设备。

(2) 地址总线(Address Bus，AB)。

地址总线用于传送 CPU 发出的地址信息，是单向总线。传送地址信息的目的是指明与 CPU 交换信息的内存单元或 I/O 设备。

(3) 控制总线(Control Bus，CB)。

控制总线用来传送控制信号、时序信号和状态信息等。其中有的是 CPU 向内存和外设发出的信息，有的则是内存或外设向 CPU 发出的信息。可见，CB 中每一根线的方向是一定的、单向的，但 CB 作为一个整体是双向的。所以在各种结构图中凡涉及控制总线 CB，均以双向线表示。

总线结构是微机系统的一大特色，正是由于采用了这一结构，才使得微机系统具备了组态灵活且扩展方便的特点。

1.3　微型计算机系统

1.3.1　微型计算机系统的组成

一台完整的计算机必须由硬件和软件这两大部分组成，其中硬件是基础，软件是灵魂，二者缺一不可。

通常，把这种包含硬件和软件的“完整计算机”称为计算机系统。为了比较清楚地描述计算机系统，图 1-3 以微型计算机为背景列出了它的基本组成情况。

- 微型计算机系统
  - 硬件
    - 主　机
      - 微处理器
      - 主存储器和高速缓存器
      - 输入输出接口
      - 系统总线和局部总线
    - 外部设备
      - 外存储器
      - 输入设备
      - 输出设备
      - 其他设备
    - 电 源 等
  - 软件
    - 系统软件
      - 操作系统
      - 语言处理程序
        - 汇编程序
        - 解释程序
        - 编译程序
      - 支持软件
    - 应用软件
      - 工程计算软件
      - 数据处理软件
      - 过程控制软件
      - 辅助设计软件

图 1-3　微型计算机系统的基本组成

微型计算机硬件系统是机器的实体部分，主要包括主机和外围设备。主机由微处理器和内存储器组成，其芯片安装在一块印刷电路板上，称为主机板。主机板放置在机箱内，合称为主机箱。外围设备主要有显示器、键盘、外存储器。外存储器一般使用磁盘存储器(硬盘和软盘)、光盘存储器。硬盘、软盘及光盘驱动器也放置在主机箱内，构成多板结构。输入设备有键盘、鼠标等，输出设备有显示器、打印机和绘图仪等。在计算机进行联网时，还应配置网卡、调制解调器等通信设备。

微型计算机软件系统主要包括系统软件、各种程序设计语言、应用程序和数据库等。系统软件是由设计者提供给用户的、充分发挥计算机效能的一系列程序。人们通过这些程序使用和管理微机。系统软件包括操作系统、语言处理程序和各种服务程序。程序设计语言是用来编写程序的语言，是人和计算机交换信息所用的工具，通常分机器语言、汇编语言和高级语言三类。应用程序是用户利用计算机提供的系统软件，为解决实际问题而研制的程序。应用程序可按功能组成不同的程序包或称为工具包，用来减少重复编程工作。应用程序包括各种应用软件包、数据库管理系统以及用户根据需要而设计的各种程序。

在大规模集成电路技术支持下，出现了各种半导体只读存储器 ROM，可以将软件固化于这样的硬件中，发展带有软件固化的微机系统已成为一个重要方向。现在微机都具有固化的监控程序、BASIC 解释程序以及操作系统的引导程序和 I/O 驱动程序等。除此之外，微机系统的各种软件还可存储在各种存储介质中，例如磁带、磁盘、光盘，构成商品化的软件产业。微型计算机根据使用场合的不同和利用形态的不同，可以配置不同的软件规模。

程序设计语言中的机器语言和汇编语言都是直接对应于微处理器的指令系统，是面向机器的程序设计语言。使用它们能利用计算机的所有硬件特性，直接控制硬件。机器语言直观性差，烦琐、易错，在实际应用中很少被直接采用。汇编语言的符号指令与机器代码一一对应，从执行时间和占用存储空间来看，它和机器语言同样是高效率的。所以汇编语言在要求高效率的应用中是最常用的一种语言。掌握汇编语言有助于了解微型计算机的工作原理，本书讲述微机原理和接口应用的软件是以汇编语言为主，这样能直接阐明其编程原理和方法。

1.3.2 微型计算机的主要性能指标

评价一台计算机，涉及许多因素，诸如性能指标、指令系统、系统结构、硬件组织、外设配置、软件配置，等等。但是对于计算机的使用者来说，至少要了解以下评估计算机性能的主要指标。

(1) 基本字长。

基本字长是指参与运算数的基本位数，它是由加法器、寄存器、数据总线的位数决定的。字长标志着计算精度，字长越长，计算的精度越高。为了调节精度和造价的关系，许多计算机允许变字长(如半字长、双字长等)计算。

目前微型计算机从 8 位、16 位、32 位到 64 位各档次都有，都在发挥各自不同的作用。在计算机中，常常用字节(byte)作为基本单位，一个字节等于 8 位。

(2) 主存容量。

一个主存储器所能存储的最大信息容量称为主存容量。主存容量一般以字节数来表示，每 1024 个字节称为 1K 字节($2^{10}=1K$)，每 1024K 字节称为 1M($2^{20}=1M$)。微机主存容量，一般在 64～512M 字节范围。在以字为单位的计算机中，常用字数乘以字长来表示存储器容量。如 4096×16 则表示有 4096 个单元，每个单元的字长为 16 位。计算机的存储器容量越大，存放的信息就越多，解决复杂问题的能力就越强。

(3) 运算速度。

由于计算机执行不同的操作所需的时间可能不同，因此对运算速度的计算有不同的方法。过去采用综合折算的方法，即规定加、减、乘、除各占多少比例，折算出一个运算速度指标。现在采用两种计算方法：一种是具体指明定点加、减、乘、除及浮点加、减、乘、除各需多少时间；另一种是给出每秒能执行的机器指令条数，一般是指加、减运算这类短指令。微型机和小型机每秒几百万次甚至更高，大型机可达上亿次。

现在，人们用计算机的主频——时钟频率——表示运算速度，以 MHz 或 GHz 为单位。主频越高，表明运算速度越快。目前微型机的主频已达到 4 GHz 以上。

(4) 系统配置。

一台计算机要能正常工作，必须提供必要的人机联系手段，这包括配置相应数量的外部设备(如键盘、显示器、磁盘驱动器、打印机、绘图仪等)和配置实现计算机操作的软件。当然，外设配置越高档，软件配置越丰富，计算机的使用越便利，工作效率也就越高。特别是软件配置，在很大程度上决定了计算机能力的发挥。

(5) 性能价格比。

计算机的性价比是人们选购计算机时考虑的重点。用户应该根据实际使用的需求，从性能和价格两个方面作综合考虑，仔细权衡与比较，选择性价比高的计算机。

1.3.3　典型微型计算机的组成结构

现代微型计算机与前期的微型计算机相比，不仅性能大幅提高，功能进一步扩充，而且，在结构与接口上实现了规范化。特别是将过去只在大型计算机中使用的技术引用到现

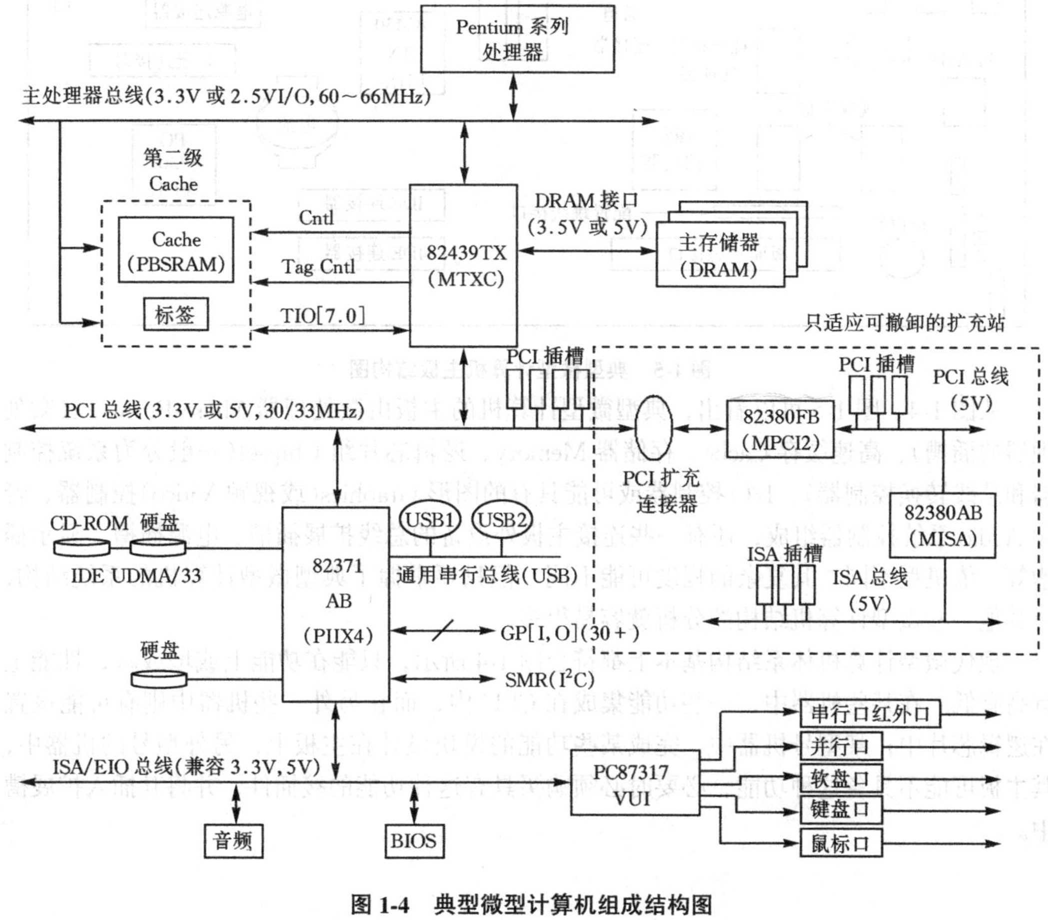

图 1-4　典型微型计算机组成结构图

代微型计算机领域之后，现代微型计算机在性能和功能上有了长足的发展。下面以Pentium系列微型计算机为例，简单说明现代微型计算机的组成结构。

图 1-4 给出了以 Pentium 为 CPU、符合 ATX 标准的典型微型计算机组成结构图，其主板结构如图 1-5 所示。

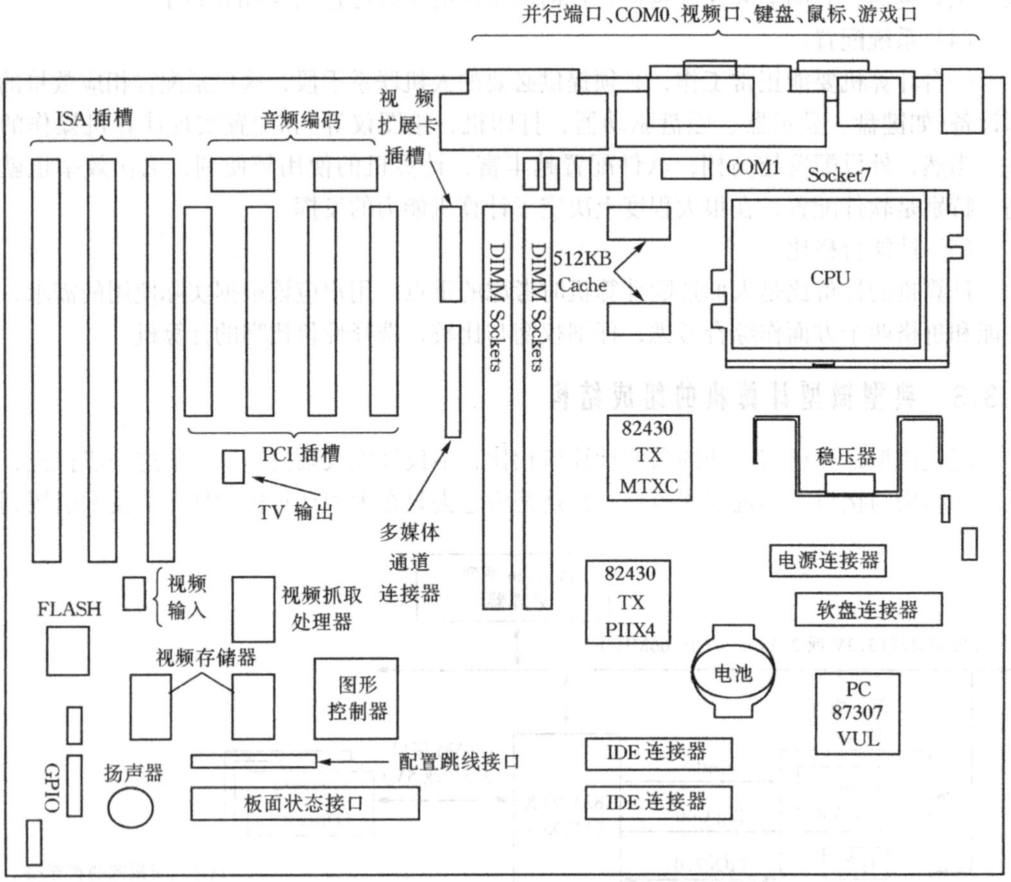

图 1-5　典型微型计算机主板结构图

从图 1-4、图 1-5 可以看出，典型微型计算机的主板由微处理器 Micro-Processor(微处理器的插槽)、高速缓存 Cache、存储器 Memory、逻辑芯片组 Chipset(一般分为系统控制器和总线转换控制器)、I/O 控制器或可能具有的图形 Graphics(或视频 Video)控制器、音频 Audio 系统控制器组成，还有一些连接主板外设备的总线扩展插槽、电源插槽、显示插槽等，依机型不同，其复杂的程度可能不同。但只要掌握了典型微型计算机的系统结构，对其他一些微型计算机结构的分析就容易得多。

现代微型计算机体系结构基本上都符合图 1-4 所示，只能在功能上或增或减，性能上有高有低。在某些机器中，一些功能集成在 CPU 内，而在另外一些机器中则有可能设置在逻辑芯片中；某型号机器中，完成某些功能的模块设计在主板上，另外型号的机器中，其主板可能不具备这种功能，必要时必须购买具有这种功能的接插件，并将其插入扩展槽中。

1.4 微型计算机的应用

微型计算机的发展历史尽管才 40 多年，但它已成为计算机应用的主流。这是因为微型计算机具有体积小、价格低、性能可靠、结构灵活、使用方便等其他计算机所不可比拟的特点。现在，微型计算机广泛应用于科学计算、信息处理、工业过程控制、人工智能、计算机辅助设计/制造、商业流通、财政金融、办公自动化、网络通信、家用电器等社会、经济、军事各个领域，形成了无处不用的宏伟气势。微型计算机的应用领域可大致归纳为以下几个方面。

1.4.1 科学计算和信息处理

科学计算一直是计算机的重要应用领域。发明计算机的原始目的就是为了科学计算。第一台电子计算机 ENIAC 就是为了计算高炮弹道而研制的。实际中的许多应用领域，如卫星轨道计算、导弹、航天飞机、地震预测、天气预报、飞机和舰船的外形设计，生物学中的人工胰岛素合成、物质分子结构等都需要进行大量复杂的计算分析，这些都离不开大型高速计算机。高档微型计算机，特别是 Pentium 系列的微型机已经具有较强的运算能力。它的速度虽然比不上某些巨型机，但已能满足相当范围的科学计算的需要。特别是微巨型机，由高性能微处理器组成的多处理器系统和并行处理机，其计算速度已可与大型机媲美，使微型机应用于大型科学计算的前景更加广阔。

信息处理是微型计算机应用得最广泛的领域。信息处理就是用微型计算机对生产、经济活动、社会和科学研究中获得的大量信息进行存储、分类、变换、计算和传输，以符合人们要求和习惯的形式输出、显示或再控制。在信息社会中，用微型机进行信息处理已成为人们工作、学习和生活中必不可少的手段。微型计算机配置上适当的应用软件，可以实现办公自动化、航空订票、银行电子化、情报检索和人事档案管理。企业管理中的 MIS 系统等也都需要用微型机来完成。微型计算机配置上相应的专用硬件，还能处理各种不同内容、不同形式的信息，如图形、图像、文字、语言等多媒体信息。微型计算机除能完成一般的信息处理外，还可以进行决策和判断，进行必要的方案论证和规划，实现现代化的科学管理。

用于科学计算和信息处理的微型计算机，硬件方面要求有较快的工作速度、较高的运算精度、较大的内存容量和较完备的输入输出设备。从事这类工作的计算机大多为通用计算机，有柜式、台式、便携式、笔记本式等多种形式，它们覆盖了家用电脑、办公用机、商业用机以及图形工作站和局域网服务器等广阔的范围，其典型代表是 PC 机，它已成为普及程度最高、社会拥有量最大的一类微机。

1.4.2 辅助设计和辅助制造

计算机辅助设计和辅助制造(CAD/CAM)是微型计算机应用中的另一个重要领域。CAD 是指人们利用计算机帮助设计者进行各种工程设计、模拟和测试。在 CAD 过程中，设计者可以借助于 CAD 软件在图形终端上从不同侧面或空间观察自己的设计；通过鼠标或光笔方便地修改自己的设计，直到满意为止。通过模拟来验证设计是否合理，是否达到预期要求。CAD 技术可使工程设计走向自动化，提高设计效率，缩短开发周期，降低制造成本。CAD 技术已在机械制造、汽车、电子产品、服装设计等领域广泛应用并已取得显著成效。CAM 是指利用计算机控制机械加工和制造。用计算机控制以数控机床为中心的机械加工系统，可以实现加工件的自动运输、组装、加工、测量和检查等功能。目前，微型机可以完成中、小型的 CAD/CAM 任务，较大的 CAD/CAM 任务一般需由工作站(Work Station)来完成，CAD/CAM 的最高形式是目前的 CIMS 系统。

1.4.3 测控领域

微型计算机在测控领域中的应用是最广泛、最普遍、最有效的应用。微机测控的典型应用如下。

军事方面：用于导弹、核武器、宇宙飞船、潜水艇、雷达、电子对抗等。

工业方面：用于化工过程控制、机床自动控制、冶炼过程控制、发电厂控制、装配机械控制、生产自动化控制、机器人等。

测试与仪器方面：智能仪器、自动测试系统、数据采集系统、虚拟仪器、遥控遥测等。

通信及交通方面：程控交换机、传真电报、移动通信电台及手记、汽车电子设备、自动点火系统、交通信号控制、自动售票、车辆调度、导航及空中管制、航空自动驾驶。

文体卫生方面：计算机、CT 扫描仪、超声诊断仪、脑电图仪、X 射线机。

家电产品：以嵌入式微处理器为主，如电视机、空调器、电冰箱、洗衣机、电饭锅、智能玩具等。

应用于测控领域的微机主要是一些专用微机和嵌入式系统，如工业控制计算机(基于 ISA、PCI、STD、PC104 总线的各种工控机)，嵌入宿主设备的单片微型计算机、数字信号处理 DSP 芯片等。

测控类的微机主要要求抗干扰能力强，能够适应现场的恶劣环境，确保长时间稳定地工作，同时也要求实时性好，对各种随机事件的处理速度快。此外，对嵌入式应用则要求体积小，对便携式应用的要求是省电。

一般的测控场合对运算精度的要求不太高，直接担任前端测控任务的多是一些 4 位机、8 位机或者 16 位机，并且大多是针对某一特定的用途，故为一个专用的微机应用系统。程序相对简单，要处理的数据量一般也不大，所以内存的总需求量不大。此外，为了可靠工作，程序是固化在 ROM 中直接运行的。在系统结构上，为了满足各类应用和灵活组态的需要，一般采用标准总线和总线插板的开放式系统的组成方式，由厂商提供大量系列化的总线功能模块，供用户在构造应用系统时自由选择。其中有插接板、CPU 板、系统支持板、人机接口板以及大量的模拟输入/模拟输出、数字输入/数字输出的 I/O 功能板，用来连接各种传感设备和执行机构，进行信号调理。

1.4.4 网络通信

网络通信是计算机技术和通信技术密切结合的产物。就通信技术演变而言，计算机技术的应用是通信技术现代化的基础。计算机在通信中的应用迅速发展，使数据通信和数字通信等新的通信技术领域相继出现，并随计算机技术的发展而迅速发展。数据通信是继电报、电话之后的更新的通信技术。初期的数据通信网经过进一步的完善，实现了全网的资源共享和广大地域范围内的数据处理，进而发展为全球性的计算机网络。因此，计算机网络是涉及计算机硬件、软件、通信、信息处理和信息工程学科的综合性学科。

微型计算机在网络通信领域中的典型应用有以下几个方面。

金融服务：今天整个的金融服务都依赖于计算机网络，如信用历史搜寻、外汇汇兑和投资服务、信用卡业务以及允许用户不去银行就能进行转账的电子资金转账业务(如自动柜员机和自动工资储蓄等)。

电子商务：计算机网络在电子商务中的应用，主要由市场策划专家利用网络来收集、交换和分析与顾客要求和产品开发有关的数据，从而调整营销策略。销售方面的应用主要包括远程购物、订购机票和客户服务等。

电子消息传递：最广泛的网络应用之一是电子邮件的传递，这种传递方法既快又安全，已经成为人们日常交流不可或缺的一种通信方式。

电子数据交换：电子数据使得包括购货订单、发票等在内的商务信息传递不再需要纸张。

电视会议：电视会议使不在同一地点的人可以一起召开会议。利用多媒体技术，会上不但可以看到文件、听到声音，而且还可以看到图像，这样可以节省大量时间，也避免途中奔波之苦。

移动通信：人们的生活节奏越来越快，对通信的要求也越来越快，人们希望随时随地都能接到电话。蜂窝式移动通信正是为了满足这一要求而诞生的，且发展极为迅速。现在，能够传送网络信息的手机已经处处可见。

1.5　微型计算机的基本数据类型

为了方便介绍微型计算机的基本数据类型及其在存储器中的存放，我们先简单介绍一下内存单元的地址和内容。

内存由许多存储单元组成。每个内存单元可存放一组二进制数。在微机中规定每个内存单元可存放 8 位二进制数，即 1 个内存单元存放 1 个字节的内容。为了区分各个不同的内存单元，就给每个存储单元编上不同的号码，即内存地址。CPU 要访问某个单元时，先要通过地址总线送出该单元的地址号。

例如 8086CPU 的寻址空间为 1MB，内存地址编排为 00000H，00001H……一直到 FFFFFH，共 1 M 个内存单元，每个存储单元有一个唯一的地址，其内存单元的地址和内容的存放如图 1-6 所示，例如 00008H 单元存放的数为 00010010B，用 16 进制表示为 12H。

地址	存放内容 二进制表示	存放内容 十六进制表示
00000H	11000010	C2H
00001H	00011000	18H
……	……	……
00008H	00010010	12H
00009H	00110100	34H
……	……	……
FFFFFH	01110000	70H

图 1-6　内存单元的地址和内容示意图

尽管存储器是按字节编址的，但实际操作中，一个操作数可以是字节、字、双字、四字等各种形式。

字节：计算机的基本处理单位。一个字节由 8 位二进制位组成，1 个字节在内存中存放占 1 个内存单元。CPU 存取字节数据时，只需给出对应的实际地址即可。

字：通常微机的字长有 8 位、16 位、32 位、64 位，所以其字数据的存放所占内存单元的个数也不一样。例如 8086 中，一个字数据(16 位)占 2 个单元。

双字：即 2 个字(Double Word)，如 8086 的字长为 16 位，则双字数据的大小为 32 位(4 个字节)，在内存中存放需 4 个单元。

四字：即 4 个字的长度，以 8086 为例，4 字的大小为 16×4=64 位，即 8 个字节，在内存中存放占 8 个单元。

1.5.1 数制及其转换

1.5.1.1 进位计数制(二、八、十、十六进制数)

凡是需要计算机处理的信息，无论其表现形式是文本、字符、图形，还是声音、图像，都必须以二进制数的形式来表示。因此必须首先掌握计算机中数的表示和编码。人们最常用的数是十进制数。为了总结各种进制数的共同特点，这里首先归纳十进制数的主要特点。

十进制数有两个主要特点：

① 有 10 个不同的数字符号：0，1，2，…，9；

② 遵循“逢十进一”原则。

一般地，任意一个十进制数 N 都可以表示为：

$$N = \overbrace{K_{n-1}\times 10^{n-1} + K_{n-2}\times 10^{n-2} + \cdots + K_1\times 10^1 + K_0\times 10^0}^{\text{整数部分}} + \underbrace{K_{-1}\times 10^{-1} + K_{-2}\times 10^{-2} + \cdots + K_{-m}\times 10^{-m}}_{\text{小数部分}} = \sum_{i=n-1}^{-m} K_i\times 10^i \tag{1-1}$$

式(1-1)是十进制按权的展开式。

式中，10 称为十进制数的基数，i 表示数的某一位，10^i 称该位的权，K_i 表示第 i 位的数码，它可以是 0～9 中的任意一个数，由具体的数 N 确定。m 和 n 为正整数，n 为小数点左边的位数，m 为小数点右边的位数。式(1-1)可以推广到任意进位计数制。

设基数用 R 表示，则对于二进制，$R=2$，K 为 0 或 1，逢二进一。

$$N = \sum_{i=n-1}^{-m} K_i\times 2^i \tag{1-2}$$

对于八进制，$R = 8$，K 为 0 ～ 7 中的任意一个，逢八进一。

$$N = \sum_{i=n-1}^{-m} K_i\times 8^i \tag{1-3}$$

对于十六进制，$R = 16$，K 为 0～9，A，B，C，D，E，F 共 16 个数码中的任意一个，逢十六进一。

$$N = \sum_{i=n-1}^{-m} K_i\times 16^i \tag{1-4}$$

综上可见，上述几种进位制有以下共同点：

① 每种进位制都有一个确定的基数 R，每一位的系数 K 有 R 种可能的取值；

② 按“逢 R 进一”方式计数，在混合小数中，小数点左移一位相当于乘以 R，右移一位相当于除以 R。

1.5.1.2 数制间的转换

(1) 二、八、十六进制数转换为十进制数。

这种转换只需将二、八、十六进制数按权展开。

例如：

$$(110.01)_2 = 1\times2^2 + 1\times2^1 + 0\times2^0 + 0\times2^{-1} + 1\times2^{-2} = (6.25)_{10}$$

$$(175)_8 = 1\times8^2 + 7\times8^1 + 5\times8^0 = (125)_{10}$$

$$(B2C)_{16} = 11\times16^2 + 2\times16^1 + 12\times16^0 = (2860)_{10}$$

(2) 十进制转换成二、八、十六进制数。

十进制数转换成二、八、十六进制数时，需要把整数部分与小数部分分别转换，然后拼接起来。

① 整数部分的转换。

$$(125)_{10} = (K_{n-1}\cdots K_1K_0)_2$$

按权展开为：

$$(125)_{10} = K_{n-1}\times2^{n-1}\cdots K_1\times2^1 + K_0\times2^0$$

将上式两边同时除以 2，得到：

$$(124+1)/2 = K_{n-1}\times2_{n-2} + \cdots + K_1\times2^0 + K_0/2$$

由于等式两边整数与小数必须对应相等，所以：

		余数	
2	125	$1 = K_0$	低位
2	62	$0 = K_1$	↑
2	31	$1 = K_2$	
2	15	$1 = K_3$	
2	7	$1 = K_4$	
2	3	$1 = K_5$	
2	1	$1 = K_6$	
	0	$1 = K_7$	高位

整数部分：$62 = K_{n-1}\times2^{n-2} + \cdots + K_1\times2^0$

小数部分：$1/2 = K_0/2$

因此 $K_0 = 1$，而 1 正好是 125/2 的余数。

将 62 继续除以 2，可得：

$(62+0)/2 = K_{n-1}\times2^{n-3} + \cdots + K_2\times2^0 + K_1/2$

所以：$K_1 = 0$。

用类似的方法继续除以 2，可将 $K_{n-1}\cdots K_0$ 都确定下来。

因而转换结果为：$(125)_{10} = (11111101)_2$

② 小数的转换。

例如：将十进制数 0.8125 转换为二进制小数。

设 $(0.8125)_{10}=(0.K^{-1}K_{-2}\cdots K_{-m})_2$，

展开为：$(0.8125)_{10}=K_{-1}\times 2^{-1}+K_{-2}\times 2^{-2}+\cdots K_{-m}\times 2^{-m}$

将上式两边同乘以 2，得到：

$1.625=K_{-1}+K_{-2}\times 2-1\cdots K_{-m}\times 2^{-m+1}$

上式中，由于等式两边相等，因此其整数部分与小数部分对应相等。

所以：

整数：$1=K_{-1}$

小数：$0.625=K_{-2}\times 2^{-1}+K_{-3}\times 2^{-2}+\cdots K_{-m}\times 2^{-m+1}$

上式继续乘以 2，有：

$1.25=K_{-2}+K_{-3}\times 2^{-1}+\cdots+K_{-m}\times 2^{-m+2}$

整数：$1=K_{-2}$

小数：$0.25=K_{-3}\times 2^{-1}+\cdots+K_{-m}\times 2^{-m+2}$以此类推，可逐个求出 K_{-1}，K_{-2}，…，K_{-m}的值。

整个转换过程如下：

0.8125 × 2 = 1.625	整数部分为 1，$K_1=1$	高位
0.625 × 2 = 1.25	整数部分为 1，$K_2=1$	
0.25 × 2 = 0.50	整数部分为 0，$K_3=0$	
0.50 × 2 = 1.0	整数部分为 1，$K_4=1$	低位

所以转换结果为：$(0.8125)_{10}=(0.1101)_2$

从以上讨论可知，整数部分的转换采用辗转相除法，用基数不断去除要转换的十进制数，直到商为 0，将各次计算所得的余数，按最后的余数为最高位，第一位为最低位，依次排列，即得转换结果。与整数部分转换不同，十进制小数转换成二或八或十六进制时，采用乘基数取整数的方法，即不断用 2 或 8 或 16 去乘需要转换的十进制小数，直到满足要求的精度或小数部分等于 0 为止，然后取每次乘积结果的整数部分，以第一次取整位为最高位，依次排列，即可得到转换结果。

如果一个数既有小数又有整数，则应将整数部分与小数部分分别进行转换，然后用小数点将两部分连起来，即为转换结果。

例如：$(2.125)_{10}=(2)_{10}+(0.125)_{10}$

$\downarrow \quad \downarrow$

$(10)_2 \quad (0.001)_2$

所以 $(2.125)_{10}=(10.001)_2$

(3) 二进制与八进制、十六进制的相互转换。

由于 $8=2^3$，$16=2^4$，因此二进制与八进制或十六进制之间的转换就很简单。将二进制数从小数点位开始，向左每 3 位产生一个八进制数字，不足 3 位的左边补零，这样得到整数部分的八进制数；向右每 3 位产生一个八进制数字，不足 3 位右边补 0，得到小数部分的八进制数。同理，将二进制数转换成十六进制数时，只要按每 4 位分割即可。

例如：

$$(101101.101001)_2=(55.51)_8=55.51Q=(00101101.10100100)_2=(2D.A4)_{16}$$
$$=2D.A4H$$

很明显，八进制或十六进制要转换成二进制，只需将八进制或十六进制数分别用对应的三位或四位二进制数表示即可。上例中在数字后面加 Q(Octal)表示是八进制，加 H (Hexadecimal)表示是十六进制数。二进制数用加后缀 B(Binary)表示，十进制数则可用后缀 D(Decimal)表示或者不加任何字符。

1.5.2 原码、反码和补码

1.5.2.1 机器数与真值

机器数是一个数在计算机中的表示形式，一个机器数所表示的数值称为真值。上面提到的二进制数，没有提到符号问题，故是一种无符号数的表示。对无符号数，机器数与真值相同，此时计算机的全部有效位都用来存放数据，它能表示的最大数值取决于计算机的字长；对于 n 位字长的计算机来说，表示无符号的整数范围为 $0\sim2^n-1$。带符号数的习惯表示方法是在数值前用“+”号表示正数，“-”号表示负数。计算机只能识别 0 和 1，对数值的符号也不例外。对于带符号的数，在计算机中，通常将一个数的最高位作为符号位，最高位为 0，表示符号位为正；最高位为 1，表示符号位为负。

例如：

真值	机器数
+82 =	0 1010010
−82 =	1 1010010

式中等号左边的 +82 和 −82 分别是等号右边的机器数所代表的实际数，即真值。

1.5.2.2 原码、反码与补码

(1) 原码。

上述以最高位为 0 表示正数，1 表示负数，后面各位为其数值，这种数的表示法称为原码表示法。

原码的几个特点：

① 数值部分即为该带符号数的二进制值；

② “0” 有 +0 和 −0 之分，若字长为 8 位，则

$$(+0)_{原}=0\ 0000000,\quad (-0)_{原}=1\ 0000000;$$

③ 8 位二进制原码能表示的数值范围为：

$$01111111\sim11111111,\ 即 +127\sim-127。$$

那么，对于 n 位字长的计算机来说，其原码表示的数值范围为 $2^{n-1}-1\sim-2^{n-1}+1$。

原码简单，与真值转换方便。但是若两个异号数相加或两个同号数相减时，必须做减

法。在计算机机器内部，为了避免做减法，把减法运算统一转换为加法运算，即用一个加法器来完成加减法运算，便引入了反码和补码。

(2) 反码。

对于正数其反码形式与其原码相同，最高位 0 表示正数，其余位为数值位。

如：$X=+5$，　$[X]_{原}=[X]_{反}=0\ 0000101$

　　$X=+127$，　$[X]_{原}=[X]_{反}=0\ 1111111$

　　$X=+0$，　$[X]_{原}=[X]_{反}=0\ 000000$

对于负数将其原码除符号位以外，其余各位按位取反，即可得到其反码表示形式。

如：$X=-0$，　$[X]_{原}=1\ 0000000$，　$[X]_{反}=11111111$

　　$X=-5$，　$[X]_{原}=1\ 0000101$，　$[X]_{反}=11111010$

　　$X=-127$，　$[X]_{原}=1\ 1111111$，　$[X]_{反}=10000000$

从以上几例，可归纳出二进制反码的特点：

① “0” 有 +0 和 −0 之分；

② 8 位二进制反码所能表示的数值范围为 +127～−127，一般地，对于 n 位字长的计算机来说，其反码表示的数值范围为 $+2^{n-1}-1 \sim -2^{n-1}+1$。

③ 8 位带符号的数用反码表示时，若最高位为 “0”（正数），则后面的 7 位即为数值；若最高位为 “1”（负数），则后面 7 位表示的不是此负数的数值，必须把它们按位取反，才是该负数的二进制值。

如：$[X]_{反}=10101010$，它是一个负数，其中后 7 位为 0101010，取反得 1010101，

所以负数：$X=-(1\times2^6+1\times2^4+1\times2^2+1\times2^0)=-85$

将以上反码的表示规则用表达式形式定义，则有：

$$[X]_{反}=\begin{cases} X & (X>0 \text{ 或 } X \text{ 为 } +0 \text{ 时}) \\ (2^n-1)-|X| & (X<0 \text{ 或 } X \text{ 为 } -0 \text{ 时}) \end{cases}$$

其中，n 为包括符号位在内的二进制的位数。2^n-1 称为 n 位二进制反码的模。

(3) 补　码。

正数的补码与其原码具有相同的表现形式，最高位为符号位，其余为数值位。

如：$X=+127$，$[X]_{原}=[X]_{反}=[X]_{补}=0\ 1111111$

　　$X=+0$，　$[X]_{原}=0\ 0000000$，　$[X]_{反}=0\ 0000000$，　$[X]_{补}=0\ 0000000$

负数的补码即为它的反码在最低位加上 1。

如：$X=-5$，　$[X]_{原}=1\ 0000101$，　$[X]_{反}=1\ 1111010$，　$[X]_{补}=1\ 1111011$

　　$X=-0$，　$[X]_{原}=1\ 0000000$，　$[X]_{反}=1\ 1111111$，　$[X]_{补}=0\ 0000000$

　　$X=-128$，$[X]_{补}=1\ 0000000$

从以上几例，可归纳出二进制补码的几个特点：

① $[+0]_{补}=[-0]_{补}=00000000$，无 +0 和 −0 之分。

② 正因为补码中没有 +0 和 −0 之分，所以 8 位二进制补码所能表示的数值范围为 +127～−128；同理可知，n 位二进制补码表示的范围为 $+2^{n-1}-1 \sim -2^{n-1}$。在原码、反码和补码三者中，只有补码可以表示 -2^{n-1}。

③ 一个用补码表示的二进制数，当其为正数时，最高位(符号位)为 “0”，其余位即为此数的二进制值；当其为负数时，最高位(符号位)为 “1”，其余位不是此数的二进制值，必须把它们按位取反，且在最低位加 1，才是它的二进制值。

1.5.2.3 溢出的概念

在计算机中，凡是有符号数一律用补码形式存放和运算，其运算结果也用补码表示。若最高位为 0，表示结果为正；若最高位为 1，表示结果为负。设 X、Y 是两个任意的二进制数，定点补码的运算满足下面的规则：

$$[X+Y]_{补}=[X]_{补}+[Y]_{补}$$

$$[X-Y]_{补}=[X]_{补}+[-Y]_{补}$$

采用补码运算可以将减法变成补码加法运算，在微处理器中只需加法的电路就可以实现加法、减法运算。但必须注意，由于计算机的字长有一定限制，所以一个带符号数是有一定范围的。以字长为 8 位的二进制数为例，它可以表示 $2^8=256$ 个数，当它们用补码表示带符号数时，它们表示的数的范围是 $-128 \sim +127$。

一般而言，n 位补码表示的范围是：$+2^{n-1} \sim -2^n$。当运算结果超过这个表达范围时，便产生溢出。显然，只有在同符号数相加或者异符号数相减的情况下，才有可能产生溢出。那么有没有一个便于操作的方法来判断是否产生溢出呢？

先看以下几个例子。

例 1-1

```
                      C(s+1)
                      C(s)
  00
    00001111   ——— +15
+   01110000   ——— +112
-------------
    01111111   ——— +127
```

令 C_s 为数值部分向符号位的进位，C_{s+1} 为符号位向高位的进位，此例中，$C_s=C_{s+1}=0$，结果在 8 位二进制补码表示范围内，没有溢出。

例 1-2

```
                      C(s+1)
                      C(s)
  11
    10001010   ——— -118
+   01111001   ——— +121
-------------
    00000011   ——— +3
```

此例中，$C_s=C_{s+1}=1$，结果正确，没有溢出。

例 1-3

```
                      C(s+1)
                      C(s)
  01
    01111110   ——— +126
+   00000101   ——— +5
-------------
    10000011   ——— -125
```

此例中，$C_s \neq C_{s+1}$，产生了错误的结果，发生了溢出。

例 1-4

```
              ┌──────────────────── Cs+1
              │ ┌────────────────── Cs
              ↓ ↓
              10
                10000100  ───────── −124
          +     11111000  ───────── −8
          ─────────────────
                01111000  ───────── +124
```

此例中，$C_s \neq C_{s+1}$，同样结果是错误的，即发生了溢出。

从以上几例可知，在例 1 和例 2 中，运算结果在 8 位二进制数的范围内，没有溢出，结果正确，它们的共同规律是 $C_s = C_{s+1}$；在例 3 和例 4 中，运算结果都超出了 8 位二制数表示的范围，分别产生了正溢出和负溢出，因此产生了错误的结果，它们的共同点是 $C_s \neq C_{s+1}$。

综合以上四例的情况，可用下述逻辑表达式进行溢出判断：

$$溢出 = C_s \oplus C_{s+1}$$

其中，⊕表示异或，用一异或电路即可实现。

1.5.2.4 定点数与浮点数

以上各节介绍的数均未涉及小数点的表示，计算机中如何处理小数点的问题呢？在计算机中涉及小数点位置时，有定点和浮点两种表示方法。顾名思义，定点表示就是小数点在数中的位置是固定不变的；而浮点表示则是小数点的位置是浮动的。

(1) 定点表示

任何一个二进制数都可以表示成一个纯整数或纯小数与一个 2 的正数次幂的乘积的形式：

$$N = 2^P \times S$$

其中，S 表示全部有效数字，称之为 N 的尾数；P 称为 N 的阶码，它指明了小数点的位置；2 称为阶码的底。P 和 S 均为用二进制表示的数。

① 定点整数

当 P=0，且尾数为纯整数时，定点数只能表示整数。形式为：

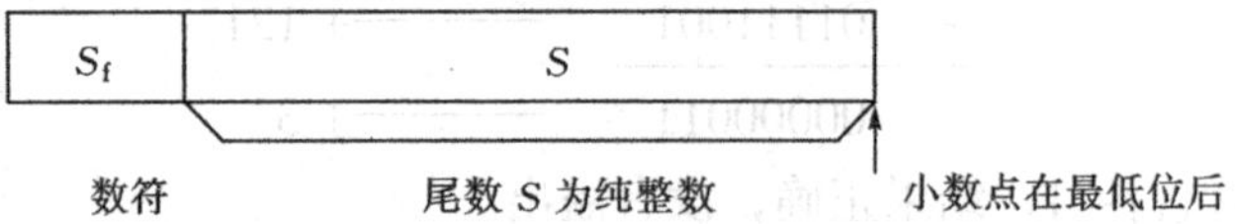

通常数符 0 表示正数，1 表示负数，尾数常以原码表示。

② 定点小数

当 P=0，且尾数为纯小数时，定点数只能表示纯小数。形式为：

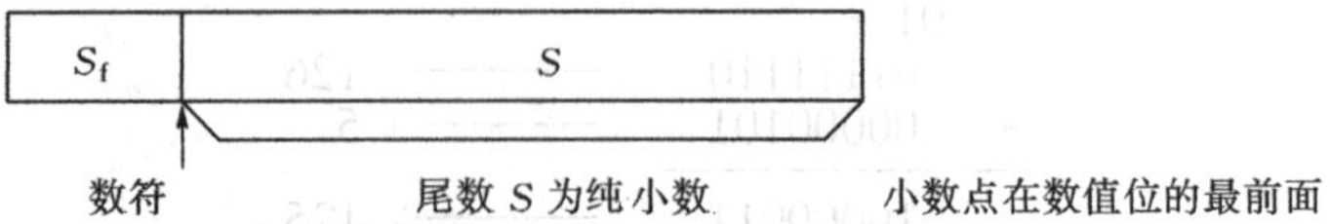

例如：+0.1010101　在机内表示为　0　1010101

　　　−0.1010101　在机内表示为　1　1010101

在机器中小数点不占位置，因而不能区分是定点小数还是定点整数。小数点位置是由程序员预先约定好的。

(2) 浮点表示

如果阶码 P 不为 0，且可以在一定范围内取值，这样的数称为浮点数。其形式：

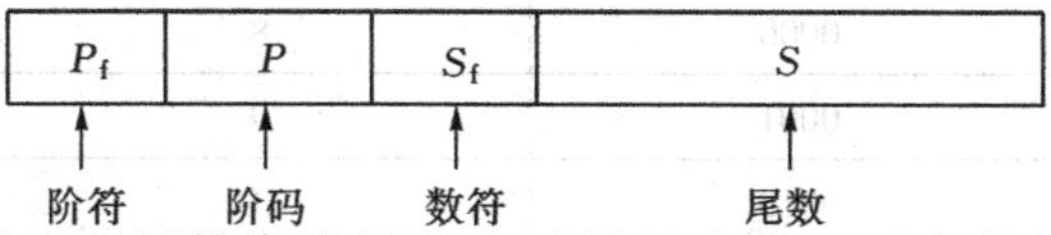

阶码常用补码表示法，尾数常为原码表示的纯小数。浮点数的格式、字长因机器而异。对于一个浮点数，如 $N=2^{10}\times0.1001$，它在计算机中的表示形式为：

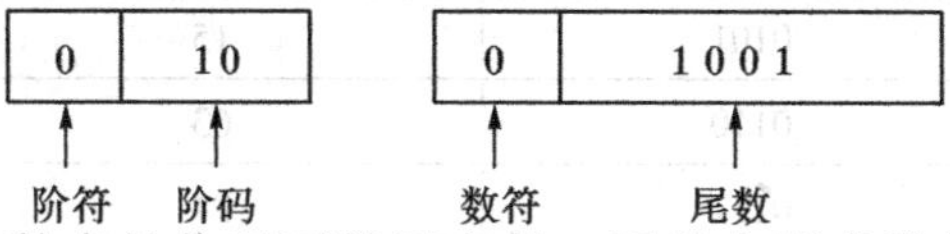

由于在浮点法中，小数点的位置不是固定的，因此在要求数值不变的情况下，小数点往左移一位，相应阶码加 1。

在浮点数法中，若用 r 位表示阶码，m 位表示尾数，以正数为例，浮点法所能表示的最小数为：

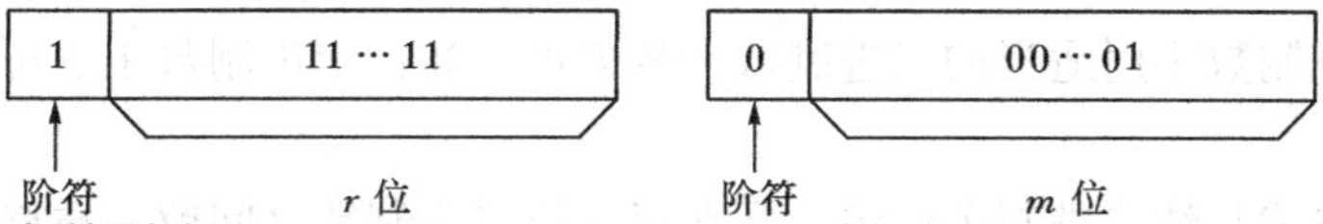

能表示的最大数则为：

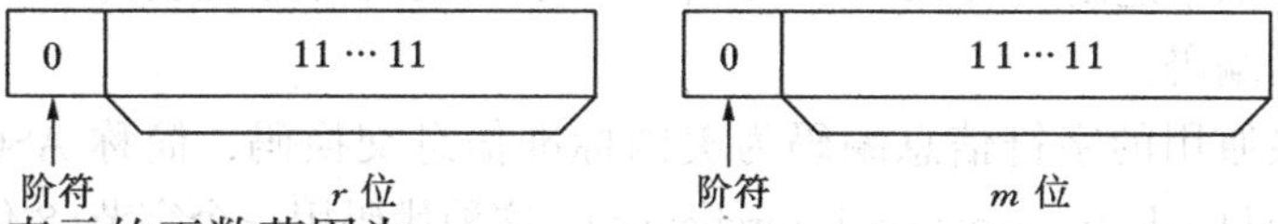

所以浮点法表示的正数范围为：

$$2^{-(2^r-1)}\times2^{-m}\leqslant N\leqslant2^{(2r-1)}\times(1-2^{-m})$$

若表示数的总位数(r+m+2)不变，则分给阶码的位数越多，表示数的范围就越大。但由于表示尾数的位数减少，故使表示数的有效位数减少，这也是不希望的，通常要求阶码的位数所表示的数码的最大值等于或略大于尾数的位数。一般对于位数相同的计算机，浮点法能表示的范围比定点法大。

1.5.3 数字与字符的编码

(1) 数字的编码(BCD 码)。

BCD(二－十进制)码是一种常用的数字代码，它广泛应用于计算机中。这种编码法分别将每位十进制数字编成 4 位二进制代码，从而用二进制数来表示十进制数。

计算机中采用的是二进制数，由于二进制数不直观，人们不习惯，因此计算机在输入和输出时，通常仍采用十进制数，只不过它要用二进制编码来表示，这时使用 BCD 码就很方便。

最常用的 BCD 码是标准 BCD 码或称 8421 码(这是根据这种表示中各位的权值而定的，其权值与普通的二进制相同)。表 1-1 列出了标准 BCD 码与十进制数字的编码关系。

表 1-1　**标准 BCD 码与十进制数字的编码关系**

十进制数	标准 BCD 码	十进制数	标准 BCD 码
0	0000	8	1000
1	0001	9	1001
2	0010	10	00010000
3	0011	11	00010001
4	0100	12	00010010
5	0101	15	00010101
6	0110	63	01100011
7	0111	94	10010100

十进制基数为 10，它有 10 个不同的数码。因此为了能表示十进制数的某一位，必须选择至少 4 位二进制数(4 位二进制数可以表示 16 种不同的状态，所以用以表示十进制数时要丢掉 6 种状态)。在 BCD 码中，0～9 之间的十进制数的 BCD 码与二进制数中的表示形式是一样的，而 1010～1111 这 6 种状态不使用，因此用标准 BCD 码表示十进制数时，只要将每个十进制数字用适当的二进制数代替即可。如：十进制数 123 可以表示成：0001 0010 0011。

为了避免格式与纯二进制码混淆，常在每 4 位二进制数之间留一空格。这种表示也适合十进制小数。如十进制小数 0.456 可以表示成：0.0100 0101 0110。

(2) 字符的编码。

计算机中最通用的字符信息编码为美国标准信息交换码，简称 ASCII 码(American National Standard Code Information Interchange)，这种代码用一个字节(8 位二进制码)来表示一个字符，其中低 7 位是字符的 ASCII 码值，例如英文字母 A 是 41H。小于 20H 的是不可显示字符，通常是命令代码，如 0AH 是换行命令符。最高位一般是奇偶校验位。ASCII 码表见附录。

最高校验位的值由奇偶校验决定。偶校验指包括奇偶校验位在内，所含‘1’的个数是偶数。如字符‘A’的 ASCII 码是 1000001，代码中有 2 个‘1’，即偶数个 1，所以校验位应为‘0’，写成 8 位二进制代码为 01000001。奇校验是指包括奇校验位在内，所含‘1’的个数为奇数。如字符‘D’的 ASCII 码是 1000100，代码中有 2 个‘1’，即偶数个 1，所以校验位应为‘1’，写成 8 位二进制代码为 11000100。另一种经常用到的奇偶校验形式称为标记校验，在这种情况下，校验位总为‘1’。还有空格校验，即校验位总为‘0’。计算机中用一个字节表示 ASCII 码时通常采用空格校验。

(3) 汉字的编码。

计算机在我国应用时，要求计算机能够输入、处理和输出汉字。显然，汉字在计算机中也只能用若干位的二进制编码来表示。但是用 8 位编码来表示汉字是远远不够的，那么要用多少位来表示汉字呢？这首先取决于一个计算机中要能输入、存储、处理的汉字的个数。我国根据汉字的常用程度定出了一级和二级汉字字符集，并规定了编码。这就是中华人民共和国国家标准《信息交换用汉字编码》(GB2312－80)中的汉字编码，即国标码。该标准编码字符集共收录汉字和图形符号 7445 个，其中包括：

① 一般符号 202 个，包括间隔符、标点、运算符，单位符号和制表符等。

② 序号 60 个，包括 1.～20.，(1)～(20)，①～⑩和(一)～(十)等；
③ 数字 22 个，0～9 和 I～XII；
④ 英文字母 52 个，大、小写各 26 个；
⑤ 日文假名 169 个，其中平假名 83 个，片假名 86 个；
⑥ 希腊字母 48 个，其中大、小写各 24 个；
⑦ 俄文字母 66 个，其中大、小写各 33 个；
⑧ 汉语拼音符号 26 个；
⑨ 汉语注音字母 37 个。
⑩ 汉字 6763 个，这些汉字分两级，第一级汉字 3755 个，第二级汉字 3008 个。

这个字符集中的任何一个图形、符号及汉字都是用两个 7 位的字节表示(在计算机中当然是用两个 8 位字节，每个字节的最高位为 0 来表示)。国标码的每一个字节的定义域在 21H 到 7EH。如“啊”字国标编码为 30H，21H，即为 00110000，00100001 这两个字节。

国标码中，汉字的排列顺序为：一级汉字按汉语拼音字母顺序排列，同音字母以笔画顺序为序；二级汉字按部首顺序排列。

为了将汉字的编码与常用的 ASCII 码相区别，在机器中，汉字是以内码形式储存和传输的。内码是用汉字的国标码的两字的最高位都置“1”形成的。一种机器常用若干种汉字输入方法，但其内码是统一的，如汉字“啊”的国标码为 00110000，00100001，则它的内码为 10110000，10100001，即：B0H，A1H。

习 题 1

1. 微型计算机的发展经历了哪几个时代？每个时代有哪些主要特点？
2. 简述 Pentium 4 微处理器的处理能力。
3. 冯·诺依曼计算机的结构特点是什么？
4. 典型微机有哪三大总线？它们传送的是什么信息？
5. 什么叫微处理器？什么叫微型计算机？什么叫微型计算机系统？这三者有什么区别和联系？
6. 微处理器内部一般由哪些部分组成？各部分的主要功能是什么？
7. 试用示意图说明内存单元的地址和内存单元的内容，二者有何联系和区别？
8. 高级语言、汇编语言、机器语言有何区别？各有何特点？
9. 评价微型计算机性能的主要指标有哪些？试举例说明现在市场主流机型微型计算机的性能参数。
10. 现代微型计算机的主板通常由哪些部分组成？主板上的总线扩展插槽有何用途？
11. 将下列十进制数分别转换为二进制数、八进制数、十六进制数。

    128　1024　0.47　625　67.544

12. 将下列二进制数转换成十进制数。

    10110.001　11000.0101

13. 将下列二进制数分别转换为八进制数、十六进制数。

    1100010　101110.1001　0.1011101

14. 写出下列用补码表示的二进制数的真值。

01110011　00011101　10010101　11111110　10000001

15. 将十进制数125.8和2.5表示成二进制浮点规格化数。(尾数取6位，阶码取3位)

16. 写出下列十进制数的BCD码表示形式。

456　789　123

第 2 章　微处理器

微处理器(Microprocessor)是采用大规模(LSI)或超大规模集成电路(VLSI)技术做成的半导体芯片。它将控制单元、寄存器组、算术逻辑单元(ALU)及内部总线集成在芯片上，组成具有运算器和控制器功能的部件。计算机系统中的各个部件都在微处理器的统一调度之下协调工作，所以它又称为中央处理单元(Central Processing Unit，CPU)。

CPU 是微型计算机的核心部件，其性能和特点基本上决定了微型计算机的性能。因此，了解 CPU 的内部结构、引脚功能、操作时序等是学习微机原理与接口技术，进行微型机应用系统开发设计的基础。

本章以 Intel 系列微处理器为例，着重讨论 8086 微处理器的功能结构、工作模式和引脚特性、典型的总线操作时序、存储器组织和 I/O 组织，然后介绍典型高档微处理器 80386 和 Pentium 的结构和性能特点。

2.1　8086/8088 微处理器的结构

8086 是 Intel 系列的第三代微处理器。它是功能很强的 16 位微处理器，采用了 HMOS 高密度工艺，集成度达每片 4 万多只晶体管，单一 + 5 V 电源，主频为 5 MHz/10 MHz。它的内部和外部的数据总线宽度都是 16 位，地址总线宽度 20 位，可寻址空间达 2^{20}，即 1MB。

Intel 公司在推出 8086 微处理器的同时，还推出了一种准 16 位微处理器 8088。它是许多流行的微机，如 IBM - PC/XT 及许多兼容机 AT&T，AST，COMPAQ 等个人计算机的 CPU，其设计目标是为了能与 Intel 的 8 位外围接口芯片直接兼容。8088 和 8086 的内部结构基本相同，两者的软件也完全兼容。它们最主要的区别是外部数据总线：8086 是 16 位数据总线，8088 是 8 位数据总线。8088 执行相同的程序要比 8086 有较多的外部存取操作，执行得较慢。

2.1.1　8086 的功能结构

8086 微处理器的内部功能结构如图 2-1 所示，它由两个独立的工作部件——执行部件 EU(Execution Unit)和总线接口部件 BIU(Bus Interface Unit)——构成。EU 由运算器、寄存器组、控制器等组成，负责指令的执行；BIU 由指令队列、地址加法器、总线控制逻辑等组成，负责与系统总线打交道。

2.1.1.1　执行部件 EU

(1) EU 的功能。

EU 负责执行指令，它的具体功能为以下 3 个方面。

① 从 BIU 的指令队列缓冲器中取出指令，由 EU 控制器的指令译码器译码产生相应的操作控制信号传给各部件。

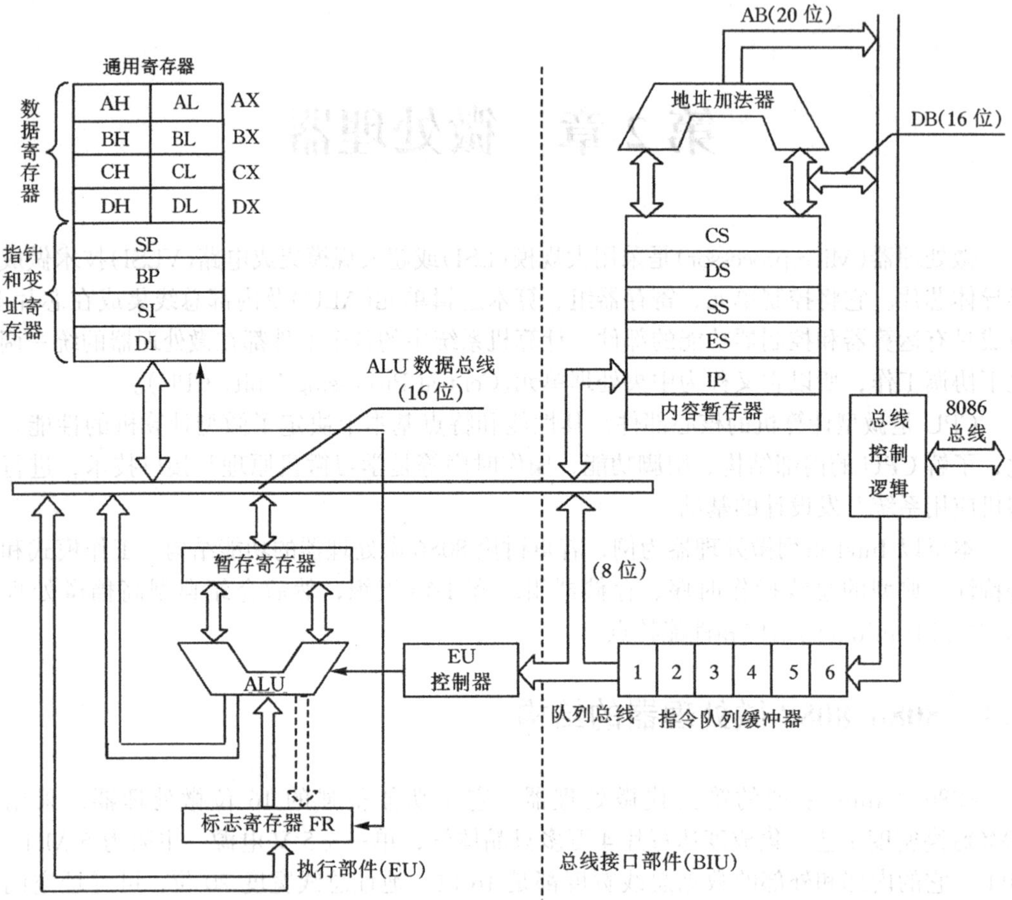

图 2-1 8086CPU 的内部功能结构框图

② 对操作数进行算术运算和逻辑运算，并将运算结果的状态特征保存到状态寄存器 FR 中。

③ EU 不直接与 CPU 外部系统相连，当需要与主存储器或 I/O 设备交换数据时，EU 向 BIU 发出命令，并提供给 BIU16 位有效地址及所需传送的数据。

(2) EU 的组成。

EU 由算术逻辑单元 ALU，通用数据寄存器组，地址指针和变址寄存器，标志寄存器，数据暂存寄存器和 EU 控制器组成。

(3) EU 的特点。

① 通用数据寄存器 AX，BX，CX，DX，既可以作 16 位寄存器使用，也可以分成高、低 8 位分别作两个 8 位寄存器使用。地址指针 BP，SP 和变址寄存器 SI，DI 都是 16 位寄存器，一般用来存放地址信息。

② ALU 的核心是 16 位二进制加法器。其功能：一是进行算术/逻辑运算；二是按指令的寻址方式提供给 BIU 所需要操作对象的 16 位(偏移)地址，让 BIU 对内存储器或 I/O 空间寻址，传输操作对象。

③ 16 位状态标志寄存器(7 位未用)存放操作后的状态特征和设置的控制标志。

④ EU 控制器是执行指令的控制电路，实现从队列中取指令、译码、产生控制信号等。

2.1.1.2　总线接口部件 BIU

(1)BIU 的功能。

BIU 负责完成 CPU 与存储器或 I/O 设备之间的数据传送。它的具体功能为以下 3 个方面：

① BIU 从主存取指令送到指令队列缓冲器；

② CPU 执行指令时，总线接口单元要配合 EU 从指定的主存单元或外设端口中取数据，将数据传送给 EU 或把 EU 的操作结果传送到指定的主存单元或外设端口中；

③ 计算并形成访问存储器的 20 位物理地址。

(2) BIU 的组成。

BIU 由 4 个 16 位段寄存器、16 位指令指针寄存器、20 位物理地址加法器、6 字节指令队列及总线控制逻辑组成。

(3) BIU 的特点。

① 指令队列是由 6 个字节的寄存器组成(8088 指令队列由 4 个字节组成)。采用“先进先出”原则，暂时存放 BIU 从存储器中预取的指令。一般情况下，EU 执行完一条指令，就可以立即从指令队列中取指令执行，而不是像以往那样要轮番地进行取指令和执行指令的操作，从而提高了 CPU 的效率。

② 地址加法器是用来产生 20 位存储器物理地址的。8086 可寻址 1MB 空间，但 8086 内部寄存器和数据通道宽度都是 16 位的，所以需要根据提供的逻辑地址信息产生 20 位物理地址。地址加法器把段寄存器提供的 16 位信息，称做段基址，左移 4 位(相当于乘以 16)，加上 EU 或者 IP 提供的 16 位信息，称作偏移地址，形成 20 位的物理地址，计算公式为：

$$物理地址(20位)=段基址(16位)\times 16+偏移地址(16位)$$

③ 8086 分配 20 条引脚线分时传送 20 位地址，16 位数据和 4 位状态信息。总线控制逻辑的功能，就是以逻辑控制方法实现分时与外部传送这些信息。

EU 和 BIU 两部分在很多时候可以并行工作，使取指令、指令译码、执行指令构成作业流水线。每当指令队列中出现空字节，且 EU 没有访问存储器和接口的要求时，BIU 自动从存储器读出指令代码，存于指令队列，供 EU 执行。如此，在一条指令执行的过程中，就可以预取下一条(或多条)指令，从而减少了 8086CPU 为取指令而等待的时间，提高了 CPU 的运行速度。在以后的几代微处理器中，对内部结构的改进主要由此入手，将指令的执行过程进一步分解，尽可能使每一步骤都能同时执行，由此提高微处理器的执行速度。

2.1.2　8086 的寄存器结构

8086CPU 内部设有 3 组信息寄存器和 1 个标志寄存器。3 组寄存器分别是：通用数据寄存器组、地址指针和变址寄存器、段寄存器组。另有 1 个 16 位的指令指针寄存器 IP (Instruction Pointer)。

2.1.2.1　通用数据寄存器

EU 中设置了 4 个 16 位通用寄存器，它们是 AX，BX，CX 和 DX，而且都可以拆成两个独立的 8 位寄存器使用。例如：AX 寄存器可以拆成 AH 和 AL 使用。在 8086 指令系统中，通用寄存器可参与算术和逻辑运算，但它们还有各自特殊的用途。这些通用寄存器的一般用法与隐含用法，如表 2-1 所示。

表 2-1　　8086 中通用寄存器的一般用法和隐含用法

寄存器	一般用法	隐含用法
AX	16 位累加器(Accumulator)	字乘时提供一个操作数并存放积的低字；字除时提供被除数的低字并存放商
AL	AX 的低 8 位	字节乘时提供一个操作数并存放积的低字节；字节除时提供被除数的低字节并存放商；BCD 码运算指令和 XLAT 指令中作累加器；字节 I/O 操作中存放 8 位输入/输出数据
AH	AX 的高 8 位	字节乘时提供一个操作数并存放积的高字节；字节除时提供被除数的高字节并存放余数；LAHF 指令中充当目的操作数
BX	基址(Base)寄存器，支持多种寻址，常用作地址寄存器	XLAT 指令中提供被查表格中源操作数的间接地址
CX	16 位计数器(Counter)	串操作时用作串长计数器；循环操作中用作循环次数计数器
CL	8 位计数器	移位或循环移位时用作移位次数计数器
DX	16 位数据(Data)寄存器	在间接寻址的 I/O 指令中提供端口地址；字乘时存放积的高字，字除时提供被除数高字并存放余数

2.1.2.2 地址指针和变址寄存器

EU 中设有两个地址指针寄存器 SP，BP 和两个变址寄存器 SI，DI，他们在 8086 指令系统中的应用，如表 2-2 所示。

表 2-2　　8086 中地址寄存器的一般用法和隐含用法

寄存器	一般用法	隐含用法
SP	堆栈指针(Stack Pointer)，与 SS 配合指示堆栈栈顶的位置	压栈、出栈操作中指示栈顶
BP	基址指针(Base Pointer)，它支持间接寻址、基址寻址、基址加变址等多种寻址手段。在子程序调用时，常用它来取压栈的参数	
SI	源变址(Source Index)寄存器。它支持间接寻址、变址寻址、基址加变址寻址等多种寻址	串操作时用作源变址寄存器，指示数据段(段默认)或其他段(段超越)中源操作数的偏移地址
DI	目的变址(Destination Index)寄存器。它支持间接寻址、变址寻址、基址加变址寻址等多种寻址	串操作时用作目的变址寄存器，指示附加段(段默认)中目的操作数的偏移地址

(1) 8086 的堆栈及堆栈操作的特点。

① 双字节操作。即每次进、出栈的数据均为两字节。且高位字节对应高地址，低位字节对应低地址。无论是源操作数还是目的操作数，也无论是存储器操作数还是寄存器操作数，都必须按这个原则执行。

② 堆栈向低地址方向生成。数据每次进栈时堆栈指针 SP 向低地址方向移动(减 2)；反之，数据出栈时，SP 向高地址方向移动(加 2)。

(2) BP，BX 都被称为基址指针，但两者用法不同。BP 只能寻址堆栈段(段缺省)，不允许段跨越；BX 可以寻址数据段(段缺省)，也可以寻址附加段(段跨越)。

(3) 由于大多数算术和逻辑运算中又可以使用 BP、SP 和变址寄存器，因而也将这 4 个寄存器归入通用寄存器组。使用中应该注意这 4 个寄存器只能用于 16 位的存取操作。

2.1.2.3 段寄存器

8086CPU 中有 4 个段寄存器，用于存放当前程序所用的各段的起始地址，也称为段的基地址。具体如下。

(1) 代码段寄存器 CS(Code Segment)。存放当前执行程序所在段的基地址。其内容左移 4 位再加上指令指针 IP 的内容，就形成下一条要执行的指令存放的实际物理地址。

(2) 数据段寄存器 DS(Data Segment)。存放当前数据段的起始地址，DS 中的内容左移 4 位再加上按指令中存储器寻址方式计算出来的偏移地址，即为数据段指定的单元进行读写的地址。

(3) 堆栈段寄存器 SS(Stack Segment)。存放当前堆栈段的起始地址，堆栈是按“后进先出”原则组织的一个特别存储区。堆栈操作所处理的操作数常存放在当前堆栈段中。操作数的存放地址是由 SS 的内容左移 4 位再加上 SP 的内容而形成的。

(4) 附加段寄存器 ES(Extended Segment)。存放目前附加段的基地址。附加段是在进行字符串操作时作为目的区地址使用的一个附加数据段。在字符串操作指令中 SI 作为源变址寄存器，DI 作为目的变址寄存器，其内容都是偏移地址。同样，基地址内容左移 4 位再加上偏移地址即为存放操作数的有效地址。

8086CPU 的 4 个段寄存器存放的是当前可寻址的段基址。只要设定相应的值，CPU 就可以在 4 个段所规定的 64KB 存储范围内进行存取操作。如果在程序执行中要访问另外的存储段，只需改变寄存器中相应的段地址即可。

2.1.2.4 指令指针寄存器和标志寄存器

(1) 指令指针寄存器 IP。

指令指针寄存器 IP 是一个 16 位的表示地址指针的寄存器。IP 指向当前需要取出的指令地址的偏移量，当 BIU 从内存中取出指令字节后，IP 自动加 1。IP 的内容是指令字节地址在当前代码段内的偏移量，又称偏移地址。应注意，程序员不能直接访问 IP 的内容。

(2) 标志寄存器 FR(Flag Register)。

标志寄存器也称为程序状态字 PSW(Program Status Word)寄存器，它是一个 16 位的标志寄存器，但仅使用其中的 9 位。其中 CF，OF，AF，ZF，SF 和 PF 为 6 个状态标志位；DF，IF 和 TF 为 3 个控制标志位，如图 2-2 所示。

D_{15}	D_{14}	D_{13}	D_{12}	D_{11}	D_{10}	D_9	D_8	D_7	D_6	D_5	D_4	D_3	D_2	D_1	D_0	位号
				OF	DF	IF	TF	SF	ZF		AF		PF		CF	标志寄存器

图 2-2 8086CPU 标志寄存器

状态标志位反映了 EU 执行算术或逻辑运算以后的结果特征。依靠这些标志位来控制后续指令的走向。各状态标志的意义说明如下。

① CF(Carry Flag)进位标志：当执行加法(或减法)运算使最高位产生进位(或借位)

时，CF 为 1；否则为 0。此外，循环指令影响 CF。

② PF(Parity Flag)奇偶标志：当操作数结果中含有偶数个 1 时，PF 为 1；否则为 0。

③ AF(Auxiliary carry Flag)辅助进位标志：在字节操作时，若低半字节(一个字节的低 4 位)向高半字节有进位(加法运算)或借位(减法运算)，或者低字节向高字节有进位或借位，则 AF 置 1；否则置 0。此标志在十进制算术运算指令中作为是否进行十进制调整的判断依据。

④ ZF(Zero Flag)零标志：若当前的运算结果为零，ZF 为 1；否则为 0。

⑤ SF(Sign Flag)符号标志：与运算结果的最高位相同。

⑥ OF(Overflow Flag)溢出标志：表示带符号的数做算术运算时是否产生了算术溢出。8 位带符号数能表达的范围是 +127～−128；16 位带符号数能表达的范围是 +32767～−32768。运算结果若超出此范围，则溢出标志 OF 置 1；否则 OF 置 0。

3 个控制标志位的功能分别如下。

① DF(Direction Flag)方向标志：串操作的控制方向标志，串操作中如果 DF=0，则地址递增；若 DF=1，则地址递减。可用 CLD 和 STD 指令清 DF 和置 DF 值。

② IF(Interrupt Enable Flag)中断允许标志：如果 IF=1，则允许微处理器响应可屏蔽中断；IF=0，则禁止可屏蔽中断。可用 STI 和 CLI 分别使 IF =1 和 IF=0。

③ TF(Trap Flag)陷阱标志：如果 TF=1，则微处理器按单步方式执行指令，执行一条指令就产生一次类型为 1 的内部中断(单步中断)，因此有时称之为跟踪标志。该标志没有对应的指令操作，只能通过堆栈操作改变 TF 状态。

2.2 8086 的引脚功能及其工作模式

2.2.1 芯片引脚特性的描述

(1) 引脚的功能。即引脚信号的定义。人们约定，引脚名为该引脚功能的英文缩写，其名字基本反映了信号的作用，即含义。

(2) 信号的有效电平。指控制引脚使用有效时的逻辑电平。低电平有效的引脚名字上面加有一条横线，引脚名字上无横线者为高电平有效。

另有一些引脚信号编码使用，即高、低电平均有效，分别表示不同的状态或数值。还有些引脚信号为边沿有效，即信号仅在上升(或下降)沿有效。

(3) 信号的流向。芯片与其他部件的联系全靠在引脚上传送信息，这些信息可能自芯片向外输出，也可能从外部输入到芯片，还可能是双向的。如 CPU 的地址线(AB)是输出的，用以寻址存储器单元或 I/O 端口；数据线(DB)是双向的，CPU 可通过它从存储器或外设读取数据，也能将数据输出给它们。CPU 的某些控制线是输出的，用来对外界提供控制，也有些控制线是输入的，通过这些流入的信息，可以接受外界的联络信号。

(4) 引脚的复用。在芯片的设计中，有时为以少量引脚提供更多的功能，会采用引脚复用的做法。如 8086 中就采用地址、数据线分时复用的方法，即当引脚上出现有效信号时，前一时刻总线上出现地址，后一时刻，其上传输的是数据。为区分总线上两种性质完全不同的信号，常用的办法是利用外接信号锁存器。

(5) 三态能力。“三态”能力是指有些引脚除了能正常输出或输入高、低电平外，还能输出高阻状态。当它输出高阻状态时，表示芯片实际上已放弃了对该引脚的控制，使之“浮空”。这样，与总线相连接的其他设备就可以获得对总线的控制权，系统转为在接受总线的设备控制下工作。

2.2.2 8086/8088 的工作模式

为了尽可能适应各种使用场合，8086 设计了两种工作模式——最小模式和最大模式。

8086 系统处于最小模式，就是系统中的 CPU 只有 8086 单独一个处理器。在这种系统中，所有总线控制信息都直接由 8086 产生，系统中总线控制逻辑电路被减到最少，这些特征就是最小模式名称的由来。最小模式适合于较小规模的系统。

8086 系统的最大模式是相对最小模式而言的，适用于中、大型规模的 8086 系统。在最大模式系统中有多个微处理器，其中必有一个主处理器 8086，其他处理器称为协处理器或辅助处理器，承担某一方面的专门工作。和 8086 匹配的协处理器有两个，一个是专用于数值运算的处理器 8087，它能实现多种类型的数值操作，例如高精度的整数和浮点运算，三角函数、对数函数的计算。由于 8087 是用硬件方法来完成这些运算，比之通常用的软件实现方法会大幅度地提高系统的数值运算速度。另一个是专用于输入/输出操作的协处理器 8089，它有一套专用于 I/O 操作的指令系统，独立于 8086 直接为 I/O 设备使用。系统中加入 8089 之后，会大大减少输入/输出操作占用主处理器的时间，提高主处理器的效率。

2.2.3 8086/8088 的引脚特性

8086 微处理器采用 40 引脚的 DIP 封装，如图 2-3 所示。24～31 引脚功能取决于 8086 工作在最小模式还是最大模式。括号中的引脚名为最大模式的功能。

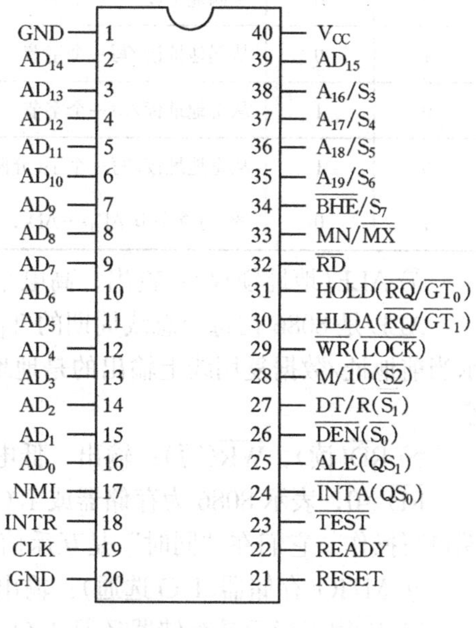

图 2-3 8086 的引脚

下面分两部分讨论 8086 的引脚特性。首先介绍最小模式下的 40 个引脚，然后再介绍最大模式下仅仅与最小模式功能不同的引脚(24～31 脚)。

(1) 最小模式 1～40 引脚的功能定义。

① $MN/\overline{MX}$(最小/最大模式)：输入，高、低电平均有效。

$MN/\overline{MX}=1$，8086 系统设置为最小模式，$MN/\overline{MX}=0$，8086 设置为最大模式。在最小模式系统中，全部控制信号由 8086 提供。

② V_{CC}、GND(电源、地)：输入。

8086 V_{CC}接入的电压为 +5 V±0.5 V，GND 有两条(1，20 脚)。

③ CLK(系统时钟)：输入。

8086CLK 与时钟发生器 8284A 的时钟输出端 CLK 相连接。该时钟信号的占空比为 33%(即低、高之比为 2:1)。8086 要求的时钟频率为 5 MHz，8086-1 要求的时钟频率为 10 MHz，8086-2 要求的时钟频率为 7 MHz。系统时钟为 CPU 和总线控制逻辑电路提供了时序基准。

④ AD_{15}～AD_0(地址/数据)：复用线，双向，三态。

在总线周期的 T_1 状态，输出要访问的存储器或 I/O 端口的地址；T_2～T_4 状态，作为数据传输线。在 CPU 进行响应中断、DMA 方式时，这些线处于浮空状态(高阻态)。

⑤ A_{19}～A_{16}/S_6～S_3(地址/状态)：复用线，输出，三态。

A_{19}～A_{16}是地址的高 4 位，在 T_1 时输出地址，S_6～S_3 是 CPU 的状态信号，在 T_2～T_4 时输出 CPU 状态，当访问存储器时，T_1 输出的 A_{19}～A_{16}与 AD_{15}～AD_0 组成 20 位地址信号，而访问 I/O 端口时，A_{19}～A_{16}＝0000，AD_{15}～AD_0 为 16 位地址信号。状态信号的 S_6＝0，表示当前 8086 与总线相连，S_5 标志中断允许 IF 的状态，S_4 和 S_3 组合指示当前使用的段寄存器(00，01，10，11 分别指 ES，SS，CS，DS)。在进行 DMA 方式时，这些线浮空。

⑥ $\overline{BHE}$/S_7(数据线高 8 位开放/状态)：复用线，输出，三态。

在 T_1 状态，输出$\overline{BHE}$信号，表示高 8 位数据线 D_{15}～D_8 上的数据有效；在 T_2～T_4 状态，输出 S7 状态信号(在 8086 中，S_7 作为备用状态信号，未用)。

BHE和 A_0 组合起来表示当前数据在总线上的格式，如表 2-3 所示。

表 2-3　　$\overline{BHE}$和 A_0 的状态组合及其对应操作

$\overline{BHE}$	A_0	操　作	所用数据引脚
0	0	从偶地址读/写一个字	AD_{15}～AD_0
1	0	从偶地址读/写一个字节	AD_7～AD_0
0	1	从奇地址读/写一个字节	AD_{15}～AD_8
0	1	从奇地址读/写一个字(分两个总线周期实现，首先	AD_{15}～AD_8
1	0	读/写奇字节 AD_{15}～AD_8，然后读/写偶字节 AD_7～AD_0)	AD_7～AD_0

⑦ ALE(地址锁存)：输出，高电平有效。

ALE 是 8086 在每个总线周期的 T_1 状态时发出的，作为地址锁存器的选通信号，表示当前地址/数据复用线上输出的是地址信息，要求进行地址锁存，注意 ALE 端不能被浮空。

⑧ $\overline{RD}$(读)，$\overline{WR}$(写)：输出，低电平有效，三态。

$\overline{RD}$＝0，表示 8086 为存储器或 I/O 端口读操作：$\overline{WR}$＝0，表示 8086 为存储器或 I/O 端口写操作。它们在“同时”是互斥信号，在 DMA 时浮空。

⑨ M/$\overline{IO}$(存储器/I/O 选通)：输出，高、低电平均有效，三态。

M/$\overline{IO}$用于指示是存储器还是 I/O 访问。M/$\overline{IO}$＝1，表示 CPU 与存储器之间数据传输；M/$\overline{IO}$＝0，表示 CPU 和 I/O 设备之间数据传输。当处于 DMA 状态时，此线浮空。

⑩ $\overline{DEN}$(数据允许)。DT/$\overline{R}$(数据收/发)：输出，三态。

$\overline{DEN}$是 8086 提供给数据收发器的选通信号，DT/$\overline{R}$ 是控制其数据传输方向的信号。如果$\overline{DEN}$有效，表示允许传输。此时，DT/$\overline{R}$＝1，进行数据发送；DT/$\overline{R}$＝0，进行数据接收。在 DMA 状态下，它们被置为浮空。

⑪ RESET (复位)：输入，高电平有效。

RESET 接时钟发生器 8284A 的 RESET 端，得到一个经同步了的复位脉冲信号。

⑫ READY(准备好)：输入，高电平有效。

READY 表示数据传送结束与否，接时钟发生器 8284A 的 READY 端，得到一个经同步了的“准备好”信号。当 READY＝0，CPU 在 T_3 之后，自动插入一个或几个等待状态 T_W。一旦 READY＝1，便是通知 CPU 数据传输完毕，而进入 T_4。

⑬ $\overline{TEST}$(等待测试)：输入，低电平有效。

$\overline{TEST}$信号和指令 WAIT 结合起来使用。当 CPU 执行 WAIT 指令时，每隔 5 个 T 对该信号进行 1 次测试。当$\overline{TEST}=1$ 时，CPU 进行等待，重复执行 WAIT 指令，直到$\overline{TEST}=0$，才继续执行 WAIT 指令的下一条指令。WAIT 指令是用来使 CPU 与外部硬件同步的，$\overline{TEST}$相当于外部硬件同步信号。

⑭ NMI(非屏蔽中断请求)：输入，上升沿触发。

NMI 中断请求不受中断允许标志位的影响，也不能用软件进行屏蔽。只要此信号一有效，CPU 就在现行指令结束后立即响应中断，进入非屏蔽中断处理程序。

⑮ INTR(可屏蔽中断请求)：输入，高电平有效。

当 INTR＝1，表示外设提出了中断请求。CPU 在执行每条指令的最后一个时钟周期采用此信号，若 INTR＝1 且 IF＝1(中断允许)，则响应中断。

⑯ $\overline{INTA}$(中断响应)：输出，低电平有效。

$\overline{INTA}$有效表示对 INTR 的外部中断请求作出响应，进入中断响应周期。

⑰ HOLD(总线请求，输入)，HLDA(总线允许，输出)：高电平有效。

HOLD 和 HLDA 是一对配合使用的总线联络信号。当系统中的其他总线主控部件要占用总线时，向 CPU 发 HOLD＝1 总线请求。如果此时 CPU 允许让出总线，就在当前总线周期完成时，发 HLDA＝1 应答信号，且同时使具有三态功能的地址/数据总线和控制总线处于浮空，表示让出总线。总线请求部件收到 HLDA＝1 后，获得总线控制权，在这期间，HOLD 和 HLDA 都保持高电平。当请求部件完成对总线的占用后，HOLD＝0 总线请求撤销，CPU 收到后，也将 HLDA＝0。这时，CPU 又恢复了对地址/数据总线和控制总线的占有权。

(2) 最大模式 24～31 引脚的功能定义。

在最大模式下，许多总线控制信号不是由 8086 直接产生的，而是通过总线控制器 8288 产生。因此，8086 在最小模式下提供的总线控制信号的引脚(24～31 脚)就得重新定义，改为支持最大模式之用。

8086 既然是最大模式，33 脚 MN/$\overline{MX}$＝0 是前提条件。

① $\overline{S_2}$，$\overline{S_1}$，$\overline{S_0}$，(总线周期状态)：输出，三态。

$\overline{S_2}$，$\overline{S_1}$，$\overline{S_0}$的组合表示 CPU 总线周期的操作类型。8288 总线控制器依据这三个状态信号产生相关访问存储器和 I/O 端口的控制命令。表 2-4 给出$\overline{S_2}$，$\overline{S_1}$，$\overline{S_0}$对应的总线周期类型及 8288 产生的控制命令。

表 2-4　$\overline{S_2}$，$\overline{S_1}$，$\overline{S_0}$对应总线周期及 8288 控制命令

$\overline{S_2}$	$\overline{S_1}$	$\overline{S_0}$	总线周期	8288 控制命令
0	0	0	INTA 周期	$\overline{INTA}$
0	0	1	I/O 读周期	$\overline{IORC}$
0	1	0	I/O 写周期	$\overline{IOWC}$，$\overline{AIOWC}$
0	1	1	暂停	无
1	0	0	取指令周期	$\overline{MRDC}$
1	0	1	读存储器周期	$\overline{MRDC}$
1	1	0	写存储器周期	$\overline{MWTC}$，$\overline{AMWC}$
1	1	1	无源状态	无

注：无源状态为一个总线周期结束，而另一个新的总线周期还未开始的状态。

表 2-5　QS_1，QS_0 与队列状态

QS_1	QS_0	队列状态
0	0	无操作
0	1	从队列缓冲器中取出指令的第一字节
1	0	清除队列缓冲器
1	1	从队列缓冲器中取出指令的第二字节以后部分

② QS_1，QS_0(指令队列状态)：输出。

QS_1，QS_0 组合起来提供前一个时钟周期指令队列的状态，以便让外部对 8086BIU 中指令队列的动作跟踪。QS_0，QS_1，组合与队列状态的对应关系见表 2-5。

③ $\overline{PQ}/\overline{GT_1}$，$\overline{PQ}/\overline{GT_0}$(总线请求/总线允许)：双向，低电平有效，三态。

$\overline{PQ}/\overline{GT_1}$，$\overline{PQ}/\overline{GT_0}$分别是最大模式时裁决总线使用权的信号。$\overline{PQ}$为输入信号，表示总线请求。$\overline{GT}$为输出信号，表示总线允许，当它们两个同时有请求时，$\overline{PQ}/\overline{GT_0}$的优先权更高。

当 8086 使用总线，其$\overline{PQ}/\overline{GT}$为高电平(浮空)，这时若 8087 或 8089 要使用总线，它们就使$\overline{PQ}/\overline{GT}$输出低电平(请求)。经 8086 检测，若总线处于开放状态，则 8086 输出的$\overline{PQ}/\overline{GT}$变为低电平(允许)，再经 8087 或 8089 检测出此允许信号，对总线进行使用。待使用完结，将$\overline{PQ}/\overline{GT}$变成低电平(释放)，8086 再检测出该信号，又恢复对总线的使用。

④ $\overline{LOCK}$(总线封锁)：输出，低电平有效，三态。

$\overline{LOCK}$信号是为避免多个处理器使用共有资源时产生冲突而设置的，$\overline{LOCK}$为低电平表示 CPU 独占总线使用权。$\overline{LOCK}$信号由指令前缀 LOCK 产生，在 LOCK 前缀后面的一条指令执行完后便撤销。此外，在 8086 的中断响应周期，$\overline{LOCK}$信号也自动有效，以防止其他的总线主部件在中断响应过程中占有总线，而使一个完整的中断响应过程被间断。在 DMA 状态时，$\overline{LOCK}$端处于浮空。

2.3　8086/8088 的系统组成

2.3.1　系统组成的特点

8086 系统的硬件组成除了最主要的 8086 微处理器外，还需要配置许多部件(芯片)。系统的硬件组成由最小、最大模式的不同而有所差异，其中具有共性的特点有以下几点。

① MN/$\overline{MX}$端接 V_{CC}或 GND，决定工作在最小模式或最大模式。

② 8084A 为时钟发生器，外接 15MHz 振荡源，经 8284A 三分频后，得 5MHz 主频送到 8086 系统时钟端 CLK。除此之外，8284A 还将外部的复位信号 RESET 和就绪信号

READY 实现同步后发给 8086 相应引脚。

③ 用 3 片 8282 作地址锁存器，在 T_1 时锁存地址/数据复用线上的地址 $A_{19} \sim A_0$ 和 $\overline{BHE}$信号。这是因为 8086 地址/数据复用线上分时传送的地址和数据信息，需要"分流"到地址总线和数据总线上所需要的。8282 的$\overline{OE}$端接地，保持内部的三态门常通，8282 仅做锁存器用。8282 的 STB 接 8086 的 ALE，作锁存选通控制。

④ 当系统所连的存储器和外设较多时，需要增加数据总线的驱动能力。这时可选用 2 片 8286 作 16 位数据收发器。8286 的端接 8086 的$\overline{DEN}$，作数据允许。8286 的 T 端接 8086 的 DT/$\overline{R}$，作数据发送/接收选择。

⑤ 系统组成还必须有其他的一些，如半导体存储器 RAM 和 ROM，外部设备的 I/O 接口，中断控制管理部件等组件。这些视实际系统的需要进行选配，分别直接与系统总线(AB，DB，CB 三总线)连接。

2.3.2 最小模式系统组成

8086 最小模式，也就是单处理器系统模式，系统总线的所有信号都由 8086 直接或通过地址锁存器 8282 或数据收发器 8286 给出。图 2-4 给出了一个最小模式典型的总线部件配置。最小模式系统的组成除了总线部件配置之外，还要根据实际系统的需要选配存储器、I/O 接口、中断控制器等其他组件。

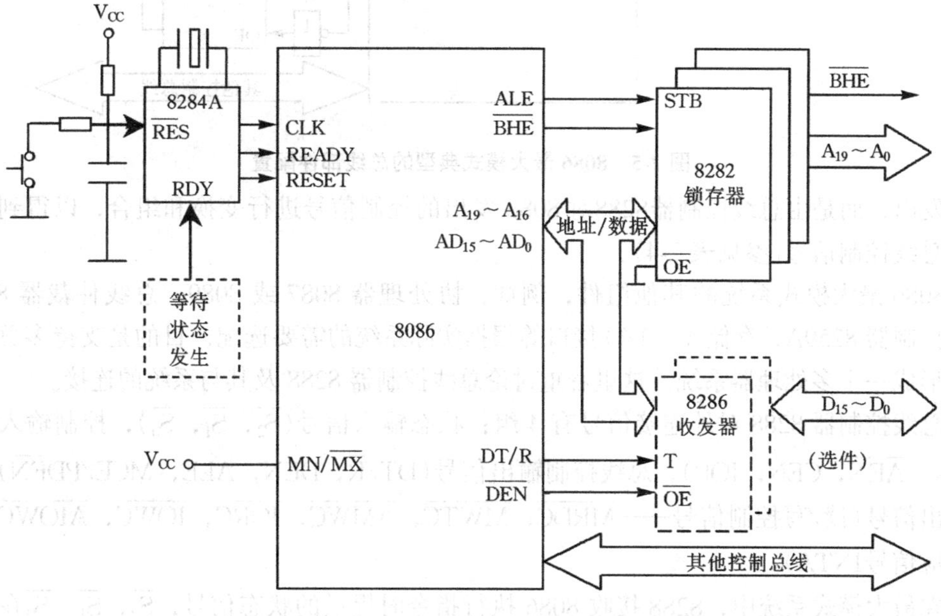

图 2-4 8086 最小模式典型的总线部件配置

2.3.3 最大模式系统组成

8086 最大模式，也就是多处理器系统模式，图 2-5 给出了 8086 最大模式典型的总线部件配置。

最大模式与最小模式在总线部件配置上最主要的差别就是总线控制器 8288。系统因包含多个处理器，需要解决主处理器和协处理器之间的协调工作以及对总线的共享控制等问题。为此，最大模式系统中要采用 8288 总线控制器。系统的许多控制信号不再由 8086

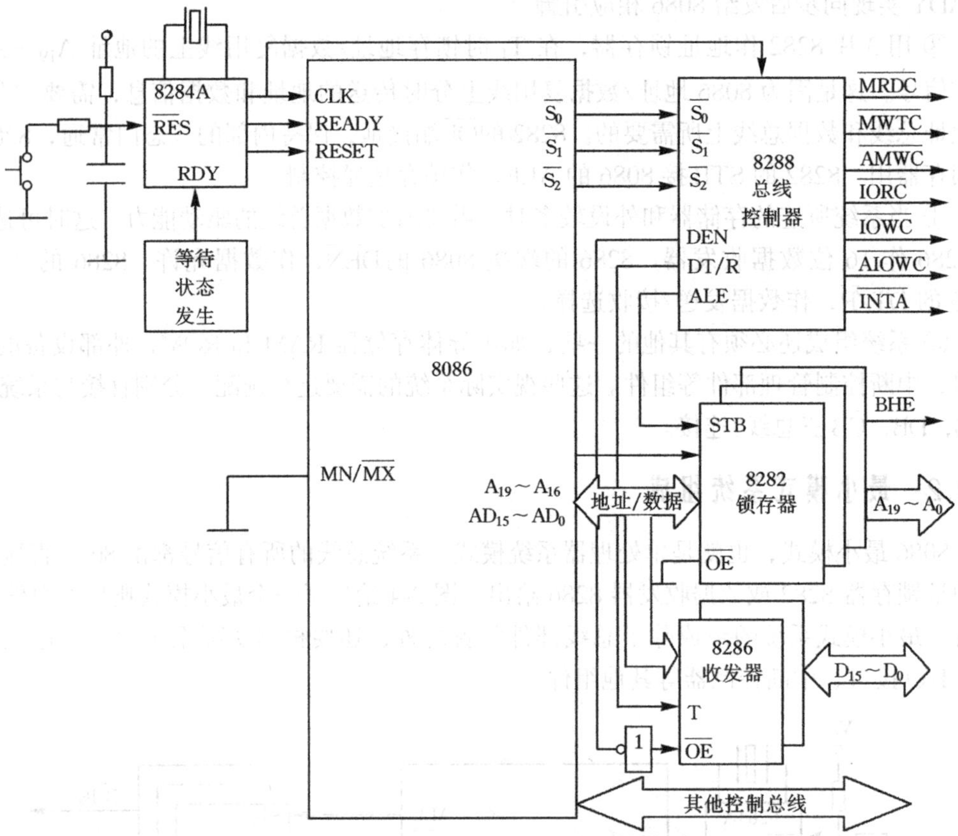

图 2-5　8086 最大模式典型的总线部件配置

直接发出，而是由总线控制器8288对 8086 发出的控制信号进行变换和组合，以得到系统各种总线控制信号(参见表 2-4)。

8086 最大模式系统的其他组件，例如，协处理器 8087 或 8089，总线仲裁器 8289，中断控制器 8259A，存储器，I/O 接口等根据实际系统的需要选配，目的是支持多总线结构，形成一个多处理器系统。这里着重讨论总线控制器 8288 及其与系统的连接。

总线控制器 8288 对外连接信号有 4 组：状态输入信号($\overline{S_2}$，$\overline{S_1}$，$\overline{S_0}$)，控制输入信号(CLK，$\overline{AEN}$，CEN，IOB)，总线控制输出信号(DT/$\overline{R}$，DEN，ALE，MCE/$\overline{PDEN}$)，命令输出信号(读/写控制信号——$\overline{MRDC}$，$\overline{MWTC}$，$\overline{AMWC}$，$\overline{IORC}$，$\overline{IOWC}$，$\overline{AIOWC}$和中断响应信号$\overline{INTA}$)。

在最大模式系统中，8288 接收 8086 执行指令时提供的状态信号，$\overline{S_2}$，$\overline{S_1}$，$\overline{S_0}$在时钟 CLK 信号控制下，译码产生时序性的上述各总线控制信号和命令信号，同时也提高了控制总线的驱动能力。尽管 8288 一般用于多处理器系统，由于此优点，单处理器系统中也常被使用。

8288 提供了两种工作方式，由 IOB——I/O 总线工作方式信号决定。当 IOB 接地，8288 适用于单处理器系统，称作系统总线方式，此时，还要求$\overline{AEN}$接地，CEN 接 + 5V。图 2-6 给出的就是这种方式的系统的连接。当 IOB 接 + 5V，且 CEN 接 + 5V，8288 则适合工作于多处理器系统，称做局部总线方式。

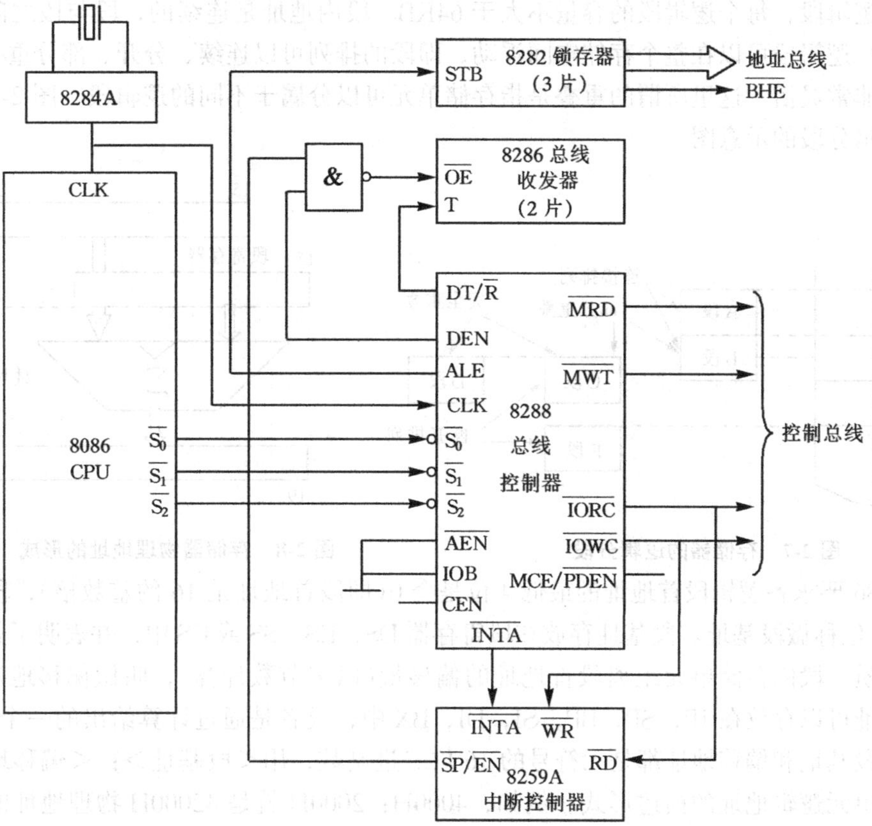

图 2-6　8288 与系统的连接

2.4　8086/8088 的存储器组织结构

2.4.1　存储器组织与分段

8086 的存储器按字节组织，有 20 根地址线，无论在最小模式还是最大模式下都可寻址 1MB 存储空间。这 1MB 的内存单元用 00000H—FFFFFH 编址。8086 的 1MB 存储器，实际上被分成了两个 512KB 存储区，分别叫奇地址区(奇区)和偶地址区(偶区)。顾名思义，奇区单元地址是奇数，偶区单元地址是偶数。偶区的数据线与数据总线上低位字节数据线 $D_7 \sim D_0$ 相连，奇区的数据线与数据总线上高位字节数据线 $D_{15} \sim D_8$ 相连。地址线 $A_{19} \sim A_1$ 可同时对奇、偶区内单元寻址，$\overline{BHE}$、A_0 则用于对奇、偶区的选择，$A_0 = 0$ 选择偶区，$\overline{BHE} = 0$ 选择奇区(参见表 2-3)。

存储器的物理组织分成了偶、奇区，但是从逻辑结构上，存储单元是按地址顺序排列的。存储单元中存放的信息有字节、字、双字。根据它们存放单元的(首)地址是偶/奇地址，分别叫做偶字节、奇字节和偶字、奇字，对于偶字节、奇字节、偶字、奇字的读/写操作，根据表 2-3 可知，偶字节、奇字节和偶字操作均用 1 个总线周期完成，而奇字操作需要 2 个总线周期，分别用奇字节和偶字节操作来完成。

8086 存储器操作采用典型的逻辑分段技术。所谓存储器分段技术就是把 1MB 空间分成若干逻辑段，每个逻辑段的容量不大于 64KB。段内地址是连续的，段与段之间是互相独立的。逻辑段可以在整个存储空间浮动，即段的排列可以连续、分开、部分重叠或完全重叠，非常灵活。这里所谓的重叠是指存储单元可以分属于不同的逻辑段。图 2-7 给出了一个逻辑分段的示意图。

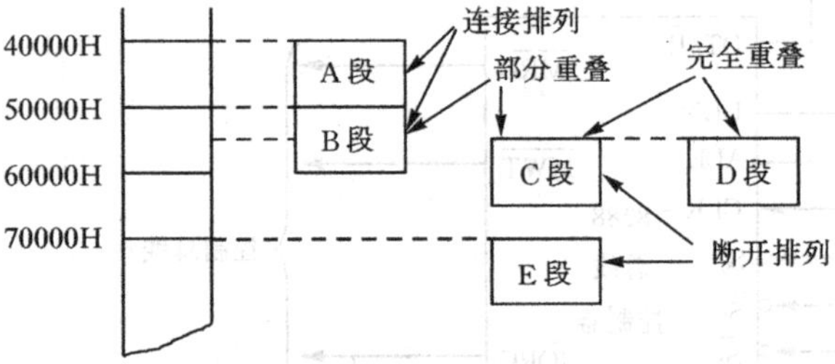

图 2-7　存储器的逻辑分段

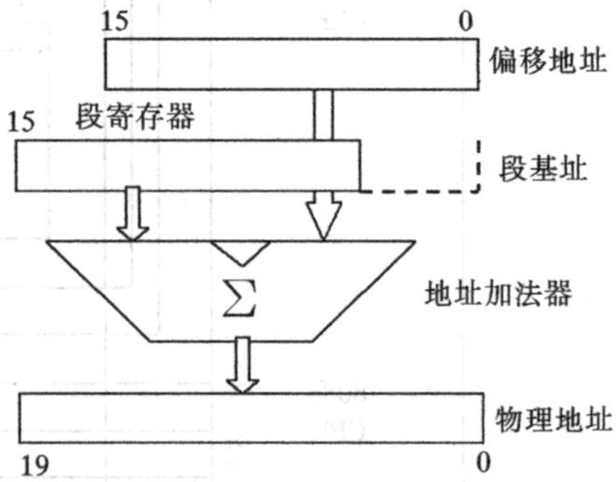

图 2-8　存储器物理地址的形成

8086 要求各逻辑段首地址的最低 4 位是全 0(即段首地址是 16 的整数倍)，段首地址的高 16 位称做段基址。段基址存放在段寄存器 DS，ES，SS 或 CS 中，并表明了相应逻辑段的性质。段内存储单元距离段首地址的偏移量(以字节数计算)，叫做偏移地址(EA)。偏移地址可以存放在 IP，SP，BP，SI，DI，BX 中，或者是通过计算给出的一个 16 位偏移量。段基址和偏移地址都是无符号的 16 位二进制数，用＜段基址＞：＜偏移地址＞作为存储单元逻辑地址的描述形式。例如，4000H：2000H 就是 42000H 物理地址的逻辑地址描述。采用分段结构的存储器中，任何一个 20 位物理地址都是由它的逻辑地址通过 CPU 中 BIU 的地址加法器变换得到的，如图 2-8 所示。

应注意到：一个物理地址单元可以唯一地包含在一个逻辑段中，也可以包含在多个相互重叠的逻辑段中，即可对应于多个逻辑地址。例如，物理地址 21245H，它的逻辑地址可以是 2123H：0015H，也可以是 2124H：0005H，等等。这说明一个存储单元的物理地址是唯一标识的，而它的逻辑地址是可以不唯一的。这就是说，通过相应的段基址和偏移地址可以访问同一个物理地址所对应的存储空间。编程时使用逻辑地址描述，给程序设计带来很大的灵活性。

2.4.2　I/O 组织

8086 系统和外部设备之间是通过 I/O 接口相互传输信息的。每个 I/O 接口都有一个或几个 I/O 端口，一个端口往往对应于接口上一个寄存器或一组寄存器。微机要为每个 I/O 端口分配一个地址，称端口地址。端口地址和存储单元地址一样，应具有唯一的地址编码。

微机 I/O 端口有两种编址方式：

(1) 统一编址。这种编址方式是将 I/O 端口和存储单元统一编址，即把 I/O 端口置于存储器空间，也看做是存储单元。因此，存储器的各种寻址方式均可用来寻址 I/O 端口。在这种方式下 I/O 端口操作功能强，使用起来也很灵活，I/O 接口与 CPU 的连接和存储器与 CPU 的连接相似。但是 I/O 端口占用了一定的存储空间，而且执行 I/O 操作时，因地址位数长，速度较慢。

(2) 独立编址。这种编址方法是将 I/O 端口进行独立编址，I/O 端口空间与存储器空间相互独立。这就需要设置专门的输入、输出指令对 I/O 端口进行操作。8086 系统采用的就是这种独立的 I/O 编址方式。

8086 使用 A_{15}～A_0 这 16 根地址线作为 I/O 端口地址线，可访问端口最多可达 64K 个 8 位端口或 32K 个 16 位端口。和存储器的字单元一样，对于奇地址的 16 位端口的访问，要进行两次操作才能完成。16 位的 I/O 端口地址无须经过地址加法器产生，因而不使用段寄存器。从 AB 总线上发出的端口地址仍为 20 位，只不过最高四位 A_{19}～A_{16}为 0。

2.5 8086/8088 的总线操作及时序

微型计算机系统内的所有操作都要按统一的时钟节拍进行。8086 的总线操作包括：存储器的读/写操作、I/O 端口的输入/输出操作、中断响应操作、总线请求和响应操作等。显然，每项总线操作都需要一定的时间，称之为总线周期。典型的总线周期由 4 个时钟周期(或称 T 状态)构成。不同的总线操作需要不同的总线信号，而“总线时序”则是对这些信号的变化进行时间顺序的描述。

前面已经讲到，处于不同的模式系统时，系统总线的形成方法不同，总线信号的组成不同。所以，需要分门别类地阐述。

2.5.1 最小模式下的读/写总线周期

8086CPU 为了要与存储器及 I/O 端口交换数据，需要执行一个总线周期，即完成一次总线操作。依照数据传输的方向，总线操作分为总线读操作和总线写操作。总线读操作指 CPU 从存储器或 I/O 端口读取数据；总线写操作指 CPU 将数据写入存储器或 I/O 端口。一个基本的读/写周期包括 4 个 T 状态，即 T_1，T_2，T_3，T_4。在存储器和外设速度较慢时，要在 T_3 之后插入一个或几个等待周期 T_w，以使其在数据传送时能与 CPU 同步。

(1) 最小模式下的总线读操作。

在 T_1 状态，发出存储器、I/O 端口选择信号 $M/\overline{IO}$，CPU 所访问对象的地址及高位字节数据总线允许信号$\overline{BHE}$，指明具体被访者及数据传送的字宽。外接锁存器 8282 利用地址锁存允许信号 ALE 的下降沿将总线上的地址(访问存储器用 20 位地址，I/O 操作时只用低 16 位地址，A_{19}～A_{16}总是处于低电平)及$\overline{BHE}$信号锁存，其中$\overline{BHE}$和低位地址线 A_0 规定信息传输的数据为高位字节、低位字节或字。$M/\overline{IO}$信号指明当前操作对象是存储器($M/\overline{IO}=1$)还是 I/O 端口($M/\overline{IO}=0$)。$DT/\overline{R}$、$\overline{DEN}$信号用来控制数据收发器 8286。为此，在整个总线周期中$DT/\overline{R}$始终保持低电平，也就是说，在这个总线周期中，8286 接收数据。$\overline{DEN}$信号在 T_2 状态变为低电平，使 8286 的(输出允许)信号有效。同时，读允许信号$\overline{RD}$变为低电平，并送至系统中所有的存储器和 I/O 端口芯片，但只有被地址信号选中者才能被读出数据，并在 T_3 状态将数据送至系统总线上，CPU 通过 AD_{15}～AD_0 接收数据。

如果系统中的存储器或外设工作速度较慢，不能用基本的总线周期完成一次读操作，便会发出 READY 无效，请求 CPU 等待。8086 在 T_3 的前沿(下降沿)对 READY 测试，若无效，则增加一个等待周期；否则直接进入 T_4，读取数据线上的数据。图 2-9 示出了 8086CPU 的总线读周期时序。

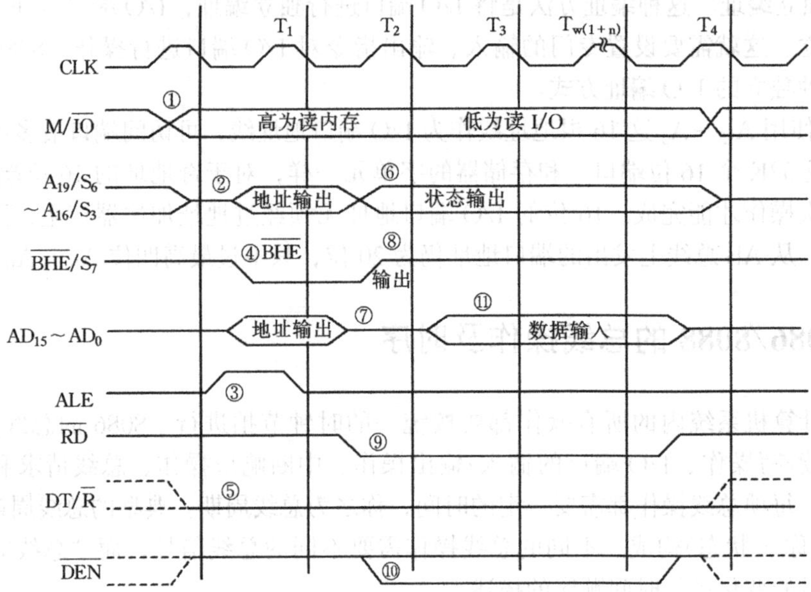

图 2-9　8086 工作模式下读周期时序图

(2) 最小模式下的总线写周期操作。

对存储器或 I/O 端口的一次写操作用一个典型的总线周期完成。其时序如图 2-10 所示。

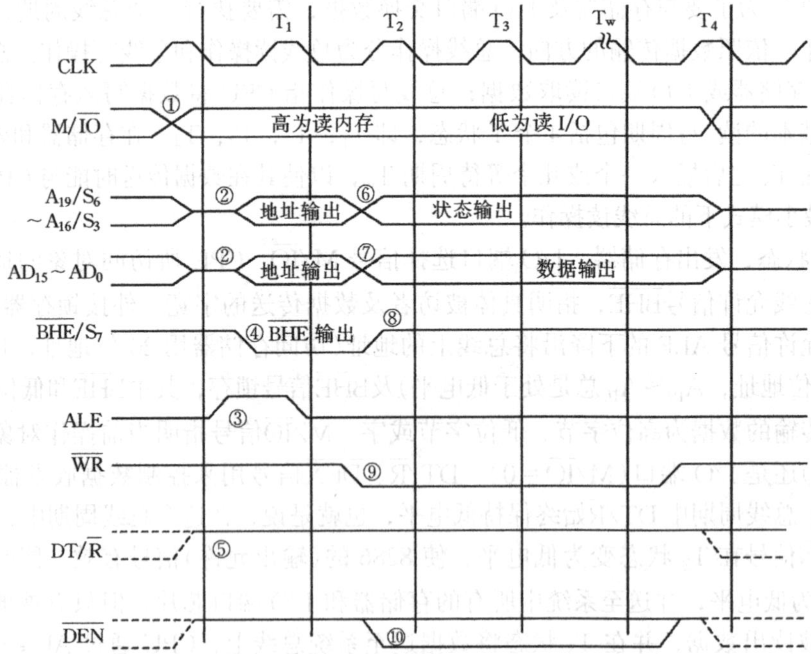

图 2-10　8086 最小模式下写周期时序图

访问存储器时，从 T_1 状态起，$M/\overline{IO}$输出高电平，直到下个总线周期开始，复用地址线 $A_{19}/S_6 \sim A_{15}/S_3$，$AD_{15} \sim AD_0$ 输出 20 位的存储器地址；若访问 I/O 端口，则 $M/\overline{IO}$输出低电平，$AD_{15} \sim AD_0$ 输出 16 位 I/O 端口地址，高位地址线维持低电平。与总线读操作一样，利用地址锁存允许信号 ALE 的有效脉冲将地址的 $\overline{BHE}$ 信号锁存到地址锁存器中。由于 8086 进行写操作，故 $DT/\overline{R}$ 从 T_1 开始进入高电平，并保持至本总线周期结束，意在控制 8286 向总线方向驱动数据。

进入 T_2 状态后，AD_{15}～AD_0 上出现 CPU 输出的数据，并一直保持到 T_4 状态，$\overline{DEN}$ 有效信号使总线收发器 8286 的 $\overline{OE}$ 生效，将数据送上系统数据总线。与此同时，CPU 发出 $\overline{WR}$ 有效信号，将数据写入被地址信号选中的存储单元或 I/O 端口。至于传送的数据将以何种格式出现，与读操作一样，取决于 CPU 在 T_1 状态下的数据总线高位有效信号 $\overline{BHE}$ 与低位地址线 A_0 状态的组合。归纳起来，共有 4 种形式，如表 2-3 所示。

同样在 T3 状态的前沿，CPU 根据 READY 信号作决定，若 READY＝1，8086 将进入 T_4 状态；READY＝0，说明存储器或 I/O 端口请求等待，于是，便在 T_3 之后插入 T_W，继续在 T_W 的前沿检测 READY，如果无效，还可继续插入 T_W。采用这种办法的目的是延长上述各信号的时间，使速度差别较大的 CPU 与存储器或 I/O 端口之间保持同步。

(3) 总线空闲状态。

当 CPU 不执行总线周期时，总线接口部件不与总线打交道，进入总线空闲周期。此时，CPU 内部指令队列已满，且 EU 单元正在进行有效的内部操作。所以说，总线空操作是总线接口部件对执行部件的等待状态。

总线空闲周期由一系列 T_1 构成，基本维持前一总线周期时的状态。如果前一个总线周期为写周期，AD_{15}～AD_0 的数据仍被继续驱动；如果前一个总线周期为读周期，则 AD_{15}～AD_0 在空闲周期处于高阻状态。

2.5.2　最大模式下的读/写总线周期

其实，最大模式下的总线时序与最小模式下的总线时序极为相似，只是在最大模式下，系统总线将由 8086 与 8288 共同形成。此时，需要分清系统信号中哪些来自 CPU，哪些来自 8288。最大模式下的读/写操作时序，如图 2-11 和图 2-12 所示。

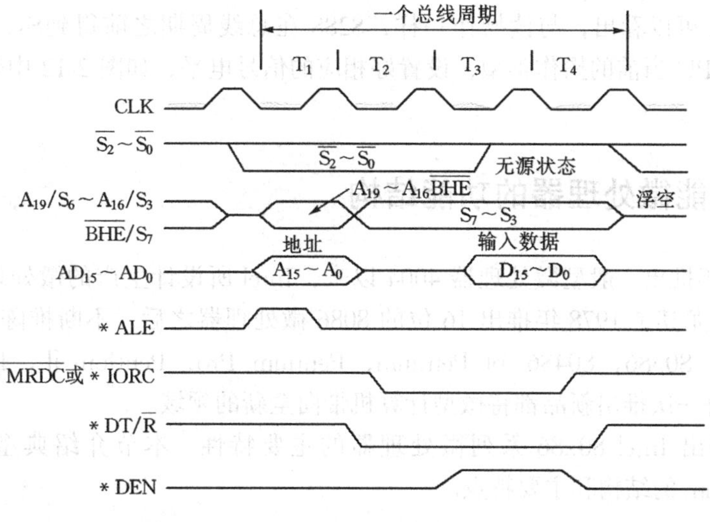

图 2-11　8086 最大模式下的读操作时序

由图 2-11 和图 2-12 可以看出，8086 最大模式下与最小模式下的读/写区别仅在于：在最大模式之下，从总线周期一开始，状态信号 $\overline{S_2}$，$\overline{S_1}$，$\overline{S_0}$ 便出现在 CPU 相应的引脚上，

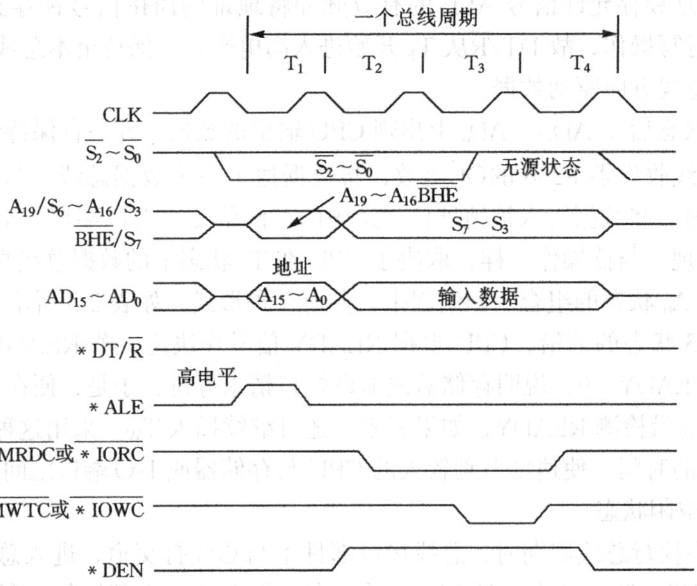

图 2-12 8086 最大模式下的写操作时序

以通知8288当前 CPU 正在进行的总线操作类型。必须说明$\overline{S_2}$，$\overline{S_1}$，$\overline{S_0}$是由正在控制总线的芯片发出的(可能是 8086，也可能是 8087)，所以编码表明的也是当前处理器的操作。8288 据此译码，组合产生各种控制信号并发至总线。直到 T_4 周期，$\overline{S_2}$，$\overline{S_1}$，$\overline{S_0}$输出编码 111，CPU 处于本总线周期向下一个总线周期的过渡阶段。图中带“*”号者为 8288 输出的控制信号。

工作于最大模式时，CPU 通过总线控制器可以为存储器或 I/O 设备提供两组写信号，一组是普通的写信号$\overline{MWTC}$和$\overline{IOWC}$；另一组为提前一个时钟周期发出的$\overline{AMWC}$和$\overline{AIOWC}$，称作超前写命令，意在让被访问的物理器件提早得到写命令，进入写操作，使得速度较慢的器件能有更充裕的操作时间，从而，使其与高速 CPU 实现同步。

从图 2-12 可以看出，与读操作一样，8288 在总线周期之前得到$\overline{S_2}$，$\overline{S_1}$，$\overline{S_0}$的编码，进而，按照 CPU 当前的操作类型，设置好相应的信号电平，如图 2-12 中带“*”号信号电平。

2.6 高性能微处理器的功能结构

自 1971 年推出一般型微处理器 4004 以来，Intel 所设计生产的微处理器一直占有相当大的市场，尤其是 1978 年推出 16 位的 8086 微处理器之后，不断推陈出新。从 8086/8088，80286，80386，80486 到 Pentium，Pentium Pro，Pentium Ⅱ，Pentium Ⅲ 以及 Pentium 4，每一次推出新品都将微型计算机带向全新的领域。

表 2-6 列出 Intel 80x86 系列微处理器的主要特性。本节介绍典型高档微处理器 80386、Pentium 的结构和主要特点。

表 2-6　Intel 系列微处理器的主要特性

主要参数 \ 处理器	8086	80286	80386	80486	Pentium	Pentium Pro	Pentium Ⅱ	Pentium Ⅲ
推出时间	1978	1982	1985	1989	1993/1994	1995	1997	1999
工作电压/V	5	5	5	5/3.3	5/3.3	3.3/2.9	2.8/2.0	2.0/1.8
主频范围/MHZ	4.77	6～25	20～33	33～100	60～133	150～233	233～400	450～1000
总线频率/MHZ	1.193	8	16～33	33	66	66	66/100	100/133
集成管子数/只	4 万	13.4 万	27.5 万	120 万	310 万	550 万	750 万	950 万
L1 Cache	—	—	—	8KB	8KB+8KB	8KB+8KB	16KB+16KB	16KB+16KB
L2 Cache	—	—	—	—	—	256KB	512KB	512KB
外部数据线条数	16	16	32	32	64	64	64	64
外部地址线条数	20	24	32	32	32	36	36	36
存储器空间	1MB	16MB	4GB	4GB	4GB	64GB	64GB	64GB
制造工艺/μm	>2	>2	2	1	0.8～0.6	0.6～0.35	0.35～0.25	0.25
工作方式	实方式	实方式保护方式	实方式保护、V86	实方式保护、V86	实、保护、V86、系统管理	实、保护、V86、系统管理	实、保护、V86、系统管理	实、保护、V86、系统管理
超级流水线/条	—	—	—	1	2	3	3	3
存储器组织/体	2 个	2 个	4 个	4 个	8 个	8 个	8 个	8 个

2.6.1　80386 微处理器

1985 年 10 月，Intel 公司推出了与 8088/8086/80286 相兼容的高性能的 32 位微处理器 80386，它是为满足高性能的应用领域与多用户、多任务操作系统的需要而设计的。它的发布标志着微处理器自此从 16 位迈进了 32 位的时代。

80386 采用先进的高速 CHMOS-Ⅲ工艺，既具有 HMOS 的高性能特点又具有 CMOS 的低功耗的特点。该芯片集成了 275 万个晶体管，对外引脚 132 条，采用陶瓷网格阵列(PGA)封装，可采用 16 MHz、25 MHz 和 33 MHz 主频。

2.6.1.1　80386 的主要特点

80386 是为适应超高速计算需要而设计的高性能全 32 位微处理器，是在优化的多用户和多任务操作系统下工作，采用 CISC 体系结构的典型的第一代 32 位微处理器。80386 具有如下主要特点。

① 采用全 32 位结构，其内部寄存器、ALU 和操作是 32 位，数据线和地址线均为 32 位。故能寻址的物理空间为 $2^{32}=4GB$。

② 提供 32 位外部总线接口，最大数据传输率为 32MB/s，具有自动切换数据总线宽度的功能。CPU 读写数据的宽度可以在 32 位到 16 位之间自由进行切换。

③ 具有片内集成的存储器管理部件 MMU，可支持虚拟存储和特权保护，虚拟存储器空间可达 64TB(246 字节)。存储器按段组织。每段最长 4000MB，因此 64TB 虚拟存储空间允许每个任务可拥有多达 16384 个段。存储保护机构采用 4 级特权层，可选择片内分页单元。内部具有多任务结构，能快速完成任务的切换。

④ 具有实地址方式、保护方式和虚拟 8086 方式 3 种工作方式。实地址方式和虚拟 8086 方式与 8086 相同，已有的 8088/8086 软件不加修改就能在 80386 的这两种方式下运行；保护方式可支持虚拟存储、保护和多任务，包括了 80286 的保护方式功能。

⑤ 采用了比 8086 更先进的流水线结构，使其能高效、并行地完成取指、译码、执行和存储管理功能。它具有增强的指令预取队列，能预取指令并进行内部指令排队。取指和译码操作均由流水线承担，处理器执行指令不需等待。其指令队列从 8086 的 6 字节增加到 16 字节长。

2.6.1.2 80386 的内部结构

80386 采用流水工作方式，其内部结构按功能划分由 6 大部分组成：总线接口部件(BIU)、指令预取部件(IPU)、指令译码部件(IDU)、指令执行部件(EU)、分段部件(SU)和分页部件(PU)。这六大功能部件的结构与连接如图 2-13 所示。其中，分段部件 SU 和分页部件 PU 统称为存储器管理部件 MMU(Memory Management Unit)。

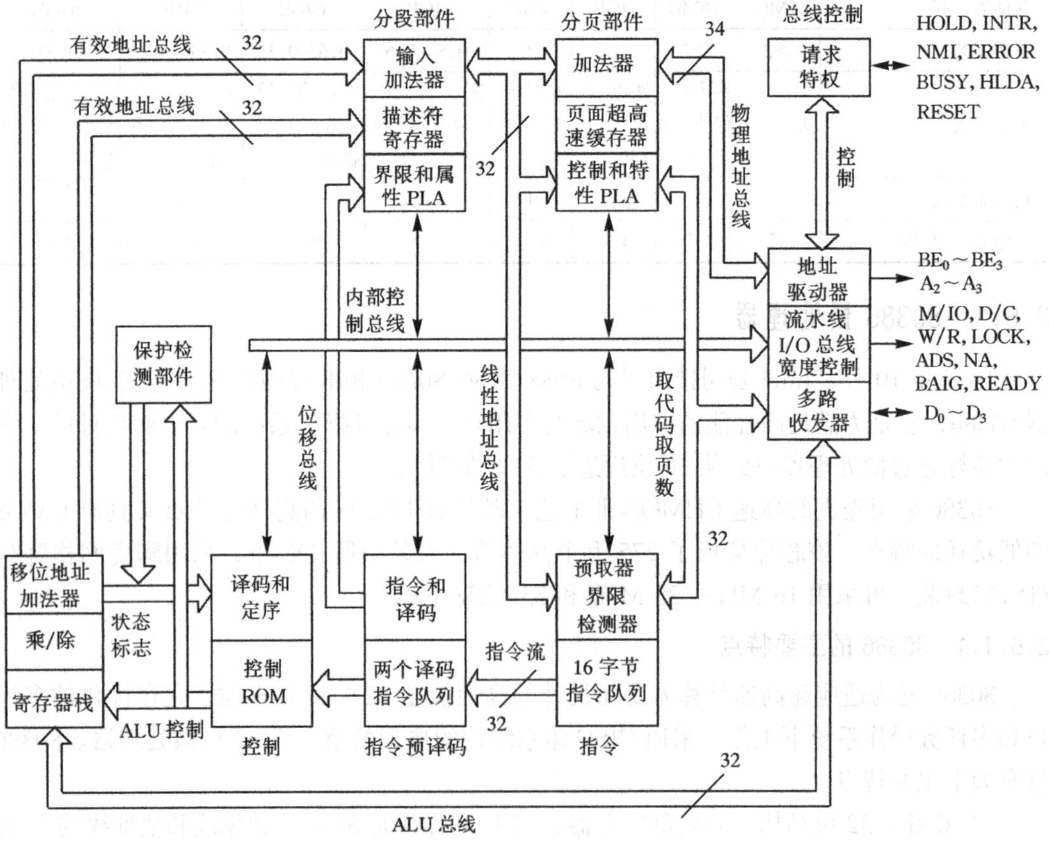

图 2-13　80386 的内部结构图

总线接口部件 BIU 是微处理器与系统的接口。其功能是：在取指令、取数据、分段部件请求和分页部件请求时，有效地满足微处理器对外部总线的传输要求。BIU 能接收多个内部总线请求，并且能按优先权加以选择，最大限度地利用所提供的总线宽度，为这些请求服务。

指令预取部件 IPU 的职责是从存储器预先取出指令。它有一个能容纳 16 条指令的队列。指令译码部件 IDU 的职责是从预取部件的指令队列中取出指令字节，对它们进行译码后存入自身的已译码指令队列中，并且作好供执行部件处理的准备工作，如果在预译码时发现是转移指令，可提前通知总线接口部件 BIU 去取目标地址中的指令，取代原预取队列中的顺序指令。

执行部件 EU 由控制部件、数据处理部件和保护测试部件组成。控制部件中包含着控制 ROM、译码电路等微程序驱动机构。数据处理部件中有 8 个 32 位通用寄存器、算术逻辑运算器 ALU、一个 64 位桶形移位器、一个乘除法器和专用的控制逻辑，它负责执行控制部件所选择的数据操作。保护测试部件用于微程序控制下，执行所有静态的与段有关的违章检验。

执行部件 EU 中还设有一条附加的 32 位的内部总线及专门的总线控制逻辑，以确保指令的正确完成。

分段部件 SU 的作用是应执行部件的请求，把逻辑地址转换成线性地址。在完成地址转换的同时还执行总线周期的分段合法性检验。该部件可以实现任务之间的隔离，也可以实现指令和数据区的再定位。

分页部件 PU 的作用是把由分段部件产生的线性地址转换成物理地址，并且要检验访问是否与页属性相符合。为了加快线性地址到物理地址的转换速度，80386 内设有一个页描述符高速缓冲存储器(TLB)，其中可以存储 32 项页描述符，使得在地址转换期间，大多数情况下不需要到内存中查页目录表和页表。试验证明 TLB 的命中率可达 98%。对于在 TLB 内没有命中的地址转换，80386 设有硬件查表功能，从而缓解了因查表引起的速度下降问题。

六大功能部件之间的关系如图 2-14 所示。

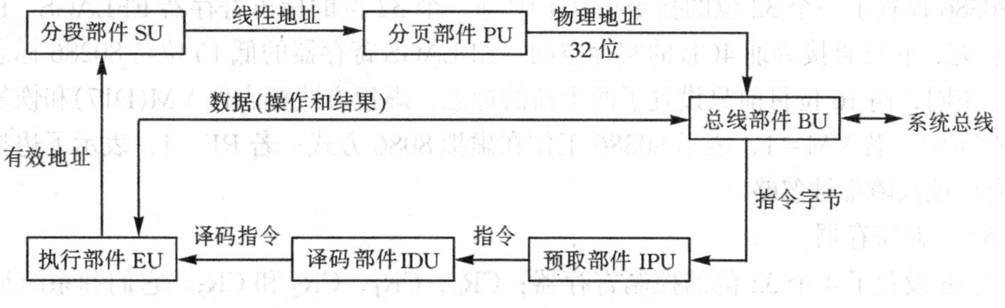

图 2-14 80386 功能结构简图

2.6.1.3 80386 内部寄存器

80386 共有 34 个寄存器，按功能可分为：通用寄存器、指令指针和标志寄存器、段寄存器、系统地址寄存器、控制寄存器、调试寄存器和测试寄存器。

(1) 通用寄存器。

80386 有 8 个 32 位的通用寄存器，这 8 个通用寄存器都是由 8088/8086/80286 的相应 16 位通用寄存器扩展成 32 位而成。名字分别是：EAX，EBX，ECX，EDX，ESI，EDI，EBP，ESP。每个 32 位寄存器的 16 位可单独使用，与 8088/8086/80286 的相应 16 位通用寄存器作用相同。同时，AX，BX，CX，DX 寄存器的高、低 8 位也可分别当做 8 位寄存器使用。

(2) 段寄存器。

80386 设置 6 个 16 位段寄存器，其中 CS，SS，DS 和 ES 与 8086 完全相同，新增加的 FS，GS 是两个支持当前数据段的段寄存器。

在保护虚拟地址方式(即支持多任务方式)下，段寄存器称为段选择器，用来存放虚拟地址指示器中的段选择字，它与段描述符寄存器配合实现段寻址。为了实现存储器分段管理，80386 把每个逻辑段的基地址(32 位)、长度限值、属性等信息定义成一个称为段描述符的 8 字节(64 位)长的数据结构，所有的段描述符构成系统的段描述符表。

80386 有 6 个与 6 个段寄存器一一对应的段描述符寄存器。段描述符寄存器和段描述符的结构完全一样。64 位的段描述符寄存器是程序员不可操作的。当一个段选择字被装入段寄存器，系统根据选择字找到所对应的描述符项，同时装入对应的段描述符寄存器。这样，只要段选择字不变，就不需要到内存中查询描述符表，从而加快了段寻址的速度。

(3) 系统地址寄存器。

80386 和 80286 一样设置了 4 个专用的系统表地址寄存器 GDTR，LDTR，IDTR 和 TR，用于保存保护方式下所需要的有关信息。

80386 设置了三种描述符表，即全局描述符表 GDT、局部描述符表 LDT、中断描述符表 IDT。前两个定义了系统中使用的所有的(最多可有 8K 个)段描述符，IDT 则包含了指向多达 256 个中断程序入口的中断向量描述符。实际上，这些表是长度为 8～64KB 的数组，段寄存器中选择字的高 13 位就是所对应的描述符在表中的索引地址。

GDTR 和 IDTR 均为 48 位寄存器，GDTR 用来存放 GDT 的 32 位基地址和 16 位段长限值，IDTR 存放 IDT 的 32 位基地址和 IDT 的 16 位段长限值。LDTR 和 TR 均是 16 位寄存器，LDTR 存放 LDT 的段选择字，而 TR 用来存放任务状态段表的段选择字。

(4) 指令指针和标志寄存器。

80386 设置了一个 32 位的指令指针 EIP 和一个 32 位的标志寄存器 EFLAGS。EIP 是 IP 的扩充，它可直接寻址 4GB 的实存空间。EFLAGS 寄存器的低 16 位与 80286 标志寄存器完全相同，高 16 位目前只设置了两个新的标志：虚拟方式标志位 VM(D17)和恢复标志位 RF(D16)。若 VM=1，表示 80386 工作在虚拟 8086 方式；若 RF=1，表示下边指令中的所有调试故障都被忽略。

(5) 控制寄存器。

80386 设置了 4 个 32 位的控制寄存器：CR_0，CR_1，CR_2 和 CR_3。它们和系统地址寄存器一起，保存着全局性的机器状态，主要供操作系统使用。

CR_0：包含有 6 个预定义的标志，用来表示或控制机器的状态。其中低 16 位为机器状态字 MSW，D_0～D_3 标志位 PE，MP，EM，TS 的意义与 80286 一样，这使得 80386 在保护方式下能与 80286 兼容。新增加了处理器扩展类型控制标志 ET(D_4 位，ET=1 协处理器为 80387；ET=0，协处理器为 80287)和分页控制标志 PG(D_{31}位，PG=1，允许分页)。PG 和 PE 的组合为 80386 提供了三种工作方式：00，为 8086 实地址方式；01，为禁止分页的保护方式；11，为启用分页的保护方式。

CR_1：未定义的控制寄存器，留待扩充使用。

CR_3：为页故障线性地址寄存器，保存最后出现故障的 32 位线性地址。

CR_2：为页目录表基址寄存器，保存页目录表的物理基地址(页目录基地址)，由分页部件使用。由于页目录表是按页(4KB)对齐的，故 CR_3 的低 12 位不起作用，全为 0。

(6) 调试寄存器。

80386设有8个32位调试寄存器$DR_0 \sim DR_7$，它们为调试提供了硬件支持。其中，$DR_0 \sim DR_3$是4个保存线性断点地址的寄存器；DR_4，DR_5为备用寄存器；DR_6为调试状态寄存器，通过该寄存器的内容可以检测异常，并进入异常处理程序或禁止进入异常处理程序；DR_7为调试控制寄存器，用来规定断点字段的长度，断点访问类型，“允许”断点和“允许”所选择的调试条件。

(7) 测试寄存器。

80386设置了8个32位的测试寄存器$TR_0 \sim TR_7$，其中$TR_0 \sim TR_5$由INTEL公司保留，用户只能访问TR_6，TR_7。它们用于控制对TLB中的RAM和CAM相联存储器的测试。TR_6是测试控制寄存器，TR_7是测试状态寄存器，保存测试结果的状态。

2.6.1.4 80386的三种工作方式

80386有三种工作方式，即实地址方式(Real Address Mode)、保护虚拟地址方式(Protected Virtual Address Mode)(简称保护方式)以及虚拟8086方式。

(1) 实地址方式。

系统启动后，80386自动进入实地址方式。在此方式下，采用类似于8086的体系结构，80386在实地址方式下的主要特点如下。

① 寻址方式、存储器管理、中断处理与8086一样。

② 操作数默认长度为16位，但允许访问32位寄存器(在指令前加前缀)。

③ 不用虚拟地址，最大地址范围仍限于1MB，只采用分段方式，每段最大64KB。

④ 存储器中保留两个固定的区域，一个是初始化程序区FFFFFH～FFFF0H，另一个为中断向量表003FFH～00000H。

⑤ 80386的4特权级，在实地址方式下，程序在最高级0级上执行，80386指令集除了少数指令外，绝大多数指令在实地址方式下都有效。

(2) 保护虚拟地址方式。

所谓保护是在执行多任务操作时，对不同任务使用的虚拟存储器空间进行完全的隔离，保护每个任务顺利执行。

保护方式是80386最常用的方式，系统启动后先进入实地址方式，完成系统初始化后立即转到保护方式。这种方式提供了多任务环境下的各种复杂功能以及对复杂存储器组织的管理机制。只有在保护方式下，80386才能发挥其强大的功能。

在保护方式下，80386具有如下特点。

① 存储器采用虚拟地址空间、线性地址空间和物理地址空间三种方式来描述。在保护方式下，80386寻址机构不同于8086，与80286类似，是通过描述符的数据结构来实现对内存访问的。

② 强大的寻址空间。在保护方式下，80386可以寻址的空间大致64TB(2^{48})。这个空间就是所谓的虚拟地址空间。

③ 使用80386的4级保护功能，可实现程序与程序、用户与用户、用户与操作系统之间的隔离和保护，为多任务操作系统提供优化支持。

④ 在保护方式下，80386既可以进行16位运算，又可进行32位运算。无论是16位，还是32位的运算，只要在保护方式下，它就能启动其分页单元，以支持虚拟内存。

(3) 虚拟8086方式。

80386及其以后的微处理器在80286已有的基础上新增了“虚拟8086模式”。所谓虚拟8086模式是指一个多任务的环境(Multitasking)，即模拟多个8086的工作方式。在这个模式之下，80386被模拟成多个8086微处理器并行工作。

虚拟8086模式允许80386将内存划分成若干部分，每个部分由操作系统分配给不同的应用程序，而应用程序、数据以及内存管理程序等部分则存放在所分配的内存中。因此操作系统可根据时间上的平均分配或优先权，分配每个应用程序的执行时间。

虚拟8086方式的主要特点如下。

① 可执行原来采用8086书写的应用程序。

② 段寄存器的用法与实地址方式一样，即段寄存器内容乘以16后加上偏移量即可得到20位的线性地址。

③ 可以使用分页方式，将1MB分为256个页面。分页内存是将内存以4KB为单位进行划分，每一个4KB称为一“页”，因此可以比段寻址方式划分要细，从而可处理较小的应用程序与数据段。尽管在V86方式下得到的线性地址是20位即1MB的空间，但由于线性地址可以通过页表映射到任何32位物理地址，所以应用程序可以在80386现有实际内存的任何地方执行。

如果没有分页内存管理能力，则小片段的程序或数据在段寻址模式下，仍需要占有数十KB的空间，且数据读写缓慢。

在80386多任务系统中，可以使其中一个或几个任务使用虚拟8086方式。此时，一个任务所用的全部页面可以定位于某个物理地址空间，另一个任务的页面可以定位于其他区域，即每个虚拟8086方式下的任务可以转换到物理存储器的不同位置。这样，就把存储器虚拟化了，故称之为虚拟8086方式。

④ 在虚拟8086方式中，应用程序在最低特权级3级上运行，因此80386指令系统中的特权指令不能使用。

(4) 实地址方式与虚拟8086方式的主要区别。

前面已经介绍过，80386有两种类似于8086的工作方式，一种是实地址方式，另一种是虚拟8086方式。这两种方式的主要不同点介绍如下。

① 实地址方式的内存管理只采用分段管理方式，不采用分页管理，而虚拟8086方式既分段又分页。

② 存储空间不同。实地址下的最大寻址空间为1MB，而虚拟8086方式下每个任务可以在整个内存空间寻址，即1MB的寻址空间可以在整个存储器范围内浮动，因此V86方式实际寻址空间为4GB。

③ 实地址方式下微处理器所有的保护机制都不起作用，因此不支持多任务，而虚拟8086方式既可以运行8086程序，又支持多任务操作，这就解决了80286保护方式既要维持保护机制，又要运行8086程序的矛盾。虚拟8086方式可以是80386保护方式中多任务操作的一个任务，而实地址方式总是针对整个80386系统。

2.6.1.5 80386的存储器管理

80386在保护虚拟地址方式下，采用分段、分页两级综合的存储管理，用分段管理组织其逻辑地址空间的结构，用分页管理来管理其物理存储。80386的分段部件把程序的逻辑地址变换为线性地址，进而由分页部件变换为物理地址。这种分段管理基础上的分页管理是80386所支持的最全面、功能最强的一种存储管理方式。由于微处理器内还设置高速缓冲存储器(Cache)和其他功能部件，使得这种两级地址转换的速度很快。

实际上，64TB 的虚拟地址空间是在磁盘等外部存储器的支持下实现的。它与 CPU 的存储器管理部件、48 位和 16 位的描述符表寄存器等有直接关系。编写程序时，程序可以放在磁盘存储器上，但在执行时，必须把程序加载到物理存储器中。存储器管理就是要解决这个问题，要将 46 位虚拟地址变换成 32 位物理地址。

(1) 分段管理。

在保护模式下，某个段寄存器中的内容不再是段的基地址，32 位的段基地址是存放在一个段描述符表中，而段寄存器的内容作为选择符，即作为段描述符表的索引，用它来从表中取出相应的段描述符(包括 32 位段基地址、段界限和访问权等)。在这个地址转换过程中，由选择符的高 13 位作为偏移量，再以 CPU 内部预先初始化好的 GDTR 中的内容作为基地址，就可获得相应的描述符。该描述符将存入描述符寄存器中。描述符中的段基地址(32 位)，同指令给出的 32 位偏移地址相加得到线性地址，再通过分页机构进行变换，最后得到物理地址。如果不分页，线性地址就等于物理地址。保护虚地址模式下的地址变换如图 2-15 所示。

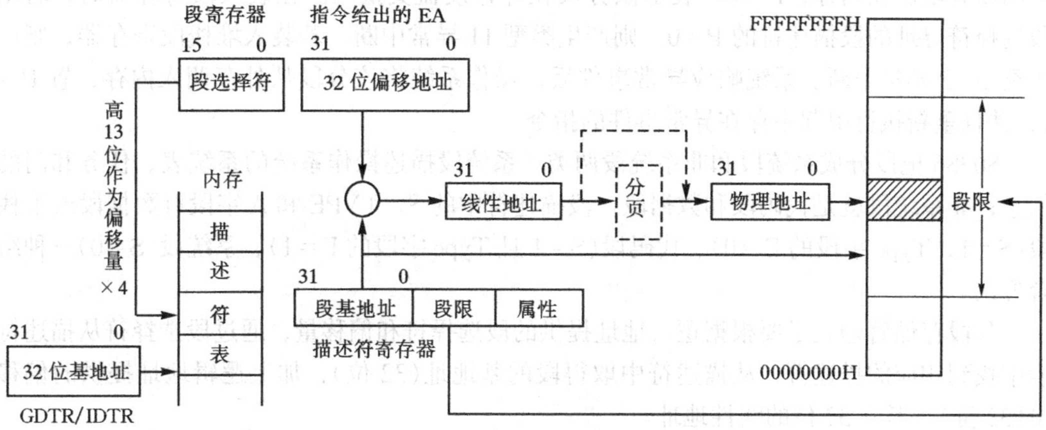

图 2-15 保护虚地址模式下的地址变换

① 段选择符，在保护虚地址模式下，段寄存器就成为一个选择符，它由 3 个字段组成，如图 2-16 所示。

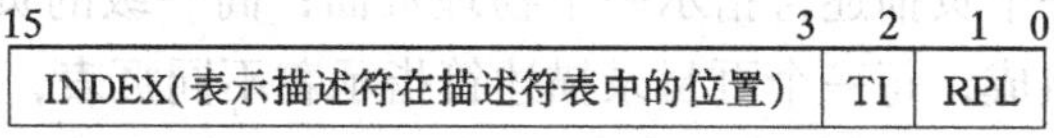

图 2-16 放在段寄存器中的选择符的格式

INDEX，13 位的索引值。给出要选择的描述符在描述符表中的位置，或描述符在表中的序号。INDEX 加上 32 位的描述符表基地址(在 GDTR/LDTR 中)就得到所选择的描述符的物理地址。最大可选择 8K 个全局描述符和 8K 个局部描述符，共 16K 个描述符。

TI，描述符表指示器。TI=0，表示指向全局描述符表 GDT；TI=1，表示指向局部描述符表 LDT。

RPL，选择器特权级。定义当前请求的特权层级别，特权级为 0～3 级，0 级最高，3 级最低。

② 段描述符，用段选择器从描述符表中所选择的对象称为段描述符。段描述符包含了一个存储分段的所有信息。其中包含段的线性基地址和此段的界限(大小)，还包括段的

一些属性。这些属性包括此段的保护等级，读、写、执行特权和保护特权级别，操作数的默认长度(16 位或 32 位)，段的类型和段的粒度(即段的长度单位)。

每个段描述符有 8 个字节，其中段基地址共 32 位(4 个字节)，段界限字段是 20 位，还有 12 位定义了段的属性信息，其格式如图 2-17 所示。

31					16	15					0
段基地址(15~0)						段界限(15~0)					
段基地址(31~24)	G	D	0	AVL	段界限(19~16)	P	DPL	S	TYPE	A	段基地址(23~16)

图 2-17　段描述符的格式

段描述符的 32 位基地址规定了存储分段在线性地址空间中的基地址。段界限字段指定了该存储分段的长度。当粒度位 G=0 时，段长是以字节为单位的。此时，该分段的最大地址空间是1MB。G=1 时，段长是以页为单位。此时，该分段的最大地址空间是 4G 字节。D 位指示了操作数和有效地址的缺省长度：D=1，使用 32 位操作数和 32 位寻址方式；D=0，使用 16 位操作数和 16 位寻址方式。P 位表示该存储分段是否在内存：P=1，表示该分段已在内存；P=0，表示该分段在外存硬盘交换区。在装入段寄存器时，若由段选择符寻址的段描述符的 P=0，则产生类型 11 异常中断。若装入堆栈段寄存器，则产生类型 12 异常中断。系统响应异常事件后，操作系统将该分段从外存调入内存，置 P=1，并且重新执行引起不存在异常事件的指令。

80386 把段分成系统段和非系统段两类。系统段描述操作系统的系统表、任务和门的信息；非系统段就是代码段和数据段。段描述符中的 S，TYPE 和 A 字段有数据段或堆栈段(S=1，Type 字段的 E=0)、代码段(S=1 且 Type 字段的 E=1)、系统段(S=0)三种组合方式。

分段存储管理就是要根据逻辑地址提供的段选择符和偏移量，通过段选择符从描述符表中找到相应的描述符，从描述符中取得段的基地址(32 位)，加上逻辑地址提供的偏移量(32 位)，形成 32 位的线性地址。

(2) 分页管理。

80386 的物理存储器组织成若干个页面(一般每个页面为 4KB)。

80386 分页采用了页目录表、页表两级页变换机制。低一级的页表是页的映像，由若干页描述符组成，每一个页描述符指示一个物理页面；高一级的页目录表是页表的映像，由若干页目录描述符组成，每一个页目录描述符指示着不同页表，由 80386 的页目录基地址寄存器 CR3 指示页目录表在存储器中的位置。80386 的页表和页目录表中最多可分别包含 210 个页描述符和页目录描述符，每个描述符均由 4Byte(32 位)组成，其格式也基本相同。其中：

① P(D_0)为存在位，页面或页表装入存储器时，P=1，否则 P=0；

② R/W(D_1)为读/写控制位，R/W=1 写，否则为读；

③ U/S(D_2)为用户/监控位，U/S=1 用户操作，否则为监控操作；

④ A(D_5)为访问位，对该页面或页表进行过读写访问时，A=1；

⑤ D(D_6)为出错位，D=1 出错，否则未出错；

⑥ SYSTEM($D_{11}\sim D_9$)为系统位，留给系统使用；

⑦ 页面地址指针或页表地址指针($D_{31}\sim D_{12}$)分别是对应的页面或页表的基地址。

80386的页面和页表均起始于存储空间的4KB界上，因此，页面地址和页表地址的低12位为全0。在80386分页系统中，由CR3给出页目录表的基地址，利用32位线性地址的高10位在页目录表的1024个页目录描述符中选定1个，从而获得对应页表的基地址；利用线性地址的中间10位；在对应页表的1024个页描述符中选定1个，得到页面地址；利用线性地址的最低12位可在指定页面的4KB中选中一个物理存储单元，实现了从线性地址到物理地址的转换。这种地址转换是标准的二级查表机构，如图2-18所示。

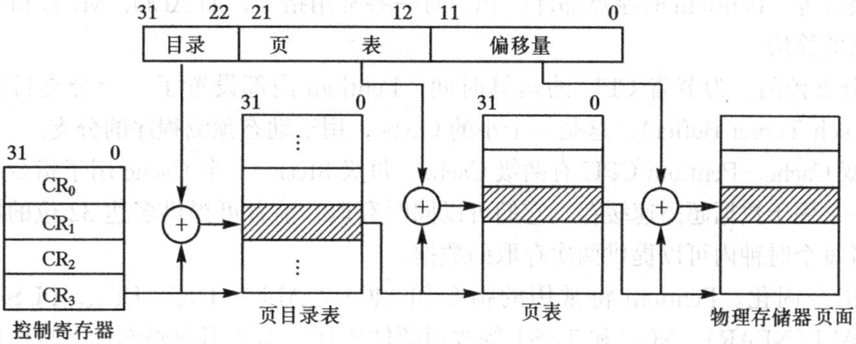

图2-18 80386的分页机构

在这个分页系统中，通过页目录表可寻址多达1K个页表，每个页表可寻址多达1K个页面，因此可寻址1M个页面，而一个页面有4KB，即可寻址80386整个物理空间4GB(4KB×1M)。

(3) 高速缓冲存储管理。

为了加快段内地址转换速度，在80386芯片上有高速缓冲存储器(Cache)，可把当前段描述符存入Cache中，在以后进行的地址转换中，就不用再访问描述符表，而只与Cache打交道，这样就大大地加快了地址转换的速度。

分页系统也支持Cache，把最新、最常用的页表项目，自动保存在称为转换后备高速缓存(TLB)中。TLB共可保存32个页表信息，32个页与对应页的4KB相联系，这样就覆盖了128KB的存储器空间。对于一般的多任务系统来说，TLB具有大约98%的命中率，也就是说在处理器访问存储器过程中，只有2%必须访问两级分页机构，所以，加快了地址转换的速度。

2.6.2 Pentium微处理器

1993年Intel公司推出新一代名为Pentium的微处理器，中译名为奔腾。Pentium是由希腊文Pente(意思为5)演变来的，该处理器按原来代号顺序排列应取名为80586，但为了取得注册商标，防止其他公司的兼容产品再以相同的名称命名，Intel公司按照美国有关法律将这种新一代处理器取名为Pentium，并注册专有。

Pentium处理器采用了全新的设计，它有64位数据线和32位地址线，与80486相比内部结构作了很大改进，但是依然保持了和8086，8088，80286，80386，80486的二进制兼容性，在相同的工作模式下可以执行所有的80X86程序。片内存储管理单元(MMU)也与80386和80486兼容，可以在实地址模式引导下转入保护模式和虚拟86模式，其指令集包括了80486的所有指令，并增加了新的指令。

(1) Pentium的主要特点。

Pentium 处理器在结构体系方面有如下一些新的特点。

① 超标量(Superscalar)流水线。超标量流水线设计是 Pentium 微处理器技术的核心。它由 U 和 V 两条指令流水线构成，采用双流水线并行作业方式，这样就使 Pentium 在每个时钟周期内可同时执行两条指令。

② 浮点运算部件。Pentium 的浮点运算分为 8 级流水线。浮点部件流水线的前 4 步同整数流水线，后 4 步又分为两部分，前两步为二级浮点操作，后两步为四舍五入及写结果和出错报告等。Pentium 的浮点部件(FPU)对一些常用指令，如 ADD，MUL 和 LOAD 等采用了新的算法。

③ 分支预测。为节省 CPU 的运算时间，Pentium 内部设置了一个分支目标缓冲器 BTB(Branch Target Buffer)，这是一个小的 Cache，用于动态预测程序的分支。

④ 双 Cache。Pentium CPU 有两级 Cache，每级 8KB。一个 Cache 用于指令超高速缓存，另一个用于数据超高速缓存。它们可以同时存取，前者可提供多达 32 位的原始操作码，后者每个时钟内可以提供两次存取的数据。

⑤ 指令固化。Pentium 将常用的指令如 MOV，ALU，INC，DEL，PUSH，POP，JMP，CALL(NEAR)，NOP 和 TEST 等改用硬件实现，不使用微码操作，从而使指令的运行速度加快。

⑥ 增加总线宽度。Pentium 内部总线同 80486 一样为 32 位，但它与存储器之间的外部总线为 64 位(地址总线可扩展到 36 位，数据总线为 64 位)，以此来提高读写存储器的速度，在一个总线周期内可将数据传输量提高一倍。奔腾还支持多种类型的总线周期，其中包括一种突发模式(Burst Mode)，该模式可在一个总线周期内装入 256 位数据。

⑦ 其他特点。Pentium 芯片上还装有 80386 处理部件，使用微码处理指令，负责处理一个时钟周期执行不完的指令。

Pentium 芯片上还有指令预取缓冲器，可以预取多达 94 位的指令。

Pentium 芯片上还配备了面向容错系统的冗余检查(FRC)。因此，它与自身执行结果相比较的同时，能判断出是否发生了异常动作。

(2) Pentium 的内部结构。

Pentium 处理器内部结构如图 2-19 所示。在 Pentium 处理器上采用了三项先进技术，即超标量流水线结构、高性能的浮点运算部件、指令超高速缓存与数据超高速缓存。这些结构有以下特点。

一个处理器中有多个指令执行单元时，Intel 称之为超标量结构。而 Pentium 处理器有两个执行单元，这些执行单元也称为流水线，用于执行微机程序指令。每个执行单元都有其自己的 ALU，地址生成电路以及数据高速缓存接口。在图 2-19 中，这些执行单元的标识符是 U 流水线和 V 流水线。

Pentium 处理器由于具有双重流水线结构，因而在一个时钟周期内可以执行两条指令。所以，在提高 Pentium 处理器性能上，流水线结构所起的作用非常大。

所有的 Pentium 处理器都有一个内置的浮点运算部件，该部件的性能比 80486 微处理器大大加强。比如，该部件使用快速硬件代替微码，来实现浮点数的加法、乘法和除法运算，这使 Pentium 处理器浮点运算的性能非常高。事实上，奔腾处理器执行浮点处理指令的速度是 80486DX-33MPU 的 5～10 倍。

Pentium 处理器的片内高速缓存是 16KB，分成相互独立的 8KB 代码高速缓存和 8KB

数据高速缓存。对高速缓存的写操作有通写方式和回写方式。在图 2-19 中，ALU 中的 U 流水线和 V 流水线对数据高速缓存的存取是独立进行的，它们可同时存取高速缓存中的数据，这种方式称为双端接口。这种独立的高速缓存设计方法使系统能够非常频繁地访问高速缓存，因而使得 Pentium 处理器具有更高的性能。

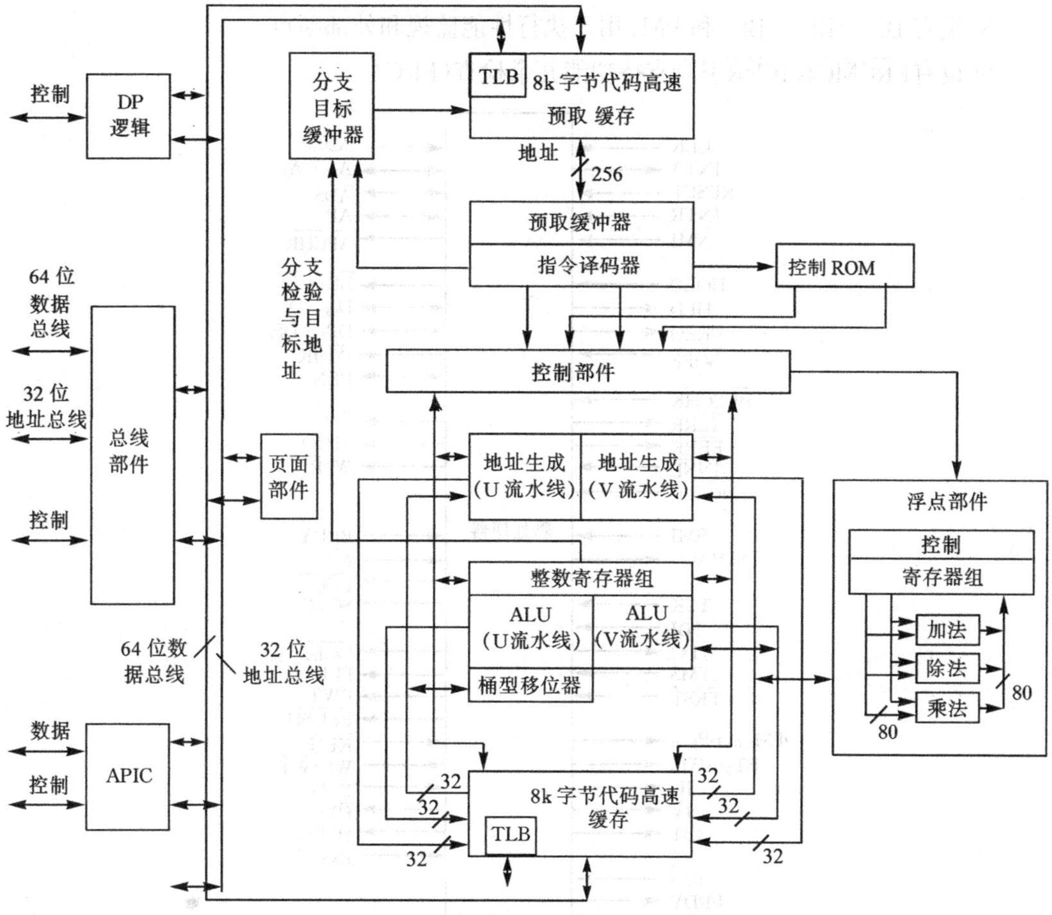

图 2-19　Pentium 处理器的内部结构

(3) Pentium 的硬件结构及引脚。

Pentium 处理器采用 296 引脚的交错栅格阵列 SPGA 封装，在一单片上集成了 310 万个晶体管，是 80486 的 2.6 倍，80386 的 11 倍多。对外地址线 32 条，数据线 64 条，是性能更强大的新一代微处理器。图 2-20 是 Pentium 处理器的引脚结构图，它与 80486 处理器区别的部分引脚说明如下。

① 对外有 64 位数据总线，比 80486 有更多的字节允许位($BE_7 \sim BE_0$)和数据奇偶位($DP_7 \sim DP_0$)。

② 具有同时驱动两个总线周期的能力。它采样 Cache 有效输入信号$\overline{KEN}$只要一次。由$\overline{CACHE}$信号和地址驱动突发长度信息。

③ 引脚$\overline{CACHE}$、HIT、$\overline{HITM}$、INVT 和 WB/$\overline{WT}$ 支持回写方式 Cache。

④ 在连接的 LOCKED 周期和 SCYC 引脚之间提供一个空闲时钟，表示在锁存操作时的分离周期。

⑤ 增加 INIT 引脚用于初始化。增加 TDI、TDO、TMS、TRST 和 TCK 信号实现边界扫描测试，它也允许插件板连接的测试。增加$\overline{APCHK}$，$\overline{BUSCHK}$、PEN 和 AP 信号以增强数据奇偶校验、地址奇偶错误校验，增强存储顺序等。

⑥ 设有 IU、IV 和 IBT 信号和一个跳转跟踪信息周期，以便于执行跟踪。

⑦ 设有 SMI 和$\overline{SMIACT}$信号用于系统管理方式(SMM)。

⑧ 设有 BP_3、BP_2、BP_1 和 PM_0 用于执行性能监视和外部断点。

⑨ 设有$\overline{FRCMC}$和$\overline{IERR}$引脚支持功能冗余检查(FRC)。

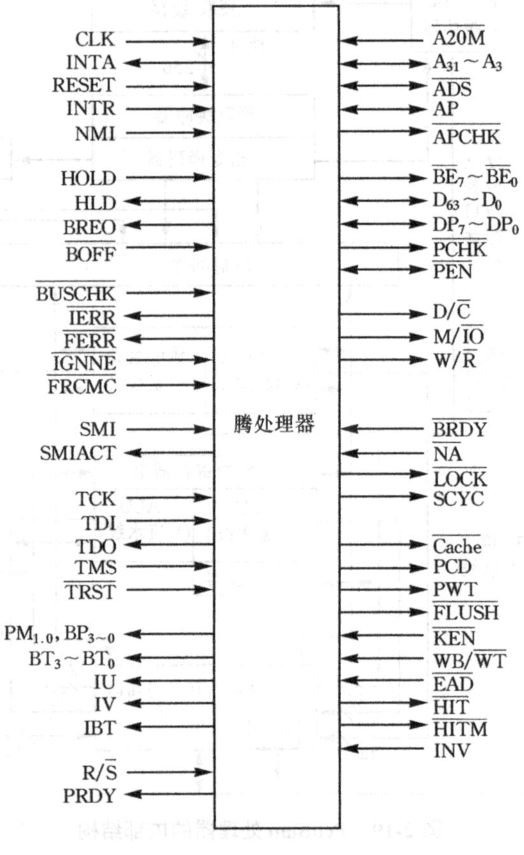

图 2-20 Pentium 处理器的引脚结构图

由于集成度的增大，Pentium 处理器的电源电压必须定为 3.3V(V_{CC})，其输入输出信号也是3.3V。由于输出信号的电压达到了 TTL 输入高逻辑电平的最小值，因而与 TTL 电平兼容。因此，这些信号可直接驱动连接着 3.3 V 或 5V TTL 电平逻辑设备的外部接口电路。但 Pentium 处理器的输入信号不能高于 3.3V，因此它的输入信号如果由 3.3V 逻辑电路输出，则可直接使用；如果由 5V 逻辑电路输出，则信号需先经过集电极开路输出电路进行 5V 到 3.3V 电平转换。

(4) Pentium 的发展。

Pentium 处理器共有 5 个不同版本：Pentium，Pentium Pro，Pentium Ⅱ，Pentium Ⅲ 和 Pentium 4。其发展过程如图 2-21 所示。

Intel 公司为了保持自己的优势，加快了新型高速、高性能芯片的开发和研制，1995 年 Intel 公司 P6 产品问世。P6 即 Pentium Pro，中文名字为高能奔腾处理器。Pentium Pro

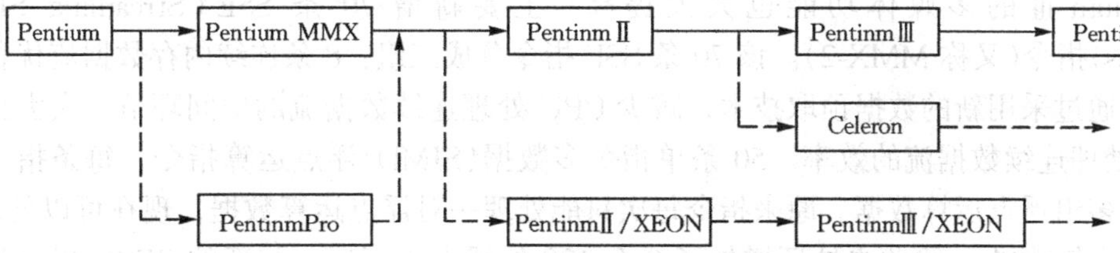

图 2-21　Pentium 处理器的发展过程

处理器具有36位地址线、64 位数据线(内部程序控制用的寄存器为 32 位)，它保持了与以前的 80X86 处理器的二进制兼容。Pentium Pro 处理器实际上是两个独立部件(高能 Pentium 处理器 MPU 和二级高速缓存)在一个 387 个引脚的 PGA 封装中。

Pentium Pro 的主要特点如下：

① 微处理器集成了 550 万只晶体管，高速缓存寄存器集成了 1550 万只晶体管；

② 三路超标量结构，14 级超流水线，使一个时钟周期内，可同时执行三条简单指令；

③ 5 个并行处理单元：两个整数运算部件，一个装入，一个存储，一个浮点运算部件(FPU)；

④ 8KB 指令高速缓存，8KB 数据高速缓存；

⑤ 专用全速总线上的 256KB SRAM 二级高速缓存与微处理器紧密相连；

⑥ 事务处理 I/O 总线和非封锁高速缓存分级结构；

⑦ 错序执行，动态分支预测和推理执行；

⑧ 工作电压 2.9 V，0.6μm 结构，4 层金属 BiVMOS 工艺，微处理器硅片 306 mm^2。

1996 年 Intel 公司在其 Pentium 芯片的基础上扩展了多媒体功能，专门增加了用于声音和影像处理指令，这种新型 CPU 称为 Pentium MMX(多能奔腾)。有 166 MHz，200 MHz，250 MHz 和 300 MHz 几种型号，一般称为 586MMX 机或 Pentium MMX 机。它在多媒体和通信处理方面具有很高的性能，它的内部结构做了很多改进。首先，指令中增加了一组 MMX 指令及相关数据类型，含 57 条指令和 4 种新型 64 位数据类型。在指令执行顺序中增加了称为读取级的流水线，并通过改变动态分支预测能力进一步提高性能。其次，片内一级 Cache 代码与数据增加到 16KB，并由两路组相关联方式变为四路组相关联方式，用于提高存储器写操作性能的写缓冲区由原来的 2 个增加到 4 个，使 Pentium MMX 性能有很大提高。

1997 年 Intel 公司推出新一代 CPU 芯片 Pentium Ⅱ。Pentium Ⅱ 采用新一代封装设计，包容了独特的双重独立总线架构，即其中一条总线连接 L2 高速缓存，另一条连接主内存。这样在两条总线上同时处理数据，全面提高了信息处理能力。Pentium Ⅱ 的主频跨度很大，分为 266 MHz，300 MHz，350 MHz，400 MHz，450 Mz，500 MHz 几种机型。

1999 年 2 月 26 日 Intel 公司正式宣布推出 Pentium Ⅲ 处理器，这是为提高用户互联网体验而设计的处理器，它针对网络功能进行了优化，使网络世界一改过去单调的平面影像效果，变得更加生动有趣；给用户更丰富的图像、音乐及 3D 动画，使互联网变得更加生动，更加人性化；使语言输入达到更高识别率。例如使用 Photoshop 5.0 处理图像时，可提高图形处理速度 64%；在视频压缩工作时，可提高速度 41%；三维动画游戏可提高速度 74%。

Pentium Ⅲ 的多媒体功能也大大提高，主要新增 70 条 SSE（Streaming SIMD Extensions）指令（又称 MMX-2）。该 70 条 SSE 指令分成三组：8 条连续内存数据流优化处理指令，通过采用新的数据预取技术，减少 CPU 处理连续数据流的中间环节，大大提高了 CPU 处理连续数据流的效率。50 条单指令多数据（SIMD）浮点运算指令，每条指令一次可处理多组浮点运算数据。原来指令每次只能处理一对浮点运算数据，现在可以处理 4 对（32 位浮点）数据。除此之外还增加了 8 个 128 位浮点寄存器，与新的 SIMD 指令相配合，进一步提高浮点运算速度。12 条多媒体指令，采用改进算法，进一步提高视频处理、图片处理质量。前期推出的 Pentium Ⅲ处理器的主频速度为 400 MHz 和 500 MHz，其核心设计基于 Intel 先进的 P6 微结构，内含 950 万个晶体管，采用 0.25μm 工艺，带 512KB 二级高速缓存。2000 年 5 月，Intel 公司推出了主频高达 1000 MHz 的 Pentium Ⅲ处理器。

2000 年 3 月，Intel 公司推出了时钟频率达到 1 GHz 的 Pentium 4 高性能微处理器。它是第一个基于 Intel Net Burst 微结构的处理器。Intel Net Burst 微结构是新的 32 位微结构，它允许处理器能在比以前的处理器更高的时钟速度和性能等级上进行操作，Pentium 4 处理器具有以下高级特性。

① 首次实现了 Intel Net Burst 微体系结构。

• 快速的执行引擎，使处理器算术逻辑单元执行速度达到了内核频率的两倍，从而实现了更高的执行吞吐量。

• 超长流水线技术，使流水线深度比 Pentium Ⅲ增加了一倍。

• 增强的动态执行结构可以对更多的指令进行转移预测处理，有效地避免因发生程序转移使流水线停顿的现象。

• 创新的新型高速缓存子系统，使指令执行更加有效。

② 流式 SIMD（单指令多数据）扩展 2（SSE2）技术。

• 扩展了 MMX 和 SSE 技术。新增加了 144 条多媒体处理指令，可用来支持 128 位 SIMD 整数运算和 128 位 SIMD 双精度浮点运算。

• 进一步增强和加速了视频、语音、数据加密、图像和影像处理。

③ 400 MHz Intel Net Burst 微体系结构系统总线。

• 提供了 3.2GB/s 的吞吐率（比 Pentium Ⅲ快 3 倍）。

• 4 倍速的 100 MHz 可升级的总线时钟使有效速度达到 400 MHz。

• 片段化事务，深度流水线化操作。

• 128 字节传输管线，每次存取 64 字节。

④ 与已有的为 Intel A-32 体系结构而编写的应用和操作系统完全兼容。

习 题 2

1. 8086CPU 从功能上分为哪两个工作部件？每个工作部件的功能、组成和特点分别是什么？

2. 8086CPU 中有几个通用寄存器，有几个变址寄存器，有几个地址指针寄存器？它们中通常哪几个寄存器可作为地址寄存器使用？

3. 8086CPU 的标志寄存器中有哪些标志位？它们的含义和作用是什么？

4. 简述最小模式和最大模式的含义及其区别。

5. 8086CPU 的地址线有多少位？其寻址范围是多少？

6. 8086CPU 工作在最小模式时，

(1) 当 CPU 访问存储器时，要利用哪些信号？

(2) 当 CPU 访问外部设备时，要利用哪些信号？

(3) 当 HOLD 有效并得到响应时，CPU 的哪些信号是高阻？

7. 8086CPU 工作在最大模式时，$\overline{S_2}$，$\overline{S_1}$，$\overline{S_0}$在 CPU 访问存储器与 CPU 访问外部设备时，分别是什么状态？

8. 在 8086 最大模式系统中，8288 总线控制器的作用是什么？它产生哪些控制信号？

9. 8086 采用什么方式管理内存？1MB 的内存空间分为哪两个存储体？它们如何与地址总线、数据总线相连？

10. 什么是段基址、偏移地址和物理地址？它们之间有什么关系？

11. 对于 8086，已知(DS) = 1050H，(CS) = 2080H，(SS) = 0400H，(SP) = 2000H，问：

(1) 在数据段中可存放的数据最多为多少字节？首地址和末地址各为多少？

(2) 堆栈段中可存放多少个 16 位的字？首地址和末地址各为多少？

(3) 代码段最大的程序可存放多少字节？首地址和末地址各为多少？

(4) 如果先后将 FLAGS，AX，BX，CX，SI 和 DI 压入堆栈，则(SP) = ？如果此时(SP) = 2300H，则原来的(SP) = ？

12. 对于 8086，当(CS) = 2020H 时，物理地址为 24200H，则当(CS) = 6520H 时，物理地址应转移到什么地方？

13. 什么是总线周期？什么是时钟周期？一个典型的总线周期最少包括几个时钟周期？什么情况下需要插入等待周期 T_W？

14. 总线周期中每个 T 状态的具体任务是什么？

15. 试画出 8086 最小模式下将内存单元 50326H 的内容 55H 读入 AL 的时序图。

16. 80386CPU 的主要特点是什么？

17. 80386CPU 包含哪些寄存器？各有什么主要用途？

18. 什么是实地址方式？什么是保护虚拟地址方式？什么是虚拟 8086 方式？它们各有什么特点？

19. 80386CPU 中，选择符中 3 个字段的名字分别叫什么？大小各是多少？各有什么作用？

20. 一个段描述符中有几个字节？试说明其中每个字段的含义与作用。

21. 80386 的地址空间可映射到多少页？页有多大？

22. 页转换产生的线性地址的 3 部分各是什么？

23. 简述 Pentium 的主要结构特点。

24. Pentium 内部结构的主要特点有哪些？什么是超标量结构？什么是超级流水线？

25. 简述 Pentium 处理器中 U 和 V 两个指令流水线的特点及作用。

26. Pentium 4 处理器有哪些高级特性？

第 3 章 汇编语言程序设计

用来指挥和控制计算机完成指定操作的命令称为指令。不同的微处理器具有各自不同的指令。每种微处理器能够识别和执行的所有指令的集合称为该微处理器的指令系统。指令系统不仅定义了一种微处理器所能执行指令的集合，还定义了使用这些指令的规则。因此，在使用汇编语言进行程序设计时，必须对微处理器的指令系统非常了解才能灵活应用。

IBM PC 机的指令系统以 8086CPU 的指令系统为基本的指令集。80286，80386，80486 和 Pentium 等 CPU 的指令系统只是在这个基础上做了一些扩充和增加。

汇编语言是介于机器语言和高级语言之间的计算机语言，是一种用符号表示的面向机器的程序设计语言。它既有与机器语言指令代码一一对应的符号指令，还有专用于定义数据、定义和构造程序逻辑段等一系列的伪指令。它比机器语言易于阅读、编写和修改，又比高级语言运行速度快，能充分运用硬件资源，占用内存空间少，能充分发挥计算机效能和进行精确控制等。因此，在计算机控制系统的开发，高级语言编译程序的编制，软件开发等应用中常采用汇编语言。

用汇编语言编写的程序称为汇编语言程序或源程序。对应于此源程序的机器语言程序称为目标程序，将一个汇编语言源程序转换成相应目标程序的翻译过程称为汇编，而具有汇编功能的应用程序就称为汇编程序。

本章在讨论寻址方式的基础上，主要介绍 8086 CPU 的指令系统，简单介绍 80X86/Pentium 扩充和增加的指令，并介绍汇编语言程序的结构和程序设计的方法。

3.1 寻址方式

计算机的指令一般由操作码和操作数两部分组成。操作码表示指令所要执行的操作，操作数表示指令执行过程中操作的对象。在计算机中，指令的操作码表示易于实现，一个操作码对应一个二进制代码，汇编语言中使用操作助记符表示，而操作数的表示比较复杂，可以是操作数本身，也可以来自寄存器、存储器及堆栈中，指令在执行相应的操作时就要寻找这些操作数所在的位置。

所谓寻址方式，就是寻找操作数或操作数地址的方式。与数据有关的寻址方式包括：立即数寻址、寄存器寻址、存储器直接寻址、寄存器间接寻址、寄存器相对寻址、基址变址寻址、基址变址相对寻址、寄存器比例寻址等。

3.1.1 立即数寻址

操作数直接包含在指令中，作为指令的一部分存放在代码段中，这种操作数称为立即数。立即数可以是 8 位或 16 位的，在 80386 以上的 CPU 中，立即数还可以是 32 位的。

例 3-1 立即数寻址

```
MOV AX,2004H             ;(AH)=20H,(AL)=04H
MOV BL, 5AH              ;(BL)=5AH
MOV EAX,22334455H        ;(EAX)=22334455H, (AX)=4455H
```

立即数常用于给寄存器赋初值，只能作源操作数，不能作目的操作数。如 MOV BX, 25H。立即数寻址还可以用于位存储单元赋值，用于与寄存器中内容进行算术或逻辑运算。

3.1.2 寄存器寻址

操作数存放在指令指定的 8 位、16 位或 32 位通用寄存器中。对于 16 位的操作数，寄存器可以是 AX，BX，CX，DX，SI，DI，SP 和 BP 等。

例 3-2 寄存器寻址

```
MOV AX,BX                ;将BX中的内容送入AX中,BX中的内容保持不变
MOV SI,DI                ;将DI中的内容送入SI中,DI中的内容保持不变
MOV EAX,EBX              ;将EBX中的内容送入EAX中
```

寄存器寻址由于操作数就在寄存器中，所执行的操作只在 CPU 内进行，不需动用总线访问内存，所以执行速度较高。为避免指令执行时间过长，双操作数指令一般必须有一个操作数使用寄存器寻址。

寄存器寻址常用来存放运算对象、中间结果、运算结果、计数值等。

3.1.3 直接寻址

直接寻址及后面介绍的寄存器间接寻址、寄存器相对寻址、基址变址寻址、基址变址相对寻址 5 种寻址方式，其操作数都在内存储器中，操作数的偏移地址(有效地址 EA)在指令中直接或间接给出。

直接寻址指的是操作数在存储器中的有效地址 EA 直接包含在指令中，书写时有效地址加上中括号。默认段寄存器 DS，允许段超越。EA 存放在代码段指令操作码之后，但操作数一般在数据段中，所以需先求出操作数的物理地址(DS)×16+EA，然后再访问存储器才能取得操作数。

段超越采用加“段超越前缀助记符”，明确说明所寻址的逻辑段。

例 3-3 存储器直接寻址

```
MOV AX,[1000H]           ;将DS段的1000H和1001H两个单元的内容送入AX
                          寄存器中
MOV EAX,ES:[2000H]       ;将ES段的2000H~2003H四个单元的内容送入EAX寄
                          存中,其中ES为段超越前缀
MOV AX, BUF              ;将DS段内以有效地址BUF(符号地址)起始的两个单
                          元的内容送入AX寄存器中
```

直接寻址可以方便地访问存储器中某一数据存储单元，被访问的存储单元一般由变量或含变量的地址表达式给出地址。

3.1.4 寄存器间接寻址

操作数的有效地址 EA 存放在基址寄存器 BX，BP，或变址寄存器 SI，DI 中。如果指

定的寄存器是 BX，SI，DI，则操作数默认在数据段中；如果使用 BP，默认在堆栈段中。允许段超越。书写时对间接寻址的寄存器加上中括号。操作数的物理地址为：

$$(DS)\times16+(SI/DI/BX)或(SS)\times16+(BP)$$

例 3-4 寄存器间接寻址，假定(DS)＝2000H，(SI)＝3600H，(23600H)＝6022H

```
MOV AX,[SI]          ;先将DS中的值左移4位,然后与SI中的值相加,形成
                      物理地址是23600H,再将该物理地址中的数据6022H
                      送入AX寄存器中
```

例 3-5 寄存器间接寻址，假定(SS)＝3000H，(BP)＝1100H，(31100H)＝5E28H

```
MOV BX,[BP]          ;先将SS中的值左移4位,然后与BP中的值相加,形成
                      物理地址31100H,再将该物理地址中的数据5E28H送
                      入BX寄存器中
```

如果偏移量为 16 位时，只能考虑上述 4 个寄存器，即 BX，SI，DI 和 BP。如果偏移量为 32 位时，所有的通用寄存器都可以用于寄存器间接寻址。

例 3-6 偏移量为 32 位时的寄存器间接寻址

```
MOV EAX,[ECX]        ;从数据段的DS:ECX地址处开始取4个存储单元的内
                      容送入EAX寄存器中
MOV EAX,[DX]         ;从DS:DX地址处开始取4个存储单元的内容送入EAX
                      中
```

寄存器间接寻址和后面的寄存器相对寻址、基址变址寻址、基址变址相对寻址，这四种寻址方式常用于访问存储区中一片连续存储单元，这片连续单元地址不用变量一一给出，只需为存储区首地址定义一个变量，某个存储单元用这四种寻址方式中的一种均可方便访问。在程序设计中的作用很像 C 语言中用指针处理数组。

3.1.5 寄存器相对寻址

操作数的有效地址是一个基址寄存器或变址寄存器中存放的数据加上指令中给出的 8 位或 16 位偏移量。其物理地址为：

$$(DS)\times16+(SI/DI/BX)+8位或16位偏移量$$

或

$$(SS)\times16+(BP)+8位或16位偏移量$$

实际上就是在寄存器间接寻址的基础上，再加上一个偏移量。段寄存器的默认情况同寄存器间接寻址。

例 3-7 寄存器相对寻址，假定(DS)＝2000H，(SS)＝3000H，(SI)＝3600H，(BP)＝1100H，COUNT＝10H，(23620H)＝8A76H，(31110H)＝4567H

```
MOV AX ,[SI+20H]     ;2000H×16+3600H+20H=23620H,将从23620H
                      开始的物理地址中的数据8A76H送入AX寄存器中
MOV BX ,[BP+COUNT];3000H×16+1100H+10H=31110H,将从31110H开始
                      的物理地址中的数据4567H送入BX寄存器中
```

指令 MOV BX，[BP+COUNT] 书写有下面的等效形式：

```
MOV BX,[BP]+COUNT
MOV BX,COUNT[BP]
```

3.1.6　基址变址寻址

操作数的有效地址是一个基址寄存器和一个变址寄存器的内容之和。可以理解为在寄存器间接寻址的基础上，再加上一个变址寄存器。段寄存器一般由基址寄存器决定，使用 BX 默认段寄存器 DS；使用 BP，默认段寄存器 SS。允许段超越。其物理地址为：

$$(DS)\times 16+(BX)+(SI/DI) 或 (SS)\times 16+(BP)+(SI/DI)$$

例 3-8　基址变址寻址，假定(DS)＝2000H，(SS)＝3000H，(BX)＝1800H，(BP)＝2080H

(DI)＝1000H，(SI)＝0800H，(22800H)＝80CFH，(32880H)＝067AH

```
MOV AX, [BX][DI]      ;(AX)←((DS)×16+(BX)+(DI))将从 22800H 开始
                       的物理地址的两个存储单元之中的数据 80CFH 送到
                       AX 寄存器中
MOV AX, [BP+SI]       ;(AX)←((SS)×16+(BP)+(SI))将(32880H)中的数
                       据 067AH 送入 AX 中
```

3.1.7　基址变址相对寻址

操作数的有效地址是一个基址寄存器内容和一个变址寄存器的内容和 8 位或 16 位偏移量相加之和。可以理解为基址变址寻址再加上一个偏移量，段寄存器的默认情况与基址变址寻址相同，其物理地址为：

$$(DS)\times 16+(BX)+(SI/DI)+8 位或 16 位偏移量$$

或

$$(SS)\times 16+(BP)+(SI/DI)+8 位或 16 位偏移量$$

例 3-9　基址变址相对寻址

```
MOV    AX, [BX+SI+100H]
MOV    20H [BP+SI], AX
MOV    CX,DS:[BX+SI+NUM]
MOV    DX,SS: NUM[DI][BP]
```

在 32 位偏移量情况下，任何一个通用寄存器都可以作为基址、变址寄存器使用。

例 3-10　32 位偏移量的寄存器比例寻址

```
MOV    EAX,DAT [EBX+ESI]
MOV    EAX,NUM [EBP+EDI]
```

3.1.8　寄存器比例寻址

在这种寻址方式中，形成存储器操作数的有效地址可以采用：①变址寄存器的内容乘以比例因子，再加上偏移量，称为比例变址方式；②变址寄存器的内容乘以比例因子，再加上基址寄存器的内容，称为基址比例变址方式；③变址寄存器的内容乘以比例因子，再加上基址寄存器的内容和偏移量，称为基址比例变址偏移方式。比例因子可以是 1，2，4，8，默认情况为 1。

例 3-11　寄存器比例寻址

```
MOV    EAX,X[EDI*4]          ;EA=(EDI)*4+X,其中 X 是 8 位或 32 位偏移量
MOV    EBX,[EDI*8][EBX]      ;EA=(EDI)*8+(EBX)
```

MOV EAX,X[ESI＊4][EBP] ;EA=(ESI)＊4+(EBP)+X,其中X是8位或32位偏移量

需要说明的是，上述几种寻址方式都是通过寻址获得参与操作的数据；而在以后将要介绍的转移和循环指令中，则是通过寻址获得这些指令的转向地址。这是两者的明显区别，在具体介绍这种指令时，再进一步说明它们的寻址特点。

3.2 8086/8088 指令系统

8086 指令系统是 80X86 的基本指令集，按功能可以把这些指令分为六种类型，分别为：数据传送指令、算术运算指令、逻辑运算和移位指令、串操作指令、控制转移指令、处理器器控制指令。常用指令如表 3-1 所示。依靠 8086 处理器提供的强大指令系统，用户可以使用机器来实现各种实际应用。用户使用指令系统可以对某一问题编制一系列的指令序列，机器是通过执行这些指令来解决各种问题的。

表 3-1 8086 CPU 常用指令一览表

指令类型		助记符
数据传送	一般数据传送	MOV XCHG PUSH POP XLAT
	标志传送指令	LAFH SAFH PUSHF POPF
	地址传送指令	LEA LDS LES
	输入输出指令	IN OUT
算术运算	加法指令	ADD ADC INC AAA DAA
	减法指令	SUB SBB DEC NEG CMP AAS DAS
	乘法指令	MUL IMUL AAM
	除法指令	DIV IDIV AAD CBW CWD
逻辑运算和移位指令		AND OR NOT XOR TEST SAL SHL SAR SHR ROL ROR RCL RCR
串操作指令		MOVS LODS STOS CMPS SCAS REP
控制转移指令		JMP CALL RET LOOP LOOPE LOOPNE JCXZ INT INTO IRET 各类条件转移指令 JXX
处理器控制指令		CLC STC CMC CLD STD CLI STI HLT WAIT ESC LOCK NOP

汇编指令中操作数可以有零个、一个或两个，通常称为零地址、一地址或二地址指令。例如单操作数指令就是一地址指令，它只有一个操作数；而绝大多数运算型指令都是双操作数指令，即二地址指令，指令中的两个操作数分别称为源操作数和目的操作数。汇编语言指令的基本格式为：OPRD DEST，SRC。

其中 OPRD 为操作助记符，DEST 为目的操作数，SRC 为源操作数，目的操作数在前，源操作数在后，位置不能互换。

下面具体介绍各类指令的基本功能和特点。

3.2.1 数据传送指令

数据传送指令用于寄存器、存储单元和输入输出端口之间传送数据或地址。除 SAHF 和 POPF 外，对标志无影响。

3.2.1.1 通用数据传送指令

(1) 基本的传送指令。

格式：MOV DEST ，SRC

功能：将源操作数的内容传送到目的操作数中。

这是最基本的通用数据传送(MOVE)指令，它可以将一个立即数传送到寄存器或存储器之中，也可以在寄存器和寄存器之间，或在寄存器和存储器之间传送字或字节数据。

例 3-12　基本的传送指令

```
MOV   AL,30H          ;立即数传送到寄存器
MOV   AL, BL          ;寄存器之间传送字节数据
MOV   SI, [BX+62H]    ;寄存器和存储器之间传送数据
```

例 3-13　下列指令是不合法的

```
MOV   6234H,AX        ;立即数不能用于目的操作数
MOV   CS,AX           ;CS 不能用于目的操作数
MOV   IP,AX           ;IP 不能用于目的操作数
MOV   DS,4234H        ;立即数不能直接传送给段寄存器
MOV   AL,BX           ;源操作数与目的操作数的位数必须一致
MOV   BUF1,BUF2       ;不能在两个存储器单元之间传送数据
MOV   DS,ES           ;不能在两个段寄存器之间传送数据
```

(2) 交换指令。

格式：XCHG DEST，SRC

功能：将源操作数与目的操作数的内容交换(Exchange)。

例 3-14　交换指令

```
XCHG   BX,SI          ;字交换
XCHG   AX,[BX+SI]     ;寄存器和存储器之间交换数据
```

与 MOV 指令类似，这种指令的操作数可以是寄存器或存储单元，但不能是段寄存器或立即数，也不能同时为两个存储器操作数。

例 3-15　下列指令是非法的

```
XCHG   AX,6234H       ;寄存器与立即数之间不能交换
XCHG   BUF1,BUF2      ;存储器单元与存储器单元之间不能交换
XCHG   ADDR,4234H     ;存储器单元与立即数之间不能交换
XCHG   CS,DAT[BX]     ;不能与 CS(或 IP)寄存器进行交换
```

(3) 堆栈操作指令。

堆栈是按“先进后出”原则工作的一段存储器区域。8086 系统中，堆栈位于堆栈段，其段地址由 SS 寄存器指示。堆栈操作还与堆栈指针寄存器 SP 有关，SP 的内容始终为当前栈顶所在的存储单元地址，栈顶将随进栈或出栈操作而变化。

格式：PUSH SRC

　　　POP DEST

功能：PUSH 指令的执行是先将 SP ←(SP) − 2，然后将 16 位源操作数压入堆栈。SRC 可以是寄存器或存储器。POP 指令的执行是先从栈顶弹出 16 位操作数到目的操作数中，同时 SP ←(SP) + 2，DEST 可以是寄存器(CS 除外)或存储器。

例 3-16　将 16 位通用寄存器 CX 的内容压入堆栈，然后，弹出栈顶至 CX 中，已知：(SS) = 0200H，(SP) = 0008H，(CX) = 12FAH，其示意图见图 3-1 和图 3-2。

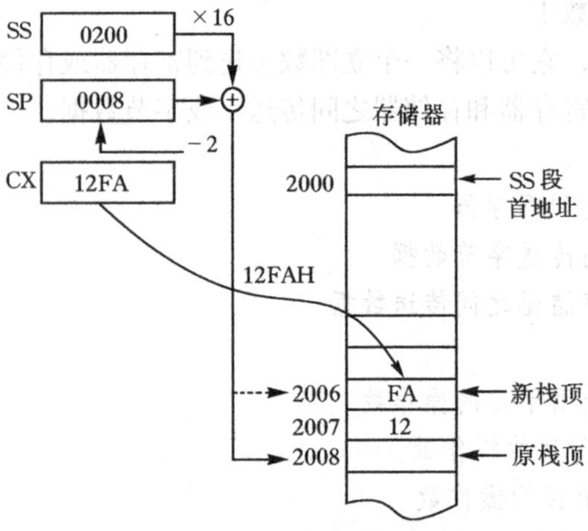

图 3-1　PUSH CX 指令的操作过程示意图

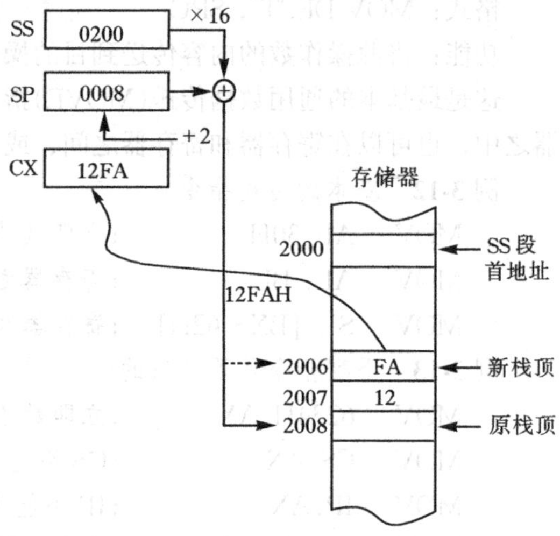

图 3-2　POP CX 指令的操作过程示意图

这两条堆栈操作指令只能对16位操作数执行进栈和出栈操作。一般情况下应该配对使用，以保证堆栈数据不会紊乱。

(4) 换码指令。

格式：XLAT

功能：这是一条专门用于AL和字节表中某一存储单元之间执行数据传送的指令。执行(AL)←［BX+AL］的操作，使AL中的一个值变换为内存表格中的某一个值，实现编码的转换。使用换码指令时，要求BX寄存器指向表的首地址，AL为表格中的某一项与表格首地址的偏移量。执行指令时，将BX和AL中的值相加，把得到的值作为地址，然后将此地址所对应的单元中的值取到AL中。

例 3-17　在内存的数据段中存放有一张数值0～9的ASCII码转换表，首地址为Hex-table，如图3-3所示。现要把数值8转换成对应的ASCII码，可用以下几条指令实现：

```
LEA   BX, Hex-table      ;(BX)←表首偏移地址
MOV   AL, 8              ; (AL)←8
XLAT                     ;查表转换
```

结果(AL)=38H，为8所对应的ASCII码。

使用查表转换指令时有一点要注意：由于要查找元素的序号放在AL中，所以表格的最大长度不能超过256个字节。

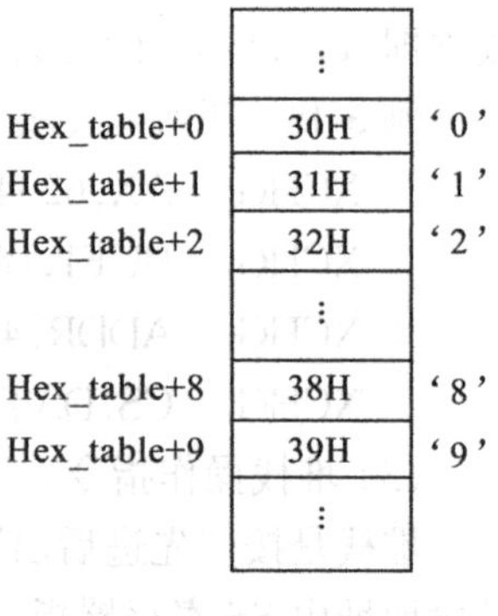

图 3-3　0～9的换码表

3.2.1.2　地址传送指令

(1) 有效地址传送指令。

格式：LEA DEST，SRC

功能：这是一条取有效地址的指令(Load Effective Address)。它用来将源操作数的偏移地址传送到通用寄存器、指针或变址寄存器中。这种指令的目的操作数必须是一个16位寄存器，而且源操作数提供的一定是一个存储器地址。

例 3-18　有效地址传送指令

```
MOV   BX, [3200H]        ;将3200H单元的内容送BX
```

```
    LEA   BX,[3200H]          ;将有效地址 3200H 送 BX
    LEA   SI,ADDR             ;将 ADDR 的有效地址送 SI
```

(2) 地址指针传送指令。

格式：LDS DEST，SRC

　　　LES DEST，SRC

功能：将源操作数指定的连续 4 个存储器单元中存放的 32 位地址指针(包括一个段地址和一个偏移地址)传送到两个 16 位寄存器。其中偏移地址送入 DEST 指定的通用寄存器，而段地址送入指令所表示的段寄存器 DS 或 ES 中。

例 3-19　地址指针传送指令

```
POINT   DD   55663344H   ;设定 POINT 的段地址和偏移地址。
    LDS   BX,POINT        ;(BX)=3344H,(DS)=5566H
    LES   BX,POINT        ;(BX)=3344H,(ES)=5566H
```

地址传送指令的寄存器不能使用段寄存器，且操作数必须使用存储器寻址方式。

3.2.1.3　标志传送指令

(1)标志读写指令

格式：LAHF/SAHF

功能：LAHF 用于将标志寄存器的低 8 位送 AH，即将标志寄存器 FLAGS 中的 SF(符号标志)、ZF(零标志)、AF(半加进位标志)、PF(奇偶标志)和 CF(进位标志)5 个标志位分别传送到累加器 AH 的对应位，如图 3-4 所示。

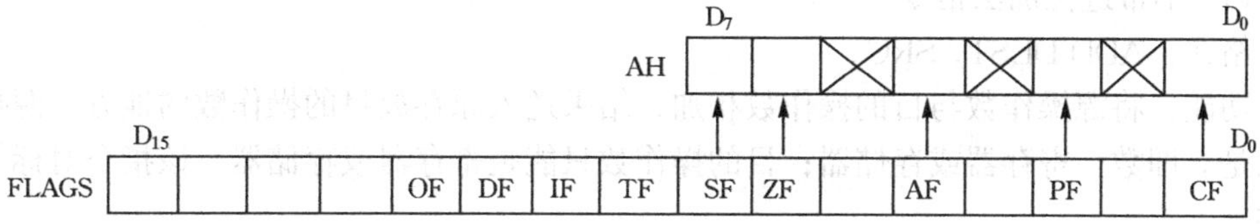

图 3-4　LAHF 指令操作示意图

SAHF 指令与 LAHF 指令执行完全相反的操作，即将 AH 中的第 7，6，4，2，0 位分别传送到标志寄存器 FLAGS 的对应位。

LAHF 与 SAHF 指令一般是配对使用。

(2) 标志入栈出栈指令。

格式：PUSHF/POPF

功能：PUSHF 指令是将标志寄存器中的内容压入堆栈，指令的操作为［SP－1］←(FLAGSH)，［SP－2］←(FLAGSL)，(SP)←(SP)－2；

POPF 指令是将栈顶的字单元内容弹出到标志寄存器中，同时 SP←(SP)＋2。

SAHF 和 POPF 将直接影响标志寄存器的内容，利用这一特性，可以非常方便地改变标准寄存器中指定位的状态。

3.2.1.4　输入输出指令

格式：IN　DEST，SRC

　　　OUT DEST，SRC

功能：专门用于累加器和 I/O 端口之间执行数据传送。IN 指令表示从指令的端口输入一个字节或一个字的数据传送到 AL 或 AX 中，OUT 指令表示将 AL 或 AX 中的内容通过指定的端口输出。

在 IBM PC 中，所有 I/O 端口与 CPU 之间的数据传送都是由 IN 和 OUT 指令来完成的。CPU 只能用 AL 或 AX 接收或发送数据，并且最多可提供 64K 个 8 位端口地址或 32K 个 16 位端口地址。当端口地址≥256 时，可采用直接寻址格式，在指令中指定端口地址；而当端口地址≥256 时，应采用间接寻址格式，预先把端口地址放到 DX 寄存器中，然后再用 IN 或 OUT 指令实现输入输出操作。

例 3-20　输入输出指令

```
IN    AL,28H          ;从端口 28H 输入一个字节到 AL
OUT   15,AL           ;从 AL 输出一个字节到端口 15
MOV   DX,0362H        ;先将端口地址送入 DX
IN    AX,DX           ;从端口 0362H 输入一个字到 AX
```

3.2.2　算术运算指令

算术运算指令包括加、减、乘、除 4 种基本的运算指令。4 种基本运算还各有用于 BCD 码调整的指令。操作数可以是 8 位和 16 位的二进制无符号数或有符号数，有符号数用补码表示。

算术运算指令除了符号扩展指令，均不同程度地影响标志位。

3.2.2.1　加法指令

(1) 不带进位加法指令。

格式：ADD DEST，SRC

功能：将源操作数与目的操作数相加，结果送入原存放目的操作数的地方。源操作数可以是立即数、寄存器或存储器；目的操作数只能是寄存器或存储器。该指令对标志位有影响。

例 3-21　不带进位加法指令

```
ADD   CL,20H          ;(CL)←(CL)+20H
ADD   AX,SI           ;(AX)←(AX)+(SI)
ADD   DATA[BX],AL     ;((BX)+DATA)←((BX)+DATA)+(AL)
ADD   DX,[BX+SI]      ;(DX)←(DX)+((BX)+(SI))
```

(2) 带进位加法指令。

格式：ADC DEST，SRC

功能：将源操作数和目的操作数相加，同时加上进位标志的现行值 CF，结果送入原存放目的操作数的地方。ADC 主要用于多字节加法运算中。

例 3-22　带进位加法指令

```
ADC   AX,SI           ;(AX)←(AX)+(SI)+CF
ADC   BX,3000H        ;(BX)←(BX)+3000H+CF
ADC   AX,DAT[SI]      ;(AX)←(AX)+(SI+DAT)+CF
```

(3) 加 1 指令。

格式：INC DEST

功能：将目的操作数中的内容加 1，然后送回该操作数。目的操作数可以是寄存器或存储器。该指令一般用在循环程序中修改指针和循环次数。

例 3-23　加 1 指令

```
INC   BX                       ;(BX)←(BX)+1
INC   BYTE PTR [DI+100H]       ;将(DI)+100H 所指的字节单元内容加 1
```

(4) BCD 码加法十进制调整指令。

8421 BCD 码有 10 个不同的数字符号，且它是逢“十”进位的，因此是十进制数。由于它的每 1 位是用 4 位二进制编码表示的，因此，称为二进制编码的十进制数 BCD (Binary Coded Decimal)。BCD 码比较直观，只要熟悉 BCD 数的 10 个编码，就能容易地实现十进制与 BCD 码之间的转换。例如，可以很方便地将 BCD 数 $(100\ 1001\ 0111\ 1000.0001\ 0100\ 1001)_{BCD}$ 转换为十进制 $(4978.149)_{10}$。但是 BCD 码与二进制之间的转换并不直接，要经过十进制。即先将 BCD 码转换为十进制码后再转换为二进制码，反之亦然。

BCD 码有两种形式，即组合 BCD 码和未组合 BCD 码，亦称压缩 BCD 码和非压缩 BCD 码。

组合 BCD 码的每一位用 4 位二进制表示，一个字节表示两位十进制数。例如 10010110B 等于十进制 96D。

未组合 BCD 码用 1 个字节表示一位十进制数，只用低 4 位的 0000～1001 表示 0～9。例如，00001000B 表示十进制数 8，或者是 0～9 的 ASCII 码。

CPU 中的 ALU 对所有的算术运算都是按二进制数进行的，因此当操作数是 BCD 码时，其结果必须用十进制调整指令。

① 未组合 BCD 码的加法调整指令。

格式：AAA

功能：将 AL 的内容调整为一位非组合型的十进制数。具体过程是：检查 AL 的低 4 位是否为合法的 BCD 码(0～9)，如果合法就清除 AL 的高 4 位以及 AF 和 CF 标志；如果 AL 低 4 位表示的数大于 9 或者 AF=1，则将 AL 加 6，AH 加 1，并将 AF 和 CF 置位，清除 AL 的高 4 位。由于任何一个 A～F 之间的数加上 6 以后，都会使 AL 的低 4 位产生 0～9 之间的数，从而达到十进制加法的调整目的。

例 3-24　两个未组合 BCD 码的加法运算，设(AH)=0

```
MOV   AL,08          ;(AL)←08 (AL)=00001000
ADD   AL,09          ;(AL)←08+09 (AL)=00010001=11H
AAA                  ;AF=1,(AH)←(AH)+01,AL←(AL+6),AL
                      高 4 位为 0,(AL)=00000111,结果(AX)=0107
                      AF=1 CF=1
```

② 组合 BCD 码的加法调整指令。

格式：DAA

功能：将 AL 的内容调整为两位组合型的二进制数。调整方法与 AAA 指令类似，不同的是 DAA 指令要分别考虑 AL 的高 4 位和低 4 位。如果 AL 的低 4 位大于 9 或 AF=1，则 AL 的内容加 6，并将 AF 置 1；如果 AL 的高 4 位大于 9 或 CF=1，则 AL 的内容加 60H，且将 CF 置 1。

例 3-25 两个组合 BCD 码的加法运算

```
MOV   AL,37          ;(AL)←37
```

```
MOV    BL,35                    ;(BL)←35
ADD    AL,BL                    ;(AL)=6CH,AF=0,CF=0
DAA                             ;因为 AL 中的低 4 位大于 9,所以(AL)←(AL)+
                                 06,结果(AL)=72,AF=1,CF=0
```

3.2.2.2 减法指令

(1) 不带借位的减法指令。

格式：SUB DEST，SRC

功能：将目的操作数减去源操作数，结果送入目的操作数。

例 3-26 不带借位的减法指令

```
SUB    AX,3000H                 ;(AX)←(AX)-3000H
SUB    BX,[SI+100H]             ;(BX)←(BX)-[SI+100H]
```

(2) 带借位的减法指令。

格式：SBB DEST，SRC

功能：将目的操作数减去源操作数，还要减去 CF 的值，结果送入目的操作数。CF 的值是两数相减时，向高位产生的借位。SUB 主要用在多字节减法运算中。

例 3-27 带借位的减法指令

```
SBB    AX,BX                    ;(AX)←(AX)-(BX)-CF
SBB    WORD PTR [SI],1068H      ;(SI)←(SI)-1068H-CF
```

(3) 减 1 指令。

格式：DEC DEST

功能：将目的操作数的内容减 1，然后送回目的操作数。

例 3-28 减 1 指令

```
DEC    BL                       ;(BL)←(BL)-1
DEC    BYTE PTR[DI+2]           ;[DI+2]←[DI+2]-1
```

(4) 求补指令。

格式：NEG DEST

功能：对目的操作数取补码，即用零减去此操作数，结果送回此操作数中。

例 3-29 设(AX)=020H，(BX)2212H

```
NEG    AX                       ;(AX)←0-(AX),结果(AX)=0FEH
NEG    BX                       ;(BX)←0-(BX),结果(BX)=DDEEH
```

(5) 比较指令。

格式：CMP DEST，SRC

功能：将目的操作数减去源操作数，结果不送回目的操作数，二操作数原值不变，只是影响状态标志位。其余同 SUB 指令。这条指令后边一般跟条件转移指令，以判断二操作数是否满足某种关系。根据比较结果对标志位的影响来实现程序的分支。

(6) BCD 码减法十进制调整指令。

① 未组合 BCD 码的减法调整指令

格式：AAS

功能：与 AAA 指令类似是将 AL 的内容调整为一位非组合型的十进制数。不同的只是当 AL 低 4 位表示的数大于 9 或者 AF=1 时，则将 AL 减 6，AH 减 1，并使 AF 和 CF

置位，清除 AL 中的高 4 位。

例 3-30 两个未组合 BCD 码的减法运算

```
MOV   AX,0608H          ;AX←0608H
SUB   AL, 09H           ;AL←0FFH
AAS                     ;AL←09H,AH←05H
```

② 组合 BCD 码的减法调整指令。

格式：DAS

功能：与 DAA 指令类似，是将 AL 的内容转换成两位组合型的十进制数。不同的只是当 AL 的低 4 位表示的数大于 9 或者 AF=1 时，AL 减 6 并置 AF=1；而当 AL 高 4 位的值大于 9 或者 CF=1 时，则减 60H 并置 CF=1。

例 3-31 两个组合 BCD 码的减法运算

```
MOV   AL,73H            ;AL←73H
SUB   AL,27H            ;AL←4CH
DAS                     ;AL←46H
```

3.2.2.3 乘法指令

在乘法指令中，操作数只是乘数，被乘数为累加器，隐含为目的操作数。

(1) 无符号数乘法指令。

格式：MUL SRC

功能：字节相乘时，AL 与源操作数相乘，乘积为 16 位送入 AX 中；字相乘时，AX 与源操作数相乘，乘积为 32 位，高 16 位送入 DX，低 16 位送入 AX。

对标志位影响：若乘积的高半部分(字节相乘时为 AH，字相乘时为 DX)不为零，则 CF=1，OF=1；否则 CF=0，OF=0。其他标志位为任意值。

例 3-32 无符号数乘法指令

```
MUL   DL                ;AX←AX*DL
MUL   CX                ;DX:AX←AX*CX
MUL   BYTE PTR [SI+8]   ;AX←AL*[SI+8]
```

(2) 有符号数乘法指令。

格式：IMUL SRC

功能：与 MUL 的功能相同，只是要求两乘数都必须为有符号数。

对标志位影响：若乘积的高半部分不是低半部分的符号扩展，则 CF=1，OF=1；否则 CF=0，OF=0。其他标志位为任意值。

例 3-33 两个有符号数的乘法

```
MOV   AL,FEH            ;AL←FEH,FEH 看作有符号数 -2
MOV   CL,11H            ;CL←11H,11H 看作有符号数 17
IMUL  CL                ;AX←FFDEH,执行 02H*11H,将乘积结果取补
                        码得 FFDEH=-34
```

(3) 非组合 BCD 码乘法调整指令。

格式：AAM

功能：用于将非组合 BCD 码乘法的结果(在 AL 中)转换成两个非组合型 BCD 码(AH 和 AL 中)。AAM 指令用于 MUL 指令之后。其调整方法是：把 AL 的内容除以 0AH，所

得的商送入 AH 中，余数送入 AL 中。

例 3-34　两个非组合 BCD 码的乘法运算

```
MOV    AL,,06H          ;AL←06H
MOV    BL,07H           ;BL←07H
MUL    BL               ;AX←002AH
AAM                     ;AX←0402H
```

3.2.2.4　除法指令

(1) 无符号数除法指令。

格式：DIV SRC

功能：① 字节除法：将 AX/SRC 的商送入 AL，将 AX/SRC 的余数送入 AH。

② 字除法：将 DX：AX/SRC 的商送入 AX，将 DX：AX/SRC 的余数送入 DX。

例 3-35　无符号数除法指令

```
DIV    CL               ;AX 中的 16 位数除以 CL 中的 8 位数商送 AL,
                         余数送 AH
DIV    CX               ;DX 和 AX 中的 32 位数除以 CX 中的 16 位数,商
                         送 AX,余数送 DX
```

(2) 有符号数除法指令。

格式：IDIV SRC

功能：与 DIV 指令相比只有两点不同：a. 两个操作数均为有符号数；b. 如果被除数不是除数的两倍长度，对被除数要用专门的指令进行符号扩展，以产生双倍长度表示的被除数。

(3) 非组合 BCD 码除法调整指令。

格式：AAD

功能：AAD 指令常用于 DIV 指令之前，将 AX 中的两位非组合 BCD 码变为二进制数。即：将(AH) * 10 + (AL)送入 AL 中，0 送入 AH 中。

例 3-36　两个非组合 BCD 码的除法运算。

```
MOV    AX, 0605H        ;AX←0605H
MOV    BL,07H           ;BL←07H
AAD                     ;AX←0041H
DIV    BL               ;商值 AL←09,余数 AH←02H
```

(4) 有符号扩展指令。

格式：CBW

CWD

功能：CBW 为字节扩展指令，将 AL 中有符号数的符号位扩展到 AH 中。如果 AL<80H，AH=00H，否则 AH=0FFH。CWD 为字扩展指令，将 AX 中有符号数的符号位扩展到 DX 中。如果 AX<8000H，DX=0000H，否则 DX=FFFFH。

例 3-37

```
MOV    AL,12H           ;AL←12H
CBW                     ;AX←0012H,AH=00H
MOV    AX,BBA3H
```

```
CWD                         ;DX←FFFFH,AX←BBA3H
```

无符号数不能用 CBW 或 CWD 符号扩展指令，因为它的最高位代表数值。

3.2.3　逻辑运算与移位指令

逻辑运算与移位指令包括逻辑运算指令、移位和循环移位指令。

3.2.3.1　逻辑运算指令

逻辑运算指令主要用于对寄存器或存储器单元中某些位的测试、置位、复位等操作。逻辑运算指令对操作数都是按位进行操作，对相应的标志位产生影响，操作数可以是字节或字。

```
格式：AND   DEST,SRC            ;逻辑与,(DEST)←(DEST)∧(SRC)
      OR    DEST,SRC            ;逻辑或,(DEST←(DEST)∨(SRC)
      NOT   DEST                ;逻辑非,(DEST)←(D̄ĒS̄T̄)
      XOR   DEST,SRC            ;逻辑异或,(DEST)← (DEST)⊕(SRC)
      TEST  DEST,SRC            ;测试,(DEST)∧(SRC)
```

(1) AND、OR、和 XOR 指令将目的操作数与源操作数按位进行与、或、异或运算，结果送回目的操作数。

例 3-38

```
AND   AL,0FH                ;AL 中的内容和 OFH 相与,结果在 AL 中
AND   AX,BX                 ;AX 和 BX 中的内容相与,结果在 AX 中
AND   DX,[BX+SI]            ;DX 和 2 个存储单元的内容相与,单元地址由 BX
                             +SI 和 BX+SI+1 指出,结果在 DX 中
OR    AX,00F0H              ;AX 和 00F0 相或,结果在 AX 中
XOR   AL,0FH                ;AL 和 0FH 相异或,结果在 AL 中
XOR   AX,AX                 ;AX 的内容本身进行异或,结果 AX 清零
```

(2) TEST 指令和 AND 指令执行同样的操作，但 TEST 指令不送回操作结果，而仅仅影响标志位。

例 3-39

```
TEST  AX,8000H              ;如果 AX 的最高位为 1,则 ZF=0,否则 ZF=1
TEST  AL,01H                ;如果 AL 的最低位为 1,则 ZF=0,否则 ZF=1
```

(3) NOT 指令将操作数的每一位进行求反，再送回目的操作数。

例 3-40

```
NOT   AL                    ;AL 中内容求反码,结果在 AL 中
NOT   BX                    ;BX 中内容求反码,结果在 BX 中
NOT   WORD PTR [1000H]      ;1000H 和 1001H2 个单元中的内容求反码,再送
                             回这 2 个单元中
```

在程序中，一般用 AND 指令对一个数据的指定位清零。OR 指令用来对一些指定位置 1，XOR 指令常用来使某些寄存器清零或用来对一些指定位求反，TEST 指令一般用于检测指定位是 1 还是 0。

例 3-41

```
AND   AL,0FH                ;AL 中的高 4 位清零
```

```
OR    AL,0FH          ;AL 中的低 4 位置 1
XOR   AL,0FH          ;AL 中的低 4 位求反
TEST  AL,0FH          ;检查 AL 中的低 4 位是否全为零
```

3.2.3.2 移位指令

移位指令可以对寄存器或存储器单元按字节或字进行操作，移位指令包括：算术左移指令 SAL(Shift Arithmetic Left)、算术右移指令 SAR(Shift Arithmetic Right)、逻辑左移指令 SHL(Shift Logic Left)、逻辑右移指令 SHR(Shift Logic Right)。

格式：SAL DEST,COUNT

SAR DEST,COUNT

SHL DEST,COUNT

SHR DEST,COUNT

式中 COUNT 表示移位数，其值或是 1，或大于 1，当大于 1 时其值由 CL 寄存器的值确定。

功能：将目的操作数中的内容按 COUNT 的值进行左(右)移位，最低位补 0，最高位进入 CF。但 SAR 指令移位时，最高位返回原位，如图 3-5 所示。

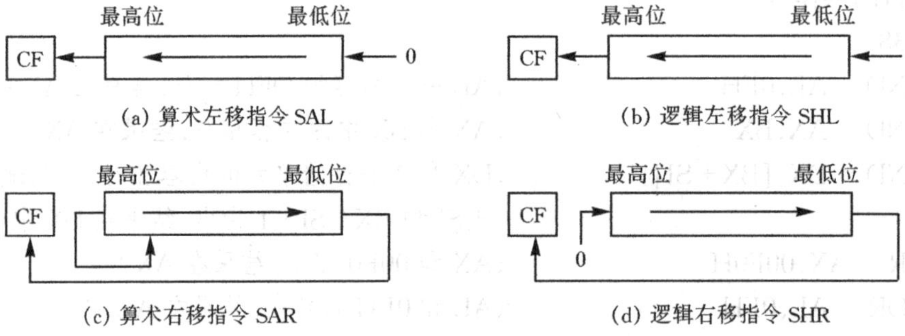

图 3-5 移位指令

SAL 和 SHL 这两条指令在形式上和功能上都完全一样。每移一次，最低位补 0，最高位进入进位标志 CF。在移位数为 1 的情况下，移位后，若最高位与 CF 不相同，则溢出标志 OF=1，否则 OF=0。这可以用来判断一个有符号数的符号位在移位后与移位前是否相同(若不同，则 OF=1)。

SAR 和 SHR 的功能不同，这是由于在执行逻辑移位指令时，把操作数看做无符号数来进行移位，所以右移时，最高位补 0；而执行算术移位指令时，把操作数看做有符号数来进行移位，故右移时，最高位的值保持不变。在移位数为 1 的情况下，移位后，操作数的最高位与次高位不同，则 OF=1，否则 OF=0，这可用来判断移位后的符号位是否改变(若改变，则 OF=1)。

例 3-42 将 AL 寄存器中的数据左移 1 位，BL 寄存器中的数据右移 4 位

```
MOV   AL,52H          ;AL←52H
MOV   BL,63H          ;BL←63H
MOV   CL,04H          ;CL←04H
SHL   AL,1            ;AL←A4H
SHR   BL,CL           ;BL←0CH
```

3.2.3.3　循环移位指令

循环移位指令包括：不含进位位的循环左移指令 ROL(Rotate Left)、不含进位位的循环右移指令 ROR(Rotate Right)、含进位位的循环左移指令 RCL(Rotate through CF Left)、含进位位的循环右移指令 RCR(Rotate through CF Right)。

格式：ROL　DEST,COUNT
　　　ROR　DEST,COUNT
　　　RCL　DEST,COUNT
　　　RCR　DEST,COUNT

功能：循环移位是将目的操作数从一端移出的位返回到另一端形成循环，它可以分成不带进位的循环移位和带进位的循环移位，如图 3-6 所示。

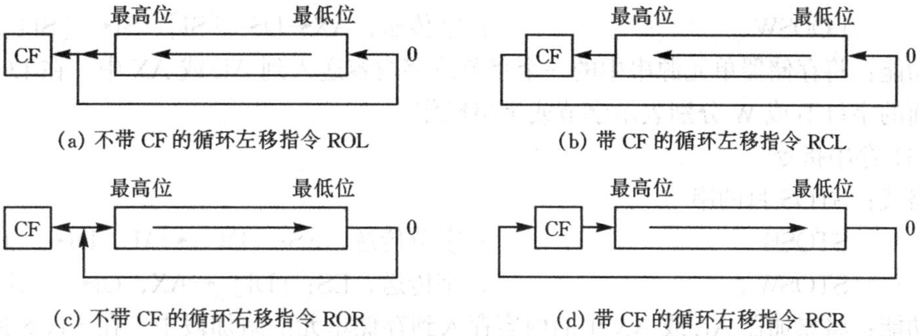

图 3-6　循环移位指令的功能

从功能示意图上可以看到，ROL 和 ROR 指令在执行时，没有把 CF 套在循环中；而 RCL 和 RCR 指令在执行时，连同 CF 一起循环移位。

循环移位指令与移位指令不同，循环移位后，操作数中原来各位数的信息不会丢失，而只是改变了位置而已(仍在操作数中的其他位置上或 CF 中)，如果需要还可恢复(反向移动即可)。

例 3-43　将 AX 的最高位移入 DX 的最低位

```
RCL  AX,1        ;将 AX 的最高位移位 CF
RCL  DX,1        ;将 CF 移入 DX 的最低位
```

例 3-44　将 AX=00A2H，BX=00B4H，装配在一起形成 AX=A2B4H

```
MOV  CL,8        ;(CL)←移位数 8
ROL  AX,CL       ;AX 循环左移 8 位,(AX)=A200H
ADD  AX,BX
```

3.2.4　串操作指令

串操作指令就是用一条指令实现对存储器中一串字符或数据的操作。8086 指令系统提供了 5 条基本的串操作指令和一条重复前缀指令。

3.2.4.1　基本串操作指令

基本串操作指令中的源操作数地址由 DS：SI 提供，目的操作数地址由 ES：DI 提供。串操作的方向是递增还是递减由标志位 DF 确定，DF=1，按递减方向进行；DF=0，按递增方向进行。

(1) 串传送指令

格式：MOVS 目的串，源串

MOVSB　　；字节传送，ES：[DI] ←DS：[SI]，SI←SI±1，DI← [DI] ±1，

MOVSW　　；字传送，ES：[DI] ←DS：[SI]，SI← [SI] ±2，DI← [DI] ±2

功能：将数据段存储单元的一个字节或字，传送到附加段存储单元中。在 MOVS 助记符后面的字母 B 或 W 分别表示字节或字串操作。

(2) 取串指令

格式：LODS 源串

LODSB　　；字节传送，AL←DS：[SI]，SI← [SI] ±1

LODSW　　；字传送，AX←DS：[SI]，SI← [SI] ±2

功能：将存储器单元源串中的一个字节或字内容送入到 AL 或 AX 中。在 LODS 助记符后面的字母 B 或 W 分别表示字节或字串操作。

(3) 存串指令

格式：STOS 目的串

STOSB　　；字节传送，ES：[DI] ←AL，DI← [DI] ±1

STOSW　　；字传送，ES：[DI] ←AX，DI← [DI] ±2.

功能：将累加器 AL 或 AX 中的内容存入到存储单元的附加段中。在 STOS 助记符后面的字母 B 或 W 分别表示字节或字串操作。

(4) 串比较指令

格式：CMP 源串，目的串

CMPSB　　；字节传送，ES：[SI] －DS：[DI]，SI← [SI] ±1，DI← [DI] ±1.

CMPSW　　；字传送，ES：[SI] －DS：[DI]，SI← [SI] ±2，DI← [DI] ±2

功能：比较源串和目的串是否相同，只影响状态标志位，不保留运算结果。在 CMPS 助记符后面的字母 B 或 W 分别表示字节或字串操作。

(5) 串搜索指令

格式：SCAS 目的串

SCASB　　；字节传送，AL－ES：[DI]，DI← [DI] ±1.

SCASW　　；字传送，AX－ES：[DI]，DI← [DI] ±2

功能：将附加段存储单元中的一个字节或字内容与 AL 或 AX 寄存器中的内容进行比较，根据比较结果设置相应的标志位。在 SCAS 助记符后面的字母 B 或 W 分别表示字节或字串操作。

3.2.4.2　重复前缀指令

格式：REP　　；无条件重复前缀指令

REPE/REPZ　　；条件重复前缀指令

REPNE/REPNZ　　；条件重复前缀指令

功能：REP 指令用在 MOVS、STOS 指令之前，每执行一次串指令，CX←(CX)－1，

直到 CX=0，重复执行结束。

REPE/REPZ 指令用在 CMPS，SCAS 指令之前，每执行一次串指令，CX←(CX)-1，并判断 ZF 标志位是否为 0；只要 CX=0 或 ZF=0，则重复执行结束。

REPNE/REPNZ 指令用在 CMPS、SCAS 指令之前，每执行一次串指令，CX←(CX)-1，并判断 ZF 标志位是否为 1；只要 CX=0 或 ZF=1，则重复执行结束。

LODS 指令之前不能添加重复前缀。

下面是上述串操作指令应用的一些例子。

例 3-45　将首地址为 SRC 的源字符串传送到 DEST 为首地址的内存区，字符串的长度为 N 个字节

```
CLD                     ;DF=0,增量方向
LEA   SI,SRC            ;DS:SI←字符串首地址
LEA   DI,ES:DEST        ;ES:DI←目标地址
MOV   CX,N              ;字符串长度
REP   MOVSB             ;重复字符串传送
```

例 3-46　比较两个字符串是否有相同的元素，它们的首地址和目标地址分别为 SRC 和 DEST，字符串的长度为 N 个字节

```
CLD                     ;DF=0,增量方向
LEA   SI,SRC            ;DS:SI←字符串首地址
LEA   DI,ES:DEST        ;ES:DI←目标地址
MOV   CX,N              ;字符串长度
REPNE CMPSB             ;重复比较字符串
JNZ   NOT-FOUNT         ;无相同的元素,转 NOT-FOUNT, 否则继续执行
                        下条指令
```

例 3-47　在首地址为 ES：DEST 的字符串中检查是否有字符’M’，字符串的长度为 N 个字节。

```
CLD                     ;DF=0,增量方向
LEA   DI,ES:DEST        ;ES:DI←目标地址
MOV   CX,N              ;字符串长度
MOV   AL,'M'            ;AL←搜索字符
REPNE SCASB             ;重复搜索字符串是否有字符'M'
```

在上面的程序段中，若字符串没有字符’M’，则串扫描指令一直重复执行，直至 CX=0 为止，并转入下一条指令继续执行。否则，将提前转入下一条继续执行。

例 3-48　将首地址为 DS：SRC 的字节数据串中非 0 元素送到首地址为 ES：DEST 的内存区中。字符串长度为 N

```
       CLD                ;DF=0,增量方向
       LEA   SI,SRC       ;DS:SI←字符串首地址
       LEA   DI,ES:DEST   ;ES:DI←目标地址
       MOV   CX,N         ;字符串长度
GOON:  LODSB              ;取字符串的一个元素
       CMP   AL,0         ;字符串元素为 0 吗?
```

```
      JZ    NEXT              ;是0,继续下一个元素
      STOSB                   ;非0,存入首地址为ES:DEST的内存区中
NEXT:DEC CX
      JNE GOON
```

在上面的程序段中，利用DEC和JNZ指令控制串操作指令的重复执行次数。当(CX)≠0时，程序重复循环，直至(CX)=0为止。

3.2.5 控制转移指令

程序既可以按顺序一条一条地执行指令，也可以改变顺序转向所需执行的指令。8086系统由代码段寄存器CS和指令指针IP决定执行过程。控制转移指令通过改变CS和IP的内容，实现程序的转移。

控制转移指令根据程序转移地址的不同，分为段内转移和段间转移。段内转移是指程序在同一段范围内的转移，此时只要改变IP指针内容即可。段间转移则是指程序要转移到其他段去执行，此时不但要改变IP指针的内容，还需要改变CS的内容。

3.2.5.1 无条件转移指令

格式：JMP DEST

功能：无条件转移到目的操作数指定的内存地址，以执行从该地址开始的程序段。无条件转移指令按对目的操作数不同的寻址方法可以分为以下4种指令形式。

(1) 段内直接转移。

程序转移有效地址是当前IP内容加上指令中给出的8位或16位偏移量。偏移量为8位时，称为短转移，在符号地址前加操作符SHORT，向前转可缺省SHORT；偏移量为16位时，称为近转移，在符号地址前加操作符NEAR PTR。

例3-49 段内直接转移

```
JMP    1200H              ;IP←1200H,直接转移到1200H去执行指令
JMP    SHORT LOOP         ;IP←(IP)+8位偏移量,段内短转移,转向符号地
                           址LOOP处
JMP    NEAR PTR L2        ;IP←(IP)+16位偏移量,段内近转移,转向符号
                           地址L2处
```

(2) 段内间接转移。

程序转移的偏移地址在寄存器或存储器单元之中。对存储器单元寻址，在符号地址前加操作符WORD PTR，表示所取得的转移地址是一个字有效地址。

例3-50 段内间接转移

```
JMP    CX                 ;IP←(CX)
JMP    [AX+SI]            ;IP←[AX+SI]
JMP    WORD PTR [SI]      ;IP←(SI)所指定的存储器字单元之中的16位数
                           据
```

(3) 段间直接转移。

指令中直接给出转移地址的段地址和偏移地址。CS放入新的段基址，IP放入新的偏移地址。FAR PTR是段间转移操作符。

例3-51

JMP FAR PTR NEXT ;CS:IP←新的段基址和新的偏移地址

(4) 段间间接转移。

程序转移的段基址和偏移地址在存储单元之中。由存储器指定的双字单元的低位字地址单元存放偏移地址，高位字地址单元存放段基址，分别送入 IP 和 CS 中。DWORD PTR 是双字属性操作符。

例 3-52

JMP DWORD PTR [DI] ;(IP) ←(DS:DI),(CS) ←(DS:DI+2)

3.2.5.2 过程调用及返回指令

程序设计中，将具有独立功能的程序模块称为子程序，8086 汇编中称子程序为过程。子程序为模块化程序设计提供了方便。程序执行过程中，由调用程序(主程序)使用调用指令调用这些子程序；当子程序执行后，通过返回指令返回主程序继续执行。主程序和子程序在同一代码段内属段内调用，否则属段间调用。段内调用或段间调用都使用了直接寻址和间接寻址方式。

(1) 调用指令。

格式：CALL 过程名

功能：调用已定义的过程，并将断点地址压入堆栈保存。该指令对状态标志位无影响。这实际上也是一条无条件转移指令，转向目的地址所指示的过程或子程序。

① 段内直接调用。

CALL ;SP←(SP) - 2, SS:[SP] ←IP; IP←(IP) + 16 位偏移量

② 段内间接调用。

CALL BX ;SP←(SP) - 2, SS:[SP] ←IP; IP←BX 偏移量

③ 段间直接调用。

CALL FAR PTR SUB2 ;SP←(SP) - 2, SS:[SP]←CS; SP←(SP) - 2, SS:[SP] ←IP, IP←SUB2 偏移地址, CS←SUB2 段地址

④ 段间间接调用。

CALL FAR PTR [SI] ;SP←(SP) - 2, SS:[SP]←CS; SP←(SP) - 2, SS:[SP] ←IP, IP←[SI, CS←[SI+2]

(2) 返回指令。

格式：RET [n]

功能：将断点地址从堆栈中弹出，然后按返回地址继续执行。该指令对状态标志位无影响。该指令通常放在子程序末尾，使子程序执行完毕后能够返回主程序继续执行。

① 无参数段内返回。

RET ;IP←SS:[SP], SP←(SP) + 2

② 有参数段内返回。

RET *n* ;IP←SS:[SP], SP←(SP) + 2, SP←(SP) + *n*

③ 无参数段间返回。

RET ;IP←SS:[SP], SP←(SP) + 2, CS←SS:[SP], SP←(SP) + 2

④ 有参数段间返回。

RET *n*　　　　;IP←SS:[SP],SP←(SP)+2,CS←SS:[SP],
　　　　　　　SP←(SP)+2, SP←(SP)+*n*

3.2.5.3 条件转移指令

格式：JXX DEST

功能：以标志位的状态或者以标志位的逻辑运算结果作为转移依据，如果满足转移条件，则转到 DEST 所指示的指令处执行，否则顺序执行下一条指令。必须指出，条件转移指令转移地址的偏移量限制在 −128～+127 字节范围内，采用相对转移方式。

这类指令的种类繁多，指令的助记符也不唯一，一种指令可以有另一种替换形式。从指令的转移条件以及上条指令参加运算的操作数性质，可以将它们分为以下三类。

(1) 根据单个标志位的状态判断转移的指令。

这类指令如表 3-2 所示，它们一般适用于测试运算结果，并根据不同的状态标志产生程序分支，以便做不同的处理。

表 3-2　　单个标志位状态转移指令

指　令		转移条件	说　明
JC	DEST	CF=1	有进位/借位
JNC	DEST	CF=0	无进位/借位
JE/JZ	DEST	ZF=1	相等/等于零
JNE/JNZ	DEST	ZF=0	不相等/不等于零
JS	DEST	SF=1	是负数
JNS	DEST	SF=0	是正数
JO	DEST	OF=1	有溢出
JNO	DEST	OF=0	无溢出
JP/JPE	DEST	PF=1	有偶数个“1”
JNP/JPO	DEST	PF=0	有奇数个“1”

例 3-53　根据单个标志位的状态判断后转移的指令

```
ADD AX, BX
JC TOO-BIG          ；若加法有进位转至 TOO-BIG 处理
SUB AL, BL
JZ ZERO             ；若减法结果为 0，转至 ZERO 处理
```

(2) 根据两个无符号数的比较结果判断转移的指令。

这类指令如表 3-3 所示，它们根据两个无符号数相比较所产生的状态标志 CF 和 ZF 决定是否转移。

表 3-3　　无符号数条件转移指令

指　令		转移条件	含　义
JA/JNBE	DEST	CF=0 AND ZF=0	无符号数 A>B
JAE/JNB	DEST	CF=0 OR ZF=1	无符号数 A≥B
JB/JNAE	DEST	CF=1 AND ZF=0	无符号数 A<B
JBE/JNA	DEST	CF=1 OR ZF=1	无符号数 A≤B

例 3-54　比较无符号数 FEH 和 05H 的大小，执行下面的指令后，将转移到 ABC 处

继续执行指令

```
MOV   AL,0FEH
CMP   AL,05H
JA    ABC              ;若(AL)>05H,则转向 ABC
```

(3) 根据两个有符号数的比较结果判断转移的指令。

这类指令如表 3-4 所示。根据两个有符号数相比较所产生的状态标志 SF、OF 和 ZF 决定是否转移。

表 3-4　有符号数条件转移指令

指　令	转移条件	含　义
JG/JNLE　DEST	SF=OF AND ZF=0	有符号数 A>B
JGE/JNL　DEST	SF=OF OR ZF=1	有符号数 A≥B
JL/JNGE　DEST	SF≠OF AND ZF=0	有符号数 A<B
JLE/JNG　DEST	SF≠OF OR ZF=1	有符号数 A≤B

3.2.5.4 循环控制指令

循环指令用于控制程序的重复执行，它们以 CX 寄存器为计数器，在其中预置程序的循环次数，并根据对 CX 内容的测试结果来决定程序是循环至目标地址，还是顺序执行循环控制指令的下一条指令。由此看来，循环控制指令类似于条件转移指令，也是按给定的条件是否满足来决定程序的走向，并且循环控制指令的目标地址必须在其下一条指令第一字节地址的 -128～+127 字节范围内。因此，这也是一种段内直接短转移指令。

格式：
```
LOOP DEST                 ;(CX)≠0,则循环
LOOPE/LOOPZ DEST          ;ZF=1 且(CX≠0),则循环
LOOPNE/LOOPNZ DEST        ;ZF=0 且(CX)≠0,则循环
JCXZ DEST                 ;(CX)=0,则循环
```

功能：LOOP 指令实现 CX←(CX)-1，若 CX≠0，则继续执行循环，否则顺序执行。LOOPE/LOOPZ 指令实现 CX←(CX)-1，若 CX≠0 且 ZF=1，则继续执行循环，否则顺序执行。LOOPNE/LOOPNZ 指令实现 CX←(CX)-1，若 CX≠0 且 ZF=0，则继续执行循环，否则顺序执行。JCXZ 指令不影响 CX 的内容，此指令在 CX=0 时，控制转移到目标地址，否则顺序执行 JCXZ 的下一条指令。

例 3-55　在以 DATA 为首地址的内存数据段中，存放有 200 个 16 位有符号数，试找出其中最大和最小的有符号数，并分别放在 MAX 和 MIN 为首的内存单元中。

为寻找最大和最小的数，可先取出数据块中的一个数据作为标准，将其同时暂存于 MAX 和 MIN 中，然后采用循环控制使其他数据分别于 MAX 和 MIN 中的数进行比较，若大于则取代原 MAX 中的数，若小于 MIN 内容，则将新数放于 MIN 中，最后就得出了数据块中最大和最小的有符号数。

比较有符号数的大小，应采用 JG 和 JL 等用于有符号数的条件转移指令。

```
START:LEA    SI,DATA          ;(SI)←数据块首地址
      MOV    CX,200           ;(CX)←数据块长度
      CLD                     ;清方向标志 DF
      LODSW                   ;(AX)←一个 16 位有符号数
```

```
        MOV   MAX,AX            ;将该数送 MAX
        MOV   MIN,AX            ;将该数送 MIN
        DEC   CX                ;(CX) ←(CX) - 1
NEXT:LODSW                      ;取下一个 16 位有符号数
       CMP   AX,MAX             ;与 MAX 单元内容进行比较
       JG   LARGER              ;若大于则转 LARGER
       CMP   AX,MIN             ;否则再与 MIN 单元内容进行比较
       JL   SMALL               ;若小于 MIN 的内容则转 SMALL
       JMP   GOON               ;否则就转至 GOON
LARGER:MOV   MAX, AX            ;(MAX) ←(AX)
          JMP   GOON
SMALL:MOV   MIN,AX              ;(MIN) ←(AX)
GOON:L OOP   NEXT               ;(CX) - 1,若 CX≠0,则转 NEXT
       HLT
```

3.2.5.5 中断指令

中断是输入输出程序设计中常用的控制方式。当程序正在运行突然遇到意外情况时，处理器立即终止当前程序的运行，转去执行中断处理程序。当中断处理程序执行结束后，返回原程序继续执行。

中断和过程调用有些类似，两者都是将返回地址先压栈，然后转到某个程序去执行。它们的区别是：①过程调用转向称为过程的子程序，中断指令是使控制转向中断服务子程序；②过程调用可以是 NEAR 或 FAR 类型，能直接调用或间接调用，中断调用通常是段间间接转移到服务程序；③过程调用只保护返回地址，中断指令还要保护状态标志进栈。

(1) 中断指令。

格式：INT *n*

功能：用于产生软件中断，以调用中断类型号为 n 的中断服务程序。n 为一个 8 位立即数，取值范围为 0～255。其执行过程为：①把标志寄存器、INT 指令的下一条指令地址的 CS 值和 IP 偏移量依次压入堆栈，以保护断点；②由 $n\times4$ 计算出中断向量，该中断向量中的内容即为中断服务程序的入口地址，将它赋给 CS：IP。CPU 就转去执行该中断服务程序。

(2) 溢出中断指令。

格式：INTO

功能：用来判断有符号数加减运算是否溢出。一般把 INTO 指令安排在有符号数加、减运算指令的后面，一旦查出 OF=1。则转到溢出中断处理程序。INTO 指令是 $n=4$ 的 INT 指令。其中断向量为 0010H。

(3) 中断返回指令。

格式：IRET

功能：将堆栈中的断点地址弹出赋给 IP 和 CS，以实现中断返回；将标志寄存器的值弹出，恢复中断前的状态。

3.2.6　处理器控制指令

这类指令用来对 CPU 进行控制，如修改标志寄存器，使 CPU 通过暂停、等待与外部设备同步、使 CPU 空操作等。

3.2.6.1　标志操作指令

格式：CLC　　;CF←0，进位标志位置 0(Clear carry)
STC　　;CF←1，进位标志位置 1(Set carry)
CMC　　;CF= 进位标志取反(complement Carry)
CLD　　;DF←0 方向标志位置 0(clear direction)
STD　　;DF←1 方向标志位置 1(set direction)
CLI　　;IF←0 中断允许标志位置 0(clear interrupt)
STI　　;IF←1 中断允许标志位置 1(set interrupt)

功能：CLC，CLD，CLI 指令分别用于对 CF，DF，IF 置 0；STC，STD，STI 指令分别用于对 CF，DF，IF 置 1；CMC 用于对 CF 位取反。

3.2.6.2　外部同步指令

8086 用于 CPU 最大方式时，需要处理主机和协处理器及多处理器之间的同步关系。

(1) 暂停指令。

格式：HLT

功能：使 CPU 处于停机状态，用于等待一次外部中断的产生，中断结束后，继续执行下面的指令。

(2) 等待指令。

格式：WAIT

功能：该指令在 CPU 的 $\overline{\text{TEST}}$ 引脚为高电平时，使 CPU 处于空转状态，不做任何操作。直到 $\overline{\text{TEST}}$ 引脚为低电平时，CPU 才脱离空转状态，恢复执行 WAIT 后面的指令。

(3) 交权指令。

格式：ESC

功能；该指令将 CPU 的控制权交给协处理器。当执行 ESC 指令时，8086 指令系统可完成协处理器的浮点运算。

(4) 封锁指令。

格式：LOCK

功能：可以作为其他指令的前缀联合使用，当将 LOCK 加在任一指令之前，CPU 执行到该指令时可使总线封锁，自己独占总线，直到该指令执行完毕，才解除对总线的封锁。

(5) 空操作指令。

格式：NOP

功能：除了使指令指针加 1 以外，不执行任何操作。可与循环控制指令配合，实现软件延时。

3.3　80X86 与 Pentium 扩充和增加的指令

80286、80386、80486 和 Pentium 的指令系统是逐级向上兼容的。它们分别保留了低一级指令系统的所有指令。

3.3.1　80286 扩充和增加的指令

80286 的指令系统不但把 8086 有些指令的功能扩充了，而且又增加了一些新的指令。

3.3.1.1　80286 扩充功能的指令

(1) 堆栈操作指令。

格式：PUSH SRC　　　　　；SRC 可以是一个 16 位立即数。

(2) 有符号数乘法指令。

格式：IMUL DEST，SRC　　　　　；其中 DEST 是 16 位通用寄存器，SRC 为 16 位立即数

　　　IMUL DEST，SRC1，SRC2　　　　　；其中 DEST 是 16 位通用寄存器，SRC1 是 16 位存储器，SRC2 是 16 位有符号立即数(− 32768～32767)

例 3-56　有符号数乘法

```
IMUL   CX,205            ; (CX) ←(CX)×205
IMUL   DX,[BP],68H       ; (DX)←[BP]×68H
```

(3) 移位指令。

对 8086 的 8 种移位指令的功能增强，移位次数在 1～31 范围内的都可直接写在源操作数处。

例 3-57　下列指令都是正确的

```
SAL   AX,9
ROL   [BP],29
RCR   [BX][SI],31
SAR   DX,6                ;算术右移 6 次
```

3.3.1.2　80286 增加的指令

(1) 栈操作指令。

格式：PUSHA　　　　　；将 AX，CX，BX，SP，BP，SI，DI 顺序压入堆栈

　　　POPA　　　　　；将堆栈中的内容逆序弹入上述寄存器

(2) 字符串输入指令。

格式：INS ES：DI，DX　　　　　；DX 中存放端口地址，ES：DI 指定目标地址

　　　INSB　　　　　；从 DX 指定的端口输入一个字节到 ES：DI 指定的目标地址中去

　　　INSW　　　　　；从 DX 指定的端口输入一个字到 ES：DI

指定的目标地址中去

功能：用来从指令的端口输入字符串到指定的目标地址中去。若 DF = 0，则 DI 中的地址自动加 1(输入字节)或加 2(输入字)；若 DF = 1，则 DI 中的地址自动减 1 或减 2。

(3) 字符串输出指令。

格式：OUTS DX，DS：SI　　；DX 中存放端口地址，DS：DI 指定字符串地址

OUTB　　；从 DS：SI 指定的内存地址输出一个字节到 DX 指定的端口中去

OUTW　　；从 DS：SI 指定的内存地址输出一个字到 DX 指定的端口中去

功能：用来从指定的内存地址输出字符串到指定的端口中去。若 DF = 0，则 SI 中的地址自动加 1(输出字节)或加 2(输出字)；若 DF = 1，则 SI 中的地址自动减 1 或减 2。

(4) 数组界限检查指令。

格式：BOUND DEST，SRC；DEST 为一个 16 位的寄存器，SRC 为一个字存储单元

功能：检查是否满足(SRC)≤(DEST)≤(SRC + 2)，满足条件时认为检查结果合法，否则视为越界，将自动引起中断类型号为 5 的异常。

(5) 建立堆栈空间指令。

格式：ENTER DEST，SRC；DEST 为一个 16 位立即数，SRC 为 8 位立即数

功能：为过程建立一个堆栈空间，DEST 指出过程堆栈空间所需要的字节数，STC 指出该过程在源程序中的嵌套层数(0～31)。

(6) 取消建立的栈空间指令。

格式：LEAVE　　；该指令无操作数

功能：用于取消前面 ENTER 指令建立的堆栈空间，使 SP 恢复到建立对堆栈空间前的值。

(7) 控制保护指令。

控制保护是 80286 在保护模式下增加的指令。用来将处理器保护控制寄存器的值装入内存，或将数值装入保护控制寄存器，以便支持保护虚存管理程序。这类指令共 16 条，它们分别是：

LAR　　;装入访问权限
LSL　　;装入段界限
LGDT　　;装入全局描述符表
SGDT　　;存储全局描述符表
LIDT　　;装入 8 字节中断描述符表
SIDT　　;存储 8 字节中断描述符表
LIDT　　;装入局部描述符表
SLDT　　;存储局部描述符表
LTR　　;装入任务寄存器
STR　　;存储任务寄存器
LMSW　　;装入机器状态字
SMSW　　;存储机器状态字

ARPL	;调整已请求特权级别
CLTS	;清除任务转移状态
VERR	;对存储器或寄存器读校验
VERW	;对存储器或寄存器写校验

3.3.2 80386 扩充和增加的指令

8086、80286的指令操作是基于8位或16位的，而80386的指令扩展到32位，它提供了32位寻址方式和对32位数据的直接操作，即所有16位指令都可以扩展为32位的指令。此外，80386还增加了一些新指令。

3.3.2.1 80386 扩充功能的指令

(1) 栈操作指令。

PUSHA，POPA，PUSHF，POPF 栈操作指令均在后面加D，变成对双字的操作。

格式：PUSHAD	；将EAX，ECX，EDX，EBX，ESP，EBP，ESI，EDI顺序压入堆栈
POPAD	；从堆栈中的内容逆序弹入到上述相应的寄存器中
PUSHFD	；将双字状态标志寄存器的内容入栈保存
POPFD	；将当前栈顶的双字内容弹出送入到双字状态标志寄存器中

(2) 有符号数乘法指令。

格式：IMUL DEST，SRC	；其中DEST是32位的通用寄存器；SRC可以是16位或32位的通用寄存器、存储器或立即数
IMUL DEST，SRC1，SRC2	；其中DEST是32位的通用寄存器；SRC1可以是32位的通用寄存器或存储器，但不能是立即数；SRC2只能是立即数

(3) 串操作指令。

MOVS，LODS，STOS，CMPS，SCAS，INS，OUTS 串操作指令均可在后面加D，变成对双字的操作，如同加B(字节)和加W(字)一样。

格式：MOVSD	；将DS：SI(ESI)指定的源串双字传送到ES：DI(EDI)指定的目标地址中去
LODSD	；将DS：SI(BSI)指定的源串双字取到EAX中去
STOSD	；将EAX中的双字内容存入到ES：DI(EDI)指定的目的操作数中
CMPSD	；将DS：SI(ESI)指定的源串双字内容与ES：DI(EDI)指定的目的串中的双字内容相比较，若相同，则ZF=1；否则ZF=0
SCASD	；将EAX寄存器中的双字内容与ES：DI(EDI)指定的目的串中的双字内容相比

较，若找到，则 ZF=1；否则 ZF=0

INSD　　；从 DX 端口地址中读入双字数据送入到 ES：DI(EDI)指定的目的操作数中

OUTSD　　；将 ES：DI(EDI)所指定的双字数据送入到 DX 端口地址中

(4) 符号扩展指令。

格式：CWDE　　；将 AX 寄存器中的符号位扩展到 EAX 寄存器的高 16 位，从而形成 32 位的有符号位数

CDQ　　；将 EAX 寄存器中的符号位扩展到 EDX，从而形成 EDX：EAX64 位的有符号数

(5) 地址指针传送指令。

格式：LFS DEST，SRC　　；将 SRC 所指定存储单元中存放的偏移地址送入 DEST 指定的通用寄存器，段基址送入 FS 段寄存器

LGS DEST，SRC　　；将 SRC 所指定存储单元中存放的偏移地址送入 DEST 指定的通用寄存器，段基址送入 GS 段寄存器。

(6) 中断返回指令。

格式：IRETD　　；将堆栈中的一个双字指令指针弹出

3.3.2.2　80386 新增加的指令

(1) 数据传送与扩展指令。

格式：MOVSX DEST，SRC　　；将源操作数 SRC 中的有符号数送入到目的操作数 DEST 中，并将 SRC 中的符号位扩展到 DEST 中的空位处。DEST 应为寄存器，SRC 可以是寄存器或存储器，但二者的位数应一致

MOVZX DEST，SRC　　；将源操作数 SRC 中的无符号数送入到目的操作数 DEST 中，并用 0 填充到 DEST 中的空位处，其他与 MOVSX 指令相同

(2) 位测试指令。

格式：BT DEST，SRC　　；检查 DEST 中由 SRC 中的值指定的位，并将该位复制到进位标志位中。DEST 可以是寄存器或存储器，SRC 可以是寄存器或立即数

BTC DEST，SRC　　；检查 DEST 中由 SRC 中的值指定的位，将该位求反并复制到进位标志位中

(3) 位设置指令。

格式：BTR DEST，SRC　　；检查 DEST 中由 SRC 中的值指定的位，将该位清零并复制到进位标志位中

BTS DEST，SRC ；检查DEST中由SRC中的值指定的位，将该位置1并复制到进位标志位中

(4) 位扫描指令。

格式：BSF DEST，SRC ；对源操作数SRC中的低位向高位扫描，将第一个扫描到的“1”信号送到目的操作数DEST中

BSR DEST，SRC ；对源操作数SRC中的高位向低位扫描，将第一个扫描到的“1”信号送入到目的操作数DEST中

(5) 双精度数移位指令。

格式：SHLD DEST，SRC1，SRC2 ；双精度数左移

SHRD DEST，SRC1，SRC2 ；双精度数右移

功能：按SRC2给出的值对目的操作数中的内容进行左(右)移，移出的位送入CF。另一端空出的位由SRC1的高(低)位补充，而SRC1的内容不变。DEST可以是寄存器或存储器，SRC1为寄存器，SRC2为立即数或CL寄存器。

(6) 条件设置指令。

格式：SET条件 DEST

功能：这组指令用来按照给出的条件(与转移指令中所给出的条件相同)将DEST置1或置0，DEST只能是一个8位寄存器或存储单元。

例3-58

```
SETS   AL            ;若SF=1,则将AL←1
SETNS  BL            ;若SF=0,则将BL←0
```

3.3.3 80486新增加的指令

80486在运行速度和虚存空间上，比80386有了很大提高，但它的指令系统只是比80386多了6种指令，可分为通用指令和Cache操作指令。

3.3.3.1 通用指令

(1) 交换加指令。

格式：XADD DEST，SRC

功能：该指令是加法和交换指令的结合。用DEST和SRC相加，把相加的结果存入DEST中，并把DEST的原值放入SRC中。DEST可以是8位、16位或32位的寄存器或存储器，SRC可以是8位、16位或32位的寄存器。

例3-59

```
XADD  EAX,EBX        ;(EAX)←(EAX)+(EBX),(EBX)←(EAX)
```

(2) 比较传送指令。

格式：CMPXCHG DEST，SRC

功能：该指令是比较和传送指令的结合。DEST可以是8位、16位或32位寄存器或存储器。SRC可以是8位、16位或32位的寄存器。该指令将DEST与累加器AL，AX或EAX的内容进行比较。如果相等，将ZF置1，并将SRC的内容送到DEST；否则ZF清0，并将DEST的内容送到相应的累加器。

例 3-60

```
CMPXCHG    EDX,EBX        ;若(EDX)=(EAX),则 EDX←EBX,并将 ZF
                          置 1;否则,EAX←(EDX),并将 ZF 置 0
```

(3) 字节顺序交换指令。

格式：BSWAP DEST

功能：DEST 为 32 位通用寄存器。将 DEST 中的双字以字节为单位进行高低字节交换。即对指定寄存器的 32 位操作数的 31～24 位与 7～0 位、23～16 位与 15～8 位进行交换。

3.3.3.2 Cache 操作指令

由于 80486 有片内 Cache，新增了 Cache 操作的专用指令。

格式：INVD

　　WBINVD

　　INVLPG

功能：INVD 指令用于将 Cache 的内容作废。具体操作是，刷新内部 Cache，并分配一个专用总线周期刷新外部 Cache。执行该指令不会将外部 Cache 中的数据写回主存。

WBINVD 指令的功能与 INVD 指令相似，先刷新内部 Cache，并分配一个专用总线周期将外部 Cache 的数据写回主存，并在此后的一个专用总线周期将外部 Cache 刷新。

INVLPG 指令用于将页式管理机构内的高速缓冲器 TLB 中的某一项作废。如果 TBL 中含有一个存储器操作数映象的有效项，则该 TLB 项被标记为无效。

3.3.4 Pentium 新增加的指令

Pentium 新增加的指令可分为专用指令和控制指令。

3.3.4.1 Pentium 专用指令

(1) 字节比较交换指令。

格式：CMPXCHG8B DEST，SRC

功能：与 CMPXCHG 类似，不同之处只是该指令为 64 位比较交换指令，并且规定目的操作数必须为内存变量，源操作数和累加器分别为 ECX：EBX 和 EDX：EAX。

例 3-61

```
CMPXCHG8B   QMEM,ECX:EBX   ;若 EDX:EAX=[QMEM],则[QMEM]←
                           ECX:EBX, ZF = 1; 否 则 EDX:EAX←
                           [QMEM],ZF=0
```

(2) 处理器特征识别指令。

格式：CPUID

功能：该指令可识别微型机中 Pentium 处理器的型号。执行 CPUID 指令前，必须给 EAX 寄存器赋值，通过执行 CPUID 指令返回 CPU 的特征信息。

(3) 读时间标记计数器指令。

格式：RDTSC

功能：将时间标记计数器每个时钟周期递增，在上电和复位后，将该计数器清零。时间标记计数器用于检测程序运行的速度。

3.3.4.2 Pentium 控制指令

(1) 读实模式描述寄存器指令。

格式：RDMSR

功能：将由 ECX 寄存器指定的实模式描述寄存器的内容送入 EDX：EAX 中。

(2) 写实模式描述寄存器指令。

格式：WRMSR

功能：将 EDX：EAX 中的内容送入由 ECX 寄存器指定的实模式描述寄存器中。

(3) 恢复系统管理模式指令。

格式：RSM

功能：当处理器接受系统管理方式 SMM 中断后，便进入系统管理方式。当执行 RSM 指令后，可返回到被中断前的实模式或保护模式下。

3.4 汇编语言程序格式

3.4.1 汇编语言程序的结构

汇编语言程序由若干个段构成。按各段功能的不同，分别称为堆栈段(保存数据、断点等信息)、代码段(存放指令)、数据段和附加段(定义数据、分配存储单元)。其中堆栈段和代码段是必需的。每段必须有且仅有一个名字，以 SEGMENT 定义段起始，以 ENDS 定义段结束，整个程序结束后需以 END 收尾。

3.4.1.1 源程序的一般格式

源程序一般格式为

```
STACK   SEGMENT
          ⋮
STACK   ENDS
DATA    SEGMENT
          ⋮
DATA    ENDS
CODE    SEGMENT
        ASSUME CS:CODE, DS: DATA, SS:STACK
START: …
          ⋮
CODE    ENDS
        END START
```

下面以一个具体的例子来说明一个完整汇编语言程序的结构。

例 3-62 编写一个两字相加的程序

```
DSEG     SEGMENT                    ;定义数据段
DATA1    DW     1234H               ;定义被加数
DATA2    DW     5678H               ;定义加数
```

```
DSEG    ENDS                        ;数据段结束
ESEG    SEGMENT                     ;定义附加段
SUM     DW   2 DUP(?)               ;定义存放结果区
        ESEG   ENDS                 ;附加段结束
        CSEG   SEGMENT              ;定义代码段
```

下面的语句说明程序中定义的各段分别用哪个段寄存器寻址。

```
            ASSUME CS:CSEG,DS:DSEG,ES:ESEG
START:MOV AX,DSEG                  ;START为程序开始执行的启动标号
      MOV DS,AX                    ;初始化DS
      MOV AX,ESEG
      MOV ES,AX                    ;初始化ES
      LEA SI,SUM                   ;存放结果的偏移地址送SI
      MOV AX,DATA1                 ;取被加数
      ADD AX,DATA2                 ;两数相加
      MOV ES:[SI],AX               ;和送附加段的SUM单元中
      HLT
CSEG    ENDS                       ;代码段结束
        END START                  ;源程序结束
```

3.4.1.2 源程序的结构特点

源程序的结构特点如下。

① 汇编语言程序通常由若干段组成，段由伪指令SEGMENT与ENDS定义，各段顺序任意，段的数目依需要确定，原则上不受限制。数据段通常在代码段前面定义。程序代码段部分开始要设置段寄存器，要初始化DS内容。

② 段由若干语句组成，语句以指令为主体而构成。一条语句写在一行上，书写时语句的各部分应尽量对齐。

③ 汇编语言程序中至少要有一个启动标号，作为程序开始执行时目标代码的入口地址。启动标号常用START，BEGIN，MAIN等命名。

④ 为增加程序的可读性，可在汇编语言语句“;”后加上注释。

3.4.2 汇编语言语句类型及格式

3.4.2.1 汇编语言语句的类型

汇编语言语句有三种基本类型：指令语句、伪指令语句和宏指令语句。

① 指令语句是可执行语句，在汇编中要产生对应的目标代码，CPU根据这些代码才能执行相应的操作。每一条指令语句表示计算机具有的一个基本能力，而这种能力是在目标程序运行时完成的。

② 伪指令语句是不可执行语句，在汇编中不产生目标代码，用于指示汇编程序如何汇编源程序，利用它定义和说明常量和变量的属性及存储器单元的分配等。伪指令的功能是由汇编程序在汇编源程序时，通过执行一段程序来完成的，而不是在运行目标程序时实现的。

③ 宏指令语句是以一个宏名定义的一段指令序列，在汇编中凡是出现宏指令语句的地方，都会有相应的指令语句序列的目标代码插入。宏指令语句可以看做是指令语句的扩展。相当于多条指令语句的集合，它包括宏定义、宏调用和宏扩展3部分。

3.4.2.2 语句的格式

语句的格式分为指令语句格式和伪指令语句格式，它们都是由4部分组成的。

指令语句格式：　[标号:]　<指令助记符>　[操作数]　[；注释]

伪指令语句格式：　[符号名:]　<伪指令助记符>　[操作数]　[；注释]

其中，[ ] 表示可选项；< >表示必选项。

(1) 标号和符号名。

标号表示一条指令的符号地址，后面必须带有一个冒号，它是一个可选项，一般在程序的入口处设置一个标号。符号名可以是常量名、变量名、段名、过程名、宏名等，后面不能带有冒号，它也是一个可选项。在汇编语言中可以使用下列符号表示标号或符号名：

① 英文字母：A～Z；a～z，大小写无区别；

② 数字：0～9，不能作标号和符号名的第一个字符；

③ 特殊字符:?，@，＄，-，;等。

需要注意，标号和符号名的长度不能超过31个,? 和＄字符、CPU内部的寄存器名、汇编语言中的保留字等均不能作为标号和符号名。

(2) 指令助记符。

每条语句中必须包含指令助记符，表明该条指令要求CPU完成的具体操作。在指令语句中可用ADD，MOV，JMP等助记符来表示；在伪指令语句中可用DB，PTR，EQU等助记符来表示。

(3) 操作数。

操作数可以是寄存器、常量、变量或表达式，它是一个可选项。在指令语句中，可以有两个操作数、一个操作数或没有操作数。在伪指令语句中，可给出一系列的参数。各操作数之间用逗号或空格间隔。

(4) 注释。

注释是用于解释程序使之便于阅读的任何说明文字或字符，注释由分号“;”开头，直至语句行的结尾。注释对汇编程序不起作用，不会生成目标代码，只供增强可读性，可省略。

3.4.3 汇编语言的数据与表达式

操作数是汇编语言语句中的一个重要组成部分，它可以是寄存器、存储器单元，也可以是数据表达式。汇编语言能识别的数据有：常量、变量和标号，而表达式是由常量、变量和标号通过某些运算符连接而成的。

3.4.3.1 常　量

常量是没有任何属性的纯数值数据。它在汇编期间和程序运行中不会发生变化。常量分为数值常量、字符串常量和符号常量。

(1) 数值常量。

在程序中，可以用不同进制数的形式表示数值常量。

① 二进制常数。以字母B结尾的0和1组成的序列。如11011101B。

② 八进制常数。以字母O或Q结尾的0～7数字序列组成的数。如625O，471Q。

③ 十进制常数。以字母D结尾或不加字母结尾的数。如95D，95。

④ 十六进制常数。以字母H结尾的由0～9、A～F组成的数字序列。如8AB3H。

(2) 字符串常量。

用单引号括起的一个或多个字符，这些字符是用它的ASCII码形式存储在内存中。如字符“AB”在存储单元中存储的是41H，42H。

(3) 符号常量。

通过对一个符号名赋值，作为经常使用的常量。常量在程序中主要应用于：

① 在指令语句的源操作数中作立即数；

② 在指令语句中，为寻找存储器操作数的各种寻址方式中作偏移量；

③ 在数据定义语句中，对分配的存储单元预置初值。

3.4.3.2 变　量

变量是代表存放在某些存储单元的在程序运行期间随时可以修改的数据。它常常以变量名的形式出现在程序中，可以认为是存放数据存储单元的符号地址。变量可以用数据定义伪指令DB，DW，DD等进行定义。

例3-63 用数据定义伪指令DB，DW，DD定义变量

```
DATA   SEGMENT
DA1    DB      12H                   ；定义一个字节数据
DA2    DD      0FEDCBA90H            ；定义一个双字数据
DA3    DW      5678H                 ；定义一个字数据
DATA   ENDS
```

经过定义的变量，每个变量均有三个属性。

(1) 段属性(SEG)：它表示变量存放在哪一个逻辑段中(即变量所在段的段基址)。例如变量名为DA1，DA2，DA3的三个变量都存放在DATA逻辑段中(用SEGMENT/ENDS伪指令定义一个逻辑段)，当在指令中要对这些变量进行存取操作时，事先要把它们所在段的段基址存放在一个段寄存器(如DS)中。

(2) 偏移量属性(OFFSET)：表示变量在逻辑段中离起始点的字节数。例如变量DA1的偏移量为0，而变量DA2的偏移量为1，变量DA3的偏移量为5。

上述段和偏移量两个属性就构成了变量的逻辑地址。

(3) 类型属性(TYPE)：表示变量占用存储单元的字节数。这一属性是由数据定义伪指令DB，DW，DD等来规定的。变量DA1是用DB定义的，它的类型为字节；变量DA2用DD定义，类型属性为双字；而变量DA3是用DW定义的，类型属性为字。

3.4.3.3 标　号

标号是一条指令的符号地址。在无条件转移指令、条件转移指令、循环指令和子程序调用指令的操作数位置上，通常用标号作为程序转移指令的目标地址。在程序中引入标号后，可以使编写程序更加方便，程序的阅读和修改也更加容易。与变量类似，每个标号也具有三个属性。

(1) 段属性(SEG)：表示这条指令目标代码在哪个逻辑段中。

(2) 偏移量属性(OFFSET)：表示这条指令目标代码的首字节在段内离段起始点的字节数。同样，上述两个属性构成了这条指令目标代码首字节的逻辑地址。

(3) 距离属性：表示本标号可作为段内或段间的转移特性。距离属性分为两种：

① 近(NEAR)：本标号只能被标号所在段的转移和调用指令所访问(即段内转移)；

② 远(FAR)：本标号可被其他段(不是标号所在段)的转移和调用指令访问(即段间转移)。

3.4.3.4 表达式和运算符

表达式是由常量、变量和标号通过某些运算符连接而成。表达式有数值表达式和地址表达式两种。数值表达式只产生一个数值结果，地址表达式的结果是一个存储器地址，如果这个地址存放的是数值，则称它为变量。如果这个地址中存放的是指令，就称它为标号。任何一个表达式的数值计算或数据大小、转移特性的确定都是在源程序汇编过程中进行的，而不是在程序运行时获得的。表达式中的运算符为在程序中构造某些数据和地址带来了灵活、方便的表达方式。运算符主要包括以下几种类型。

(1) 算术运算符。

算术运算符包括加(+)、减(-)、乘(*)、除(/)、求余(MOD)、左移(SHL)和右移(SHR)共七种。+，-，*，/是常用的运算符，参加运算的数和运算结果均为整数。除法运算的结果只取商的整数部分，求余的运算结果只取它的余数。如23/5是4，23MOD5是3。左移或右移运算符可使二进制数左移或右移若干位，相当于二进制数进行乘法或除法运算，因此也把它作为算术运算符。

(2) 逻辑运算符。

逻辑运算符包括AND(与)、OR(或)、XOR(异或)、NOT(非)4种，它们只适用于对常量进行逻辑运算。注意，这4种运算符与逻辑运算指令中的助记符有完全相同的符号，但它们在语句中的位置是不一样的。表达式中的逻辑运算符只能出现在语句的操作数部分，并且是在汇编时完成运算的；而逻辑运算指令中的助记符出现在指令的操作码部分，其运算在执行指令时进行。

例 3-64 逻辑运算符的应用

```
MOV   AL,NOT 10101010B              ;(AL)←01010101B
MOV   AL,11110000B AND 10111101B    ;(AL)←10110000B
MOV   AL,10100000B OR 00000101B     ;(AL)←10100101B
```

(3) 关系运算符。

关系运算符包括EQ(相等)、NE(不等)、LT(小于)、GT(大于)、LE(小于等于)、GE(大于等于)共6种。它们可对常量或同一段内的存储器地址进行比较运算。若条件满足，表示运算结果为真(TRUE)，输出结果为全“1”；若比较后不满足条件，表示运算结果为假(FALSE)，输出结果为全“0”。

例 3-65 关系运算符的应用

```
MOV   AX,5   EQ   101B     ;(AX)←0FFFFH
MOV   BH,10H   GT   16     ;(BH)←0
```

(4) 数值返回运算符。

这种运算符的运算对象必须是存储器操作数，即变量或标号。运算符总是加在运算对象之前，返回的结果是一个数值。数值返回运算符包括 SEG(段基址)、OFFSET(偏移量)、TYPE(类型)，LENGTH、SIZE，运算的对象是存储器操作数，返回变量或标号的属性值。如表 3-5 所示。

表 3-5　　数值返回运算符的功能

运算符	功　能
SEG	返回变量或标号的段基址
OFFSET	返回变量或标号的偏移地址
TYPE	返回变量的字节数或标号的距离属性 (NEAR 为 -1，FAR 为 -2)
LENGTH	返回变量中所定义的元素个数
SIZE	返回变量所占的总字节数

例 3-66　数值返回运算符的应用

```
K1    DB    30H,31H,32H
K2    DW    4041H,4043H
K3    DW    20H DUP(0)
K4    DD    50515253H
      MOV   AL,TYPE     K1    ;等效于 MOV AL,1
      MOV   AH,TYPE     K2    ;等效于 MOV AH,2
      MOV   AL, LENGTH  K3    ;(AL)←20H,返回 DUP 前面的数值
      MOV   CL, LENGTH  K4    ;(CL)←01H
      MOV   BL, SIZE    K3    ;(BL)←40H
      MOV   DL, SIZE    K4    ;(DL)←04H
```

(5) 修改属性运算符。

下述运算符可用来修改变量标号或地址表达式的属性。

① 修改段属性运算符“:”。

“:”运算符用来临时给变量、标号或地址表达式指定一个段属性，自动生成段跨越前缀字节。

例 3-67　段属性运算符的应用

```
MOV    AX,ES:[BX]          ;用附加段 ES 取代默认的数据段 DS
MOV    BL,DS:[BP]          ;用数据段 DS 取代默认的堆栈段 SS
```

但要注意，CS 和 ES 不能被跨越，堆栈操作时 SS 也不能被跨越。

② 定义符号名为新类型运算符 PTR。

格式：类型　PTR　地址表达式

PTR 运算符是为同一个存储单元赋予不同的类型属性。根据地址表达式的不同，所赋予的新类型可以是 BYTE，WORD，DWORD，NEAR，FAR，它们只在所在的指令内有效。

例 3-68　PTR 运算符的应用

```
N1   DB 3,6,9
      MOV AX,WORD PTR N1         ;临时指定 N1 为字类型,(AX)←0603H
```

③ 指定新类型运算符 THIS。

格式：THIS　类型或属性

THIS 运算符用来把它后面指定的类型或距离属性赋给当前的变量、标号或地址表达式。

例 3-69　THIS 运算符的应用

```
ABC  EQU  THIS  BYTE        ;从本语句开始变量ABC的类型属性
                            指定为字节,不管它原来的类型是什
                            么
```

④ 取高位字节/低位字节运算符 HIGH/LOW。

HIGH 和 LOW 运算符分别用来从运算对象中分离出高字节和低字节。

例 3-70　HIGH 和 LOW 运算符的应用

```
NUM  EQU  2456H
MOV  AL,HIGH  NUM           ;等效于 MOV AL,24H
MOV  BL,LOW NUM             ;等效于 MOV BL,56H
```

⑤ 短转移运算符 SHORT。

SHORT 运算符决定 JMP 指令中转移地址的属性，指定转移地址是下一条指令地址的 －128～＋127 字节范围之内。

上述运算符具有不同的优先级别，如表 3-6 所示。

表 3-6　运算符的优先级别

优先级别		运算符
高级↕低级	1	括号( )，[ ]，{ }
	2	LENGTH，WIDTH，SIZE，MASK
	3	PTR，OFFSET，SEG，TYPE，THIS，CS:，DS:，SS:，ES:
	4	HIGH，LOW
	5	*，/，MOD，SHL，SHR
	6	+，−
	7	EQ，NE，LT，LE，GT，GE
	8	NOT
	9	AND
	10	OR，XOR
	11	SHORT

3.5　伪指令

伪指令用来指示汇编程序应该如何去处理汇编语言的源程序。它们在汇编时被解释执行，除了部分语句可以申请存储空间以外，不产生任何目标代码。在 80X86 汇编语言中规定了几十种伪指令，本书只介绍重要的伪指令。

3.5.1　符号定义伪指令

符号定义的伪指令用于给程序中多次出现的同一个常量或表达式赋予一个符号名，也可以为其他符号名取一个新名字，并赋给它新的类型属性。它为程序的编写和使用带来了许多方便。

3.5.1.1　等值语句

格式：符号名 EQU 表达式

功能：用一个符号名来代替表达式，使该符号名与表达式同义。同一源程序中，一个符号名只能被定义一次。

格式中的表达式可以是一个常量、符号、数值表达式、地址表达式甚至可以是指令助记符。

例 3-71 等值语句

```
CR      EQU   0DH                    ;常量
TEN     EQU   0AH                    ;常量
AA      EQU   ASCII-TABLE            ;变量
VAR     EQU   TEN * 2 + 1024         ;数值表达式
ADR     EQU   ES:[BP + DI + 5]       ;地址表达式
GOTO    EQU   JMP                    ;指令助记符
```

3.5.1.2 等号语句

格式：符号名=表达式

功能：把表达式的值赋值给符号名，等号语句与等值语句具有相同的功能，它们的区别在于等号语句可以重复定义。

例 3-72 等号语句

```
NUM = 488                            ;定义 NUM 等于 488
NUM = NUM + 1                        ;定义 NUM 等于 489
```

3.5.2 数据定义伪指令

数据定义伪指令用来定义变量的类型，给存储器赋初值，或给变量分配存储空间。此类伪指令并不占用内存，无目标代码。源程序经汇编后，各个变量的数据就被存储在对应的内存单元中。

格式：[变量名] 数据定义符 操作数 [，操作数，…]

方括号中的变量名为可选项。操作数可以不止一个，多个操作数时用逗号分开。数据定义符号是 DB，DW，DD，DQ，DT。

功能：DB 定义字节类型变量，DW 定义字类型变量，DD 定义双字类型变量，DQ 定义四字类型变量，DT 定义十字节类型变量。

说明：

(1)操作数从变量名地址开始按字节连续存放，直到操作数结束(地址递增方向)。

例 3-73

```
DATA  DB   11H,33H              ;定义包含两个元素的字节变量 DATA
NUM   DW   100 * 5 + 88         ;定义一个字类型变量 NUM,其初值为表达
                                 式的值
SUM   DQ   0011223344556677     ;将 4 个字存入变量 SUM。它们在内存中的
                                 存放地址由高到低分别为：77H, 66H,
                                 55H, 44H, 33H, 22H, 11H, 00H
```

(2) 字符串必须放在引号中，两个以上字符的字符串只能用 DB 伪指令。数据项中可以用“?”预留若干存储单元，此时变量初值不确定。

例 3-74

```
STR1  DB    'COMPUTER'          ;定义一个字符串,字符串的首地址为STR1
STR2  DW    'AA','BC','DE'      ;给两个字符组成的字符串分配两个字节存储单元
DATA  DW    ?,?,?               ;为DATA预留6个存储单元
```

(3) 当同样的操作数重复多次时，可用重复操作符“DUP”表示。DUP 的一般格式为：

[变量名] 数据定义符 *n* DUP(初值 [，初值，…])

圆括号中为重复的内容，*n* 为重复次数。如果用“*n* DUP(?)”作为数据定义伪操作的唯一操作数，则汇编程序仅是保留 *n* 个元素大小的数据区。

例 3-75

```
DATA1DB 20 DUP(?)       ;为变量DATA1分配20个字节的空间,初值为任意值
DATA2DW ?               ;为变量DATA2分配2个字节的空间,初值为任意值
DATA3DB 20 DUP(30H)     ;为变量DATA3分配20个字节的空间,初值均为30H
```

3.5.3 段定义伪指令

一个汇编语言按规定的功能可划分成几个段，如堆栈段、数据段、代码段等，有时还要定义附加段，每个段的空间不超过 64KB，根据不同的功能存放不同的内容。

格式：段名　SEGMENT　定位类型　组合类型　类别名

⋮

段名　ENDS

功能：用来把程序分成若干逻辑段，实现存储器的分段管理，在汇编和连接程序时，控制不同段的定位，组合和连接，以便形成一个可执行程序。

3.5.3.1 段　名

每一个段必须设置段名，它是定义一个段不可缺少的部分。通常，选用与本段用途相关的名字(但不得使用系统保留字中的名字)，如选用 DATA1，DATA2，STACK1，CODE 等名字作为段名。一个段开始和结尾的段名必须一致，否则会出现语法错误。

3.5.3.2 定位类型

定位类型表示某段装入内存时，对段的起始边界有何要求，有以下 4 种选择。

(1) BYTE：表示本段起始单元可以从任一地址开始，段间不留空隙，存储器利用率最高。

(2) WORD：表示本段起始单元从一个偶字节地址开始，即段起始地址的最后一位二进制数一定是 0，如 03864H，02B38H 等。这种定位方式适合数据项的类型为字的数据段。

(3) PARA：这是隐含选择，表示本段起始地址从一个节的边界开始。一个节为 16 个字节，所以段的起始地址一定能被 16 整除，亦即是以 0H 结尾的地址。如 04360H，08B30H 等。这种定位方式最简单，但段间往往有空隙(最多为 15 个字节)。

(4) PAGE：表示本段起始地址从一个页的边界开始。一页为 256 个字节，所以段的起始地址一定能被 256 整除，亦即是以 00H 结尾的地址，如 06500H，08B00H 等。

3.5.3.3　组合类型

组合类型表示多个程序模块连接时，本模块与其他模块的同名段的组合方式，有以下 6 种选择。

(1) NONE：隐含选择，表示本段与其他段无组合关系，每段都有自己的段基址。

(2) PUBLIC：在满足定位类型的前提下与其他模块的同名段邻接在一起，形成一个新的逻辑段，公用一个段基址，所有偏移量调整为相对于新逻辑段的起始地址。

(3) COMMON：当两个段连接时，把本段与其他也用 COMMON 说明的同名段置成相同的起始地址，共享相同的存储区。共享存储区的长度由其中最大的段确定。

(4) STACK：把所有同名段连接成一个连续段，自动初始化 SS 和 SP，使 SS 的内容为该连续段的首地址，SP 指向堆栈底部 + 1 的存储单元。

(5) MEMORY：表示本段在存储器中应定位在所有其他段的最高地址。若有多个 MEMORY，则只要把第一个遇到的段当做 MEMORY 处理，其余的同名段均按 COMMON 说明处理。

(6) AT 表达式：本段的起始地址是表达式所计算出来的 16 位段地址。例如：AT 0530H，表示本段从物理地址 05300H 开始装入。

3.5.3.4　类别名

类别名可以是任何合法的名字，必须用单引号括起来。在连接处理时，LINK 程序把类别名相同的所有段存放在连续的存储区内。典型的类别名如：‘DATA’，‘STACK’，‘CODE’。

定位类型、组合类型和类别名三个参数之间用空格分隔。在选用时，可以只选其中一个或两个参数项，但不能交换它们之间的顺序。

3.5.4　段寻址伪指令

在汇编源程序时，汇编程序必须知道存储器每个逻辑段分别由哪个段寄存器指向。段寻址伪指令用来告诉汇编程序当前使用的各个段的段地址将要存放在哪个段寄存器中。

格式：ASSUME 段寄存器名：段名，段寄存器名：段名，……

功能：设置或撤销在 SEGMENT……ENDS 伪指令中定义过的段名所使用的段寄存器。

格式中的段寄存器名是指 CS，DS，ES 或 SS 中的一个，段寄存器名与段名之间用冒号“:”相连。ASSUME 伪指令一般作为代码段起始语句之后的第一条出现。

例 3-76　求从 NUM 开始的 12 个无符号字节数的和，结果放在 SUM 字单元中

```
DATA    SEGMENT                   ;定义数据段
NUM     DB 95H,83H,36H,2DH        ;12 个无符号字节数
        DB 33H,22H,1AH,34H
        DB 62H,45H,75H,49H
SUM     DW ?
DATA    ENDS
```

```
STACK   SEGMENT                                  ;定义100个字节的堆栈段
        DB 100 DUP(?)
STACK   ENDS
CODE    SEGMENT                                  ;定义代码段
        ASSUME CS:CODE,DS:DATA,ES:DATA,SS:STACK
                                                 ;设置段名所使用的段寄存器
BEGIN:  MOV   AX,DATA
        MOV   DS,AX                              ;初始化DS
        MOV   ES,AX                              ;初始化ES
        MOV   AX,STACK
        MOV   SS,AX                              ;初始化SS
        LEA   SI,NUM                             ;SI指向NUM
        MOV   CX,12                              ;循环计数器
        XOR   AX,AX                              ;AX清0
NEXT:   ADD   AL,[SI]                            ;把一个数加到AL中
        ADC   AH,0                               ;若有进位,则加到AH中
        INC   SI                                 ;指向下一个数
        LOOP  NEXT                               ;若未加完,继续循环
        MOV   SUM,AX                             ;若结束,存结果于SUM
        HLT                                      ;结束
CODE    ENDS                                     ;代码段结束
        END   BEGIN                              ;汇编结束,起始运行地址为
                                                  BEGIN
```

ASSUME伪指令语句只是建立当前定义的段名与段寄存器之间的联系，不能把各个段的段基址装入相应的段寄存器中。

DS，ES和SS的装入可以通过给寄存器赋初值的指令来完成。由于段寄存器不能用立即数寻址方式直接传送，装入段基址必须借助通用寄存器进行间接传送。如上例中初始化DS，ES，SS。

CS和IP的装入通常是按照结束伪指令指定的地址来完成的。如上例中的END BEGIN。该语句中起始地址BEGIN是一个标号或地址表达式。这个地址是程序装入内存后的起始点，它的段基址和偏移量就是CS和IP的内容。

如果要取消已指定的段寄存器，可用保留字NOTHING作为段名参数，如：

```
ASSUME DS:NOTHING                        ;取消DS对段名的指向
```

若需取消所有段寄存器对段名的指向,则用如下形式:

```
ASSUME NOTHING
```

3.5.5　过程定义伪指令

在汇编语言程序设计中，通常将具有某种功能的程序块看作一个过程(子程序)，它可以被别的程序调用，通过CALL指令执行。在子程序中通过RET指令返回主程序。

格式：过程名　PROC［NEAR/FAR］

```
        ⋮
      [RET]
        ⋮
      RET
过程名  ENDP
```

功能：定义一个过程，并指明过程名和过程的属性。

过程名实际上是过程入口的符号地址，PROC 和 ENDP 前的过程名必须相同，它们之间的部分是过程体。过程被定义后，可以多次对其调用。调用是 CPU 脱离主程序转到过程上去执行，而当过程执行完后通过 RET 指令又返回到主程序继续执行。可见过程只形成一组目标代码，什么时候调用则什么时候转到此目标代码上执行，不管调用多少次都执行这一组目标代码。

过程的类型可以是 NEAR，表示所定义的过程是一个近过程。近过程必须与调用它的主程序在同一个内存代码段中。过程类型为 FAR 表示的是一个远过程，远过程与调用它的主程序不在同一个内存代码段中。缺省时类型为 NEAR。过程可以嵌套，即一个过程可以调用另一个过程。过程也可以递归，即过程可以调用过程本身。

例 3-77　编写一个延时 50ms 的子程序

```
DELAY     PROC                          ;定义一个近过程
PUSH      BX                            ;保护 BX 原来的内容
PUSH      CX                            ;保护 CX 原来的内容
MOV       BL,5                          ;外循环次数
NEXT:     MOV         CX,2801           ;内循环次数(实现延时 10ms)
W10MS:    LOOP        W10MS             ;(CX)≠0 则循环
          DEC         BL                ;修改外循环计数值
          JNZ         NEXT              ;(BX)≠0 则进行外循环
          POP         CX                ;恢复 CX 原来的内容
          POP         BX                ;恢复 BX 原来的内容
          RET                           ;过程返回
DELAY     ENDP                          ;过程结束
```

3.5.6　模块定义与连接伪指令

模块是一个独立的汇编单位，实际上也就是单一的、独立的源程序，前面所说的“源程序”其实都是模块。编写规模稍大的程序通常需要多个人来完成，每人完成其中一部分，即使一个人编程也会分成若干模块来逐块编写。模块连接伪指令主要解决多模块的连接问题。

3.5.6.1　模块定义伪指令

格式：NAME 标识符

```
      ⋮
END 启动标号
```

功能：定义所给模块名的源程序模块。表示以标识符为名的模块由 NAME 开始，到 END 结束，并指出该模块的启动地址，即标号代表的第一条可执行指令所对应的目标码

地址，系统由此可为 CS：IP 赋起始值。

NAME 与 END 可以不必像 SEGMENT 与 ENDS，PROC 与 ENDP 那样首尾对应。NAME 语句可省略；NAME 后面的模块名(标识符)也无需与 END 后的启动标号一致。END 用来告诉汇编程序汇编语言源程序到此为止，汇编语言源程序的最后一条语句应当是 END。

3.5.6.2 模块连接伪指令

(1) 全局符号伪指令。

格式：PUBLIC 符号名 1，符号名 2，……

功能：定义符号名为全局符号名，允许程序中其他模块直接引用。

PUBLIC 伪指令中定义的符号名可以是变量名、标号及过程名等。在同一模块中一个符号只能被定义一次。PUBLIC 伪指令可以出现在模块中的任何位置，一般放在模块的开头。

(2) 引用伪指令。

格式：EXTRN 符号名 1：类型，符号名 2：类型，……

功能：指明本模块中所使用的符号名在程序的其他模块中已经定义，且出现在其他模块的 PUBLIC 伪指令中。

EXTRN 伪指令中定义的符号名若为变量，则类型应是 BYTE，WORD，DWORD；符号名若为常量，则类型应是 ABS；符号名若为标号，则类型应是距离属性 NEAR 或 FAR。PUBLIC 伪指令与 EXTRN 伪指令相互关联，在程序中二者必须呼应。

例 3-78　编程利用乘法模块计算 X * Y

```
NAME     MAINCALL                      ;主模块
         EXTRN WMUL:FAR                ;将 WMUL 定义为外部过程名
STACK    SEGMENT   PARA STACK 'STACK'
         DB   100 DUP(?)
STACK    ENDS
DATA     SEGMENT   PARA 'DATA'
  X      DW   3355H
  Y      DW   8866H
DATA     ENDS
CODE     SEGMENT   PARA 'CODE'
MAIN     PROC   FAR
         ASSUME   CS:CODE,DS:DATA,SS:STACK
         PUSH   DS
         MOV    AX,0
         PUSH   AX
         MOV    AX,DATA
         MOV    DS,AX
         MOV    AX,X
         MOV    BX,Y
         CALL WMUL                     ;调用外部过程 WMUL
```

```
        RET
MAIN    ENDP
CODE    ENDS
        END   MAIN              ;主模块结束
NAME    SUBMUL                  ;子模块
CDESG   SEGMENT  PARA 'CODE'
WMUL    PROC   FAR              ;定义远过程 WMUL
        ASSUME   CS:CDESG
        PUBLIC   WMUL           ;定义 WMUL 为全局过程名
        CALL   MULAB            ;嵌套调用
        RET                     ;过程返回
WMUL    ENDP                    ;过程结束
MULAB   PROC                    ;定义一个近过程 MULAB
        MUL   BX
        RET
MULAB   ENDP                    ;过程结束
CDESG   ENDS                    ;代码段结束
        END                     ;子模块结束
```

这个程序由两个模块连接而成。子模块中只定义了一个代码段，子程序使用主程序定义堆栈。在模块化程序设计中，整个程序最少必须定义一个堆栈。主模块的 END 语句必须有入口地址，而子模块的 END 语句不能有。

3.5.7 宏命令伪指令

在汇编语言中，如果需要多次使用同一个程序段，可以将这个程序段定义为一个宏，然后每次需要时，即可简单地用宏名来代替，以避免重复书写，使源程序更加简洁、易读。宏相当于多条指令语句的集合，宏命令伪指令包括宏定义、宏调用和宏扩展三部分。

3.5.7.1 宏定义

格式：宏名 MACRO [形式参数，…]

```
        :(宏体)
        ENDM
```

功能：将一段程序定义为一个宏名表示的宏指令。宏名与过程名类似，是宏定义的标志，它位于宏指令标识符 MACRO 之前，但宏定义结束符前不加宏名。对宏名的规定与对标号的规定一样。

宏定义中的形式参数是任选的，可以只有一个，可以有多个，也可以没有。有多个参数时，各参数间要用逗号隔开。中间省略部分是实现某些操作的宏定义体。

例 3-79 用宏指令定义两个字节数相加，结果存入 RESULT 单元的操作

宏定义：

```
ADDM  MACRO OPR1,OPR2,RESULT     ;形参是 OPR1,OPR2,RESULT
      MOV AL,OPR1
      ADD AL,OPR2
```

```
        MOV RESULT,AL
        ENDM
```

3.5.7.2 宏调用

格式：宏名［实际参数，…］

功能：宏调用是宏定义的应用。汇编时，在调用宏名的地方插入宏体以实现宏展开，即用宏体取代源程序中的宏名，并用实参取代宏定义中的形参。若实际参数比形式参数多，则多出的实际参数被忽略。

例 3-80 将例 3-79 中的宏定义进行宏调用、宏展开操作如下

宏调用：

```
        ⋮
    ADDM 88,36,SUM                          ;实参是 88,36,SUM
        ⋮
    ADDM BR,TAB,SUM                         ;实参是 BR,TAB,SUM
```

宏展开：

```
        ⋮
   + MOV AL,88
   + ADD AL,36
   + MOV SUM,AL
        ⋮
   + MOV AL,BR
   + ADD AL,TAB
   + MOV SUM,AL
        ⋮
```

此例中，进行了两次宏调用，获得两组宏展开，以“+”号为标志。

3.5.7.3 宏指令与过程的区别

从某种意义上说，宏指令与过程有相似之处。但是应注意到它们之间存在明显的区别，主要表现在以下几个方面。

(1) 宏调用语句由宏汇编程序识别，并完成相应的处理；而调用过程的 CALL 语句是在执行程序时完成的。

(2) 汇编语言源程序在汇编过程中，要将宏指令所代替的程序段汇编成相应的机器代码，并插入到源程序的目标代码中。由于每调用一次宏指令，就要插入一次，因此宏调用不能缩短目标代码的长度。但是，被调用的过程经汇编后的机器代码是与主程序分开并独立存在的，其目标代码在存储器中只需保留一份。因此，采用过程调用能有效地缩短目标代码长度，即节省内存空间，而宏调用却不具有这一优点。

(3)过程调用时需要保护程序的断点和现场，待过程执行完毕后还要恢复现场和断点，这些操作需要耗费 CPU 的时间，而宏调用不需要进行这些操作。因此，过程调用节省存储空间，但降低程序的执行速度；而宏调用不能节省存储空间，但能有较快的执行速度。

(4)每次宏调用允许修改有关参数，使得同一条宏指令在每次调用时能完成不同的操作；而过程一旦被定义，一般不便于修改参数，除非在过程调用前通过参数传递的方法引

入不同的参数。

由此可见，根据计算机资源和不同软件的要求，当需要多次执行的程序段比较长，对速度要求不是很高，并且不要求修改参数的情况下，可以采用过程调用方式，否则宜采用宏调用方式。

3.5.7.4 宏的取消

格式：PURGE 宏名表

功能：用于取消宏名表所给出的宏。

3.5.8 其他伪指令

3.5.8.1 定位伪指令

汇编程序有一个当前位置计数器，用来记载正在汇编的数据或指令目标代码存放在当前段内的偏移量，符号 $ 表示位置计数器的现行值。定位伪指令 ORG 是对位置计数器控制的命令。

格式：ORG 表达式

功能：将表达式的值赋给当前位置计数器。

例 3-81 伪指令 ORG 和当前位置计数器值符号 $ 的应用

```
DATA      SEGMENT
          ORG 30H
DB1       DB    12H,34H
          ORG $  +20H
STRING    DB 'STRING'
               ⋮
DATA      ENDS
```

在上述数据段内，第一个 ORG 语句使变量 DB1 在 DATA 段内的偏移量为 30H，第二个 ORG 语句表示存放下面数据的偏移量是当前位置计数器现行值 32H 加上 20H。也就是说，在变量 STRING 前面留有 20H 个字节单元。

在汇编指令语句时，每汇编完一条指令后，就按照该指令目标代码的长度修改当前位置计数器。位置计数器的现行值 $ 表示本条指令目标代码的首字节偏移量。

3.5.8.2 方式选择伪指令

方式选择伪指令用于确定 CPU 的工作方式和选用指令集，它可告诉汇编程序当前源程序是由哪一种处理器执行的，其表示形式如下。

```
格式：·8086    ;汇编程序只接受 8086/8088 的指令,这是默认方式
      ·286     ;汇编程序接受 8086/8088 及 286 的指令
      ·286P    ;除与·286 功能相同之外,汇编程序还接受 286 保护方式下的指令
      ·386，·386P，·486，·486P 含义类推,
      ·586     ;汇编程序接受 8086/8088、286、386、486 及 586 的指令
      ·586P    ;除与·586 功能相同之外,汇编程序还接受 586 保护方式下的指令
```

方式选择伪指令一般放置在源程序的开始处，用于定义所使用的指令系统。如果缺省，系统默认 8086/8088 指令集。

3.5.8.3 简化的段定义伪指令

MASM5.0 版本以上的宏汇编语言中，开始提供简化段定义伪指令。简化段的使用有利于实现汇编模块与高级语言模块的连接。这些伪指令的使用格式如下：

DOSSEG	;标记简化段,各段顺序由系统安排,用于主模块前面
·MODEL SMALL	;指明内存使用模式,指示数据与代码允许使用的长度
·DATA	;定义数据段,隐含段名为@DATA
·STACK[长度]	;定义堆栈段,隐含段名为@STACK,并形成 SS 及 SP 初值,缺省长度时堆栈长度为 1024
·CODE[名字]	;定义代码段,隐含段名为@CODE
·END	;汇编结束

简化段中定义当前段的伪指令可作为前一个段定义的结束，并隐含使用 ASSUME 伪指令。

3.6 汇编语言程序上机过程

汇编语言源程序编写完毕，并不能直接运行，必须在上机调试通过之后才能执行程序中的指令，最后得到正确的结果。

3.6.1 建立汇编语言的工作环境

为了运行汇编语言程序至少要在磁盘上建立以下程序文件：

编辑程序，文件名 EDIT.COM

汇编程序，文件名 MASM.EXE

连接程序，文件名 LINK.EXE

调试程序，文件名 DEBUG.EXE

上述为汇编语言经常使用的操作环境，熟悉了它们，使用其他的环境完成上机操作并不困难。

下面是三个可选程序：

LIB.EXE，库管理程序

CREF.EXE，符号索引文件处理程序

EXE2BIN.EXE，将 EXE 转换为 COM 的文件格式转换程序，一般不需要

3.6.2 上机操作过程

一个源程序的上机操作过程由编辑、汇编、连接和调试四个部分组成。

3.6.2.1 编　辑

汇编语言源程序的编写输入可以在 DOS 环境下的编辑软件 EDIT 中完成，也可以在目前流行的各种文字处理软件、高级语言编辑环境及数据库编辑环境中完成。但需注意的是：对编辑完成的源程序在存盘时扩展名必须加写 .ASM。另外，一定要严格遵守汇编语言书写格式及段结构的格式来编写程序。

3.6.2.2 汇　编

汇编程序的主要功能包括展开宏指令，检查源程序的语法错误，生成目标代码程序。

汇编过程就是将汇编语言源程序转换成机器能够识别的目标代码程序，即 OBJ 的二进制文件。还可生成扩展名为 .LST 的列表文件，扩展名为 .CRF 的符号索引文件。MASM5.0 提供的汇编程序是 MASM.EXE，MASM6.0 提供的汇编语言是 ML.EXE。二者的区别是：MASM.EXE 仅能实现源程序的汇编，不能自动调用连接程序；而 ML.EXE 既能实现对源程序的汇编，也可在汇编结束后自动调用连接程序。具体汇编过程如下。

在 DOS 状态下，键入 MASM，调入宏汇编程序。调入以后，先显示版本号，然后依次提出 4 个问题，如下所示：

```
Source  Filename [.ASM]:Sample
Object  Filename [Sample.OBJ]:
Source  Listing [Nul.LST]:Sample
Cross  Reference [Nul.CRF]:Sample
```

第一行询问汇编语言源程序名。用户输入文件名后(例如 Sample)，则显示第二个提示，询问目标程序文件名，括号内为机器默认的文件名，通常直接回车，表示采用默认的文件名。接着出现第三个提示，询问是否要建立列表文件，该文件列出汇编后的目标代码以及与其有关的地址、源语句和符号表，可供打印输出。若需要这个文件则输入文件名并回车。接着出现第四个提示，询问是否要建立交叉引用文件，该文件是一个中间文件，可供 CREF.EXE 程序建立一个扩展名为 .REF 的引用表文件，以便用户了解源程序中符号和变量的引用情况。若需要则输入文件名，若不需要则直接回车。

当用户回答了第四个询问后，汇编程序就对源程序进行汇编。若汇编过程中发现源程序中有语法错误，则列出有错误的语句和错误的代码，并且指出是什么性质的错误和错误的总数。此时可分析错误，然后再调用编辑程序加以修正。修正后重新汇编，直至汇编完全正确为止。

3.6.2.3 连 接

所谓连接是用连接程序 LINK.EXE 把若干个经汇编后产生的 .OBJ 文件及指定的库文件连接起来，产生可执行的 .EXE 文件。具体连接过程如下：

在 DOS 状态下，键入 LINK，调入连接程序。调入以后，先显示版本号，然后依次提示 4 个问题，如下所示：

```
Object Modules [.OBJ]:Sample
Run File [Sample.EXE]:
List File [Nul.MAP]:Sample
Libraries [.LIB]:
```

第一行询问要连接的目标文件名，用户输入文件名(例如 Sample)作为回答。如果有多个要连接的目标文件，应一次输入，各目标文件名之间用“+”号相连。第二个提示询问要产生的可执行文件名，一般直接回车就采用了括号内默认的文件名。第三个提示询问是否产生扩展名为 MAP 的输出文件，这是一个连接程序的列表文件，又称为连接映象，它给出每个段在存储器中的分配情况。若需要这个文件，则输入文件名再回车，否则直接回车。最后提示是否用到库文件，要求用户输入源程序访问的库文件名。所谓库文件，就是若干可重定位的目标代码的集合，它可以由库管理程序 LIB.EXE 建立和修改。若没有库文件，则直接输入回车即可。

程序在连接过程中若出现错误，则显示有关错误信息。有错误的就要重新调用编辑程序进行修改，然后重新汇编，再经过连接，直至没有错误为止。

3.6.2.4 调 试

经过上述汇编、连接后产生的 .EXE 可执行文件可在 DOS 状态下直接输入文件名运行该程序。如果出现错误，可用动态调试程序 DEBUG 进行调试。找出错误后，再重复上述过程，直至程序能正确运行为止。

3.6.3 DEBUG 的使用方法

汇编语言编写的程序容易隐藏错误，需要利用各种调试工具来调试程序，改正错误。利用汇编语言调试工具 DEBUG 可直接调试 COM 文件与 EXE 文件，既简明又实用。

(1) DEBUG 的运行。

格式一：DEBUG↓

格式二：DEBUG 文件名↓

DEBUG 运行后，出现 DEBUG 的状态提示符短划线：-。

(2) DEBUG 的主要命令。

D，显示内存单元内容；

U，反汇编命令；

R，显示与修改寄存器内容；

E，修改内存单元内容；

A，汇编命令；

T、P，单步执行指令；

G，连续执行指令；

N，指定装入文件名或写入文件名；

L，装入 N 指定的文件；

W，将指定内容写入 N 指定的文件；

Q，退出 DEBUG 程序，返回操作系统状态。

DEBUG 的所有命令操作在 DEBUG 状态下完成。

DEBUG 状态下的所有数据都是十六进制数据，且无后缀 H。

3.7 汇编语言程序设计

把预定的任务用程序表达出来的全过程称为程序设计。相同的任务不同的人设计出来的程序质量是不一样的。为了保证程序的有效性和正确性，必须依据一定标准，按照规定的步骤来进行程序设计。因此，它是对指令系统，程序格式，伪指令等知识的综合运用。

3.7.1 程序设计概述

3.7.1.1 程序设计的步骤

(1) 分析问题。把要解决的问题所需的条件、原始数据、输入和输出信息、运行速度要求、运算精度要求和结果形式等搞清楚。对较大问题的程序设计，一般还要用某种形式描绘一个“工艺”流程，以便于对整个问题的讨论和进行程序设计。“工艺”流程是指用表格、线条图、形象图或框图等去描述问题或问题的物理过程。

(2) 建立数学模型。这是指把问题向计算机处理方式转化的第一步骤。建立数学模型是把问题数学化、公式化，有些问题比较直观，可不去讨论数学模型问题；有些问题符合某些公式或某些数学模型，可以直接利用；但有些问题没有对应的数学模型可以利用，需要建立一些近似数学模型模拟问题。由于计算机的运算速度很快，所以运算精度可以很高，近似运算往往可以达到理想的精度。对初学者来说，主要是学习程序设计方法，复杂的数学模型可暂不去考虑。

(3) 确定算法。建立数学模型后，许多情况下还不能直接进行程序设计，需要确定符合计算运算的算法。计算机的算法比较灵活，一般要优选逻辑简单、运算速度快、精度高的算法用于程序设计，此外，还要考虑占用内存空间小、编程容易等特点。

算法可由计算机语言、日常生活语言、表格、自定义关系图或流程图等按计算机能够接受的方法进行描述，读者采用哪一种描述算法，有时还取决于习惯。

(4) 绘制流程图。程序流程图是用箭头线段、框图及菱形图等绘制的一种图。用它能够把程序内容直接描述出来，因此，它在程序设计中应用很普遍。

(5) 分配内存空间。汇编语言的重要特点之一是能够直接用机器指令或伪指令为数据或代码程序分配内存空间，当然，在程序中没有指定分配存储空间时，系统会按约定方式分配存储空间。

(6) 编制程序与静态检查。编制程序就是按计算机语法规定书写计算机解决问题的过程。编制程序首先关心的还是程序结构，它应是模块化、通用子程序结构，程序的结构以层次简单、清楚、易读、易维护为好。若程序运行时还要伴随人机对话过程，则还应考虑用户在应用时操作简便，并有相应的提示，给用户一些指导。

静态检查是上机调试前的最后一步，只要细心，一般可以查出许多错误，这也就减少了程序调试时的许多麻烦。

(7) 上机调试。程序编好后，必须上机调试，特别是对于复杂的问题，往往要分解成若干个子问题，分别有几个人编写，而形成若干个程序模块，把它们组装在一起，才能形成总体程序。上机调试是为了纠正错误。纠正错误的方法很多，例如在编辑、汇编、连接或用 DEBUG 调试时都可以发现错误并设法改正。

(8) 试运行和分析结果。试运行和分析结果是为了检测程序是否达到了设计要求，是否满足用户提出的需求，所确定的设计方案是否可行。若没有达到设计要求，不满足用户的需求，就必须从分析问题开始检查修正原有的设计方案，直到符合设计要求和满足用户需求为止。

(9) 整理资料投入运行。系统地整理资料，建立完整的程序、设计文档，并编写程序使用和维护说明书，及时提交用户，以及正常投入运行。

3.7.1.2　返回 DOS 的方法

一个实际可运行的用户程序在执行完后，应该返回到 DOS 提示符状态(简称为返回 DOS)，简单地用 HLT 指令使 CPU 停止运行将无法把控制权交还给 DOS 操作系统。为了能使程序正常退出并返回 DOS，可使用 DOS 系统功能调用的 4CH 号功能。用 4CH 号功能返回 DOS 程序段如下：

```
MOV AH,4CH             ;功能号送 AH
INT 21H                ;返回 DOS
```

关于 DOS 系统功能调用详见 7.4 节。

3.7.1.3 程序的基本结构

任何一个复杂的程序都是由简单的基本程序构成的。同高级语言类似，汇编语言程序的基本结构也有三种：顺序结构，分支结构，循环结构。下面按以模块化设计的要求，分别对顺序结构、分支结构、循环结构和子程序的程序设计方法进行讨论。

3.7.2 顺序结构程序设计

顺序结构是最简单的一种程序结构。在流程图中，一个接着一个的处理框就是顺序结构的形式。在高级语言的程序中，这种结构主要用赋值语句和过程语句实现；而在汇编语言的程序中，顺序结构主要用数据传送及算术运算或逻辑运算指令组合而成。

例 3-82　编写程序，计算(W-(X*Y+Z-100))/W，其中 W、X、Y、Z 均为 16 位带符号数，计算结果的商存入 AX，余数存入 DX

程序如下：

```
DATA    SEGMENT
  W     DW 268
  X     DW 73
  Y     DW 48
  Z     DW 85
DATA    ENDS
STACK   SEGMENT
        DW 100 DUP(?)
STACK   ENDS
CODE    SEGMENT
        ASSUME CS:CODE,DS:DATA,SS:STACK
START:  MOV   AX,DATA
        MOV   DS,AX
        MOV   AX,X                  ;计算 X*Y
        IMUL  Y
        MOV   CX,AX                 ;用 CX 存储结果低位
        MOV   BX,DX                 ;用 BX 存储结果高位
        MOV   AX,Z                  ;计算 X*Y+Z
        CWD
        ADD   CX,AX
        ADC   BX,DX
        SUB   CX,100                ;计算 X*Y+Z-100
        SBB   BX,0
        MOV   AX,W                  ;计算 W-(X*Y+Z-100)
        CWD
        SUB   AX,CX
        SBB   DX,BX
```

```
        IDIV    W               ;计算(W-(X*Y+Z-100))/W,商送
                                AX,余数送 DX
        MOV     AH,4CH
        INT     21H
CODE    ENDS
        END     START
```

例 3-83 把非压缩十进制数 DAT1 转换为压缩十进制数。使用简化段模式编写的程序如下

```
DOSSEG
.MODEL SMALL
.STACK  64H
.DATA
  DAT1  DW      0908H                   ;非压缩十进制数 0908H
.CODE
BEGIN:  MOV     AX,@DATA
        MOV     DS,AX
        MOV     AX,DAT1                 ;AX←0908H
        MOV     CL,4                    ;CL ←4
        SAL     AH,CL                   ;09 字节左移 4 位,AH=90H
        ROL     AX,CL                   ;9008H 字循环左移 4 位,AX=0089H
        ROL     AL,CL                   ;89 字节循环左移 4 位,AL=98H
        MOV     BYTE PTR DAT1,AL        ;DAT1←98H,压缩十进制数 98H
        MOV     AH,4CH                  ;返回 DOS
        INT     21H
        END     BEGIN
```

3.7.3 分支结构程序设计

分支结构程序是利用条件转移指令或跳转表，使程序执行到某一指令后，根据运行结果是否满足一定条件来改变程序执行的顺序，选择某个程序段去执行。在分支结构的程序中，指令的执行顺序与指令的存储顺序不一致。

分支结构有两路分支(图 3-7)和多路分支(图 3-8)两种形式。

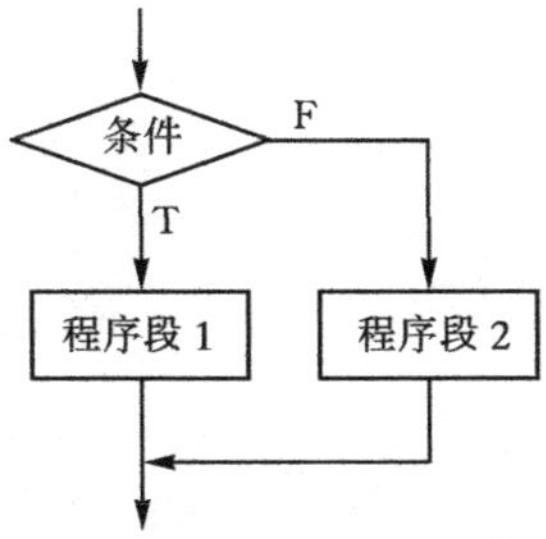

图 3-7 两路分支结构图

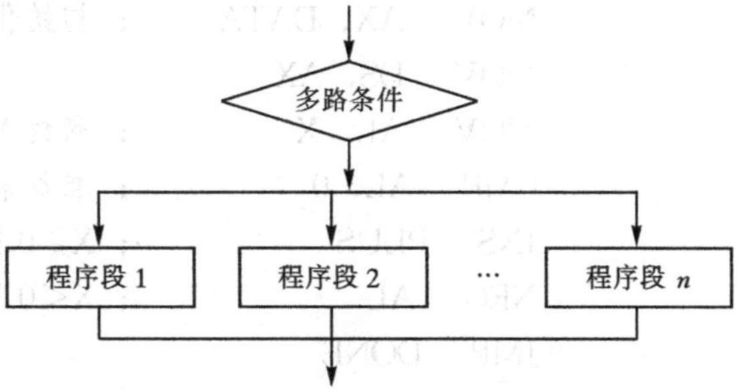

图 3-8 多路分支结构图

3.7.3.1 两路分支程序设计

实现这种分支结构一般要有“产生条件”“测试”“定向”和“标号”四个组成部分。通常通过算术运算指令和移位指令的运算结果影响标志寄存器的状态标志位，像 ZF，CF，OF 和 SF 等，为条件测试做准备，再用逻辑运算指令(如 AND，TEST 等)进行测试，然后根据测试结果，确定程序的转移方向，转移地址用标号标识。

例 3-84 用比较指令和条件转移指令实现两路分支的程序段。

```
        ...
    MOV   AX,M          ;假定 M 和 N 为有符号数
    MOV   BX,N
    CMP   AX,BX         ;比较 M 和 N 的大小,影响标志位,准备条件
      JG   NEXT         ;M>N 时转移,注意若 M,N 为无符号数时用 JA 指令
        ……              ;分支程序 2
      JMP   DONE
NEXT: ……                ;分支程序 1
        ……
DONE:RET
```

例 3-85 已知 X 是单字节带符号数，请设计计算下列表达式的程序

$$Y=\begin{cases}X+20 & (X\geqslant 0)\\ |X| & (X<0)\end{cases}$$

求绝对值|X|的算法是：当 X 为正数时为其本身，当 X 为负数时则将其求补。程序如下：

```
DATA      SEGMENT
  X       DB ?
  Y       DB ?
DATA      ENDS
CODE      SEGMENT                    ; 代码段
START:   PROC   FAR
          ASSUME   CS: CODE, DS: DATA
          PUSH   DS                  ; 保存返回地址
          MOV   AX, 0
          PUSH   AX
          MOV   AX, DATA             ; 初始化 DS
          MOV   DS, AX
          MOV   AL, X                ; 取数 X
          CMP   AL, 0                ; 准备条件
          JNS   PLUS                 ; X≥0 则转移
          NEG   AL                   ; X<0 则求补
          JMP   DONE
PLUS:     ADD   AL, 20               ; X≥0 时，X+20
DONE:     MOV   Y, AL                ; 计算结果送 Y
```

```
        RET                   ; 返回
START   ENDP
CODE    ENDS
        END START             ; 汇编结束
```

此程序只有两个分支，判断 X 的正(含 0)、负性。此程序还可以使用 JS，JGE，JL 等指令来实现。

3.7.3.2　多路分支程序设计

在多路分支程序设计中常利用跳转表的方法，它使程序结构更加清晰，运行效率更高。利用跳转表实现多路分支程序设计的思想是：在内存中开辟一片连续存储单元作为跳转表，表中顺序存放着进入各个分支处理程序的入口地址或转移指令，分别作为地址跳转表（图 3-9）或指令跳转表（图 3-10）。需要进入某分支的处理程序时，只需查找跳转表中对应分支相应单元的地址即可。

采用地址跳转表时，表中存放的是各个分支程序的入口地址，跳转表可用 DW 来定义。设分支数为 1，2，……，n，第 n 个分支入口地址在表中的存放位置(表地址)为：

地址跳转表首地址 + $(n-1)\times 2$。

采用指令跳转表时，表中存放的是各个分支的无条件转移指令，跳转表在代码段定义。一条 JMP 指令在跳转表中占用 3 个字节。第 n 个分支转移指令在表中存放的位置为：

指令跳转表首地址 + $(n-1)\times 3$。

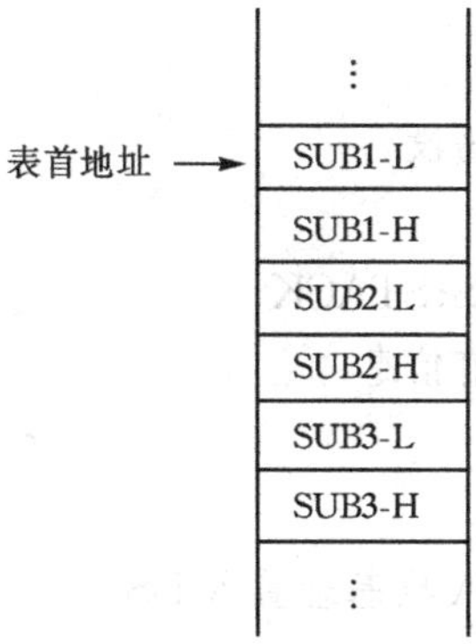

图 3-9　地址跳转表

图 3-10　指令跳转表

例 3-86　假设某企业有 10 类人员，对每类人员的工资各有不同的处理方法和计算程序。对于一类人员应执行程序段 CLASS1，二类人员应执行程序段 CLASS2，…，十类人员应执行程序段 CLASS10。

分析：建立一个跳转表存放计算各类人员的工资程序段的入口地址。跳转表和程序的流程图如图 3-11 所示。

程序如下：

```
DATA    SEGMENT                   ;定义数据段
TABLE   DW   CLASS1,CLASS2,CLASS3,CLASS4,CLASS5
        DW   CLASS6,CLASS7,CLASS8,CLASS9,CLASS10
NUM     DB ?                      ;分类号
DATA    ENDS
```

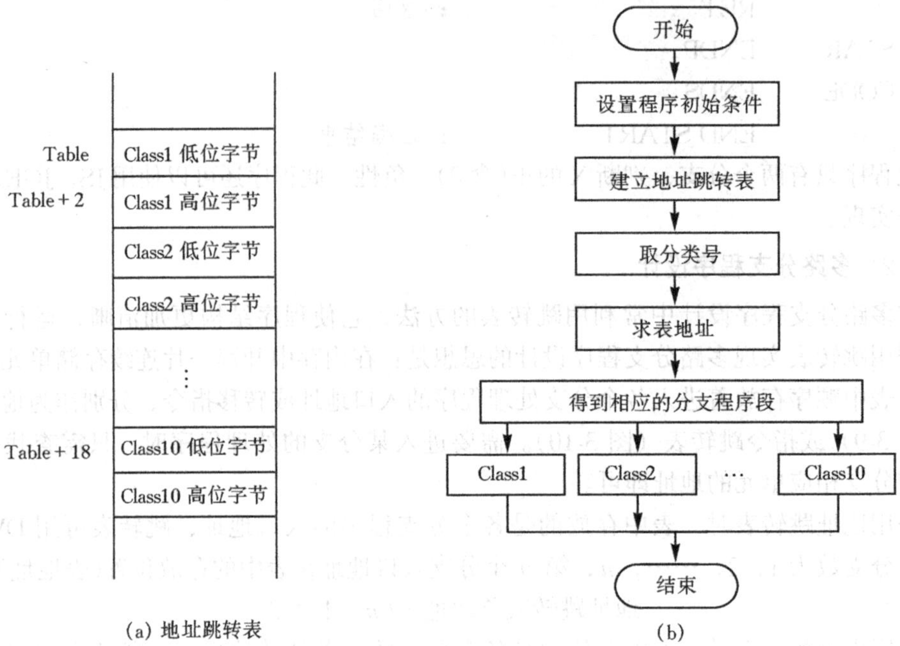

图 3-11　跳转表和程序流程图

```
STACK     SEGMENT STACK           ;定义堆栈段
          DW   100 DUP(?)
STACK     ENDS
CODE      SEGMENT                 ;定义代码段
MAIN      PROC   FAR              ;主过程
          ASSUME   CS:CODE,DS:DATA,SS:STACK
START:   PUSH   DS                ;保存当前信息
          SUB   AX,AX
          PUSH   AX
          MOV   AX,DATA           ;把 DATA 段基址置入 DS
          MOV   DS,AX
          MOV   AL,NUM            ;取分类号
          MOV   AH,0
          SHL   AX                ;NUM*2
          SUB   AX,2              ;NUM*2-2
          LEA   BX,TABLE          ;取表的偏移地址首地址
          ADD   BX,AX
          JMP   [BX]              ;转对应分支的入口地址
CLASS1:
          ……                      ;分支 1 处理程序段
CLASS2:
          ……                      ;分支 2 处理程序段
CLASS10:
```

```
        ......              ;分支10处理程序段
        RET
MAIN    ENDP
CODE    ENDS
        END    START        ;程序结束
```

对于分支程序的设计，归纳起来需要注意以下几点。

(1) 选择合适的转移指令，否则可能不能转移到预定的程序分支。

(2) 要为每个分支安排出口，否则将导致程序运行混乱。

(3) 应把各分支中的公共部分尽可能地集中到分支前或分支后的程序段中。

(4) 程序中分支出现顺序必须与流程图中一致。

(5) 无条件转移指令的转移范围不受限制，条件转移指令只能在 －128～＋127 字节范围内转移。

(6) JMP 指令类似于高级语言中的 GOTO 语句，能不用就不用。

(7) 调试程序时，应尽可能对每个分支进行测试。

3.7.4 循环结构程序设计

当程序处理的问题需要包含多次重复执行某些相同的操作时，在程序中可使用循环结构程序，即使同一组相同的指令，每次替换不同的数据，反复执行。使用循环，可以缩短程序代码，提高编程效率。

循环程序在结构上包括循环的初始化、循环体和循环控制三部分。循环初始化部分用于设置循环体的初值，包括设置循环计数器的初值、变量的初值和地址初值等。

循环体是循环的基本部分，是要反复执行的那些操作，循环体中必须有改变循环条件的指令。

循环控制部分是循环的核心部分，用于控制重复执行的次数，检测和修改循环控制计数器，控制循环的运行和结束。

循环结构形式上有两种，一是先执行循环体，再判断条件看是否继续循环，如图3-12 所示；二是先检查条件是否满足，满足则执行循环体，否则就退出，如图 3-13 所示。

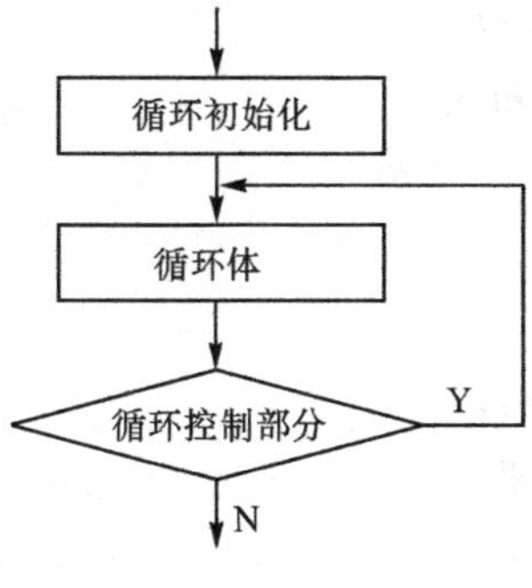

图 3-12　先执行后判断循环结构

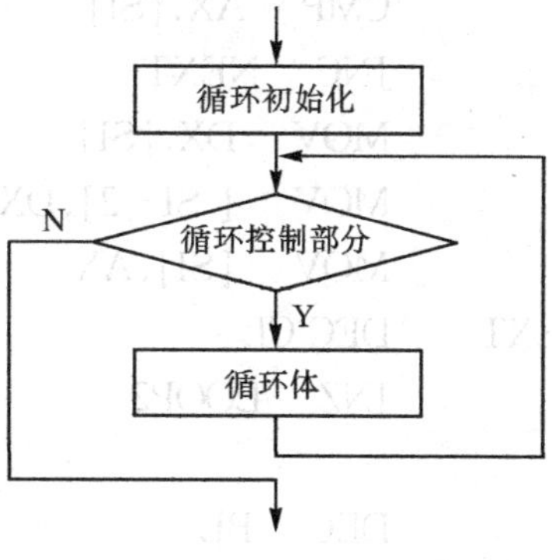

图 3-13　先判断后执行循环结构

例 3-87　把从 BUF 单元开始的 80 个 16 位无符号数按从大到小的顺序排列。

分析：①这是排序问题，无符号数的比较可以直接用比较指令 CMP 和条件转移指令 JNC 来实现。②这又是双重循环问题，内循环使第 1 个数与下一个数比较，若大于则位置保持不变，小于则将大数放低地址，小数放高地址(两数交换)，外循环进行 79 次，完成对 80 个无符号数的大小排序。采用先执行后判断循环结构，程序流程图如图 3-14 所示。

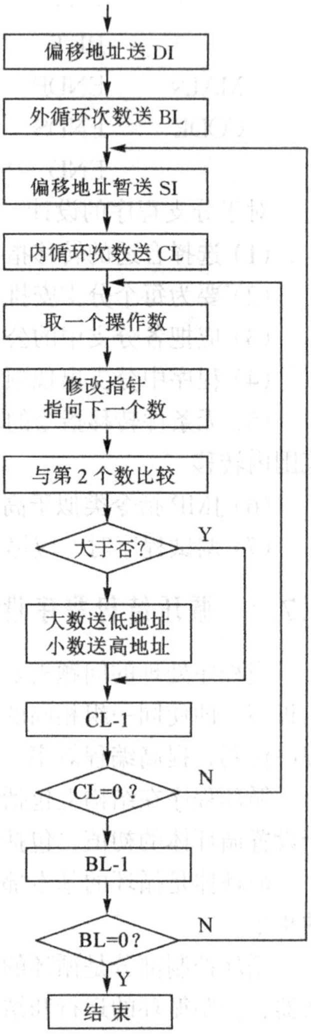

图 3-14　例 3-87 的程序流程图

程序设计：

```
DSEG      SEGMENT
BUF       DW    80 DUP(?)         ;假定要安排的数已
                                   存入这 80 个字单
                                   元中
DSEG      ENDS
CSEG      SEGMENT
          ASSUME CS:CSEG,DS:DSEG
START:   MOV    AX,DSEG
          MOV    DS,AX
          LEA    DI,BUF            ;DI 指向要排序的
                                    数的首址
          MOV    BL,79             ;外循环只需 79 次
                                    即可
                                   ;外循环从此开始
LOOP1:   MOV    SI,DI             ;SI 指向当前要比较
                                    的数
          MOV    CL,BL             ;CL 为内循环计数
                                    器,循环次数每次
                                    少 1
                                   ;以下为内循环
LOOP2:   MOV    AX,[SI]           ;取第一个数 Ni
          ADD    SI,2              ;指向下一个数 Nj
          CMP    AX,[SI]           ;Ni≥Nj?
          JNC    NEXT              ;若大于,则不交换
          MOV    DX,[SI]           ;否则,交换 Ni 和 Nj
          MOV    [SI-2],DX
          MOV    [SI],AX
NEXT:    DEC CL                    ;内循环结束?
          JNZ    LOOP2             ;若未结束,则继续
                                   ;内循环到此结束
          DEC    BL                ;外循环结束?
          JNZ    LOOP1             ;若未结束,则继续
                                   ;外循环体结束
          MOV    AH,4CH            ;返回 DOS
          INT    21H
```

```
CSEG    ENDS
        END    START
```

对于循环程序设计，归纳起来需要注意以下几点：

(1) 循环方式选择，选用计数循环还是选用条件循环，采用哪种循环结构；

(2) 循环条件的设计，可用循环次数、计数器、标志位、变量值等进行控制，要从循环执行的条件与退出循环的条件两方面加以考虑；

(3) 循环体的设计，不要将循环体外的语句放到循环体中，循环体中要设计有改变循环条件的语句。

3.7.5 子程序设计

在许多应用程序中，常常需要多次使用某功能的指令系列。这时，为了减少重复编写程序，节省内存空间，把某功能的指令系列组成一个相对独立的程序段，称为子程序或过程。子程序是完成特定功能的程序段，它能够在程序中的任何地方被调用。

在汇编语言程序中，子程序(过程)定义的伪指令是PROC和ENDP，子程序有NEAR或FAR属性。调用子程序和从子程序返回的指令是CALL和RET。

子程序设计时，应注意以下几点。

(1) 现场保护和返回。所谓保护现场就是主程序执行CALL指令之前，主程序使用的某些寄存器，在子程序中也要使用，因而在进入子程序之初，首先将这些寄存器的内容保护(压栈)起来，以免子程序重复使用这些寄存器，破坏主程序的运行结果。恢复现场就是在子程序返回前，将原来保护的数据重新送回(出栈)相应的寄存器。一般的现场保护和恢复，是通过成对使用PUSH和POP指令完成的。

(2) 子程序的嵌套和递归调用。子程序调用子程序的过程称为子程序嵌套调用，子程序嵌套层次与堆栈空间有关。子程序调用自身的过程称为子程序递归调用。

(3) 参数传递。主程序和子程序之间的信息传递称为参数传递。主程序调用子程序之前，要把一些参数初值和地址指针传递给子程序，子程序执行结束后要将运算结果状态及其存放地址等信息回送给子程序，参数传递可通过寄存器、变量、地址表、堆栈等方式进行。

(4) 编写子程序调用方法说明。为了更方便地使用子程序，应编写子程序调用方法说明。子程序调用方法说明一般应包括以下内容：子程序功能、入口参数、出口参数、使用的寄存器或存储器及调用实例。

例3-88 通过寄存器传递参数，将数据块BUF1中的内容传递到数据块BUF2中

```
DATA    SEGMENT
BUF1    DB   11,22,33,……,99
CUNT    EQU    $ - BUF1
BUF2    DB   CUNT DUP(?)
DATA    ENDS
STACK   SEGMENT
TOS     DW   128H DUP(?)
STACK   ENDS
CODE    SEGMENT
```

```
          ASSUME    CS:CODE,DS:DATA,SS:STACK
START:    MOV   AX,DATA
          MOV   DS,AX
          MOV   AX,STACK
          MOV   SS,AX
          MOV   SP,OFFSET TOS          ;确定栈顶位置
            ⋮
          LEA   SI,BUF1                ;SI←赋源区 BUF1 的有效地址
          LEA   DI,BUF2                ;DI←赋目标区 BUF2 的有效地址
          MOV   CX,CUNT                ;CX←传递数据个数
          CALL  SUB1                   ;转子程序 SUB1 处理
            ⋮
SUB1      PROC
DON:      MOV   AL,[SI]                ;AL←[SI]
          MOV   [DI],AL                ;[DI]←AL
          INC   SI                     ;SI←(SI)+1
          INC   DI                     ;DI←(DI)+1
          LOOP  DON                    ;未传递完,转向 DON 继续执行
          RET
SUB1      ENDP
          MOV   AH,4CH                 ;返回 DOS
          INT   21H
CODE      ENDS
          END   START
```

例 3-89　当 I/O 状态端口 0378H 的 Bit1(D1 位)为 0 时，表示外设忙；为 1 则表示外设可以接收数据。试编程根据外设的状态将当前数据段中从 BUFFER 开始的连续 100 个字节的内容从 I/O 数据端口 03F8 输出到外设。

分析：通过接口向外设输出数据时，首先要判断外设是否忙，只有当外设不忙时，才能进行输出。每输出一个数据都要判断一下 I/O 端口的状态。传送数据之前，先通过输入指令从状态口读入一个字节数，该字节的 D1 位表示当前外设的状态。因此，可将其他 7 位屏蔽掉，而只关心 D1 的状态。

子程序设计：

```
SDATA     PROC   FAR              ;定义为远过程
          PUSH   AX               ;保护子程序中用到的寄存器
          PUSH   DX
          PUSH   SI
          PUSH   CX
          LEA    SI,BUFFER        ;数据的起始地址送 SI
          MOV    CL,100           ;共输出 100 个字节
AGAIN:    MOV    DX,378H          ;I/O 状态端口
```

```
WAIT:    IN    AL,DX          ;读入 I/O 状态端口
         TEST  AL,02H         ;外设忙?(测试 D1)
         JZ    WAIT           ;若忙(D1=0),则循环等待
         MOV   AL,[SI]        ;否则取一个数,准备输出
         MOV   DX,3F8H        ;I/O 数据端口
         OUT   DX,AL          ;输出一个字节
         INC   SI             ;指向下一个字节
         DEC   CL             ;计数器减量
         JNZ   AGAIN          ;若未输出完,则循环
         POP   CX             ;恢复寄存器内容
         POP   SI
         POP   DX
         POP   AX
         RET                  ;返回主程序
SDATA    ENDP                 ;过程定义结束
```

在主程序中调用这个子程序的语句为

```
              ⋮
         MOV   AX,DATA
         MOV   DS,AX
         CALL  SDATA
              ⋮
```

3.7.6 程序设计举例

下面通过几个汇编语言程序设计的实例进一步阐述程序设计基本方法的综合应用和技巧。

例 3-90 把一个二进制数转换为 BCD 码

分析：将一个二进制数转换为 BCD 码，可以把该二进制数不断地除以 10，并记下余数，直到商为 0。余数的序列就是所求的 BCD 码，第一个余数为该 BCD 码的最低位，最后一个余数为 BCD 码的最高位。转换出的 BCD 码就是扩展 BCD 码。

程序设计：

```
DATA     SEGMENT
NBIN     DW    5678H          ;要转换的数
NBCD     DB    5 DUP(?)       ;转换的结果
DATA     ENDS
CODE     SEGMENT
         ASSUME  CS:CODE,DS:DATA
START:   MOV   AX,DATA
         MOV   DS,AX
         MOV   AX,NBIN
         LEA   BX,NBCD
```

```
         XOR   DX,DX
         MOV   CX,OAH          ;基数 10
         DIV   CX              ;(AX)…(DX)←(DX:AX)÷(CX)
         MOV   [BX],DL         ;存最低位数字
         MOV   DL,0
         DIV   CX
         INC   BX
         MOV   [BX],DL         ;存第二位数字
         MOV   DL,0
         DIV   CX
         INC   BX
         MOV   [BX],DL         ;存第三位数字
         MOV   DL,0
         DIV   CX
         INC   BX
         MOV   [BX],DL         ;存第四位数字
         INC   BX
         MOV   [BX],DL         ;存第五位数字
         MOV   AH,4CH          ;结束,返回 DOS
         INT   21H
CODE     ENDS
         END   START
```

例 3-91　两个 32 位带符号数的乘法

分析：假设在内存的数据段连续存放了两个 32 位(4 字节)的带符号数 D1，D2，将它们的 32 位带符号数乘积 RESULT 放在随后的 4 个内存单元中，如图 3-15 所示。对于带符号数，8086 指令中只有 16 位带符号数的乘法指令，80386 有 32 位带符号数乘法指令，源程序开始应采用·386 方式选择伪指令，程序中选用带符号数乘法指令。该指令结果位长也是 32 位，若结果超出 32 位，则超出的高位部分丢失，且标志位 OF 和 CF 置“1”。程序中利用 OF 标志来判断得到的乘积是否正确，其程序流程图如图 3-16 所示。

程序设计：

```
·386                                  ;386 方式,汇编程序接受 386 指令
DATA     SEGMENT   USE16              ;数据段以 16 位寻址
D1       DD   530AFFFFH               ;被乘数
D2       DD   320F7682H               ;乘数
RESULT   DD   ?                       ;乘积
DATA     ENDS
STACK    SEGMENT   USE16              ;堆栈段以 16 位寻址
         DB   100 DUP(?)
STACK    ENDS
CODE     SEGMENT   USE16              ;代码段以 16 位寻址
```

```
        ASSUME  CS:CODE,DS:DATA,SS:STACK
IMUL32  PROC    FAR
START:  PUSH    DS
        MOV     AX,0
        PUSH    AX
        MOV     AX,DATA
        MOV     DS,AX
        MOV     AX,STACK
        MOV     SS,AX
        MOV     EAX,DATA1
        MOV     EBX,DATA2
        IMUL    EAX,EBX
        JO      ERR                         ;若(OF)=1,转 ERR
        MOV     RESULT,EAX                  ;否则,结果送存
        RET
ERR:    MOV     DWORD PTR RESULT,0          ;结果单元←0
        RET
IMUL32  ENDP
CODE    ENDS
        END     START
```

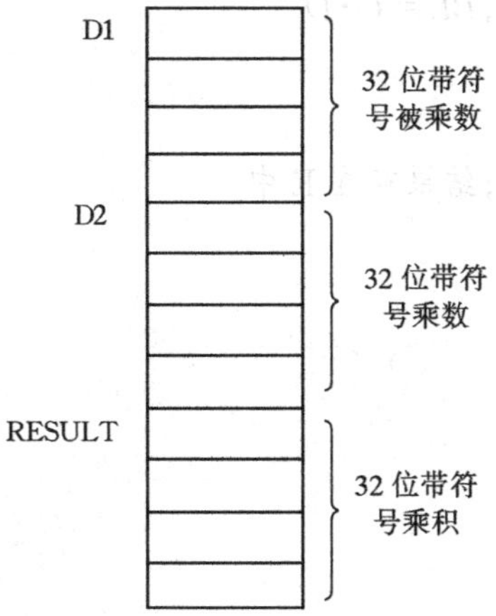

图 3-15　例 3-91 的数据示意图

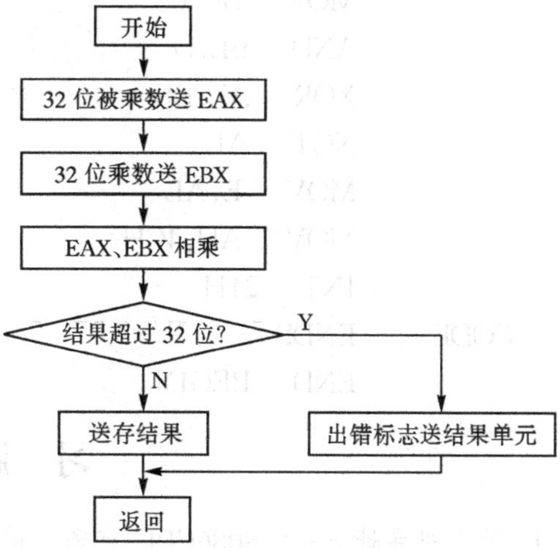

图 3-16　例 3-91 的程序流程图

例 3-92　编程实现图 3-17 所示逻辑电路的功能

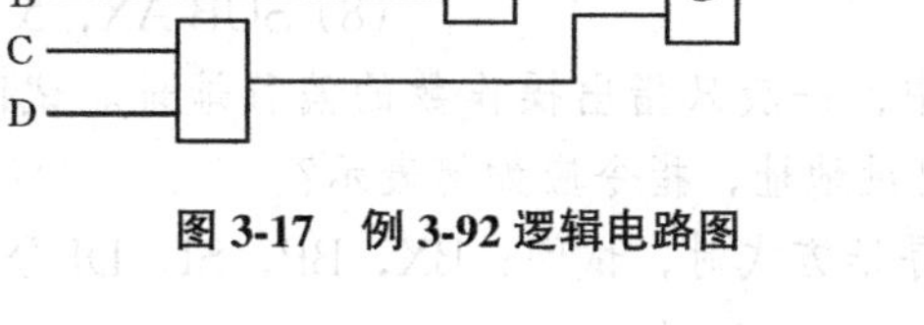

图 3-17　例 3-92 逻辑电路图

分析：$\overline{E}=(\overline{A}+B)\oplus(C\cdot D)$，应用逻辑指令先求$(\overline{A}+B)$、$(C\cdot D)$，然后对二者求异或得$\overline{E}$，再对$\overline{E}$求反得$E$。

程序设计：

```
DATA      SEGMENT
   A      DB   65H
   B      DB   33H
   C      DB   08H
   D      DB   0FH
   E      DB   ?
DATA      ENDS
STACK     SEGMENT   PARA   STACK  'STACK'
          DB   100 DUP(?)
STACK     ENDS
CODE      SEGMENT
          ASSUME   CS:CODE,DS:DATA,SS:STACK
BEGIN:   MOV   AX,DATA
          MOV   DS,AX
          NOT   A
          MOV   AL,B
          OR   AL,A                      ;AL = Ā + B
          MOV   BL,C
          AND   BL,D                     ;BL = C·D
          XOR   AL,BL
          NOT   AL
          MOV   E,AL                     ;结果存在 E 中
          MOV   AH,4CH
          INT   21H
CODE      ENDS
          END   BEGIN
```

习　题　3

1. 什么叫寻址方式？8086CPU 有哪几种寻址方式？

2. 指出下列指令中源操作数和目的操作数的寻址方式：

(1)MOV　AX, 0AH　　(2) ADD　[BX], DX

(3) PUSH　CS　　(4)POP DS

(5) MUL　BL　　(6)MOV DX, [1200H]

(7) MOVSB　　(8) SUB AX, 5 [BP+DI]

3. 在直接寻址方式中，一般只指出操作数的偏移地址。试问：段地址如何确定？如果要用某个段寄存器指出段地址，指令应如何表示？

4. 当用寄存器间接寻址方式时，试问：BX, BP, SI, DI 分别在什么情况下使用？它

们的物理地址如何计算？

5. 分别指出下列指令中源操作数和目的操作数的寻址方式。若是存储器寻址，试写出其有效地址和物理地址。设(DS) = 6000H，(ES) = 2000H，(SS) = 1500H，(SI) = 00A0H，(DI) = 6010H，(BX) = 0800H，(BP) = 1200H，数据变量 VAR 为 0050H。

(1) MOV　AX，3050H　　(2) MOV　DL，80H

(3) MOV　AX，VAR　　(4) MOV　AX，VAR [BX] [SI]

(5) MOV　AX，[BX+25H]　　(6) MOV　DI，ES：[BX]

(7) MOV　DX，[BP]　　(8) MOV　BX，20H [BX]

(9) AND　AX，BX　　(10) MOV　BX，ES：[SI]

(11) ADC　AX，[BX+DI]　　(12) PUSH　DS

6. 设堆栈指针 SP 的初值为 2300H，(AX) = 5000H，(BX) = 4200H。执行指令 PUSH AX 后，(SP) = ?，再执行指令 PUSH BX 及 POP AX 之后，(SP) = ? (AX) = ? (BX) = ?

7. 试说明指令 MOV BX，15 [BX] 与指令 LEA BX，15 [BX] 的区别。

8. 已知 DS = 2000H，有关的内存单元值为：(21000H) = 00H，(21001H) = 12H，(21200H) = 00H，(21201H) = 10H，(23200H) = 20H，(23201H) = 30H，(23400H) = 40H，(23401H) = 30H，(23600H) = 60H，(23601H) = 30H，位移量 COUNT = 1200H。执行下列指令后，寄存器 AX，BX，SI 的值分别是多少？

```
MOV   BX,OFFSET COUNT
MOV   SI,[BX]
MOV   AX,COUNT[SI][BX]
```

9. 设标志寄存器值原为 0401H，AX = 3272H，BX = 42A2H。执行指令 SBB AL，BH 之后，AX 和标志寄存器的值分别是多少？

10. 设若标志寄存器原值为 0A11H，SP = 0060H，AL = 4。下列几条指令执行后，标志寄存器，AX，SP 的值分别是多少？

```
PUSHF
LAHF
XCHG   AH,AL
PUSH   AX
SAHF
POPF
```

11. 指出下列指令的错误。

(1) ADD　SI，CL　　(2) MOV　50，AL

(3) MOV　CS，AX　　(4) MOV　DS，1234H

(5) SHL　AX，05H　　(6) XCHG　200，AL

(7) IN　AX，378H　　(8) JNZ　BX

(9) MOV　AH，CX　　(10) MOV　33H，AL

(11) MOV　AX，[SI] [DI]　　(12) MOV　[BX]，[SI]

(13) ADD　BYTE PTR [BP]，256　　(14) MOV　DATA [SI]，ES：AX

(15) JMP　BYTE PTR [BX]　　(16) OUT　230H，AX

(17) MOV　DS，BP　　(18) MUL　39H

12. 设若内存单元DATA在数据段中偏移量为24C0H处，24C0～24C3H单元中依次存放着55H，66H，77H，88H。下列几条指令执行后，寄存器AX，BX，CL，SI，DS的值分别是多少？

```
MOV   AX, DATA
LEA   SI, DATA
MOV   CL, [SI]
LDS   BX, DATA
```

13. 条件转移指令均为相对转移指令，请解释“相对转移”含义，试问若须往较远的地方进行条件转移，该怎么办？

14. 假设(DS) = 212AH，(CS) = 0200H，(IP) = 1200H，(BX) = 0500H，(DI) = 2600H，位移量DATA = 40H，(217A0H) = 2300H，(217E0H) = 0400H，(217E2H) = 9000H。

试确定下列转移指令的转移地址。

(1) JMP　2300H　　(2) JMP　WORD PTR [BX]

(3) JMP　DWORD PTR [BX+DATA]　　(4) JMP　BX

(5) JMP　DWORD PTR [BX] [DI]

15. 若32位二进制数存放于DX和AX中，试利用移位与循环指令实现以下操作：

(1) DX和AX中存放的无符号数，将其分别乘2除2；

(2) 若DX和AX中为有符号数，将其分别乘2和除2。

16. 下段程序将完成什么工作？

```
DATX1   DB   300DUP(?)
DATX2   DB   100DUP(?)
        MOV   CX, 100
        MOV   BX, 200
        MOV   SI, 0
        MOV   DI, 0
NEST:   MOV   AL, DATX1 [BX] [SI]
        MOV   DATX2 [DI], AL
        INC   SI
        INC   DI
        LOOP  NEXT
```

17. 执行下列指令后，AX寄存器的内容是什么？

```
TABLE   DW   10,20,30,40,50
ENTRY   DW   3
        ……
        MOV   BX,OFFSET TABLE
        ADD   BX,ENTRY
        MOV   AX,[BX]
```

18. 分析下面的程序段完成什么功能？

```
        MOV   CL,04
```

```
        SHL   DX,CL
        MOV   BL,AH
        SHL   AX,CL
        SHR   BL,CL
        OR    DL,BL
```

19. 试写出程序段把 DX，AX 中的双字右移 4 位。

20. 当执行中断指令时，堆栈的内容有什么变化？如何求得子程序的入口地址？

21. 试述中断指令 IRET 与 RET 指令的区别。

22. 根据给定的条件写出指令或指令序列。

(1) 将一个字节的立即数送到地址为 NUM 的存储单元中。

(2) 将一个 8 位立即数与地址为 BUF 的存储单元内容相加。

(3) 将地址为 ARRAY 的存储单元中的字数据循环右移一位。

(4) 将 16 位立即数与地址为 MEM 的存储单元中的数比较。

(5) 测试地址为 BUFFER 的字数据的符号位。

(6) 将 AX 寄存器及 CF 标志位同时清零。

(7) 用直接寻址方式将首地址为 ARRAY 的字数组中第 5 个数送往寄存器 BX 中。

(8) 用寄存器寻址方式将首地址为 ARRAY 的字数组中第 5 个数送往寄存器 BX 中。

(9) 用相对寻址方式将首地址为 ARRAY 的字数组中第 8 个数送往寄存器 BX 中。

(10) 用基址变址寻址方式将首地址为 ARRAY 的字数组中第 *N* 个数送往寄存器 BX 中。

(11) 将首地址为 BCD-BUF 存储单元中的两个压缩 BCD 码相加，并送到第三个存储单元中。

23. 什么是汇编语言？什么是汇编语言程序？什么是汇编？什么是汇编程序？

24. 一个完整的汇编语言程序结构上有什么特点？

25. 汇编语言有哪三种基本语句？它们各自的作用是什么？

26. 逻辑运算符与逻辑运算指令中的助记符有完全相同的符号，如何区别它们？作用有何不同？

27. 下面两条语句汇编后，两个字节存储单元 NUM1 和 NUM2 中的内容分别是什么？

```
NUM1   DB   (12 OR 4 AND 2)GE OEH
NUM2   DB   (12 XOR 4 AND 2)LE OEH
```

28. 下列指令执行后，字存储单元 DA2 中的内容是多少？

```
DA1   EQU   BYTE   PTR   DA2
DA2   DW    0ABCDH
      ...
      SHL   DA1,1
      SHR   DA2,1
```

29. 对于下面的数据定义，各条 MOV 指令单独执行后，有关寄存器的内容是什么？

```
NUMB1   DB   ?
NUMB2   DW   20 DUP(?)
```

```
NUMB3    DB    'USB'
```

(1) MOV AX, TYPE NUMB1

(2) MOV AX, TYPE NUMB2

(3) MOV CX, LENGTH NUMB2

(4) MOV DX, SIZE NUMB2

(5) MOV CX, LENGTH NUMB3

30. 假设程序中的数据定义如下：

```
PNUM    DW    ?
PNAME   DB    16 DUP(?)
COUNT   DD    ?
PLETH   EQU   $-PNUM
```

问 PLETH 的值是多少？它表示什么意义？

31. 程序中如何实现对各个段寄存器和 IP、栈顶的初始化？

32. 什么是宏？宏指令的功能是什么？宏与过程在汇编过程中，它们的目标代码有何区别？

33. 简述程序设计的步骤。

34. 编写程序，不用乘法计算 $Z=10\times X+Y/8$，用移位运算。

35. 编写程序，建立一数据表，表中连续存放 1～9 的平方，查表求某数字的平方。

36. 简述利用跳转表实现多路分支程序设计的思想。地址跳转表和指令跳转表主要区别是什么？

37. 简述分支结构程序设计的注意事项。

38. 编写程序，将自定义的 3 个符号数 X，Y，Z 的最大者送入 MAX 字单元。

39. 在 A，B，C 中存有三个数，编写程序完成如下处理。

(1) 若有一个数为 0，则将其他两个量清 0。

(2) 若三个数都不为 0，则求他们的和，并送 D 中。

(3) 若三个数都为 0，则将他们都置 1。

40. 循环结构程序由哪几部分组成？各部分的功能是什么？

41. 简述循环结构程序设计的注意事项。

42. 编写程序，将以 STR1 为首地址的字节串传送到以 STR2 为首址的字节存储区中。

43. 从偏移量 DAT1 开始存放 200 个带符号的字节数据，编写程序，找出其中最小的数放入 DAT2 中。

44. 进行子程序设计时，有哪些注意事项？

第4章　存储器系统

存储器是计算机中用来存放数据和程序的部件。有了存储器，计算机才具有记忆信息的功能，才能把计算机要执行的程序、所要处理的数据以及处理的结果存储在计算机中，使计算机能自动工作。微型计算机系统对存储器的要求是容量大、速度快、成本低，但这三者在同一存储器中不可兼得。为了解决这一矛盾，采用了分级存储器结构。通常将存储系统的层次结构分为高速缓冲存储器、主存储器和外存储器三级。其中，能被 CPU 直接访问的高速缓冲存储器和主存储器，又统称为内存储器，简称内存。

内存是计算机主机的一个组成部分。用于存放与 CPU 频繁交换的程序和数据，要求它的存取速度和 CPU 的处理速度接近，因此成本较高，容量有限。大量的程序和数据等信息还需要外存储器来存放。常用的外存储器有磁盘(硬盘和软盘)、光盘等。外存的存储容量大、成本低，但工作速度低。CPU 要使用外存中的信息必须通过专门的硬件设备将所需的信息传送到内存中。

微型计算机系统中的内存通常由半导体器件构成。本章在对半导体存储器作一般介绍的基础上，重点讨论 RAM 和 ROM 的工作原理、结构、特点，与 CPU 的接口和应用举例，并介绍高速缓冲存储器和虚拟存储器。

4.1　存储器概述

存储器是用以存放信息的部件，其职能是存放用二进制数表示的程序和数据，有了它，计算机才能“记住”信息，并按程序的规定自动运行。

存储器是具有记忆功能的部件，它是由大量的记忆单元(或称基本存储电路)组成的，而记忆单元是用一种具有两种稳定状态的物理器件来表示二进制数的 0 和 1 的，这种物理器件可以是磁芯、半导体器件等。位(bit)是二进制数最基本的单位，一个记忆单元能存储二进制数的一位。

随着 CPU 速度的不断提高和软件规模的不断扩大，人们当然希望存储器能同时满足速度快、容量大、价格低的要求。但实际上这一点很难办到，解决这一问题的较好方法是，设计一个快慢搭配、具有层次结构的存储系统。图 4-1 显示了新型微机系统中的存储器组织。它呈金字塔形结构，越往上存储器件的速度越快，CPU 的访问频度越高；同时，每位存储容量的价格也越高，系统的拥有量越小。从图 4-1 中可以看到，CPU 中的寄存器位于该塔的顶端，它有最快的存取速度，但数量极为有限；向下

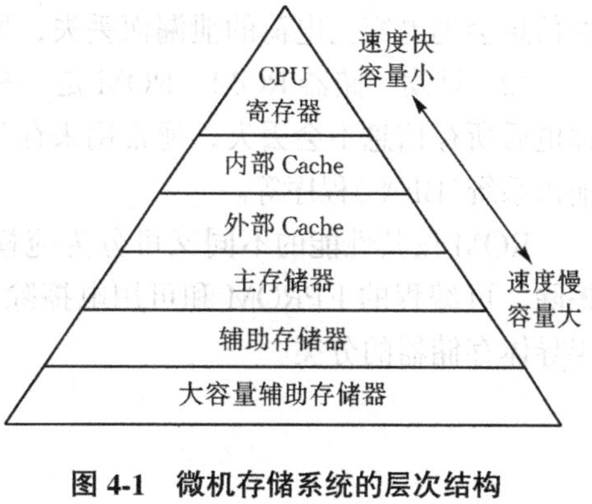

图 4-1　微机存储系统的层次结构

依次是 CPU 内的 Cache(高速缓冲存储器)、主板上的 Cache(由 SRAM 组成)、主存储器(由 DRAM 组成)、辅助存储器(半导体盘、磁盘)和大容量辅助存储器(光盘、磁带)；位于塔底的存储设备，其容量最大，每位存储容量的价格最低，但速度可能也是较慢或最慢的。

半导体存储器由于其体积小、速度快、耗电少、价格低等优点在微机系统中得到了广泛的应用。当前市场上的半导体存储器件种类繁多，用途各异，性能差别大，在进行存储器及其接口设计时，必须了解各类存储器件的结构和技术指标。

4.1.1　半导体存储器的分类

半导体存储器通常按照制造工艺和存取方式进行分类。

4.1.1.1　按制造工艺分类

根据制造工艺的不同，可将半导体存储器分为双极型和 MOS 型两大类。

(1) 双极(Bipolar)型，由 TTL(Transistor-Transistor Logic)晶体管逻辑电路构成。该类存储器工作速度快，与 CPU 处在同一量级，但集成度低、功耗大、价格偏高，在微型机系统中常用作高速缓冲存储器(Cache)。

(2) 金属氧化物半导体(Metal-Oxide-Semiconductor)型，简称 MOS 型。该类型器件有多种制造工艺，如 NMOS(N 沟道 MOS)、HMOS(高密度 MOS)、CMOS(互补型 MOS)、CHMOS(高速 CMOS)等。它可用来制作多种半导体存储器件，如静态 RAM，动态 RAM，EPROM，E^2PROM，Flash Memory 等。该类存储器的集成度高、功耗低、价格便宜，但速度较双极型器件慢。微型机的内存主要由 MOS 型半导体存储器件构成。

4.1.1.2　按存取方式分类

根据存取方式的不同，半导体存储器可以分为随机存取存储器 RAM(Random Access Memory)和只读存储器 ROM(Read Only Memory)两大类。

(1) 随机存取存储器 RAM，也称随机存储器或读写存储器。对这种存储器，信息可以随时写入或读出。一般的 RAM 芯片，关闭电源后所存信息将全部丢失。通常用来暂存运行的程序和数据。

根据存储电路的性质，RAM 又可进一步分为静态 RAM 和动态 RAM 两种类型。静态 RAM 采用双稳电路存储信息，而动态 RAM 是以电容上的电荷存储信息。相比之下，静态 RAM 速度更快，而动态 RAM 的集成度更高、功耗和价格更低，但由于动态 RAM 中的信息会随电容上电荷的泄漏而丢失，所以动态 RAM 必须定时刷新。

(2) 只读存储器 ROM。ROM 是一种在工作过程中只能读不能写的非易失性存储器，掉电后所存信息不会丢失，通常用来存放固定不变的程序和数据，如引导程序、基本输入输出系统(BIOS)程序等。

ROM 按其性能的不同又可分为掩模式 ROM、熔炼式可编程的 PROM、可用紫外线擦除、可编程的 EPROM 和可用电擦除、可编程的 E^2PROM 等。图 4-2 为微型计算机中半导体存储器的分类。

- 半导体存储存器
  - 随机存取存储器（RAM）
    - 静态 RAM（SRAM）
    - 动态 RAM（DRAM）
  - 只读存储器（ROM）
    - 掩模式 ROM
    - 可编程 ROM（PROM）
    - 可擦除 PROM（EPROM）
    - 电可擦除 PROM（E^2PROM）

图 4-2　半导体存储器的分类

4.1.2　半导体存储器的主要性能指标

衡量半导体存储器的性能指标有很多，包括存储容量、存取速度、功耗、可靠性、价格、体积、重量、电源种类等。

（1）存储容量。

存储器所能记忆信息的多少即存储器所包含记忆单元的总位数称为存储容量。对于字节编址的微型机，以字节数表示容量。如某微型机的容量为 64M 字节(64MB)。1KB = 2^{10} B，1MB = 2^{10}KB，1GB = 2^{10}MB，1TB = 2^{10}GB。

（2）存取速度。

存取速度是以存储器的存取时间来衡量的。它指从 CPU 给出有效的存储地址到存储器给出有效数据所需的时间，一般为几百纳秒 ns。存取时间越小，则存取速度越快。存取时间主要是与存储器的制造工艺有关。双极型半导体存储器的速度高于 MOS 型的速度，但随着工艺的提高，MOS 型的速度也在提高。对于高速缓冲存储器(Cache)的存取时间已小于 20μs。

（3）功耗。

功耗反映了存储器耗电的多少，同时也相应地反映了发热程度(温度会限制集成度的提高)。通常要求功耗要小，这对存储器件工作稳定性有利。双极型半导体存储器功耗高于 MOS 型存储器，相应的 MOS 型存储芯片的集成度高于双极型。

（4）可靠性。

可靠性通常以平均无故障时间(MTBF)来衡量。平均无故障时间可以理解为两次故障之间的平均时间间隔，平均无故障时间越长，则可靠性越高。集成存储芯片一般在出厂时需经过测试以保证很高的可靠性。

（5）性能/价格比。

性能/价格比用于衡量存储器的经济性能，它是存储容量、存取速度、可靠性、价格等的一个综合指标，其中的价格还应包括系统中使用存储器时而附加的线路的价格。用户选用存储器时，应针对具体用途，侧重考虑满足某种性能，有利于降低整个系统的价格。例如选用外存储器要求大的存储容量，但对于存取是否高速则不作要求；高速缓存 Cache 要求高的存取速度，但对于存储容量则不作过大要求。

4.1.3　半导体存储芯片的组成

常用的存储芯片由存储体、地址译码器、控制逻辑电路、数据缓冲器 4 部分组成。图 4-3 给出了一般存储芯片的组成示意图。

（1）存储体。

存储芯片的主体，它由若干个存储单元组成，每个存储单元又由若干个基本存储电路

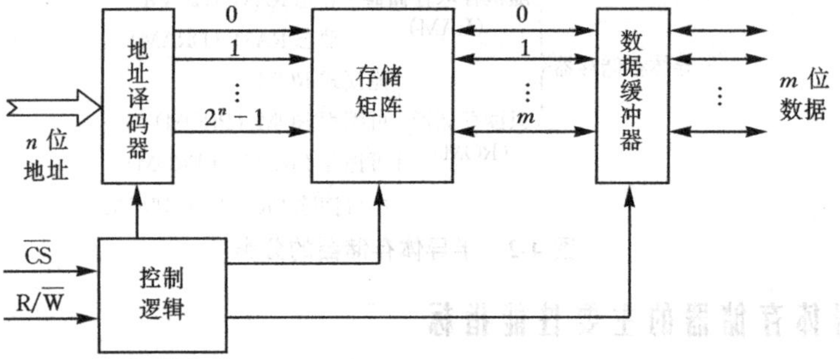

图 4-3　存储芯片组成示意图

(或称存储元)组成，每个存储元可存放一位二进制信息。通常，一个存储单元为一个字节，存放 8 位二进制信息，即以字节来组织。为了区分不同的存储单元和便于读/写操作，每个存储单元有一个地址(称为存储单元地址)，CPU 访问时按地址访问。为了减少存储器芯片的封装引线数和简化译码器结构，存储体总是按照二维矩阵的形式来排列存储元电路。体内基本存储元的排列结构通常有两种方式：一种是“多字一位”结构(简称位结构)，即将多个存储单元的同一位排在一起，其容量表示成 N 字×1 位。例如，1K×1 位，4K×1 位。另一种排列是“多字多位”结构(简称字结构)，即将一个单元的若干位(如 4 位、8 位)连在一起，其容量表示为：N 字×4 位/字或 N 字×8 位/字。如静态 RAM 的 6116 为 2K×8，6264 为 8K×8 等。

(2) 地址译码器。

接收来自 CPU 的 N 位地址，经译码后产生 2^n 个地址选择信号，实现对片内存储单元的选址。

(3) 控制逻辑电路。

接收片选信号及来自 CPU 的读/写控制信号，形成芯片内部控制信号，控制数据的读出和写入。

(4) 数据缓冲器。

用于暂时存放来自 CPU 的写入数据或从存储体内读出的数据。暂存的目的是为了协调 CPU 和存储器之间在速度上的差异。

4.2　随机存取存储器

随机存取存储器 RAM 是指工作时可以随时读出或写入信息的存储器，主要用来存放当前运行的程序、各种输入输出数据、中间运算结果及堆栈等。按照芯片内部基本存储电路结构的不同，分为静态 RAM(SRAM)和动态 RAM(DRAM)两类。

4.2.1　静态 RAM

4.2.1.1　SRAM 的基本存储电路

SRAM 的基本存储电路如图4-4所示。由 T_1～T_6 这 6 个 MOS 管组成的双稳态电路构成一个基本存储单元，用它存放一位二进制信息。该电路有两种稳定状态：T_1 截止，T_2 导通为状态“1”；T_2 截止，T_1 导通为状态“0”。

图 4-4 中，T_3，T_4 是负载管，T_1，T_2 是工作管，T_5，T_6，T_7，T_8 是控制管，其中 T7、T8 为所有存储单元所共用。

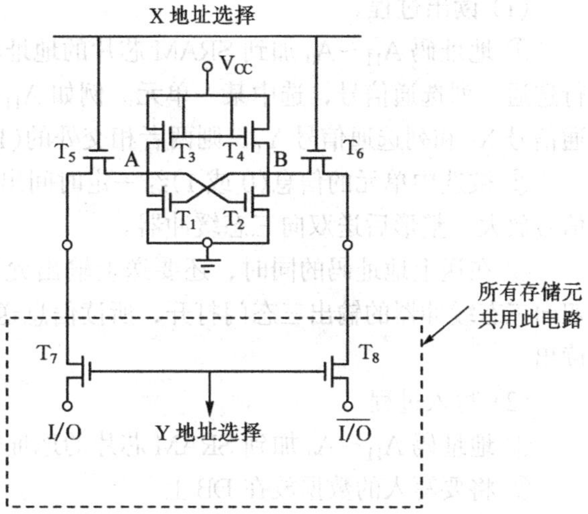

图 4-4　静态 RAM 的基本存储电路

写操作时，若要写入“1”，则 I/O＝1，$\overline{I/O}$＝0，X 地址选择线为高电平，使 T_5，T_6 导通，同时 Y 地址选择线也为高电平，使 T_7，T_8 导通，要写入的内容经 I/O 端和 $\overline{I/O}$ 端进入，通过 T_7，T_8 和 T_5，T_6 与 A，B 端相连，使 A＝“1”，B＝“0”，这样就迫使 T_2 导通，T_1 截止。当输入信号和地址选择信号消失后，T_5，T_6，T_7，T_8，截止，T_1，T_2 就保持被写入的状态不变。使得只要不掉电，写入的信息“1”就能保持不变。写入“0”的原理与此类似。

读操作时，若某个存储元被选中(X，Y 地址选择线均为高电平)，则 T_5，T_6，T_7，T_8 都导通，于是存储元的信息被送到 I/O 端或 $\overline{I/O}$ 上。I/O 端和 $\overline{I/O}$ 经驱动放大后连接到一个差动放大器上，从其电流方向即可判断出所存信息是“1”还是“0”。

4.2.1.2　SRAM 的读写过程

如图 4-5 所示，为 4K×1 位 SRAM 双译码存储器结构图，其中存储体被排列成 64×64 的矩阵形式。它的读写工作过程如下。

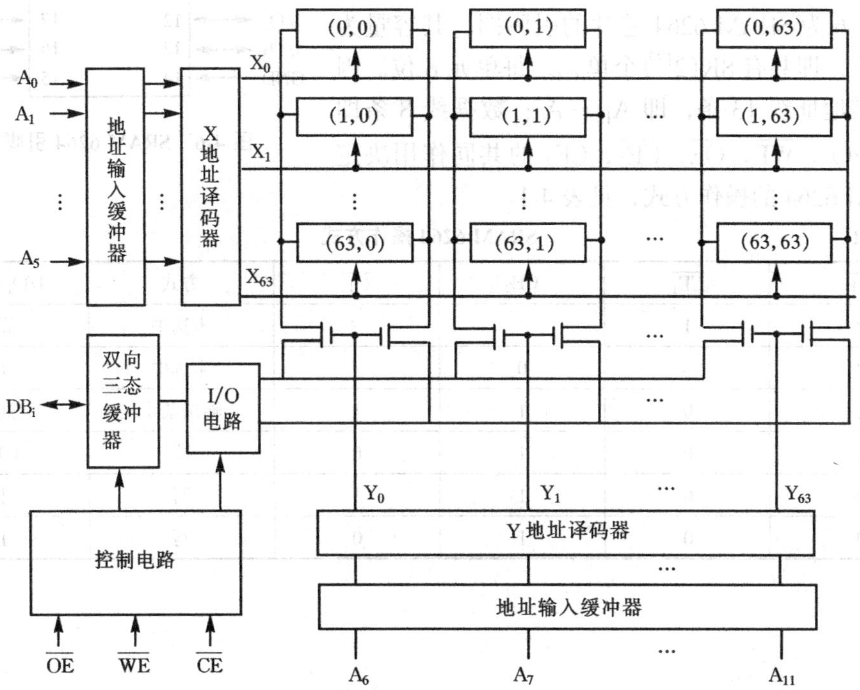

图 4-5　4K×1 位的存储器结构

(1) 读出过程。

① 地址码 $A_{11} \sim A_0$ 加到 SRAM 芯片的地址输入端，经 X 与 Y 地址译码器译码，产生行选通、列选通信号，选中某一单元。例如 $A_{11} \sim A_0 = 000001000001$ 时，经译码产生行选通信号 X_1 和列选通信号 Y_1，则两者相交处的(1，1)单元被选中。

② 被选中单元的信息(0 或 1)经一定时间出现在 I/O 电路的输出端。I/O 电路对读出信号放大、整形后送双向三态缓冲器。

③ 在送上地址码的同时，还要送上输出允许信号$\overline{OE}$和片选信号$\overline{CE}$。$\overline{OE}$和$\overline{CE}$有效，双向三态缓冲器的输出三态门打开，所读信息送至 DB 总线上，于是存储单元中的信息被读出。

(2) 写入过程。

① 地址码 $A_{11} \sim A_0$ 加到 SRAM 芯片的地址输入端，选中相应的存储单元。

② 将要写入的数据放在 DB 上。

③ 加上有效的片选信号$\overline{CE}$和写信号$\overline{WE}$，这时三态门打开，DB 上的数据进入输入电路，送到存储单元的位线上，写入该存储单元。

4.2.1.3　典型 SRAM 芯片

目前各种中、高档 PC 系列微机和工作站普遍采用 SRAM 芯片组成 CPU 外部的高速缓冲器 Cache，在一般的单片机开发系统、单板机系统及早期的低档微机中多采用 SRAM 构成存储器的 RAM 子系统。

常用的 SRAM 芯片有 2114(1K×4)，2142(1K×4)，6116(2K×8)，6232(4K×8)，6264(8K×8)和 62256(32K×8)等。

图 4-6 为 SRAM 6264 芯片的引脚图，其容量为 8K×8 位，即共有 8K(2^{13})个单元，每单元 8 位。因此，共需地址线 13 条，即 $A_{12} \sim A_0$；数据线 8 条即 $I/O_1 \sim I/O_8$，$\overline{WE}$，$\overline{OE}$，$\overline{CE_1}$，CE_2 的共同作用决定了 SRAM 6264 的操作方式，见表 4-1。

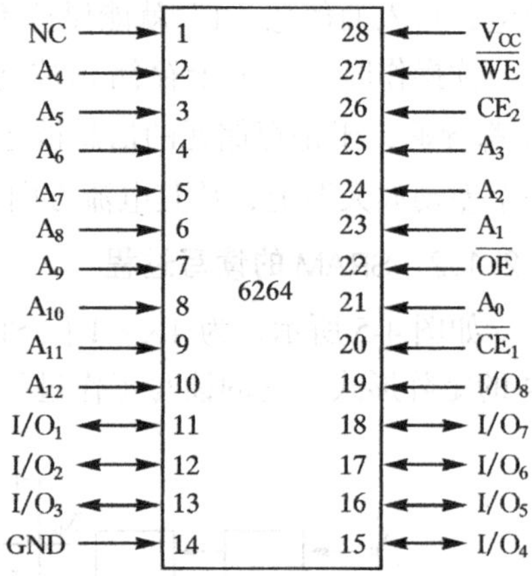

图 4-6　SRAM 6264 引脚图

表 4-1　　SRAM 6264 操作方式

$\overline{WE}$	$\overline{CE_1}$	CE_2	$\overline{OE}$	方式	$I/O_1 \sim I/O_8$
×	1	×	×	未选中	高阻
×	×	0	×	未选中	高阻
1	0	1	1	输出禁止	高阻
1	0	1	0	读	OUT
0	0	1	1	写	IN
0	0	1	0	写	IN

4.2.2　动态随机存储器(DRAM)

4.2.2.1　基本存储电路

在六管静态存储电路中，信息是暂存在 T_1 和 T_2 的栅极，负载管 T_3、T_4 是为了给 T_1、T_2 补充电荷而设置的。由于 MOS 管的栅极电阻很高，故泄漏电流很小，在一定的时间内这些信息电荷可以维持。为了提高集成度，可取消负载管 T_3、T_4 形成四管动态存储电路。为进一步提高集成度，又出现了三管和单管动态存储电路。

图 4-7 为单管动态 RAM 的基本存储电路，由 MOS 晶体管和一个电容 CS 组成。

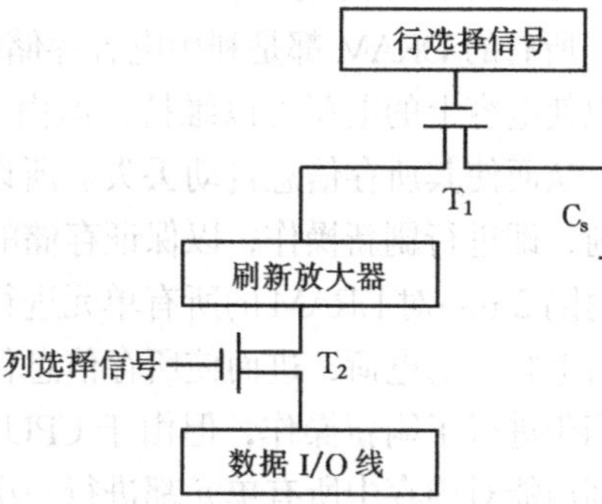

图 4-7　单管 DRAM 基本存储元电路

4.2.2.2　工作过程

(1) 写入时，行、列选择线信号为“1”。行选管 T_1 导通，该存储单元被选中，若写入“1”，则经数据 I/O 线送来的写入信号为高水平，经刷新放大器和 T_2 管(列选管)向 C_s 充电，C_s 上有电荷，表示写入了“1”；若写入“0”，则数据 I/O 线上为“0”，C_s 经 T_1 管放电，C_s 上便无电荷，表示写入了“0”。

(2) 读出时，先对行地址译码，产生行选择信号(为高电平)。该行选择信号使本行上所有基本存储单元电路中的 T_1 管均导通，由于刷新放大器具有很高的灵敏度和放大倍数，并且能够将从电容上读取的电流信号(与 C_s 上所存“0”或“1”有关)折合为逻辑“0”或逻辑“1”。若此时列地址(较高位地址)产生列选择信号，则行和列均被选通的基本存储电路得以驱动，从而读出数据送入数据 I/O 线。

(3) 读出操作完毕，电容 C_s 上的电荷被释放完，而且选中行上所有基本存储元电路中的电容 C_s 都受到干扰，故是破坏性读出。为使 C_s 上读出后仍能保持原存信息(电荷)，刷新放大器又对这些电容进行重写操作，以补充电荷使之保持原信息不变。所以，读出过程实际上是读、回写过程，回写也称为刷新。

这种单管动态存储元电路的优点是结构简单、集成度较高且功耗小。缺点是列线对地间的寄生电容大，噪声干扰也大。因此，要求 C_s 值做得比较大，刷新放大器应有较高的灵敏度和放大倍数。

4.2.2.3　基本结构

(1) DRAM 芯片的结构特点。

动态 RAM 与静态 RAM 一样，都是由许多基本存储元电路按行、列排列组成二维存储矩阵。为了降低芯片的功耗，保证足够的集成度，减少芯片对外封装引脚数目和便于刷新控制，DRAM 芯片都设计成位结构形式，即每个存储单元只有一位数据位，一个芯片上含有若干字，如 4K×1 位，8K×1 位，16K×1 位，64K×1 位或 256K×1 位等。存储体的这一结构形式是 DRAM 芯片的结构特点之一。

DRAM 存储体的二维矩阵结构也使得 DRAM 的地址线总是分成行地址线和列地址线两部分，芯片内部设置有行、列地址锁存器。在对 DRAM 进行访问时，总是先由行地址选通信号 $\overline{RAS}$(CPU 产生)将行地址打入内置的行地址锁存器，随后再由列地址选通信号

$\overline{RAS}$将列地址打入内置的列地址锁存器，再由读/写控制信号控制数据读出/写入。所以访问DRAM时，访问地址需要分两次打入，这也是DRAM芯片的特点之一。行、列地址线的分时工作，可以使DRAM芯片的对外地址线引脚大大减少，仅需与行地址线相同即可。

(2) DRAM的刷新。

所有的DRAM都是利用电容存储电荷的原理来保存信息。虽然利用MOS管间的高阻抗可以使电容上的电荷得以维持，但由于电容总存在泄漏现象，时间长了其存储的电荷会消失，从而使其所存信息自动丢失。所以，必须定时对DRAM的所有基本存储电路进行补充电荷，即进行刷新操作，以保证存储的信息不变。所谓刷新，就是不断地每隔一定时间(一般每隔2 ms)对DRAM的所有单元进行读出，经读出放大器放大后再重新写入原电路中，以维持电容上的电荷，进而使所存信息保持不变。虽然每次进行的正常读/写存储器的操作也相当于进行了刷新操作，但由于CPU对存储器的读/写操作是随机的，并不能保证在2 ms时间内能对内存中所有单元都进行一次读/写操作，以达到刷新效果，所以，对DRAM必须设置专门的外部控制电路和安排专门的刷新周期来系统地对DRAM进行刷新。

4.2.2.4　典型的动态RAM芯片

一种典型的DRAM如Intel 2164。2164是64K×1位的DRAM芯片，片内含有64K个存储单元，所以，需要16位地址线寻址。为了减少地址线引脚数目，采用行和列两部分地址线各8条，内部设有行、列地址锁存器。利用外接多路开关，先由行选通信号$\overline{RAS}$选通8位行地址并锁存。随后由列选通信号$\overline{CAS}$选通8位列地址并锁存，16位地址可选中64K存储单元中的任何一个单元。2164芯片的读/写周期为300 ns，存取时间为150 ns，从$\overline{RAS}$到$\overline{CAS}$的延时范围为35～65 ns。2164芯片的引脚和内部结构示意如图4-8所示。

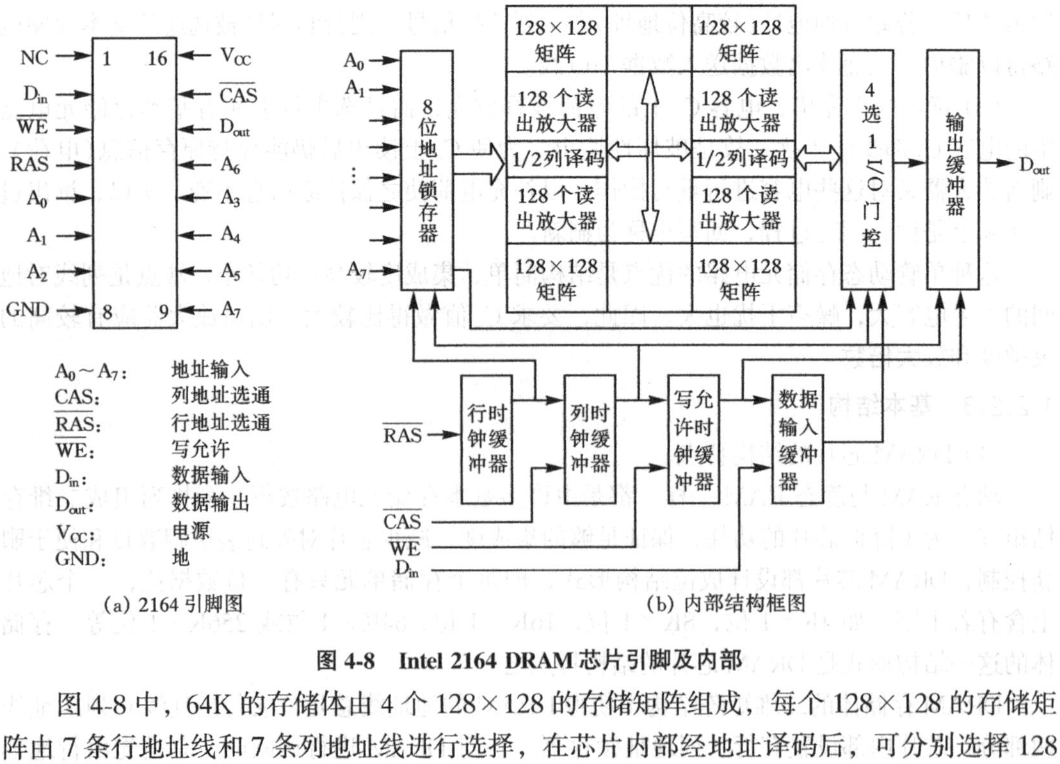

(a) 2164引脚图　　(b) 内部结构框图

图4-8　Intel 2164 DRAM芯片引脚及内部

图4-8中，64K的存储体由4个128×128的存储矩阵组成，每个128×128的存储矩阵由7条行地址线和7条列地址线进行选择，在芯片内部经地址译码后，可分别选择128行和128列。

锁存在行地址锁存器中的7条行地址线 $RA_6 \sim RA_0$ 同时加到4个存储矩阵上，在每个矩阵中选中一行，则共有4×128=512个基本存储电路被选中，存放信息被选通到512个读出放大器，经过鉴别后锁存或重写。

锁存在列地址锁存器中的7条列地址线 $CA_6 \sim CA_0$ 在每个存储矩阵中选中一列，然后再由4选1的I/O门控电路(由RA7，CA7控制)选中一个单元，对该单元进行读写。

2164数据的读出和写入是分开的，由 $\overline{WE}$ 控制读写，当 $\overline{WE}$ 为高电平时读出，即所选中单元的内容经过三态输出缓冲器在 D_{out} 引脚读出。当 $\overline{WE}$ 为低电平时实现写入，D_{in} 引脚上的信号经输入三态缓冲器对选中单元进行写入。2164没有片选信号，实际上用行选通信号作为 $\overline{RAS}$ 片选信号。

4.2.3 PC机内存条

由于DRAM比SRAM集成度高、功耗低、单位存储单元价格低，所以一般大容量存储器系统采用DRAM组成。目前各中、高档PC系列微机和工作站就普遍采用DRAM组成内存。

随着计算机的发展，CPU速度大幅度提高，相对的CPU存取数据对象的内存速度也需随之提高，否则无法提高微机系统整体性能。因而，微机主板上使用的主要内存已从传统的DRAM发展到FPM DRAM，EDO DRAM和SDRAM等。内存的存取速度不断提高，而且容量不断增加。

(1) FPM DRAM(Fast Page Mode DRAM，快速页面模式内存)。

它把连续的内存块以页的形式来处理。即CPU所要读取的数据是在相同的页面内时，CPU只需送出一个行地址信号，加快了CPU存取内存数据的速度，其读取速度为60～80ns。它将一组DRAM芯片安装一块印刷板上，称为SIMM(Single In-line Memory Module，单列直插式存储器模块)内存条，印刷板单面出线，有30线、72线和100线三种，数据宽度分别为8位、32位和64位。386和486主板上为30线插槽，486和586主板上为72线插槽。

(2) EDO DRAM(Extended Data Out DRAM，扩展数据输出内存)。

EDO DRAM和FPM的基本制造技术相同，在缓冲电路上有所差别，在本周期的数据传送尚未完成时，可进行下一周期的传送，所以它的读取速度比FPM DRAM快10%～20%左右，约为50～60 ns，72线插槽，SIMM封装，应用于586主板。

(3) SDRAM(Synchronous Burst DRAM，同步突发内存)。

SDRAM采用了多体存储器结构和突发模式，为双存储体结构，也就是有两个存储阵列，一个被CPU读取数据时，另一个已经做好被读取的准备，两者相互自动切换，使得存取效率成倍提高，并且将内存与CPU以相同时钟频率控制，使内存与CPU外频同步，取消等待时间，其传输速率比EDO DRAM快了许多，速度可达6ns。

它也是将一组DRAM芯片安装在一块印刷板上，称为DIMM(Dual in-line Memory Module，双列直插内存模块)内存条，印刷板一面84线，双面为168线。3.3 V电压，数据宽度64位。

(4) DDR(Double Data Rate，双倍数据速率)SDRAM。

即常说的DDR内存。传统的SDRAM内存只在时钟周期的上升沿传输指令、地址和数据，而DDR SDRAM内存的数据线有特殊的电路，可以让它在时钟的上下沿都传输数据。所以DDR在每个时钟周期可以传输2个字(4个字节)，而SDRAM只能传输1个字。它的速度比SDRAM提高1倍，其核心建立在SDRAM基础上，但在速度和容量上有了提高。它比SDRAM使用了更多、更先进的同步电路，而且采用了DDL(Delay Locket Loop，延时锁定回路)提供一个数据滤波信号(Data strobe signal)，当数据有效时，存储控制器可使用这个数据滤波信号来精确定位数据，每16次输出一次。DDR SDRAM本质上不需要提高时钟频率就能加倍提高SDRAM的速度。

DDR SDRAM内存也是DIMM封装，外观与SDRAM内存很相似，但不兼容。SDRAM有两个定位槽，DDR SDRAM只有一个；SDRAM电压为3.3 V，DDR SDRAM为2.2 V；SDRAM为168线，DDR SDRAM为184线。它的存取速度快，性能价格比相对较高，已经成为装机首选内存，是目前PC机主流内存。

(5) DRDRAM。

DRDRAM是由RAMBUS公司和INTEL公司合作开发的一种内存，常称RAMBUS内存。它采用184线接口，电压为2.5 V。与芯片组之间的接口宽度为16 bit，如果带ECC校验，其接口宽度为18 bit。DRDRAM的接口工作频率为400 MHz，由于它能在时钟信号的上升沿和下降沿各传输一次数据，因此数据传输的频率实际上为800 MHz，其峰值传输速率可以达到1.6 GB/s。这种内存也是双列直插模组，但与SDRAM和DDR SDRAM内存条不兼容。这种内存性能高，价格贵，一般用于高档机，性能价格比不如DDR内存，市场占有率较低。

4.3 只读存储器

只读存储器ROM是指在机器运行期间，只能读出事先写入的信息，而不能将信息写入其中的存储器。主要用来保存固定的程序和数据。如监控程序，启动程序，BIOS等。ROM比RAM的集成度高且成本低。对于可编程的ROM芯片，可用特殊方法将信息写入，该过程称为“编程”；对可擦除的ROM芯片，可采用特殊方法将原信息擦除，以便再次编程。

ROM按信息写入的方式不同可分为不可编程掩模ROM、可编程PROM、可擦除可编程EPROM和电可擦写可编程E^2PROM等。掩模ROM和PROM在用户系统中较少使用，掩膜型只读存储器是由生产厂家采用掩膜工艺，在生产过程中将固定的程序代码直接注入ROM芯片内，用户不能修改其内容。掩膜ROM大量生产时，成本很低。掩膜ROM只能用于特定场合，它给用户带来很大的限制，不具灵活性。PROM在一定程度上克服了固定掩膜ROM的缺点。生产厂家在生产这种ROM时，并不将程序代码写入，而是写入全“1”(或全“0”)信息，待用户使用时，根据需要以编程方式写入自己的程序代码。用户一次编程写入代码后，就不能再对写入的内容进行修改擦除，即PROM为一次可编程只读存储器。用户写入信息是利用专用的编程器，写入一个PROM只要几分钟，操作非常方便。但是，PROM的一次编程性不适于在研制产品过程中使用。本节主要介绍EPROM和E^2PROM。

4.3.1 可擦除可编程EPROM

EPROM是一种可由用户进行编程并可用紫外光擦除的只读存储器。擦除时，用紫外线照射芯片上的窗口，即可清除存储的内容。擦除后的芯片可以使用专门的编程写入器对其重新编程(写入新的内容)。存储在 EPROM 中内容能够长期保存达几十年之久，而且掉电后其内容也不会丢失。所以在微机产品的研制、开发和生产中应用广泛。

4.3.1.1　基本存储电路和工作原理

EPROM 的基本存储电路如图 4-9(a)所示，关键部件是 FAMOS 场效应管。FAMOS (Floating grid Avalanche injection MOS)的意思是浮置栅雪崩注入型 MOS。图 4-9(b)显示了 FAMOS 管(简称浮置栅场效应管)的结构。

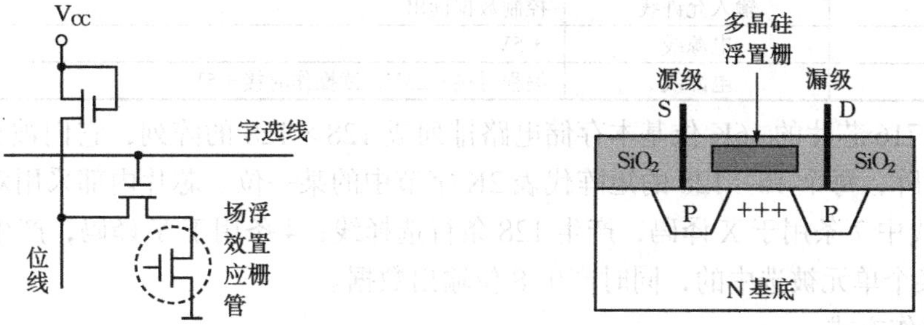

(a) EPROM 的基本存储电路　　(b) FAMOS 场效应管结构

图 4-9　EPROM 的基本存储电路和 FAMOS 结构

该管是在 N 型的基底上做出 2 个高浓度的 P 型区，从中引出场效应管的源极 S 和漏极 D；其栅极 G 则由多晶硅构成，悬浮在 SiO_2 绝缘层中，故称为浮置栅。出厂时，所有 FAMOS 管的栅极上没有电子电荷，源、漏两极间无导电沟道形成，管子不导通，此时它存放信息“1”；如果设法向浮置栅注入电子电荷，就会在源、漏两极间感应出 P 沟道，使管子导通，此时它存放信息“0”。由于浮置栅悬浮在绝缘层中，所以一旦带电后，电子很难泄漏，使信息得以长期保存。至于能够保存多长时间，与芯片所处的温度、光照等环境有关。例如，在 20℃的温度下信息可保存 10 年以上；若将芯片置于紫外灯下照射，则信息将在几十分钟内丢失。

4.3.1.2　编程和擦除过程

EPROM的编程过程实际上就是对某些单元写入“0”的过程，也就是向有关的 FAMOS 管的浮置栅注入电子的过程。采用的办法是：在管子的漏极加一个高电压，使漏区附近的 PN 结雪崩击穿，在短时间内形成一个大电流，一部分热电子获得能量后将穿过绝缘层，注入浮置栅。由于该过程的时间被严格控制(几十毫秒)，所以不会损坏管子。

擦除的原理与编程相反，通过向浮置栅上的电子注入能量，使得它们逃逸。擦除时，一般采用波长 253.7 nm 的 15 W 紫外灯管，对准芯片窗口，在近距离内连续照射 15～20 min，即可将芯片内的信息全部擦除。出于同样的道理，编程后的芯片窗口应贴上不透光的封条，以保护它不受紫外线的照射。由于每一次紫外光照射时是通过石英窗口对整个芯片照射，所以不能实现部分擦除，这是 EPROM 的不足之处。

4.3.1.3　典型的 EPROM 芯片介绍

目前应用较广，也较典型的 EPROM 芯片有 Intel 2716(2K×8)，2732(4K×8)，2764 (8K×8)，27128(16K×8)，27256(32K×8)，27512(64K×8)等。前两种采用 24 引脚封装，后几种采用 28 引脚封装。它们皆为双列直插式芯片。现以 2716 为例对 EPROM 的芯片特性和工作方式进行介绍。

(1) 芯片特性。

Intel 2716 的容量为 2K×8 位，工作电压为 +5 V，存取时间约 450 ns。Intel 2716 芯片各引脚功能如表 4-2 所示。

表 4-2　　Intel 2716 芯片引脚功能说明

符　号	名　称	功能说明
$A_0 \sim A_{10}$	地址线	接相应地址总线，用来实现对某存储单元寻址
$D_0 \sim D_7$	数据线	接数据总线，用于工作时数据读出
$\overline{CE}$(PD/PGM)	片选(功率下降/编程)线	工作时作为片选信号，编程写入时接编程脉冲
$\overline{OE}$	输入允许线	控制数据读出
V_{CC}	电源线	+5V
V_{PP}	电源线	编程时接 +25V，读操作时接 +5V

Intel 2716 芯片的 16K 位基本存储电路排列成 128×128 的阵列，它们被分成 8 个 16×128 的矩阵，每个 16×128 的矩阵代表 2K 字节中的某一位。芯片内部采用双译码方式，11 条地址线中 7 条用于 X 译码，产生 128 条行选择线；4 条用于 Y 译码，产生 16 条列选择线。当某个单元被选中的，同时产生 8 位输出数据。

(2) 工作方式。

信号线 $\overline{CE}$，$\overline{OE}$，V_{PP}，V_{CC} 的不同组合决定了 2716 芯片的不同工作方式，表 4-3 列出了该芯片工作方式的选择。

表 4-3　　Intel 2716 芯片工作方式的选择

信号线 / 工作方式	$\overline{CE}$(PD/PGM)	$\overline{OE}$	V_{PP}	V_{CC}	$D_0 \sim D_7$
读	低	低	+5V	+5V	数据输出
输出禁止	无关	高	+5V	+5V	高阻
功率下降	高	无关	+5V	+5V	高阻
编程	由低到高脉冲	高	+25V	+5V	数据输入
编程核实	低	低	+25V	+5V	数据输出
编程禁止	低	高	+25V	+5V	高阻

① 读出方式，2716 在地址有效后，便可从 ROM 矩阵内读出数据。不过，此数据能否经输出缓冲器到达外部数据总线 $D_0 \sim D_7$，取决于输出控制信号 $\overline{OE}$ 是否有效。

② 读出禁止方式，当 $\overline{OE}$ 为高电平，数据输出线呈高阻状态，即芯片在逻辑上和数据总线相脱开，芯片的输出被禁止送上数据总线。

③ 维持方式，当多片 2716 连用时，为了降低总功耗，可仅对允许读出的芯片的 $\overline{CE}$/PGM 加以低电平，其余各芯片的 $\overline{CE}$/PGM 均加以高电平，使之置以维持方式。处于维持方式的各芯片功耗由 525 mW 下降到 132 mW。

④ 编程方式，若要向 2716 写入程序，应使 V_{PP} 接 +25 V，$\overline{OE}$ 保持高电平，给定地址，选择要写入单元，由 8 位数据线提供欲写入的数据，然后在 $\overline{CE}$/PGM 端加上宽度为 50～55 ms 的 +5 V 脉冲，即可将数据上的信息写入指定的地址单元。

⑤ 编程检验方式，在编程结束后，应使数据线浮空，然后进行一次读出操作，检查写入信息是否正确。该方式与读出方式基本相同，只是 V_{PP} 为 +25 V。

⑥ 编程禁止方式，对于多片 2716 接同一数据总线，为了保证一片正常工作于写入方式，其他芯片的 $\overline{CE}$/PGM 接地(不加编程脉冲)，即工作于禁止编程方式，各片 V_{PP} 皆接至 +25 V，$\overline{OE}$ 接至高电平。

4.3.2　电可擦除的可编程 E^2PROM

E^2PROM 为电擦除只读存储器，它比 EPROM 使用方便。它可以字节为单位进行内容改写，而且无论是字节还是整片改写，均可在应用系统中在线进行。擦除操作一般是在写入过程中自动完成,但擦除、改写时间较读取时间长，约为 10ms(读取时间是 200～250ns)，且写入次数有限制，约为几百次到几万次。

E^2PROM 的典型芯片有 2K×8 的 Intel 2816/2817，2816A/2817A 和 8K× 8 的 2864A。2816A/2817A 和 2864A 擦写是在 + 5V 电源下完成，片内集成有升压电路；而 2816/2817 靠片外加 21V 到 V_{PP}引脚进行擦写。

下面以 Intel 2864A 为例，说明 E^2PROM 的基本特点和工作方式。

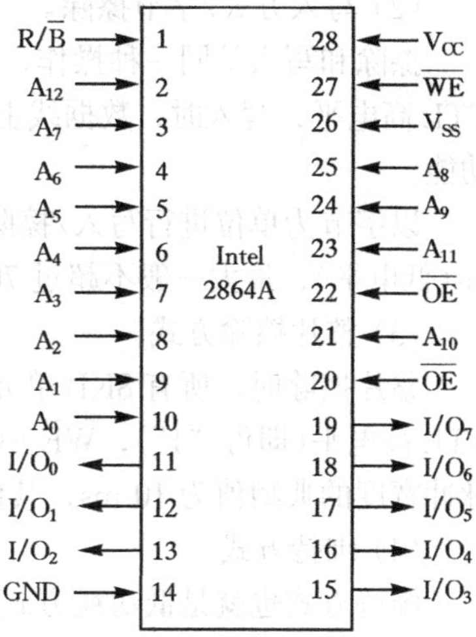

图 4-10　2864A E^2PROM 的引脚

4.3.2.1　芯片特性

Intel 2864A 容量为 8K×8，28 个引脚双列直插式封装，如图 4-10 所示，其最大工作电流 160 mA，维持电流 60 mA，典型读出时间 250 ns，最大写入时间 10 ms，采用 + 5 V 供电。Intel 2864A 芯片各引脚功能如表 4-4 所示。

表 4-4　Intel 2846A 芯片引脚功能说明

符　号	名　称	功能说明
A_{12}～A_0	地址线	输入
I/O_7～I/O_0	数据输入/输出线	双向，读出时为输出，写入/擦除时为输入
$\overline{CE}$	片选和电源控制线	输入，控制数据输入输出
$\overline{WE}$	写入允许控制线	输入，进行擦/写，功率下降操作时，根据$\overline{CE}$和$\overline{WE}$线的电平状态和时序状态控制 2864A 的操作
$\overline{OE}$	数据输出允许线	控制数据读出
V_{CC}	+ 5V	电源
$R/\overline{B}$	准备就绪/忙状态线	用来向 CPU 提供状态信号

4.3.2.2　工作方式

Intel 2864A 有 4 种工作方式：读出、写入/字节擦除、整片擦除和维持方式，如表 4-5 所示。

表 4-5　Intel 2864A E^2PROM 的工作方式

引脚信号 / 工作方式	$\overline{CE}$	$\overline{OE}$	$\overline{WE}$	$R/\overline{B}$	数据线功能
读出	0	0	1	高阻	输出
维持	1	×	×	高阻	高阻
写入	0	1	0	低	输入
字节擦除	字节写入前自动擦除				

(1) 读出方式。

在读方式时，$\overline{WE}$= “1”，$\overline{OE}$=$\overline{CE}$= “0”，允许 CPU 读取 2864A 的数据。当 CPU 发出地址信号和相应控制信号，经一定延时(读取时间约 250ns)2864A 即可将数据送入数据总线。

(2) 写入方式/字节擦除。

擦除和写入是同一种操作，即都是写入，只不过擦除是固定写“1”即数据输入恒为 TTL 高电平，写入时，数据线上是“0”或“1”。所以，2864A 具有以字节为单元的擦写功能。

以字节为单位进行写入/擦除时，$\overline{CE}$为低电平，$\overline{OE}$为高电平，$\overline{WE}$脉冲宽度最小为 2 ms(低电平)，最大一般不超过 70 ms。

(3) 整片擦除方式。

整片擦除时，所有 8KB 单元全置“1”。整片擦除时，不考虑地址信号，数据线置为 TTL 高电平(即可“1”)，$\overline{WE}$=$\overline{CE}$= “0”(低电平)，$\overline{OE}$为低(字节擦/写时为高)，$\overline{WE}$写脉冲宽度的典型值为 10 ms，其他信号与字节擦/写方式相同。

(4) 维持方式。

维持方式也就是低功耗方式。通常，2864A 在进行擦/写或读操作时的最大电流消耗为 100 mA。当器件不操作时，只需$\overline{CE}$将端加一 TTL 高电平，2864A 便进入维持状态，此时最大电流消耗为 40 mA。可见，维持状态可将功耗降低 60%，维持状态时，输出端为浮空状态。

4.3.3 快速擦写存储器

快速擦写存储器(Flash Memory)也称为闪速存储器。它是一种新型的半导体存储器。1983 年 Intel 公司首先提出基于 EPROM 隧道氧化层的 ETOX(EPROM Tunnel Oxide)原理，根据此原理在 1988 年推出了可快速擦写的非易失性存储器 FLASH Memory，随后 TOSHIBA 公司又推出基于冷电子擦除原理和 E^2PROM 的 NAND 体系结构的 FLASH Memory，从原理上看，FLASH Memory 属于 ROM 型存储器，但是它可以随时改写信息；从功能上看，它又相当于 RAM，所以过去 ROM 与 RAM 的定义和划分已逐渐失去意义。

4.3.3.1 闪存的特点

由于闪存具有掉电时信息不丢失、快擦除、单一供电、高密度的信息存储等显著特点，得到了越来越广泛的应用。其特点如下。

(1) 按区块(Sector)或页面(Page)组织：除了可进行整个芯片的擦除和编程操作外，还可以进行字节、区块或页面的擦除和编程操作，从而提高了应用的灵活性。

(2) 可进行快速页面写入：CPU 可以将页数据按芯片存取速度(一般为几十到 200 ns)写入页缓存，再在内部逻辑的控制下，将整页数据写入相应页面，大大加快了编程速度。

(3) 具有内部编程控制逻辑：当编程写入时，由内部逻辑控制操作，CPU 可做其他工作。CPU 可以通过读出验证或状态查询获知编程是否结束，从而提高了 CPU 的效率。

(4) 具有在线系统编程能力：擦除和写入都无需将芯片取下。

(5) 具有软件和硬件保护能力：可以防止有用数据被破坏。

与 EPROM 只能通过紫外线照射实施擦除的特点不同，闪速存储器可实现大规模电擦除。闪速存储器的擦除功能可迅速清除整个存储器的所有内容，这一点优于传统的可修改字节的E^2PROM。闪速存储器可重复使用，可以被擦除和重新编程几十万次而不会失效。在文件需经常更新的可重复编程应用中，这一性能是非常重要的。

4.3.3.2　闪存的应用

目前闪存主要用来构成存储卡，以代替软磁盘。存储卡的容量可以做得较软盘大，但具有软盘的方便性，现在已大量用于便携式计算机、数码相机、MP3播放器等设备中。

另外，闪速E^2PROM也用作内存，用于存放程序或不经常改变且对写入时间要求不高的场合，如微机的BIOS、显卡的BIOS等。

4.4　存储器与CPU的连接

半导体存储器通过总线与CPU连接，CPU与存储器之间要交换地址信息、数据信息和控制信息。在微型计算机中，CPU对存储器进行读写操作，首先通过地址总线给出地址编码信息，然后发出相应的读写控制信号，最后才能在数据总线上进行数据交换。存储器与CPU的接口主要由3个部分组成：地址线的连接，数据线的连接和控制线的连接。

4.4.1　存储器与CPU接口的一般问题

存储器与CPU连接时，原则上可以将存储器的地址线、数据线与控制信号线分别接至CPU的地址总线、数据总线和控制总线上去。而实际应用中需要考虑如下问题。

（1）CPU总线的负载能力。

通常CPU总线的负载能力是一个TTL器件或20个MOS器件。CPU一般输出线的直流负载能力都是很有限的，尽管可能经过了驱动放大，且现代存储器都是直流负载很小的CMOS或CHMOS电路，但由于分布于总线和存储器上的负载电容总是存在的，所以，要保证所设计的存储系统稳定工作，就必须考虑输出端所带负载的最大限度。根据具体情况，一般小型系统中，CPU可直接与存储器芯片相连，而在较大系统中，当总线负载数超过限定时应当加接驱动器。通常考虑到地址线、控制线时是单向的，故采用单向驱动器，如74LS244，Intel 8282等，而数据线是双向传动的，故采用双向驱动器，如74LS245、Intel 8286/8287等。

（2）存储器与CPU之间的时序配合。

存储器与CPU之间的时序配合问题是整个微型计算机系统可靠、高效工作的关键。CPU访问存储器是有固定时序的，由此确定了对存储器存取速度的要求。选用存储芯片时，必须考虑它的存取速度和CPU速度的匹配问题，即时序配合。为简化外围电路，充分发挥CPU的工作速度，应尽可能选择与CPU时序相配的芯片。目前存储芯片速度越来越快，在一定程度上缓解了速度匹配的矛盾。

为了使CPU能与不同速度的存储器相连接，一种常用的方法是使用“等待申请”信号。该方法是在CPU设计时设置一条“等待申请”输入线。若与CPU连接的存储器速度较慢，使CPU在规定的的读/写周期内不能完成读/写操作，则在CPU执行访问存储器指令时，由等待信号发生器向CPU发出“等待申请”信号，使CPU在正常的读/写周期之外再插入一个或几个等待周期T_w，以便通过改变指令的时钟周期数使系统速度变慢，从而达到与慢速存储器匹配的目的。

（3）存储芯片的选用和地址分配。

应根据存储器的存放对象、存储容量、存取速度、结构和价格等因素综合考虑存储芯片类型和芯片型号的选择。微型计算机中的存储器系统通常由 SRAM 类型的 Cache、存储永久信息的只读存储器及其变种、保存大量信息的 DRAM 三部分所组成。在存储器系统中，按空间范围的使用类型又可分为 DOS 保留区域、系统数据区、设备设置区域、主存储区域、存储扩展区域等。因此，内存的地址分配是一个较为复杂而又必须弄清楚的问题。另外，由于存储器芯片的单片容量一般来说总是小于 CPU 所能寻址的地址范围，所以，总是要由许多单片的存储器芯片才能组成一个整体的存储系统，这就是需要弄清楚诸多存储芯片该如何连接，也就是如何产生片选信号的问题。

4.4.2 存储器与地址总线的连接

存储器与地址总线的连接，本质上就是在地址分配的基础上实现地址译码，保证 CPU 能对存储器中所有单元正确寻址。存储器的地址译码和 I/O 端口地址译码的思路是相同的。它包括两方面内容：一是高位地址线译码，用以选择存储芯片；二是低位地址线连接，用以通过片内地址译码器选择存储单元。对于多存储器芯片构成的内存系统来说，为了简化存储器地址译码电路的设计，首先应尽量选择存储容量相同的芯片来作为内存组件，然后将各芯片地址线与低位地址总线一一相连，而将剩下的高位地址总线通过译码产生各片选控制信号。因此，存储器地址线连接的重点是片选控制信号的译码。常用的片选控制信号的译码方法有全译码法、部分译码法和线选法等。

(1) 全译码法。

全译码法是指将地址总线中除片内地址以外的全部高位地址接到译码器的输入端参与译码。采用全译码法，每个存储单元的地址都是唯一的，不存在地址重叠，但译码电路较复杂，连线也较多。

例 4-1 设 CPU 寻址空间为 64KB(地址总线为 16 位)，存储器由 8 片容量为 8KB 的芯片构成。采用全译码法寻址 64KB 容量存储器的结构如图 4-11 所示。

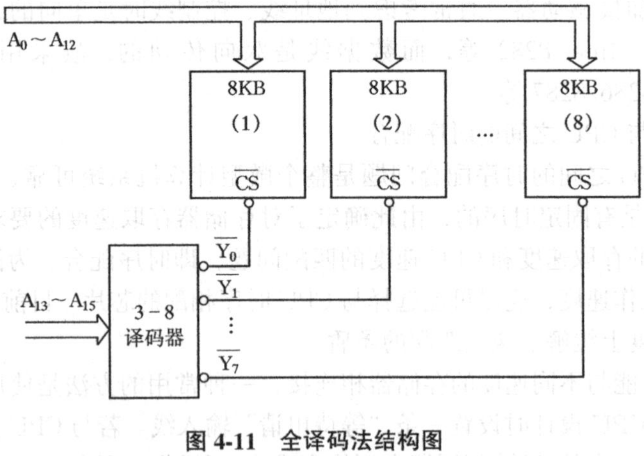

图 4-11 全译码法结构图

可见，全译码法可以提供对全部存储空间的寻址能力。当存储器容量小于可寻址的存储空间时，可从译码器输出线中选出连续的几根作为片选控制，多余的令其空闲，以便需要时扩充。

(2) 部分译码法。

部分译码法是将高位地址线中的一部分(而不是全部)进行译码，产生片选信号。该方法常用于不需要全部地址空间的寻址能力。

例 4-2　CPU 地址总线为 16 位，存储器由 4 片容量为 8KB 的芯片构成时，采用部分译码法寻址 32KB 容量存储器的结构如图 4-12 所示。

采用部分译码法时，由于未参加译码的高位地址与存储器地址无关，即这些地址的取值可为 1 也可为 0，如图 4-12 中的 A_{15}未参加译码，取 1 和取 0 都指向相同的存储单元，即存在地址重叠问题。当选用不同的高位地址线进行部分译码时，其译码对应的地址空间不同。

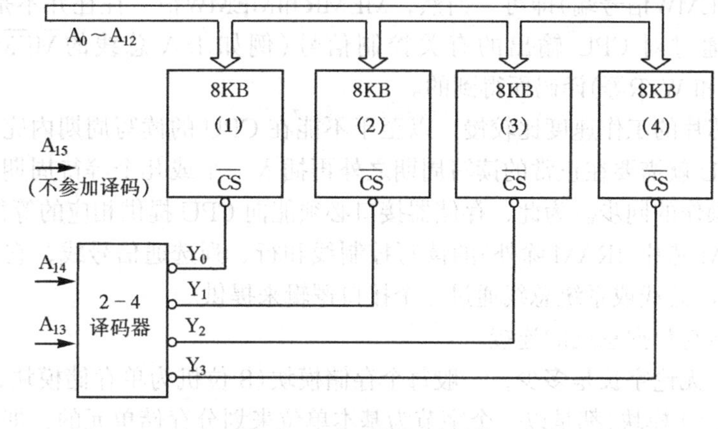

图 4-12　部分译码法结构

(3) 线选法。

线选法是指高位地址线不经过译码，直接作为存储芯片的片选信号。每根高位地址线接一块芯片，用低位地址线实现片内寻址。线选法的优点是结构简单，缺点是地址空间浪费大，整个存储器地址空间不连续，而且由于部分地址线未参加译码，还会出现地址重叠。这两点均给编程带来麻烦，使用时应特别注意。

例 4-3　假定某微机系统的存储容量为 8KB，CPU 寻址空间为 64KB(即地址总线为 16 位)，所用芯片容量为 2KB(即片内地址为 11 位)。那么，可用线选法从高 5 位地址中任选 4 位作为 4 块存储芯片的片选控制信号。图 4-13 所示为选用 A_{11}～A_{14}作为片选控制的结构图。

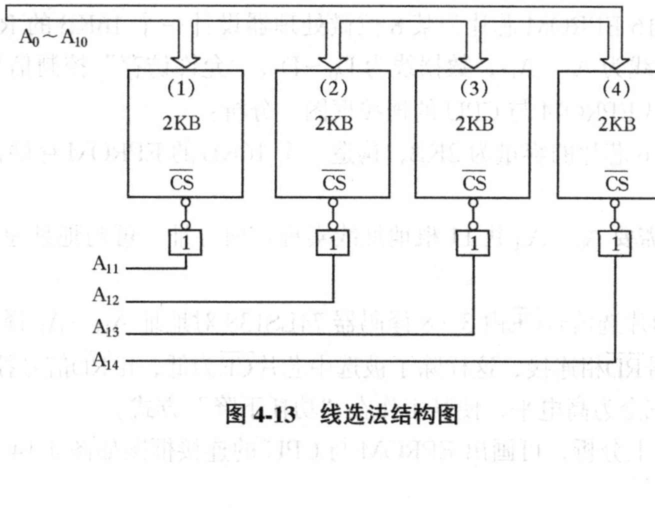

图 4-13　线选法结构图

4.4.3 存储器与控制总线、数据总线的连接

(1) 存储器与控制总线的连接。

对于存储器来说，与控制总线有关的外部接口信号线除如上所述的片选控制线外，主要还有两类：一是读写控制线，用于决定操作类型；二是行选通、列选通信号线(仅对DRAM芯片)，用于控制DRAM的行、列地址线输入和动态刷新。

对于工作速度与CPU大体相当的SRAM和各种ROM存储芯片，读/写控制线的连接非常简单，只需将存储芯片的读/写控制端直接连到CPU总线或系统总线的相应功能端(如$\overline{MEMR}$和$\overline{MEMW}$信号端)即可。当然，$\overline{MEMR}$和$\overline{MEMW}$信号往往并不是由CPU直接提供的，而是通过对CPU输出的有关控制信号(例如ISA总线的$\overline{MEMR}$和$\overline{MEMW}$，80486的M/$\overline{IO}$和W/$\overline{R}$等)译码而得到的。

如果存储芯片的工作速度比较慢，以至于不能在CPU的读写周期内完成读数、写数操作，那么CPU就需要在正常的读写周期之外再插入一个或几个等待周期，以实现读写时序的匹配与操作的同步。为此，存储器接口必须能向CPU提供相应的等待信号。

至于DRAM芯片(IRAM除外)的读写控制线和行、列选通信号线，它们和地址线一起，均需由CPU总线或系统总线通过一个接口逻辑来提供。

(2) 存储器与数据总线的连接。

在微机中，无论字长是多少，一般每个存储模块(8位机为单存储模块，16位机为双模块，32位机为4模块)都是以一个字节为基本单位来划分存储单元的，即每8位为一个存储单元，对应一个存储地址。但由于存储芯片的内部结构不同，有的芯片一个地址对应8个存储位，有8条数据引线，如2716，2128；而有的芯片一个地址对应4位，数据引线只有4条，如2114；还有的芯片只有一个存储位，只有一根数据输入、输出线，如2118。当用这些存储字长不是8位的芯片构成内存时，必须用多片合在一起并行构成具有8位字长的存储单元。例如，2114需同时用2片，而2118则需同时用8片。而在用多片构成存储单元时，它们的地址线、控制线完全是并联在一起的，数据线则分别接在数据总线的不同位线上。当内存系统的存储器芯片数较多的，基于对总线负载能力的考虑，在数据总线与存储器数据线之间应采用双向驱动器。

4.4.4 存储器接口举例

例4-4 用2716 EPROM芯片为某8位微处理器设计一个16KB的ROM存储器。已知该微处理器地址线为$A_0 \sim A_{15}$，数据线为$D_0 \sim D_7$，“允许访存”控制信号为$\overline{M}$，读出控制信号为$\overline{RD}$。画出EPROM与CPU的连接框图。分析：

① 每一片2716芯片的容量为2KB，构造一个16KB的EPROM存储器共需8片2716芯片；

② 2716芯片需要$A_0 \sim A_{10}$共11根地址线实现片内寻址，可与地址总线的低11位$A_0 \sim A_{10}$直接相连；

③ 8个芯片的片选信号$\overline{CE}$由3－8译码器74LS138对地址$A_{11} \sim A_{13}$译码产生，输出允许信号$\overline{OE}$和读信号$\overline{RD}$相连接，这样除了被选中芯片$\overline{CE}$为低，由$\overline{RD}$信号控制进行读出外，其他7个芯片的$\overline{CE}$全为高电平，使其工作在“功耗下降”方式。

设计：根据以上分析，可画出EPROM与CPU的连接框图如图4-14所示。当系统中

还有 RAM 时，可由 A_{14}，A_{15}实现分组控制，统一编址。

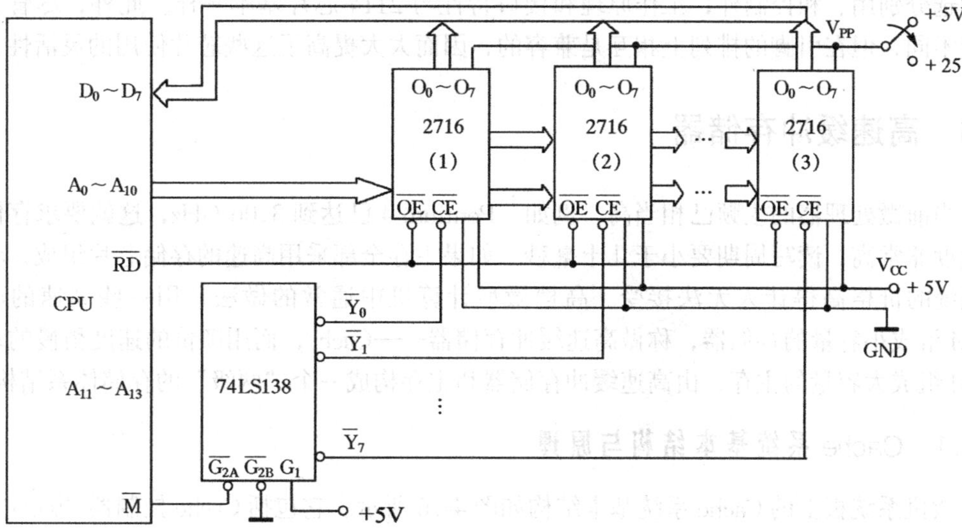

图 4-14　EPROM 与 CPO 的连接框图

例 4-5　某 8 位微机有地址总线 16 根，双向数据总线 8 根，控制总线中与主存相关的有“允许访存”信号$\overline{MREQ}$(低电平有效)和读/写控制信号 $R/\overline{W}$(高电平读、低电平写)。试用 SRAM 芯片 2114 为该机设计一个 8KB 的存储器并画出连接框图。

分析：

① 2114 芯片容量为 1K×4 位，构造一个 8KB 的存储器共需 16 片 2114，每两片组成 1KB，共分 8 组；

② 2114 芯片需 10 根地址线实现片内寻址，可令其与地址总线的低 10 位对应相连；

③ 片选信号$\overline{CS}$可在$\overline{MREQ}$控制下由 74LS138 对高位地址 A_{10}～A_{12}译码产生，译码器每个输出信号同时选中同一组的两块芯片；

④ 写允许信号$\overline{WE}$可与读/写控制信号 $R/\overline{W}$直接相连。

设计：根据以上分析，可画出存储器与 CPU 的连接框图如图 4-15 所示。

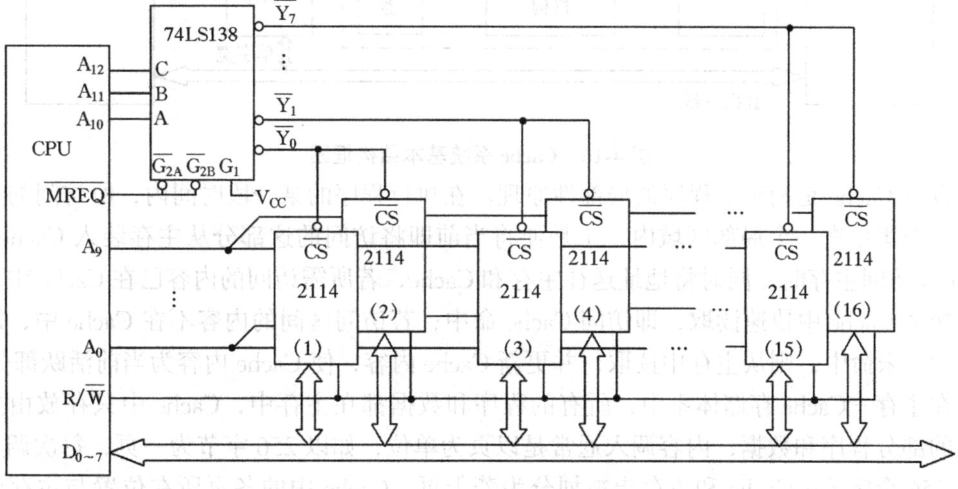

图 4-15　存储器与 CPU 连接框图

目前常用的其他 SRAM 芯片，如 6116(4K×8 位)，6264(8K×8 位)等，除了读、写及片选分别用、和控制外，工作原理和接口特性与 2114 芯片基本一样。此外，尽管它们容量不同，但在引脚的排列上相互是兼容的，因而大大提高了这些芯片使用的灵活性。

4.5 高速缓冲存储器

当前微处理器的主频已相当高，例如，Pentium 4 已达到 3.06 GHz，这就要求存储器的速度非常高，读写周期要小于几十毫秒。如果主存全部采用高速的存储芯片组成，将会使系统的价格高得让人无法接受。高档微型计算机中通常的做法是用一些高速的静态 RAM 组成小容量的存储器，称做高速缓冲存储器——Cache，而用廉价的速度稍慢的动态 RAM 组成大容量的主存，由高速缓冲存储器和主存构成一个“两级”的存储体系结构。

4.5.1 Cache 系统基本结构与原理

微机系统板上的 Cache 系统基本结构如图 4-16 所示。它包括 Cache 控制器(虚框内)和 Cache 存储体两部分。控制器部分包含主存地址寄存器 MA、主存—Cache 地址变换机构、替换控制部件和 Cache 地址寄存器。整个 Cache 介于 CPU 与主存之间，而 CPU 不仅与 Cache 相连，与主存也保持通路。图 4-16 中，Cache 存储体用于存放要访问的内容，即当前访问最多的程序代码和数据；主存—Cache 地址变换机构中存放着与 Cache 中内容相关的高位地址，当访问 Cache 命中时，用来和地址总线上的低位地址一起形成访问 Cache 的地址；而置换控制器则按照一定的置换算法控制高速缓冲存储器中内容的更新。

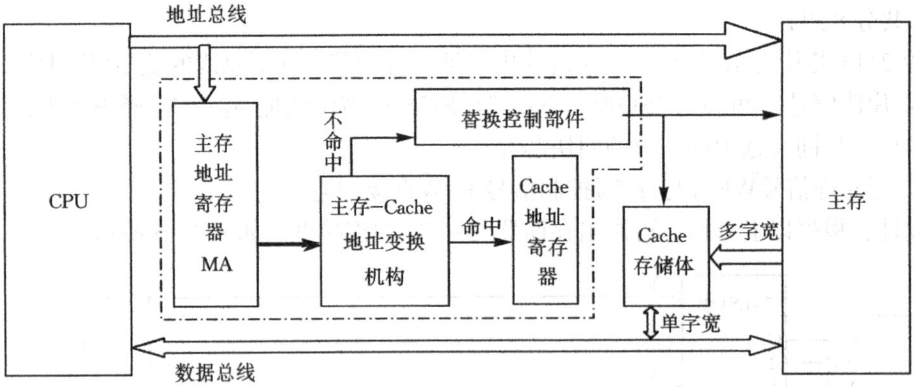

图 4-16 Cache 系统基本结构框图

设置 Cache 是利用了程序的局部性原理。在执行程序的某一段时间内，所访问的程序指令一般集中在一个局部区域内，于是便将当前即将访问的这部分从主存装入 Cache 中。当 CPU 访问主存时，同时将地址送往主存和 Cache，若所需访问的内容已在 Cache 中，则可直接从 Cache 中快速读取，即访问 Cache 命中；若访问区间的内容不在 Cache 中，即访问 Cache 未命中，则从主存中读取，并更新 Cache 内容，使 Cache 内容为当前活跃部分。

在主存 - Cache 存储体系中，所有的程序和数据都在主存中，Cache 中只存放由主存调入的部分程序和数据，内容调入通常是以页为单位，如以 256 字节为一页，每次调入的就是 256 个字节。Cache 和主存皆被划分为若干页，Cache 中的各页所在位置与主存中相应页的映像关系，决定于对高速缓存的管理策略。在较高命中率下，CPU 的读写操作主要在 CPU 和 Cache 之间进行。

CPU 访问存储器时送出访问主存单元的地址，由地址总线传送到 Cache 控制器中的主存地址寄存器 MA，主存—Cache 地址变换机构从 MA 获取地址并判断该单元内容是否已经在 Cache 中，即判别是否命中。当命中时，则将访问地址变换成在 Cache 中的地址，然后访问 Cache。若地址变换机构判别所要访问的单元不在 Cache 中，则 CPU 转去访问主存，并将包含该存储单元的一页信息装入 Cache。若 Cache 已被装满，则需要在替换控制部件的控制下，用新页替换 Cache 原来的某页信息，采用的替换算法体现在替换控制部件中，由硬件逻辑完成。

4.5.2 地址映像方式

为了把信息装入 Cache 中，必须应用某种函数把主存地址映像到 Cache 中定位，称做地址映像。当信息按这种映像关系装入 Cache 后，执行程序时，应将主存地址变换为 Cache 地址，这个变换过程成为地址变换。Cache 容量小，而主存容量大，故 Cache 中的一页要与主存中的若干页相对应，即若干个主存地址将映像同一个 Cache 地址。根据这种页(或地址)的对应方法。常用的地址映像方式有全相联映像、直接映像和级相联映像 3 种。

（1）全相联映像方式。

从主存中将信息调入 Cache 通常是以“页”为单位进行的。例如，假定以 256B 为一页，则每次调动的就是 256 个字节。全相联映像是一种最灵活的映像方式，该方式允许主存中的每一个页面映像到 Cache 中的任何一个页面位置上，也允许采用某种置换算法从已占满的 Cache 中替换出任何一个旧页面。在这种地址空间随意安排的条件下，为了使之能对高速缓存准确寻址，必须将调入页的页地址编码全部存入地址变换机构中。

例如，假定缓冲存储器共 32KB，分为 128 页，每页 256 个字节。主存地址为 24 位，寻址空间为 16MB，也按 256 个字节为一页，共 2^{16}页。当 CPU 送出 24 位地址寻址时，低 8 位页内地址直接送 Cache，高 16 位地址作为页号编码送到地址变换机构与调入页的各编码相比较。若比较发现有一致的编码，即命中，则变换机构将送出一个 7 位页地址指明这一页属于 Cache 中 128 页中的哪一页。由 7 位页地址与 8 位页内地址合成一个 15 位地址，选中 32KB Cache 的某一存储单元进行访问。显然，该地址变换机构中应有 128 个页号编码，且每个页号为 16 位长。由此可见，采用该方式查找十分费时，以致由于对变换机构工作速度要求很快而使成本过高，故该方法实用较困难。

（2）直接映像方式。

直接映像方式与全相联映像方式相比，地址变换机构存储的信息量大大减少。该方法将 Cache 的全部存储单元划分成固定的页，主存先划分成段，段中再划分成与缓存中相同的页。规定缓存中各页只接收主存中相同页号内容的副本，即不同段中页号相同的内容只有一个能复制到缓存中去。这种映像的限制使对高速缓存的寻址变得相当简单，在地址变换机构中只要存入地址的段号即可。例如，假定将 32KB 的 Cache 分成 128 页，每页 256 个字节，则对于 16MB 的主存可分成 512 段，每段 128 页，每页 256 字节。这时地址变换机构中存储的信息只需 128×9 位，从而可大大节省存储空间和查找时间。该方法的缺点是不够灵活，因为主存中多个段的同一页面只能对应 Cache 中的唯一页面，即使 Cache 中别的页面空着也不能占用，因而，Cache 的存储空间得不到充分利用。

(3) 级相联映像方式。

级相联映像方式是全相联映像方式与直接映像方式的折中方案。它将高速缓存分成若干个组，每组包含若干个页面，组内采用直接映像，而组与组之间采用全相联映像，从而允许不同段中相同页号的内容能存放在 Cache 内不同的组中。

4.5.3 替换算法

当 Cache 内容刚更新时，访问命中率较高。随着程序执行，访问频繁地区将逐渐迁移，使命中率下降。当 CPU 访问 Cache 没命中时，需从主存调新页进入 Cache，若 Cache 中相应位置已被信息占满，那么就必须去掉旧页。这个过程由替换控制部件完成。替换应遵循一定的规则，这些规则称为替换策略或替换算法。常用的替换算法有两种；先进先出算法(FIFO)和近期最少使用算法(LRU)。

(1) 先进先出算法 FIFO(First In First Out)。

FIFO 算法按调入 Cache 的先后决定淘汰的顺序。在需要替换时，将最先调入 Cache 的页面内容予以淘汰。这种算法的优点是容易实现，系统开销少，只需利用主存中页面调度的历史信息。但该算法不一定合理，最先调入的主存页面，很可能也是经常使用的页面，如一个包含程序循环的页面。

(2) 近期最少使用算法 LRU(Least Recently Used)。

LRU 算法按 Cache 中各页面使用的频繁程度决定淘汰的顺序。当需要替换时，将在最近一段时间内使用最少的页面内容予以淘汰。这种算法的优点是充分利用了页面调度的历史信息，正确反映了程序的局部性。到目前为止最少使用的页面，很可能也是将来最少访问的页面。但是该算法实现复杂。为了记录 Cache 每组内各页的使用情况，对各组的各页要设置一个调用情况记录表，称为 LRU 目录。

4.5.4 Cache 的读/写过程

在了解 Cache 采取的地址映像方式与替换算法后，就可理解 Cache 相应的读/写过程。

(1) 读操作。

访存时，一方面将主存地址送往主存，启动读主存，同时将主存地址送 Cache，按所用的映像方式从中提取 Cache 地址，如页号和页内地址。从 Cache 页中读取内容，并将相应的 Cache 页号与主存地址中的主存页号进行比较；如果二者相同，访问 Cache 命中，将读出数据送往 CPU，不等主存读操作结束，就可继续下一次访存操作。如果页号不符合，或是按映像方式搜索完毕仍未找到相符的 Cache 页号，表明本次访问 Cache 失败；则从主存中读取，供 CPU 使用，并考虑是否需要更新 Cache 某页的内容。偶尔一次不命中，不一定立刻替换，一般在命中率变低时才考虑替换。如果替换，则以页为单位整页更新，并相应地修改 Cache 页号。

(2) 写操作。

在程序执行过程中，常需将信息写入主存，通常有以下两种写入方法。

① 标志交换法，或称写回法。先暂时只写入 Cache 有关单元，并用标志予以注明，直到该页内容需从 Cache 中替换出来时，才一次写入主存。这种方法不在快速写入 Cache 中插入慢速的写主存操作，可以保持程序运行的快速性；但在写回主存前，主存中没有这些内容，与 Cache 内容不一致，有可能导致工作失误。

② 写直达法(Write-through)，即每次写入 Cache 时也同时写入主存，主存与 Cache 始终保持一致性。这种方式比较简单，能保持主存与 Cache 副本的一致性，但要插入慢速访主存操作，而且有些写入过程有可能是不必要的(例如暂存中间结果的写入)。

4.6 虚拟存储器

虚拟存储器(VM，Virtual Memory)是为满足用户对存储空间不断增加的需求而提出的一种计算机存储器管理技术，它是建立在“主存－外存”这一物理层次结构基础之上，由辅助硬件及操作系统存储管理软件组成的一种存储体系。面向该存储体系，用户可以不受主存容量限制获得一个较大的编程空间。

从用户界面看，用户编程使用的不是实际地址，而是比实际地址位数要长的地址。这种地址是面向程序的需要，而不必考虑所编的程序将来在主存中的实际位置，因而称为逻辑地址或虚地址。CPU 可以访问虚地址的空间，甚至可达到整个辅存容量。

在计算机系统实际运行中，所编程序和数据在操作系统管理下，先送入磁盘，然后操作系统将当前急需运行的部分调入内存，供 CPU 操作，其余暂不运行的部分留在磁盘中。随程序执行的需要，操作系统自动按一定替换算法进行调度，将当前暂不运行的部分调回磁盘，将程序需要的模块由磁盘调入主存。

CPU 执行程序时，需将程序提供的虚地址变换为主存的实际地址(实地址或物理地址)。一般是先由存储管理部件判断该地址的内容是否在主存中，若已调入主存，则通过地址变换机制，将虚地址转换为实地址，然后访问主存的实际单元。若尚未调入主存，则通过缺页中断程序，以页为单位调入或实现主存内容调换。

因此对操作系统编制者，就需要考虑这样一些问题：主存空间与磁盘空间如何分区管理、虚实之间如何映像、虚实地址如何转换、采取何种替换算法等。相应地可分为 3 种方式：页式、段式、段页式虚拟存储器。在高档微处理器中，已将有关的存储管理硬件集成在 CPU 芯片中，可支持操作系统选用上述 3 种方式之一。

4.6.1 页式虚拟存储器

将虚拟空间与主存空间都划分为若干大小相同的页，虚存的页称为虚页，主存的页称为实页。每页大小固定，常见的有 512B，1KB，2KB，4KB 等。这种划分是面向存储器物理结构的，有利于主存与辅存间的调度。用户编程时也将程序的逻辑空间分为若干(虚)页。相应的虚地址可分为两部分：高位段是虚页号，低位段是页内地址。

在主存中建立一种页表，提供虚实地址变换依据，并登记一些有关页面的控制信息。如果计算机采用多道程序工作方式，可分为每个作业建立一个页表，硬件中设置一个页表基址寄存器，存放当前运行程序的页表的起始地址。

页表由以虚页号为序的若干行组成，每一行记录了与相应虚页的若干信息项。比如，有盘页号(块号)、控制位、实页号等。盘页号(块号)是该页在磁盘中的起始地址，表明该虚页在磁盘中的位置。控制位有若干位，例如：装入位(有效位)为“1”，表示该虚页已调入主存，为“0”表示该虚页不在主存；修改位指出对应的主存页是否被修改过；替换控制位为“1”，表示对应的主存页需要替换；读写保证位指明该页的读写允许权限，如只允许读出，或允许读和写等。页表中必不可少的是实页号。如果该虚页在主页中，该项登记对应主存页号。

访问页式虚拟存储器时的虚、实地址转换过程，如图4-17所示。当CPU根据虚地址访存时，首先将虚页号与页表起始地址合成，形成访问页表对应行的地址，根据页表内容判断该虚页是否在主存中。若已调入主存，从页表中读得对应的实页号，再将实页号与页内地址合成，得到对应的主存实地址。据此，可以访问实际的主存单元。

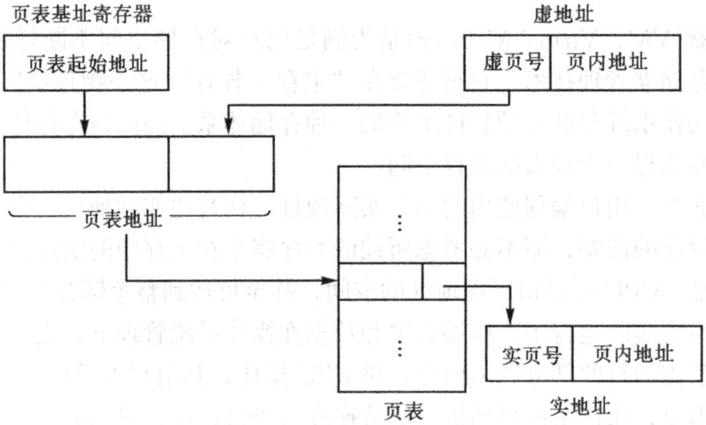

图4-17　页式虚拟存储器地址转换

若该虚页尚未调入主存，则产生缺页中断，以中断方式将所需页内容调入主存。如果主存空间已满，则需在中断处理程序中执行替换算法，将可替换的主存页内容写入辅存，再将所需页调入主存。

页面调进的方法可分为预调和请调两种。预调是指不久即将用到的页面预先调进主存，在需要时就可立即访存。要预测哪些页面将要用到，是比较困难的。因此，较多使用的是请调方式，即发现当前CPU访问的页面不在主存时，才产生缺页中断(或称调页中断)，进行页面调进。这种方法比较容易实现，但在需要访存时插入至少一页的调进，有可能影响响应的速度。

页面调出的淘汰算法有先进先出算法(FIFO)、近期最少使用算法(LRU)等，其算法思路与Cache替换算法相似。此外，还有一种最优算法(OPT)，即事先预测主存中各页将被访问的先后顺序，将最后才被访问的页面内容调出。这种算法虽然合理，但不易实现，因为预测是很困难的。

当CPU按虚地址访存时，首先访问放于主存之中的页表，以进行虚实地址转换，这就增加了访问主存的次数，降低了有效的工作速度。为了将访问页表的时间降到最低限度，许多计算机将页表分为快表与慢表两种。将当前最常用的页表信息存放在快表中，作为慢表局部内容的副本。快表很小，存储在一个快速小容量存储器中。该存储器是一种按内容查找的联想存储器，可按虚页号名字并行查询，迅速找到对应的实页号。如果计算机采用多道程序工作方式，则慢表可有多个，但全机只有一个快表。采用块、慢表结构后，访问页表的过程与Cache工作原理相似。即根据虚页号同时访问快表与慢表，若该页号在快表中，就能迅速找到实页号并形成实地址。

4.6.2 段式虚拟存储器

将用户程序按其逻辑结构(如模块划分)分为若干段，各段大小可变。相应的段式虚拟存储器也随程序的需要动态地分段，并将各段的起始地址与段的长度写入段表之中。编程使用的虚地址就包含两部分：高位是段号，低位是段内地址。例如80386，段号16位，段内地址(又称为偏移量)32位。因此最多可将整个虚拟地址空间分为64×1024段，每段最大可达4kMB，使用户有足够大的选择余地。

表4-6给出了一种段表示例：段号；装入位，为1表示该段已调入主存；段起点，如该段已在主存中，则该项登记其在主存中的起始地址；段长(与页不同，段长可变)；其他信息，如读、写、执行的权限等。

表4-6 段表示例

段 号	装入位	段起点	段 长	其他控制位
⋮	⋮	⋮	⋮	⋮

段式虚拟存储器的虚实地址变换与页式虚拟存储器相似，如图4-18所示。CPU根据虚地址访存时，首先将段号与段表本身的起始合成，形成访问段表对应行的地址，根据段表内装入位判断该段是否已调入主存。若已调入主存，从段表读出该段在主存中的起始地址，与段内地址(偏移量)相加，得到对应的主存实地址。

段式虚拟存储器的调进、调出替换算法，与页式虚拟存储器相似。

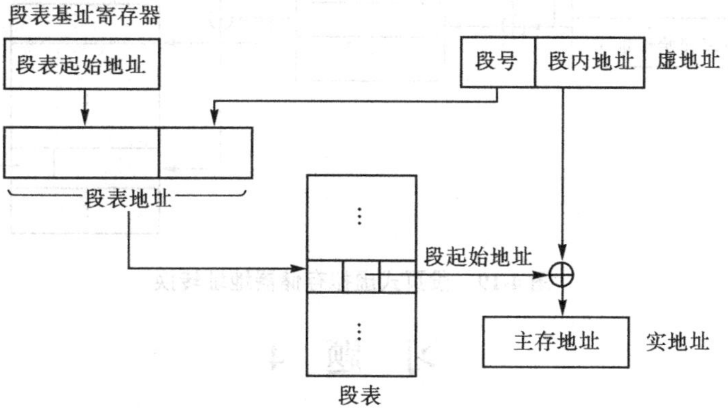

图4-18 段式虚拟存储器地址转换

4.6.3 段页式虚拟存储器

如前所述，页式虚拟存储器采取面向存储器本身物理结构分页的策略，有利于存储空间的利用与调度。存储空间的零头小于一个页面，但是页的大小固定，这种划分不能反映程序的逻辑结构，这给程序的执行、保护与共享带来不便。

段式虚拟存储器采取面向程序的逻辑结构分段，段的大小、位置可变，以段为单位进行调度、传送、定位，这有利于对程序的编译处理、执行共享与保护。但段的大小可变，则不利于存储空间的管理与调度，比页式虚拟存储器复杂，存储空间的零头可能较大，存储空间利用率低。

为了综合段式和页式虚拟存储器的优点，许多计算机采用段页式虚拟存储器。段页式虚拟存储管理方式采用了用分段来组织其逻辑地址空间，用分页来管理物理存储空间结构的综合的存储管理策略。这种虚拟存储器方式是把主存空间按页划分，程序按其逻辑结构分段，每段再分为若干大小与实页相同的页。相应地建立段表与页表，分级查表实现虚实地址的转换。以页为单位调进或调出主存，按段共享与保护程序及数据。

如果计算机采取单道程序工作方式，则虚地址包含段号、段内页号、页内地址三部分。如果采用多道程序工作方式，则虚地址包含基号、段号、段内页号、页内地址四部分。如图 4-19 所示，每道程序有自己的段表，这些段表的起始地址存放在段表基址寄存器，相应地，虚地址中每道用户程序有自己的基号(又称用户标志号)，根据它选取相应的段表基址寄存器，从中获得自己的段表起始地址。将段表起始地址与虚地址中的段号合成，得到访问段表对应行的地址。从段表中取出该段的页表起始地址，与段内页号合成，形成访问页表对应行的地址。从页表中取出实页号，与页内地址拼装，形成访问主存单元的实地址。段页式虚拟存储器需要经过两级查表才能完成地址转换，费时较多。

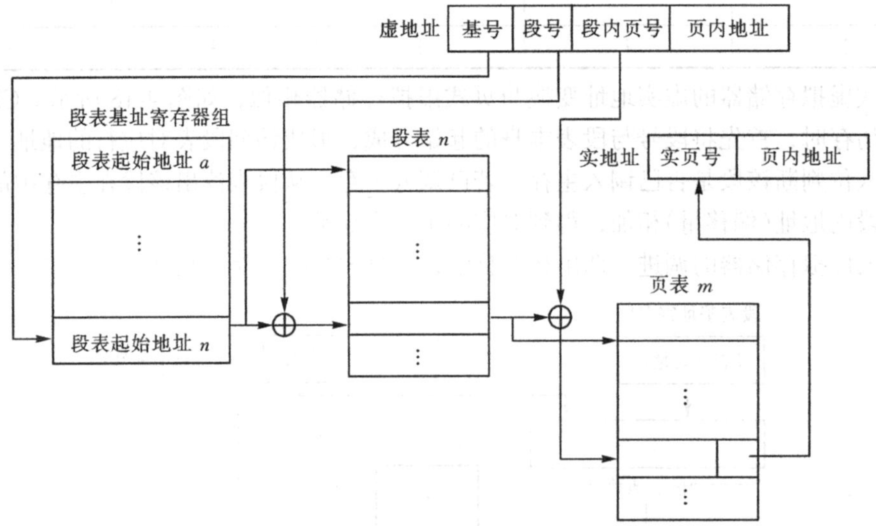

图 4-19　段页式虚拟存储器地址转换

习　题　4

1. 什么是 SRAM，DRAM，ROM，PROM，EPROM、E^2PROM? 分别说明它们的特点和简单工作原理。

2. 如果要访问一个存储容量为 64K×8 的存储器，需要多少条数据线和地址线?

3. 某 SRAM 的单元中存放有一个数据如 88H，CPU 将它读取后，该单元的内容是什么?

4. DRAM 为什么要进行定时刷新? 试简述刷新原理及过程。为了实现刷新，DRAM 芯片对外部电路有什么要求?

5. 什么是 FPM DRAM? 什么是 SDRAM? 什么是 DDR SDRAM?

6. PROM 和 EPROM 在写入信息之前，各单元的数据是什么?

7. 已知 RAM 的容量为(1)16 K×8; (2)32 K×8; (3)64 K×8; (4)2 K×8。

如果 RAM 的起始地址为 5000H，则各 RAM 对应的末地址为多少?

8. 如果一个应用系统中 ROM 为 8KB，最后一个单元地址为 57FFH，RAM 紧接着 ROM 后面编址，RAM 为 16KB，求该系统中存储器的第一个地址和最后一个单元地址。

9. 如果存储器起始地址为 1200H，末地址为 19FFH，求该存储器的容量。

10. 存储器与 CPU 的接口主要由哪些部分组成？

11. 分别说明全译码法、部分译码法和线选法的主要优缺点。

12. 若某微机有 16 条地址线，现用 SRAM 2114(1 K×4 位)存储芯片组成存储系统，问采用线选译码时，系统的存储容量最大为多少？需要多少个 2114 存储器芯片？

13. 用 1024×1 位的 RAM 芯片组成 16 K×8 位的存储器，需要多少个芯片？分为多少组？共需多少根地址线？地址线如何分配？试画出与 CPU 的连接框图。

14. 某 8088 系统用 2764(8 K×8 位)EPROM 芯片和 6264(8 K×8 位)SRAM 芯片构成 16KB 的内存。其中，ROM 的地址范围为 0FE000H～0FFFFFH，RAM 的地址范围为 0F0000～0F1FFFH。试利用 74LS138 译码，画出存储器与 CPU 的连接图，并标出总线信号名称。

15. 什么是 Cache？它能够极大地提高计算机的处理能力是基于什么原理？

16. Cache 与主存之间有几种地址映像方式？分别说出其功能特点。

17. 简述 Cache 的几种替换算法，你认为应该选用哪种算法最好？

18. 什么叫虚拟存储器？为什么要设虚拟存储器？

19. 简述虚拟存储器的三种方式。试说明各自的优缺点。

第 5 章 中断系统

5.1 概 述

在微机系统设计和应用过程中，微型计算机接口技术都占有极其重要的地位。无论是系统内部的信息交换还是与系统外部的信息交换，都是通过接口来实现的。所谓接口是指 CPU 和存储器、外部设备或者两种外部设备之间，或者两种机器之间通过系统总线进行连接的逻辑部件(或称电路)，它是 CPU 与外界进行信息交换的中转站。

5.1.1 输入输出接口概述

图 5-1 为一个微型计算机的输入输出接口结构图。一个简单的微机系统需要 CPU、存储器、基本输入输出接口以及将它们连接在一起的各种信号线和接口电路。

外部设备通过接口电路和系统总线相连，即通过接口电路将外设挂接在微机系统中。接口电路的作用是把计算机输出的信息变成外设能够识别的信息，把外设输入的信息转化成计算机所能接受的信息。从微机的结构看，各种外设、存储器，甚至是多机系统中的微处理器都需通过相应的电路连接到总线上。因此，广义上说接口是指连接计算机各种功能部件，构成一个完整实用的计算机系统的电路。如总线驱动器、时钟电路、存储器接口、外设接口等。接口电路可以很简单，例如一个 TTL 的三态缓冲器，就可以构成一个一位长的输入/输出接口电路；也可以结构很复杂、功能很强、通过用户编程使接口电路工作在理想状态下的大规模集成芯片，如 Intel 8255A 并行口输入/输出接口 Intel 8259A 中断控制器等。

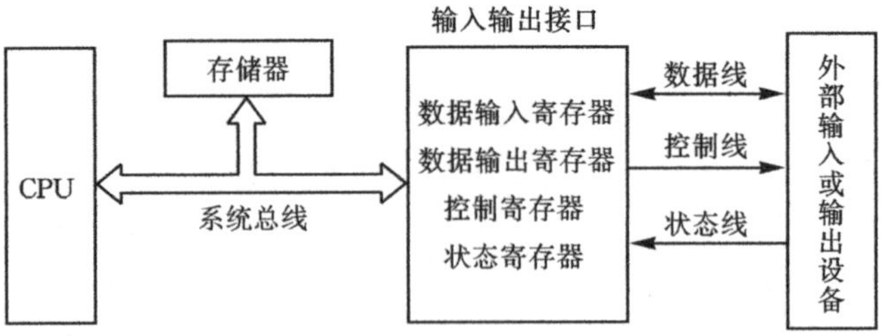

图 5-1 微型计算机的接口结构

近年来，各生产厂家也在不断地开发出各自的外围接口芯片，包括通用的系统控制器，如内存分配器、DMA 控制器等；专用设备控制器，如软盘控制器、CRT 显示控制器等。外围接口电路正在向专用化、复杂化、智能化、组合化的方向发展。

5.1.2 输入输出的控制方式

微机系统中主机与外设之间的数据传输管理方式称为 I/O 同步控制方式，也就是指 CPU 和接口(端口)之间的信息传送方式。常用的 I/O 同步控制方式包括程序控制、中断控制、直接存储器存取(DMA)控制和通道控制等几种方式。

5.1.2.1　程序控制方式

程序控制方式指完全由程序来控制 CPU 与外设之间数据传送的时序关系，又分为同步式(无条件式)程序控制方式和查询式(条件式)程序控制方式。

(1) 同步式程序控制方式。

这是一种最简单的 I/O 控制方式，一般用于外设简单、数据变化缓慢、操作时间固定的系统中(如外设为一组开关或 LED 显示器)。在这样的系统中始终认为外设处于就绪状态，CPU 可以随时根据需要读写 I/O 端口，而无需查询或等待。采用同步式(无条件式)程序控制方式的接口电路结构简单(一般只需要具备数据端口)，但适用面窄。其工作原理如图 5-2 所示。

图 5-2 中的数据输出锁存器和数据输入缓冲器共同构成了数据端口。其中输出锁存的目的是使输出数据在连接外设的输出线上保持足够的时间；而输入缓冲的目的是允许多个外设共用 CPU 的数据总线。从硬件电路上来看：

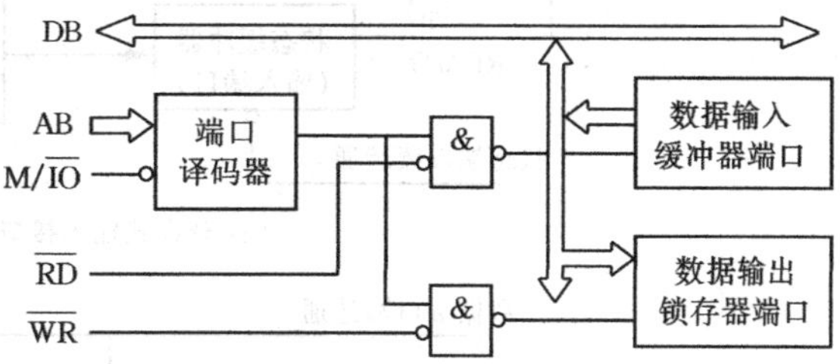

图 5-2　同步式(无条件式)程序控制方式的工作原理

输入：加三态缓冲器(控制端由地址译码信号和$\overline{RD}$信号选中，CPU 用 IN 指令)。

输出：加锁存器(控制端由地址译码信号和$\overline{WR}$信号选中，CPU 用 OUT 指令)。这种方式下的硬、软件设计都比较简单，但应用的局限性较大，因为很难保证外设在每次信息传送时都处于“准备好”状态，一般只能在诸如开关控制、七段是数码管的显示控制等场合。

(2) 查询式程序控制方式。

查询式(条件式)程序控制方式的核心思想是：在执行 I/O 操作之前，CPU 总是要先查询外设的工作状态，以确定是否可以进行数据传输；当传输条件满足时，CPU 对 I/O端口进行读写，否则 CPU 等待直到条件满足。

一般情况下，完成查询(条件)控制的软件流程如下：

① CPU 向接口发命令，要求进行数据传输；

② CPU 从状态端口读取状态字，并根据约定的状态字格式判断外设是否已就绪；

③ 若外设未准备好，重复步骤②，直至就绪；

④ CPU 执行输入/输出指令，读/写数据端口；

⑤ 使状态字复位，为下次数据传输做好准备。

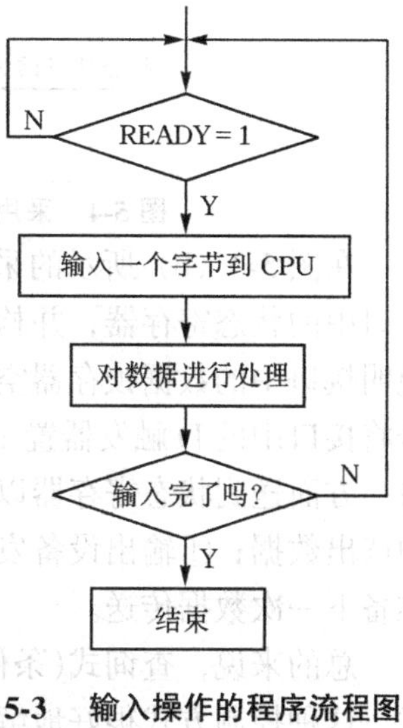

图 5-3　输入操作的程序流程图

可见，采用查询式(条件式)程序控制方式的接口电路除了具有各数据端口之外，还应该具备状态端口，输入操作的程序流程如图 5-3 所示，其电路结构如图 5-4 所示。

在图 5-4 (a) 所示的采用查询输入方式的系统中，数据输入的过程如下：①输入设备发出的选通信号，一方面将准备好的数据送到接口电路的数据锁存器中，另一方面使接口电路中的D触发器置1并将该信号送到状态寄存器中等待CPU查询；②CPU读接口中的状态寄存器，并检查状态信息以确定外设数据是否准备好；③若READY=1，说明外设已将数据送到接口中，CPU读数据端口以获取输入数据，同时数据端口的读信号将接口中的D触发器清零，即令READY=0，准备下一次数据传送。

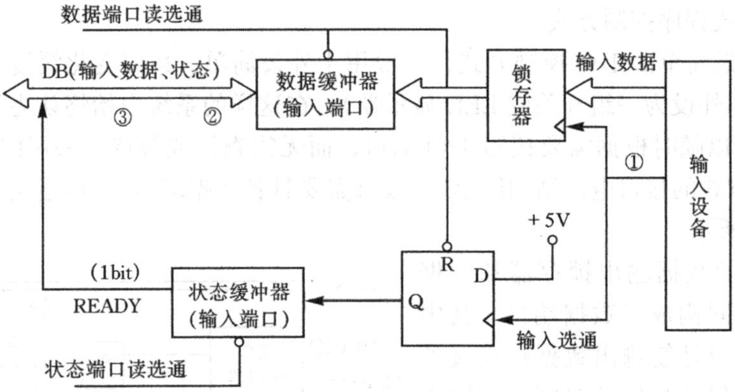

(a) 查询式输入接口电路

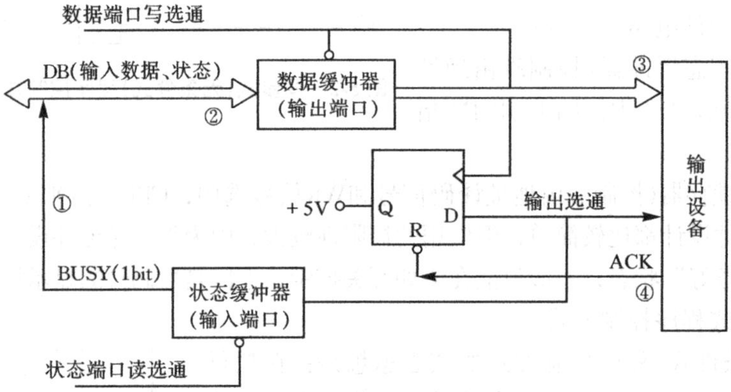

(b) 查询式输出接口电路

图5-4　采用查询式（条件式）程序控制方式的接口电路结构框图

在图5-4（b）所示的采用查询输出方式的系统中，数据输出的过程如下：①CPU读接口中的状态寄存器，并检查状态信息以确定外设是否可以接收数据；②若BUSY=0，说明接口中的数据锁存器空，CPU向数据端口写入需发送的数据，同时数据端口的写信号将接口中的D触发器置1，即令BUSY=1，该信号一方面通知输出设备数据已准备好，另一方面送到状态寄存器以备CPU查询；③输出设备在合适的时候从接口的数据锁存器中读出数据；④输出设备发出响应信号ACK将接口中的D触发器清零，即令BUSY=0，准备下一次数据传送。

总的来说，查询式(条件式)程序控制方式是一种CPU主动、外设被动的I/O操作方式。这种控制方式很好地解决了CPU与外设之间的同步问题，不像同步式(无条件式)程序控制方式那样对端口进行“盲读”“盲写”，数据传送可靠性高，且硬件接口相对简单。对READY的状态查询，是通过读状态端口的相应位来实现的，输出的情况亦大致相同。这种传送控制方式的最大优点是，能够保证输入/输出数据的正确性；但它的缺点是CPU工作效率较低，I/O响应速度慢。

如果系统中有多个外设采用查询式(条件式)程序控制方式进行输入/输出，则CPU必须周期性地依次查询每个外设，CPU的查询顺序由外设的重要性确定，即越重要的外设其查询优先级应越高。一般来讲，在这种情况下都是采用轮流查询的方式来解决，如图5-5所示。这时的优先级是很明显的，即先查询的设备具有较高的优先级。

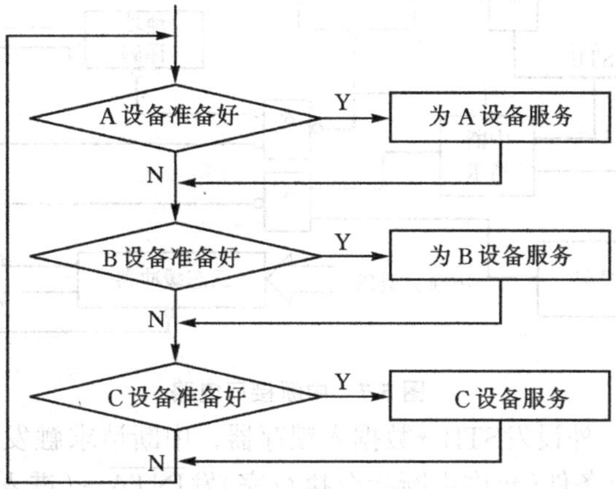

图5-5 查询式(条件式)程序控制方式程序流程图

5.1.2.2 **中断控制方式**

在中断控制方式下，CPU不再反复查询外设的工作状态，如果外设准备好，则主动通过中断请求信号通知CPU进行处理。中断控制方式的特点在于CPU被动而外设主动。中断方式适用于CPU任务繁忙、而数据传送不太频繁的系统中。

采用中断控制方式的接口电路中需要专门的中断管理电路，硬件比较复杂，中断服务程序的设计、调试也相对复杂；但CPU和外设的并行工作可以大大提高系统的工作效率，而且采用中断控制方式的系统具备实时控制能力和对紧急事件的处理能力。

(1) 为什么要采用中断控制方式。

从查询式的传输过程可以看出，它的优点是硬件成本低，使用起来比较简单。但在此方式下，CPU要不断地查询外设的状态，当外设未准备好时，CPU就只能循环等待，不能执行其他程序，这样就浪费了CPU的大量时间，降低了主机的利用率。为了解决这个矛盾，提出了中断控制(传送)方式：即当CPU进行主程序操作时，外设的数据已存入输入端口的数据寄存器；或端口的数据输出寄存器已空，由外设通过接口电路向CPU发出中断请求信号，CPU在满足一定的条件下，暂停执行当前正在执行的主程序，转入执行相应能够进行输入/输出操作的子程序，待输入/输出操作执行完毕之后CPU即返回继续执行原来被中断的主程序。这样CPU就避免了把大量时间耗费在等待、查询状态信号的操作上，使其工作效率得以大大地提高。

微机系统引入中断机制后，使CPU与外设(甚至多个外设)处于并行工作状态，便于实现信息的实时处理和系统的故障处理。中断方式的原理示意图如图5-6所示。

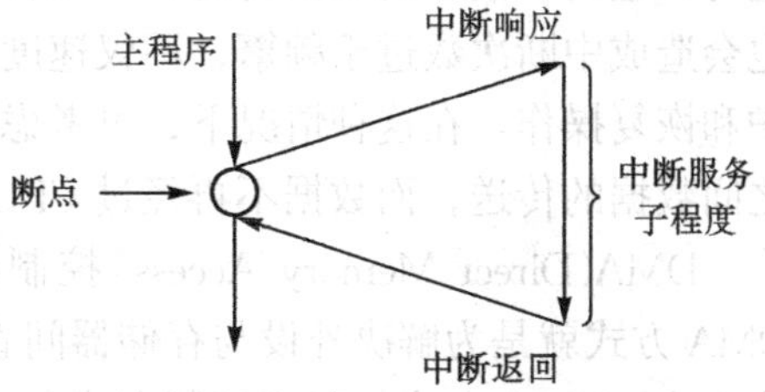

图5-6 中断方式的原理示意图

(2) 中断方式下的接口电路。

中断方式提高了CPU的工作效率，但是它同时也提高了系统的硬件开销。因为系统需增加含有中断功能接口电路，用来产生中断请求信号。以输入方式为例中断，接口电路如图5-7所示。

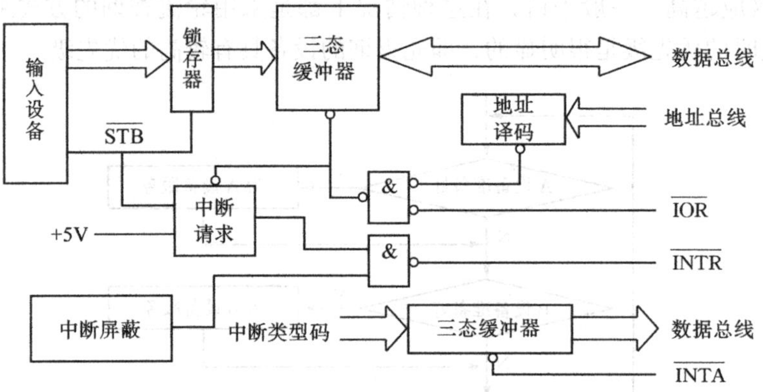

图 5-7　中断接口电路

数据输入的过程：外设发$\overline{STB}$→数据入锁存器，中断请求触发器置1→若没有屏蔽则产生$\overline{INTR}$→CPU满足条件(允许中断指令执行完)发$\overline{INTA}$→(进入中断服务子程序)读数据，发$\overline{RD}$和地址→清中断请求触发器，数据送D_0～D_7。

（3）中断优先级。

实际的中断系统常常有多个中断源，而中断申请引脚往往只有一条中断请求线。于是在多个中断源同时请求时，CPU必须确定为哪一个中断源服务，要能辨别优先权最高的中断源并响应之。当CPU在处理中断时，也要能响应更高级别的中断申请，而屏蔽掉同级或较低级的中断申请，这就是中断优先权问题。一般可采用以下3种方法：软件查询法、简单硬件方法及专用硬件方法。

（4）中断响应。

中断源向CPU发出中断请求，若优先级别最高，CPU在满足一定的条件下，可以中断当前程序的运行，保护好被中断的主程序的断点及现场信息。然后，根据中断源提供的信息，找到中断服务子程序的入口地址，转去执行新的程序段，这就是中断响应。

注意：CPU响应中断是有条件的，如内部允许中断、中断未被屏蔽、当前指令执行完等。

5.1.2.3　直接存储器存取方式

（1）DMA概述。

无论是程序控制方式还是中断控制方式，数据的传输都必须经过CPU的控制，因而必然受到软件执行速度的影响。在某些情况下，可能需要在存储器和高速I/O设备之间进行大量的、频繁的数据传送，采用程序控制方式显然不合适，但若采用中断控制方式，也会造成中断次数过于频繁，不仅速度上不去，还会消耗CPU的大量时间用于信息的保护和恢复操作。在这种情况下，可考虑采用专门的硬件控制电路来完成存储器与高速I/O之间数据的传送，而数据不再经过CPU。

DMA(Direct Memory Access)控制器就是符合上述要求的一种接口芯片。实际上，DMA方式就是为解决外设与存储器间直接的数据交换而引入的，所以称为直接存储器存取方式。DMA方式与程序控制方式和中断控制方式之间的不同之处在于：系统在专门的硬件控制器(DMA控制器)的管理下可直接实现外设与存储器之间(或外设与外设之间、存储器与存储器之间)大量数据的交换，且数据交换过程不受CPU的控制。

DMA方式使计算机的硬件结构发生了变化：信息传送从以CPU为中心变成了以内存为中心。这种方式实际上简化了CPU对输入/输出的控制，把输入/输出过程中外设与存储器交换信息的那部分操作的控制交给了DMA控制器(DMAC)。这种控制方式适用于高速、大批数据的传送；但DMA控制器的加入也使接口电路结构变得复杂，硬件成本增大。

(2) DMA传送的基本特点。

DMA传送的基本特点是不经过CPU，不破坏CPU内各寄存器的内容，直接实现存储器与I/O设备之间的数据传送。在IBM PC机中，DMA方式传送一个字节的时间通常是一个总线周期，即5个时钟周期时间。CPU内部的指令操作只是暂停这个总线周期，然后继续操作，指令的操作次序不会被破坏。所以，DMA传送方式特别适合用于外部设备与存储器之间高速成批的数据传送。

为了提高数据传送的速率，提出了直接存储器存取(DMA)的数据传送控制方式，即在一定时间段内，由DMA控制器取代CPU，获得总线控制权，来实现内存与外设或者内存的不同区域之间大量数据的快速传送。典型的DMAC工作电路如图5-8所示。

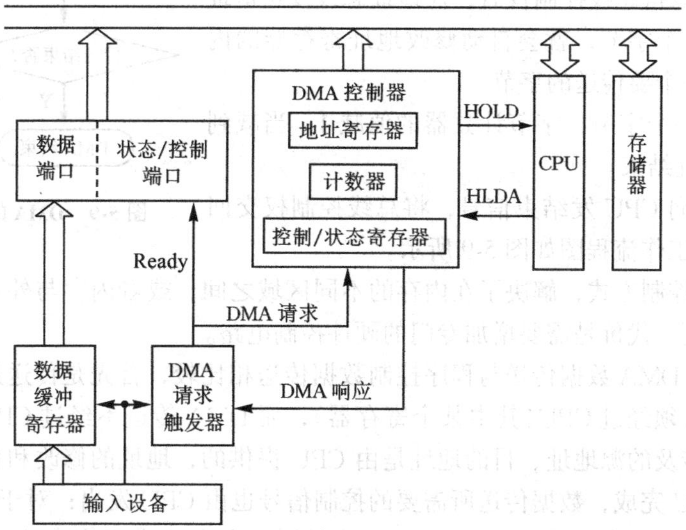

图5-8 DMAC工作电路

DMA数据传送的工作过程大致如下。

① 外设向DMAC发出DMA传送请求。

② DMAC通过连接到CPU的HOLD信号向CPU提出DMA请求。

③ CPU在完成当前总线操作后会立即对DMA请求做出响应。CPU的响应包括两个方面：一方面，CPU将控制总线、数据总线和地址总线浮空，即放弃对这些总线的控制权；另一方面，CPU将有效的HLDA信号加到DMAC上，用此来通知DMAC，CPU已经放弃了总线的控制权。

④ 待CPU将总线浮空，即放弃了总线控制权后，由DMAC接管系统总线的控制权，并向外设送出DMA的应答信号。

⑤ 由DMAC送出地址信号和控制信号，实现外设与内存或内存不同区域之间大量数

据的快速传送。

⑥ DMAC将规定的数据字节传送完之后，通过向CPU发HOLD信号，撤销对CPU的DMA请求。CPU收到此信号，一方面使HLDA无效，另一方面又重新开始控制总线，实现正常取指令、分析指令、执行指令的操作。

需要注意的是，在内存与外设之间进行DMA传送期间，DMAC控制器只是输出地址及控制信号，而数据传送是直接在内存和外设端口之间进行的，并不经过DMAC；对于内存不同区域之间的DMA传送，则应先用一个DMA存储器读周期将数据从内存的源区域读出，存入到DMAC的内部数据暂存器中，再利用一个DMA存储器写周期将该数据写到内存的目的区域中去。

(3) DMA方式传送的主要步骤。

① 外设准备就绪时，向DMAC发DMA请求，DMA控制器接到此信号后，向CPU发DMA请求。

② CPU接到HOLD请求后，如果条件允许(一个总线操作结束)，则发出HLDA信号作为响应，同时，放弃对总线的控制。

③ DMAC取得总线控制权后，往地址总线发送地址信号，每传送一个字节，就会自动修改地址寄存器的内容，以指向下一个要传送的字节。

④ 每传送一个字节，字节计数器的值减1，当减到0时，DMA过程结束。

⑤ DMAC向CPU发结束信号，将总线控制权交回CPU，DMA的工作流程图如图5-9所示。

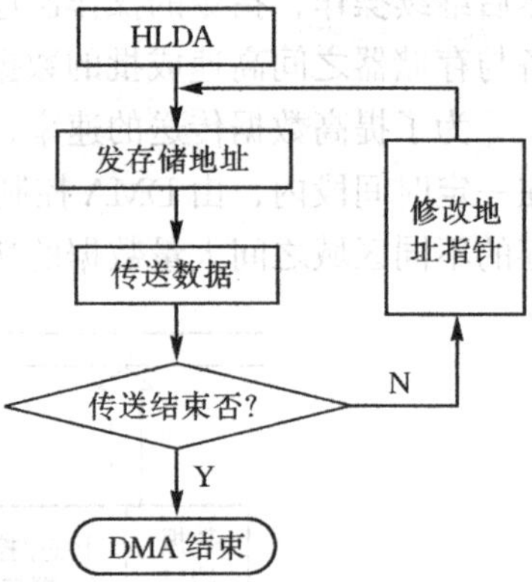

图5-9　DMA的工作流程图

DMA传送控制方式，解决了在内存的不同区域之间，或者内存与外设之间大量数据的快速传送问题，代价是需要增加专门的硬件控制电路。

归纳起来，DMA数据传送与程序控制数据传送相比较，首先是传送途径不同：程序控制数据传送必须经过CPU(其中某个寄存器)，而DMA传送不经过CPU。其次，程序控制数据传送涉及的源地址、目的地址是由CPU提供的，地址的修改和传送数据块长度的控制也由CPU完成，数据传送所需要的控制信号也由CPU发出；对于DMA传送，则都由DMA控制器提供、发出和完成。这就是说，本来该由程序完成的数据传送，在DMA传送时由硬件取代了。因而不仅减轻了CPU的负担，而且可以使数据传输速度大大提高。但是，DMA传送必须由程序或中断方式提供协助，DMA传送的初始化或结束处理是由程序或中断服务完成的。

5.2　8086/8088的中断操作

中断是指CPU在正常执行程序时，由于内部或外部事件或程序的预先安排引起CPU暂时终止执行现行程序，转而去执行请求CPU为其服务的服务程序，待该服务程序执行完毕，又能自动返回到被中断的程序继续执行。这种中断就是人们通常所说的外部中断。但是随着计算机体系结构不断地更新换代和应用技术的日益提高，中断技术发展的速度非常迅速，中断的概念也随之延伸，中断的应用范围也随之扩大。除了传统的外围部件引起的硬件中断外，又出现了内部的软件中断概念，外部中断和内部软件中断就构成了一个完整的中断系统。

中断是现代微型计算机系统中广泛采用的一种资源共享技术，具有随机性。中断技术被引入到计算机系统中，从而大大改变了 CPU 处理偶发事件的能力，使具有高效率、高性能、高适应性的并行处理功能的计算机系统变成了现实。中断的引入还能使多个外设之间也能并行工作。CPU 在不同时刻根据需要可启动多个外设，被启动的外设分别同时独立工作，一旦自己的工作完成即可向 CPU 发出中断请求信号。CPU 按优先级高低次序来响应这些请求进行服务。所以，中断成为主机内部管理的重要技术手段，使计算机执行多道程序，带多个终端，为多个用户服务，大大加强了计算机整个系统的功能。

采用中断技术，能实现以下功能。

(1) 分时操作。计算机配上中断系统后，CPU 就可以分时执行多个用户的程序和多道作业，使每个用户认为它正在独占系统占此外，CPU 可控制多个外设同时工作，并可及时得到服务处理，使各个外设一直处于有效工作状态，从而大大提高主机的使用效率。

(2) 实时处理。当计算机用于实时控制时，计算机在现场测试和控制、网络通信、人机对话时都会具有强烈的实时性，中断技术能确保对实时信号的处理。实时控制系统要求计算机为它们的服务是随机发生的，且时间性很强，要求做到近乎即时处理，若没有中断系统是很难实现的。

(3) 故障处理。计算机运行过程中，往往会出现一些故障，如电源掉电、存储器出错、运算溢出，还有非法指令、存储器超量装载、信息校验出错等。尽管故障出现的概率较小，但是一旦出现故障将使整个系统瘫痪。有了中断系统后，当出现上述情况时，CPU 就转去执行故障处理程序而不必停机。中断系统能在故障出现时发出中断信号，调用相应的处理程序，将故障的危害降到最低程度，并请求系统管理员排除故障。

5.2.1　中断源

微型计算机中能引起中断的外部设备或内部原因称为中断源。不同计算机的设置有所不同，通常微机系统的中断源有以下几种。

(1) 一般的输入/输出设备，如键盘、打印机等。

(2) 实时时钟。在微机应用系统中，常遇到定时检测与时间控制，这时可采用外部时钟电路进行定时，CPU 可发出命令启动时钟电路开始计时，待定时时间到，时钟电路就会向 CPU 发出中断请求，由 CPU 进行处理。

(3) 故障源占计算机内部设有故障自动检测装置，如电源掉电、运算溢出、存储器出错等意外事件时，都能使 CPU 中断，进行相应处理。

(4) 软件中断。用户编程时使用的中断指令，以及为调试程序而人为设置的断点都可以引起软件中断。

当中断源需要 CPU 服务时，是以中断申请的方式进行的外部中断请求的方式通常有电平触发和边沿触发两种。

5.2.2　8086/8088 的中断类型

8086/8088 CPU 有一个简单而灵活的中断系统，采用矢量型的中断结构，共有 256 个中断矢量号，又称中断类型号。中断可以由外部设被启动，也可以由软件中断指令启动，在某些情况下，也可由 CPU 自身启动。8086 CPU 中断分类如图 5-10 所示。

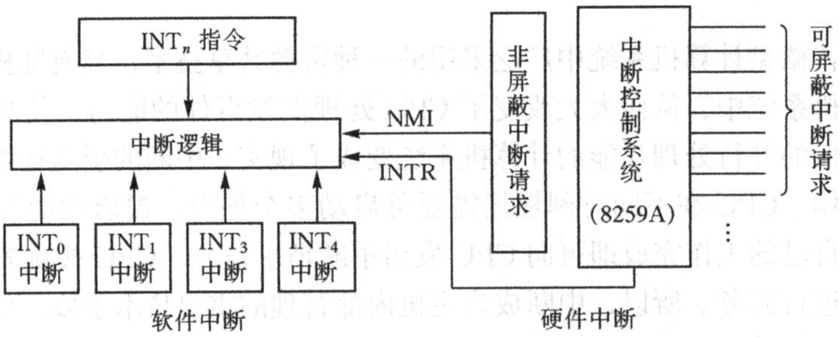

图 5-10　8086 CPU 中断分类

5.2.2.1　硬件中断

硬件中断是由 CPU 的外部中断请求信号触发的一种中断，分为不可屏蔽中断 NMI 和可屏蔽中断 INTR。

(1) 不可屏蔽中断 NMI。不可屏蔽中断是通过 CPU 的 NMI(Non-Maskab1e Interrupt) 引脚进入的，它不受中断允许标志 IF 的屏蔽，即使在关闭中断(IF=0)的情况下，CPU 也能在当前指令执行完毕后就响应 NMI 上的中断请求，并且在整个系统中只能有一个不可屏蔽中断。不可屏蔽中断的类型号为 2。

当 NMI 引脚上出现中断请求时，不管 CPU 当前正在做什么事情，都会响应这个中断请求而进入对应的中断处理，可见 NMI 中断优先级非常高。正因为如此，除了系统有十分紧急的情况以外，应该尽量避免引起这种中断。在实际系统中，不可屏蔽中断一般用来处理系统的重大故障，比如系统掉电处理常常通过此非屏蔽中断处理程序来执行。

当遇到掉电事故，此时电源系统就要通过 CPU 的 NMI 引脚向 CPU 发出不可屏蔽中断请求。CPU 接收到这一请求后，不管当前在做什么，都会停下来，立即转到不可屏蔽中断处理子程序。不可屏蔽中断子程序无非是要在晶体振荡器停振之前紧急处理现场。一般采用以下措施：①把现场的数据立即转移到非易失型的存储器中，等电源恢复后继续执行中断前的程序；②启动备用电源，在尽量短的时间内用备用电源来维持微机系统的工作。

(2) 可屏蔽中断 INTR。可屏蔽中断是通过 CPU 的 INTR(Interrupt)引脚进入的，并且只有当中断允许标志 IF 为 1 时，可屏蔽中断才能进入，如果中断允许标志 IF 为 0，则可屏蔽中断受到禁止。一般外部设备提出的中断都是从 CPU 的 INTR 端引入的可屏蔽中断。当 CPU 接收到一个可屏蔽中断请求信号时，如果标志寄存器中的 IF 为 1，那么 CPU 会在执行完当前指令后响应中断请求。IF 的设置和清除，则可以通过指令或调试工具来实现。

5.2.2.2　软件中断

软件中断也称内部中断，是由 CPU 检测到异常情况或执行软件中断指令所引起的一种中断。通常有除法出错中断、单步中断、INTO 溢出中断、INT_n 中断和断点中断等。

(1) 除法出错中断。当执行除法指令时，若发现除数为 0 或商超过了机器所能表达数的范围，则立即产生一个中断类型号为 0 的内部中断，该中断称为除法出错中断。一般该中断的服务处理都由操作系统安排。

(2) 单步中断。若 TF=1，则 CPU 处于单步工作方式，即每执行完一条指令之后就自动产生一个中断类型码为 1 的内部中断，使得指令的执行成为单步执行方式。

单步执行方式为系统提供了一种方便的调试手段，成为能够逐条指令地观察系统操作的一个窗口。如 Debug 中的跟踪命令，就是将标志 TF 置 1，进而去执行一个单步中断服务程序，以跟踪程序的具体执行过程，找出程序中的问题或错误所在。需要说明的是，在所有类型的中断处理过程中，CPU 会自动地把状态标志压入堆栈，然后清除 TF 和 IF。因此当 CPU 进入单步处理程序时，就不再处于单步工作方式，而是以正常方式工作。只有在单步处理结束后，从堆栈中弹出原来的标志，才使 CPU 返回到单步工作方式。

(3) 溢出中断。若算法操作结果产生溢出(OF＝1)，则执行 INTO 指令后立即产生一个中断类型码为 4 的中断。该中断为程序员提供了一种处理算术运算出现溢出的手段，它通常和算术指令功能配合使用。

(4) 指令中断 INT_n。中断指令 INT_n 的执行会引起内部中断，其中断类型号由指令中的 n 指定。该指令就称为软中断指令，通常指令的代码为两个字节代码，第一个字节为操作码，第二个字节为中断类型码。但是中断类型码为 3 的软中断指令却是单字节指令，因而它能很方便地插入到程序的任何地方，专供在程序中设置断点调试程序时使用，也称为断点中断。插入 INT_3 指令之处便是断点，在断点中断服务程序中，可显示有关的寄存器、存储单元的内容，以便程序员分析到断点为止程序运行是否正确。

还需指出，内部中断的类型号是预定好的或包含在软中断指令中，除单步中断外，其他的内部中断不受状态标志影响，中断后的服务处理须由用户自行安排。

软件中断的主要特点如下。

① 中断矢量号由 CPU 自动提供，不需要执行中断响应总线周期去读取中断矢量号。

② 除单步中断外，所有内部中断都无法禁止，即都不能通过执行 CLI 指令使 IF 位清零来禁止对它们的响应。

③ 除单步中断外，任何内部中断的优先权都比外部中断高。8086 CPU 的中断优先权顺序为内部中断(除法出错中断、INT_n 指令中断、INTO 溢出中断、断点中断)、NMI 中断 INTR 中断和单步中断。

5.2.3　中断优先权

实际的中断系统常常有多个中断源，而中断申请引脚往往只有一条中断请求线。于是在多个中断源同时请求时，CPU 必须确定为哪一个中断源服务，要能辨别优先权最高的中断源并响应之。当 CPU 在处理中断时，也要能响应更高级别的中断申请，而屏蔽掉同级或较低级的中断申请，这就是中断优先权问题。通常有三种方法解决中断优先权的识别问题。

5.2.3.1　软件查询方法

采用软件查询中断方式时，中断优先权由查询顺序决定，先查询的中断源具有最高的优先权。软件查询方法的接口电路如图 5-11 所示。

使用这种方法也需要配以一定的硬件，需要设置一个中断请求信号的锁存接口，将各申请的请求信号锁存下来以便查询。该方法首先要把外设的中断请求触发器组合成一个端口，供 CPU 查询，同时把这些中断请求信号相“或”后，作为 INTR 信号，这样任一外设请求都可向 CPU 发送 INTR 信号。CPU 响应中断后，读入中断寄存器的内容并逐位检测它们的状态，若有中断请求(相应位)就转到相应的服务程序入口，检测的顺序就是优先

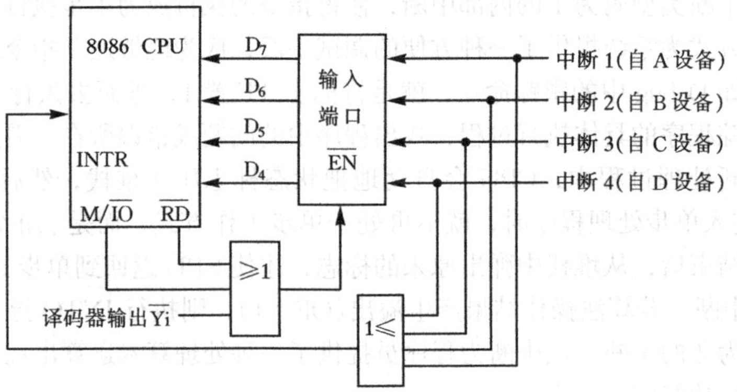

图 5-11　软件查询方法的接口电路

级的顺序。软件查询表流程图如图5-12所示。

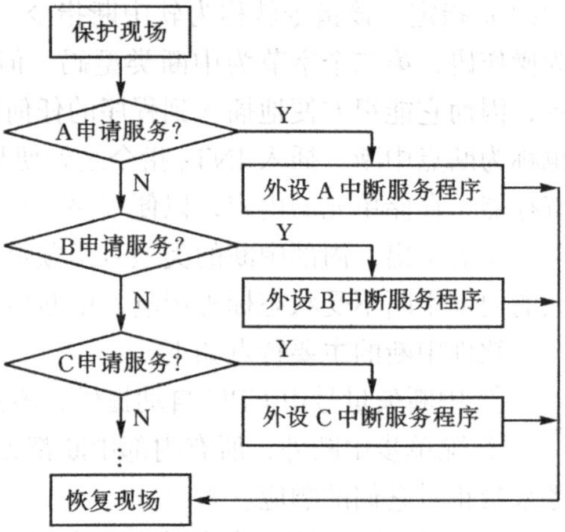

图 5-12　软件查询法流程图

优点：电路简单。软件查询的顺序就是中断优先权的顺序，不需要专门的优先权排队电路，可以直接修改软件查询顺序来修改中断优先权，不必更改硬件。

缺点：当中断源个数较多时，由逐位检测查询到转入相应的中断服务程序所耗费的时间较长，中断响应速度慢，服务效率低。

5.2.3.2　简单硬件方法

以链式优先权排队电路为例。它是利用外设连接在排队电路的物理位置来决定其中断优图 5-13 链式优先权排队电路先权的，排在最前面的优先权最高，排在最后面的优先权最低，电路如图 5-13 所示。

当多个外设有中断请求时，则由中断请求信号或电路产生的 INTR 信号，送至 CPU。CPU 在当前指令执行完后响应中断，发出中断响应信号$\overline{INTA}$。当中断请求得到响应时，中断响应信号$\overline{INTA}$就传送到优先权最高的设备 1，并按串行方式往下传送。当设备 1 有中断请求时，则它的中断触发器 Q_1 输出为高，于是与门 A_1 输出为高，设备 1 的数据允许线 EN 变为有效，从而允许设备 1 使用数据总线，将其中断类型码经数据总线送入 CPU，由它控制中断矢量 1 的发出。CPU 收到中断矢量 1 后转至设备 1 的中断服务程序入口。同时 A_2 经反相为低电平，则中断响应信号在门 A_2 处被封锁，使 B_1，B_2，C_1，C_2……所有下面各级输出全为低电平，中断响应信号$\overline{INTA}$不再下传，使后级设备得不到 CPU 的中断响应信号，$\overline{INTA}$即屏蔽了所有的低级中断。

若设备 1 没有中断请求，则中断响应输出 Q_1 为低电平，即 $Q_1=0$，此时 A_2 输出为高电平，中断响应信号可以通过 A_2 传给下一设备 2；若此时 $Q_2=1$，则 B_1 输出为高。控制转向中断服务程序 2，B_2 输出为低，屏蔽以下各级；若 $Q_2=0$，则中断响应信号传至中断设备 3，其余各级类推。

综上所述，在链式优先权排队电路中，若上一级的中断响应传递出信号为“0”，则屏蔽了本级和所有的低级中断；若上一级的中断响应传递输出信号为“1”，在本级有中断请

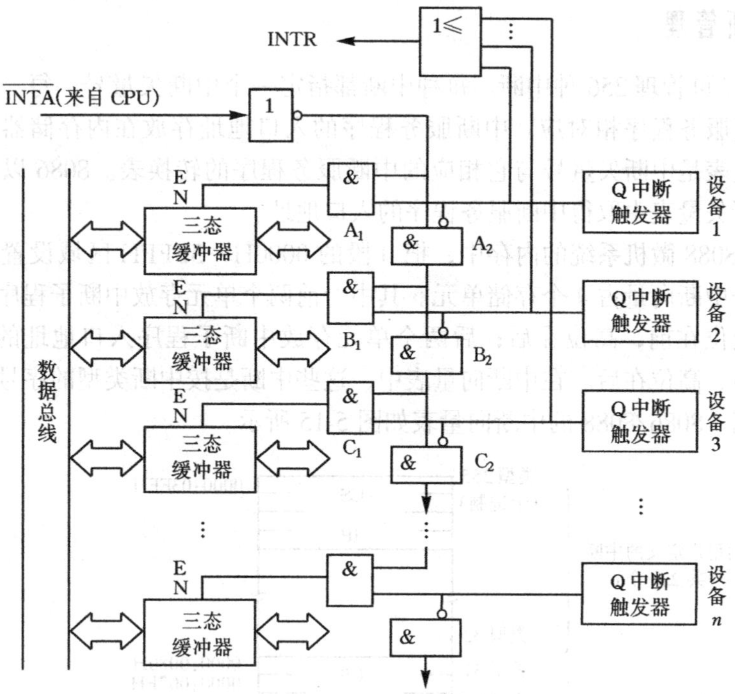

图 5-13　链式优先权排队电路

求时，转去执行本级的中断服务程序，且使本级传递至下级的中断响应输出为“0”，则屏蔽所有低级中断；若本级没有中断请求，则允许下一级中断。故在链式电路中，排在最前面的中断源优先权最高。

5.2.3.3　专用硬件方式

采用可编程的中断控制器芯片，如 Intel 8259A。

有了中断控制器以后，CPU 的 INTR 和引脚不再与接口直接相连 而是与中断控制器相连，外设的中断请求信号通过 $IR_0 \sim IR_7$ 进入中断控制器，经优先级管理逻辑确认为级别最高的那个请求的类型号会经过中断类型寄存器在当前中断服务寄存器的某位上置 1，并向 CPU 发出 INTR 请求，CPU 发出 INTA 信号后，中断控制器将中断类型码送出。在整个过程中，优先级较低的中断请求都受到阻塞，直到较高级的中断服务完毕之后，当前服务寄存器的对应位清 0，较低级的中断请求才有可能被响应。中断控制器的系统连接如图 5-14 所示。

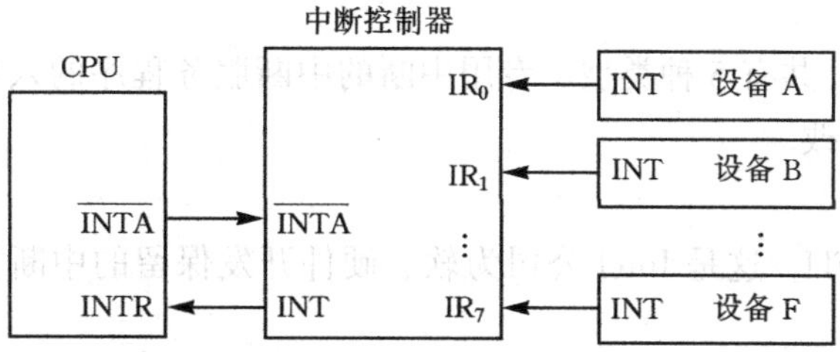

图 5-14　中断控制器的系统连接

中断控制器可以通过编程来设置或改变其工作方式，使用起来方便灵活。

5.2.4　中断管理

8086 CPU 可管理 256 种中断。每种中断都指定一个中断矢量号，每一种中断矢量号都与一个中断服务程序相对应。中断服务程序的入口地址存放在内存储器的中断矢量表内。中断矢量表是中断矢量号与它相应的中断服务程序的转换表。8086 以中断矢量为索引号，从中断矢量表中取得中断服务程序的入口地址。

在 8086/8088 微机系统的内存中，把 0 段的 0000H～3FFFH 区域设置为一个中断向量表。每一个中断向量占 4 个存储单元。其中，前两个单元存放中断子程序入口地址的偏移量(IP)，低位在前，高位在后；后两个单元存放中断子程序入口地址的段地址(CS)，也是低位在前，高位在后。在中断向量表中，这些中断是按中断类型的序号，从 0 单元开始，顺序排列。8086/8088 的中断向量表如图 5-15 所示。

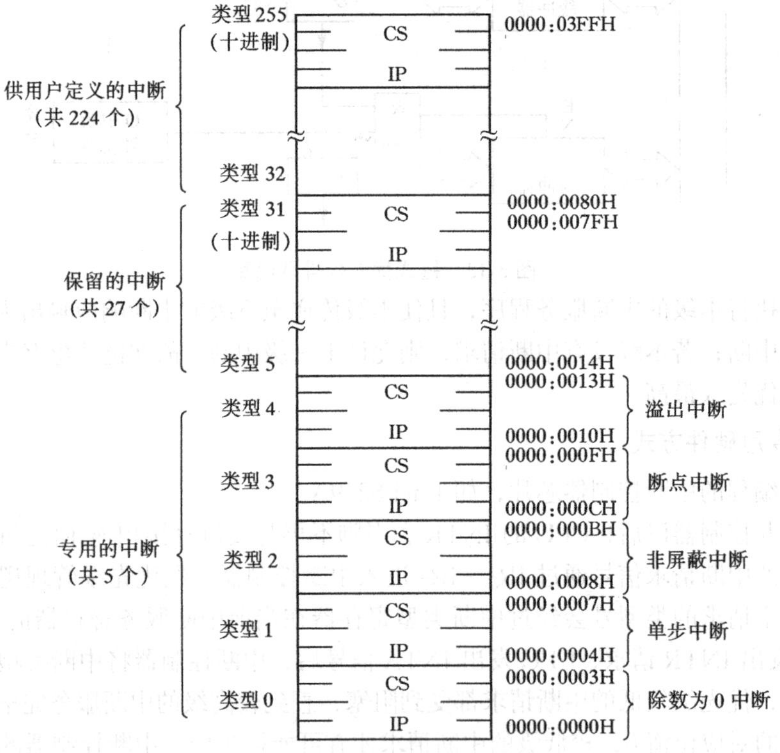

图 5-15　8086/8088 的中断向量表

(1) 专用中断。

类型 0～类型 4，共有 5 种类型。专用中断的中断服务程序的入口地址由系统负责装入，用户不能随意修改。

(2) 备用中断。

类型 5～类型 1FH，这是 Intel 公司为软、硬件开发保留的中断类型，一般不允许用户改作其他用途。

(3) 用户中断。

类型 20H～类型 FFH，为用户可用中断，其中断服务程序的入口地址由用户程序负责装入。

在一个具体的系统中，通常并不需要高达 256 种之多的中断，所以系统中也不必将 0 段 0000～3FFFH 都留出来存放中断向量，这种情况下，系统只需分配对应的存储空间给已经定义的中断类型。

5.2.5 中断处理过程

微机系统的中断处理过程如图 5-16 所示，大致可分为中断请求、中断响应、中断处理和中断返回 4 个过程，这些步骤有的是通过硬件电路完成的，有的是由程序员编写程序来实现的。

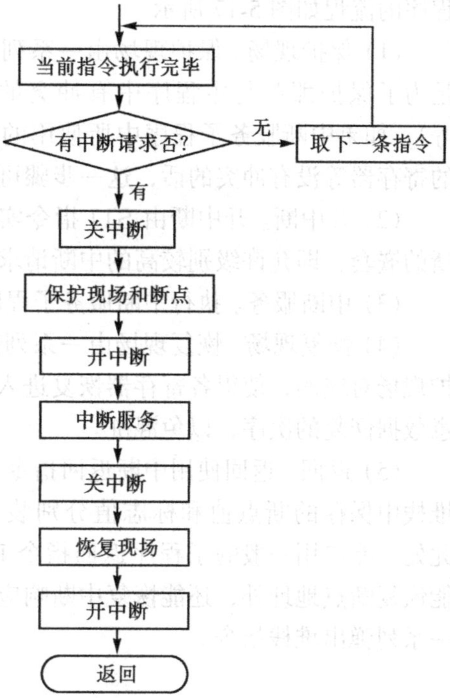

图 5-16 中断处理过程

5.2.5.1 中断请求

CPU 在每条指令执行结束后去查询有无中断请求信号。若查询到有中断请求，并且在允许响应中断的情况下，系统自动进入中断响应周期，由硬件完成关中断、保存断点、取中断服务程序的入口地址等一系列操作，而后转向中断服务程序执行中断处理。

5.2.5.2 中断响应

CPU 接收到外设的中断请求信号时，若为非屏蔽中断请求，则 CPU 执行完现行指令后，立即响应中断；若为可屏蔽中断请求，能否响应中断，还取决于 CPU 的中断允许触发器的状态。只有当其为“1”(即允许中断)时，CPU 才能响应可屏蔽中断；若其为“0”(即禁止中断时)，即使有可屏蔽中断请求，CPU 也不响应。CPU 要响应可屏蔽中断请求，必须满足以下 3 个条件：①无总线请求；②CPU 允许中断；③CPU 执行完现行指令。

5.2.5.3 中断处理

中断处理就是执行中断服务程序中规定的操作，主要包括以下操作。

(1) 保护现场。为了不破坏主程序中使用的寄存器的内容，必须用入栈指令 PUSH 将有关寄存器的内容入栈保护。

(2) 开中断。为了实现中断嵌套，需要安排一条开中断指令，使系统处于开中断状态。

(3) 中断服务。CPU 通过执行中断服务程序，完成对中断情况的处理。

5.2.5.4 中断返回

中断返回是由中断服务程序中的中断返回指令 IRET 来完成的。中断返回时，要进行以下操作。

(1) 关中断。使现场的恢复工作不被打扰。

(2) 恢复现场。在返回主程序之前要将用户保护的寄存器内容从堆栈中弹出，以便能正确执行主程序。恢复现场用 POP 指令，弹出时的顺序与入栈的顺序正好相反。

(3) 开中断使 CPU 能继续接收中断请求。

5.2.6 中断服务子程序的结构模式

CPU 响应中断以后，就会中止当前的程序，转去执行中断服务子程序。中断服务子程序的流程如图 5-17 所示。

(1) 保护现场。保护现场由一系列的 PUSH 指令完成，目的是为了保护那些与主程序中有冲突的寄存器(如 AX，BX，CX 等)，如果中断服务子程序中所使用的寄存器与主程序中所使用的寄存器等没有冲突的话，这一步骤可以省略。

(2) 开中断。开中断由 STI 指令实现，目的是为了能实现中断的嵌套，即允许级别较高的中断请求进入。

(3) 中断服务。执行中断服务子程序。

(4) 恢复现场。恢复现场由一系列的 POP 指令完成，是与保护现场对应的，使得各寄存器恢复进入中断处理时的值。但要注意数据恢复的次序，以免混乱。

(5) 返回。返回使用中断返回指令 IRET，该指令的执行会使堆栈中保存的断点值和标志值分别装入 IP、CS 和标志寄存器。此处不能使用一般的子程序返回指令 RET，因为 RET 指令除了能恢复断点地址外，还能恢复中断响应时的标志寄存器的值。中断处理子程序的尾部则是一系列弹出堆栈指令。

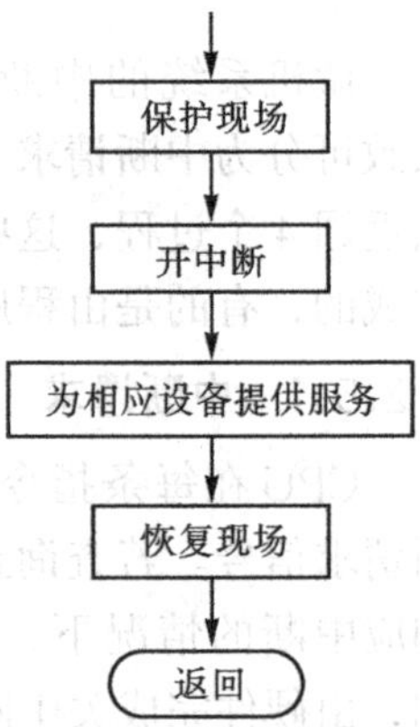

图 5-17 中断服务子程序的流程

5.3 可编程中断控制器 8259A

为了使多个外部中断源共享中断资源，必须解决几个问题。例如，若微处理器只有一根中断请求输入线，就无法同时处理多个中断源发出的中断请求信号；另外，如何区分中断矢量，各中断源的优先级别如何判定等问题，也需要解决。这就需要有一个专门的控制电路在微处理器的控制下去管理那些中断源并处理它们发出的中断请求信号。这种专门管理中断源的控制电路就是中断控制器。可编程中断控制器 8259A 就是为这个目的设计的中断优先级管理电路。它具有如下功能。

(1) 它可以接收多个外部中断源的中断请求，并进行优先级别判断，选中当前优先级别最高的中断请求，再将此请求送到微处理器的中断输入端。

(2) 具有提供中断向量、屏蔽中断输入等功能。

(3) 可用于管理 8 级优先权中断，也可将多片 8259A 通过级联方式构成最多可达 512 级优先权的中断管理系统。8259A 管理的 8 级中断对应的服务程序入口地址构成的中断向量表存放在内存固定区域。

(4) 具有多种工作方式，自动提供中断服务程序入口地址，使用灵活方便。

5.3.1 8259A 芯片内部结构

8259A 可编程中断控制器为 28 条引脚，双列直插式封装。8259A 芯片引脚信号如图 5-18 所示。8259A 芯片内部结构如图 5-19 所示。

(1) 数据总线缓冲器。

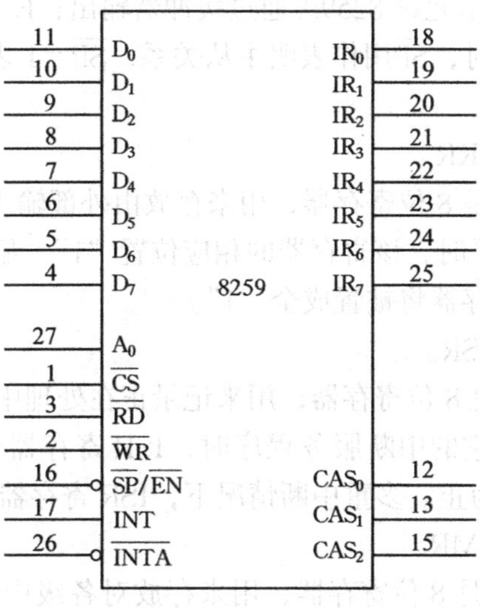

图 5-18　8259A 芯片引脚

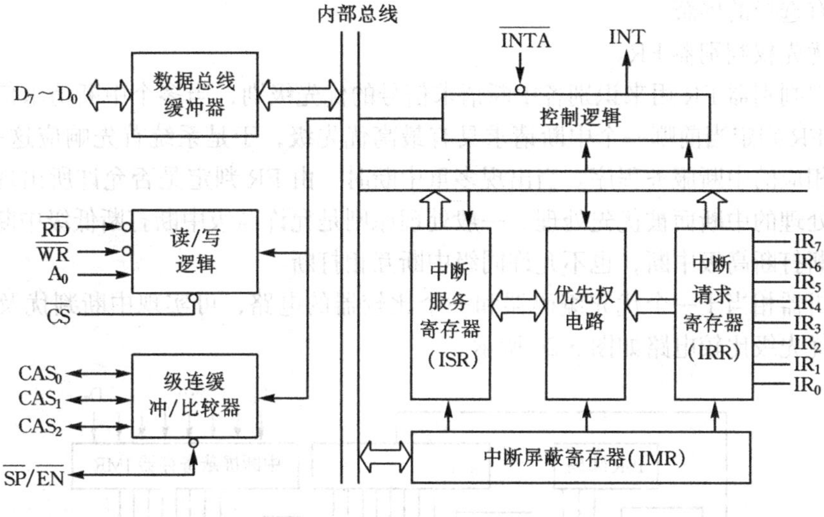

图 5-19　8259A 内部结构

这是一个双向 8 位三态缓冲器，由它构成 8259A 与 CPU 之间的数据接口，是 8259A 与 CPU 交换数据的必经之路。

（2）读/写控制电路。

用来接收来自 CPU 读/写控制命令和片选控制信息。由于一片 8259A 只占两个 I/O 端口地址。可用末位地址码 A0 来选端口。当 CPU 执行 OUT 指令时，$\overline{WR}$信号与 A_0 配合，将 CPU 通过数据总线($D_7 \sim D_0$)送来的控制字写入 8259A 中有关的控制寄存器。当 CPU 执行 IN 指令时，$\overline{RD}$信号与 A_0 配合，将 8259A 中内部寄存器内容通过数据总线传送给 CPU。

（3）级联缓冲/比较器。

一片 8259A 只能接收从 $IR_7 \sim IR_0$ 输入的 8 级中断，当引入的中断超过 8 级时，可将多片 8259A 级联使用，构成主从关系。对于主 8259A，级联信号 $CAS_2 \sim CAS_0$ 是输出信号；对于从 8259A，$CAS_2 \sim CAS_0$ 是输入信号。$\overline{SP}/\overline{EN}$是一个双功能信号，当 8259A 处于缓冲状态时，$\overline{EN}$有效，表示允许 8259A 通过缓冲器输出；$\overline{EN}$无效，表示 CPU 写 8259A。当 8259A 处于非缓冲状态时，$\overline{SP}$用作表明主从关系，$\overline{SP}=1$ 表示是主 8259A，$\overline{SP}=0$ 表示是从 8259A。

(4) 中断请求寄存器 IRR。

中断请求寄存器 IRR 是 8 位寄存器，用来存放由外部输入的中断请求信号 $IR_7 \sim IR_0$。当某一个 IRi 端呈现高电平时，该寄存器的相应位置"1"，显然最多允许 8 个中断请求信号同时进入，这时 IRR 寄存器将被置成全"1"。

(5) 中断服务寄存器 ISR。

中断服务寄存器 ISR 是 8 位寄存器，用来记录正在处理中的中断请求，当任何一级中断被响应，CPU 正在执行它的中断服务程序时，ISR 寄存器中相应位置"1"，一直保持到该级中断处理过程结束为止。多重中断情况下，ISR 寄存器中可有多位被同时置"1"。

(6) 中断屏蔽寄存器 IMR。

中断屏蔽寄存器 IMR 是 8 位寄存器，用来存放对各级中断请求的屏蔽信息。当该寄存器中某一位置"1"，表示禁止这一级中断请求进入系统，通过 IMR 寄存器可实现对各级中断的有选择的屏蔽。

(7) 优先权判别器 FR。

优先权判别器 FR 用来识别各中断请求信号的优先级别，当多个中断请求信号同时产生时，由 FR 判定当前哪一个中断请求具有最高优先级，于是系统首先响应这一级中断，转去执行相应的中断服务程序。当出现多重中断时，由 FR 判定是否允许所出现的中断去打断正在处理的中断而被优先处理。一般处理原则是允许高级中断打断低级中断，而不允许低级中断打断高级中断，也不允许同级中断互相打断。

该分析器相当于一个优先编码器和一个比较器的电路，可实现中断判优及屏蔽的功能。中断优先级比较电路如图 5-20 所示。

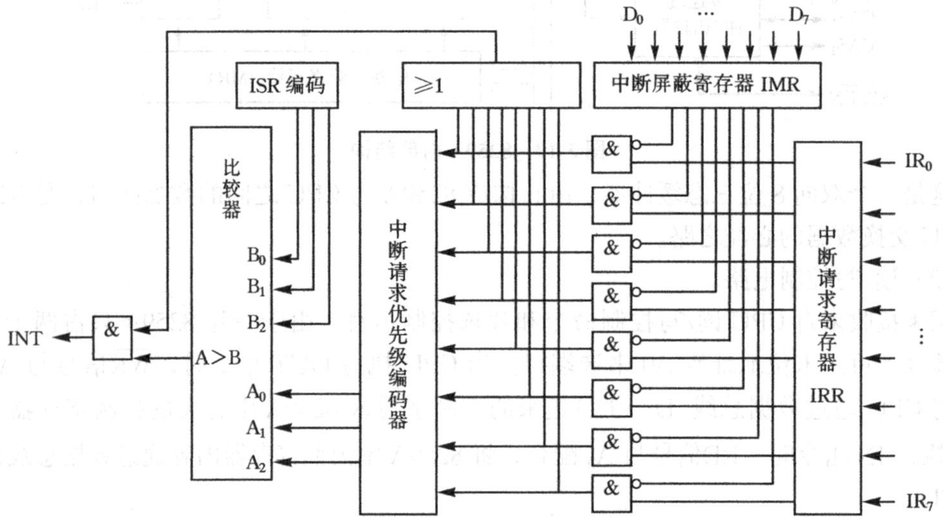

图 5-20　中断优先级比较电路

由图 5-20 可知，中断优先级分析器工作的大致过程如下。

首先，由 8 个"与"门逻辑选出参加中断优先级排队的中断请求级，即由 8 位 IRR 与 8 位 IMR 分别送入"与"门输入端，只有当 IRR 位置"1"（有中断请求）和 IMR 位置

“0”（开放中断请求）同时成立时，相应的“与”门输出才为高电平，并送到优先级编码器的输入端参加编码。

其次，优先级编码器对参加排队的那些中断优先级进行编码，并从中选出当前最高优先级的代码，作为下一步比较器的一组输入($A_2A_1A_0$)。

最后，把来自 ISR 的当前正在服务的优先级编码(B2B1B0)与新来的中断请求的优先级代码($A_2A_1A_0$)一起送入比较器进行比较，当比较器 A>B 端输出有效时，并且只要当前存在可屏蔽的中断请求，“或”门输出有效时，8259A 即向 CPU 提出中断请求 INT。

可见，当一个中断优先级正被服务期间，它会禁止同级或低级中断请求的发生，而向高级的中断请求开放。

(8) 控制电路。

8259A 内部的控制器，根据中断请求寄存器 IRR 的置位情况和优先权判别器 FR 的判定结果，向 8259A 内部其他部件发出控制信号，并向 CPU 发出中断请求信号 INT 和接收来自 CPU 的中断响应信号 $\overline{INTA}$，控制 8259A 进入中断服务状态。实际上 8259A 芯片是在控制电路控制之下构成的一个有机整体。

5.3.2 8259A 的中断管理方式

8259A 具有非常灵活的中断管理方式，可满足使用者的各种不同要求。而中断优先权是管理的核心问题。8259A 对中断的管理可分为对优先权的管理和对中断结束的管理。

5.3.2.1 中断优先权管理

8259A 对中断优先权的管理，可概括为完全嵌套方式、自动循环方式和中断屏蔽方式。

(1) 完全嵌套方式。完全嵌套方式是 8259A 被初始化后自动进入的基本工作方式，在这种方式下，由各个 IRi 端引入的中断请求具有固定的中断级别，IR0 具有最高优先级，IR7 具有最低优先级，其他级顺序类推。采用完全嵌套方式时，ISR 寄存器中某位置“1”，表示 CPU 当前正在处理这一级中断请求，8259A 禁止与它同级或比它级别低的其他中断请求进入，但允许比它级别高的中断请求进入，实现中断嵌套。

(2) 自动循环方式。在完全嵌套方式中，中断请求 IR_7～IR_0 的优先级别是固定不变的，使得从 IR_0 引入的中断总是具有最高的优先级。在某些情况，需要以某种策略改变这种优先级别。自动循环方式是改变中断请求优先级别的策略之一，其基本思想是：每当任何一级中断被处理完，它的优先级别就被改变为最低级，而将最高级赋给原来比它低一级的中断请求。

(3) 中断屏蔽方式。用中断屏蔽方式管理优先权有两种方法。

① 普通屏蔽方式。将中断屏蔽寄存器 IMR 中的某一位或某几位置“1”，即可将相应的中断级的中断请求屏蔽掉。

② 特殊屏蔽方式。当 CPU 正在处理某级中断时，要求仅对本级中断进行屏蔽，而允许其他优先级比它高或低的中断进入系统，可以在中断服务程序执行期间动态地改变系统的优先级。对 8259A 进行初始化时，可利用控制寄存器的 SMM 位的置位来使 8259A 进入这种特殊屏蔽方式。

5.3.2.2 中断结束的管理

当 8259A 响应某一级中断而为其服务时，中断服务寄存器 ISR 的相应位置“1”；当有更高级的中断请求进入时，ISR 的相应位又要置“1”。因此，中断服务寄存器 ISR 中可有多位同时置“1”。在中断服务结束时，ISR 的相应位应清“零”，以便再次接收同级别的中断。中断结束的管理就是用不同的方式使 ISR 的相应位清“零”，并确定随后的优先权排队顺序。8259A 中断结束的管理可分为以下几种情况。

(1) 自动 EOI 方式。任何一级中断被响应后，ISR 寄存器中相应位置“1”，CPU 将进入中断响应总线周期，在第二个中断响应信号$\overline{INTA}$结束时，自动将 ISR 寄存器中相应位清“零”，被称作自动 EOI 方式。采用这种结束方式，当中断服务程序结束时，CPU 不用向 8259A 回送任何信息，这显然是一种最简单的结束方式。

(2) 非自动 EOI 方式。在中断服务程序返回之前，必须发中断结束命令才能使 ISR 寄存器中的当前服务位清除。此时的中断结束命令有两种形式：①不指定中断结束命令，即设置操作命令字 OCW_2 = 00100000b；②指定中断结束命令，即设置操作命令字 OCW_2 = 00100$L_2L_1L_0$b，其中最低三位 $L_2L_1L_0$ 的编码表示被指定要结束的中断请求线 IR 的编号。

5.3.3 8259A 的中断响应过程

8259A 应用于 8086 CPU 系统中，其中断响应过程如下。

(1) 当中断请求线(IR_0～IR_7)上有一条或若干条为高电平时，则使中断请求寄存器 IRR 的相应位置位。

(2) 当 IRR 的某一位被置“1”，就会与 IMR 中相应的屏蔽位进行比较，若该屏蔽位为 1，则封锁该中断请求；若该屏蔽位为 0，则中断请求被发往优先权电路。

(3) 优先权电路接收到中断请求后，分析其优先权，把当前优先权最高的中断请求信号由 INT 引脚输出，送到 CPU 的 INTR 端。

(4)若 CPU 处于开中断状态，则在当前指令执行完后，发出$\overline{INTA}$中断相应信号。

(5)8259A 接收到第一个$\overline{INTA}$信号，把允许中断的最高优先级请求位放入 ISR，并清除 IRR 中相应位。

(6) CPU 发出第二个$\overline{INTA}$，在该脉冲期间，8259A 发出中断类型号。

(7) 若 8259A 处于自动中断结束方式，则第二个$\overline{INTA}$结束时，相应的 ISR 位被清“零”。在其他方式中，ISR 相应位要由中断服务结束时发出的 EOI 命令来复位。

(8) CPU 收到中断类型号，将它乘 4 得到中断矢量表的地址然后转至中断服务程序。

5.3.4 8259A 的编程

可编程中断控制器 8259A 的初始化操作可明确地分成两个部分，首先要通过初始化命令字(ICWi)对 8259A 进行初始化，然后 8259A 将自动进入操作模式。可在 8259A 操作过程中通过操作命令字(OCW_i)来定义 8259A 的操作方式，而且在 8259A 的操作过程中允许重置操作命令字，以动态地改变 8259A 的操作与控制方式。

每片 8259A 包含两个内部端口地址：一个偶地址端口(A_0 = 0)；一个奇地址端口(A_0 = 1)。其他高位地址码由用户定义，用来作为 8259A 的片选信号($\overline{CS}$)。

5.3.4.1 初始化命令字

8259A 的初始化命令字共 4 个(ICW_1～ICW_4)。不是任何情况下都需要设置 4 个初始化命令字，可根据8259A的使用情况来选取。ICW_1和ICW_2是必须的，ICW_3是级联使用时才需要设置的，ICW_4只在8086/8088—8259A配置系统中才需要设置。

(1) 芯片控制初始化命令字ICW_1。8259A为了判断有无外部设备提出中断请求，设有两种检测方法供选择：电平触发和边沿触发。

① 电平触发方式。在IR输入线上检测出一个高电平，并且在第一个$\overline{INTA}$脉冲到来之后维持高，就认为有外设提出中断请求，并使IRR相应位置“1”。电平触发方式提供了重复产生的中断，用于需要连续执行子程序直到中断请求IR变低为止的情况。这种方式允许对中断请求线按“或”关系连接，即若干个中断请求用同一个IR输入。但应注意，若只要求产生一个中断，则应在CPU发出EOI命令之前或CPU再次开放中断之前，必须让已响应的中断请求置为低电平，以防止出现第二次中断。

② 边沿触发方式。当在IR输入端检测到有低到高的上跳变时，其正电平保持到第一个$\overline{INTA}$到来之后，8259A就认为有中断请求。

两种触发方式中，如果在$\overline{INTA}$到来之前IR变“低”，则已置位的IR位又被复位，相应的位也不能建立。

触发方式通过写ICW_1的D_3(LTIM)来选择，芯片数目由D_1决定。ICW_1的格式如下：

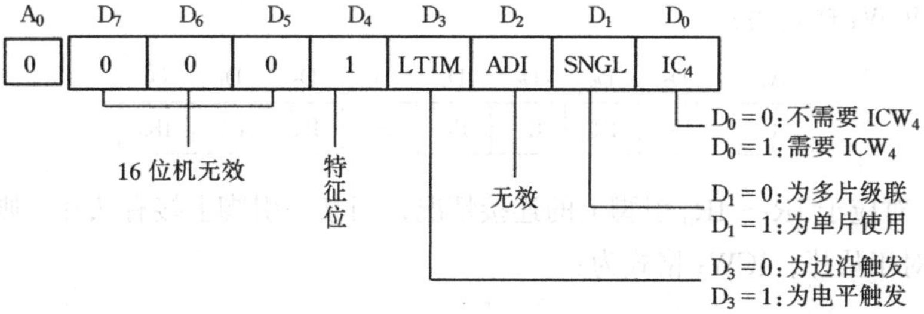

端口地址为偶地址($A_0=0$)，$D_4=1$表示当前写入8259A的是初始化命令字ICW_1。其中，D_0决定是否需要设置ICW_4，对16位以上的微机系统一般都需要使用ICW_4。

$D_0=1$，需要ICW_4，对16位以上的微机，该位都写1；$D_0=0$，不需要ICW_4。

D_1决定单片使用(SNGL)。$D_1=1$，为单片使用；$D_1=0$，为多片级联方式。

D_3决定触发方式(LTIM)。$D_3=1$，为电平触发；$D_3=0$，为边沿触发。

(2) 中断类型码初始化命令字ICW_2。8259A提供给CPU的中断类型号是一个8位代码，是通过初始化命令ICW_2提供的。ICW_2规定中断类型号字节，由它定义中断类型码的高5位。低3位取决于中断请求是由$IR_7 \sim IR_0$中哪一个端输入。可见，同一片8259A上的8个中断源的中断号的高5位都相同。在PC/XT机中$T_7 \sim T_3=00001$，所以对应的中断矢量是08H～0FH。ICW_2的格式如下：

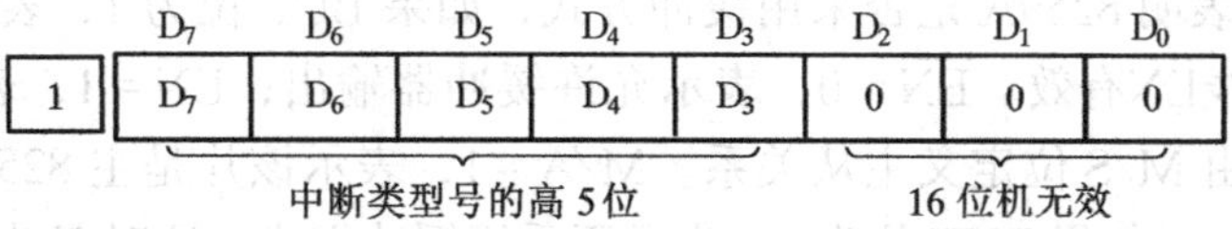

(3) 主/从片初始化命令字ICW_3。在级联方式时，一般由一个作为主芯片的8259A和若干个作为从芯片的8259A组成。图5-21所示为8259主从级联，包括了一个主芯片和两个从芯片，共提供了22个中断等级。

图中$\overline{SP}/\overline{EN}$引脚接高电平的8259A为主片，接地的为从片。从片的INT输出脚连到

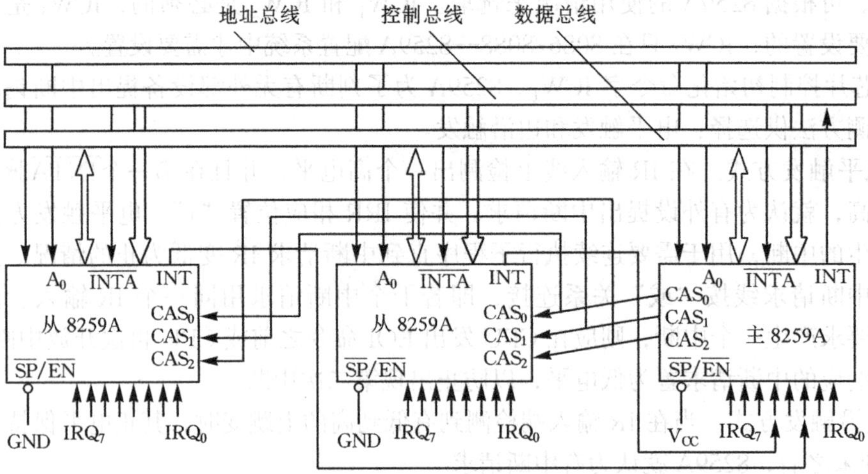

图 5-21　8259 主从级联

主片IR的输入端。主片的 CAS_0～CAS_2 应连到所有从片的 CAS_0～CAS_2 上。主片通过这三根专用总线来向从片送出识别码 ID，以便对每一个从片单独选址。

当 ICW_1 中的 SNGL 位为 0 时工作在级联方式，才需要写 ICW_3，设置 8259A 的状态。对于主片，ICW_3 格式为：

A_0	D_7	D_6	D_5	D_4	D_3	D_2	D_1	D_0
1	IR_7	IR_6	IR_5	IR_4	IR_3	IR_2	IR_1	IR_0

D_7～D_0 对应于 IR_7～IR_0 引脚上的连接情况，当某一引脚上接有从片，则对应位为 1，否则为 0。对于从片，ICW_3 格式为：

A_0	D_7	D_6	D_5	D_4	D_3	D_2	D_1	D_0
1	0	0	0	0	0	ID_2	ID_1	ID_0

ID_2～ID_0 用来表明该从 8259A 是接在主 8259A 的哪个 IR 端上。例如，某从片 8259A 的 $ID_2ID_1ID_0=100$，则表示该从 8259A 是接在主 8259A 的 IR_4 端上。

(4) 方式控制初始化命令字 ICW_4。端口地址为奇地址($A_0=1$)，μPM 位对于 8086/8088 系统配置来说恒置“1”，AEOI 用来定义是否采用自动 EOI 方式，SFNM 用来定义在级联方式下是否采用特殊完全嵌套方式，在单级使用方式下 SFNM 位无效。

A_0	D_7	D_6	D_5	D_4	D_3	D_2	D_1	D_0
1	0	0	0	SFNM	BUF	M/S	AEOI	μPM

BUF 位用来表明 8259A 是否采用缓冲方式，如果 BUF 位为 1，表示采用缓冲方式，这时双功能信号线$\overline{EN}$有效。$\overline{EN}=0$，表示允许缓冲器输出；$\overline{EN}=1$，表示允许缓冲器输入。这种情况下由 M/S 位定义主从关系。M/A=1，表示该片是主 8259A；M/S=0，表示该片是从 8259A。如果 BUF 位为 0，表示不采用缓冲方式，这时双功能信号线$\overline{SP}$有效。SP=0，表示该片是从 8259A；$\overline{SP}=1$，表示是主 8259A，这种情况下 M/S 位无效。综合上述分析，BUF 位、M/S 位和$\overline{SP}/\overline{EN}$信号线定义见表 5-1。

表 5-1　　BUF、M/S 和 $\overline{SP}$/$\overline{EN}$信号线定义

<table>
<tr><th colspan="2">BUF 位</th><th colspan="2">M/S 位</th><th colspan="3">$\overline{SP}$/$\overline{EN}$端</th></tr>
<tr><td rowspan="2">0</td><td rowspan="2">非缓冲方式</td><td colspan="2" rowspan="2">无意义</td><td rowspan="2">$\overline{SP}$有效（输入信号）</td><td>$\overline{SP}=1$</td><td>主 8259A</td></tr>
<tr><td>$\overline{SP}=0$</td><td>从 8259A</td></tr>
<tr><td rowspan="2">1</td><td rowspan="2">缓冲方式</td><td>1</td><td>主 8259A</td><td rowspan="2">$\overline{EN}$有效（输出信号）</td><td>$\overline{EN}=1$</td><td>CPU→8259A</td></tr>
<tr><td>0</td><td>从 8259A</td><td>$\overline{EN}=0$</td><td>8259→CPU</td></tr>
</table>

当 8088 系统中 8259A 单级使用时，其端口地址为 80H 和 81H，可用下面的初始化程序段来写入预置命令字 $ICW_1 \sim ICW_4$：

```
MOV   AL, 13H
OUT   80H, AL
MOV   AL, 18H
OUT   81H, AL
MOV   AL, 01H
OUT   81H, AL
```

5.3.4.2　操作命令字

8259A 经预置初始化命令字后已进入工作状态，可接收来自 IR_i 端的中断请求。在 8259A 工作期间，可通过操作控制字 OCW_i 来使其工作在不同的方式。操作控制字共有 3 个，$OCW_1 \sim OCW_3$，可独立使用。

(1) 中断屏蔽操作命令字 OCW_1 端口地址为奇地址($A_0=1$)，OCW_1 内容被直接置入中断屏蔽寄存器 IMR 中，格式如下：

A_0	D_7	D_6	D_5	D_4	D_3	D_2	D_1	D_0
1	M_7	M_6	M_5	M_4	M_3	M_2	M_1	M_0

M_i 为 1，表示屏蔽由 IR_i 引入的中断请求；M_i 为 0，表示允许 IR_i 端中断请求进入。送控制字 ICW_1 后，IMR 的内容全为 0，此时，写入操作控制字 OCW_1，可以改变 IMR 的内容。IMR 可以读出，以供 CPU 使用。

(2) 控制中断结束和优先权循环的操作命令字 OCW_2。

端口地址为偶地址($A_0=0$)，$D_4D_3=00$ 是 OCW_2 的标志位，其格式如下：

A_0	D_7	D_6	D_5	D_4	D_3	D_2	D_1	D_0
1	R	SL	EOI	0	0	L_2	L_1	L_0

R 是优先权循环位，R=1 为循环优先权，R==0 为固定优先权。SL 选择指定的 IR 级别位，SL=1 时，操作在 $L_2 \sim L_0$ 指定的 R 编码级别上执行；SL=0 时，$L_2 \sim L_0$ 无效。

EOI 是中断结束命令位。

由 R，SL，EOI 三位编码可定义多种不同的中断结束方式或发出置位优先权命令。

① 三位编码为“001”，采用非自动 EOI［不指定］结束方式。一旦中断服务程序结束，给 8259A 送出 EOI 结束命令，8259A 将 ISR 寄存器中当前级别最高的置“1”位清“零”。

② 三位编码为“011”，采用非自动 EOI［指定］结束方式。一旦中断处理结束，除

给8259A送EOI结束命令外，还由$L_2L_1L_0$字段给出当前结束的是哪一级中断，8259A应将ISR寄存器中指定级别的相应位清“零”。

③ 三位编码为“101”，非自动E0I［不指定］循环方式。一旦中断结束，8259A一方将ISR寄存器中当前级别最高的置“1”位清“零”，另一方面将最低优先级赋给刚结束的断请求IR_i，将最高优先级赋给中断请求IR_{i+1}，其他中断请求的优先级别按循环方式顺序改变。

④ 三位编码为“111”，非自动EOI［指定］循环方式。一旦中断结束，8259A将ISR寄存器中由$L_2L_1L_0$字段给定级别的相应位清“零”，并将最低优先级赋给这一中断请求，最高优先级赋给原来比它低一级的中断请求，其他级按循环方式顺序改变。

⑤ 三位编码为“100”和“000”，自动EOI循环方式(置位)和取消自动EOI循环方式(复位)。一旦被定义为自动EOI循环方式，CPU将在中断响应总线周期中第二个中断响应信号INTA结束时，将ISR寄存器中的相应位置“0”，并将最低优先级赋给这一级，最高优先级赋给原来比它低一级的中断，其他中断请求的级别按循环方式分别赋给。

⑥ 三位编码为“110”时，表示向8259A发出置位优先权命令，将最低优先级赋给由$L_2L_1L_0$字段所给定的中断请求IR_i。其他中断源的级别按循环方式分别赋给。

(3) 特殊屏蔽和查询方式操作命令字OCW_3。

OCW_3主要控制8259A的中断屏蔽、查询和读寄存器等的状态，端口地址仍为偶地址($A_0=0$)，$D_4D_3=01$)作为OCW_3的标志位可与OCW_2区别开，其格式如下：

A_0	D_7	D_6	D_5	D_4	D_3	D_2	D_1	D_0
0	*	ESMM	SMM	0	1	P	RR	RIS

ESMM允许或禁止SMM位起作用的控制位。ESMM = 1，允许SMM起作用；ESMM=0，禁止SMM起作用。

SMM设置特殊屏蔽方式选择位。当ESMM=1时，SMM=1为选择特殊屏蔽方式，SMM=0为清除特殊屏蔽方式。

P查询命令位。P=1时是查询命令；P=0时不是查询命令。

RR读寄存器命令。RR=1，表示CPU要求读取8259A中某寄存器内容。

RIS位用来为读寄存器命令确定读取对象：RIS=0时表示要求读IRR寄存器内容，RIS=1时表示要求读ISR寄存器内容。

上述操作控制字OCW_1～OCW_3可安排在预置命令字之后，用户可根据需要在程序的任何位置上设置它们，当需要读取ISR或IRR寄存器内容或需要查询当前8259A的中断状态时，都必须先定义OCW_3，然后用IN指令读入。如果只需要读入IMR寄存器内容，则不需要定义OCW_3。由此看来并不是任何时候都需要设置OCW_3操作命令字。

5.3.5 8259A的应用举例

5.3.5.1 8259A在PC/XT中的应用

IBM PC/XT微机只使用了一片8259A，可处理8个外部中断，如图5-22所示。其中：IRQ_0接至系统板上定时/计数器Intel 8253通道0的输出信号OUT_0，用作微机系统的日时钟中断请求；IRQ_1是键盘输入接口电路送来的中断请求信号。用来请求CPU读取

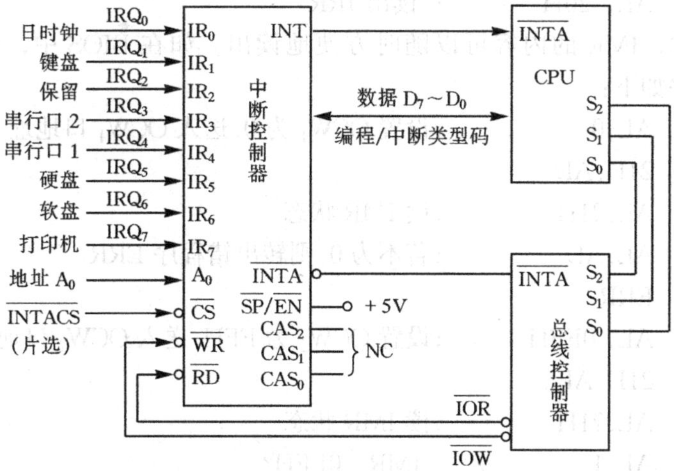

图 5-22　PC/XT 与 8259A 接口

键盘扫描码；IRQ_2是系统保留的；另外5个请求信号接至I/O通道，由I/O通道扩展板电路产生。在I/O通道上，通常IRQ_3用于第二个串行异步通信接口；IRQ_4用于第一个串行异步通信接口；IRQ_5用于硬盘适配器；IRQ_6用于软盘适配器；IRQ_7用于并行打印机。

在I/O地址空间中，分配给8259A的I/O端口地址为20H和21H。对8259A的初始化规定：边沿触发方式，缓冲器方式，中断结束为EOI命令方式，中断优先权管理采用全嵌套方式。8级中断源的类型码为08H～0FH。

(1) 8259A初始化编程。根据系统要求，8259A初始化编程如下：

```
MOV    AL,00010011B        ;设置ICW1为边沿触发,单片8259A需要ICW4
OUT    20H,AL
MOV    AL,00001000B        ;设置ICW2,中断类型码基数为08H
```

(2) 8259A操作方式编程。在用户程序中，允许用OCW_1来设置中断屏蔽寄存器IMR，以控制各个外设中请中断允许或屏蔽。但注意不要破坏原设定工作方式。如允许日时钟中断IRQ_0和键盘中断IRQ_1，其他状态不变，则可送入以下指令：

```
IN     AL,21H         ;读出IMR
AND    AL,0FCH        ;只允许IRQ0和IRQ1,其他不变
OUT    21H,AL         ;写入OCW1,即IMR
```

由于中断采用的是非自动结束方式，因此若中断服务程序结束，则在返回断点前，必须对OCW_2写入00100000B，即20H，发出中断结束命令。

```
MOV     AL,20H        ;设置OCW2的值为20H
OUT     20H,AL        ;写入OCW2的端口地址20H
IRET    ;中断返回
```

在程序中，通过设置OCW_3，亦可读出IRR、ISR的状态以及查询当前的中断源。如要读出RR内容以查看申请中断的信号线，这时可先写入OCW_3，再读出IRR。

```
MOV     AL, 0AH        ; 写入OCW3，读RR命令
OUT     20H, AL
NOP                    ; 延时，等待8259A的操作结束
```

```
IN      AL, 20H       ; 读出 IRR
```

当 $A_0=1$ 时，IMR 的内容可以随时方便地读出。如在 BIOS 中，中断屏蔽寄存器 IMR 的检查程序如下：

```
MOV     AL,0          ;设置 OCW1 为 0,送入 OCW1 口地址
OUT     21H,AL
IN      AL,21H        ;读 IMR 状态
OR      AL,AL         ;若不为 0,则转出错程序 ERR
JNZ     ERR
MOV     AL, 0FFH      ;设置 OCW2 为 FFH,送入 OCW2 口地址
OUT     21H,AL
IN      AL,21H        ;读 IMR 状态
ADD     AL,1          ; IMR=0FFH?
JNZ     ERR           ;若不是 0FFH,则转出错程序 ERR
ERR
```

5.3.5.2　8259A 在 PC/AT 中的应用

在 PC/AT 微机中，共有两片 8259A，PC/AT 与 8259A 接口如图 5-23 所示。由图 5-23 可见，主片 8259A 原来保留的 IRQ_2 中断请求端用于级联从片 8259A，所以相当于主片 IRQ_2 又扩展了 8 个中断请求端 IRQ_8～IRQ_{15}。

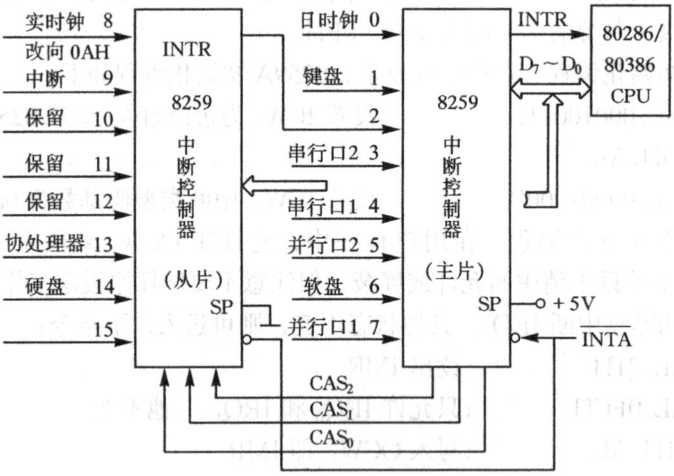

图 5-23　PC/AT 与 8259A 接口

主片的端口地址为 20H，21H，中断类型码为 08H～0FH，从片的端口地址为 A0H，A1H，中断类型码为 70H～77H。主片的 8 级中断已被系统用尽，从片尚保留 4 级未用。其中 IRQ_0 仍用于日时钟中断，IRQ_1 仍用于键盘中断。扩展的 IRQ_8 用于实时时钟中断，IRQ_{13}来自协处理器 80187。除上述中断请求信号外，所有的其他中断请求信号都来自I/O 通道的扩展板。

(1) 8259A 初始化编程。对主片 8259A 的初始化编程如下：

```
        MOV   AL,11H       ;写入ICW1,设定边沿触发,级联方式
        OUT   20H,AL
        JMP   INTR1        ;延时,等待8259A操作结束
INTR1:  MOV   AL,08H       ;写入ICW2,设定IRQ0的中断类型码为08H
        OUT   21H,AL
        JMP   INTR2
INTR2:  MOV   AL,04H       ;写入ICW3,设定主片IRQ2级联从片
        OUT   21H,AL
INTR3:  MOV   AL,11H       ;写入ICW4,设定特殊全嵌套方式,普通EOI方式
        OUT   21H,AL
```

对从片8259A的初始化编程如下：

```
        MOV   AL,11H       ;写入ICW1,设定边沿触发,级联方式
        OUT   0A0H,AL
        JMP   INTR5
INTR5:  MOV   AL,70H       ;写入ICW2,设定从片IR0(中断类型码为70H)
        OUT   0A1H,AL
        JMP   INTR6
INTR6:  MOV   AL,02H       ;写入ICW3,设定从片级联于主片的IRQ2
        OUT   0A1H,AL
        JMP   INTR7
INTR7:  MOV   AL,01H       ;写入ICW4,设定普通全嵌套方式,普通EOI方式
        OUT   0A1H,AL
```

(2) 级联工作编程。当来自某个从片的中断请求进入服务时，主片的优先权控制逻辑不封锁这个从片，从而使来自从片的更高优先级的中断请求能被主片所识别，并向CPU发出中断请求信号。因此，当中断服务程序结束时必须用软件来检查被服务的中断是否是该从片中唯一的中断请求。先向从片发出一个EOI命令，清除已完成服务的ISR位，然后再读出ISR的内容检查它是否为0。ISR的内容为0，则向主片发一个EOI命令，清除与从片相对应的ISR位；否则，就不向主片发EOI命令，继续执行从片的中断处理，直到ISR的内容为0，再向主片发出EOI命令。读ISR内容的程序如下：

```
MOV   AL,0BH               ;写入OCW3,读ISR命令
OUT   0A0H,AL
NOP                        ;延时,等待8259A操作结束
IN    AL,0A0H              ;读出ISR
```

从片发EOI命令的程序如下：

```
MOV   AL,20H
OUT   0A0H,AL              ;写从片EOI命令
```

主片发EOI命令的程序如下：

```
MOV   AL,20H
OUT   20H,AL               ;写主片EOI命令
```

5.4 MS-DOS 的软件中断和系统功能调用

MS-DOS 从两个层次上向用户提供了接口，普通用户可以通过键盘命令在命令处理模块层次上和操作系统打交道，高级用户可以通过软件中断和系统功能调用在 MS-DOS 的较低层次上和操作系统打交道，这里所说的较低层次包括磁盘管理模块和基本输入输出模块。

MS-DOS 的主要系统功能都是用中断处理程序的形式来提供的，每个中断都有对应的功能，有些对应一组功能。用户可以按照一定的格式在指定寄存器中设置好适当的参数，再用一条中断指令(INT 指令)，便可调用某个中断处理程序，这就是利用软件中断方法来调用操作系统的功能。软件中断中，用得最多的是 10H 和 21H。

10H 中断也叫设置屏幕中断，用来对屏幕显示方式进行各种设置。

系统功能调用这个术语通常指类型为 21H 的软件中断。因为在 21H 类型所对应的中断处理程序中包含了一系列最常用的功能子程序，这些子程序分别实现外部设备管理功能、文件读写功能和管理功能、目录管理功能等，所以，21H 类型中断几乎包括了整个系统的功能，由此也被称为系统功能调用。

以下分别对 10H 和 21H 这两个最常用的软件中断调用方法作讲解。

5.4.1 设置屏幕中断 10H

用户可以用 INT 10H 对屏幕进行设置。使用 10H 中断时，AH 中要放功能号，并在指定的寄存器中放入口参数。表 5-2 列出了 10H 对应的功能。这些功能被 Windows 所继承。

下面的程序对 10H 软件中断的使用作了很好的示范。

表 5-2　　10H 对应的功能

功能号	入口参数	功　能
0	AL = CRT 工作方式	对 CRT 初始化
1	CX = 光标属性	置光标类型
2	DX = 行、列号，BH = 页号	之光标位置
3	BH = 页号	读光标位置
4		读光笔位置
5	AL = 页号	选择显示页
6	AL = 上滚行数	屏幕显示往上滚动
7	AL = 下滚行数	屏幕显示向下滚动
8	BH = 页号	读光标处字符/属性
9	AL = 字符，BL = 属性	在光标出写字符/属性
10	AL = 字符	在光标处写字符
11	BX = 彩色表示和彩色值	设置屏幕彩色背景
12	DX = 行号，CX = 列号	在指定坐标处写点
13	DX = 行号，CX = 列号	在指定坐标处读点
14	AL = 字符	写字符
15		取当前屏幕状态

如图5-24所示，程序使屏幕中间建立一个20列宽、9行高的窗口，然后将键盘输入的字符在屏幕窗口上显示出来，而且，当20个字符的行填满时，会使窗口自动向上滚动。

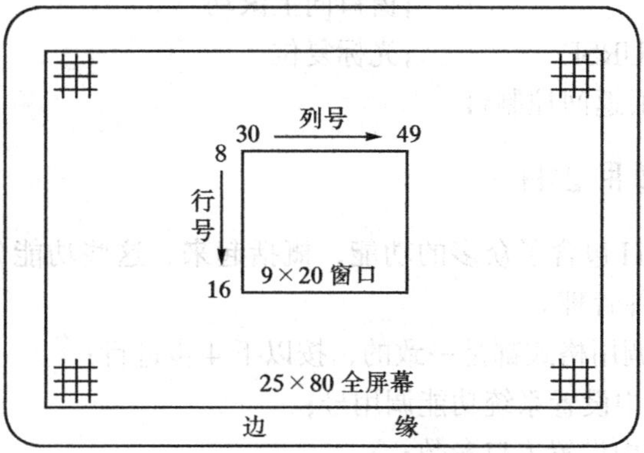

图5-24 在屏幕上开窗口的示意图

```
CLEAR                          ;利用滚行功能清除屏幕
MOV   AH,6                     ;滚行功能号
MOV   AL,0                     ;空白屏幕的代码
MOV   CH,0                     ;左上角的行号
MOV   CL,0                     ;左上角的列号
MOV   DH,24                    ;右下角的行号
MOV   DL,79                    ;右下角的列号
MOV   BH,7                     ;空自行属性
INT   10H                      ;使光标定位在窗口的左下角
POS_CURSE:MOV AH,2             ;光标定位功能号
MOV   DH,16                    ;行号
MOV   DL,30                    ;列号
MOV   BH,0                     ;当前页号,如改变页号,则会往前或往后翻页
INT   10H                      ;光标定位在16行、30列处
                               ;读取键盘输入字符
GET_CHAR:MOV CX,14H            ;列计数值为20(十进制)
MOV   AH,1                     ;键盘输入的功能调用
INT   21H                      ;输入1个字符
CMP   AL,3                     ;输入字符是否为CTRL_C
JZ    EXT                      ;如为CTRL_C,则退出
LOOP  GET_CHAR                 ;取下1个字符
                               ;滚行并开窗口
SCROLL:MOV AH,6                ;滚行功能调用
MOV   AL,1                     ;行数
MOV   CH,8                     ;左上角行号
MOV   CL,30                    ;左上角列号
MOV   DH,16                    ;右下角行号
```

```
MOV   DL,49          ;右下角列号
MOV   BH,7           ;属性码为7表示普通行
INT   10H            ;窗口向上滚动
JMP   POS_CURSE      ;光标复位
EXT:INT 20H,返回控制台
```

5.4.2 系统功能调用 21H

系统功能调用 21H 包含了众多的功能，概括起来，这些功能分为 3 个方面，即设备管理、目录管理和文件管理。

所有系统功能的调用格式都是一致的，按以下 4 步进行：

① 在 AH 寄存器中设置系统功能调用号；

② 在指定寄存器中设置入口参数；

③ 用 INT 21H 指令执行功能调用；

④ 根据出口参数分析功能调用执行情况。

只是有些系统调用功能比较简单，不需要设置入口参数，或者没有出口参数。

表 5-3 列出了各系统功能调用号对应的功能和入口参数、出口参数。

表 5-3　MS-DOS 的功能调用

调用号	功　能	入口参数	出口参数
00	退出用户程序并返回 DOS		
01	键盘输入字符		AL = 输入字符
02	显示器输出字符	DL = 输出字符	
03	串行设备字符输入		AL = 输入字符
04	串行设备字符输出	DL = 输出字符	
05	往打印机输出字符	DL = 输出字符	
06	直接控制台输入输出	DL = FF(输入) DL = 字符(输出)	AL = 输入字符
07	直接控制台输入(无回送)		AL = 输入字符
08	键盘输入(无回送)		AL = 输入字符
09	显示字符串	DS：DX = 缓冲区首地址	
0AH	输入字符串	DS：DX = 缓冲区首地址	
0BH	检查键盘输入状态		AL = 00，无键入 AL = FF，有键入
0CH	清除键盘输入缓冲区		
0DH	磁盘设置和初始化选 A 为默认驱动器		
0EH	选择当前键盘	DL = 盘号	AL = 系统中逻辑盘数
0FH		DS：DX = FCB 首址	AL = 00，成功 AL = FF，未打开指定文件
10H		DS：DX = FCB 首址	AL = 00，成功 AL =FF，未找到

续表 5-3

调用号	功 能	入口参数	出口参数
11H		DS：DX = FCB 首址	AL = 00，成功 AL =FF，未找到
12H	查找下一个项目	DS：DX = FCB 首址	AL = 00，找到 AL = FF，未找到
13H	删除文件	DS：DX = FCB 首址	AL = 00，成功 AL = FF，未找到
14H	顺序读 1 个记录	DS：DX = FCB 首址	AL = 00，成功 AL = 01，文件结束 AL = 02，缓冲区太小 AL = 03，读得残缺记录
15H	顺序写 1 个记录	DS：DX = FCB 首址	AL = 00，成功 AL = 01，磁盘满
16H	建立文件	DS：DX = FCB 首址	AL = 00，成功 AL = FF，目录区满
17H	文件改名	DS：DX = FCB 首址 DS：DX+17=文件新名字首址	AL = 00，成功 AL = FF，不成功
18H	由 DOS 内部调用		
19H	取当前盘盘号		AL = 当前盘的盘号
1AH	设置磁盘缓冲区	DS：DX = 缓冲区首址	
1BH	取当前盘文件分配 FAT 的有关信息		DS：BX = FAT 首址 DX = FAT 表项数 AL = 每簇扇区数 CX = 每扇区字节数
1CH	取指定盘的文件分配表有关信息	DL = 盘号	DS：BX = FAT 首址 DX = FAT 表项数 AL = 每簇扇区数 CX = 每扇区字节数
1D~20H	有 DOS 内部使用		
21H	随机读 1 个记录	DS：DX = FCB 首址	AL = 00，成功 AL = 01，文件结束 AL = 03，残缺记录
22H	随机写 1 个记录	DS：DX = FCB 首址	AL = 00，成功 AL = 01，盘满续表
23H	取文件长度	DS：DX = FCB 首址	
24H	设置随机记录号	DS：DX = FCB 首址	
25H	设置中断向量	DS：DX 指向 4 字节地址 AL = 中断类型号	
26H	由 DOS 内部调用		
27H	随机分块读	DS：DX = FCB 首址 CX = 要读的记录数	

续表 5-3

调用号	功　能	入口参数	出口参数
28H	随机分块写	DS：DX = FCB 首址 CX = 要读的记录数	
29H	分析文件名	DS：SI = 命令行首址 ES：DI = 缓冲区首址	
2AH	取日期		
2BH	设置日期	CX 和 DX 中为日期	
2CH	取时间		
2DH	设置时间	CX 和 DX 中为时间	
2EH	是指校验状态，从而对每次写操作进行校验	DL = 0，AL = 1，校验 AL = 0，去校验	
2FH	取磁盘缓冲首地址		
30H	取 DOS 版本号		
31H	终止当前进程并驻留内存	DX = 程序长度 AL = 本进程对应的返回码	
32H	由 DOS 内部调用		
33H	设置和检查 CTRL-Break 功能	入设置，则 AL = 01，且 DL = 00 如去除，则 AL = 01，且 DL = 01 如检查，则 AL = 00	DL = 10，有此功能 DL = 00，无此功能
34H	由 DOS 内部调用		
35H	取中断向量	AL = 中断类型号	ES：BX = 中断向量
36H	检测磁盘可用空间	DL = 盘号	BX = 可用簇数 DX = 盘上的总簇数 CX = 每扇区字节数 AX = 每簇扇区数
37H	由 DOS 内部调用		
38H	取国别标志	DS：DX = 缓冲区首址 AL = 0	DS：DX 处为国别信息
39H	建 1 个子目录	DS：DX 指向路径名	CF = 0，成功 CF = 1，失败
3AH	删除 1 个子目录	DS：DX 指向路径名	CF = 0，成功 CF = 1，失败
3BH	改变当前目录	DS：DX 指向新路径名	CF = 0，成功 CF = 1，失败
3CH	建立文件	DS：DX = 路径名首址 CX = 文件属性	AX = 文件代号或出错代码

续表 5-3

调用号	功 能	入口参数	出口参数
3DH	打开文件	DS：DX = 路径名首址 AL = 0 为读打开 AL = 1 为写打开 AL = 2 为读写打开	AX = 文件代号或出错代码
3EH	关闭文件	BX = 文件代号	
3FH	读文件	BX = 文件代号 CX = 所写字节数 DS：DX = 缓冲区首址	AX = 实际读取字节数
40H	写文件	BX = 文件代号 CX = 所写字节数 DS：DX = 缓冲区首址	AX = 实际写入字节数
41H	删除文件	DS：DX = 路径名首地址	
42H	移动文件读写指针	BX = 文件代号 CX：DX = 位移量	DX：AX = 新的指针位置
43H	设置/读取文件属性	DS：DX = 路径名 AL = 0，读取文件属性 AL = 1，设置文件属性 CX = 属性	CX = 文件属性
44H	对 I/O 设备的控制	AL = 0，取状态 AL = 1，置状态码(DX) AL = 2，读数据 AL = 3，写数据 AL = 6，取输入状态 AL = 7，取输出状态	DX = 状态码
45H	复制文件时建立新文件的代号	BX = 要复制的旧文件代号	AX = 新文件代号
46H	复制文件时强制性建立新文件的代号	BX = 旧文件的代号 CX = 指定的新文件代号	CX = 旧文件代号
47H	取当前目录路径名	DL = 盘号 DS：SI = 缓冲区首地址	DS：SI = 路径名首址
48H	分配内存空间	BX = 申请的内存容量	AX = 分配内存的首址 BX = 最大可用内存大小
49H	释放内存空间	ES = 内存段地址	
4AH	增大或缩小原内存空间	ES = 原内存段地址 BX = 再申请的内存大小	BX = 最大可用内存大小
4BH	装入并执行程序	DS：DX = 文件名首址 ES：BX = 参数区首址 AL = 0 装入并执行 AL = 3 装入但不执行	

续表 5-3

调用号	功　能	入口参数	出口参数
4CH	终止当前进程并返回	AL ＝ 本进程对应的返回码 退出码由 4DH 调用得到	
4DH	取返回码		AX ＝ 返回码
4EH	查找第一个和给定名字向匹配的文件	DS：DX ＝ 路径名首址 CX ＝ 属性	当前磁盘缓冲区中为文件名、属性、长度等，如未找到，则 AL ≠00
4FH	查找一个匹配文件	4EH 调用的出口参数保存下来即为 4FH 调用的入口参数	当前磁盘缓冲区中为文件名、属性、长度等，入围找到，则 AL ≠00
50～55H	有 DOS 内部调用		
56H	文件改名	DS：DX ＝ 旧文件名首址 ES：DI ＝ 新文件名首址	AL ＝ 00，成功 AL ≠ 00，失败
57H	设置/读取时间和日期	BX ＝ 文件代号 AL ＝ 00，读取 AL ＝ 01，设置 DX：CX 中为日期和时间	读取时，DX 和 CX 中为日期和时间

(1) 设备管理。

设备管理包括键盘输入、显示输出、设置磁盘缓冲区、选择当前盘等 12 条功能调用。这里需要指出 09H，0AH，03H 和 04H 这 4 个功能调用的使用注意点。

09H 是用来输出字符串的功能调用。要求用 DS 和 DX 指出要显示的字符串的首地址，另外，要注意用“＄”作为显示字符串的结束符。

0AH 是输入一行键盘字符的功能调用。使用 0AH 功能时，入口参数中，要求用 DS 和 DX 寄存器给出输入缓冲区的首地址，并且在缓冲区第一个字节中预先设置缓冲区长度。执行功能调用后，缓冲区第二个字节中为实际输入字符信息的长度，从第三个字节开始才是输入的字符串。

03H 和 04H 分别执行异步通信的输入输出功能。执行输入功能时，输入字符作为出口参数放在 AL 中；执行输出功能时，输出字符作为入口参数放在 DL 中。

(2) 目录管理。

目录管理包括查找目录项、更改目录项、建立子目录、删除子目录等功能。这些功能调用的方法都比较简单，只需对 56H 和 43H 这 2 个功能调用作一说明即可。

56H 功能调用是更改文件名字的，要求设置入口参数时，将 DS 和 DX 寄存器指向旧路径名，将 ES 和 DI 寄存器指向新路径名，另外，要求新旧路径名前的驱动器名相同。

43H 是用来显示和修改文件属性的功能调用，用户程序常用此调用来使某个文件改变属性，使它成为只读文件或隐含文件。属性代码为：00——普通文件；01——只读文件；02——隐含文件；04——系统文件。

比如，下面的程序段用来把文件 ABC.EXE 改为隐含文件：

```
FILE1   DB   'ABC.EXE'
```

```
CNAME:MOV AX,4301H         ;43为功能调用号,01表示修改属性
      MOV  BX,OFFSET FILE1
      MOV  DX,BX           ;DX指向文件名首址
      MOV  CX,02           ;隐含属性
      INT  21H             ;修改属性
```

(3) 文件管理。

文件管理是MS-DOS提供给用户的最重要的系统功能调用。这里，一共有两组文件管理功能。一组是用24H以下的功能调用号提供的；另一组是用3CH以上的功能调用号提供的。

习 题 5

1 什么是接口？为什么计算机内一定要配置接口？

2 接口电路有哪些功能？接口与外设之间设置联络线的目的是什么？

3 I/O接口有几种编址方式？各有何特点？BO88CPU采用何种？

4 CPU与外设数据传送的方式有哪几种？何谓程序控制方式？它有哪两种基本方式？请分别用流程图的形式描述出来。

5 什么是中断？什么是中断源？8086系统中有哪些中断源？

6 什么是中断向量？请叙述中断向量号(中断类型)、中断向量表和中断服务程序入口地址三者的关系？

7 简述8086 CPU对中断的响应和处理过程。

8 8259A对中断优先权的管理方式有哪几种？简述链式中断优先级排队电路的工作过程？

9 某系统中设置3片8259A级联使用，一片为主8259A，两片为从8259A。它们分别接入主8259A的IR2和IR6端。若已知当前主8259A和从8259全的IR_3上各接有一个外部中断源，它们的中断类型码分别为A0H，B0H和C0H，已知它们的中断入口均在同一段中，其段基址为2050H，偏移地址分别为11A0H，22B0H和33C0H，所有中断都采用电平触发方式、完全嵌套、普通EOI结束，请(1)画出它们的硬件连接图；(2)编写全部初始化程序。

第 6 章　总线技术

任何一个微处理器都要与一定数量的部件和外围设备连接，但如果将各部件和每一种外围设备都分别用一组线路与 CPU 直接连接，那么连线将会错综复杂，甚至难以实现。

为了简化硬件电路设计、简化系统结构，常用一组线路配置适当的接口电路，与各部件和外围设备连接，这组共用的连接线路被称为总线。简而言之，总线是各种信号线的集合，是计算机中公用的数据信号传输通道。总线技术已经成为计算机设计与制造中一项十分重要的技术。

6.1　总线概述

总线是各部件连接的纽带，是计算机通信接口的重要技术。采用总线结构便于部件和设备的扩充，制定了统一的总线标准则容易使不同设备间实现互连。系统设计可依照总线为出发点，设计者根据总线规则去设计，把各部件按照总线接口的标准与总线连接而无需单独设计连接，这样就简化了系统软件和硬件的设计，使系统更易于扩展和升级。

总线类型有很多，如系统总线、局部总线、SCSI 总线、ISA 总线、MAC(微通道总线)、PCI 总线、AGP 总线、VL 总线、RS-232 总线、USB 总线、1394 总线以及 PCIE 总线等。本章将对总线的规范、性能以及各主要总线标准进行介绍。

6.2　总线标准

总线标准是人们把各种不同的模块组成系统时所需要遵守的总线规范，它为不同模块互连提供了透明的标准，任何一方只需要根据总线接口标准要求实现和完成接口功能，而不必去考虑另一方的接口方式。采用总线接口标准可以为接口的硬件、软件设计提供方便。对硬件结构来说，各模块的设计接口相对独立，只要达到功能要求便可，不必要求结构上的一致，而接口软件也可以进行模块化设计。采用总线标准可以简化系统设计和系统结构，提高系统的可靠性，便于系统的扩展和更新。

6.2.1　总线形成标准

总线形成标准通常有两种方式。

(1) 先有产品后有标准，一般是某公司为自己开发的微机系统所使用的一种总线，而其他兼容机厂商按其公布的总线规范开发相关配套产品并投入市场。由于这类产品的广泛使用，其总线标准也被国际工业界广泛支持，有的还被国际标准化组织承认并授予标准代号。例如，PC 总线。

(2) 先有标准后有产品，这些总线标准是由国际权威机构(如 IEEE)或多家大公司联合起来根据技术和产品发展的需要而制定的。在总线标准确定以后，有关厂商推出符合相应标准的产品。例如，USB总线。

在国际上，从事接纳和主持制定总线标准工作的有美国电气与电子工程师协会(IEEE)、国际电工委员会(IEC)、国际电信联盟(ITU)和美国国家标准局(ANSI)组织的专门标准化委员会。这些委员会一方面为适应不同应用水平的要求，从事开发和制定总线标准和建议草案；另一方面对现有的由一些公司提出的并为国际工业界广泛支持的通用总线标准进行筛选、研究和修改，对所通过的总线标准进行统一标号，表示对该总线标准的认可。

不同的总线有不同的详细规范，但一般都应包含以下三部分：

① 机械规范，规定模块尺寸、总线连接器、插头规格等；

② 电气规范，规定信号逻辑电平、负载能力及最大最小额定值以及动态转换时间等；

③ 功能规范，规定总线接口引脚的定义、传输速率的设定、定时及信号格式和功能。

6.2.2 总线分类

6.2.2.1 按物理位置划分

根据总线的功能和应用场合等，可以从不同的角度对总线进行分类，本书根据总线所处的物理位置不同可以把总线分为4种类型：片内总线、元器件级总线、系统总线和外部总线，如图6-1所示。

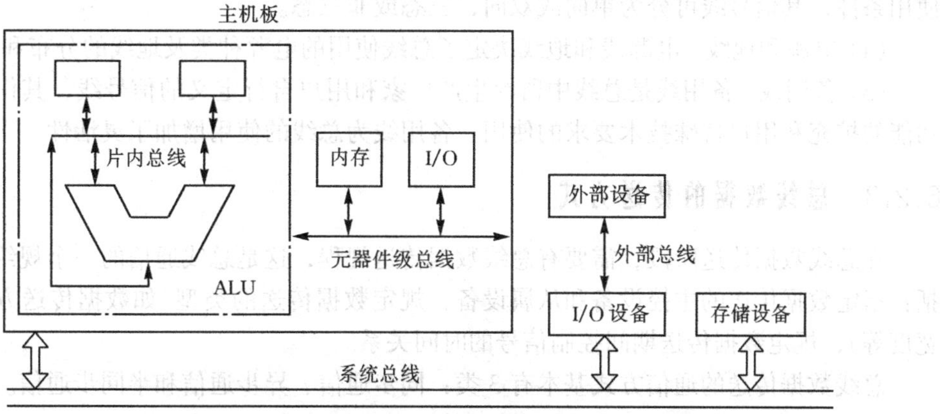

图6-1 微型计算机各级总线接口示意图

(1) 片内总线。片内总线是集成在电路芯片内部用于连接各功能单元的信息通路。例如，微处理器芯片内部总线用于ALU和各寄存器等功能单元之间的互相连接。片内总线一般由芯片生产厂家设计，用户不必关心。但是随着微电子技术的发展和ASIC技术的大量应用，用户可以借助CAD技术，设计符合自己要求的专用芯片，在这种情况下，用户必须掌握片内总线技术。

(2) 元器件级总线。元器件级总线又称片总线或局部总线，是一块印刷电路板上连接各芯片之间的公共通路。例如，CPU板上CPU芯片与接口芯片之间的连接通路。元器件总线与芯片引脚的关系密切，难以形成总线标准。

(3) 系统总线。系统总线又称内部总线或板级总线，是目前微型计算机机箱内的底板总线，用以连接微型计算机系统的各插件板。例如，多处理器系统中各CPU板之间的通信通道就是系统总线。系统总线是微机系统最重要的一种总线，在组建或扩充微机系统时，要选用恰当的系统总线，并按总线规范设计制作插板。有的系统总线的性能与某种CPU芯片有关，是元器件级总线经过重新驱动和扩展而成的，也有不少系统总线并不依赖于具体型号的CPU，可以为多种型号的CPU及其配套芯片使用。常用的系统总线有ISA、PCI等。

(4) 外部总线。外部总线也称通信总线。它主要用于微机系统之间，微机系统与仪器仪表之间或与其他外部设备之间的连接。外部总线有并行的、串行的，其数据传输速率一般比系统总线低。外部总线并非微机系统专用，一般都是在电子工业的其他领域已有的总线标准。例如，RS-232C是从CCITT远程通信标准中导出的。常用的外部总线有RS-232C、IEEE-488、SCSI、IDE、USB、IEEE1394等。

6.2.2.2 按传送信号类型划分

总线上的信号有很多，为方便学习，按其所完成的功能可分为以下几种。

(1) 地址总线。地址总线为单向、三态总线，它是微机系统用于传送地址的信号线。地址总线的数目决定了直接寻址的范围。

(2) 数据总线。数据总线一般为双向、三态总线，它用来传送数据和代码。

(3) 控制总线。控制总线用来传送控制信号，实现命令和状态的传送，包括读信号、写信号等，中断、DMA控制信号、系统时钟、复位信号等也是通过控制总线来传送的。控制总线决定了总线功能的强弱和适应性，是一组很重要的信号线。控制总线根据不同的使用条件，其信号线可分为单向或双向，三态或非三态。

(4) 电源和地线。电源线和地线决定了总线使用的电源种类及地线的分布和用法。

(5) 备用线。备用线是总线中留给生产厂家和用户自行定义的信号线，其作用是为了功能的扩充和用户特殊技术要求的使用。各用线为总线的使用增加了灵活性。

6.2.3 总线数据的传送方式

在总线数据传送阶段，需要有总线数据传送规程，这是总线通信的一个规约。规约包括：指定数据传送的主控设备和从属设备，规定数据传送的类型(如数据传送方向、数据宽度等)，规定数据传送期间控制信号的时间关系。

总线数据传送的通信方式基本有3类：同步通信、异步通信和半同步通信。

6.2.3.1 同步通信方式

同步总线通信规程利用系统时钟作为各模块工作的时间标准，通信双方严格按时钟规定完成相应的操作。其主要优点是简单，每个模块什么时候发送或接收信息都由统一的时钟信号控制。但作为主控信号的时钟不适合长距离的传输，否则会因为传输线效应使整个系统工作不正常。同时，同步总线在处理相对低速的从设备时也存在问题，由于数据传送必须在限定的时钟周期内完成，它不能适应那些存取时间较长的设备。为了满足这些低速设备的需要，不得不放慢时钟频率，这样整个系统的性能就降低了。

6.2.3.2 异步通信方式

为了满足对高速设备具有高速操作而对低速设备具有低速操作的要求，可采用异步通信总线。异步通信允许总线上的各模块有各自的时钟，这样在模块间进行通信时就不需要公共的时钟了。但要实现不同速度模块间的配合，必须增加应答信号线，应答信号常用请求(Request)和响应(Acknowledge)来表示。异步通信总线正是利用这两个应答信号的联络来保证可靠通信的。异步通信的优点是能在同一系统中兼容不同速度的设备。缺点是由于两个应答信号的相互联系，使得应答信号在一个数据传送期间内在总线上至少经过两次传输，降低了传送速率。

6.2.3.3 半同步通信方式

由于异步通信总线的传输延迟限制了数据的传送速率，而同步通信总线又不能满足不同速度设备的传送要求，因此有了半同步总线，这是一种结合同步总线和异步总线优点的总线方式。半同步通信总线总能像同步通信总线一样，采用统一的系统时钟同步双方的通信。同时，为了能像异步通信一样，允许不同速度的模块协同工作，引入了“等待(wait)”响应线。当慢速设备在规定时间内未完成操作时，该信号线有效，插入等待周期，以此来达到同步双方通信的目的。

6.3 系统总线

6.3.1 系统总线及其发展

计算机技术的发展日新月异，处理器的主频越来越高。与此同时，在计算机中有重要地位的I/O技术也在不断发展，不过相较其他计算机技术来说，I/O技术的发展相对沉稳。自从IBM PC问世至今，虽然经历了包括MCA、VESA等在内的多种总线规格，但从整体来看，大致只经过了ISA和PCI总线两个阶段情况，如图6-2所示。

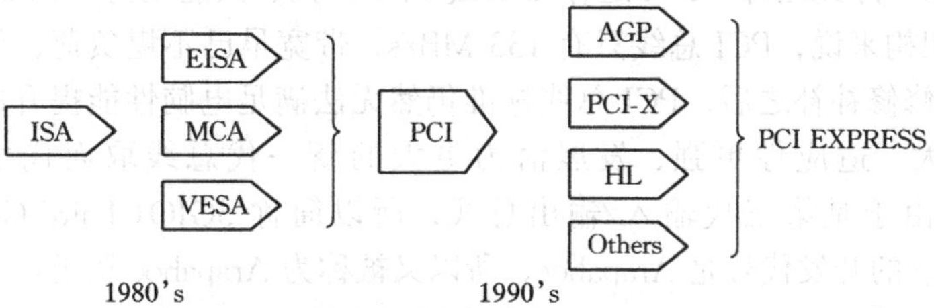

图6-2 计算机系统总线的发展概况简图

6.3.1.1 系统总线的发展概况

最早的PC总线是IBM公司1981年在PC/XT电脑上采用的系统总线，它是基于8位的8088处理器的，被称为PC总线或者PC/XT总线。1984年，IBM推出基于16位Intel 80286处理器的PC/AT电脑，系统总线也相应地扩展为16位，称为PC/AT总线。为了开发与IBM PC兼容的外部设备，行业内逐渐确立了以IBM PC总线规范为基础的工业标准架构(Industry Standard Architecture，ISA)，即ISA总线。ISA是8/16位的系统总线，最大传输速率仅为8 MB/s，但允许多个CPU共享系统资源。由于兼容性好，成为20世纪80年代采用最广泛的系统总线。不过其也有不少缺点，比如传输速率过低、CPU占用率高、占用硬件中断资源等。

ISA总线基本上可以满足以80286或80386SX以下CPU为核心的电脑的要求。当80386DX处理器出现之后，总线的宽度就已经成为严重的瓶颈，并影响到处理器性能的发挥。1988年，康柏、惠普等9个厂商协同把ISA扩展到32位，这就是著名的扩展ISA总线(Extended ISA，EISA)。EISA总线的工作频率仅为8MHz，并且与8/16位的ISA总线完全兼容，还没成为标准总线之前，在 20 世纪 90 年代初，就被 PCI 总线取代了。

1992 年，Intel 在发布 80486 处理器的时候，同时提出了 32 位的周边组件互连总线(Peripheral Component Interconnect Local Bus，PCIB)，即 PCI 总线。最早提出的 PCI 总线工作在 33 MHz 频率之下，带宽达到了 132 MB/s(33 MHz×32 位/8)，与 ISA 总线相比有了极大的改善，基本上满足了当时处理器的发展需要。1993 年，出现了 64 位的 PCI 总线，后又提出把 PCI 总线的频率提升到 33MHz。目前广泛采用的是 32 位、33 MHz 的 PCI 总线。PCI 总线是独立于 CPU 的系统总线，采用了独特的中间缓冲器设计，可将显卡、声卡、网卡、硬盘控制器等高速的外部设备直接挂在 CPU 总线上，打破了瓶颈，使 CPU 的性能得到充分的发挥。可惜的是，由于 PCI 总线的带宽只有 133 MB/s，能满足声卡、网卡和视频卡等绝大多数输入/输出设备的传输要求，但对于数据传输量比较大的 3D 显卡却力不从心，成为制约显示子系统和整机性能的瓶颈。此时 PCI 总线的补充——AGP 总线应运而生。

Intel 于 1996 年 7 月正式推出了加速图形接口(Accelerated Graphics Port，AGP)，即 AGP 接口。这是显示卡专用的局部总线，是基于 PCI2.1 版规范扩充修改而成的总线标准，工作频率为 66 MHz，1X 模式下带宽为 266 MB/s，是 PCI 总线带宽的两倍。后来依次又推出了 AGP2X、AGPAX、AGP8X，AGP8X 的传输速度达到了 2.1 GB/s。利用 PCI 总线技术的显卡，第一次真正地实现了多媒体效果，并且可以支持增强色和真彩色等色彩模式，这与当时只能支持 256 色的 VESA、VLB 显示卡相比，在性能上有了很大的提高。

随着新技术和设备的出现以及游戏和多媒体的广泛应用，PCI 的工作频率和带宽都已经无法满足需求。除此之外，PCI 还存在 IRQ 共享冲突、只能支持有限数量设备等问题。对于整个电脑架构来说，PCI 总线只有 133 MB/s，带宽早已不堪负荷，处处堵塞。经历了长达 10 年的修修补补之后，PCI 总线标准仍然无法满足电脑性能提升的要求，决定了必须由带宽更大、适应性更强、发展潜力更大的新一代总线取而代之，这就是 PCI Express 总线，由于是第三代输入/输出总线，所以简称 3GIO(Third-Generation Input/Output)，另外它的开发代号是 Arapahoe，所以又被称为 Arapahoe 总线。

在 2001 年春季的 IDF 上，Intel 正式公布了旨在取代 PCI 总线的第三代 I/O 技术，该规范由 Intel 支持的 AWG(Arapahoe Working Group)负责制定。在 2002 年 4 月 17 日，AWG 正式宣布 3 GIO1.0 规范草稿制定完毕，并移交 PCI-SIG 进行审核。开始的时候大家都以为它会被命名为 Serial PCI(受到串行 ATA 的影响)，但最后却被正式命名为 PCI Express，Express 意思是高速、特别快的意思。2002 年 7 月 23 日，PCI-SIG 正式公布了 PCI Express 1.0 规范，2006 年推出了 Spec 2.0(2.0 规范)。

6.3.1.2　系统总线发展过程中几种技术的比较

系统总线的发展实质上是 PC 系列微机发展的一个缩影。数据位的宽度、支持的数据传输速率、对设备支持的程度、规范性以及可扩展性，都是衡量一个总线标准的技术指标。对于一种总线标准来说，它能否得到广泛的应用，取决于这个标准是否符合当时计算机发展的要求。表 6-1 列出了几种系统总线标准的性能比较。

表 6-1 几种系统总线标准的性能比较

总线	宽度	传输速率/(MB/s)	突发方式	自动配置	规范性	复杂性	可扩属性
PC	8	5	无	无	差	简单	较好
ISA	16	8	无	无	差	简单	较好
MCA	32	33	有限	有	好	复杂	较好
EISA	32	40	有限	有	差	复杂	差
VL	32	132	有限	无	差	简单	差
PCI	32/64	132/528	无限	有	较好	复杂	好

6.3.2 ISA 总线及 EISA 总线

在计算机技术发展的早期，出现了几种比较具有代表性的总线，这些总线曾经得到了非常广泛的应用，其中一些技术为以后高性能总线的出现奠定了一定的基础。PC/XT 总线也称 PC 总线，是 IBM 公司于 1981 年推出的基于准 16 位系统的总线，是最早出现的 PC 机总线。这种总线是一种开放的结构总线，在总线母板上有几个系统插槽，可用于 I/O设备与 PC 机连接。PC/XT 总线支持 8 位数据传输和 20 位地址寻址空间，它把 CPU 作为总线的唯一控制设备，其余外围设备均为从属设备，包括暂时掌管总线的 DMA 控制器或协处理器。这种总线价格低廉、可靠简便、使用灵活，对插板的兼容性好，因此，总线的兼容产品非常多，而且应用相当广泛。这种总线在标准出现的初期，一般用于办公自动化，后来应用到实验室和工业环境下的数据采集和控制。

6.3.2.1 ISA 总线

工业标准结构总线(Industry Standard Architecture，ISA)是指以 80286CPU 为核心处理器的 IBM PC/AT 机中所使用的总线，又称 PC/AT 总线，它是在 8 位的 PC 总线基础上扩展而成的 16 位总线体系结构。因此，这种总线结构兼容 8 位的数据传送。ISA 插槽有两种类型：8 位和 16 位。8 位扩展的 I/O 插槽由 62 个引脚组成，用于 8 位的插接板；8/16位的插接板除了具有一个 8 位 62 线的连接器外，还有一个附加的 36 线连接器。这种扩展 I/O 插槽既支持 8 位的插接板，也支持 16 位的插接板。

ISA 总线数据宽度为 16 位，地址总线宽度为 24 位，可寻址空间为 16 MB；除系统的 CPU 外，DMA 控制器、刷新控制器、带处理器的智能接口控制卡都可以成为 ISA 的总控设备，因此，ISA 总线是一种多主控总线。ISA 总线支持 8 种类型的总线周期：存储器读、存储器写、I/O 读、I/O 写、中断请求与响应、DMA 传输、刷新和仲裁周期。从表面上看，ISA 总线只是扩充了数据总线的宽度和地址总线的宽度，实际上，ISA 总线不仅增加了数据线的宽度和寻址空间，还加强了中断处理和 DMA 数据传输能力，并且具备了一定的多主控功能。故 ISA 总线适合于控制外设和进行数据通信的功能模块。下面分别介绍 ISA 总线的结构和引脚定义。

(1) ISA 总线结构。ISA 总线的结构如图 6-3 所示。

(2) ISA 总线引脚定义。ISA 总线由同一轴线的基本插槽和扩展插槽两段组成。基本插槽有 62 条信号线，兼容 PC 总线；扩展插槽有 36 条信号线，为 ISA 新增加的信号线。ISA 信号线如图 6-4 所示。

① 数据总线。

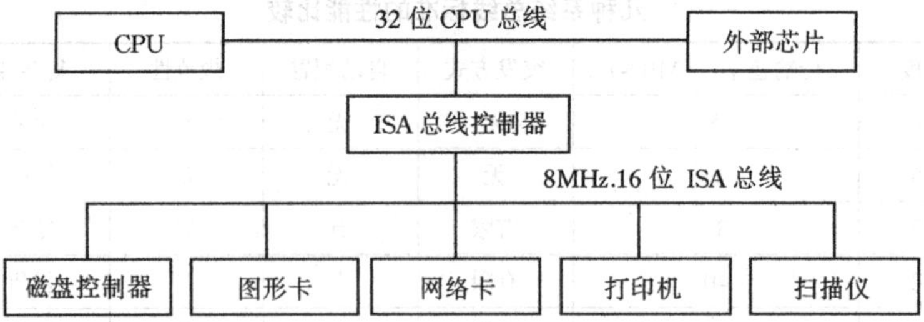

图 6-3　ISA 总线结构示意图

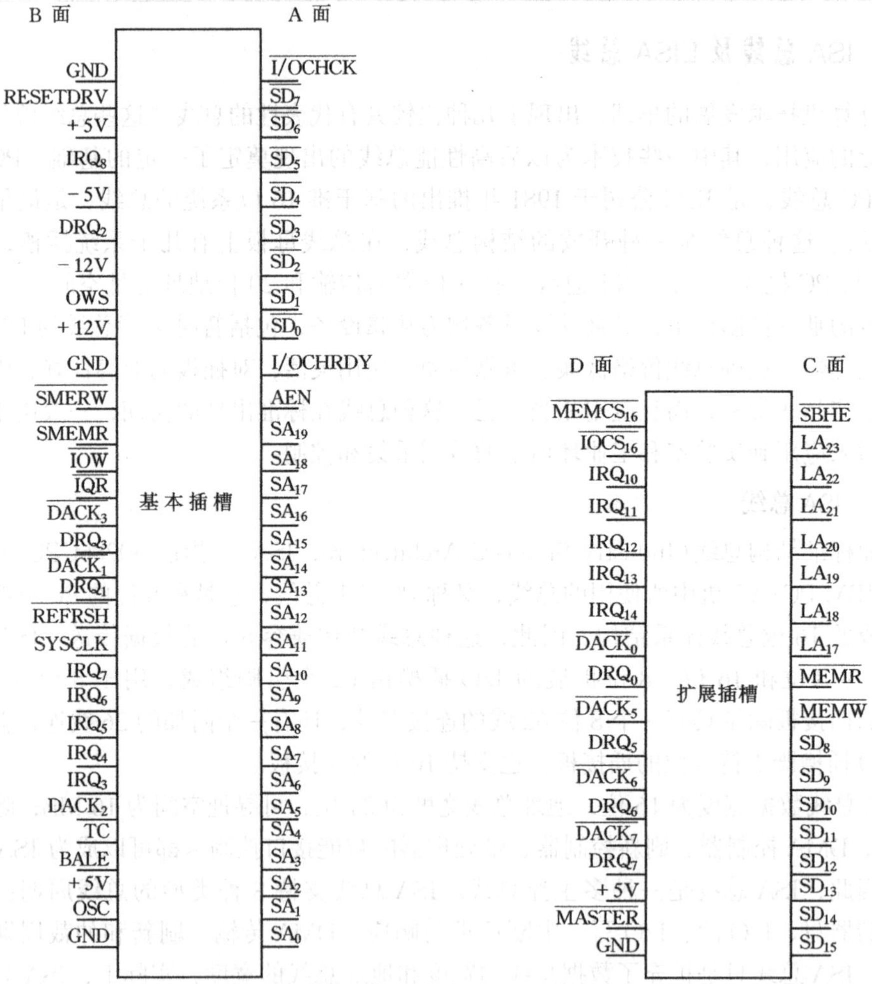

图 6-4　ISA 总线引脚定义

$\overline{SD_7}$～$\overline{SD_0}$：数据总线宽度信号，8 位，双向，为微处理器、存储器和 I/O 端口提供了数据信息传送通道。其中 D_0 为最低有效位，D_7 为最高有效位，每次只能传输一个字节。

SD_{15}～SD_8：数据总线的高 8 位信号。

$\overline{SBHE}$：数据总线高字节有效信号，用于表示当前数据总线传送的是高位字节 SD15～SD8。

$\overline{MEMCS_{16}}$：存储器状态的 16 位存储周期。16 位芯片选择信号，用来通知主机板，当前的数据传送是一个等待状态的 16 位存储周期。

$\overline{IOCS_{16}}$：I/O16 位芯片选择信号，用来通知主机板，当前的数据传送是一个等待状态的 16 位 I/O 周期。

② 地址总线。

SA_{19}～SA_0：20 根地址总线，输出信号，用来寻址与系统总线相连接的存储器和 I/O 端口。

LA_{23}～LA_{17}：非锁定地址总线，也用于系统中存储器及 I/O 设备的寻址，这些信号的加入给系统提供了多达 16 MB 的寻址能力。

BALE：地址锁存允许信号，用于主机板上锁存从处理器来的有效地址。

AEN：地址允许信号，用来使主机板上的微处理器进入保持状态，以便进行 DMA 传送。

③ 控制总线。

$\overline{MEMR}$：存储器读命令，表示存储器将数据送上数据总线。

$\overline{MEMW}$：存储器写命令，表示存储器将当前数据总线上的数据存入。

$\overline{IOR}$：I/O 读命令，表示 I/O 设备将数据送上数据线。

$\overline{IOW}$：I/O 写命令，表示 I/O 设备将当前数据总线上的数据读入。

$\overline{SMEMR}$，$\overline{SMEMW}$：存储器读、存储器写信号，指示存储器将数据送上数据总线或把总线上的数据存入存储器。

I/O CH RDY：通道准备好信号，可用于控制是否延长 I/O 或存储器周期。

$\overline{IO}$，$\overline{CH}$，$\overline{CK}$：I/O 通道校验信号。

IRQ_3～IRQ_7，IRQ_9～IRQ_{12}，IRQ_{14}，IRQ_{15}：中断请求信号，用来对微处理器产生中断请求。

DRQ_0～DRQ_3，DRQ_5～DRQ_7：DMA 中断请求信号。

T/C：计数结束信号，表示 DMA 通道字计数器满。

$\overline{REFRESH}$：刷新信号，指示一个存储器刷新周期。

$\overline{MASTER}$：主设备信号，用于对系统进行控制。

④ 电源、地线、时钟线及其他。

OSC：振荡器信号。

SYS CLK：系统时钟信号。

RESET DRV：复位驱动信号。

$\overline{OWS}$：零等待状态信号。

+5V，−5V，+12V，−12V，GND：电源及地线。

6.3.2.2　EISA 总线

EISA 总线是扩展工业标准结构(Extended Industry Standard Architecture，EISA)的简称，它是以康柏(COMPAQ)为核心的多个组织联合制定的一组总线标准。EISA 总线是 ISA 总线的扩展，它与 ISA 总线完全兼容。EISA 总线是一种 32 位的总线结构，除了支持 ISA 所支持 8 位或 16 位数据传输外，还支持 32 位地址总线和 32 位数据总线的数据传输。与 ISA 总线相比，EISA 总线数据传输速率更高，且支持多主控总线功能，可使普通微机的单处理器系统升至多处理器的工作状态，使运行达到峰值，其峰值总线数据传输速率可达到 32 MB/s。最多可支持 6 个总线主控，是一种支持多处理器的高性能 32 位数据总线。

6.3.3 PCI 总线

由于微处理器的性能不断提高，ISA、EISA 总线均不能满足处理器的需要。因为总线的速度偏低，硬盘、图形卡和其他外设只能通过一个慢速且狭窄的瓶颈发送和接收数据。为了提高计算机的整体运行效率，业界推出了一项新技术——局部总线。局部总线是在 ISA 总线和 CPU 之间增加一级总线。这样可将一些高速的外设，如网卡、磁盘控制器等通过局部总线直接挂到 CPU 总线上，使之与高速的 CPU 总线相匹配。局部总线中的典型即为 Intel 公司开发的 PCI 局部总线(Peripheral Component Interconnect Local Bus)。

6.3.3.1 PCI 总线的结构特点

PCI 总线定义了 32 位数据线，可以扩展到 64 位。它体积小，支持无限突发操作，使用 33 MHz 和 66 MHz 时钟频率，最大传输速率为 132～528 MB/s，支持并发工作方式。PC 总线是在 CPU 和外设之间插入一个复杂的管理层，以协调数据传输并提供总线接口。由于采用信号缓冲，PCI 能支持 10 种外设。PCI 总线结构如图 6-5 所示。

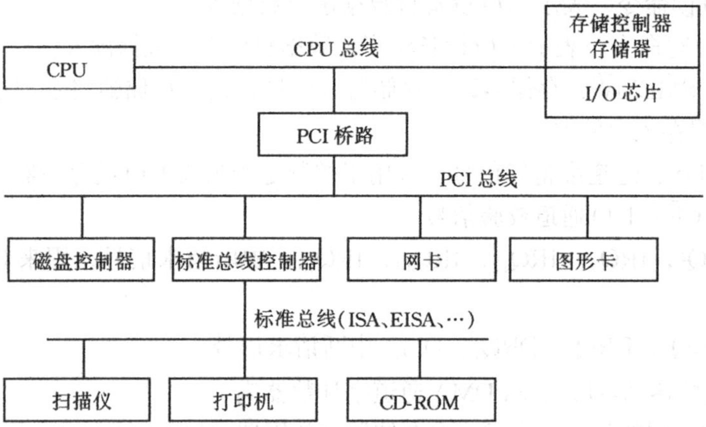

图 6-5　PCI 总线结构图

PCI 总线允许在一台计算机上安装多达 10 个 PCI 附加卡，允许将 ISA、EISA 等扩充总线控制卡安装在上面，以使所有已安装的系统总线更好地同步。

PCI 总线可以使用 32 位和 64 位与 CPU 交换数据。另外，还允许智能化的 PCI 辅助适配器采用一种称为总线管理(Bus Mastering)的技术协助 CPU 执行各种任务。PCI 规范允许复用，即在同一时刻允许有一个以上的电信号出现在总线上。PCI 局部总线为外设提供了访问微处理器更宽、更快的通路，有效地克服了数据传输的瓶颈现象。PCI 局部总线接口是许多适配器的首选接口，如网络适配器、内置 Modem 卡和声音适配器等。

PCI 既支持单存储周期的传送方式，也支持成组的传送方式。在单存储周期的传送方式下，它要用两个时钟时间对数据字进行读/写操作。在第一个时钟内，PCI 总线提供的是地址信息，而在后续的每个时钟内，访问的则是数据信息。PCI 总线时钟频率为 33 MHz，所以时钟周期为 30 ns。在单存储周期传送方式下，每次传送均要用两个时钟，那么传送 4 个字节(32 位)则需要总共 60ns 时间，由此可算出，总线带宽：(1/60 ns)×4B=66 MB/s。在成组传送方式下，进行地址计算时，要忽略掉第一个时钟的内务开销，它传送 32 位的数据则需要一个时钟周期约 30 ns 的时间，所以其总线带宽为：(1/30 ns)×4B=133 MB/s。

6.3.3.2　PCI 总线信号定义

PCI 总线信号如图 6-6 所示，左边为必要信号，右边为可选信号。

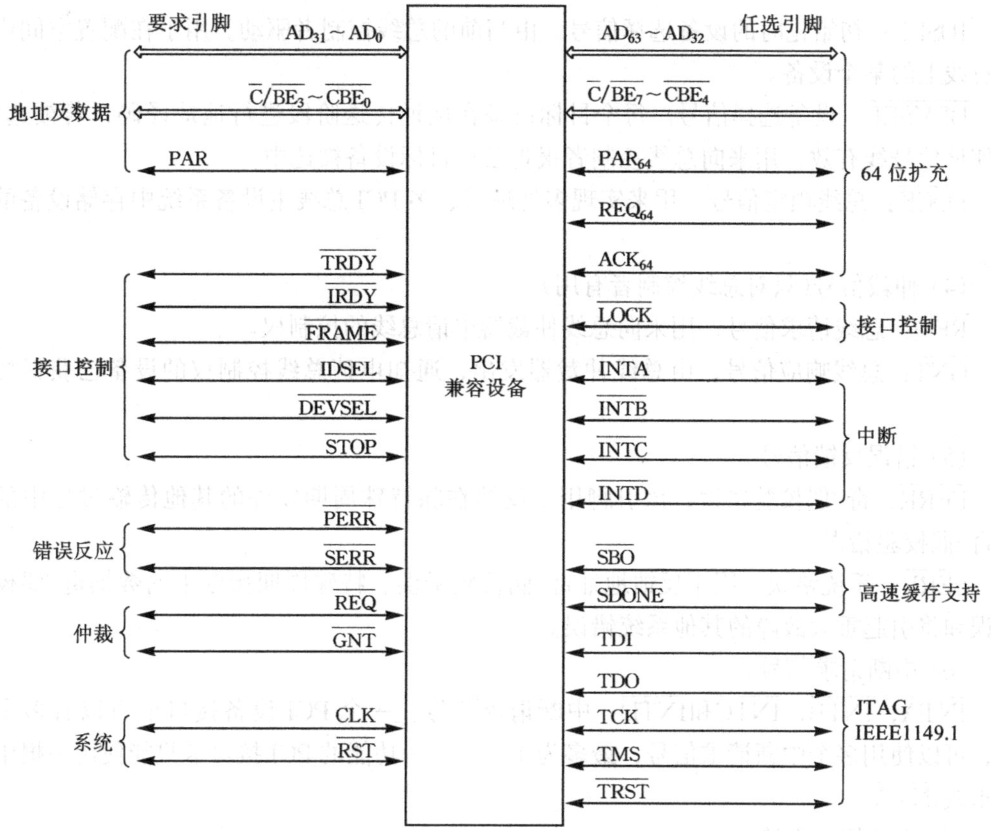

图 6-6　PCI 总线信号

(1) 系统信号。

CLK：系统时钟信号线，该信号的频率为 PCI 总线的工作频率。除$\overline{RST}$，$\overline{INTA}$，$\overline{INTB}$，$\overline{INTC}$和$\overline{INTD}$信号外，其他 PCI 信号都与 CLK 上升沿同步。

$\overline{RST}$：复位信号线。

(2) 地址和数据信号。

AD_{31}～AD_0：地址/数据复用信号线。$\overline{FRAME}$有效，表示地址传送阶段开始，接下来为数据传送阶段($\overline{IRDY}$和$\overline{TRDY}$同时有效)。

$\overline{C}/\overline{BE_3}$～$\overline{C}/\overline{BE_0}$：总线指令和字节允许信号的复用线。在地址传送阶段是 4 位编码的总线指令。在数据传送阶段，用做字节允许标志，以决定数据线上哪些字节数据为有效数据。

PAR：为 AD 和$\overline{C}/\overline{BE}$所指示的有效数据校验位。

(3) 接口控制信。

$\overline{FRAME}$：周期帧信号，由当前总线控制者产生，表示一个总线传输的开始和延续。

$\overline{IRDY}$：主设备就绪(Initiator Ready)，表明数据传输的启动者(主控者)已经准备好，等待完成当前的数据节拍。

$\overline{TRDY}$：目标设备就绪(Target Ready)，说明数据传输的目标设备已经准备好，等待完成当前的数据节拍。

$\overline{STOP}$：停止信号。信号有效表明当前的目标设备要求总线控制者停止当前的数据传输。

IDSEL：初始化时的设备选择信号。由当前的总线控制者驱动。用于在配置空间内选择总线上的某个设备。

$\overline{DEVSEL}$：设备选择信号。每个目标设备在地址传送阶段进行地址译码，若被选中，则使该信号线有效，用来向总线控制者报告已有目标设备被选中。

$\overline{LOCK}$：总线锁定信号。用来实现多处理器、多 PCI 总线主设备系统中存储设备的保护。

(4) 仲裁信号(只对总线控制者有用)。

$\overline{REQ}$：总线请求信号，用来向总线仲裁器申请总线的控制权。

$\overline{GNT}$：总线响应信号，由总线仲裁器发出，通知申请总线控制权的设备已获得控制权。

(5) 错误反馈信号。

$\overline{FERR}$：奇/偶校验错误，该引脚用于反馈在除特殊周期以外的其他传输过程中的数据奇/偶校验错误。

$\overline{SERR}$：系统错误，用于反馈地址奇/偶校验错误、特殊周期指令中的数据奇/偶校验错误和将引起重大故障的其他系统错误。

(6) 中断请求信号。

$\overline{INTA}$，$\overline{INTB}$，$\overline{INTC}$和$\overline{INTD}$：中断请求信号。一个 PCI 设备接口卡可以有多个功能，可以使用多个中断请求信号，最多为 4 个。单一功能的 PCI 接口卡只能使用一根中断请求线$\overline{INTA}$。

(7) 高速缓存支持。

SBO：侦听回写信号(Snoop Backoff) 为了保证 Cache 和主存内容一致，需采用 Cache 侦听技术。当侦听命令中 Cache 的一行有被修改过的数据时，该信号有效，直到此行数据被写回到主存中为止。

SDONE：侦听结束信号(Snoop Done)。

(8) 64 位扩展信号线。

AD_{63}～AD_{32}：高 32 位的地址、数据复用线。

$C/\overline{BE_7}$～$C/\overline{BE_4}$：总线指令和高 32 位字节使能复用线。

PAR4：高 32 位奇/偶校验位。

REQ64：64 位数据传输申请信号。PCI 主设备在发送$\overline{FRAME}$信号的同时置位该信号，表明本次申请的数据传输使用 64 位字长。

ACK64：64 位数据传输许可信号。PCI 目标设备在发送$\overline{DEVSEL}$信号的同时发送该信号，表明它许可 64 位数据传输，否则仍为 32 位。

6.3.3.3 PCI 总线的优点

(1) 高性能。PCI 总线的时钟频率为 33 MHz，而且与 CPU 的时钟频率无关。它的总线宽度是 32 位，可以升级到 64 位，其带宽可达 132～528 MB/s。PCI 支持无限读写突发方式，这一点使得它比直接使用 CPU 总线的局部总线要快。设计良好的 PCI 控制器有多级缓冲。例如 CPU 要访问 PCI 总线上的设备，它可以把一批数据快速写入缓冲器中，当这些数据还在不断写入 CPU 的过程中，CPU 可以去执行其他的操作，这种并发工作提高了系统的整体性能。此外，PCI 总线的周期短而且可以预测，一般为数微秒，这样也提高了响应速度，并且扩展卡的设计更为方便。

(2) 低成本。PCI 总线优化了内部结构，其技术是标准的专用集成电路 ASIC 技术与其他技术的结合。多路复用结构减少了管脚个数(从设备 47 个信号、主设备 49 个信号)，缩小了 PCI 部件封装尺寸。PCI 扩展电路板单独工作在 ISA，EISA 或 MCA 系统中，减少了开发成本并且避免用户混乱。

(3) 兼容性。PCI 总线可以与 ISA，EISA 和 VL 总线兼容。PCI 总线在微处理器与其他总线之间架起了一座桥梁，它也支持 ISA、EISA 等低速总线操作，如图 6-7 所示。“桥梁”内的缓冲器是为微处理器写入数据所用的，所以准许微处理器先将数据写到缓冲区内，然后再去处理自己的事务。而低速的 ISA，EISA 设备等则是放下正在处理的任务再到“桥梁”缓冲器去读取信息。

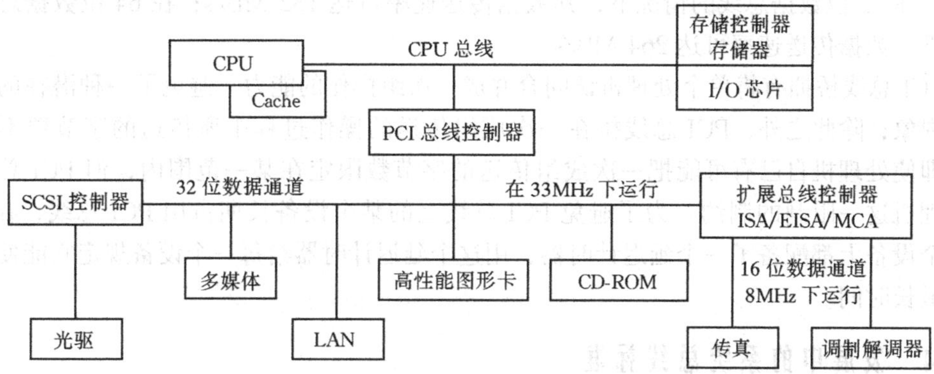

图 6-7　PCI 总线兼容性的体现

严格来说，由于 PCI 指标与 CPU 指标以及时钟无关，PCI 的插件是通用的，可以插到任何一个有 PCI 总线的系统上去。在实际应用中，因为卡上的 BIOS 与 CPU 以及操作系统有关，不一定能够完全通用。但对同一个类型 CPU 的系统，一般能够通用。在这方面 PCI 总线比 VL 总线有了很大的进步，PCI 插卡可以对所有 80X86 体系结构的微机都通用。

(4) 可靠性和可操作性。PCI 总线扩展板更加小型化，并且它允许使用扩展卡，在实际应用中就可以超过电力负荷预算的最大值。32 位和 64 位两种类型的 PCI 扩展板和 PCI 部件正反向兼容，而且由于排除了缓冲和粘附逻辑，PCI 总线的部件更加容易满足负载和频率的要求，这些特征大大提高了扩展卡的可靠性和可操作性。

(5) 自动配置。PCI 总线提供了自动配置能力，用户可以安装一个新的插卡，且不用设置 DIP 开关、跳线或选择中断。配置软件会自动选择未被使用的地址和中断，以解决可能出现的冲突问题。每个 PCI 设备都有 256 B 的空间用来存放自动配置信息，当 PCI 插卡插入系统时，系统 BIOS 将根据读到的关于该扩展卡的信息，结合系统实际情况为插卡分配存储地址、端口地址、中断和某些定时信息，从根本上免除了人工操作。

6.3.3.4　PCI 总线的操作

PCI 总线额定的时钟频率在 0～33 MHz 之间，在电池供电的系统里，这种方式非常有用。在机器空闲的方式下，它有效地减少了电能消耗。数据总线采用的是多路传送的操作方案，在这种方案中，接插件管脚可以当作地址总线，也可以当作数据总线。一般来说，PCI 设备有主控设备和从属设备(目标设备)。主控设备指的是只对系统总线有控制权的设备，从属设备(目标设备)指的是只对访问请求给予响应的设备。

PCI 总线的存取操作通常有两个步骤：一个是地址操作；一个是数据操作。以读操作为例，一个读周期通常需要 3 个时钟脉冲周期的时间，第一个时钟周期用来输出地址信息；第二个时钟周期把地址线传送操作转换为数据访问操作；第三个时钟周期用来传送数据。使用标准的 32 位总线宽度，在读操作期间数据传送速率为 44 MB/s；而在写操作期间，不需要把地址总线操作转换为数据访问操作，这样用两个时钟周期即可完成一次写操作。其数据传送速率比读操作周期快 50%，达到 66 MB/s。

PCI 总线配套有一种功能非常强的成组方式(Burst Mode)。在这种操作方式下，在地址操作之后，紧跟着的是一次数据量不受限制的数据传送操作。在进行成组传送操作时，发送设备和接收设备都是根据自身情况各自独立更新地址。每次传送操作仅需要一个时钟周期。在 32 位数据总线的情况下，其数据传送速率可达 132 MB/s；在 64 位数据总线的情况下，数据传送速率可达 264 MB/s。

PCI 总线桥拥有将单个处理机访问合并成一次组操作的能力，避免了一种潜在的“瓶颈”现象；除此之外，PCI 总线桥在一次成组传送的操作过程中所传送的字节数不受限制。即使处理机自己有可能把一次成组传送的字节数限定在某一范围内，但 PCI 总线不受处理机这一限制的制约。为了避免 PCI 总线上的某个设备长期占用 PCI 总线，在 PCI 的每个设备上都配备了一个延迟计时器，用这个延迟计时器给每一个设备规定它能使用总线的最长时间。

6.3.4　发展中的系统总线标准

随着微处理器技术的发展，PCI 总线也面临着 ISA 在发展过程中所存在的问题，即使是经过改进的、用于服务器和高端电脑系统的 64 位/66 MHz 的 PCI 总线(提供的带宽可达 533MB/s)仍然无法满足实际系统的应用要求，因此迫切需要新型稳定高效的总线标准出现。

(1) PCI-X 总线技术。PCI-X 总线标准属于 PCI 总线的扩展架构，与 PCI 总线相比，PCI-X 允许连接的单个 PCI-X 设备自己进行数据交换，允许断开没有数据交换的 PCI-X 的连接以减少总线的等待周期。因此，在同样的频率下，PCI-X 的性能将会比 PCI 提高 14%～35%。PCI-X 的另一优势是它具有变频功能，PCI-X 不像 PCI 那样采用固定的频率，工作时的具体频率可根据设备的不同而随时变化。PCI-X 的 1.0 版本目前可以支持 66 MHz，100 MHz，133 MHz 这三种频率，依次能管理四个、两个、一个 PCI-X 设备，分别具有 533 MB/s，800 MB/s，1066 MB/s 的峰值带宽。如在 100 MHz 的总线频率下，两个 PCI-X 设备正好拥有 1.6 GB/s 的总带宽。

PCI-X 总线的另一个优势在于它的兼容性。无论 32 位还是 64 位 PCI-X 总线，均采用同样的接口形式，而且普通 PCI 的设备也能插在 PCI-X 插槽之中。另外 PCI-X 总线也无需在 BIOS 程序中进行任何修改，所有功能的实现可完全由板卡本身决定，所有的 PCI-X 和 PCI 设备都能在一个系统中和平共处，不会发生任何冲突。因此，PCI-X 总线的引入可以最大限度地确保用户原有的投入不会被浪费。

(2) InfiniBand 总线技术。InfiniBand 是 Intel 提出的一种全新的总线结构，用于在服务器系统中取代 PCI 总线。使用 InfiniBand 总线可增强系统的灵活性，系统将会得到更高的带宽和扩展能力。InfiniBand 总线来源于 NGIO(Next Generation I/O)和 Future I/O 这两种竞争的总线结构，经过各方的努力，终于在 1999 年中期将这两种技术成功融合在一起，形成了 InfiniBand 总线标准。

与 PCI-X 一样，InfiniBand 也是用来取代 PCI 总线的。不同的是，InfiniBand 采用了一种全新的架构，与传统的 PCI 无法兼容。InfiniBand 总线标准即可把 I/O 看做是服务器的组成部分，也可看成是机箱的一部分，这时远程存储器、网络和服务器之间的连接是通过一条位于中心的 InfiniBand 控制芯片和中继线完成的。采用这种方式，InfiniBand 解决了 PCI 总线中存在的距离问题。在使用铜线设计 InfiniBand 通道的情况下，外部设备可以放到离服务器 17 m 远的地方；如果使用多模光缆，最远距离可达 300 m；如果使用单模光缆，最远距离甚至可以达到 10 km。由于不需要内部总线的装置，服务器体积可能会缩小 60%以上。InfiniBand 总线还支持即插即用，用户只需将设备连接到 InfiniBand 接口上，剩下的事就由控制芯片自己完成了，不需要用户介入，而且这一过程也不需要中断服务器的运行。

根据不同的需要，InfiniBand 标准为通道适配器设置了 3 种工作方式，分别提供 1，4 和 12 条中继线，这 3 种工作方式提供的带宽分别可以达到 500 MB/s，2 GB/s 和 6 GB/s。对比可以看出，这个速度要高于 PCI-X 总线提供的带宽。InfiniBand 可以让应用程序直接访问外部设备，其间不需要 CPU 协助。而在使用 PCI 总线的系统上，一个最简单的打开或关闭文件请求都需要 CPU 的协助才能完成。因此，InfiniBand 技术的应用可以使设计人员解放出来，开发出速度更快、效率更高的应用软件，可极大提高系统的访问速度。

(3) PCI Express 总线技术。在目前的微机平台中，软件应用越来越依赖于硬件平台，特别是输入输出子系统，日常应用中常常会出现从视频源和音频源传来的大量的流数据要处理，甚至有许多的数据是要求实时处理的。PCI Express 总线技术可满足这些应用的需求。PCI Express 总线是第三代输入/输出总线，简称 3GIO(Third-Generation Input/Output)，又因为它的开发代号是 Arapahoe，所以又称为 Arapahoe 总线。PCI Express 总线架构的适用途径非常广，比如桌面电脑、笔记本电脑、企业级别的应用、通信和工作自动化等。PCI Express 总线可适应流媒体和即时通信的需要，它还能够支持更多的 I/O 设备，并且完全不需要担心不同的设备会占用中断的问题，因此它没有这个缺陷。由于 PCI Express 总线技术海量的带宽，基本上可以满足图形处理器在很长一段时间内的需要，这将大大满足游戏和多媒体爱好者的需求。PCI Express 总线结构如图 6-8 所示。

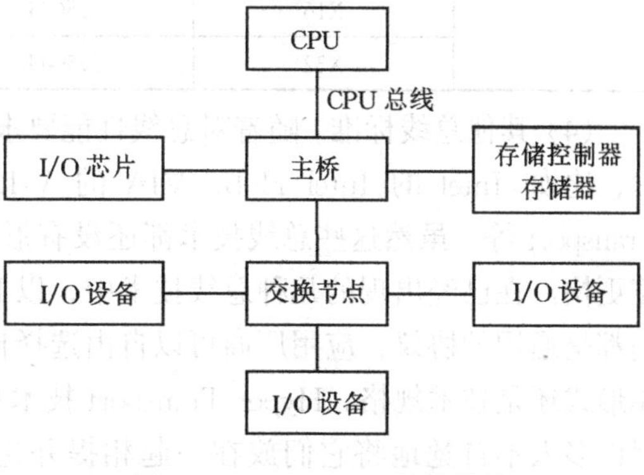

图 6-8　PCI Express 总线结构

一个 PCI Express 总线拓扑结构由一个主桥(Host Bridge)和数个 I/O 设备(Endpoint)组成。在这种拓扑结构中，交换节点(Switch)取代了 multi-drop 的总线，为 I/O 总线提供输出端。交换节点充当了不同终端设备运输的通信桥梁，如果不需要进行处理缓存内滞留的信息，就不用通过主桥来处理。交换节点是作为单独的逻辑元件而存在的，它必须连接到一个主桥组件。在 PCI Express 系统中，每个设备都有自己的专用连接，不需要向整个总线请求带宽，而且可以把数据传输率提高到一个很高的频率，达到 PCI 所不能提供的高带宽。相对于传统 PCI 总线在单一时间周期内只能实现单向传输，PCI Express 的双单工连接能提供更高的传输速率和质量，它们之间的差异与半双工和全双工类似。

PCI Express 的接口根据总线位宽不同而有所差异，包括 X1，X4，X8 以及 X16，而 X2 模式用于内部接口而非插槽模式。PCI Express 规格从一条通道连接到 32 条通道连接，有非常强的伸缩性，可以满足不同系统设备对数据传输带宽不同的需求。此外，较短的 PCI 卡可以插入较长的 PCI Express 插槽中使用，PCI Express 接口还能够支持热拔插。PCI ExpressX1 的 250 MB/s 传输速度已经可以满足主流声效芯片、网卡芯片和存储设备对数据传输带宽的需求；X16 能够提供 5 GB/s 的带宽，远远超过 AGP 8X 的 2.1 GB/s 的带宽，完全可以满足图形芯片对数据传输带宽的需求。此外，PCI Express 也具有支持高级电源管理，支持数据同步传输，为优先传输数据进行带宽优化等优点。

几类 PCI 总线的速度比较见表 6-2。

表 6-2　　几类 PCI 总线的速度比较

总线名称	宽度/bit	工作频率/MHz	最高速率	备　注
PCI	32	33 MHz	133 MB/s	PCI1.0
	64	33 MHz	266 MB/s	PCI2.2
	64	66 MHz	533 MB/s	
PCI X1.0	64	66 MHz	533 MB/s	已有实用产品
	64	100 MHz	800 MB/s	
	64	133 MHz	1.06 GB/s	
PCI X2.0	64	266 MHz	2.1 GB/s	
	64	533 MHz	4.3 GB/s	
	64	1066 MHz	8.6 GB/s	
PCI Experss	X1	2.5 GHz	312 MB/s	推出进度稍晚于 PCI X2.0
	X2	2.5GHz	625 MB/s	
	X4	2.5GHz	1.25 MB/s	
	X8	2.5GHz	2.5 MB/s	
	X16	2.5GHz	5 MB/s	
	X32	2.5GHz	10 MB/s	

(4) 其他总线标准。随着对总线性能要求的不断提高，芯片厂商不断提出新的总线技术，比如 Intel 的 Intel Hub，VIA 的 V-Link，SiS 的 MuTIOL 以及 AMD 的 Hyper Transport 等。虽然这些总线技术都还没有形成统一的标准，但它们都使得数据的处理更宽更快。在已经出现的几种总线技术中，以 PCI Express 和 Hyper Transport 最为流行，它们都是通用的协议，应用厂商可以自由选择自己喜欢的类型。从技术角度而言，无论是工作形式还是技术规格，Hyper Transport 技术和 PCI Express 技术都有不少相似之处。这使得许多人不自觉地将它们放在一起相提并论。从定位来看，两者的利益冲突不大，PCI Express 的服务对象更多的是电脑设备，而 Hyper Transport 则是高端网络设备的一个高带

宽的解决方案，可满足数据吞吐量巨大的网络路由器、交换机的需求。

6.4 外部总线

外部总线是微机和外部设备之间的总线，用于在系统间实现互连，也可以作为可编程控制的仪器、设备与计算机相连接的总线。因而在实现形式上，外部总线接口同系统总线有很大的区别。系统总线一般都做成多个插槽的形式，集成在主板上，供用户扩展计算机的功能时插入各种适配器，如网卡、声卡和显卡等。而外部总线接口则大都置于机箱的外部，以便连接不同的设备。

为了支持不同应用的需要，计算机系统接入外围设备(如键盘、鼠标、打印机)的输入/输出接口有许多独立运行且互不兼容的标准。如键盘的插口是圆的，连接打印机要用 9 针或 25 针的并行接口，以前鼠标则要用 9 针或 25 针的串行接口；为了将计算机后的串口留给其他用途，如 Modem 等使用，IBM 推出了 PS/2 型接口，专门用于连接鼠标和键盘。每一种总线标准都能用于一个或几个方面，因而外围设备的接口并没有统一的标准。因此机箱后面要留大小不等、形状各异的多种接口，十分繁琐。USB 总线提出后，PC 机连接外设应用同一种标准成为可能。

依据数据传输方式的不同，外部总线可分为串行和并行两大类。依据数据是否可以实现双向传输，又可以分为全双工、半双工和单工等工作方式。随着计算机技术的飞速发展以及人们不断增多的应用需要，外部总线的改进和完善在不断进行，新的标准也层出不穷。其中最有代表性的是 USB 总线以及应用于高速数据传输领域的 IEEE1394 总线。

6.4.1 USB 总线

通用串行总线(Universal Serial Bus，USB)是由 Intel、Compaq、Digital、IBM、Microsoft、NEC 等世界著名的计算机和通信公司共同推出的一种新型接口标准。这种新的连接技术极大简化了计算机与外设的连接过程。1995 年由通用串行总线论坛(USB－IF)对通用串行总线进行了标准化，并发布了通用串行总线的串行技术规范，简称 USB。该规范的目标是发展一种兼容低速和高速的技术，从而可以为广大用户提供一种可共享的、可扩充的、使用方便的串行总线。该总线独立于计算机系统，并在整个计算机系统结构中保持一致。

USB 可把多达 127 个外设同时连接到用户的系统上，所有的外设通过协议来共享 USB 的带宽。其12 Mbit/s的带宽对于键盘鼠标等低中速外设是完全足够的(2000 年发布的 USB 规范版本 2.0 中，将 USB 支持的带宽提升到 480 Mbit/s)。USB 允许外设在主机和其他外设工作时进行连接、配置、使用及移除，即所谓的即插即用(Plug and Play)。

USB 总线的应用减少了 PC 上形状、标准各异的 I/O 端口，使 PC 与外设之间的连接更加容易。自 1996 年 2 月 USB 1.1 规范发布后的短短几年间，USB 不仅成为了微机主板上的标准端口而且还成为大部分外设(比如键盘、鼠标、显示器、打印机、数字相机、扫描仪和游戏柄等)与主机相连的标准协议之一，这种连接较以往的普通并口和串口连接而言，其主要优点是速度高、功耗低、支持即插即用。

6.4.1.1 USB 规范

USB 规范主要包括以下几个方面。

(1) 数据传输速率。USB 设备的数据传输速率有 3 种类型，可分为高速、中速和低速 3 种情况。高速、中速的设备传输是同步的，高速设备用于连接磁盘驱动器、视频设备等，标准速度为 480 Mbit/s；中速设备用于连接扫描仪、交换机等，标准速度为 12 Mbit/s；低速设备用于和交互设备的设备，如：连接键盘、鼠标、调制解调器等，标准速度为 1.5 Mbit/s。USB 的速率见表 6-3。在实际的应用系统中，根据软件的自动识别设置具体的传输速率。

表 6-3　　USB 的速率

性　能	应　用	特　性
低速交互设备 10 Mbit/s～1.5 Mbit/s	键盘、鼠标、游戏柄	低价格、热拔、易用性
中速电话、音频、压缩视频	ISDSMPBX，POTS，ADSL，抛捞仪、交换机等	低价格、易用性、动态拔、限定带宽延
高速视频、磁盘 25～500 Mbit/s	硬盘驱动器，视频会议	高带宽、限定延速、易用性

(2) 连接电缆的种类。USB 连接电缆有两种：高、中速传输速率使用屏蔽双绞线；低速设备的连接线为普通的无屏蔽双绞线。

(3) USB 连接器。USB 连接器为四芯插针：两条用于信号连接，这两条信号线为 90 Ω 双向差分屏蔽双绞线；两条用于电源馈电线路(VBUS 和地)的连接，其中 VBUS 电压为 +5 V。常见的 USB 连接器的形状如图 6-9 所示。

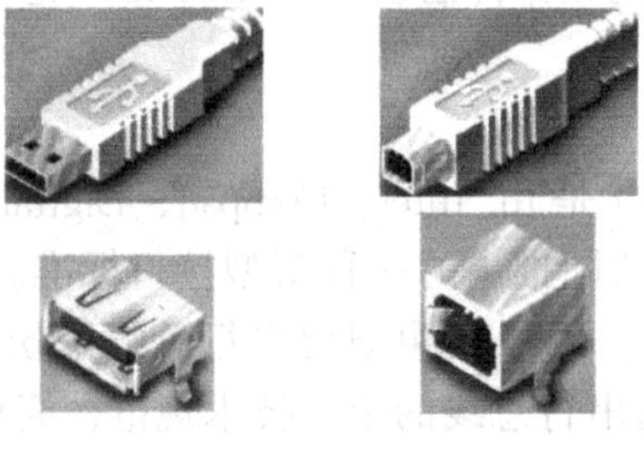

图 6-9　常见的 USB 连接器的形状

(4) 最大连接设备数。包括转换器 HUB，最多可连接 127 个设备。

(5) 连接点之间的最大距离。连接点之间的距离可达 5 m。

6.4.1.2　USB 总线体系

(1) USB 总线的拓扑结构。USB 设备和 USB 主机通过 USB 总线相连。USB 的物理连接是一个星形结构，集线器(HUB)位于每个星形结构的中心，每一段都是主机和某个集线器或某一功能设备之间的一个点到点的连接，也可以是一个集线器与另一个集线器或功能模块之间点到点的连接，如图 6-10 所示。

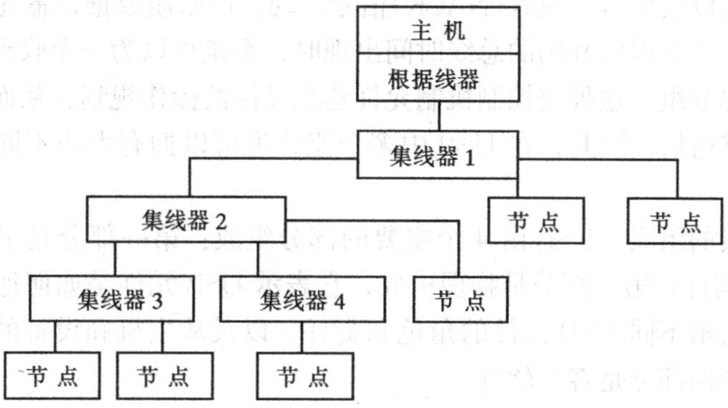

图 6-10　USB 总线拓扑图

(2) USB 总线的物理接口。USB 物理接口包括电气特性和机械特性两部分。对于电气特性，USB 总线中的物理介质由一根四线的电缆组成，其中两条用于提供设备工作所需的电源，另外两条用于传输数据。信号线的特性阻抗为 90 Ω，而信号是利用差模方式送入信号线的。利用这种差模传送方式，接收端的灵敏度可以达到不低于 200 mV。USB 1.1 支持两种信号的速率，USB 1.1 的最高速率为 12 Mb/s，但它可以工作在 1.5 MB/s 的较低速率，而这种较低的传送速率是依靠较少的 EMI 保护实现的。利用一种对设备透明的方式来实现数据传送模式的切换。同一个 USB 1.1 系统可以同时支持高速和低速模式。1.5 MB/s 低速率方式用来支持数量有限的像鼠标这样低带宽要求的设备，这类设备不能太多，因为其数目越多对总线利用率的影响就越大。时钟信号编码后也在信号线上传输。时钟信号的编码方式采用 NRZI(非归零)方式，为了保证有足够的跳变沿进行了比特填充。接收器利用每一个分组前的同步(SYNC)域来同步它的比特恢复时钟。有关电气规范的详细内容可参考有关资料。

关于机械特性，对于所有的 USB 设备上都有“上行”(UP-Stream)和“下行”(Down-Stream)连接，在机械特性方面是不可以互换的，所以要尽量消除集线器上出现非法的环路连接。一条电缆有 4 根导线，一对具有标准规格的双绞信号线和一对在允许的规格范围内的电缆线。每个连接器都有 4 个点，并且具有屏蔽的外壳、规定的坚固性和易于插拔的特性。详细的机械特性请参考有关手册。

(3) USB 总线传送协议。USB 总线上的数据处理包括最多 3 个分组的传送。每一次数据传送操作开始时，都是由 USB 主控制器根据一个计划的步骤，发送一个用于描述数据传送类型和方向、USB 设备地址、端点号的 USB 分组，这一分组为令牌分组，被寻址的 USB 设备通过对指定的地址域进行解码后，就可以知道这是不是发给自己的分组。USB 令牌分组中规定了数据传送的方向，数据处理操作的信源可以发送令牌分组来指出信源本身有没有数据需要发送。

USB 总线中，主机和设备端点之间传送数据的模型被称为“管道”，这种管道模型有两种：流管道和消息管道。流管道中的数据没有确定的帧结构，消息管道中的数据有确定的帧结构。另外，管道还同时与传输带宽、传送服务类型以及传送缓冲区大小端点等特性相联系。只要某一 USB 设备完成初始配置之后，就会存在管道 0，管道 0 提供对设备配置、状态和控制信息的访问。当一个USB设备上电以后，消息管道会一直存在。

对数据处理操作进行合理安排，可以对一些流模式的管道实现流控制功能。硬件方面，流控制功能可以使用否定应答(NACK)信号实现，以限制数据传输速率，防止缓冲区溢出情况的发生。当有可以利用的总线时间出现时，系统可以为一个收到否定应答的处理操作重新发出令牌分组。这种流控制机制允许建立灵活的操作规划，从而可以服务于许多不同种类的流管道通信。因此，在USB中多个流管道可以拥有大小不同的分组，并可在不同时间获得服务。

(4) USB总线的组成。USB由4个主要的部分组成：第一部分是主机和设备，它是USB系统的主要构件；第二部分是物理构成，它表示USB元件是如何连接的；第三部分是逻辑构成，它表示不同USB元件的角色和责任，以及从主机和设备的角度出发，USB所呈现的结构；第四部分是客户软件。

① USB主机的组成。USB主机的结构图如图6-11所示，包括USB主控制器、USB系统软件(USB驱动程序和主机软件)和客户软件。USB主机是USB中唯一的一个用于协调工作的实体。对USB的访问都是由主机控制，当主机允许对其访问时，USB设备才取得总线的访问权。

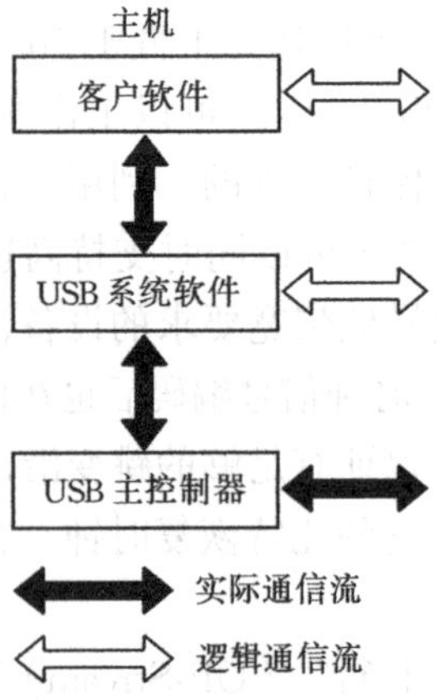

图6-11 USB主机的组成

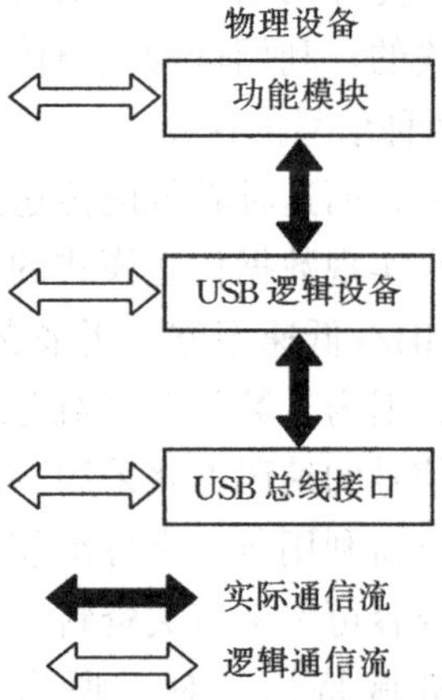

图6-12 USB物理设备的组成

② USB设备的组成。一个USB物理设备的逻辑组成包括：USB总线接口、USB逻辑设备和功能模块，如图6-12所示。从图中可以看出，USB物理设备分成3层。最低一层是用于传送和接收分组的总线接口；中间一层则用于控制总线的接口和设备上的各个端点之间所形成的数据路由，一个端点是数据的最终使用者或提供者，可以认为它是一个信源或信宿；最高一层是串行总线设备所提供的功能模块，例如，一个鼠标或ISDN接口。

③ USB物理总线的拓扑结构。USB总线上的设备以星形拓扑结构实现与主机的物理连接。如图6-13所示。USB的接入点由集线器来提供。这种由集线器提供的额外接入点称为端口。主机中包含了嵌入的集线器，它称之为根集线器。通过根集线器，主机可以提供一个或多个接入点。为了防止出现环行接入的情况，在USB中使用了分层的拓扑结构，这种配置结果是形成了层次的星形或树形结构。

多个功能模块可以套装在一起成为一个单一的物理设备。例如，一个键盘和一个鼠标可以组合在同一个包装之内。在该包装内，一个集线器上永远都接着不同的功能模块，而

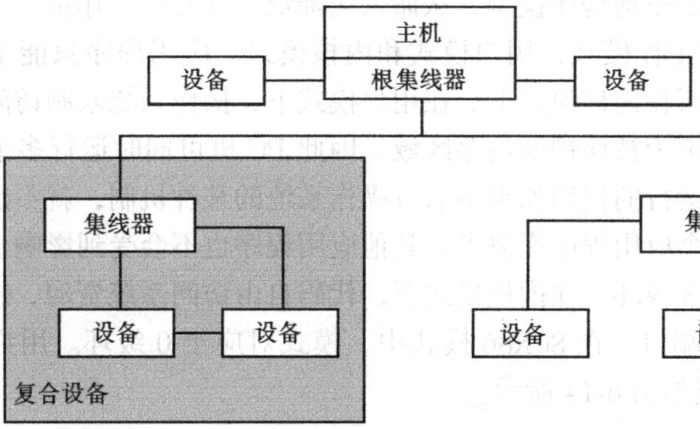

图 6-13 USB 物理总线的拓扑结构

且由这一内部集线器实现与主机的互连。当多个功能模块和一个集线器组合在一个包装内时，称其为多功能(复合)设备。对主机而言，一个复合设备与一个连有多个功能设备的分离的集线器之间没有区别。

6.4.1.3 USB 驱动程序

主机与外设通过 USB 接口的通信是通过驱动程序来实现的。在 Windows 环境中，定义了 Windows 设备驱动程序模型，其中设立了两种模式：用户模式和内核模式。应用程序只能工作在用户模式下，而驱动程序大多运行在内核模式下。驱动程序采用了分层结构。设备驱动知道如何与系统的 USB 驱动和访问设备的应用程序通信。设备驱动通过在应用层和硬件专用代码之间的转换来完成它的任务。应用层代码一般使用一套操作系统支持的函数。硬件代码则处理那些访问外设电路的必要协议，包括监视状态信号和在合适的时间切换控制信号。

设计 Windows 环境下的设备驱动程序是一件很复杂的事，有关 Windows 对 USB 支持的详细的说明请参考微软公司提供的设备驱动开发包（Device Driver Developer's Kit, DDK)中的文档。

(1) Win32 驱动模式。Windows 的 USB 设备驱动必须遵照微软公司在 Windows98 和更新的版本中为用户定义的 Win32 驱动模式。这些驱动以 Windows 设备驱动程序模型(WDM)驱动为主，扩展名为 .sys。

与其他的底层驱动程序一样，WDM 驱动程序不能驱动应用程序，因为它负责在一个特权层实现和操作系统的通信。WDM 驱动可以允许或拒绝一个应用程序对一个设备提出的访问。例如，WDM 驱动程序可以允许任一应用程序来使用一个游戏杆，或者允许一个应用程序保留游戏杆独自使用。Windows 为其他底层设备驱动程序和 WDM 驱动程序所保留的能力还包括 DMA 传输和对硬件中断的响应。

在 Windows 的早期版本中，使用不同的设备驱动模型。Windows 95 使用 VXDS(虚拟设备启动)；Win NT 4.0 使用一种成为内核模式驱动的驱动类型。想要 Windows 95 和 Win NT 都支持，开发者就需要为每种操作系统分别写驱动程序。而 Win 32 设备驱动程序模型是设计用来运行为 Windows 98 和其他以后的版本(包括 Windows 2000 和 Windows XP 系统)下的任何设备，提供一个通用的驱动程序模型。

WDM 定义了一个基本模型处理所有类型的数据。例如，USB 类型驱动程序为所有 USB 设备提供了一个抽象的模型，提供了所有客户驱动程序使用的接口。这样就使得同一类型的设备具有相同类型的驱动程序模型，从而大大降低了开发的工作量。

Win 32 驱动程序有两种工作模式：用户模式和内核模式。应用程序只能工作在用户模式下，而驱动程序大多运行在内核模式下。在用户模式下，操作系统限制访问内存和其他系统资源，不允许访问设定为被保护的内存区域。因此 PC 机可同时运行多个程序而不互相干扰。在用户模式下，运行的代码如果不通过操作系统的某种机制，就不能进入内核模式。从理论上讲，即使一个应用程序崩溃了，其他应用程序也不会受到影响。在 80X86 处理器上，用户模式对应于 3 级环。在内核模式下，代码自由访问系统资源，包括执行内存管理指令和控制访问 I/O 端口。在 80X86 模式中，模式对应于 0 级环。用户模式和内核模式在 USB 通信中的组成如图 6-14 所示。

(2) USB 分层驱动。

① USB 驱动程序的分层结构。USB 通信使用分层驱动模型，每层处理部分通信任内核任务。把通信分成层是有效的，因为这样可以使不同的设备在一些任务上使用相同的驱动。当所有设备都连接到 USB 上，有一套可以被所有设备访问、用来处理 USB 专用通信的驱动是明智的。当然也可以选择，让每个设备驱动直接与 USB 硬件通信，这样就会出现很多重复劳动。

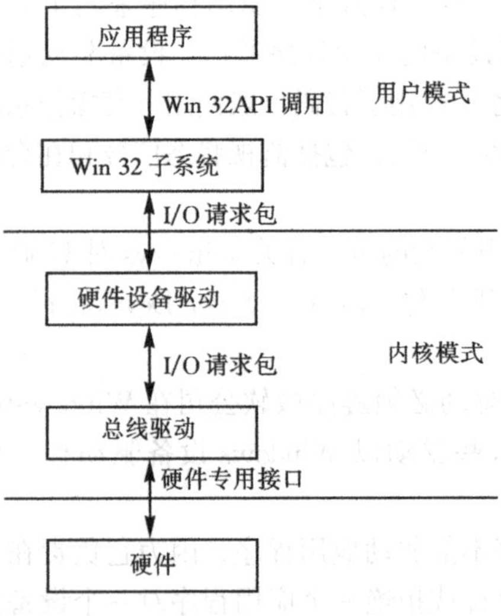

图 6-14　用户模式和内核模式在 USB 通信中的主要组成

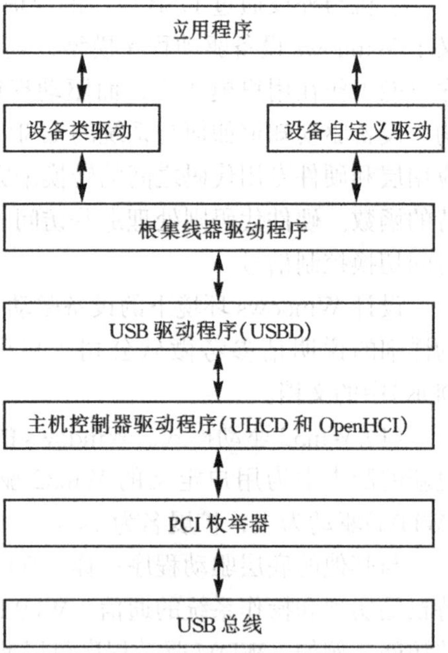

图 6-15　USB 分层驱动体系结构

图 6-15 为 USB 分层驱动体系结构，即在 Windows 系统中，如何对构成一个 USB 主机的不同软件部分进行划分的情况。

应用程序通过访问一系列的 API 函数，与设备驱动程序交互。设备驱动程序把应用程序的请求转换成 IRP(I/O 请求包)的标准形式。

设备驱动程序通过对 Windows 所定义的一个软件接口来同根集线器驱动程序进行通信。而 USB 根集线器驱动程序则要通过 USB 驱动接口 USB-DI 来实现同通用串行总线驱动程序(USBD)的通信。然后，USBD 会选择两种主控制器驱动程序之一来同其下方的主控制器进行通信。最后，主控制器驱动程序会直接实现对USB物理总线的访问(通过PCI枚举器软件)。

像Windows NT环境下的驱动设备一样，USB取得那个程序软件堆栈内的层间通信也使用了一种称之为IRP的机制。首先，客户以IRP的标准形式向USBD请求数据传输。IRP在不同层的驱动程序之间传送，从而在不同的分层结构之间实现了通信。

在图6-15中，各层驱动程序分别承担一定的通信任务，并一起保证了USB外设到主机的通信。

USB设备驱动程序位于根集线器驱动程序之上，Windows操作系统给出了Windows USB接口，设备驱动程序通过该接口访问其下层的USB软件。

当一个应用程序启动了一个API调用后，Windows把调用传递给合适的设备驱动，驱动把要求转换为USB总线类驱动能理解的格式。IRP包含被称为USB请求块(URB)的结构，这个结构为配置设备和传输数据任务指定协议。URB记录在Windows98的DDK文档中。

主控制器驱动程序处于USBD的下方，而根集线器驱动程序却位于USBD之上。根集线器驱动程序处理根集线器端口和这个端口的任何下行设备的初始化。Windows包含了集线器驱动usb-hub.sys，因此该驱动不需要由设备开发者编程。

每一个支持USB系统的主机中，都会有一个根集线器提供的两个USB端口，即位于主机箱上的两个USB端口。一个USB系统中的所有USB设备，包括USB功能设备和USB集线器都必须以一定的方式直接进入，或通过USB集线器以菊花链式的星形接入USB根集线器。在Windows环境中，所有的设备驱动程序都可以通过指向根集线器驱动的接口，来和所有接入的USB设备进行通信。另外还有一种方法就是通过USBDI直接同USBD进行通信。

USBD(通用串行总线驱动程序)是USB系统中负责管理通用串行总线工作的一个位于主机上的软件。它在集线器驱动和主机控制器驱动之间翻译通信请求、处理总线列举、电源管理以及USB事务的其他方面。这些通信不要求设备开发者编程。Windows 98以后的系统中包含了总线类驱动usbd.sys。在Windows系统中，USBD属于WDM驱动。

主机控制器驱动与主机控制器硬件通信，后者连接到总线上。Microsoft提供了对两种接口的支持，即在图6-15所示的通用主控制器驱动程序(Universal Host Controller Driver，UHCD)和开放主控制器接口(Open Host Controller Interface，Open HCI)。这是不同的USB供应商所提出的用于管理一个系统中的USB主控制器的两个软件接口。

主控制器驱动程序不需要任何设备开发者编程。符合开放主机控制器接口标准的控制器使用uhci.sys驱动，符合通用主机控制器接口标准的控制器使用openhci.sys驱动，这两种驱动都为USB硬件与USB总线类驱动通信提供了途径。尽管它们具有不同的实现方式，但任何区别对驱动开发者和应用程序的程序员都是透明的。

两种驱动采用不同的方式来完成主机控制器的功能。UHCD把更多的通信负荷放在软件上，允许使用更简单、更便宜的硬件，OHCI则把更多的通信负荷放在硬件上，使用更简单的软件控制。UHCI是由Intel开发的，技术规范可以在Intel的网站上找到。OHCI是由COMPAQ、Microsoft、Panasonic这三家公司联合开发的，技术规范可以在其网站上找到。USB开发者论坛上也有对应的链接说明。

② 设备和总线驱动。在Windows系统下，USB通信使用两种驱动类型：设备驱动和

总线驱动。设备驱动处理单一设备或一类设备之间的通信。单个的 USB 设备可能使用一个或多个设备驱动。在设备驱动下有 3 个驱动负责处理总线通信的各个方面：Hub 驱动、USB 总线驱动和主机控制器驱动。图 6-14 描述出了这些驱动在 USB 通信中是如何一起工作的。

6.4.1.4　USB 总线的优点

USB 总线标准可以针对不同的性价比要求，提供不同的选择，针对不同的系统和部件提供不同的功能，可以说 USB 是外围设备发展的必然趋势。其主要优点如下。

(1) 方便终端用户的使用。USB 总线标准为电缆和连接头提供了单一模型，其电气特性与用户无关，外设可由自身供电也可由 USB 供电；可自动检测外设，自动完成配置和到驱动程序的功能映射；支持动态连接，动态对外设进行重置。

(2) 应用广泛。USB 总线可适应不同的设备，传输速率从每秒几千位到每秒几百兆位，在同一根电缆上支持同步和异步传输模式，可同时支持多个设备操作，在主机和设备间可传输多个数据流和报文。

(3) 同步传输带宽。确定的带宽和低延时使得其可应用于电话系统和音频、视频的应用，同步载荷可使用总线上的全部带宽。

(4) 应用中的灵活性。USB 总线支持一系列大小的数据包，允许对设备缓冲器大小的选择；可通过指定数据缓冲区大小和执行时间而支持各种传输速率。

(5) 容错性在协议中规定了出错处理和差错恢复机制；用户可以动态地插入和拔出 USB 设备；可对默认的设备进行识别。

(6) 与 PC 产业的一致性。整个 USB 协议与 PC 机的即插即用的体系结构完全一致，与现存操作系统接口可以进行良好的衔接，整个协议完整并容易实现。

(7) 性价比高。USB 总线标准把外设和主机硬件进行了最优化的集成，这样可促进低价格外设的发展；标准中定义的电缆和连接头比较廉价，有利于商业的推广应用。

6.4.2　IEEE 1394 总线

IEEE1394 是一种与平台无关的串行通信协议。早在 1985 年，Apple 公司就已经开始着手研究这一技术，并称之为火线(FireWire)。后来 TI 与 Sony 公司等也加入了支持该技术的行列。Apple 公司称其为火线(FireWire)，而 Sony 公司则称其为 iLink，Texas Instruments 公司称其为 Lynx。

IEEE 1394 接口标准化作业开始于 1986 年，1987 年 Apple 公司发布了第一个完整的规范，1992 年 Apple 公司的提案被采纳为 IEEE 1394 标准规范，1986 年 9 月正式成立了 IEEE 1394 Trade Association，主持推进 IEEE 1394 为标准的家庭网络规格普及工作，并推出了用于保证高质量和兼容性的规范。

1995 年，IEEE 正式制定了 IEEE 1394—1995 正式的标准。后来有制定了 IEEE 1394a，它是 IEEE 1394—1995 的改良版，支持 100 Mb/s、200 Mb/s 和 400 Mb/s 的数据传输速率，而新版本 IEEE 1394b 则能够实现 800 Mb/s、1600 Mb/s 和 3200 Mb/s 的数据传输速率。由于 IEEE 1394 的数据传输速率相当快，因此有时又叫它“高速串行总线”，并被认为可以取代并行总线 SCSI。

6.4.2.1　IEEE 1394 的主要特点

(1) 通用性强。IEEE 1394 采用树形或菊花链结构，以级联方式在一个接口上允许连接63个不同类型的设备，包括多媒体设备、传统外设以及家电等消费电子类产品，为计算机和电子产品提供了统一的接口。而且允许两节点之间最大距离为4.5m。IEEE 1394b标准可以实现100 m范围内的设备互连。

(2) 传输速率高。目前普遍使用的IEEE 1394支持最高400 Mb/s的数据传输速率，新版本可以支持1.6 Gb/s甚至3.2 Gb/s的传输速率，这样高的传输速率可满足大部分高速设备对数据传输的要求。

(3) 实时性好。IEEE 1394具有很高的数据传输速率，可以支持异步传送和等时传送两种模式，使数据传送的实时性明显提高。这对多媒体应用是非常重要的，因为它保证图像和声音不会出现时断时续的现象。

(4) 对被连接设备提供电源。IEEE 1394连线由六芯组成，其中四根形成两对双绞线用来传送数据，其余两根是电源线，可以向设备提供4～10 V/1.5 A的电源。由于IEEE 1394总线能向设备提供电源，这样不但可以免除为每台设备配各独立的供电系统，而且可以保证设备断电时不影响整个系统的正常运行。

(5) 连接简单，使用方便。IEEE 1394采用设备自动配置技术，允许热插拔和即插即用因为IEEE I394标准接口的通信协议明确规定，当网络上附加结构和撤销节点时，能够自动实现网络重构和自动分配ID。

6.4.2.2　Windows平台下1394接口方案

(1) 整体方案。下面以一个1394功能演示系统方案为例来说明1394接口方案的应用。整个系统方案的思想体现了基于1394高速串行总线分时共享的特点，让总线上的多个节点同时传输，实现1394的等时、异步传输功能以及部分总线管理功能，并验证其高速传输性能。

1394演示系统结构图如图6-16所示。

图6-16　1394演示系统结构图

系统包括如下几部分。

① 带有1394接口的数据显示处理主机，如带有1394接口卡的PC机或主板上有1394接口的PC机。这部分的主要功能是对1394数据进行接收、显示及传输。

② 带有1394接口的摄像头。摄像头作为数据源来产生高速的视频数据。可供选择的摄像头如鹰眼CF-2000 CMOS 1394接口的PC摄像头，33万像素，最大分辨率640×480，位宽为24位，支持多种传输模式：15帧640×480，30帧320×240等。总线的最大传输率可达400Mb/s。

③ 总线监测设备。总线监测设备可以采用Nital公司的FireBuilder/Firesnooper。该产品可以在PC机的Windows系统下与TI公司的TSBPC 1403卡联合使用，负责监测总线上的事务。

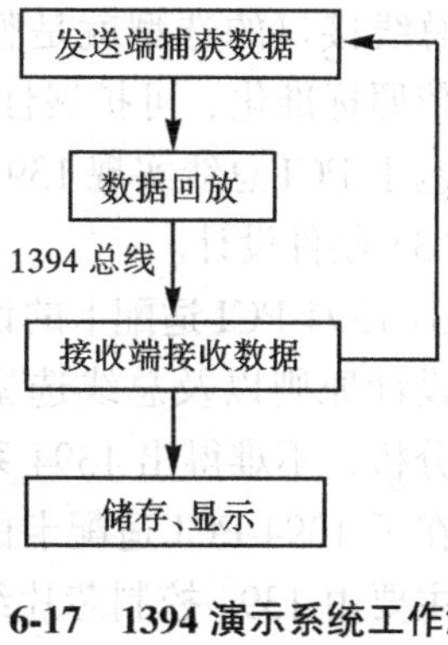

图6-17　1394演示系统工作流程

1394演示系统工作流程如图6-17所示。1394总线传输的发送端首先从摄像头捕获视频数据，并回放，然后通过 1394 总线通信将数据传输给接收端；接收端接收数据，存储并显示出来。而且接收端可以发送异步指令来控制发送端的状态，如开始发送、停止发送等。

系统设计包括方案选定、软件/硬件设计。下面以基于 PCI 总线的方案为例介绍 IEEE 1394 总线接口方案的实现。在这种方案中，硬件设计的主要任务是实现 1394—PCI 的适配卡，软件设计是指在 Windows 下完成用户与硬件的通信，实现卡的驱动程序和应用程序。其中，应用程序接收用户指令，驱动程序作为用户与硬件间的接口将用户指令转化为相应的 1394 请求并交由硬件实现 1394 数据 DMA 传输。

(2) IEEE 1394 总线接口方案在本方案设计中所遵循的设计原则是：标准化、模块化、可扩展性、实现可行性、可维护性。1394 系统总线接口方案结构图如图 6-18 所示。

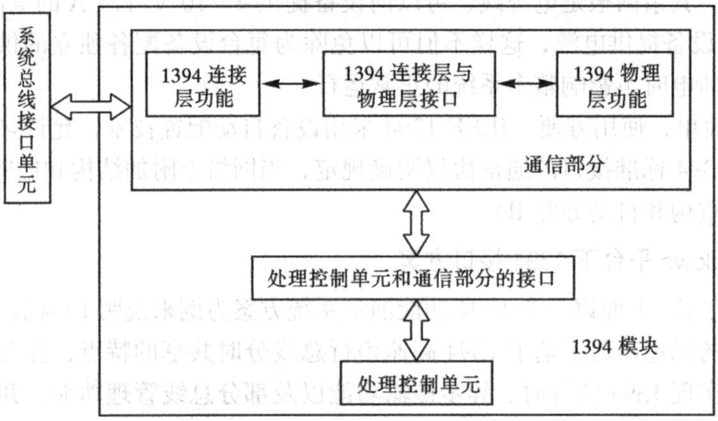

图 6-18　1394 总线接口方案结构图

系统设计中考虑了各种可实现的 1394 高速总线方案，其中主要包括基于微处理器的 1394 方案和基于系统总线技术的 1394 方案。鉴于应用系统总线技术和模块化的方式来组装系统的好处，以及要实现系统的可扩展性和可维护性，确定在系统设计中首先实现基于系统总线技术的 1394 方案。

由于采用共同的总线接口方式，1394 模块与其他系统模块的连接为标准化连接。其他模块只需要提供相应的总线接口，通过 1394 模块就可以实现指定的 1394 功能，从而实现整个 1394 传输系统。

要实现一个基于总线接口方案的 1394 系统，总线接口的选型就是整个系统设计的核心。依照标准化、可扩展性和可行性的原则，确定基于 PCI 总线实现 1394 系统。

(3) 硬件设计。

① 1394-PCI 适配卡的设计。通过对 1394 系统设计原则以及总线选型的可扩展性和可行性分析，不难得出 1394 系统设计的实质性内容在于 1394-PCI 适配卡的设计。适配卡的实现主要由 1394 控制芯片组完成，如图 6-19 所示。

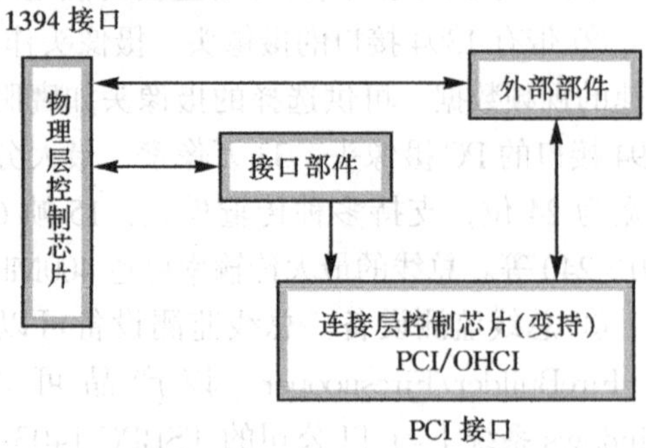

图 6-19　1394-PCI 适配卡的原理图

② 芯片的选择。1394技术的实现取决于相应的1394控制芯片。生产1394控制芯片的厂家主要有：TI、SONY、IBM、PHILIPS和NEC等。其中TI公司首先突破1394芯片技术，产品系列面向各类应用。选定TI公司的1394控制芯片TSB12LV23作为链接层和物理层协议芯片。TSB12LV23（OHCI－Lynx)为链接层控制芯片，是一个开放式主机控制器接口1.0(OHCI)和IEEE 1394a的连接层设备，可以在PCI总线和PHY接口之间传输数据。这为设计PCI-1394适配卡提供了方便的PCI接口，而且OHCI为1394的实现提供了标准的软件平台，便于软件在不同操作系统间的移植。通过串行总线连接层协议，允许任何支持1394标准的控制器间实现通信。

其他可以使用的芯片还有TSB41LV02、TSB41LV03等。TSB41LV02兼容IEEE 1394—1995标准，可以工作在100 Mb/s、200 Mb/s和490 Mb/s速率下；TSB41LV03是一个三端口400 Mb/s物理层设备，遵从IEEE 1394a标准。

6.4.2.3 Windows平台下的1394开发方案

Windows不提倡对硬件的直接访问，它为用户提供了一个与设备无关性的操作平台，使用户对系统硬件资源的操作变得完全透明。底层操作由操作系统完成，这具体体现在设备驱动程序上。设备驱动程序提供连接到计算机硬件的软件接口，使用户程序可以以一种规范的方式访问硬件资源，操作系统认为驱动程序是可靠无错和规范的，这样就在用户程序和硬件之间由系统提供了一个保护屏障，实现硬件资源的合理分配，既可以保护系统的稳健性，又可以提供充分的设备无关性。应用程序通过1394设备驱动程序访问串口。

为了在Windows下实现1394功能，必须编写符合Windows规范的驱动程序。Windows 95和Windows 98使用虚拟设备驱动程序VXD访问硬件；Windows NT, Windows 2000和Windows XP使用Windows驱动模型WDM或NT式设备驱动程序访问硬件。在Windows NT和Windows 2000中硬件抽象层HAL为实际的硬件提供一个可以移植的接口。

6.4.2.4 使用IEEE 1394构建智能家庭网络

用IEEE 1394技术主要构筑3种家庭网络，智能家庭网络的结构图如图6-20所示。

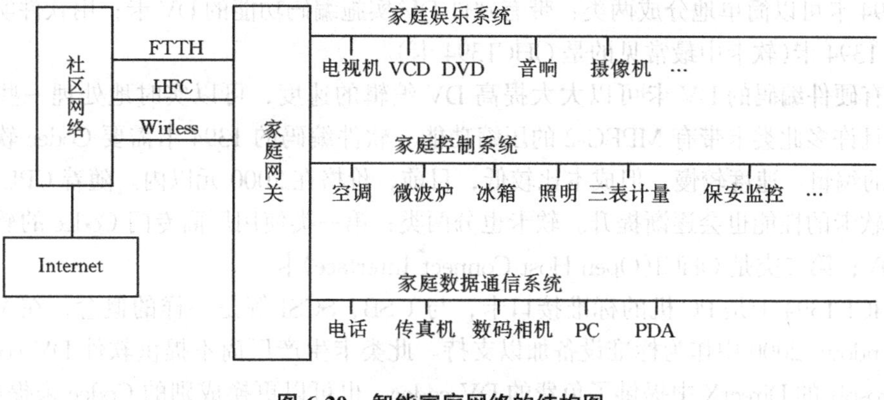

图6-20 智能家庭网络的结构图

(1) 娱乐性家庭网络用于连接各种娱乐性家用电器，如高清晰度电视机、DVD、家庭影院等。标准清晰度视频信号的传输速率要求每通道1.5～8 MB/s，高清晰度视频信号的传输速率则达到每通道19.39 MB/s，音频信号要求的传输速率根据压缩情况在128 kB/s～1 MB/s。最流行的协议为HAVi。

(2) 数据通信家庭网络用于传递数字与多媒体信息，可连接电话、传真、计算机等设备，实现 Web 浏览器、E-mail、聊天、网上购物等。语音信号要求比较低的传输速率 15～64 kB/s，而视频信号要求的传输速率可达 128～384 kB/s，数据传输速率可在 5.5～9.5 MB/s。

(3) 家庭控制网络用于传送普通家用电气的控制信号和监视信号，实现家电设备的远程监视和自动控制，保证家庭安全。该系统对传输速率要求比较低，是智能家庭网络中唯一的低速网络，数据传输速率只需每秒几千比特。用的较多的标准协议有 Lonworks、CEBUS、EIB 和包含所有欧洲流行标准的 Konnex。

6.4.2.5 1394 技术在 DV 中的应用

DV 是 Digital Video 的缩写。Digital 是相对于 Analog 而言的，比如家用 VHS 录像技术和 Laser Disc 是模拟的，VCD 和 DVD 就是数字的。从这个意义上说，PC 上的视频处理都是数字的了。

DV 的另外一个含义是指专门的一种定义压缩图像和声音数据记录及回放过程的记录标准视频格式，这就同时包含 DV 格式的设备和数字视频压缩技术本身。DV 并不雷同于 MPEG 或 Motion-JPEG，它是一种新的数字压缩格式，是一种将 DCT 压缩的视频数字信号保存到盒式录像带的方法。所谓的 DV 摄像机就是以这种格式记录视频数据的。DV 作为新一代的数位录像带的规格，体积更小，时间更长。使用 6.35 mm 带宽的录像带，以数位信号来录制音像，录像时间为 60 min，用 LP 模式可延长拍摄时间至带长的 1.5 倍。目前市面上的 DV 录像带有两种规格；一种是标准的 DV 带，另一种则是缩小的 miniDV 带，一般家用的摄像机所使用的录像带都是属于缩小的 miniDV 带。

DV 一般采用 1394 接口卡与 PC 机进行数据交换，1394 卡与 USB 一样只是通用接口转换卡，而不是视频采集卡。例如，可以连接一个高速外接硬盘到 1394 卡上。但是因为 1394 卡的绝大多数用途是接摄像机，所以，通常把它看作采集卡了。1394 卡的功能不过是把 DV 格式的数据从摄像带上传输到硬盘而已，并不是像 MPEG 采集卡一样，需要有视频压缩的硬件。

1394 卡可以简单地分成两类：带有硬件 DV 实施编码功能的 DV 卡；用软件实现压缩编码的 1394 卡(软卡中最常见的是 OHC1394 卡)。

带有硬件编码的 DV 卡可以大大提高 DV 编辑的速度，可以实时地处理一些特技转换，而且许多此类卡带有 MPEG-2 的压缩功能。软件编码的 1394 卡需要 Codec 软件来进行 DV 的编辑。速度较慢，但成本比较低，目前，价格在 2000 元以内。随着 CPU 的不断提速，软卡的性能也会逐渐提升。软卡也分两类：第一类使用厂商专门 Codec 的软卡，比如 EZDV；第二类是 OHCI(Open Host Connect Interface)卡。

OHCI 1394 卡是 PC 机的标准接口卡，与 USB、SCSI 等是一样的概念，在 Windows 98、Windows 2000 中作为标准设备加以支持。此类卡生产厂商不提供软件 DV codec，但是 Microsoft 的 DirectX 中提供了免费的 DV codec，也可以更换成别的 Codec 来提高质量。OHCI 卡的一个突出优点是价格比非 OHCI 的软卡更便宜，而且可以连接除了 DV 摄像机之外的 1394 设备，比如硬盘、Webcam 等。各种 OHCI 卡的差异其实很小，价格差异主要是因为品牌、附送软件、地区差异等因素造成的。由于控制芯片的差异，1394 卡可能有软件兼容性的问题，业余爱好者可选用 OHCI1394 卡，专业工作者可考虑硬件 DV 卡。

习　题　6

1　试列举总线的分类方式有哪些，在每种分类中又包含哪些具体总线？

2　总线标准中必须要包含的内容有哪些？

3　请对比 ISA 总线与 PCI 总线的异同，试分析目前 PC 中广泛采用 PCI 总线技术的原因。

4　请简述 PCI 总线的发展趋势。

5　请列举几种消费电子类产品所使用的接口类型，试分析其使用该类型的原因。

6　USB 技术的特点有哪些？一台计算机最多可以连接多少个 USB 设备？

7　IEEE1394 与 USB 相比较，其技术优势是什么？

第7章 接口技术

微型计算机系统由硬件子系统和软件子系统组成。微处理器是整个硬件子系统的核心，它通过地址总线、数据总线和控制总线与其他的硬件设备相连，实现CPU对外部设备的信息交换。外部设备的功能多种多样，如键盘、显示器、打印机和磁盘等。这些外部设备结构方式不同，有机械式、电动式和电子式等；输入/输出的信号类型也不相同，有数字信号，也有模拟信号；有电信号，也有非电信号；输入/输出信息的速率也相差很大。因此需要在微处理器和外部设备之间，设置某种连接通道，完成相应的信息交换。接口电路完成相应的信号转换、速度匹配、数据缓冲等功能。

7.1 接口技术概述

接口(Interface)被称为(Input/Output Port，为I/O接口)，是两个系统或两个部件之间的交接部分，负责计算机与外部设备的连接。图7-1中给出了各种微机接口。

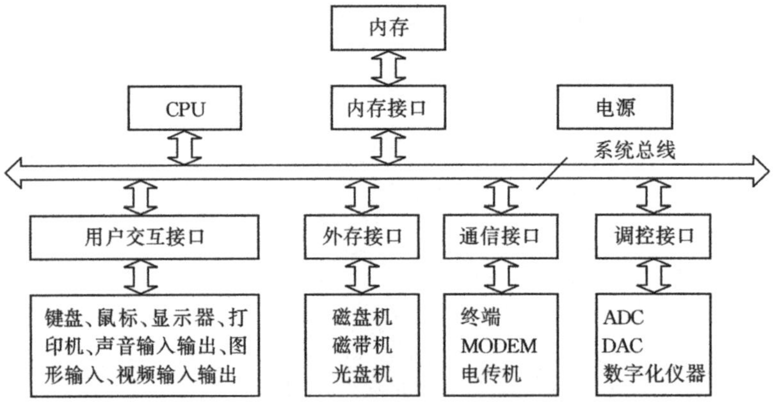

图7-1 微机接口结构图

7.2 输入/输出接口技术

输入/输出(I/O)是微机系统与外部设备进行信息交换的过程。

7.2.1 CPU与外部设备之间的接口信息

CPU通过接口与外部设备的连接如图7-2所示，其中既有数据端口，又有状态端口，还有控制端口，每一个I/O端口对应一个I/O地址。接口的基本构成如下。

(1) 数据输入/输出寄存器(数据端口)：可以是双向的，暂存输入/输出的数据，主要起数据缓冲的作用。

(2) 命令寄存器(控制端口)：只作输出操作，存放控制命令，用来设定接口功能、工作参数和工作方式。

(3) 状态寄存器：保存外设当前状态，以供 CPU 读取。例如 busy，ready，error。

在 I/O 操作中，主要有三类信息：数据信息、状态信息和控制信息。

① 数据信息：是 CPU 与外设交换的基本信息，有数字量、模拟量和开关量等。

② 状态信息：反映外设当前所处的工作状态，以便 CPU 对外设进行监视。

③ 控制信息：是 CPU 通过接口发给外设的，用来控制外设的工作。

在微型计算机中，状态信息、控制信息实际上也是一种数据信息，即状态信息为一种输入数据，而控制信息则为一种输出数据，均通过数据总线传送。CPU 送往外设的数据或者外设送往 CPU 的数据先进入接口的数据缓冲器；从外设送往 CPU 的状态信息放在接口的状态寄存器中；而 CPU 送往外设的控制信息则送到接口的控制寄存器中。

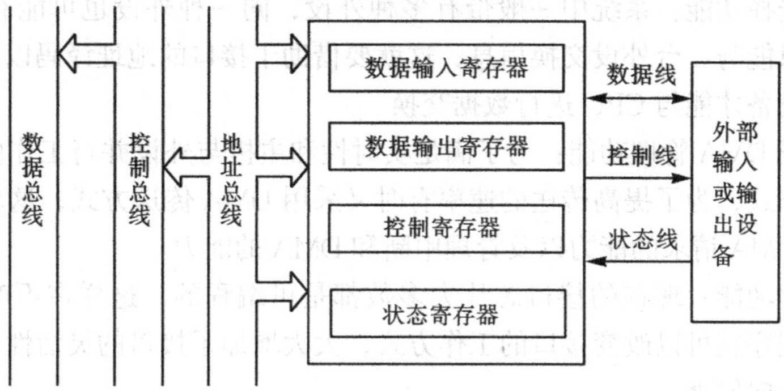

图 7-2　简单的外设接口

值得注意的是：接口(Interface)和端口(Port)是两个不同的概念。端口是指接口电路中的一些寄存器，这些寄存器分别用来存放数据信息，控制信息和状态信息，相应的就是数据端口、控制端口和状态端口。若干个端口加上相应的控制逻辑才能组成接口。CPU 通过输入指令，从端口读入信息，通过输出指令，可将信息写入到端口中。

7.2.2　I/O 接口的分类

I/O 接口按不同方式分类可分为以下几种。

(1) 按数据传送方式分类，有并行接口和串行接口两类。并行接口是将一个字节(或一个字)的所有位同时传送(如 Intel 8255)；串行接口是在设备与接口间逐位传送(如 Intel 8251)。由于接口与主机之间是按字节或字并行传送，因此对串行接口而言，其内部还必须设有串—并转换装置。

(2) 按功能选择的灵活性分类，有可编程接口和不可编程接口两种。可编程接口的功能及操作方式，可用程序来改变或选择(如 Intel 8255，8251)；不可编程接口不能由程序来改变其功能，但可通过硬连线逻辑来实现不同的功能(如 Intel 8212)。

(3) 按通用性分类有通用接口和专用接口。通用接口可供多种外设使用，如 Intel 8255，8212；专用接口是为某类外设或某种用途专门设计的，如 Intel 8279 可编程键盘/显示器接口；Intel 8275 可编程 CRT 控制器接口等。

(4) 按数据传送的控制方式分类，有程序型式接口和 DMA 式接口。程序型式接口用于连接速度较慢的 I/O 设备，如显示终端、键盘、打印机等。现代计算机一般都可采用程序中断方式实现主机与 I/O 设备交换信息，故都配有这类接口，如 Intel 8259。DMA 型接口是用于连接高速 I/O 设备，如磁盘、磁带等，常用 Intel 8257。

7.2.3 I/O 接口的功能

(1) 数据缓冲功能：CPU 和外设速度不匹配的问题可以通过在接口电路中设置数据缓冲来解决，数据缓冲经常使用锁存器和缓冲器，并配以适当的联络信号来实现这种功能。

(2) 信号转换功能：外部设备大都是复杂的机电设备，其信号电平大多是 TTL 电平或 CMOS 电平，需要用接口电路来完成信号的电平转换。

(3) 对外设的控制和检测功能：接口电路接受 CPU 送来的命令或控制信号、定时信号，实施对外设的控制与管理，外设的工作状态和应答信号也通过接口及时返回给 CPU，以握手联络信号来保证主机和外部输入输出操作的同步。

(4) 设备选择功能：系统中一般带有多种外设，同一种外设也可能有多台，而 CPU 在同一时间里只能与一台外设交换信息，这就要借助于接口的地址译码以选定外设。只有被选定的外部设备才能与 CPU 进行数据交换。

(5) 中断或 DMA 管理功能：为了满足实时性和主机与外设并行工作的要求，需要采用中断传送的方式，为了提高传送的速率有时又采用 DMA 传送方式，这就要求接口有产生中断请求和 DMA 请求的能力以及管理中断和 DMA 的能力。

(6) 可编程功能：现在的接口芯片大多数都是可编程的，这样在不改变硬件的情况下，只需修改程序就可以改变接口的工作方式，大大增加了接口的灵活性和可扩充性，使接口向智能化方向发展。

7.2.4 I/O 端口的编址方式

在微型计算机系统中，端口的编址通常有两种不同的方式：一是 I/O 端口与存储器单元统一编址；二是 I/O 端口独立编址。

7.2.4.1 统一编址

这种编址方式是把每一个端口视为一个存储器单元，并赋予相应的存储器地址，CPU 访问端口就如同访问存储器，只是地址不同而已，所有访问内存的指令都适用于 I/O 端口。由于端口地址被映像到存储空间作为存储空间的一部分，因此这种编址方法又称为“存储器映像编址”。

主要优点：对 I/O 接口的操作与对存储器的操作完全相同，任何存储器操作指令都可用来操作 I/O 接口，而不必使用专用的 I/O 指令，这可大大增强系统的输入输出功能，使访问外设端口的操作方便、灵活；可以使外设数目或 I/O 寄存器数目几乎不受限制，从而大大增加系统的吞吐率；可以使微型计算机系统的读/写控制逻辑较简单。

主要缺点：占用了存储器的一部分地址空间，使可用的内存空间减少；访问内存的指令一般较长，执行速度较慢；为了识别一个 I/O 端口，必须对全部地址线译码，这样不仅增加了地址译码电路的复杂性，而且使执行外设寻址的操作时间相对增长。

7.2.4.2 独立编址

这种编址方式是将 I/O 端口单独编址，不占用存储空间，即两者的地址空间是互相独立的，不会影响到存储器的地址空间。采用这种编址方式时，CPU 访问输入输出端口必须采用专用的 I/O 指令，所以也叫专用 I/O 指令方式。

这种编址方式的优点是节省内存空间。由于系统需要的I/O端口寄存器一般比存储器单元要少得多，故I/O地址线较少，因此I/O端口地址译码较简单，寻址速度较快。缺点是专用I/O指令类型少，远不如存储器访问指令丰富，使程序设计灵活性较差，且使用I/O指令一般只能在累加器和I/O端口之间交换信息，处理能力不如存储器映像方式强。

7.2.4.3 I/O两种编址方式比较

表7-1中详细地给出了统一编址和独立编址的区别。

表7-1 两种编址方式比较表

		统一编址	独立编址
指令种类		MOV	MOV和IN/OUT
指令长度		长	短
指令执行速度		慢	快
存储空间	大　小	略　小	较好
	可扩展性	MEM可扩展性差	均较好
地址译码时间		MEM可扩展性差	均较好
总线信号复杂性		较长	较短
接口电路复杂性		简单	复杂(控制信号种类多)

7.2.5 接口与系统的连接

接口电路位于CPU与外设之间，从结构上看，可以把一个接口分为两个部分：用来和I/O设备相连；用来和系统总线相连，这部分接口电路结构类似，连在同一总线上。图7-3是一个典型的I/O接口和外部电路的连接图。

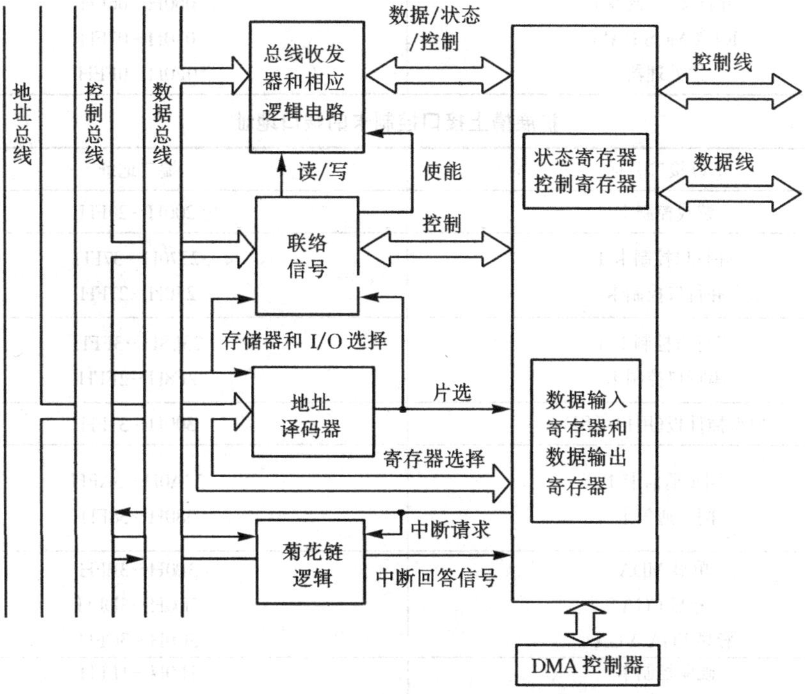

图7-3 I/O接口和外部电路的连接图

联络信号：读/写信号，以便决定数据传输方向。

地址译码器，片选信号：地址译码器除了接收地址信号外，还用来区分 I/O 地址空间和内存地址空间的信号(M/$\overline{IO}$)用于译码过程。

注意：①一个接口通常有若干个寄存器可读/写；②一般用 1～2 位低位地址结合读/写信号来实现对接口内部寄存器的寻址。

7.2.6 IBM-PC 及现代 PC 与外设的接口

由于 IBM-PC 配置的外设比较简单，所采用的主要接口芯片有计数器/定时器电路 8253，并行接口芯片 8255，中断控制器 8259，DMA 控制器 8237，串行通信控制器 8250 以及用于与存储器、键盘等 I/O 设备相接的若干缓冲器和锁存器。CPU 的 I/O 指令可以用 16 位有效地址 A_{15}～A_0 来寻址 0000H—FFFFH，共 64 KB 的地址范围。IBM-PC/XT 机在制造中只使用 A_9～A_0 10 位地址来表示 I/O 空间，因此其 I/O 端口的地址为 000H～3FFH，共 1 KB。前 512 个地址(000H～1FFH)被主板上的 I/O 接口使用，其余 200H～3FFH 可以为插在扩展槽中的 I/O 通道使用。具体如表 7-2 及 7-3 所列。

表 7-2 系统板上接口芯片的端口地址

I/O 芯片名称	端口地址
DMA 控制器 1	000H～00FH
DMA 控制器 2	0C0H～0DFH
DMA 页面寄存器	080H～09FH
中断控制器 1	020H～03FH
中断控制器 2	0A0H～0BFH
定时器	040H～05FH
并行接口(键盘)	060H～06FH
RT/CMOS RAM	070H～07FH
协处理器	0F0H～0FFH

表 7-3 扩展槽上接口控制卡的端口地址

I/O 接口名称	端口地址
游戏控制卡	200H～20FH
并行口控制卡 1	2370H～37FH
并行口控制卡	270H～27FH
串行口控制卡 1	23F8H～3FFH
串行口控制卡	2F8H～2FFH
原型插件板(用户可用)	300H～31FH
同步通信卡 1	23A0H～3AFH
同步通信卡	380H～38FH
单显 MDA	3B0H～3BFH
彩显 CGA	3D0H～3DFH
彩显 EGA/VGA	3C0H～3CFH
硬驱控制卡	1F0H～1FFH
软驱控制卡	3F0H～3F7H
PC 网卡	360H～36FH

7.3 串行通信接口技术

计算机和外部交换信息又称为通信(Communication)。按数据传送方式分为并行通信和串行通信两种基本方式。

7.3.1 串行通信的概念

所谓“串行通信”是指外设和计算机间使用一根数据信号线(另外需要地线，可能还需要控制线)，数据在一根数据信号线上一位一位地进行传输，每一位数据都占据一个固定的时间长度，如图 7-4 所示。这种通信方式使用的数据线少，在远距离通信中可以节约通信成本，当然，其传输速度比并行传输慢。

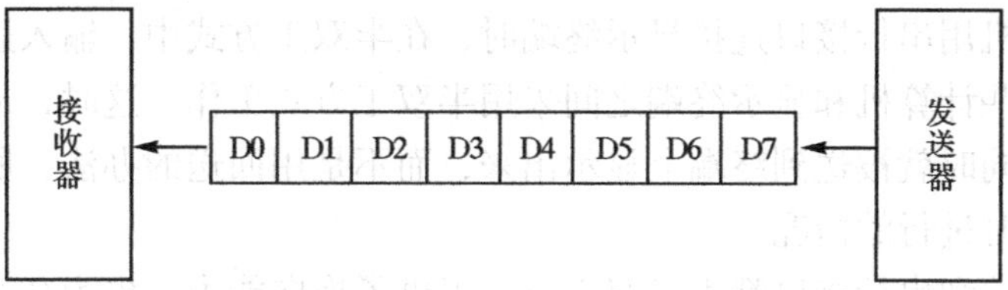

图 7-4 串行通信示意图

串行传送的特点：

① 在一根传输线上既传送数据又传送联络信号；

② 有固定的数据传输协议；

③ 线上的通信信号一般不是 TTL 电平，因此与 CPU 通信必须进行电平转换；

④ 传送信息的速率要求双方约定。

7.3.2 串行通信的传送方式

根据信息的传送方向，串行通讯可以进一步分为单工、半双工和全双工 3 种。信息只能单向传送为单工；信息能双向传送但不能同时双向传送称为半双工；信息能够同时双向传送则称为全双工。

7.3.2.1 单工(Simplex)方式

只允许数据按照一个固定的方向传送，即一方只能作为发送器，另一方只能作为接收器，如图 7-5 所示。单工模式一般用在只向一个方向传输数据的场合。例如计算机与打印机之间的通信是单工模式，因为只有计算机向打印机传输数据，而没有相反方向的数据传输。还有在某些通信信道中，如单工无线发送等。

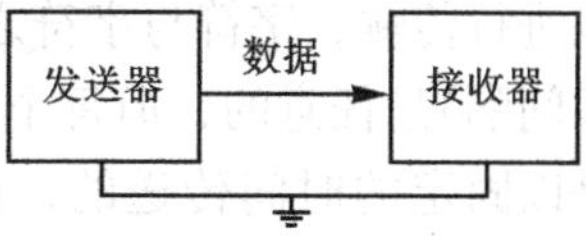

图 7-5 单工通信方式

7.3.2.2 半双工方式(Half Duplex)

若使用同一根传输线既作接收又作发送，虽然数据可以在两个方向上传送，但通信双方不能同时收发数据，这样的传送方式就是半双工制，如图 7-6 所示。采用半双工方式时，通信系统每一端的发送器和接收器，通过收/发开关转接到通

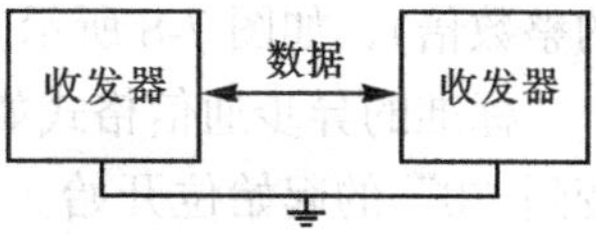

图 7-6 半双工通信方式

信线上，进行方向的切换，因此，会产生时间延迟。收/发开关实际上是由软件控制的电子开关。例如：对讲机(步话机)。

7.3.2.3 全双工方式(Full Duplex)

当数据的发送和接收分流，分别由两根不同的传输线传送时，通信双方都能在同一时刻进行发送和接收操作，这样的传送方式就是全双工制，如图 7-7 所示。在全双工方式下，通信系统的每一端都设置了发送器和接收器，因此，能控制数据同时在两个方向上传送。全双工方式无需进行方向的切换，因此，没有切换操作所产生的时间延迟，这对那些不能有时间延误的交互式应用(例如远程监测和控制系统)十分有利。这种方式要求通讯双方均有发送器和接收器，同时，需要两根数据线传送数据信号(可能还需要控制线和状态线，以及地线)。

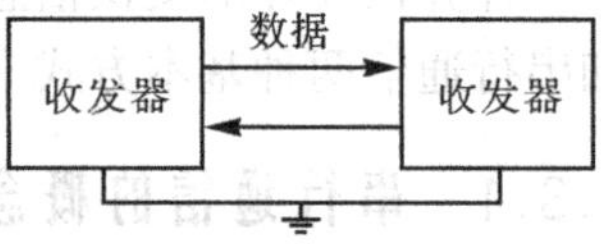

图 7-7 全双工通信方式

当计算机主机用串行接口连接显示终端时，在半双工方式中，输入过程和输出过程使用同一通路。有些计算机和显示终端之间采用半双工方式工作，这时，从键盘打入的字符在发送到主机的同时就被送到终端上显示出来，而不是用回送的办法，所以避免了接收过程和发送过程同时进行的情况。

目前多数终端和串行接口都为半双工方式提供了换向能力，也为全双工方式提供了两条独立的引脚。在实际使用时，一般并不需要通信双方同时既发送又接收，像打印机这类的单向传送设备，半双工甚至单工就能胜任，也无需倒向。

7.3.3 串行通信的分类

根据接收和发送双方的时钟信号，串行通信可以分为两种类型：同步通信(Synchronous Data Communication，SYNC)、异步通信(Asynchronous Data Communication，ASYNC)。

7.3.3.1 异步通信

异步通信是指通信的发送与接收设备使用各自的时钟控制数据的发送和接收过程。为使双方的收发协调，要求发送和接收设备的时钟尽可能一致。PC 系列机上有两个串行异步通信接口，键盘、鼠标器与主机间采用串行数据传送。

异步通信是以字符(构成的帧)为单位进行传输，字符与字符之间的间隙(时间间隔)是任意的，但每个字符中的各位是以固定的时间传送的，即字符之间是异步的(字符之间不一定有“位间隔”的整数倍的关系)，但同一字符内的各位是同步的(各位之间的距离均为“位间隔”的整数倍)，如图 7-8 所示。

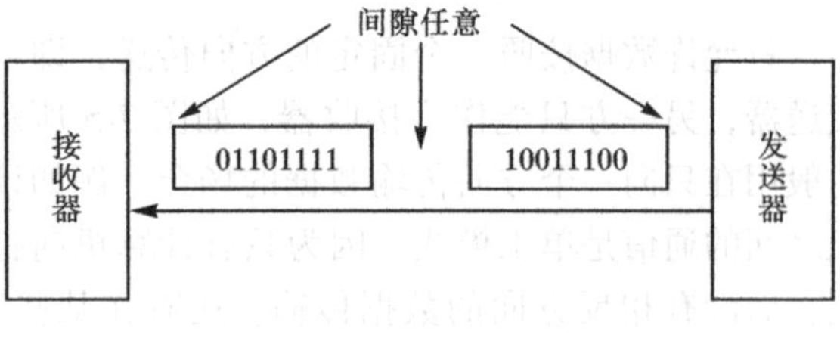

图 7-8 异步通信示意图

标准的异步通信格式如图 7-9 所示。由图可见，每个字符在传输时，由一个“1”跳变到“0”的起始位开始。其后是 5 到 8 个信息位(也称字符位)，信息位由低到高排列，即第一位为字符的最低位，最后一位为字符的最高位。其后是可选择的奇偶校验位，最后为“1”的停止位，停止位为1位、1 位半或 2 位。如果传输完一个字符后立即传输下一个字符，那么后一个字符的起始位就紧挨着前一个字符的停止位了。字符传输前，输出线为"1"状态，称为标识态，传输一开始，输出线状态由"1"变为"0"状态，作为起始位。传输完一个字符之后的间隔时间输出线又进入标识态。

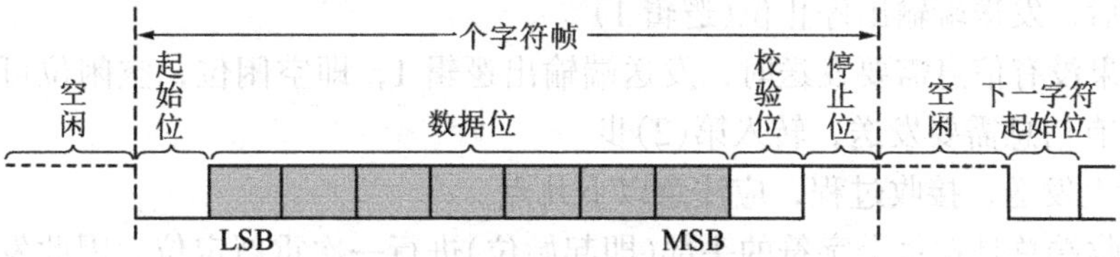

图 7-9 标准的异步通信数据格式

异步通信的特点是：一个字符一个字符地传输，每个字符一位一位地传输，并且传输一个字符时，总是以"起始位"开始，以"停止位"结束，字符之间没有固定的时间间隔要求。每一个字符的前面都有一位起始位(低电平，逻辑值)，字符本身由5～8位数据位组成，接着字符后面是一位校验位(也可以没有校验位)，最后是一位或一位半或二位停止位，停止位后面是不定长的空闲位。停止位和空闲位都规定为高电平(逻辑值1)，这样就保证起始位开始处一定有一个下跳沿。

为适应串行通信的需要，已设计出许多种串行通信接口芯片，如Z-80系列的SIO、M6800系列的ACIA和Intel系列的8251A等，都是可编程的，既可以接成全双工方式又可接成半双工方式，既可实现同步通信，又可实现异步通信。

7.3.3.2 异步通信的接收过程

接收端以"接收时钟"和"波特率因子"决定一位的时间长度。

(1) 开始通信时，信号线为空闲(逻辑1)，当检测到由1到0的跳变时，开始对"接收时钟"计数。

(2) 当计到8个时钟时，对输入信号进行检测，若仍为低电平，则确认这是"起始位"，而不是干扰信号。

(3) 接收端检测到起始位后，隔16个接收时钟，对输入信号检测一次，把对应的值作为D_0位数据。若为逻辑1，作为数据位1；若为逻辑0，作为数据位0。

(4) 再隔16个接收时钟，对输入信号检测一次，把对应的值作为D_1位数据……，直到全部数据位都输入。

(5) 检测校验位P(如果有的话)。

(6) 接收到规定的数据位个数和校验位后，通信接口电路希望收到停止位S(逻辑1)，若此时未收到逻辑1，说明出现了错误，在状态寄存器中置"帧错误"标志。若没有错误，对全部数据位进行奇偶校验，无校验错时，把数据位从移位寄存器中送数据输入寄存器。若校验错，在状态寄存器中置奇偶错标志。

(7) 本帧信息全部接收完，把线路上出现的高电平作为空闲位。

(8) 当信号再次变为低时，开始进入下一帧的检测。

7.3.3.3 异步通信的发送过程

发送端以"发送时钟"和"波特率因子"决定一位的时间长度。

(1) 当初始化后，或者没有信息需要发送时，发送端输出逻辑1，即空闲位，空闲位可以有任意数量。

(2) 当需要发送时，发送端首先输出逻辑 0，作为起始位。

(3) 接着，发送端首先发送 D_0 位，直到各数据位发送完。

(4) 如果需要的话，发送端输出校验位。

(5) 最后，发送端输出停止位(逻辑 1)。

(6) 如果没有信息需要发送时，发送端输出逻辑 1，即空闲位，空闲位可以有任意数量。如果还有信息需要发送，转入第(2)步。

对于以上发送、接收过程，应注意以下几点。

(1) 接收端总是在每个字符的头部(即起始位)进行一次重新定位，因此发送端可以在字符之间插入不等长的空闲位，不影响接收端的接收。

(2) 发送端的发送时钟和接收端的接收时钟，其频率允许有一定差异，当频率差异在一定范围内，不会引起接收端检测错位，能够正确接收。并且这种频率差异不会因多个字符的连续接收而造成误差累计(因为每个字符的开始(起始位处)接收方均重新定位)。只有当发送时钟和接收时钟频率差异太大，引起接收端采样错位，才造成接收错误。

(3) 起始位、校验位、停止位、空闲位的信号，由“发送移位寄存器”自动插入。在接收方，“接收移位寄存器”接收到一帧完整信息(起始、数据、校验、停止)后，仅把数据的各位送至“数据输入寄存器”，即 CPU 从“数据输入寄存器”中读得的信息，只是有效数字，不包含起始位、校验位、停止位信息。

7.3.3.4 同步通信

采用同步通信时，将许多字符组成一个信息组，通常称为信息帧。在每帧信息的开始加上同步字符，接着字符一个接一个地传输(在没有信息要传输时，要填上空字符，同步传输不允许有间隙)。接收端在接收到规定的同步字符后，按约定的传输速率，接收对方发来的一串信息，如图 7-10 所示。

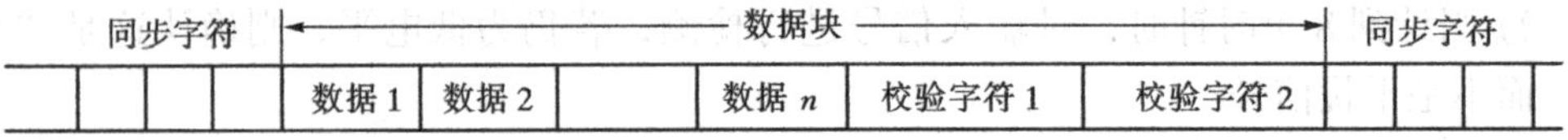

图 7-10 同步通信格式

同步通信时要建立发送方时钟对接收方时钟的直接控制，使双方达到完全同步。此时，传输数据的位之间的距离均为“位间隔”的整数倍，同时传送的字符间不留间隙，即保持位同步关系，也保持字符同步关系。发送方对接收方的同步可以通过两种方法实现，分别是外同步和内同步，见图 7-11 和图 7-12。

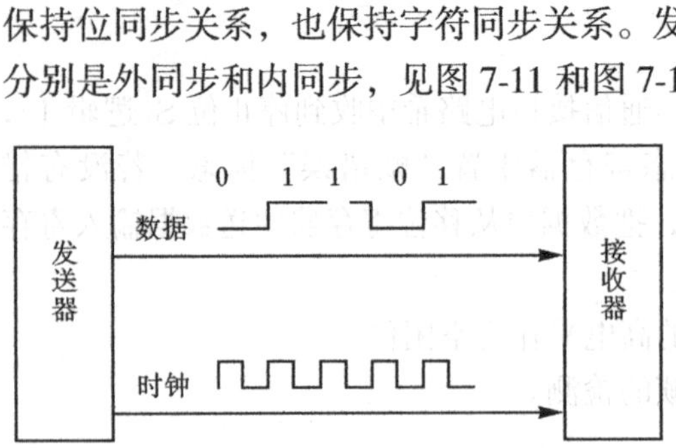

图 7-11 外同步

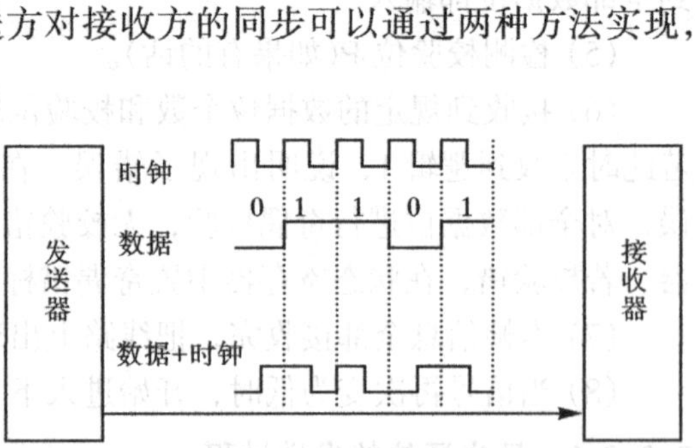

图 7-12 内同步

同步通信方式的特点：采用同步通信时，将许多字符组成一个信息组，这样，字符可以一个接一个地传输，但是，在每组信息(通常称为帧)的开始要加上同步字符，在没有信息要传输时，要填上空字符，因为同步传输不允许有间隙。在同步传输过程中，一个字符可以对应5～8位。当然，对同一个传输过程，所有字符对应同样的数位，比如说 n 位。这样，传输时，按每 n 位划分为一个时间片，发送端在一个时间片中发送一个字符，接收端则在一个时间片中接收一个字符。

同步传输时，一个信息帧中包含许多字符，每个信息帧用同步字符作为开始，一般将同步字符和空字符用同一个代码。在整个系统中，由一个统一的时钟控制发送端的发送和空字符用同一个代码。接收端当然是应该能识别同步字符的，当检测到有一串数位和同步字符相匹配时，就认为开始一个信息帧。

7.3.3.5 异步通信和同步通信的比较

(1) 从通信距离上看：并行通信适于近距离的数据传送，通常小于30m。而串行通信适宜于远距离传送，可以从几米到数千米。

(2) 从通信速率上看：一般应用中，在短距离内，并行接口的数据传输速率显然比串行接口的传输速率高得多，但长距离内串行数据传送速率会比并行数据传送速率快。由于串行通信的通信时钟频率较并行通信容易提高，因此许多高速外部设备，如数字摄像机与计算机之间的通信也往往使用串行通信方式。

(3) 从抗干扰性能上看：串行通信由于只有一两根信号线，信号间的互相干扰完全可以忽略。

(4) 从设备和费用上看：随着大规模和超大规模集成电路的发展，逻辑器件价格趋低，而通信线路费用趋高，因此对远距离通信而言，串行通信的费用显然会低得多。另一方面，串行通信还可利用现有的电话网络来实现远程通信，降低了通信费用。

串行通信与并行通信相比，虽然有许多优点，但也随之带来了数据的串/并及并/串转换、数据格式的要求以及位计数等问题，使之比并行通信实现起来更复杂。

7.3.4 通信速率

在串行通信中，衡量数据速度快慢的重要指标为波特率和传输率。

7.3.4.1 波特率

在串行通信中，波特率也叫数据的传输速率。波特率就是传送数据位的速率，用位/秒(bit/s)表示。有时也用“位周期”来表示传输速率，位周期是波特率的倒数。国际上规定了一个标准波特率系列：110、300、600、1200、1800、2400、4800、9600bps，14.4、19.2、28.8、33.6、56kbps。同步传送的波特率高于异步传送方式，可达到64000 bit/s。

通信线上所传输的字符数据(代码)是逐位传送的，1个字符由若干位组成，因此每秒钟所传输的字符数(字符速率)和波特率是两种概念。

例如，如果一个串行字符由1个起始位，7个数据位，1个奇偶校验位和一个停止位等10个数位构成，每秒钟传送120个字符，则传送波特率为：

$$10\times120=1200\ \text{bit/s}=1200\ \text{Bd}$$

传送每位信息所占用的时间为：

$$1\text{s}/1200=0.833\ \text{ms}$$

7.3.4.2 发送/接收时钟

在串行传输过程中，所传送的信息为二进制数据序列，而这些序列又是以数字信号波形的形式出现。因此，无论发送数据还是接收数据都是按时钟信号对数据位进行传输。

(1) 发送时钟：串行数据的发送由发送时钟控制，数据发送过程是：把并行的数据序列送入移位寄存器，然后通过移位寄存器由发送时钟触发进行移位输出，数据位的时间间隔可由发送时钟周期来划分。

(2) 接收时钟：串行数据的接收是由接收时钟来检测，数据接收过程是：传输线上送来的串行数据序列由接收时钟作为移位寄存器的触发脉冲，逐位打入移位寄存器。

7.3.4.3 波特率因子

在波特率指定后，输入移位寄存器/输出移位寄存器在接收时钟/发送时钟控制下，按指定的波特率速度进行移位。一般几个时钟脉冲移位一次。要求：接收时钟/发送时钟是波特率的16、32或64倍。波特率因子就是发送/接收1个数据(1个数据位)所需要的时钟脉冲个数，其单位是个/位。

发送/接收时钟频率＝波特率×波特因子

例如：波特率＝9600 bps，波特率因子＝32，则接收时钟和发送时钟频率＝9600×32＝297200 Hz。

7.3.5 串行通信的错误校验

7.3.5.1 奇偶校验

在发送数据时，数据位尾随的1位为奇偶校验位(1或0)。奇校验时，数据中“1”的个数与校验位“1”的个数之和应为奇数；偶校验时，数据中“1”的个数与校验位“1”的个数之和应为偶数。接收字符时，对“1”的个数进行校验，若发现不一致，则说明传输数据过程中出现了差错。

7.3.5.2 代码和校验

代码和校验是发送方将所发数据块求和(或各字节异或)，产生一个字节的校验字符(校验和)附加到数据块末尾。接收方接收数据同时对数据块(除校验字节外)求和(或各字节异或)，将所得的结果与发送方的“校验和”进行比较，相符则无差错，否则即认为传送过程中出现了差错。

7.3.5.3 循环冗余校验

这种校验是通过某种数学运算实现有效信息与校验位之间的循环校验，常用于对磁盘信息的传输、存储区的完整性校验等。这种校验方法纠错能力强，广泛应用于同步通信中。

7.3.6 信号的调制与解调

计算机对数字信号的通信，要求传输线的频带很宽，但在实际的长距离传输中，通常是利用电话线来传输，电话线的频带一般都比较窄。为保证信息传输的正确，都普遍采用调制解调器(Modem)来实现远距离的信息传输，现在还有很多家庭上网仍使用Modem连接。

调制解调器，顾名思义主要是完成调制和解调的功能。经过调制器(Modulator)可把数字信号转换为模拟信号，经过解调器(Demodulator)把模拟信号转换为数字信号。使用Modem实现了对通信双方信号的转换过程，如图7-13所示。现在Modem的数据传输速率理论值可达72 kb/s，而实际速率仅为33.6 kb/s。

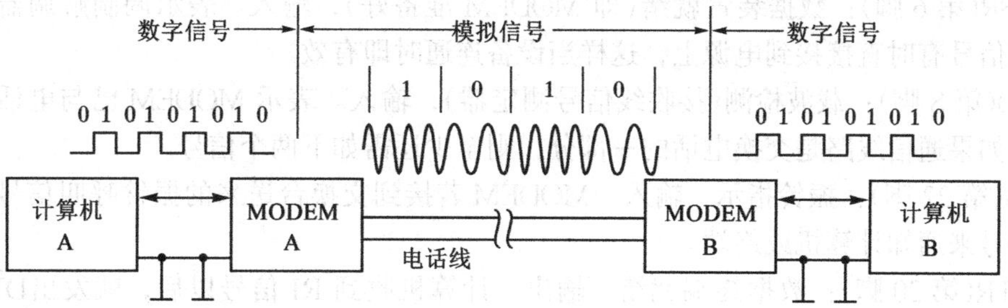

图 7-13 调制与解调过程

7.3.7 串行接口标准

计算机与计算机或计算机与终端之间的数据传送可以采用串行通信和并行通讯二种方式。由于串行通信方式具有使用线路少、成本低，特别是在远程传输时，避免了多条线路特性的不一致而被广泛采用。在串行通讯时，要求通信双方都采用一个标准接口，使不同的设备可以方便地连接起来进行通信。

串行接口标准：指的是计算机或终端(数据终端设备 DTE)的串行接口电路与调制解调器 Modem 等(数据通信设备 DCE)之间的连接标准。

7.3.7.1 RS-232C 标准

RS-232C 是 EIA(美国电子工业协会)1969 年修订 RS-232C 标准。其中 EIA(Electronic Industry Association)代表美国电子工业协会，RS(Recommeded Standard)代表推荐标准，232 是标识号，C 代表 RS232 的最新一次修改(1969)，在这之前，有 RS232B，RS232A。它规定连接电缆和机械、电气特性、信号功能及传送过程。常用物理标准还有 EIA& ＃0; RS-232-C，EIA& ＃0; RS-422-A，EIA& ＃0; RS-423A，EIA& ＃0; RS-485。这里只介绍 EIA& ＃0; RS-232-C(简称 232，RS232)。例如，目前在 IBM PC 机上的 COM1，COM2 接口，就是 RS-232C 接口。

RS-232C 定义了数据终端设备(DTE)与数据通信设备(DCE)之间的物理接口标准，D 型插座，采用 25 芯引脚或 9 芯引脚的连接器，如图 7-14 所示。

微型计算机之间的串行通信就是按照 RS-232C 标准设计的接口电路实现的。

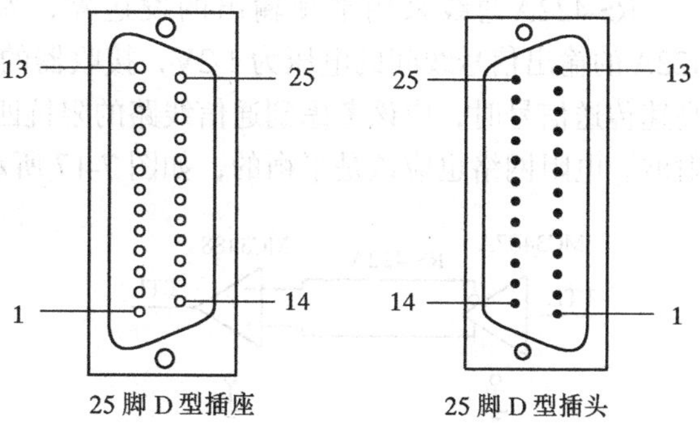

图 7-14 RS-232C 标准接口

(1) 信号线。RS-232C 标准规定接口有 25 根连线。只有以下 9 个信号经常使用。引脚和功能分别如下。

TXD(第 2 脚)：发送数据线，输出。发送数据到 MODEM。

RXD(第 3 脚)：接收数据线，输入。接收数据到计算机或终端。

$\overline{\text{RTS}}$(第 4 脚)：请求发送，输出。计算机通过此引脚通知 MODEM，要求发送数据。

$\overline{\text{CTS}}$(第 5 脚)：允许发送，输入。发出$\overline{\text{CTS}}$作为对$\overline{\text{RTS}}$的回答，计算机才可以进行发送数据。

$\overline{\text{DSR}}$(第 6 脚)：数据装置就绪(即 MODEM 准备好)，输入。表示调制解调器可以使用，该信号有时直接接到电源上，这样当设备连通时即有效。

CD(第 8 脚)：载波检测(接收线信号测定器)，输入。表示 MODEM 已与电话线路连接好。如果通信线路是交换电话的一部分，则至少还需如下两个信号。

RI(第 22 脚)：振铃指示，输入。MODEM 若接到交换台送来的振铃呼叫信号，就发出该信号来通知计算机或终端。

$\overline{\text{DTR}}$(第 20 脚)：数据终端就绪，输出。计算机收到 RI 信号以后，就发出$\overline{\text{DTR}}$信号到 MODEM 作为回答，以控制它的转换设备，建立通信链路。

GND(第 7 脚)：地。

(2) 逻辑电平。RS-232C 标准采用 EIA 电平，规定："1"的逻辑电平在 −3 V～ −15 V 之间，"0"的逻辑电平在 +3 V～ +15 V 之间。

由于 EIA 电平与 TTL 电平完全不同，必须进行相应的电平转换，如 MC1488、SN75150 芯片可完成 TTL 电平到 EIA 电平的转换，而 MC1489、SN75154 可实现 EIA 电平到 TTL 电平的转换，MAX232 芯片可完成 TTL 与 EIA 的双向电平转换。

7.3.7.2　RS-423A 总线

为了克服 RS-232C 的缺点，提高传送速率，增加通信距离，又考虑到与 RS-232C 的兼容性，美国电子工业协会在 1987 年提出了 RS-423A 总线标准。RS-423A 的接口电路如图 7-15 所示。该标准的主要优点是在接收端采用了差分输入。而差分输入对共模干扰信号有较高的抑制作用，这样就提高了通信的可靠性。RS-423A 用 −6V 表示逻辑"1"，用 +6V 表示逻辑"0"，可以直接与 RS-232C 相接。采用 RS-423A 标准以获得比 RS-232C 更佳的通信效果。

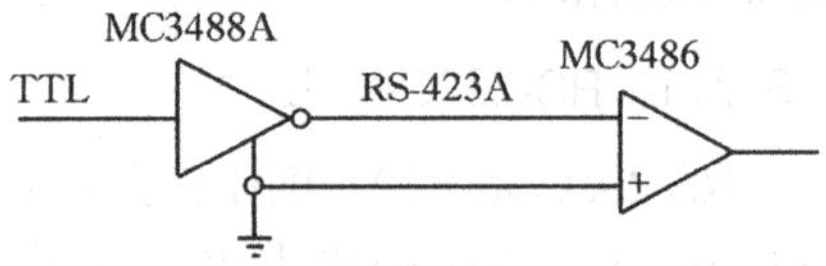

图 7-15　RS-423A 接口电路

7.3.7.3　RS-422A 总线

RS-422A 总线采用平衡输出的发送器，差分输入的接收器。如图 7-16 所示。RS-422A 的输出信号线间的电压为 ±2V，接收器的识别电压为 ±0.2V。共模范围 ±25V。在高速传送信号时，应该考虑到通信线路的阻抗匹配，一般在接收端加终端电阻以吸收掉反射波。电阻网络也应该是平衡的，如图 7-17 所示。

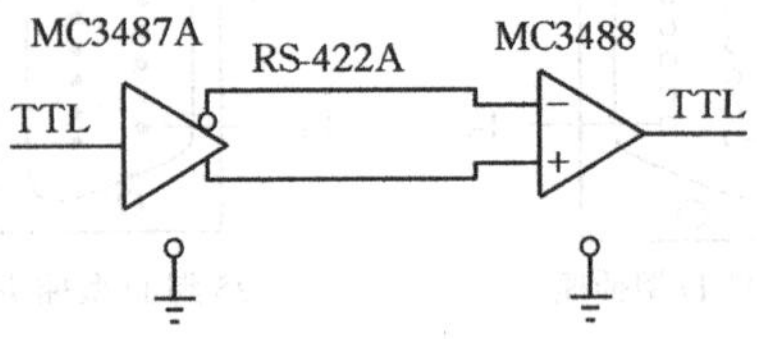

图 7-16　RS-422A 平稳输出差分输入图

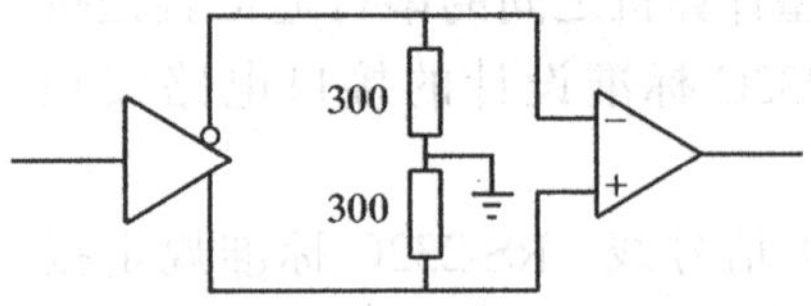

图 7-17　在接收端加终端电阻图

7.3.7.4　RS-485 总线

RS-485 适用于收发双方共用一对线进行通信，也适用于多个点之间共用一对线路进行总线方式联网，通信只能是半双工的，线路如图 7-18 所示。典型的 RS232 到 RS422/485 转换芯片有：MAX481/483/485/487/488/489/490/491，SN75175/176/184 等，它们均只需单一 +5V 电源供电即可工作。

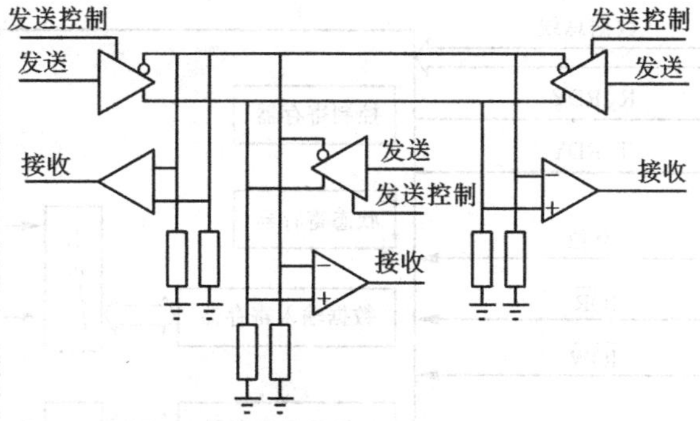

图 7-18 使用 RS-485 多个点之间共用一对线路

7.3.8 可编程串行接口的结构及系统连接

7.3.8.1 可编程串行接口的典型结构

从图 7-19 中可以看出，该接口包括：

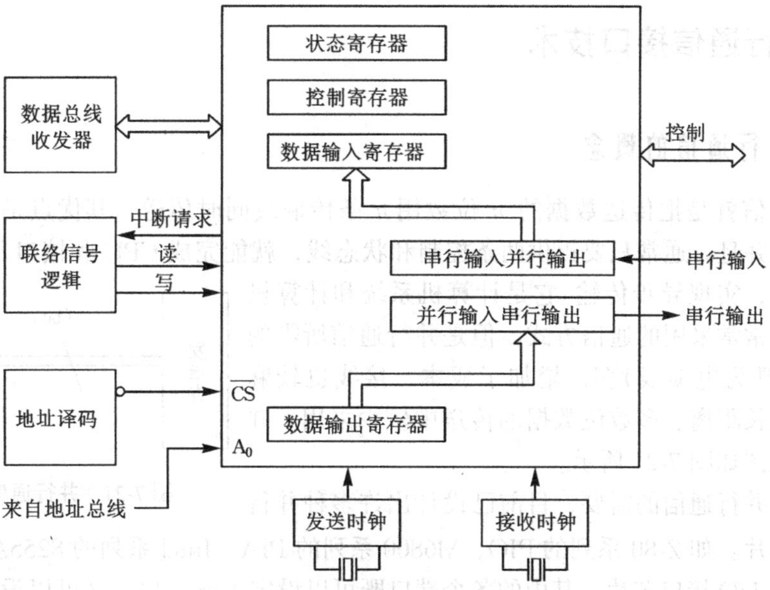

图 7-19 串行接口的典型结构

(1) 输出缓冲寄存器，它接收 CPU 从数据总线上送来的并行数据，并加以保存；

(2) 输出移位寄存器，它接收从输出缓冲器送来的并行数据，以发送时钟的速率把数据逐位移出，即将并行数据转换为串行数据输出；

(3) 输入移位寄存器，它以接收时钟的速率把出现在串行数据输入线上的数据逐位移入，当数据装满后，并行送往输入缓冲寄存器，即将串行数据转换成并行数据；

(4)输入缓冲寄存器，它从输入移位寄存器中接收并行数据，然后由 CPU 取走；

(5) 控制寄存器，它接收 CPU 送来的控制字，由控制字的内容，决定通信时的传输方式以及数据格式等。

7.3.8.2 串行接口的结构及系统连接

图 7-20 给出了通用串行接口与 CPU 连接的示意图。

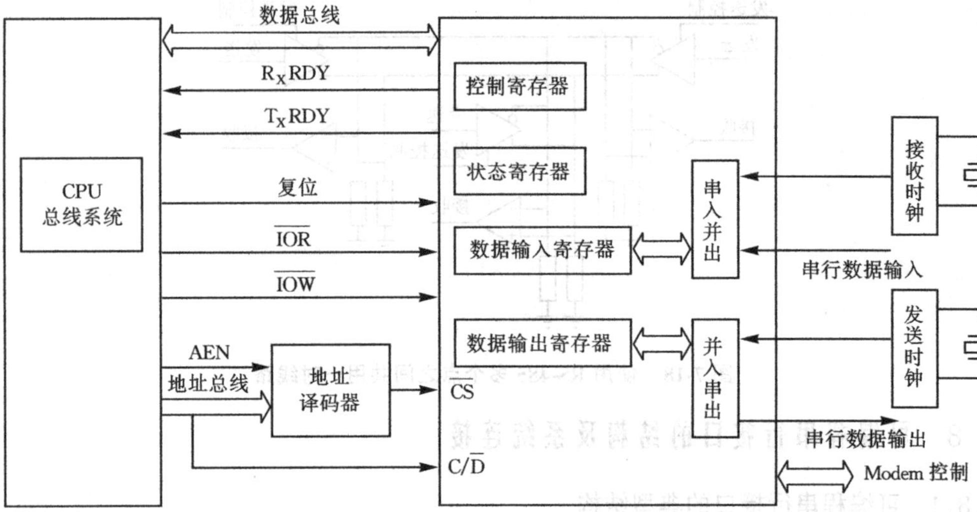

图 7-20　串行接口与 CPU、外设的连接

7.4　并行通信接口技术

7.4.1　并行通信的概念

并行通信就是把传送数据的 n 位数用 n 条传输线同时传送。其优点是传送速度快、信息率高。并且，通常只要提供两条控制和状态线，就能完成 CPU 和接口及设备之间的协调、应答，实现异步传输。它是计算机系统和计算机控制系统中常常采用的通信方式。但是并行通信所需的传输线(通常为电缆线)多，增加了成本，接线也较麻烦，因此在长距离、多数位数据的传送中较少采用。并行通信示意图如图 7-21 所示。

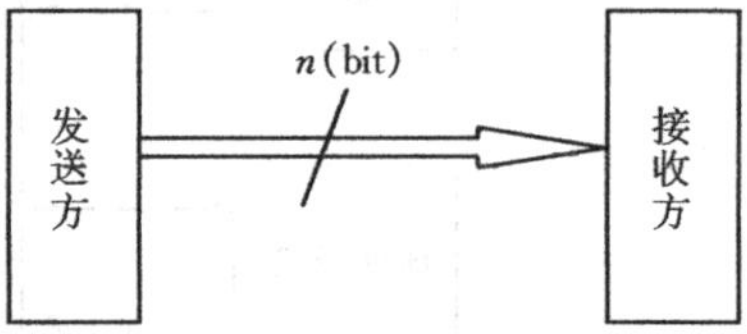

图 7-21　并行通信示意图

为适应并行通信的需要，目前已设计出许多种并行接口电路芯片。如 Z-80 系列的 PIO、M6800 系列的 PIA、Intel 系列的 8255A 等，都是可编程的并行 I/O 接口芯片，其中的各个端口既可以设定为输入口，又可以设定为输出口，具有必要的联络、控制信号端，在微机控制系统中选用这些接口芯片构成并行通信通路十分方便。

7.4.2　并行接口的系统连接

典型的并行接口与 CPU 及外设的连接电路如图 7-22 所示，硬件结构如下。

7.4.2.1　状态寄存器

状态寄存器用来存放外设的信息，CPU 通过访问这个寄存器来了解某个外设的状态，进而控制外设的工作，以便与外设进行数据交换。

7.4.2.2　控制寄存器

并行接口中有一个控制寄存器，CPU 对外设的操作命令都寄存在控制寄存器中。

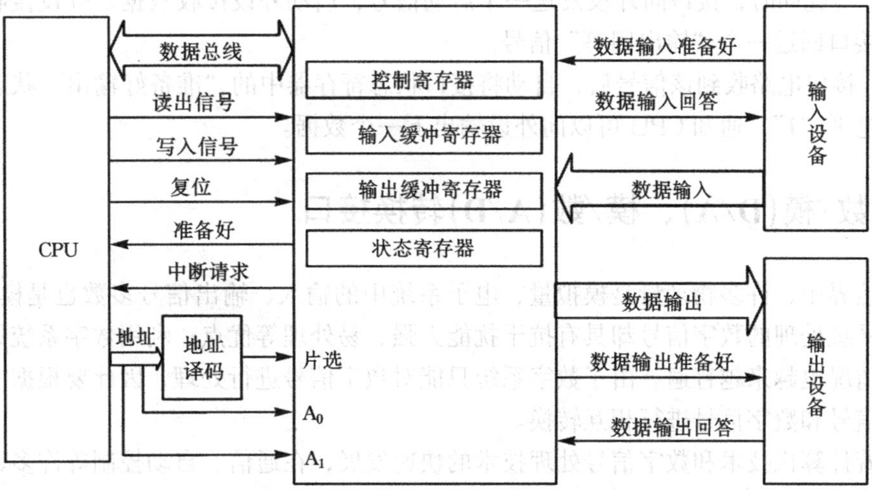

图 7-22 并行接口与 CPU 及外设的连接

7.4.2.3 数据缓冲寄存器

在并行接口中还设置了输入缓冲寄存器和输出缓冲寄存器，缓冲器是用来暂存数据。因为外设与 CPU 交换数据，CPU 的速度远远高于外设的速度。例如，打印机的打印速度与 CPU 的速度相差的远不止是一个数量级，在并行接口中设置缓冲器，把要传送的数据先放入缓冲器中，打印机按照安排好的打印队列进行打印，这样可以保证输入，输出数据的可靠性。

7.4.2.4 数据输入过程

数据输入过程，指的是外设向 CPU 输入数据。

(1) 当外设将数据通过数据输入线送给接口时，先使状态线“输入数据准备好”为高电平。然后通过接口把数据接收到输入缓冲寄存器中，同时把“输入回答”信号置成高电平“1”，并发给外设。

(2) 外设接到回答信号后，将撤销“输入数据准备好”的信号。当接口收到数据后，会在状态寄存器中设置“准备好输入”状态位，以便 CPU 对其进行查询。

(3) 接口向 CPU 发出一个中断请求信号，这样 CPU 可以用软件查询方式，也可以用中断的方式将接口中的数据输入到 CPU 中。

(4) CPU 在接收到数据后，将“准备好输入”的状态位自动清除，并使数据总线处于高阻状态，准备外设向 CPU 输入下一个数据。

7.4.2.5 数据输出过程

数据输出过程，指的是 CPU 向外设输出数据。

(1) 当外设从接口接收到一个数据后，接口的输出缓冲寄存器“空”，使状态寄存的“输出数据准备好”状态位置成高电平“1”，这表示 CPU 可以向外设接口输出数据，这个状态位可供 CPU 查询。

(2) 此时接口也可向 CPU 发出一个中断请求信号，同上面的输入过程相同，CPU 可以用软件查询方式，也可以用中断的方式将 CPU 中的数据通过接口输出到外设中。当输出数据送到接口的输出缓冲寄存器后，再输出到外设。

(3) 与此同时，接口向外设发送一个启动信号，启动外设接收数据。外设接收到数据后，向接口回送一个“输出回答”信号。

(4) 接口电路收到该信号后，自动将接口状态寄存器中的“准备好输出”状态位重新置为高电平“1”，通知 CPU 可以向外设输出下一个数据。

7.5 数/模(D/A)、模/数(A/D)转换接口

自然界中，许多物理量是模拟量，电子系统中的输入、输出信号多数也是模拟信号。而数字系统处理的数字信号却具有抗干扰能力强、易处理等优点；利用数字系统处理模拟信号的情况也越来越普遍。由于数字系统只能对数字信号进行处理，因此要根据实际情况对模拟信号和数字信号进行相互转换。

随着计算机技术和数字信号处理技术的快速发展，在通信、自动控制等许多领域，常常需要将输入到电子系统的模拟信号转换成数字信号后，再由系统进行相应的处理，而数字系统输出的数字信号，还要再转换为模拟信号后，才能控制相关的执行机构。这样，就需要在模拟信号与数字信号之间建立一个转换接口电路——模数转换器和数模转换器。

A/D 转换定义：将模拟信号转换为数字信号的过程称为模数转换(Analog to Digital)，或 A/D 转换。能够完成这种转换的电路称为模数转换器(Analog Digital Converter，ADC)。

D/A 转换定义：将数字信号转换为模拟信号的过程称为数模转换(Digital to Analog)，或 D/A 转换。能够完成这种转换的电路称为数模转换器(Digital Analog Converter)，简称 DAC。

7.5.1 D/A 转换电路

数/模转换器(即 DAC)是数字系统和模拟系统的接口，它将输入的二进制代码转换为相应的模拟电压输出。

7.5.1.1 D/A 转换原理

DAC 原理框图见图 7-23 所示。在 D/A 转换过程中，输入的数字信号是二进制编码。通过转换，将该编码按每位权的大小换算成相应的模拟量，然后将代表各位数字的模拟量相加，得到的和就是与输入的数字信号成正比的模拟量。

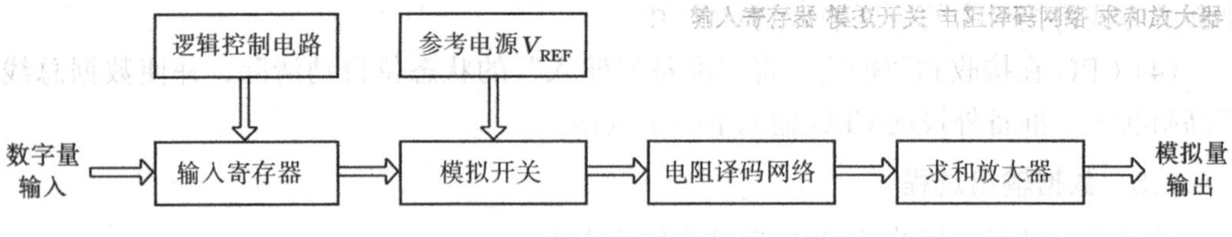

图 7-23 DAC 原理框图

实现 DAC 的电路种类很多，但电路结构基本相同。主要包括：输入寄存器、模拟开关、电阻译码网络、求和放大器、参考电压源及逻辑控制电路等。输入的数字信号有串行输入与并行输入两种方式；输入寄存器用于暂时存储输入的数字信号；输入寄存器输出的数字信号控制相应的模拟开关，使电阻译码网络输出一定的模拟量，并送至求和放大器；通过求和放大器的作用，在电路输出端得到与输入的数字信号对应的模拟量。

以电路输出电压量为例，DAC 的输出电压 V_O 与输入数字信号 D 之间的关系为：

$$V_O = KDV_{REF} = KV_{REF}\sum_{i=0}^{n-1} d_i \times 2^i$$

其中，K 为比例系数，不同的 DAC 电路，K 值各不相同；D 为输入的数字信号，是 n 位无符号的二进制代码，$D = \sum_{i=0}^{n-1} d_i \times 2^i$；$V_{REF}$ 为实现数模转换所需要的参考电压。

由上式可知，DAC 电路输出的模拟量与输入的数字信号在幅度上成正比。

例 7.1　已知 8 位二进制 DAC，当输入数字量 $D_1 = 10000000_2$ 时，电路输出模拟电压为 $V_{O1} = 3.2$ V。若输入数字量 $D_2 = 10101010_2$ 时，电路输出模拟电压 V_{O2} 是多少？

解： 由于 DAC 输出的模拟量与输入的数字信号成正比，且 $D_1 = 10000000_2 = 128$；$D_2 = 10101010_2 = 170$。所以：

$$\frac{3.2}{128} = \frac{V_{O2}}{170}$$

得

$$V_{O2} = 4.25 \text{ V}$$

7.5.1.2　常见 DAC 电路

数/模转换有多种方法，如权电流法、权电阻法和 T 形 R-2R 网络法等。

(1) 权电阻网络 D/A 转换电路。

① 电路组成。4 位权电阻网络 D/A 转换电路如图 7-24 所示。它由求和运算放大器、基准电压 U_{REF}、权电阻网络和电子模拟开关 $S_0 \sim S_3$ 等 4 部分组成。

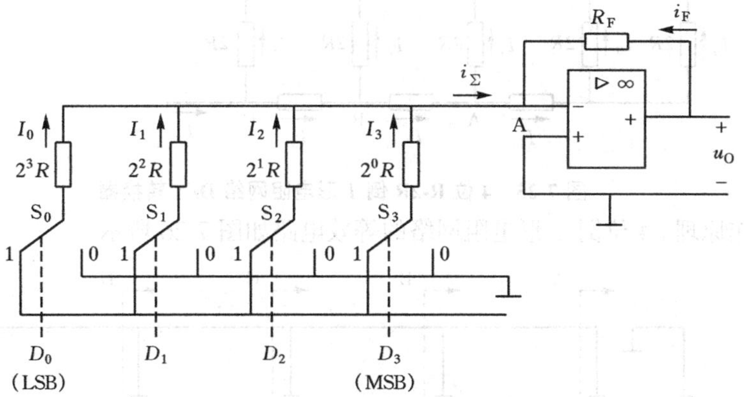

图 7-24　4 位权电阻网络 DAC

② 工作原理。在图 7-24 所示位权电阻网络 D/A 转换中，当电子开关 $S_0 \sim S_3$ 都接 1 端时，流入求和运算放大器反相输入端 A 的总电流为：

$$\begin{aligned} i_\Sigma &= I_3 + I_2 + I_1 + I_0 \\ &= \frac{U_{REF}}{2^0R}D_3 + \frac{U_{REF}}{2^1R}D_2 + \frac{U_{REF}}{2^2R}D_1 + \frac{U_{REF}}{2^3R}D_0 \\ &= \frac{U_{REF}}{2^3R}(2^3D_3 + 2^2D_2 + 2^1D_1 + 2^0D_0) \\ &= \frac{U_{REF}}{2^3R}\sum_{i=0}^{3} d_i \times 2^i \end{aligned}$$

又由于 $u_O = -\sum I \cdot R_F$，于是运算放大器的输出电压 u_O 为：

$$u_O = -\sum I \cdot R_F = -R_F \cdot \frac{U_{REF}}{2^3 R}\sum_{i=0}^{3} D_i \times 2^i$$

对于 n 位权电阻 D/A 转换器，则有

$$u_O = -i_{\sum} \cdot R_F = -R_F \frac{U_{REF}}{2^{n-1} R}\sum_{i=0}^{n-1} D_i \times 2^i$$

权电阻 D/A 转换器的优点是：电路简单，转换速度比较快。

权电阻 D/A 转换器的缺点是：各个电阻的阻值相差很大，而且随着输入二进制代码位数的增多，电阻的差值也随之增加，难以保证电阻阻值精度的要求，这既不利用电路的集成化，又给电路的转换精度带来严重的影响。

(2) R-2R 倒 T 形电阻网络 D/A 转换电路。

① 电路组成。4 位倒 T 形电阻网络 D/A 转换电路，如图 7-25 所示。它由求和运算放大器，基准电压 URET，R-2R 倒和形电阻网络和电子模拟开关 $S_0 \sim S_3$ 等 4 部分组成。

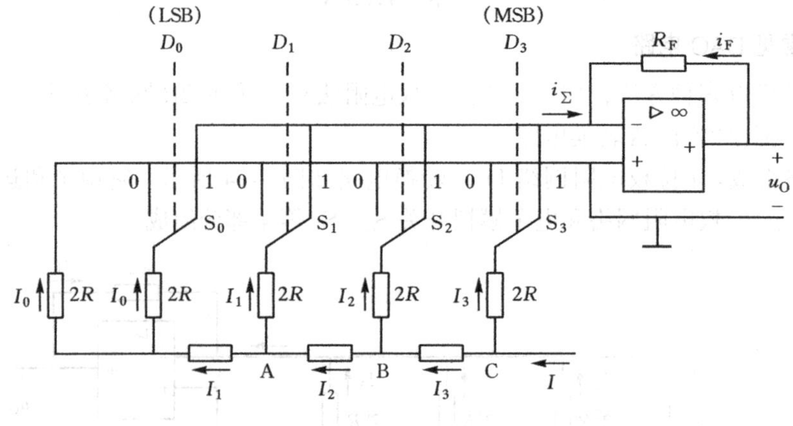

图 7-25　4 位 R-2R 倒 T 形电阻网络 D/A 转换器

② 工作原理。4 位倒 T 形电阻网络的等效电路如图 7-26 所示。

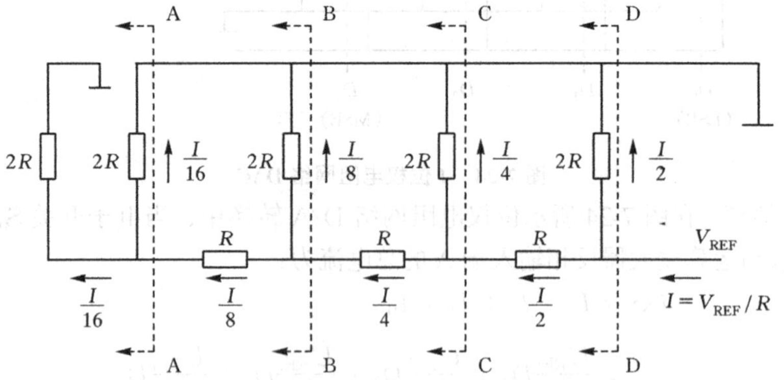

图 7-26　4 位倒 T 形电阻网络等效电路

从数字量高位 D_3 至低位 D_0 的电流分别为：

$$I_3 = \frac{I}{2},\quad I_2 = \frac{I}{4},\quad I_1 = \frac{I}{8},\quad I_0 = \frac{I}{16}$$

因此，流入求和运算放大器的输入电流分别为：

$$
\begin{aligned}
i_{\sum} &= \frac{I}{2}D_3 + \frac{I}{4}D_2 + \frac{I}{8}D_1 + \frac{I}{16}D_0 \\
&= \frac{I}{2^4}(2^3D_3 + 2^2D_2 + 2^1D_1 + 2^0D_0) \\
&= \frac{U_{REF}}{2^4R}(2^3D_3 + 2^2D_2 + 2^1D_1 + 2^0D_0)
\end{aligned}
$$

所以，运算放大器原输出电压 u_O 为：

$$u_O = -i_{\sum} \cdot R_F$$

对于 n 位倒 T 形电阻网络 D/A 转换器的输出电压 u_O 为：

$$
\begin{aligned}
u_O &= -R_F\frac{U_{REF}}{2^4R}\ (2^{n-1}D_{n-1} + 2^{n-2}D_{n-2} + \cdots + 2^1D_1 + 2^0D_0) \\
&= R_F\frac{U_{REF}}{2^4R}\ (2^3D_3 + 2^2D_2 + 2^1D_1 + 2^0D_0)
\end{aligned}
$$

7.5.1.3　D/A 转换器的主要性能指标

D/A 转换器的主要特性指标包括以下几方面。

(1) 分辨率。这是 D/A 转换器对微小输入量变化敏感程度的描述，通常用数字量的位数来表示，如 8 位、12 位等。对一个分辨率为 n 位的转换器，能够分辨满量程的 2^{-n} 输入信号。例如，分辨率为 8 位的 D/A 转换器能给出满量程电压的 1/256(即 $1/2^8$)的分辨能力。

(2) 精度。精度反映 D/A 转换的精确程度，可分为绝对精度和相对精度。

绝对精度：是指对应于给定的数字量，D/A 输出端实际测得的模拟输出值(电流或电压)与理论值之差。绝对精度由 D/A 转换的增益误差、线性误差和噪声等综合因素决定。

相对精度：是指在零点和满量程值校准后，各种数字输入的模拟量输出与理论值之差，可把各种输入的误差画成曲线。对线性 D/A 而言，相对精度就是非线性度。

精度特性通常是以满量程电压 V_{FS} 的百分数或以最低有效位(LSB)的分数形式给出，也可用二进制位数表示。例如：

精度 ±0.1% 是指：最大误差为 V_{FS} 的 ±0.1%，若满量程为 10V，最大误差为 $VE = \pm 10$ mV;

n 位 D/A 转换器的精度为 ±1/2 LSB 是指：最大可能误差为 $\pm\frac{1}{2}\times\frac{1}{2^n}V_{FS} = \pm\frac{1}{2^{n+1}}V_{FS}$。

(3) 建立时间。建立时间也称稳定时间，是指在 D/A 的数字输入端加上满量程的变化(如从全 “0” 变为全 “1”)以后，其模拟输出稳定到最终值 ±1/2 LSB 时所需的时间。当输出的模拟量为电流时，建立时间较短；当输出的模拟量为电压时，建立时间较长，主要是输出运算放大器所需的时间。图 7-27 中的 t_s 即建立时间。

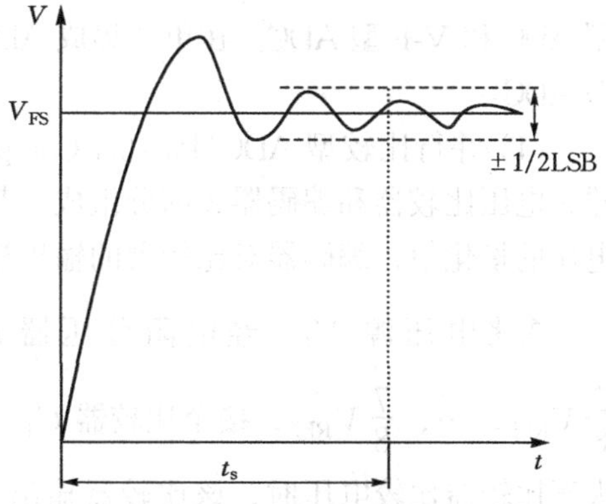

图 7-27　建立时间图

(4) 输出电平。不同型号的D/A 转换器的输出电平相差较大。一般电压型的 D/A 转换器输出为 0~5 V 或 0~10 V；电流型的 D/A 转换器，输出电流为几毫安至几安。

(5) 线性误差。相邻两个数字量之间的差应是 1 LSB，即理想的转换特性应是线性的。在满量程范围内，偏离理想的转换特性的最大值称为线性误差。

(6) 温度示数。在规定的范围内，相应于温度每变化 1℃，增益、线性度、零点及偏移(对双极性 D/A)等参数的变化量。温度系数直接影响转换精度。

7.5.2 数/模转换器的基本组成

A/D 转换器是将模拟量转换成数字量的器件，模拟量可以是电压、电流等信号，也可以是声、光、压力、温度、湿度等随时间连续变化的非电的物理量。非电量的模拟量可通过适当的传感器(如光电传感器、压力传感器、温度传感器)转换成电信号。

7.5.2.1 A/D 转换原理

ADC 原理框图见图 7-28 所示。由于输入的模拟信号在时间上连续变化，而输出的数字信号在时间上离散变化，所以在信号的转换过程中只能在选定的瞬间对模拟信号取样，并通过 ADC 电路将取样值转换成相应的数字量输出。

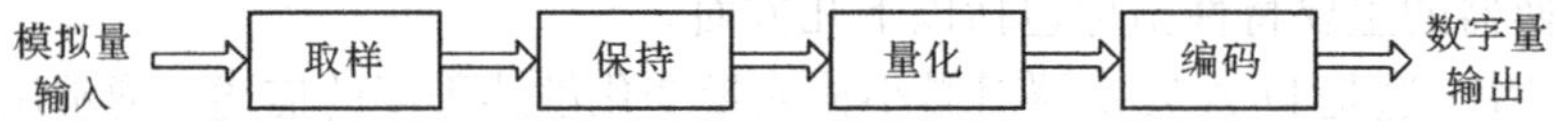

图 7-28　ADC 原理框图

实现模拟信号的 A/D 转换，需要经过 4 个过程：取样、保持、量化和编码。

ADC 电路输入的电压信号 V_I 与输出的数字信号 D 之间的关系为：

$$D = K\frac{V_I}{V_{REF}}$$

其中，K 为比例系数，不同的 ADC 电路，K 各不相同；V_{REF}为实现 A/D 转换所需要的参考电压源。

由上式可以看出：ADC 电路输出的数字信号与输入的模拟信号在幅度上成正比。

7.5.2.2 常见 ADC 电路

ADC 电路主要分为两大类：直接 ADC 和间接 ADC。直接 ADC 将模拟信号直接转换为数字信号，主要包括：并行比较型 ADC 和逐次逼近型 ADC。间接 ADC 先将模拟信号转换成某一中间量(如时间、频率等)，然后再将中间量转换成数字信号。主要包括双积分型 ADC 和 V-F 型 ADC。在单片集成 ADC 中应用比较广泛的是逐次逼近型 ADC 和双积分型 ADC。

(1) 并行比较型 ADC(Parallel Comparator ADC)。并行比较型 ADC 电路由电阻分压器、电压比较器和编码器 3 部分组成。其中，分压器用来确定量化电压；比较器确定取样电压的量化值；编码器对比较器的输出进行编码，输出二进制代码。

参考电压源 V_{REF} 经电阻分压器分压，形成 7 个比较电平，分别为：$\frac{1}{8}V_{REF}$，$\frac{2}{8}V_{REF}$，…，$\frac{7}{8}V_{REF}$，接至比较器 C_1，C_2，…，C_7 的反相输入端，当电路输入电压 V_I 大于比较器比较电压时，该比较器输出 1，反之输出 0。比较器的输出结果送入编码器，经编码后输出二进制代码。允许输入的模拟电压最大变化范围是 0～V_{REF}。具体编码关系表见表7-4。

表 7-4 并行比较型 ADC 编码关系表

输入模拟电压 V_I	比较器输出							编码输出		
	C_7	C_6	C_5	C_4	C_3	C_2	C_1	Q_2	Q_1	Q_0
$0<V_I<\frac{1}{8}V_{REF}$	0	0	0	0	0	0	0	0	0	0
$\frac{1}{8}V_{REF}\leqslant V_I<\frac{2}{8}V_{REF}$	0	0	0	0	0	0	1	0	0	1
$\frac{2}{8}V_{REF}\leqslant V_I<\frac{3}{8}V_{REF}$	0	0	0	0	0	1	1	0	1	0
$\frac{3}{8}V_{REF}\leqslant V_I<\frac{4}{8}V_{REF}$	0	0	0	0	1	1	1	0	1	1
$\frac{4}{8}V_{REF}\leqslant V_I<\frac{5}{8}V_{REF}$	0	0	0	1	1	1	1	1	0	0
$\frac{5}{8}V_{REF}\leqslant V_I<\frac{6}{8}V_{REF}$	0	0	1	1	1	1	1	1	0	1
$\frac{6}{8}V_{REF}\leqslant V_I<\frac{7}{8}V_{REF}$	0	1	1	1	1	1	1	1	1	0
$\frac{7}{8}V_{REF}\leqslant V_I<V_{REF}$	1	1	1	1	1	1	1	1	1	1

并行比较型 ADC 的转换结果精度主要受量化电压划分结果的影响，Δ 越小，转换精度越高，但转换电路就越复杂。

这种转换电路的优点是并行转换，速度较快；缺点是使用电压比较器数量较多，若输出 n 位二进制代码，则需 2^n 个分压电阻、2^n-1 个电压比较器，导致该电路很难达到很高的转换精度。

(2) 逐次逼近型 ADC(Successive Approximation ADC)。逐次逼近型 ADC 也称为逐位比较型 ADC。电路组成原理图见图 7-29 所示。该电路主要由取样保持电路、电压比较器、控制电路、逐次逼近寄存器 SAR、D/A 转换电路和输出电路等 6 部分组成。

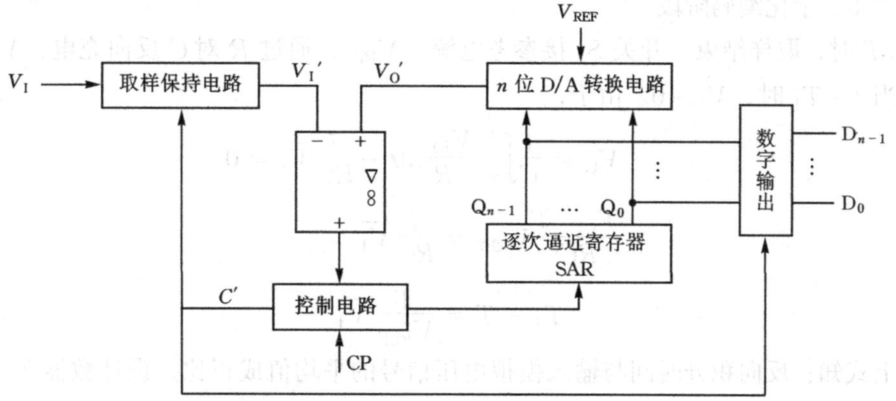

图 7-29 逐次逼近型原理图

(3) 双积分型 ADC。双积分型 ADC 属于 V-T 变换型 ADC。它首先将输入模拟信号变换成与其成正比的时间间隔，在此时间间隔内对固定频率的时钟脉冲信号进行计数，所获得的计数值即为正比于输入模拟信号的数字量。

图 7-30 所示为双积分型 ADC 的电路原理图。主要由积分器、比较器、计数器、控制电路和模拟开关等部分组成。

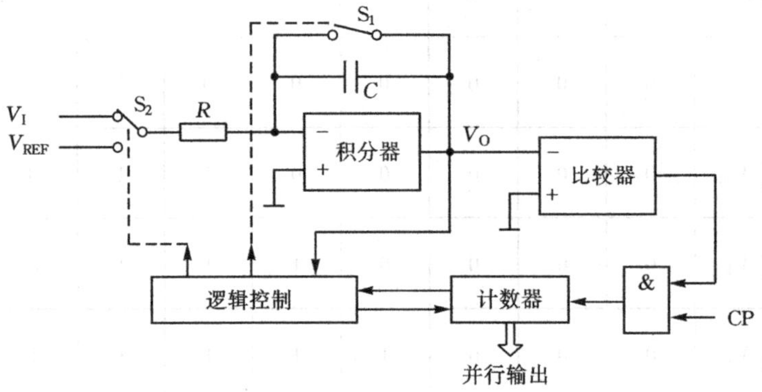

图 7-30　双积分型 ADC 电路框图

电路工作时，开关 S_1 闭合，S_2断开。电容 C 完全放电，计数器同时清零。

第一步，取样阶段。

开关 S_2 接输入模拟信号 V_I，V_I 通过 R 对 C 充电，积分器输出 V_O 开始由 0 下降，当 $t=T$ 时，由于

$$V_O = \frac{1}{C}\int_0^T -\frac{V_I}{R}\mathrm{d}t = -\frac{1}{RC}\int_0^T V_I\mathrm{d}t$$

$$\overline{V_I} = \frac{1}{T}\int_0^T V_I\mathrm{d}t$$

$$V_O = -\frac{T}{RC}\overline{V_I}$$

其中，$\overline{V_I}$为 0～T 时间间隔内 V_I 的平均值。

通过上式可见，V_O 与$\overline{V_I}$成正比，当 $V_O<0$ 时，比较器输出 1，控制电路允许在 CP 信号作用下计数。

第二步，量化编码阶段。

$t \geqslant T$ 时，取样结束，开关 S_2 接参考电源 $-V_{REF}$，通过 R 对 C 反向充电，V_O 逐渐上升，当 $t=T_1$ 时，$V_O=0$。由于，

$$V_O = \frac{1}{C}\int_T^{T_1}\frac{V_{REF}}{R}\mathrm{d}t - \frac{T}{RC}\overline{V_I} = 0$$

$$\frac{T_1 - T}{RC}V_{REF} = \frac{T}{RC}\overline{V_I}$$

故

$$T_1 - T = \frac{T}{V_{REF}}\overline{V_I}$$

由上式知：反向积分时间与输入模拟电压信号的平均值成正比。设计数器在 T_1—T 这段时间内对频率固定为 $f_C\left(f_C=\frac{1}{T_C}\right)$的 CP 时钟信号计数，则计数结果也一定与$\overline{V_I}$成正比。即：

$$D=\frac{T_1-T}{T_C}=\frac{T}{T_C V_{REF}}\overline{V_I}$$

D 为表示计数结果的数字量。若取 T 为 T_C 的整数倍，即 $T=NT_C$，则 D 为：

$$D=\frac{N}{V_{REF}}\overline{V_I}$$

双积分型 ADC 的特点是工作性能稳定，由于输出的数字量与积分器时间常数无关，对积分元件精度要求不高；同时电路抗干扰能力较强。主要缺点是电路转换速度较慢。

(4) V-F 型 ADC。V-F 型 ADC 的组成框图如图 7-31 所示。它由压控振荡器、寄存器、计数器和时钟控制等部分组成。

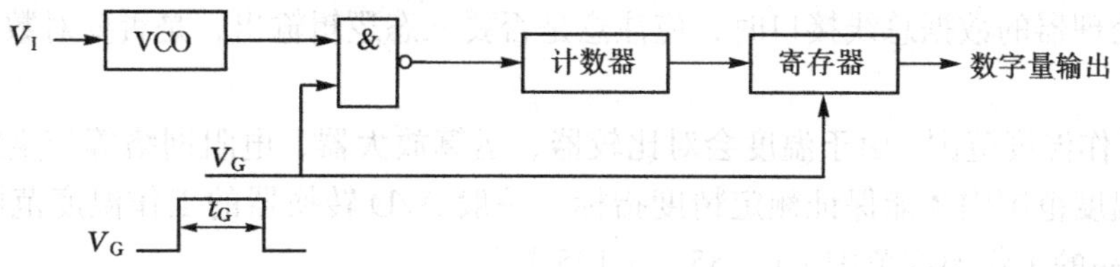

图 7-31　V-F 型 ADC 组成框图

压控振荡器(Voltage Controlled Oscillator，VCO)是一种频率可控的振荡器，其输出信号的频率 f 随输入模拟电压 V_I 的变化而变化。

当控制信号 V_G 为高电平时，VCO 输出频率为 f 的脉冲信号并由计数器计数。由于 V_G 脉宽固定为 t_G，所以在 t_G 时间里通过与门控制电路的脉冲个数与 f 成正比，亦与输入的模拟电压 V_I 成正比。在一个转换过程结束后，对应于 V_G 脉冲信号的下降沿，将计数器中存储的转换结果存入寄存器中。

V-F 型 ADC 的特点是抗干扰能力较强，但转换精度较低、转换速度较慢。

7.5.2.3　A/D 转换器的主要性能指标

A/D 转换器主要性能指标有以下几方面。

(1) 分辨率。分辨率反映 A/D 转换器对输入微小，变换响应的能力，通常用数字输出最低位(LSB)所对应的模拟输入的电平值表示。如：8 位 A/D 转换器能对模入满量程的 $1/2^8=1/256$ 的增量作出反应。N 位 A/D 能反应 $1/2^N$ 满量程的模入电平。由于分辨率直接与转换器的位数有关，所以一般也可简单地用数字量的位数来表示分辨率，即 n 位二进制数，最低所具有的权值，就是它的分辨率。

(2) 精度。精度有绝对精度和相对精度两种表示方法。

① 绝对误差。在一个转换器中，对应于一个数字量的实际模拟输入电压和理想的模拟输入电压之差并非是一个常数。我们把它们之间的差的最大值，定义为“绝对误差”。通常以数字量的最小有效位(LSB)的分数值表示绝对误差。例如：±1 LSB、±1/2 LSB、±1/4 LSB 等。绝对误差包括量化误差和其他所有误差。

② 相对误差。是指整个转换范围内，任一数字量所对应的模拟输入量的实际值与理论值之差，用模拟电压满量程的百分比表示。

例如，满量程为 10 V，10 位 A/D 芯片，若其绝对精度为 ±1/2 LSB，则其最小有效位的量化单位 $\Delta=9.7$ mV，其绝对精度为 $1/2\ \Delta=4.88$ mV 其相对精度为：4.88 mV/10 V $=0.048\%$。

(3) 转换时间。转换时间是指完成一次 A/D 转换所需的时间，即由发出启动转换命令信号到转换结束信号开始有效的时间间隔。

转换时间的倒数称为转速率。例如 AD 570 的转换时间为 25 μs，其转换速率为 40 kHz。

(4) 电源灵敏度。电源灵敏度是指 A/D 转换芯片的供电电源的电压发生变化时，产生的转换误差。一般用电源变化 1%时相当的模拟量变化的百分数表示。

(5) 量程。量程是指所能转换的模拟输入电压范围，分单极性、双极性两种类型。例如：单极性量程为 0～+5 V、0～+10 V、0～+20 V；双极性量程为 -5～+5 V、-10～+10 V。

(6) 输出逻辑电平。多数 A/D 转换器的输出逻辑电平与 TTL 电平兼容。在考虑数字输出与微处理器的数据总线接口时，应注意是否要三态逻辑输出，是否要对数据进行锁存等。

(7) 工作温度范围。由于温度会对比较器、运算放大器、电阻网络等产生影响，故只在一定的温度范围内才能保证额定精度指标。一般 A/D 转换器的工作温度范围为(0～70 ℃)，军用品的工作温度范围为(-55～+125 ℃)。

习 题 7

1.CPU 对接口有哪些操作？总线如何表示？这些信号由谁处理？

2. 举例说明 CPU 与外设交换数据常用的方式有哪些？

3. 什么叫异步串行通信？和同步通信的主要区别是什么？

4. 请比较计算机通信系统中串行通信与并行通信的优缺点。

5. 试回答。

(1) 一个 8 位 D/A 转换器的分辨能力可以达到满量程的多少？

(2) 一个 8 位 D/A 转换器，若精度为 ±1/2 LSB，则其最大可能的误差为满量程的多少？

(3) 如果一个 D/A 转换器的精度为 ±0.1%，则其最大可能的误差为满量程的多少？

6.D/A 转换器在微机应用中起何作用？

7. A/D 转换器接口电路一般完成哪些任务？其接口形式有几种？

8. 已知并行比较型 ADC，若 $V_{REF}=6$ V，输入电压信号 $V_I=2.82$ V，求输出数字量为多少？

第8章 接口与串并行通信

8.1 CPU与外设之间的数据传输

CPU与外设之间的数据传送方式有很多，主要有以下3种。

8.1.1 程序控制方式

程序控制方式是指CPU与外设之间的数据传送是在程序控制下完成，它又可分成无条件传送和条件传送两种方式。

(1) 无条件传送方式也称为同步传送方式，主要用于对简单外设进行操作，或者外设的定时是固定的或已知的场合。

(2) 条件传送方式也称为查询传送方式。传送数据前，CPU要先执行一条输入指令，从外设的状态口读取它的当前状态。如果外设未准备好数据或处于忙碌状态，则程序要反复执行读状态指令，不断检测外设状态；如果该外设的输入数据已准备好，CPU便可从外设读入数据。

优点：简单，可以编制程序控制数据传送；

缺点：无条件传送方式的应用受到很大限制，条件传送方式在设备未准备就绪时，必须反复查询，进入循环等待状态，导致CPU的工作效率严重降低。

8.1.2 中断控制方式

采用中断控制方式后，CPU平时执行主程序，只有当输入设备将数据准备完毕，或者输出端口的数据缓冲器已空时，才向CPU发中断请求。CPU响应中断后，暂停执行当前的程序，转去执行管理外设的中断服务程序。在中断服务程序中，用输入或输出指令在CPU和外设之间进行一次数据交换，等输入或输出操作完成之后，CPU又回去执行原来的程序。

优点：CPU的工作效率可以大大提高。

缺点：每进行一次数据传送，CPU都要执行一次中断服务程序。这时，CPU要保护和恢复断点，通常还要执行一系列保护和恢复寄存器的指令，即保护现场，以便完成中断处理后能正确返回主程序。显然，这些操作与数据传送没有直接关系，但会花费掉CPU不少的时间。所以，在这段时间内执行部件和总线接口部件就不能并行工作，这也会造成数据传输效率的降低。

8.1.3 DMA控制方式

DMA控制方式是利用系统的数据总线、地址总线和控制总线来传送数据。当外设需要利用DMA方式进行数据传送时，接口电路可以向CPU提出请求，要求CPU让出对总线的控制权，用DMA控制器来取代CPU临时接管总线，控制外设和存储器之间直接进行高速的数据传送，而不要CPU进行干预。

这种控制方式能给出访问内存所需要的地址信息，并能自动修改地址指针，也能设定和修改传送的字节数，还能向存储器和外设发出相应的读/写控制信号。在DMA传送结束后，它能释放总线，把对总线的控制权又交还给CPU。可见，用DMA方式传输数据时，不需要进行保护和恢复断点及现场之类的额外操作，一旦进入DMA操作，就可直接在硬件的控制下快速完成一批数据的交换任务，数据传送的速度基本上取决于外设和存储器的存取速度。

DMA传送也存在以下两个额外开销源：第一个额外开销是总线访问时间，这是因为DMAC要同CPU和其他可能的总线主控设备争用对系统总线的控制权；此外，DMA控制数据传送是用硬件控制代替CPU执行程序来实现的，所以它必然会增加硬件的投资，提高系统的成本。因此，只要CPU来得及处理数据传送，就不必采用DMA方式。DMA主要适用以下几种场合：

(1) 硬盘和软盘I/O;

(2) 快速通信通道I/O;

(3) 多处理机和多程序数据块传送;

(4) 扫描操作;

(5) 快速数据采集。

(6) 在PC/XT机中还采用DMA方式进行DRAM的刷新操作。

8.2 可编程并行接口Intel 8255A

Intel 8255A是微机系统中通用的可编程并行接口(Programmable Peripheral Interface)芯片，其中具有3个8位并行I/O端口(PA、PB、PC)、3种工作方式，可以通过程序设定输入输出结构和工作方式。

8.2.1 内部结构

8255的内部由3个相互独立的数据端口——A端口、B——端口、C——端口及A组控制器、B组控制器构成，如图8-1所示。

8.2.1.1 三个独立的数据口

8255A的3个数据口分别是A端口、B端口、C端口，它们彼此独立，都是8位的数据口，用来完成和外设之间的信息交换。3个口在使用上有所不同。

(1) A端口。

A端口对应一个8位的数据输入锁存器和一个8位的数据输出锁存器和缓冲器。因此A端口适合用在双向的数据传输场合，用A端口传送数据，不管是输入还是输出，都可以锁存。

(2) B端口和C端口。

这两个口分别是由一个8位的数据输入缓冲器和一个8位的数据输出锁存器和缓冲器组成。因此用B端口和C端口传送数据作输出端口时，数据信息可以实现锁存功能；而用作输入口时，则不能对数据实现锁存，这一点在使用中要注意。在实际应用中，A端口

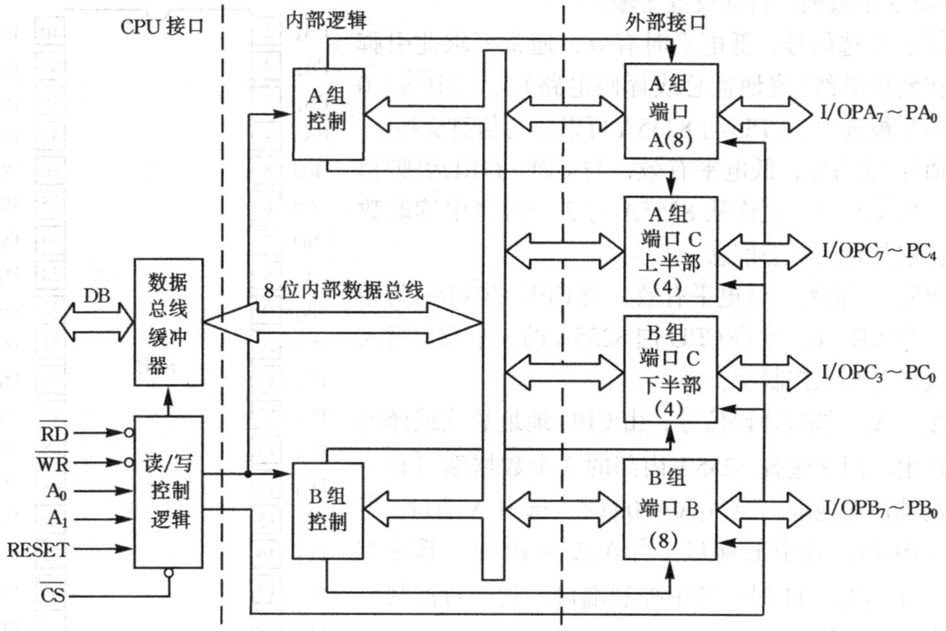

图 8-1　8255 内部结构

和B端口通常作为独立的输入口和输出口，而 C 端口常用来配合 A 端口和 B 端口的工作使用。C 端口分成两个 4 位的端口，这两个 4 位的端口分别作为 A 端口和 B 端口的控制信号和输入状态信号使用。

8.2.1.2　A 组控制电路和 B 组控制电路

控制电路分成 A 组控制和 B 组控制两组，A 组控制电路控制 A 端口和 C 端口的高 4 位(PC_4～PC_7)。B 组控制电路控制 B 端口和 C 端口的低 4 位(PC_0～PC_3)。这两组控制电路的作用是：由它们内部的控制寄存器接收 CPU 输出的方式控制命令字，还接收来自读/写控制逻辑电路的读/写命令，根据控制命令决定 A 组和 B 组的工作方式和读/写操作。

8.2.1.3　读写控制逻辑电路

这部分电路是用来完成对 8255A 内部 3 个数据口的译码工作，由 CPU 的地址总线 A_0、A_1 和 8255A 的片选信号$\overline{CS}$和读信号$\overline{RD}$、写信号$\overline{WR}$组合后产生控制命令，并将产生的控制命令传送给 A 组和 B 组的控制电路，从而完成对数据信息的传输控制。

8.2.1.4　数据总线缓冲器

这是一个双向、三态的 8 位数据总线缓冲器，是 8255A 和系统总线相连接的通道，用来传送输入/输出数据、CPU 发出的控制字以及外设的状态信息。总之，8255A 与 CPU 之间的所有信息传输都要经过数据总线缓冲器。

8.2.2　引脚功能

8255 采用 DIP40 的封装结构，引脚如图 8-2 所示。除第 26 脚 +5 V 电源引脚和第 7 脚是地线引脚外，其他引脚分为两组。

8.2.2.1　与 CPU 相连的引脚

RESET：芯片的复位信号，高电平时有效。复位后把 8255A 内部的所有寄存器都清

0，并将 3 个数据口自动设置为输入口。

$\overline{CS}$：片选信号，低电平时有效，通常要求此引脚连接在地址总线(或地址总线译码电路)上。当$\overline{CS}=0$时，芯片被选中，CPU 与 8255A 可以进行信息交换。

$\overline{RD}$：读信号，低电平有效，与 CPU 的$\overline{RD}$引脚相连接。当$\overline{RD}=0$，允许从 8255A 的 3 个端口中读取数据或读取外设的状态信息。

$\overline{WR}$：写信号，低电平有效，与 CPU 的$\overline{WR}$引脚相连接。当$\overline{WR}=0$，允许 CPU 向 8255A 的 3 个端口写入数据或者是写入控制字。

A_1、A_0：端口译码信号，由 CPU 地址总线或译码电路产生。用来选择 8255A 内部的 3 个数据端口和一个控制端口的地址。当 $A_1A_0=00$ 时，选中 A 端口。当 $A_1A_0=01$ 时，选中 B 端口。当 $A_1A_0=10$ 时，选中 C 端口。当 $A_1A_0=11$ 时，选中控制端口。其中对控制口只能进行写操作。

A_1、A_0 与读、写信号组合对各端口所执行的操作如表 8-1 所列。

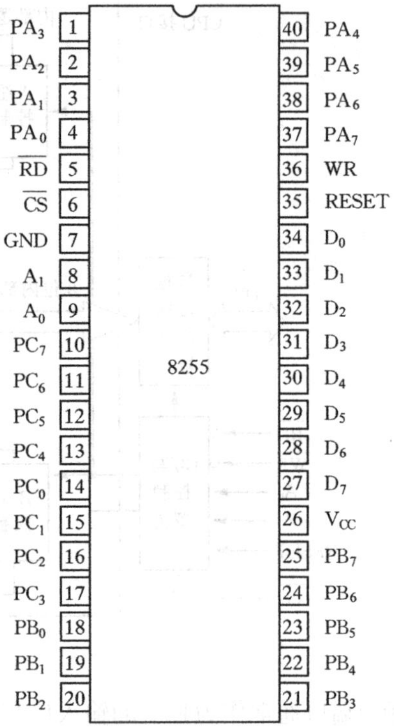

图 8-2　8255 引脚图

表 8-1　　　　　　　　　　各端口执行的操作

A_1	A_0	$\overline{WR}$	$\overline{RD}$	$\overline{CS}$	操作情形
0	0	0	1	0	A 端口数据送到总线
0	1	0	1	0	B 端口数据送到总线
1	0	0	1	0	C 端口数据送到总线
0	0	1	0	0	总线数据存入 A 端口
0	1	1	0	0	总线数据存入 B 端口
1	0	1	0	0	总线数据存入 C 端口
1	1	1	0	0	总线数据存入控制缓存器
×	×	×	×	1	总线呈高阻抗
1	1	0	1	0	错误操作
×	×	×	1	0	总线呈高阻抗

$D_7 \sim D_0$：双向三态 8 位数据线，与系统的数据总线相连接。

8.2.2.2　和外设端相连的引脚

$PA_7 \sim PA_0$：A 端口的 I/O 引脚，共 8 条，传输方向及功能由工作方式设定；

$PB_7 \sim PB_0$：B 端口的 I/O 引脚，共 8 条，传输方向及功能由工作方式设定；

$PC_7 \sim PC_0$：C 端口的 I/O 引脚，共 8 条，传输方向及功能由工作方式设定，用来连接外设或者作为控制信号。

8.2.3　8255A 的控制字

由 CPU 执行输出指令，通过向 8255A 的控制端口输出不同的控制字来决定它的工作方式。控制字分为两种，分别称为方式选择控制字和端口 C 置 1/置 0 控制字。根据控制寄存器的 D_7 位的状态决定是哪一种控制字。

8.2.3.1　方式选择控制字($A_1A_0=11$)

方式选择控制字用来决定 8255A 3 个数据端口各自的工作方式，它的格式如图 8-3 所示，由一个 8 位的寄存器组成。

1	D_6	D_5	D_4	D_3	D_2	D_1	D_0
特征位	A 组方式 00＝方式 0 01＝方式 1 1X＝方式 2		A 口 0＝输出 1＝输入	C 口高 4 位 0＝输出 1＝输入	B 组方式 0＝方式 0 1＝方式 1	B 口 0＝输出 1＝输入	C 口低 4 位 0＝输出 1＝输入

图 8-3　8255A 方式控制字

例 8-1　某系统要求使用 8255A 的 A 端口方式 0 输入，B 端口方式 0 输出，C 端口高 4 位方式 0 输出，C 端口低 4 位方式 0 输入。

则控制字为：10010001B　即 91H

初始化程序为：

```
MOV    AL, 91H
OUT    CTRL_PORT, AL
```

例 8-2　A 端口方式 0，输入；B 端口方式 1，输出；C 端口上半部分输出，C 端口下半部分输入。设端口地址范围为：60H－63H。

其方式字为 10010101＝95H。

```
MOV   DX,63H
MOV   AL,95H
OUT   DX,AL
```

8.2.3.2　端口 C 置 1/置 0 控制字($A_1A_0=11$)

8255A 在和 CPU 传输数据的过程中，经常将 C 端口的某几位作为控制位或状态位来使用，从而配合 A 端口或 B 端口的工作。为了方便用户，在 8255A 芯片初始化时，C 端口置 1/置 0 控制字可以单独设置 C 端口的某一位为 0 或某一位为 1。控制字的 D7 位为“0”时，是 C 端口置 1/置 0 控制字中的标识位，具体的格式如图 8-4 所示。

0	D_6	D_5	D_4	D_3	D_2	D_1	D_0
特征位	不用			位选择 000＝C 口 0 位…111＝C 口 7 位			0＝复位 1＝置位

图 8-4　C 口按位置位/复位控制字

例 8-3　编程实现 8255A 的 PC_5 端输出连续的方波。

输出一个方波子程序：

```
SPK PROC
    MOV    AL , 0000 1011B
    OUT    63H , AL
    CALL   DELAY1
    MOV    AL , 0000 1010B
```

```
        OUT    63H , AL
        CALL   DELAY1
        RET
SPK ENDP
```

连续方波：

```
L: CALL   SPK
   JMP    L
```

例 8-4 A 端口方式 2，要求发两个中断允许，即 PC_4 和 PC_6 均需置位。B 端口方式 1 要求使 PC2 置位来开放中断。初始化程序可补充完整如下。

```
MOV   AL,0C4H
OUT   CTRL_PORT,AL ;设置工作方式
MOV   AL,09H
OUT   CTRL_PORT,AL ;PC4 置位,A 口输入允许中断
MOV   AL,ODH
OUT   CTRL_PORT,AL ;PC6 置位,A 口输出允许中断
MOV   AL, 05H
OUT   CTRL_PORT,AL ;PC2 置位;B 口输出允许中断
```

8.2.4 工作方式

8255A 有 3 种工作方式，用户可以通过编程来设置。

方式 0　简单输入/输出——查询方式；A，B，C 三个端口均可。

方式 1　选通输入/输出——中断方式；A ，B，两个端口均可。

方式 2　双向输入/输出——中断方式；只有 A 端口才有。

工作方式的选择可通过向控制端口写入控制字来实现。

在不同的工作方式下，8255A 3 个输入/输出端口的排列示意图如 8-5 图所示。

8.2.4.1 方式 0——基本的输入/输出方式

工作方式 0 是一种基本的输入/输出工作方式，在这种方式下，3 个端口都可以由程序设置为输入或输出，没有固定的用于应答的联络信号。其基本的功能可概括如下。

(1) 可具有两个 8 位端口(A、B)和两个 4 位端口(C 口的上半部分和下半部分)。

(2) 任何一个端口都可以设定为输入或者输出，各端口的输入、输出可构成 16 种组合。

(3) 数据输出时可以锁存，输入时不锁存。

方式 0 的输入时序如图 8-6 所示，输出时序如图 8-7 所示。从输入时序图可以看到，对各信号的要求如下。

(1) 地址信号要领先于 $\overline{RD}$ 信号到达，8255A 在 $\overline{RD}$ 信号有效以后，最长经过 250 ns 的时间，就可以使数据在数据总线上得到稳定。

(2) 在一般的微处理器系统中都配备了地址锁存器，保证 CPU 对先发出的地址能够锁存，可以满足地址信号先于 $\overline{RD}$ 信号到达，对于从读信号有效到数据稳定的时间，应由输入设备给予满足。在使用时应注意，方式 0 对输入数据不做锁存。

从输出时序图可以看到，为了将数据可靠地输出到 8255A，对各信号的要求如下。

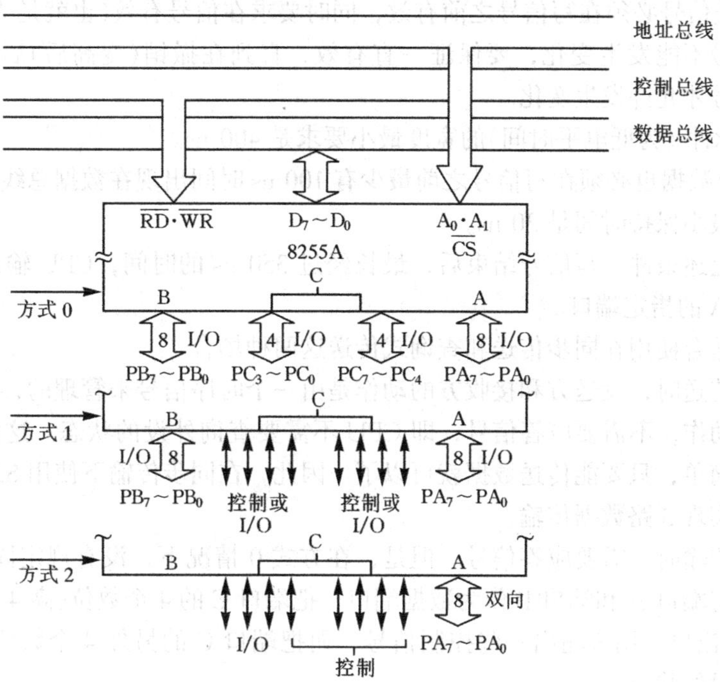

图 8-5　8255A 三端口排列示意图

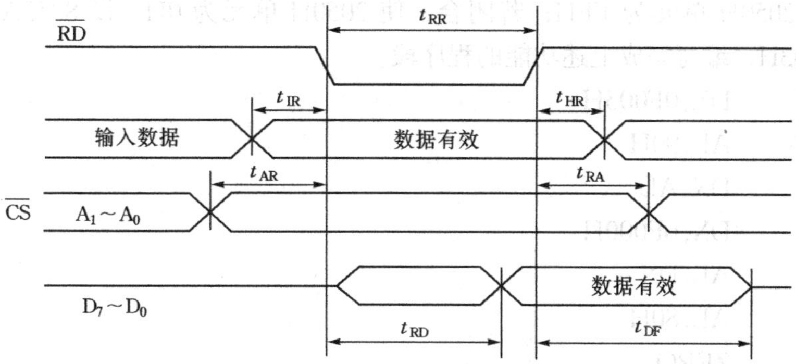

图 8-6　8255A 方式 0 输入时序

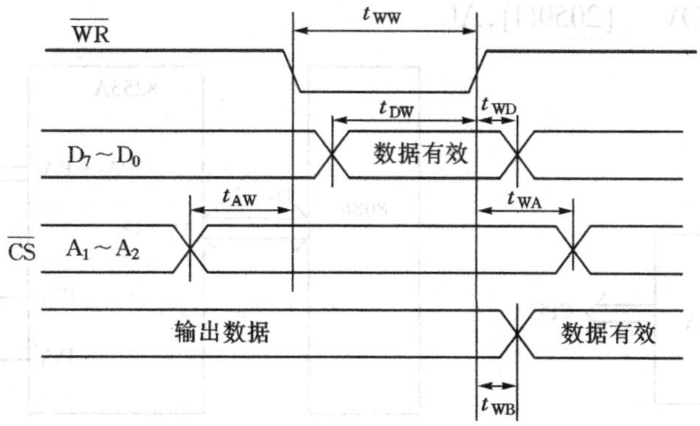

图 8-7　8255A 方式 0 输出时序

(1) 地址信号必须在写信号之前有效，同时要求在信号有效(也就是为低电平时)期间内，地址信号不能发生变化，要保证一直有效，直到在撤销(变高后)后的 20 ns 时间以后，地址信号才允许发生变化。

(2) 写脉冲 (为低电平时间)的宽度最小要求是 400 ns。

(3) 要求数据也必须在写信号之前最少有 100 ns 时间出现在数据总线上。写信号撤销后，数据的最小保持时间是 30 ns。

在满足上述条件，写信号结束后，最长经过 350 ns 的时间，CPU 输出的数据就可以出现在 8255A 的指定端口。

方式 0 适合使用在同步传送和查询式传送这两种场合。

在同步传送时，发送方和接收方的动作是由一个时序信号来管理的，所以，双方互相知道对方的动作，不需要应答信号，即 CPU 不需要查询外设的状态。这种情况下，对接口的要求很简单，只要能传送数据就可以了。因此，在同步传输下使用 8255A 时，3 个数据端口可以实现 3 路数据传输。

查询式传输时，需要应答信号。但是，在方式 0 情况下，没有规定固定的应答信号，所以，这是将端口 A 和端口 B 作为数据端口，把端口 C 的 4 个数位(高 4 位或者低 4 位均可)规定为输出口，用来输出一些控制信号，而把端口 C 的另外 4 个数位规定为输出口，用来读入外设的状态。

例 8-5　单刀开关通过 8255A 与微机连接的电路如图 8-8 所示。确定开关是否闭合，若断开，置 2050H 单元为 FFH；若闭合，使 2050H 单元为 0H。设 8255A 端口地址为 F000H～F003H，编写完成上述功能的程序段。

```
      MOV     DX,0F003H
      MOV     AL,90H
      OUT     DX,AL
      MOV     DX,0F000H
      IN      AL,DX
      AND     AL,80H
      JZ      ZERO
      MOV     AL,0FFH
ZERO: MOV     [2050H],AL
```

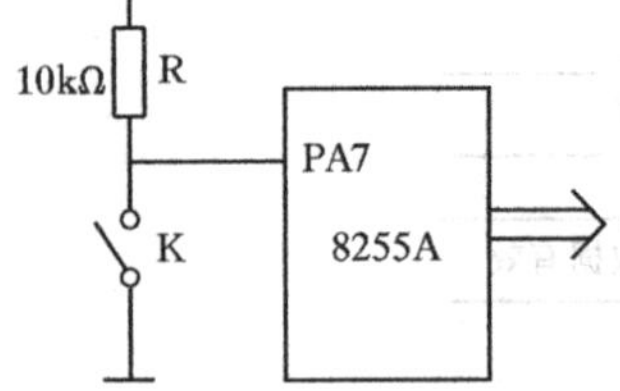

图 8-8　单刀开关图

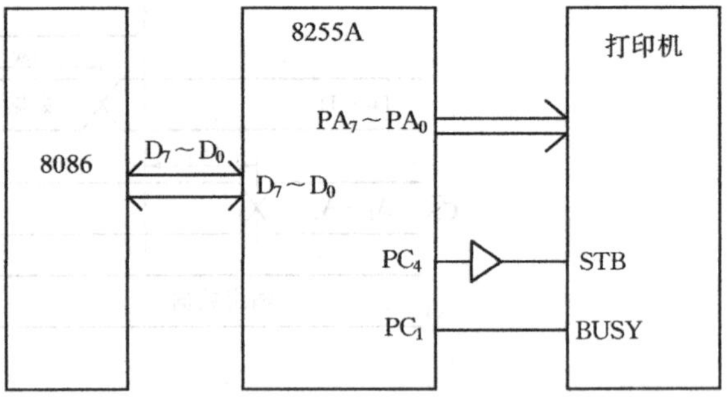

图 8-9　8255 打印机接口图

例 8-6　将 8255 作为打印机接口，实现打印功能，如图 8-9 所示。试编写该程序，设 8255 的端口地址为 00D0H～00D3H。

```
PP:     MOV   AL,81H;
        OUT   0D3H,AL;
        MOV   AL,09H;
        OUT   0D3H,AL;
LPST:   IN    AL,0D2H
        AND   AL,02H
        JNZ   LPST;
        MOV   AL,CL
        OUT   0D0H,AL;
        MOV   AL,08H
        OUT   0D3H
        INC   AL
        OUT   OD3H,AL
        RET;
```

8.2.4.2　方式 1——选通输入/输出方式

在这种方式下，当 A 端口和 B 端口进行输入输出时，必须利用 C 端口提供的选通和应答信号，而且这些信号与 C 端口中的某些位之间有着固定的对应关系，这种关系是硬件本身决定的，不是软件可以改变的。由于工作在方式 1 时，要由 C 端口中的固定位来作为选通和应答等控制信号，因此称方式 1 为选通的输入/输出方式。其基本功能可概括如下。

(1) 将 3 个端口分为两组，即 A 组和 B 组。

(2) 每一组包括一个 8 位数据端口和一个 4 位的控制/状态端口。

(3) 每一个 8 位数据端口均可设置为输入或者输出，输入端均可锁存。

(4) 4 位端口作为 8 位数据端口的控制/状态信号端口。

选通的输入方式。方式 1 在选通输入方式下对应的控制信号如图 8-10 所示。图 8-11 所示是方式 1 在选通输入方式的工作时序图。选通输入方式的工作过程如下。

当外设的数据已送到 8255A 某个端口的数据线上时，就发出选通输入信号 STB，将数据通过 A 端口或 B 端口锁存到 8255A 的数据输入寄存器，STB 信号的宽度至少是 500 ns。STB 信号变低后最多经过 300 ns 时间，使输入缓冲器满信号 IBF 变为高电平，如图 8-11 中表示的箭头①。

输入缓冲器满意味着将阻止外设输入新的数据，可供 CPU 来查询。在选通输入信号结束后，最多经过 300 ns 时间，向 CPU 发出中断请求信号(要在中断允许的情况下)，如图 8-11 中表示的箭头②，使中断请求信号 INTR 变高，CPU 可以响应中断。当 CPU 响应中断后才发出读信号 RD，将数据读入到 CPU 中，读信号有效(低电平为有效)后，最多经过 400 ns 时间，STB 就清除中断请求，使中断请求信号变低，如图 8-11 中表示的箭头③。当读信号结束后，才使输入缓冲器满信号 IBF 变低，如图 8-11 中表示的箭头④。IBF 变低表明输入缓冲器已空，通知外设可以输入新的数据。

当 8255A 的 A 端口和 B 端口工作在选通输入方式时，对应的 C 端口固定分配，规定

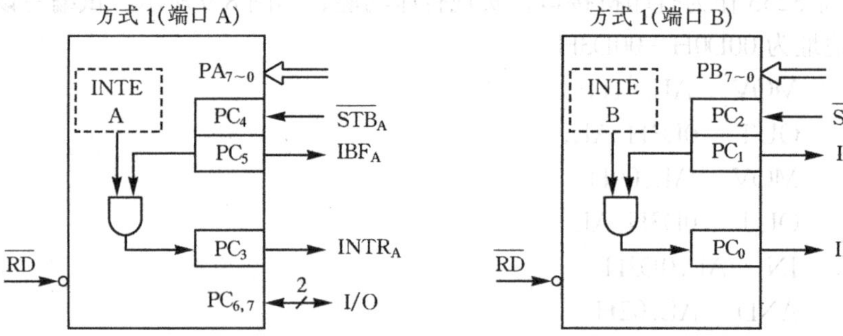

图 8-10　方式 1 选通输入下对应的控制信号

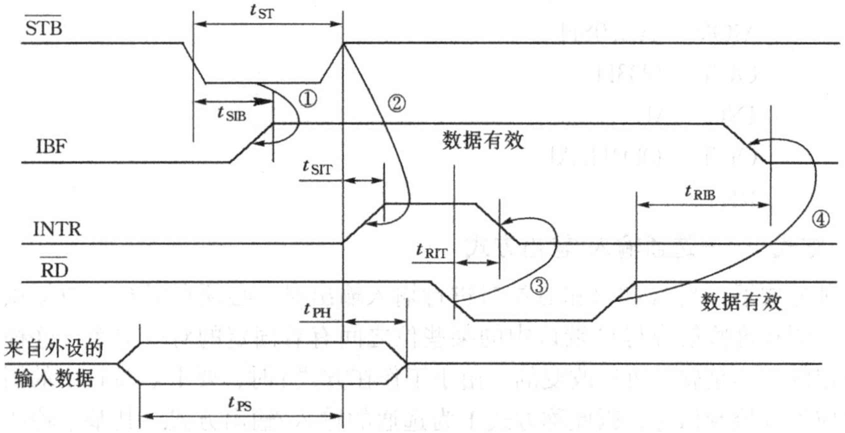

图 8-11　8255A 方式 1 输入时序

是PC_3～PC_5分配给 A 端口，PC_0～PC_2分配给 B 端口，C 端口剩下的 2 位 PC_7、PC_6 可作为简单的输入/输出线使用。控制字的 D_3 位为“1”时，PC_7、PC_6 作输入；控制字的 D_3 位为“0”时，PC_7、PC_6 作输出。

在方式 1 选通输入方式时，各控制信号的意义如下。

$\overline{STB}$(Strobe)：选通输入信号，低电平有效。A 组方式控制字中对应 PC_4；B 组方式控制字中对应 PC_2。当该信号有效时，从外部设备来的 8 位数据送入到 8255A 的输入缓冲器中，负脉冲宽度最小是 500 ns。

IBF(Input Buffer Full)：输入缓冲器满信号，高电平有效。A 组方式控制字中对应 PC_5；B 组方式控制字中对应 PC_1。这是 8255A 送给外设的联络信号，当 8255A 的输入缓冲区已有一个新数据后，输出这个信号供 CPU 查询。该信号在选通输入信号 STB 变低后，300 ns 时间内即变为有效的高电平。在 RD 信号撤销后的 300 ns 时间内 IBF 信号才撤销，变为无效的低电平，这样保证了数据传输的可靠性。

INTR(Interrupt Request)：中断请求信号，高电平有效。A 组方式控制字中对应 PC_3；B 组方式控制字中对应 PC_0。这是 8255A 向 CPU 发出的中断请求信号。当 STB 信号撤销变为高电平后最多 300 ns 时间内，并且 IBF 信号也为高电平，INTR 信号产生变为有效的高电平。INTR 信号变高后可以请求 CPU 读取数据。当 CPU 发出的 RD 信号有效后，400 ns 的时间内 INTR 信号将撤消，变为低电平。

INTE(Interrupt Enable)：中断允许信号，高电平有效。该信号为高时，允许中断请求，为低时则屏蔽中断请求。INTE 的状态是用软件通过由 C 端口置 1/置 0 控制字来控制的，在 A 组中，使 PC_4 置“1”后 INTEA 变高；在 B 组中，使 PC_2 置“1”后 INTEB 变高，A 端口和 B 端口才允许中断。如果 PC_4 和 PC_2 都置“0”，与之对应的 INTE 信号为低，则禁止中断。

对于这种选通的输入方式，如果采用查询式输入时，CPU 先查询 8255A 的输入缓冲器是否已满，也就是 IBF 是否为高。如果输入缓冲器满信号 IBF 为高，则 CPU 就可以从 8255A 读入数据。如果采用中断方式传送数据时，应该先用 C 端口置 1/置 0 的控制字使相应的端口允许中断，也就是要使 PC_4 或 PC_2 置 1。

选通的输出方式。方式 1 在选通输出情况下对应的控制信号如图 8-12 所示，图 8-13 是方式 1 选通输出情况下的工作时序图。这种方式的工作过程与选通输入的情况相类似。

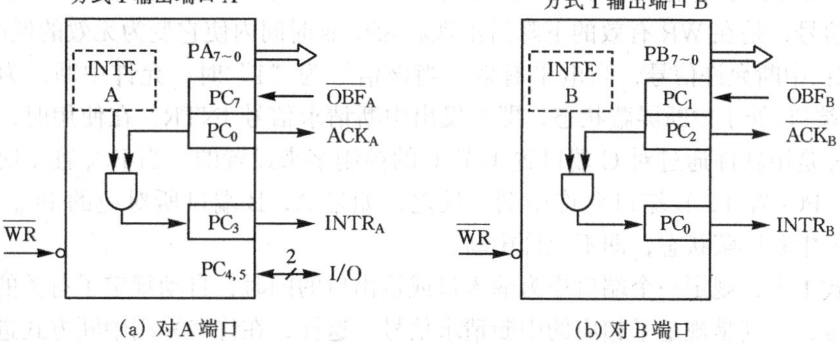

(a) 对 A 端口　　(b) 对 B 端口

图 8-12　方式 1 选通输出下对应的控制信号

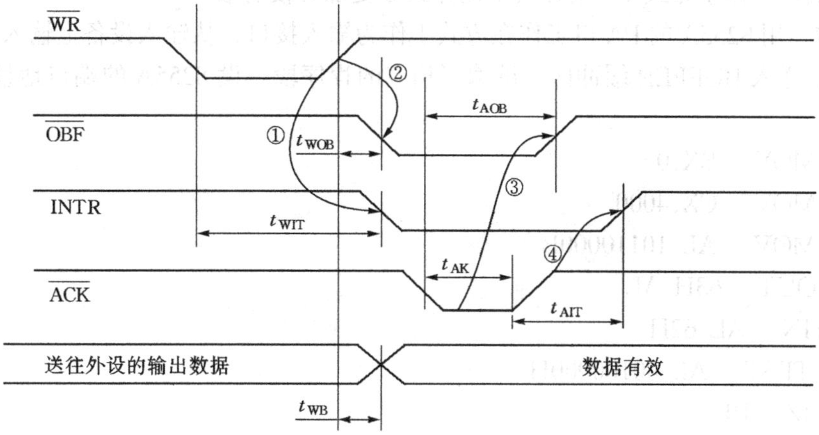

图 8-13　8255A 方式 1 输出时序

当 8255A 的 A 端口和 B 端口工作在选通输出方式时，对应的 C 端口也是固定分配，规定是 PC_3、PC_6、PC_7 分配给 A 端口；PC_2、PC_1、PC_0 分配给 B 端口，剩下的 2 位 PC_4、PC_5 可作为简单的输入/输出线使用。当控制字的 D_3 位为“1”时，PC_4、PC_5 作输入；当控制字的 D_3 位为“0”时，PC_4、PC_5 作输出。

方式 1 选通输出方式时，各控制信号的意义如下。

$\overline{OBF}$(Output Buffer Fu11)：输出缓冲器满信号，低电平有效。A 组方式控制字中对应

PC_7；B组方式控制字中对应PC_1，这是8255A与外设的联络信号。当CPU向8255A的端口中传送了数据以后，由8255A向外设发出低电平的OBF信号，通知外设可以把数据取走。由输出指令产生的写信号WR的上升沿出现后，最多经过650 ns的时间，将OBF信号置成有效即变为低电平。当应答信号ACK变为有效的低电平后350 ns的时间，OBF信号撤销变为高电平。

$\overline{ACK}$(Acknowledge)：数据接收应答信号，低电平有效。A组方式控制字中对应PC_6；B组方式控制字中对应PC_2，这是外设的响应信号，当CPU输出给8255A的数据已由外设接收后，外设就向8255A回送一个低电平的应答信号ACK。

INTR：中断请求信号，高电平有效。A组方式控制字中对应PC_3；B组方式控制字中对应PC_0。当外设已经接受了CPU输出的数据后，由8255A向CPU发出中断请求，要求CPU输出新的数据。当ACK撤销后为高电平，OBF也为高电平，中断允许信号INTE也为高时，INTR中断请求信号被置位为高电平。作为请求CPU进行下一次数据输出的中断请求信号，是在WR有效的下降沿出现后850 ns时间内使它变为无效的低电平。

INTE：中断允许信号，高电平有效。当该信号为“1”时，允许中断，为“0”时，A端口(B端口)处于中断屏蔽状态，即不发出中断请求信号INTR。在使用时，中断允许信号INTE是用软件通过对C端口置1/置0的控制字来设置的。当PC_6置1时，A端口允许中断；PC_2置1，B端口允许中断。反之，如果A，B端口所对应的PC_6、PC_2置0时，则处于中断屏蔽状态，即不允许中断。

在方式1下，规定一个端口作为输入口或输出口的同时，自动规定了有关的控制信号和状态信号，尤其是规定了相应的中断请求信号。这样，在许多采用中断方式进行输入输出的场合，如果外部设备能为8255A提供选通信号或者数据接收应答信号，那么常常使8255A的端口工作于方式1。用方式1比方式0更加方便有效。

例8-7　用8255A的PA口工作在方式1作为输入接口，从输入设备上输入4000个字节的数据，送入BUFFER缓冲区。试编写相应的程序段。设8255A的端口地址为60H～63H。

```
     MOV   BX,0
     MOV   CX,4000
     MOV   AL,10110000B
     OUT   63H,AL
  P1:IN    AL,62H
     TEST  AL,00100000H
     JZ    P1
     IN    AL,60H
     MOV   BUFFER[BX],AL
     INC   BX
     LOOP  P1
     HLT
```

例8-8　8255A的工作方式为方式1,采用中断方式将BUFF开始的缓冲区中的100个字符从打印机输出(假设打印机接口仍采用Centronics标准,如表8-2所列)。

表 8-2 Centronics 标准引脚信号

引 脚	名 称	方 向	功 能
1	STROBE	入	数据选通,有效时接收数据
2~9	DATA1-DATA8	入	数据线
10	ACKNLG	出	响应信号,有效时准备接收数据
11	BUSY	出	忙信号,有效时不能接收数据
12	PE	出	纸用完
13	SLCT	出	选择联机,指出打印机不能工作
14	AUTOLF	入	自动换行
31	INIT	入	打印机复位
32	ERROR	出	出 错
36	SLCTIN	入	有效时打印机不能工作

分析:用 PC_0 作为打印机的选通,打印机的 $\overline{ACK}$ 作为 8255A 的 A 端口, 8255A 的中断请求信号(PC_3)接至系统中断控制器 8259A 的 IR_3,其他硬件连线如图 8-14 所示。

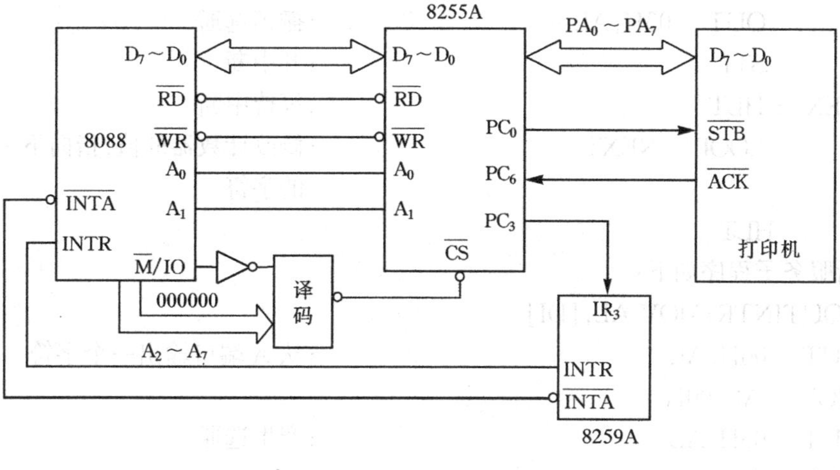

图 8-14 中断方式硬件连线

8255A 的控制字为:1010XXX0

PC_0 置位: 00000001 即 01H

PC_0 复位: 00000000 即 00H

PC_6 置位: 00001101 即 0DH ,允许 8255A 的 A 口输出中断

由硬件连线可以分析出,8255A 的 4 个口地址分别为:00H,01H,02H,03H。

假设 8259A 初始化时送 ICW_2 为 08H,则 8255A 的 A 端口中断类型码是 0BH,此中断类型码对应的中断向量应放到中断向量表从 2CH 开始的 4 个单元中。

主程序:

```
MAIN: MOV   AL,0A0H
      OUT   03H,AL          ;设置 8255A 的控制字
      MOV   AL,01H          ;使选通无效
      OUT   03H,AL
      XOR   AX,AX
```

```
        MOV   DS,AX
        MOV   AX,OFFSET ROUTINTR
        MOV   WORD PTR [002CH],AX
        MOV   AX,SEG ROUTINTR
        MOV   WORD PTR [002EH],AX     ;送中断向量
        MOV   AL,0DH
        OUT   03H,AL                  ;使8255A的A端口输出允许中断
        MOV   DI,OFFSET BUFF          ;设置地址指针
        MOV   CX,99                   ;设置计数器初值
        MOV   AL,[DI]
        OUT   00H,AL                  ;输出一个字符
        INC   DI
        MOV   AL,00H
        OUT   03H,AL                  ;产生选通
        INC   AL
        OUT   03H,AL                  ;撤销选通
        STI                           ;开中断
  NEXT: HLT                           ;等待中断
        LOOP  NEXT                    ;修改计数器的值,指向下一个要输出
                                       的字符
        HLT
```

中断服务子程序如下：

```
  ROUTINTR:MOV AL,[DI]
  OUT   00H,AL                        ;从A端口输出一个字符
  MOV   AL,00H
  OUT   03H,AL                        ;产生选通
  INC   AL
  MOV   03H,AL                        ;撤销选通
  INC   DI                            ;修改地址指针
  IRET                                ;中断返回
```

8.2.4.3　方式2——双向传输方式

在双向的传输方式中，8255A可以向外设发送数据，同时CPU通过这8位数据线又接收外设的数据，因此称为双向的传输方式。方式2的基本定义是，只能适用于A端口，一个8位的双向端口(A端口)和1个5位的控制端口(C端口)。A端口的输入和输出都可以被锁存。5位的控制端口用于传送8位双向端口的控制和状态信息。当A端口工作在方式2时，由$PA_7 \sim PA_0$作为8位数据线，因为要由C端口对A端口进行控制，所以称为带选通的双向传输方式。在这种方式下，C端口中有5位$PC_7 \sim PC_3$作为控制信号和状态信息使用，剩下的3位$PC_2 \sim PC_0$可作为简单的输入/输出线使用。当控制字的D_0位为1时，$PC_2 \sim PC_0$作输入；当控制字的D_0位为0时，$PC_2 \sim PC_0$作输出。方式2时C端口对A端口的控制信号，如图8-15所示。其主要功能可概括如下。

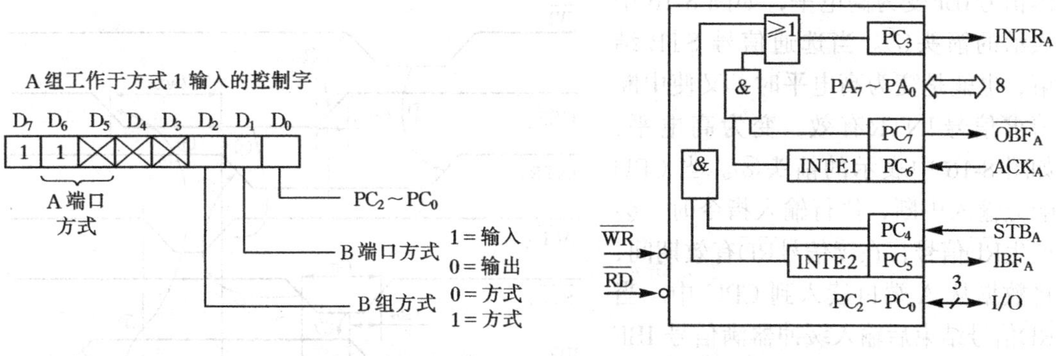

图 8-15 方式 2 时 C 端口对 A 端口的控制信号

(1) 有一个 8 为双向数据输入/输出端口 A 和一个 5 位控制信号端口 C。

(2) 输入、输出均可锁存。

(3) 5 位控制信号端口 C 作为 8 位双向数据输入/输出端口 A 的控制/状态信号端口。

(4) 工作方式 2 只适合于 A 口。

方式 2 时，各控制信号的意义如下。

$\overline{STB}$：选通信号，低电平有效。对应于 PC_4，由外设提供给 8255A。该信号负责把外设送到 8255A 的数据送入输入锁存器。

IBF：输入缓冲器满信号，高电平有效。对应 PC_5，是 8255A 送给 CPU 的状态信息，供 CPU 查询。当该信号有效时，表示当前已经有一个新的数据送到了输入锁存器中，CPU 可以取走。

$\overline{OBF}$：输出缓冲器满信号，低电平有效。对应 PC_7，由 8255A 发给外设的选通信号，当 OBF 有效时，表明 CPU 已经将一个数据写入 8255A 的 A 端口中，通知外设可以取走数据。

INTR：中断请求信号，高电平有效。对应 PC_3，不论 A 端口工作在输入方式还是工作在输出方式，当一个操作完成，并且要进入下一个操作时，8255A 都要向 CPU 发出中断请求信号。

$\overline{ACK}$：数据接收应答信号，低电平有效。对应 PC_6，这是外设对信号 OBF 的响应信号，该信号为低电平时，使 A 端口的输出缓冲器打开，送出数据到外设。否则，当该信号为高电平时，方式 2 时输出缓冲器处于高阻状态。

INTE1：输出中断允许信号。当该信号为“1”时，允许 8255A 向 CPU 发出由 A 端口输出数据的中断请求信号。反之，如果该信号为“0”时，即使输出缓冲器空，也不允许 8255A 向 CPU 发中断请求信号。INTE1 信号的置 1 或置 0，是用软件使 C 端口的 PC_6 置 1 或置 0 来实现的。

INTE2：输入中断允许信号。当该信号为“1”时，允许 8255A 中 A 端口的输入处于中断允许状态；反之，如果该信号为“0”时，A 端口的输入处于中断屏蔽状态，即不允许中断。INTE2 信号的置 1 或置 0，同样是用软件通过 C 端口的 PC4 置 1 或置 0 来实现。

通过仔细分析方式 2 的工作时序图 8-16，会发现方式 2 的时序基本相当于方式 1 的选通输入时序和选通输出的时序的组合。从图 8-16 中可以看到，对于输入过程，当外设向 A 端口送来数据时，选通信号 STB 也跟着有效变为低电平，选通信号将数据锁存到 8255A 的 A 端口的输入锁存器中。同样也正是由于 STB 信号的变低，才使得输入缓冲器满信号IBF变为高电平，如图 8-16 中表示的箭头⑦。当选通信号 STB 结束，也就是变为高电平时，又使中断请求信号INTR有效，变为高电平，如图 8-16 中表示的箭头⑧。当 CPU 响应输入中断，执行输入指令时，会产生$\overline{RD}$信号，在读信号$\overline{RD}$有效期间，将数据从 A 端口读入到 CPU 中。当$\overline{RD}$信号结束后输入缓冲器满信号 IBF 又变为低电平，如图 8-16 中表示的箭头⑨。中断请求信号 INTR 虽然为高也不再起作用。

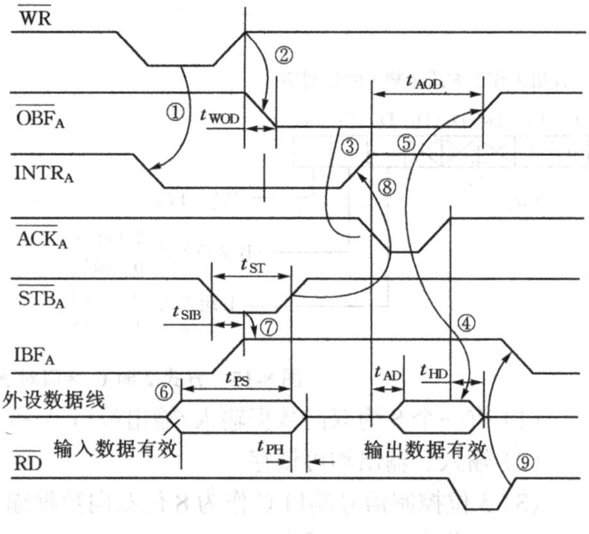

图 8-16　8255A 方式 2 时序

对于输出过程，当 CPU 响应中断后，在中断服务程序中执行输出指令时，将发出写脉冲$\overline{WR}$，$\overline{WR}$的下降沿使中断请求信号 INTR 变低，如图 8-16 中表示的箭头①。$\overline{WR}$信号结束其上升降沿使输出缓冲器满 OBF 信号变为有效的低电平，如图 8-16 中表示的箭头②。OBF 信号送到外设，当外设接到 OBF 信号后，发出应答信号 ACK，如图 8-16 中表示的箭头③。由 ACK 信号打开 8255A 的输出缓冲器，使数据出现在 A 端口和数据总线上，ACK 信号结束时使输出缓冲器满信号 OBF 变为无效的高电平，如图 8-16 中表示的箭头⑤，从而开始下一个数据传输过程。由于方式 2 是双向传输的工作方式，如果一个外设既可以作为输入，又可以作为输出时，采用 8255A 的方式 2 与它相连就十分方便。

8.2.5　8255A 的应用举例

作为通用的并行接口电路芯片，825A 具有广泛的应用，如：应用在 IBM PC/XT 微机上、应用于打印机接口电路、用于连接简易键盘、用于驱动 LED 数码管等。

例 8-9　8255A 的 A 口和 B 口分别工作在方式 1 和方式 0，A 口为输入端口，接有 8 个开关。B 口为输出端，接有 8 个发光二极管，连接电路如图 8-17 所示。现要求用方式 1 把改变后的键信息输入 CPU 并通过 B 口显示。设 8255 的I/O地址分布为 88H—8EH（A: 88H B: 8AH C: 8CH 控制口：8EH），相应的程序段如下。

```
MOV AL,10111001B        ;设置 A 端口为方式 1 的输入，
LOOP1: IN AL,8CH        ;取 C 端口的状态线
TEST AL,00100000B       ;测试 IBFA 信息(PC5)
JZ looP1                ;等待用户设定新的键值
IN AL,88H               ;取数。LED 灯灭(相对于步骤 4)
OUT 8AH,AL              ;更新 B 口的显示
JMP LOOP1               ;重复
```

例 8-10　利用 8255A 作为两机并行通讯接口。

两台 PC 机通过 8255A 构成如图 8-18 的并行数据传送接口，A 机发送数据，B 机接收数据。A 机一侧的 8255A 工作于方式 1 输出，从 PA_7～PA_0 发送由 CPU 写入 A 口的数据，

PC_3、PC_7 和 PC_6 提供 A 机一侧 8255A 的 A 口工作于方式 1 时的联络信号 INTR、OBF 和 ACK。B 机一侧的 8255A 工作于方式 0 输入，从 PA_7～PA_0 接收 A 机送来的数据，PC_4 和 PC_0 选作联络信号。

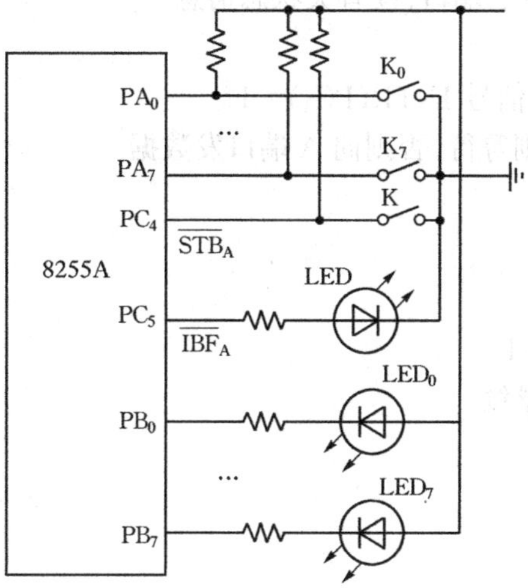

图 8-17 8255 连接键盘和 LED 电路图

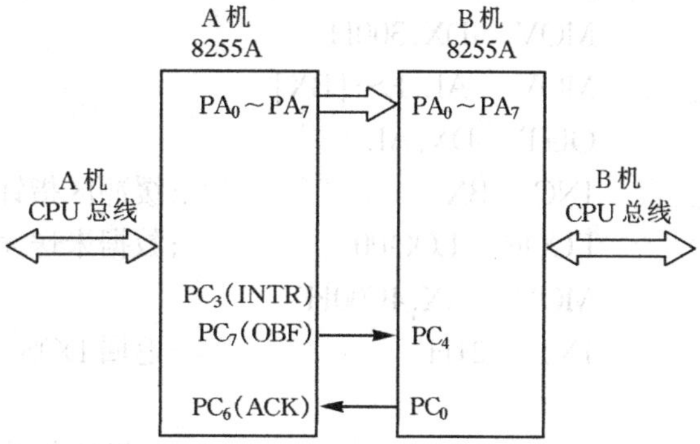

图 8-18 两台 PC 机并行通讯接口电路原理图

工作过程如下：A 机将数据从 A 口送出后，经 PC_7 送出 OBF 有效信号，B 机查询到 OBF 信号(经 B 机一侧 8255A 的 PC_4 引脚)有效后，从 A 口读入数据，并通过软件在 PC_0 上产生一个 ACK 有效信号，该信号的上升沿使 A 机的 8255A 的 PC_3 上产生有效的 INTR 信号，A 机 CPU 查询到 INTR 有效(PC_3 为高电平)时，接着发送下一个数据，如此不断重复，直到发送完所有的数据为止。

假设两台 PC 机传送 1KB 数据，发送缓冲区为 0300：0000H，接收缓冲区为 0400：0000H，A、B 两机的 8255A 的端口地址均为 300？303H。驱动程序如下：

```
                        ;A 机的发送程序
        MOV   AX,0300H ;
        MOV   ES,AX     ;设置 A 机发送数据缓冲区段地址
        MOV   BX,0      ;设置 A 机发送数据缓冲区偏移地址
        MOV   CX,03FFH  ;设置发送字节数
                        ;对 A 机 8255A 进行初始化
        MOV   DX,303H   ;指向 A 机 8255A 的控制寄存器
        MOV   AL,10100000B ;8255A 指定为工作方式 1 输出
        OUT   DX,AL
        MOV   AL,00001101B ;置发送中断允许 INTEA=1
        OUT   DX,AL ;
                        ;发送数据
        MOV   DX,300H   ;向 A 口写第 1 个数据,产生第一个 OBF 信号,对方
        MOV   AL,ES:[BX] ;查询到 OBF 信号有效后,读入数据,并通过软件,
                        ;在 PC0 上发出 ACK 信号,该信号上升沿使 A 机 8255A
                        ;的 PC3 产生有效的 INTR 信号,A 机 CPU 查询到
```

```
OUT    DX,AL              ;该信号有效后,再接着发下一个数据。
INC    BX                 ;缓冲区指针加 1
DEC    CX                 ;计数器减 1
LOOP0:MOV DX,302H         ;指向 8255A 的 C 端口,读有关状态信息
LOOP1:IN AL,DX ;
AND    AL,08H             ;查询中断请求信号 INTR(PC3)=1?
JZ     LOOP1              ;若 INTR=0 则等待,否则向 A 端口发数据
MOV    DX,300H
MOV    AL,ES:[BX]
OUT    DX,AL
INC    BX                 ;缓冲区指针加 1
LOOP   LOOP0              ;数据未送完,继续
MOV    AX,4C00H
INT    21H                ;返回 DOS

                          ;B 机接收数据

MOV    AX,0400H ;
MOV    ES,AX              ;设 B 机接收缓冲区段地址
MOV    BX,0               ;设 B 机接收缓冲区偏移地址
MOV    CX,3FFH            ;置接收字节数计数器
                          ;对 B 机的 8255A 初始化
MOV    DX,303H            ;指向 B 机 8255A 的控制寄存器
MOV    AL,10011000B       ;设 A 端口和 C 端口高 4 位为方式 0 输入
OUT    DX,AL              ;C 端口低 4 位为方式 0 输出
MOV    AL,00000001B       ;置 PC0=ACK=1
OUT    DX,AL
LOOP0:MOV DX,302H         ;指向 C 端口
LOOP1:IN AL,DX            ;查 A 机的 OBF(B 机的 PC4)=0?
AND    AL,10H             ;即查询 A 机是否发来数据
JNZ    LOOP1              ;若未发来数据,则等待
MOV    DX,300H            ;发来数据,则从 A 端口读数据
IN     AL,DX
MOV    ES:[BX],AL         ;存入接收缓冲区
MOV    DX,303H            ;产生 ACK 信号,并发回 A 机
MOV    AL,0               ;PC0 置 0
OUT    DX,AL ;
NOP                       ;延时,使所产生的有效 ACK 信号(低电平)持续
NOP
MOV    AL,01H             ;PC0 置 1,使 ACK 变为高电平,注意在此信号作用下,
```

```
OUT   DX,AL          ;A机8255A的PC3变为高电平
INC   BX             ;缓冲区指针加1
DEC   CX             ;计数器减1
JNZ   LOOP0          ;不为0,继续
MOV   AX,4C00H
INT   21H            ;返回
```

8.3 可编程串行接口芯片 8251A

8251A 是通用同步异步接收发送器 USART(Universal Synchronous Asynchronous Receiver and Transmitter),适合作异步起止式数据格式和同步面向字符数据格式的接口,其功能很强。

8.3.1 基本性能

8251A 是可编程的串行通信接口芯片,它的基本性能如下。

(1) 可工作在同步方式,也可工作在异步方式。同步方式下波特率为 0~64000 波特,异步方式下波特率为 0~19200 波特。

(2) 在同步方式时,每个字符可定义为 5、6、7 或 8 位。两种方法实现同步,由内部自动检测同步字符或由外部给出同步信号。允许同步方式下增加奇/偶校验位进行校验。

(3) 在异步方式下,每个字符可定义为 5、6、7 或 8 位,用 1 位作奇偶校验。时钟速率可用软件定义为波特率的 1、16 或 64 倍。另外,8251A 在异步方式下能自动为每个被输出的数据增加 1 个起始位,并能根据软件编程为每个输出数据设置 1 位、1.5 位或 2 位停止位。

(4) 能进行出错检测。带有奇偶、溢出和帧错误等检测电路,用户可通过输入状态寄存器的内容进行查询。

(5) 与 Intel 8080、8085、8086、8088CPU 兼容。

8.3.2 内部结构

内部结构由数据总线缓冲器、读/写控制逻辑、发送缓冲器、发送控制器、接收缓冲器、接收控制器、调制/解调器控制逻辑、同步字符寄存器及控制各种操作的方式寄存器等组成,如图 8-19 所示。各部件实现的功能如下。

8.3.2.1 数据总线缓冲器

数据总线缓冲器通过 8 位数据线 $D_7 \sim D_0$ 和 CPU 的数据总线相连,负责把接收口接收到的信息送给 CPU,或把 CPU 发来的信息送给发送口。还可随时把状态寄存器中的内容读入到 CPU 中,在 8251A 初始化时,分别把方式字、控制字和同步字符送到方式寄存器、控制寄存器和同步字符寄存器中。

8.3.2.2 读/写控制逻辑

接收来自 CPU 的控制信号和控制字,译码后向 8251A 各功能部件发出有关的控制信号,因此它实际上是 8251A 的内部控制器。读/写控制电路用来配合数据总线缓冲器的工

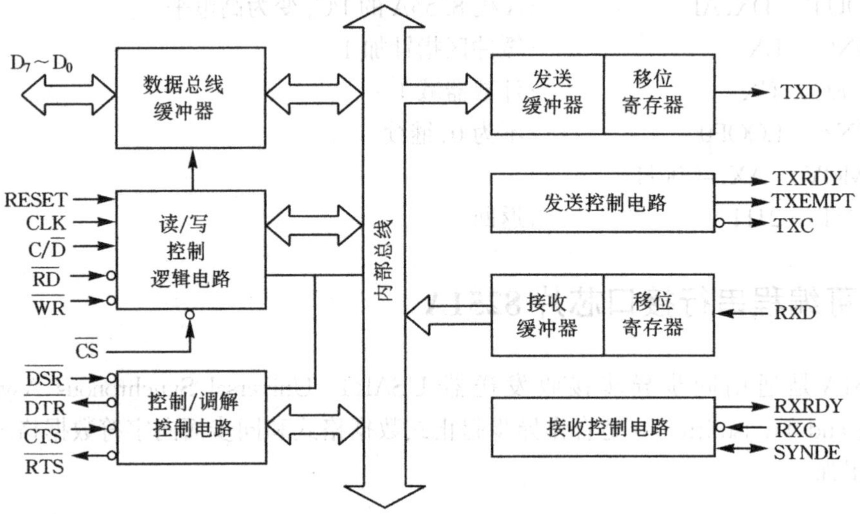

图 8-19　8251 内部结构

作功能如下：

(1) 接收写信号$\overline{WR}$，并将来自数据总线的数据和控制字写入 8251A；

(2) 接收读信号$\overline{RD}$，并将数据或状态字从 8251A 送往数据总线；

(3) 接收控制/数据信号 C/$\overline{D}$，高电平时为控制字或状态字，低电平时为数据；

(4) 接收时钟信号 CLK 完成 8251A 的内部定时；

(5) 接收复位信号 RESET，使 8251A 处于空闲状态。

表 8-3　8251 控制信号的功能

$\overline{CS}$	$\overline{RD}$	$\overline{WR}$	C/$\overline{D}$	执行的操作
0	0	1	0	CPU 由 8251A 输入数据
0	1	0	0	CPU 向 8251A 输出数据
0	0	1	1	CPU 读取 8251A 的状态
0	1	0	1	CPU 向 8251A 写入控制命令

8.3.2.3　调制解调控制电路

用以控制 8251A 与调制解调器之间的信息传送。利用 8251A 进行远距离通信时，发送方要通过调制解调器将输出的串行数字信号变为模拟信号，再发送出去。接收方也必须将模拟信号经过调制解调器变为数字信号，才能由串行接口接收。在全双工通信方式下，每个收、发口都是要连接调制解调器。调制解调器控制电路是专为调制解调器提供控制信号用的。

8.3.2.4　发送缓冲器与发送控制器

发送缓冲器包括发送移位寄存器和数据输出寄存器，发送移位寄存器通过 8251A 芯片的 TXD 管脚将串行数据发送出去。数据输出寄存器寄存来自 CPU 的数据，当发送移位寄存器空时，数据输出寄存器的内容送给移位寄存器。

发送控制电路对串行数据实行发送控制。发送器的另一个功能是发送中止符(BREAK)，中止符由在通信线上的连续低电平信号组成，它是用来在全双工通信时中止发送终端的，只要 8251A 的命令寄存器的 bit3 为“1”，发送器就始终发送终止符。

采用异步方式，则由发送控制电路在其首尾加上起始位和停止位，然后从起始位开始，经移位寄存器从数据输出线 TXD 逐位串行输出。

采用同步方式，则在发送数据之前，发送器将自动送出 1 个或 2 个同步字符，然后才逐位串行输出。

如果 CPU 与 8251A 之间采用中断方式交换信息，那么 TXRDY 可作为向 CPU 发出的中断请求信号。当发送器中的 8 位数据串行发送完毕时，由发送控制电路向 CPU 发出 TXE 有效信号，表示发送器中移位寄存器已空。

8.3.2.5　接收缓冲器与接收控制器

接收缓冲器包括接收移位寄存器和数据输入寄存器。串行输入的数据通过 8251A 芯片的 RXD 管脚逐位进入接收移位寄存器，然后变成并行格式进入数据输入寄存器，等待 CPU 将其取走。接收控制电路是用来控制数据接收工作。

异步方式：在 RXD 线上检测低电平，将检测到的低电平作为起始位，8251A 开始进行采样，完成字符装配，并进行奇偶校验和去掉停止位，变成了并行数据后，送到数据输入寄存器，同时发出 RXRDY 信号送 CPU，表示已经收到一个可用的数据。

同步方式：首先搜索同步字符。8251A 监测 RXD 线，每当 RXD 线上出现一个数据位时，接收下来并送入移位寄存器移位，与同步字符寄存器的内容进行比较，如果两者不相等，则接收下一位数据，并且重复上述比较过程。当两个寄存器的内容比较相等时，8251A 的 SYNDET 升为高电平，表示同步字符已经找到，同步已经实现。

8.3.3　外部引脚

Intel 8251 为 28 条管脚双列直插封装的集成电路，引脚图见图 8-20。它有 5 个组成部分，即接收器、发送器、调制解调控制、读/写控制，以及输入/输出缓冲器。8251 与 CPU 按照三总线的原理进行系统连接，见图 8-21。

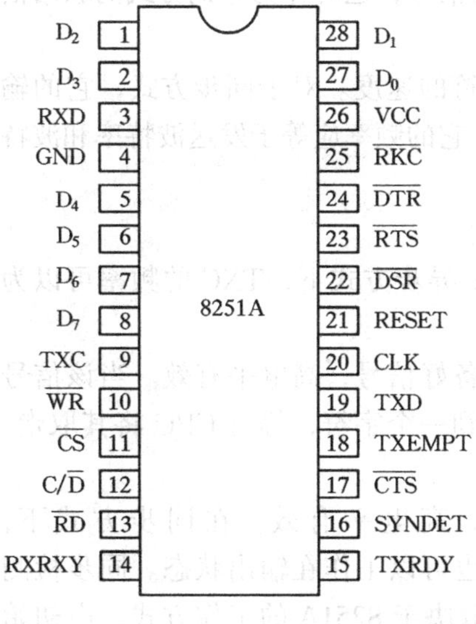

图 8-20　8251 外部引脚图

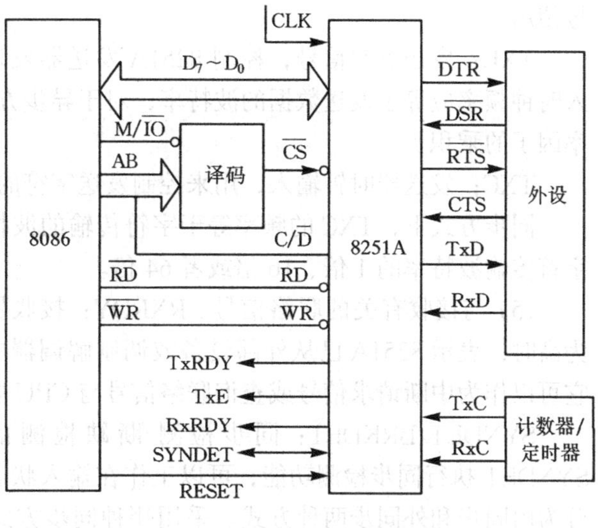

图 8-21　8251 系统连接图

8.3.3.1　8251A 与 CPU 的接口信号

8251A 与 CPU 的接口信号可以分为 5 类，具体如下。

(1) 双向的数据信号线 $D_7 \sim D_0$。8251A 有 8 条数据线 $D_7 \sim D_0$，D_7 为最高位，D_0 为最低位。8251A 通过这 8 条线和 CPU 的数据总线相连接，实际上，数据线上不只是传输数据，还传输 CPU 对 8251A 的编程命令字和 8251A 送往 CPU 的状态信息。

(2) 片选信号 CS。$\overline{CS}$：片选信号，低电平有效，芯片被选中才能工作，如果 8251A 未被选中，数据线 $D_7 \sim D_0$ 将处于高阻状态，读/写信号对芯片都不起作用。

(3) 读/写控制信号。$\overline{RD}$：读信号，低电平有效。当该信号有效时，并且$\overline{CS}$也为低电平，CPU 可以从 8251A 读取数据或状态信息。

$\overline{WR}$：写信号，低电平有效。当该信号有效时，并且$\overline{CS}$也为低电平，CPU 可以向 8251 写入数据或控制字。

$C/\overline{D}$：控制/数据信号，分时复用。用来区分当前读/写的是数据还是控制信息或状态信息。当 $C/\overline{D}$为高电平时，系统处理的是控制信息或状态信息，从 $D_7 \sim D_0$ 端写入 8251A 的必须是方式字、控制字或同步字符。当 $C/\overline{D}$为低电平时，写入的是数据。

RESET(输入，21 引脚)为复位信号，高电平有效。当该信号为高时，8251A 实现复位功能，内部所有的寄存器都被置为初始状态。

CLK：主时钟信号，用于芯片内部的定时。对于同步方式，它的频率必须大于发送时钟 TXC 和接收时钟 RXC 的 30 倍。对于异步方式，必须大于它们的 4.5 倍。

8251A 的时钟频率规定在 0.74～3.1 MHz 的范围内。

8251A 共有 3 种时钟信号：CLK，TXC 和 RXC 。其中发送时钟和接收时钟由波特率和波特率因子来决定。

(4) 与发送有关的联络信号。TXRDY：发送器准备好信号，高电平有效。当该信号为高电平时，通知 CPU，8251A 已经准备好发送一个字符，表示 CPU 可以输入数据。所谓发送器准备好，就是控制字的第 0 位 TXEN 为“1”时，使 8251A 允许发送，并且调制解调器已做好接收准备，发出信号使 8251A 的 CTS 信号变低为有效，因此 TXRDY 为输出缓冲器空与 CTS 与 TXEN。TXRDY 可作为中断申请信号，也可作为查询方式的联络信号使用。

TXE：发送器空信号，控制 8251A 发送器发送字符的速度。对于同步方式，它的输入时钟频率应等于发送数据的波特率，对于异步方式，它的频率应等于发送波特率和波特率因子的乘积。

TXC：发送器时钟输入，用来控制发送字符的速度。

同步方式下，TXC 的频率等于字符传输的波特率；异步方式下，TXC 的频率可以为字符传输波特率的 1 倍、16 倍或者 64 倍。

(5) 与接收有关的联络信号。RXRDY：接收器准备好信号，高电平有效。当该信号为高时，表示 8251A 已从外部设备或调制解调器中收到一个字符，等待 CPU 将其取走。它可以作为中断请求信号或查询联络信号与 CPU 联系。

SYNDET/BRKDET：同步检测/断缺检测信号，高电平有效。在同步方式下，SYNDET 执行同步检测功能，可以工作在输入状态，也可以工作在输出状态。同步检测分为内同步和外同步两种方式。采用哪种同步方式要取决于 8251A 的工作方式，由初始化时写入方式寄存器的方式字来决定。当 8251A 工作在内同步方式时，SYNDET 作为输出端，是在 8251A 内部检测同步字符。如果 8251A 检测到了所要求的一个或两个同步字符时，SYNDET 输出高电平，表示已达到同步，后续收到的是有效数据。当 8251A 工作在外同步方式时，SYNDET 作为输入端。

外同步是由外部其他机构来检测同步字符，当外部检测到同步字符以后，从 SYNDET 端向 8251A 输入一个高电平信号，表示已达到同步，接收器可以串行接收数据。芯片复位时，SYNDET 为低电平。在异步方式下 BRKDET 实现断缺检测功能，当 RXC 端连续收到 8 个 0 信号时，BRK-DET 端呈高电平，表示当前处于数据断缺状态，RXC 端没有收到数据。当 RXC 端收到 1 信号时，BRKDET 端变为低电平。

RXC：接收器时钟信号，控制 8251A 接收字符的速度。和 TXC 一样，在同步方式时，它的频率等于接收数据的波特率，并由调制解调器供给(近距离不用调制解调器，传送时由用户自行设置)。在异步方式时，时钟频率等于波特率和波特率因子的乘积。

8.3.3.2　8251A 与外部装置之间的接口信号

8251A 与外部装置进行远距离通信时，一般要通过调制解调器连接。连接的信号可大致分为数据信号和收发联络信号两类。

(1) 数据信号。TXD：发送数据信号端。CPU 送入 8251A 的并行数据，在 8251A 内部转换为串行数据，通过 TXD 端输出。

RXD：接收数据信号端。RXD 用来接收外部装置通过传输线送来的串行数据，数据进入 825lA 后转换为并行数据。

(2) 发送数据时的联络信号。$\overline{\text{RTS}}$：请求发送信号，低电平有效。这是 8251A 向调制解调器或外设发送的控制信息，初始化时由 CPU 向 8251A 写控制命令字来设置。该信号有效时，表示 CPU 请求通过 8251A 向调制解调器发送数据。

$\overline{\text{CTS}}$：发送允许信号，低电平有效。这是由调制解调器或外设送给 8251A 的信号，是对的响应信号，只有当$\overline{\text{CTS}}$为低电平时，8251A 才能执行发送操作。

(3) 接收数据时的联络信号。$\overline{\text{DTR}}$：数据终端准备好信号，低电平有效。是由 8251A 送出的一个通用的输出信号，初始化时由 CPU 向 8251A 写控制命令字来设置。该信号有效时，表示为接收数据做好了准备，CPU 可以通过 8251A 从调制解调器接收数据。

$\overline{\text{DSR}}$：数据装置准备好信号，低电平有效。这是由调制解调器或外设向 8251A 送入的一个通用的输入信号，是$\overline{\text{DTR}}$的回答信号，CPU 可以通过读取状态寄存器的方法来查询$\overline{\text{DSR}}$是否有效。

以上发送数据和接收数据的联络信号，对于远距离串行通信时要通过调制解调器连接，实际上是与调制解调器之间的连接信号。如果近距离传输时，可不用调制解调器，而直接通过 MCl488 和 MCl489 来连接，外设不要求有联络信号时，这些信号可以不用。

8.3.4　8251A 的控制字

8.3.4.1　方式选择控制字(模式字)

方式选择控制字用于设计通信方式及数据格式，需要写入控制端口($C/\overline{D}=1$)，如图 8-22 所示。

8.3.4.2　操作命令控制字(控制字)

操作命令控制字用于进行某种操作或处于某种工作状态，需要写入控制端口($C/\overline{D}=1$)，其格式如图 8-23 所示。

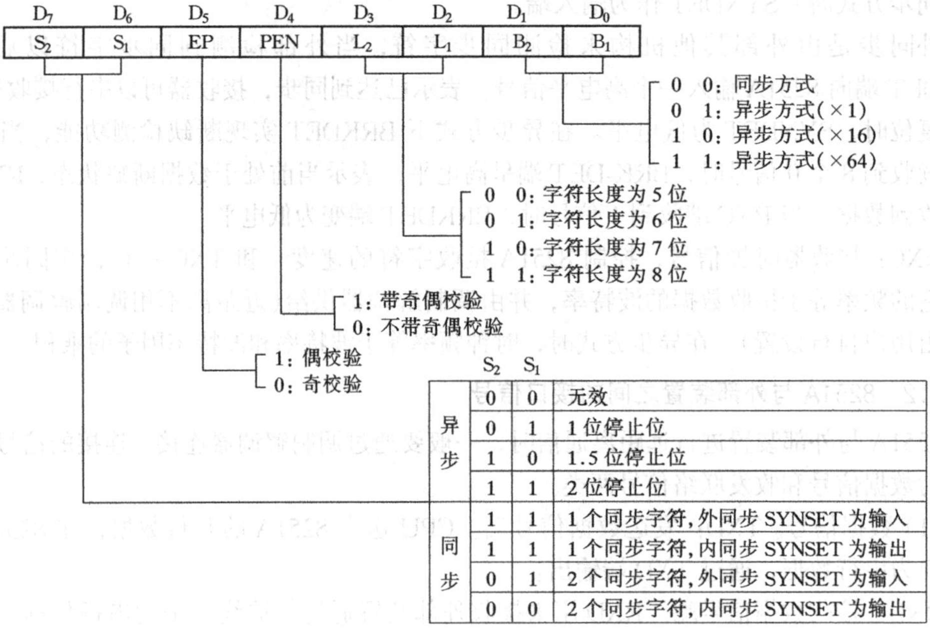

图 8-22　8251A 的方式寄存器格式

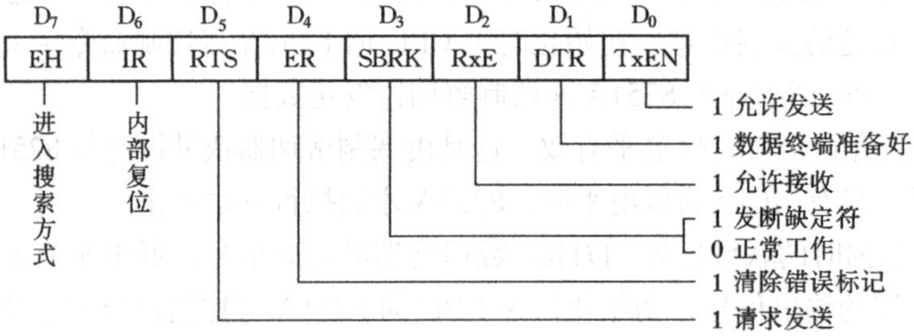

图 8-23　8251A 的控制寄存器格式

8.3.4.3　状态字

状态字用于设定能否接收或发送；接收过程中是否有错误，需要写入控制端口($C/\overline{D}=1$)，格式如图 8-24 所示。

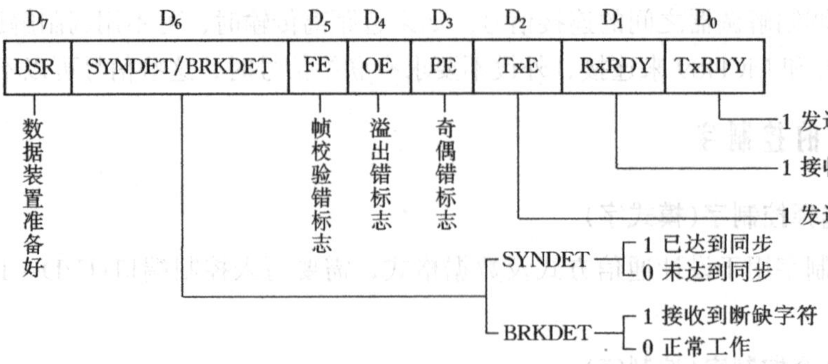

图 8-24　8251A 的状态寄存器格式

例 8-11　若要查询 8251A 接收器是否准备好，则可用下列程序段完成：

```
MOV   DX,0FFF2H        ;状态口
L: IN   AL,DX          ;读状态口
AND   AL,02H           ;查D1=1?即准备好了吗?
JZ    L                ;未准备好,则等待
MOV   DX, OFFF0H       ;数据口
IN    AL,DX            ;已准备好则输入数据
```

8.3.5　8251A 的初始化

(1) 芯片复位以后，第一次用奇地址端口写入的值作为模式字进入模式寄存器。

(2) 如果模式字中规定了 8251A 工作在同步模式。

(3) 由 CPU 用奇地址端口写入的值将作为控制字送到控制寄存器，而用偶地址端口写入的值将作为数据送到数据输出缓冲寄存器。

具体流程图如 8-25 图所示。

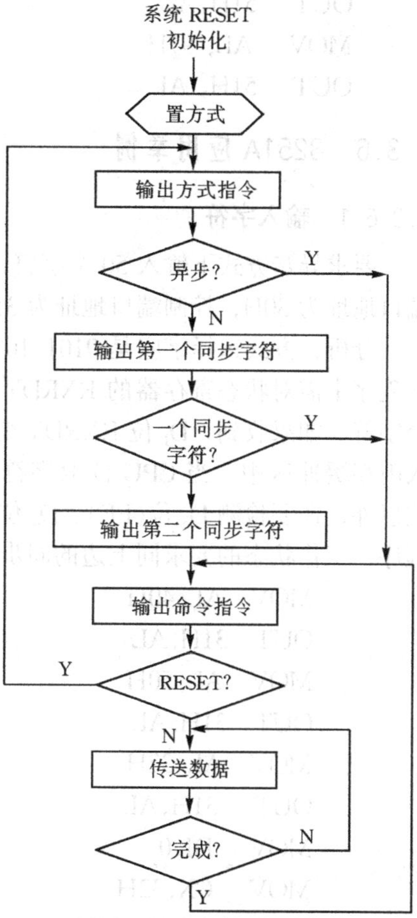

图 8-25　8251 初始化流程图

8.3.5.1　异步模式下的初始化程序举例

异步方式下 8251A 的工作特点是：发送方和接收方的时钟是不一样的。

例 8-12　设 8251A 工作在异步模式，波特率系数(因子)为 16，7 个数据位/字符，偶校验，2 个停止位，发送、接收允许，设端口地址为 00E1H 和 00E2H。完成初始化程序。

```
MOV    AL, 0FAH        ;送模式字
MOV    DX, 00E1H
OUT    DX, AL          ;异步方式,7 位/字
                        符,偶校验,2 个停
                        止位
MOV    AL, 37H         ;设置控制字,使发
                        送、接收允许,清
                        出错标志,使 RTS、DTR
OUT    DX, AL          ;有效
```

8.3.5.2　同步模式下初始化程序举例

同步方式下 8251A 的工作特点是：发送方和接收方是同一时钟源，也就是说数据和发送时钟(或接收时钟)是同步的。检测同步字符分为内同步方式和外同步方式两种。如果是内同步方式，靠 8251A 自身检测，检测到同步字符后，从芯片的 16 管脚 SYNDET 输出一个有效的高电平信号。如果是外同步方式，则由调制解调器或有关设备来检测同步字符，当检测到同步字符后，调制解调器通过芯片的 16 管脚 SYNDET 给 8251A 一个信号，通知 8251A 已经实现同步。

例 8-13 设端口地址为 51H，采用内同步方式，2 个同步字符(设同步字符为 16H)，偶校验，7 位数据位/字符。

```
MOV   AL,38H          ;设置模式字,同步模式,用 2 个同步字符,
OUT   51H,AL          ; 7 个数据位,偶校验
MOV   AL,16H
OUT   51H,AL          ;送同步字符 16H
OUT   51H,AL
MOV   AL, 97H         ;设置控制字,使发送器和接收器启动
OUT   51H, AL
```

8.3.6 8251A 应用举例

8.3.6.1 输入字符

要求异步方式下输入 50 个字符，波特率因子为 16，8 位数据，1 位停止位。设数据端口地址为 30H，控制端口地址为 31H。

分析：方式选择字应是 01011101B＝5DH。在异步方式下，采用查询状态字的方法，在程序中需对状态寄存器的 RXRDY 位进行测试，查询 8251A 是否已经从外设接收了一个字符。如果收到，D_1 位 RXRDY 变为“1”。CPU 用输入指令从偶地址端口取回数据送入内存缓冲区中，当 CPU 读取字符后，RXRDY 自动复位，变为“0”。除检测 RXRDY 位以外，还要检测 D_3 位(PE)、D_4 位(OE)、D_5 位(FE)是否出错，如果出错，转错误处理程序，工作状态的要求同上边的同步方式相同。

```
       MOV   AL,40H
       OUT   31H,AL              ;复位 8251A
       MOV   AL,50H              ;
       OUT   31H,AL              ;写入异步方式选择字
       MOV   AL,37H
       OUT   31H,AL              ;控制字写入奇地址 PortE
       MOV   DI,0                ;变址寄存器置“0”
       MOV   CX,32H              ;送入计数初值 50 个字符
INPUT: IN    AL,31H              ;读取状态字
       TEST  AL,02H              ;测试状态字第 2 位 RXRDY
       JZ    INPUT               ;8251A 未收到字符则重新取状态字
       IN    AL,30H              ;RXRDY 有效,从偶地址口 Port0 输入数据
       MOV   DX,Buffer           ;缓冲区首址送 DX
       MOV   [DX+DI],AL          ;将字符送入缓冲区
       INC   DI                  ;缓冲区指针加 1
       IN    AL,31H              ;再读状态字
       TEST  AL,38H              ;测试有无三种错误
       JNZ   ERROR               ;有错转出错处理
       LOOP  INPUT               ;没错,又不够 50 个字符,转 Input
       JMP   EXIT                ;如已输入 50 个字符,则转结束
```

ERROR:

EXIT:

8.3.6.2　两台微型计算机通过 8251A 相互通信的举例

通过 8251A 实现相距较远的两台微型计算机相互通信的系统连接简化框图如 8-26 所示。这时，利用两片 8251A 通过标准串行接口 RS-232C 实现两台 8086 微机之间的串行通信，可采用异步或同步工作方式。

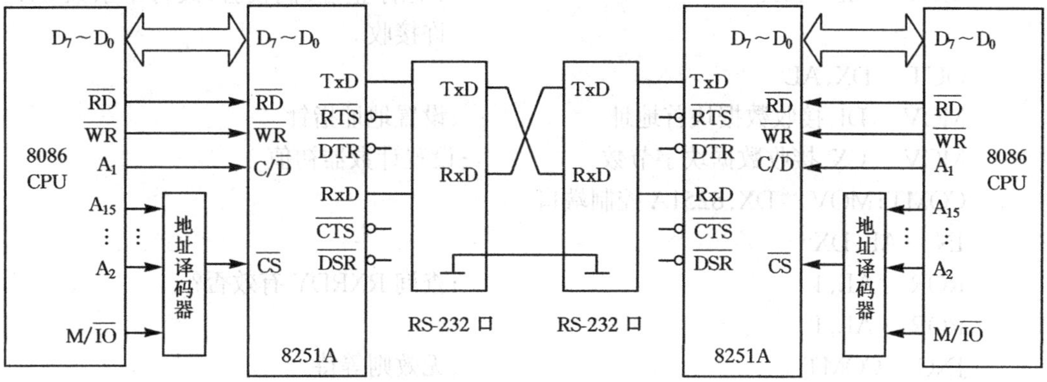

图 8-26　8251 双机串行通信图

分析：设系统采用查询方式控制传输过程，异步传送。

初始化程序由两部分组成。

(1) 将一方定义为发送器。发送端 CPU 每查询到 TXRDY 有效，则向 8251A 并行输出一个字节数据。

(2) 将对方定义为接收器。接收端 CPU 每查询到 RXRDY 有效，则从 8251A 输入一个字节数据，一直进行到全部数据传送完毕为止。

发送端初始化程序与发送控制程序如下所示：

```
STT: MOV    DX,8251A 控制端口
MOV    AL,7FH
OUT    DX,AL                    ;将 8251A 定义为异步方式,8 位数据,1
                                 位停止位
MOV    AL,11H                   ;偶校验,取波特率系数为 64,允许发送
OUT    DX,AL
MOV    DI,发送数据块首地址        ;设置地址指针
MOV    CX,发送数据块字节数        ;设置计数器初值
NEXT:MOV    DX,8251A 控制端口
IN     AL,DX
AND    AL,01H                   ;查询 TXRDY 有效否?
JZ     NEXT                     ;无效则等待
MOV    DX,8251A 数据端口、
MOV    AL,[DI];                 ;向 8251A 输出一个字节数据
OUT    DX,AL
INC    DI                       ;修改地址指针
```

```
LOOP    NEXT                              ;未传输完,则继续下一个
HLT
```

接收端初始化程序和接收控制程序如下所示:

```
SRR:MOV    DX,8251A 控制端口
MOV    AL,7FH
OUT    DX,AL                              ;初始化 8251A,异步方式,8 位数据
MOV    AL, 14H                            ;1 位停止位,偶校验,波特率系数 64,允
                                           许接收。
OUT    DX,AL
MOV    DI,接收数据块首地址                ;设置地址指针
MOV    CX,接收数据块字节数                ;设置计数器初值
COMT:MOV    DX,8251A 控制端口
IN    AL,DX
ROR    AL,1                               ;查询 RXRDY 有效否?
ROR    AL,1
JNC    COMT                               ;无效则等待
ROR    AL,1
ROR    AL,1                               ;有效时,进一步查询是否有奇偶校验错。
JC    ERR                                 ;有错时,转出错处理
MOV    DX,8251A 数据端口
IN    AL,DX                               ;无错时,输入一个字节到接收数据块。
MOV    [DI],AL
INC    DI                                 ;修改地址指针
LOOP    COMT                              ;未传输完,则继续下一个
HLT
ERR:CALL ERR_OUT
```

8.3.6.3 用 8251A 作为 CRT 接口的实际例子

系统连接图见图 8-27。

```
INIT:     XOR    AX,AX
MOV       CX,0003
MOV       DX,00DAH
OUT1:     CALL KKK
LOOP      OUT1
MOV       AL,40H
CALL      KKK
MOV       AL,4EH
CALL      KKK
MOV       AL,27H
CALL      KKK
… …
```

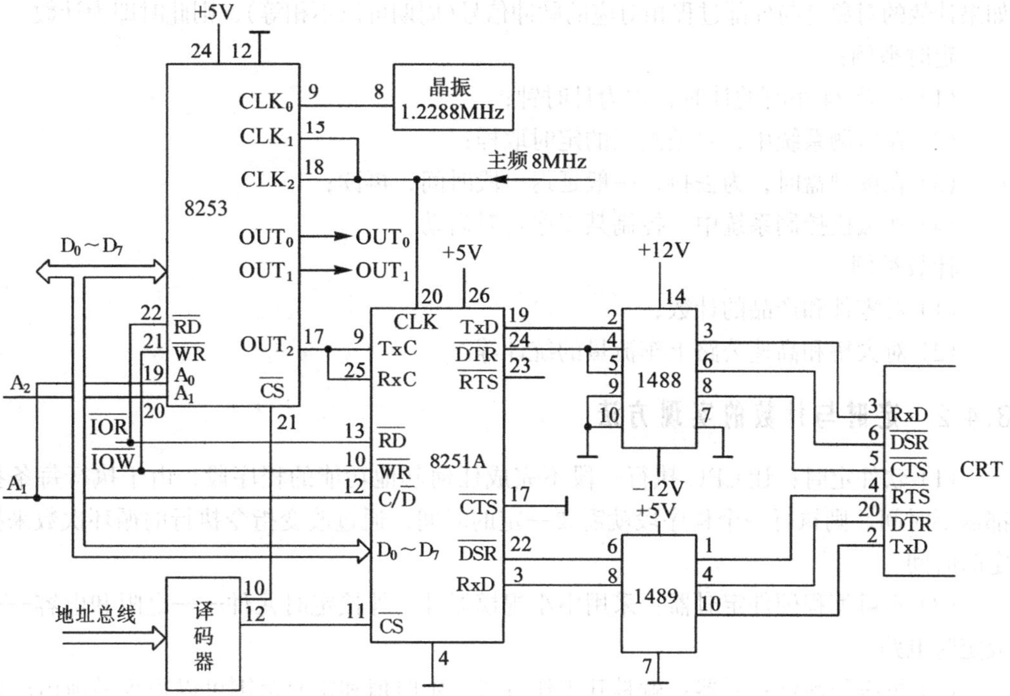

图 8-27　8251 作为 CRT 接口

```
KKK:      OUT DX, AL
PUSH      CX
MOV       CX, 0002
ABC:      LOOP ABC
POP       CX
RET
```

往 CRT 输出一个字符的例子：

```
CHAROUT:    MOV    DX, 0DAH
STATE:      IN     AL, DX
TEST               AL, 01
JZ                 STATE
MOV                DX, 0D8H
POP                AX
OUT                DX, AL
```

8.4　定时/计数器芯片 Intel 8253

8.4.1　定时与计数

微机系统中经常会要求有一些实时时钟以实现定时或延时控制，也要求有计数器对外部事件计数。定时或计数的工作实质均体现为对脉冲信号的计数，如果计数的对象是标准的内部时钟信号，由于其周期恒定，故计数值就恒定地对应于一定的时间，这一过程即为定时，如果计数的对象是与外部过程相对应的脉冲信号(周期可以不相等)，则此时即为计数。

定时举例：

(1) 一天 24 小时的计时，称为日时钟；

(2) 在监测系统中，对被测点的定时取样；

(3) 在读键盘时，为去抖，一般延迟一段时间，再读；

(4) 在微机控制系统中，控制某工序定时启动。

计数举例：

(1) 对零件和产品的计数；

(2) 对大桥和高速公路上车流量的统计等。

8.4.2 定时与计数的实现方法

(1) 软件定时：让 CPU 执行一段不完成任何其他功能的程序段，由于执行每条指令都需要时间，则执行一个程序段就需要一定的时间，通过改变指令执行的循环次数来控制定时时间。

(2) 不可编程硬件定时器：采用中小规模器件，外接定时元件——电阻和电容——构成定时电路。

(3) 可编程硬件定时器：就是其工作方式、定时值和定时范围可以很容易地由软件来确定和改变。计数器一旦开始工作后，CPU 就可以去做别的工作了，等计数器计到预定时间，便自动形成一个输出信号，用来向 CPU 提出中断请求。这种方法不但显著提高了 CPU 的利用率，而且定时时间由软件设置，使用十分灵活，加上定时时间精确，应用十分广泛。

Intel 8253 是 NMOS 工艺制成的可编程计数器/定时器，有几种芯片型号，外形引脚及功能都是兼容的，只是工作的最高计数速率有所差异，例如 8253(2.6 MHz)，8253-5(5 MHz)

8.4.3 8253 的一般性能概述

8253 的一般性能概述如下。

(1) 每个 8253 芯片有 3 个独立的 16 位计数器通道；

(2) 每个计数器通道都可以按照二进制或十进制计数；

(3) 每个计数器的计数速率可以高达 2MHz；

(4) 每个通道有 6 种工作方式，可以由程序设定和改变；

(5) 所有的输入、输出电平都与 TTL 兼容。

8.4.4 8253 内部结构

8253 的内部结构框图如图 8-28 所示，包括数据总线缓冲器、读/写控制逻辑、控制寄存器和 3 个计数器。

8.4.4.1 数据总线缓冲器

数据总线缓冲器与系统总线连接，8 位双向，与 CPU 交换信息的通道。这是 8253 与 CPU 之间的数据接口，它由 8 位双向三态缓冲存储器构成，是 CPU 与 8253 之间交换信息的必经之路。

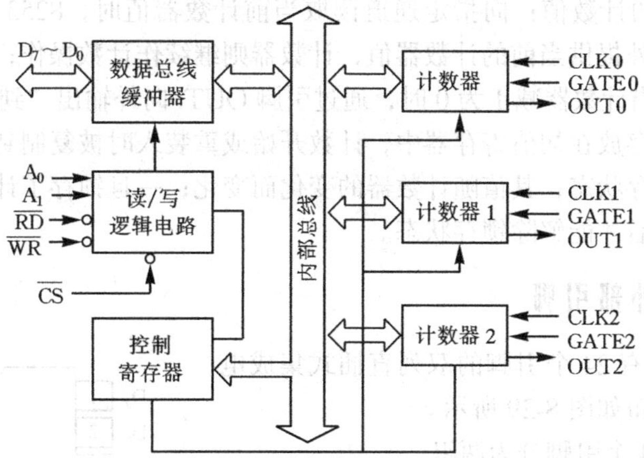

图 8-28　8253 的内部结构

8.4.4.2　读/写控制逻辑

控制 8253 的片选及对内部相关寄存器的读/写操作，它接收 CPU 发来的地址信号以实现片选、内部通道选择以及对读/写操作进行控制。

8.4.4.3　控制寄存器

存放 CPU 送来的控制字，控制 8253 的工作方式有 3 个，只占用一个地址，不能读。

8.4.4.4　计数器 *i*(*i*=0，1，2)

8253 内部有 3 个计数器，分别成为计数器 0、计数器 1 和计数器 2，它们的机构完全相同。每个计数器的输入和输出都决定于设置在控制寄存器中的控制字，互相之间工作完全独立。每个计数器通过 3 个引脚和外部联系：一个为时钟输入端 CLK；一个为门控信号输入端 GATE；另一个为输出端 OUT。每个计数器内部有一个 8 位的控制寄存器，还有一个 16 位的计数初值寄存器 CR、一个计数执行部件 CE 和一个输出锁存器 OL。

每个计数通道内含 1 个 16 位的初值寄存器、减 1 计数器和 1 个 16 位的(输出)锁存器。8253 内部包含 3 个功能完全相同的通道，每个通道内部设有一个 16 位计数器，可进行二进制或十进制(BCD 码)计数。采用二进制计数时，最大计数值是 0H，采用 BCD 码计数时，最大计数值是 9999。与此计数器相对应，每个通道内设有一个 16 位计数值锁存器。必要时可用来锁存计数值。

执行部件实际上是一个 16 位的减法计数器，它的起始值就是初值寄存器的值，而初始值寄存器的值是通过程序设置的。输出锁存器的值是通过程序设置的。输出锁存器 OL 用来锁存计数执行部件 CE 的内容，从而使 CPU 可以对此进行读操作。顺便提一下，CR、CE 和 OL 都是 16 位寄存器，但是也可以作 8 位寄存器来用。

任一通道作计数器用或作定时器用，其内部操作完全相同。作计数器时，要求计数的次数可直接作为计数器的初值预置到减“1”计数器中。作定时器时，计数器的初值即定时系数应根据要求定时的时间进行如下运算才能得到：

定时系数＝需要定时的时间/时钟脉冲周期

(1) 设置通道：向方式控制字寄存器端口写入方式选择控制字，用于确定要设置的通道及工作方式；

(2) 计数/定时：向通道写入计数值，启动计数操作；

(3) 读取当前的计数值：向指定通道读取当前计数器值时，8253 将计数器值存入锁存器，从锁存器向外提供当前的计数器值，计数器则继续作计数操作；

(4) 计数到：当计数器减 1 为 0 时，通过引脚 OUTi 向外输出“到”的脉冲信号。

计数初值输入存放在初值寄存器中，计数开始或重装入时被复制到计数器中。

锁存器在非锁存状态，其值随计数器的变化而变化；一旦锁存了计数器的当前值，直到锁存器值被读取后才能解除锁存状态。

8.4.5 8253 的外部引脚

8253 芯片是具有 24 个引脚的双列直插式集成电路芯片，其引脚分布如图 8-29 所示。

8253 芯片的 24 个引脚分为两组。

8.4.5.1 面向 CPU 的引脚

$D_7 \sim D_0$：双向、三态数据线引脚，用以与系统的数据线连接，传送控制、数据及状态信息。

$\overline{RD}$：来自于 CPU 的读控制信号输入引脚，低电平有效。

$\overline{WR}$：来自于 CPU 的写控制信号输入引脚，低电平有效。

$\overline{CS}$：芯片选择信号输入引脚，低电平有效。

A_1，A_0：地址信号输入引脚，用以选择 8253 芯片的通道及控制字寄存器。A_1，A_0 的状态的对应关系如表 8-4 所列。

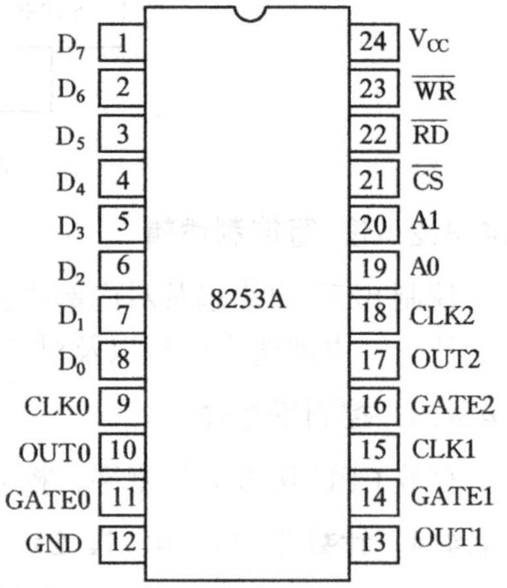

图 8-29 8253 引脚图

表 8-4 A_1，A_0 与 8253 端口地址对应关系表

A_1	A_0	
0	0	0＃通道
0	1	1＃通道
1	0	2＃通道
1	1	控制端口

8.4.5.2 面向外部设备的引脚

CLK_i：$i=0$，1，2，第 i 个通道的计数脉冲输入引脚，8253 规定，加在 CLK 引脚的输入时钟信号的频率不得高于 2.6 MHZ，即时钟周期不能小于 380 ns。

$GATE_i$：$i=0$，1，2，第 i 个通道的门控信号输入引脚，门控信号的作用与通道的工作方式有关。

OUT_i：$i=0$，1，2，第 i 个通道的定时/计数到信号输出引脚，输出信号的形式由通道的工作方式确定，此输出信号可用于触发其他电路工作，或作为向 CPU 发出的中断请求信号。

除此之外还有 V_{CC}及 GND：+5V 电源及接地引脚。

8.4.6 8253 的控制字及工作方式

8253 中各通道可有 6 种可供选择的工作方式，以完成定时、计数或脉冲发生器等多种功能。8253 的各种工作方式由控制字进行设定，控制字格式如图 8-30 所示。

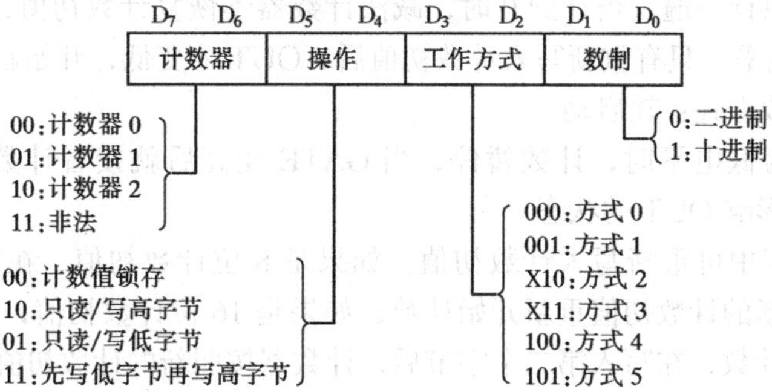

图 8-30　8253 的控制字

8.4.6.1　方式 0：计数结束中断方式

工作方式 0 被称为计数结束中断方式，它的定时波形如图 8-31～图 8-33 所示。当任一通道被定义为工作方式 0 时，OUT_i 输出为低电平；若门控信号 GATE 为高电平，当 CPU 利用输出指令向该通道写入计数值有效时，OUT_i 仍保持低电平，然后计数器开始减“1”计数，直到计数值为“0”，此刻 OUT_i 将输出由低电平向高电平跳变，可用它向 CPU 发出中断请求，OUT_i 端输出的高电平一直维持到下次再写入计数值为止。

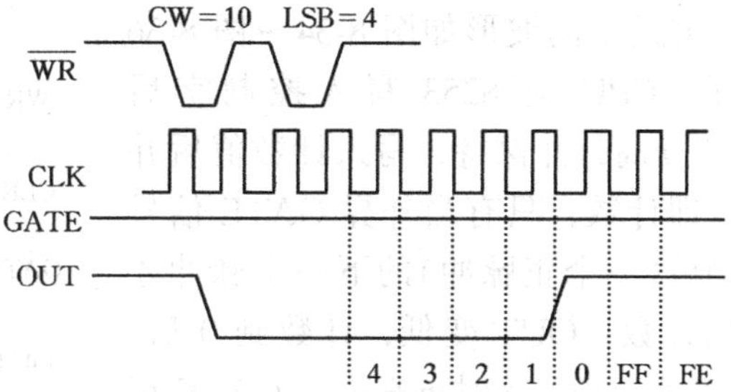

图 8-31 方式 0 波形

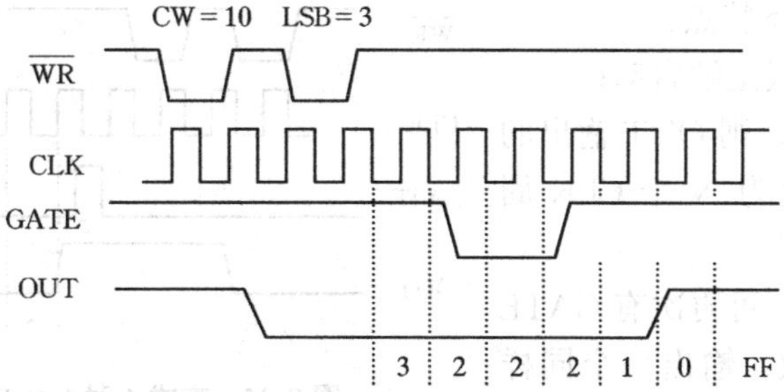

图 8-32　方式 0 时 GATE 信号的作用

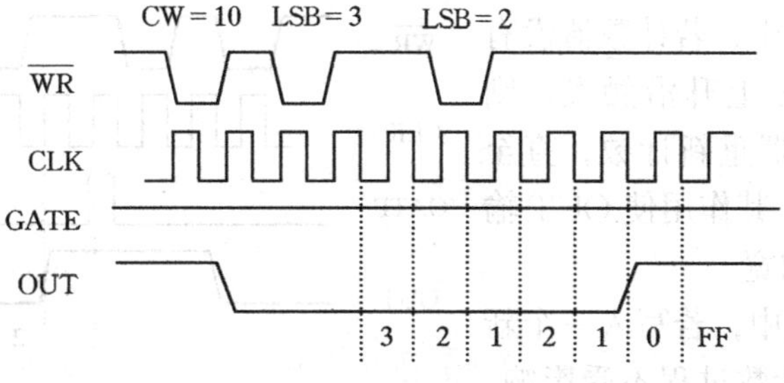

图 8-33　方式 0 计数过程中改变计数值

这种具有以下特点。

(1) 计数器只计一遍。当计到 0 时，减法计数器不恢复计数初值，不开始重新计数，且 OUT 保持高电平。只有重新写入计数初值后，OUT 才变低，开始新的计数。

(2) 启动计数方式：软启动。

(3) GATE 为低电平时，计数暂停，当 GATE 变高后就接着计数。在计数过程中，GATE 的变化不影响 OUT 的状态。

(4) 计数过程中可重新写入计数初值。如果是 8 位计数初值，在写入新的计数初值后，计数器将按新的计数初值重新开始计数；如果是 16 位计数初值，在写入第一个字节后，计数器停止计数，在写入第二个字节后，计数器按照新的计数初值开始计数。

(5) 8253 没有中断控制电路，也没有专用中断请求线。若要中断，则可用 OUT 的正跳变作为中断请求信号。

8.4.6.2　方式 1：可编程单稳态输出方式

方式 1 的波形如图 8-34～图 8-36 所示，CPU 向 8253 写入控制字后 OUT 变高，并保持，写入计数值后并不立即计数，只有当外界 GATE 信号启动后(一个正脉冲)的下一个脉冲才开始计数，OUT 变低，计数到 0 后，OUT 才变高，此时再来一个 GATE 正脉冲，计数器又开始重新计数，输出 OUT 再次变低，因此输出为一单拍负脉冲。

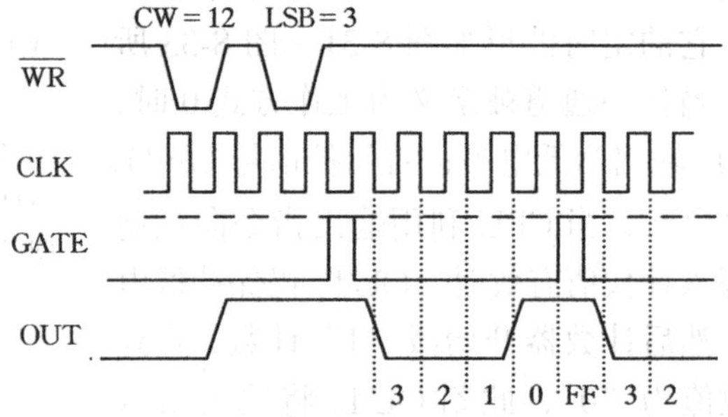

图 8-34　方式 1 波形

这种方式具有以下特点：

(1) 启动计数方式是硬启动；

(2) 若初值为 N，则 OUT 输出的单负脉冲低电平宽度为 N 个 CLK 周期；

(3) 当计到 0 后，可再次有 GATE 触动启动计数器计数，输出一个同样宽度的单负脉冲，而不必再次送计数初值；

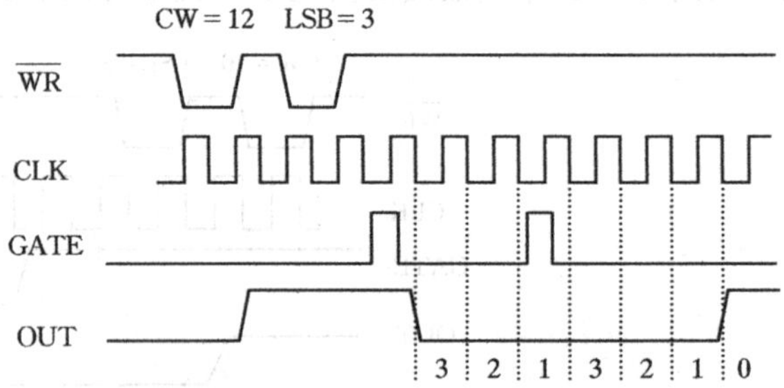

图 8-35　方式 1 时 GATE 信号的作用

(4) 在计数过程中，若计数器没有减到 0，又有 GATE 上升沿触发，则 OUT 仍为低，计数器重新计数，直至计到 0，OUT 变高，其作用使 OUT 输出的单负脉冲宽度加宽。

(5) 在计数过程中，若写入一个新的计数初值，这时计数过程不受影响，要等 GATE 再次触发后，才按新的计

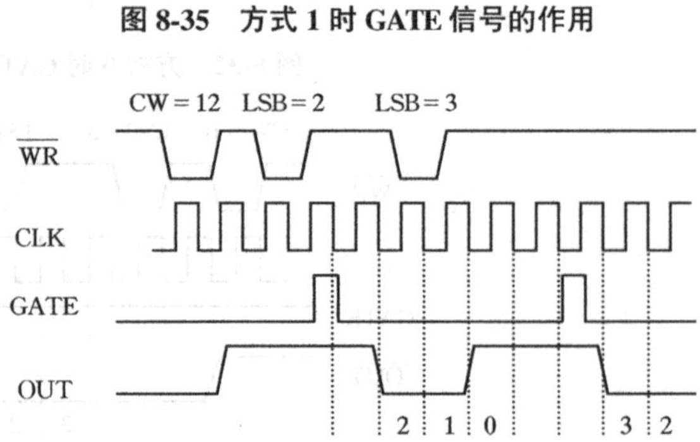

图 8-36　方式 1 在计数过程中改变计数值

数初值重新开始计数。

8.4.6.3　方式 2：速率发生器（或频率发生器）

方式 2 的波形如图 8-37 所示，在这种方式下，CPU 输出控制字后，输出 OUT 就变高，写入计数值后的下一个 CLK 脉冲开始计数，计数到 1 后，输出 OUT 变低，经过一个 CLK 以后，OUT 恢复为高，计数器重新开始计数，因此在这种方式下，只需写入一次计数值，就能连续工作，输出连续相同间隔的负脉冲（前提：GATE 保持为高），即周期性地输出。

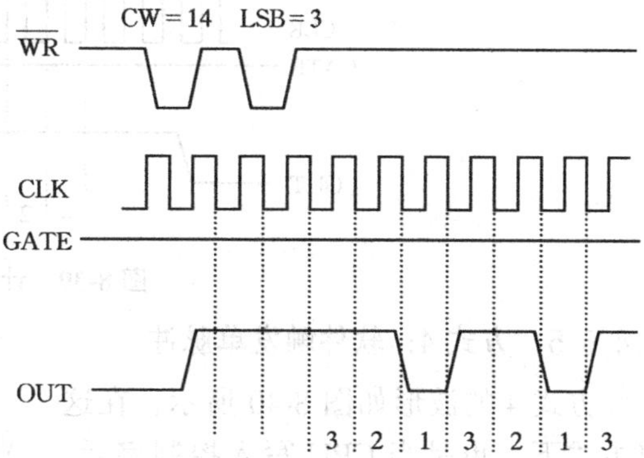

图 8-37　方式 2 波形

这种方式具有以下特点。

(1) 启动计数方式是硬启动或软启动。

(2) 能够连续工作。若 CLK 为一定频率的时钟脉冲，计数初值为 N，只要保持 GATE 为高电平，则 OUT 输出波形的周期为 N 个 CLK 周期，其中高电平宽度为 N－1 个 CLK 周期，低电平宽度为 1 个 CLK 周期。

(3) 若在计数过程中，GATE 变为低电平，则计数器立即停止计数。在 GATE 变为高后的下一个 CLK 使减 1 计数器恢复计数初值，重新开始计数。

8.4.6.4　方式 3：方波速率发生器（或方波发生器）

与方式 2 基本相同，也具有自动装入计数初值的能力，OUT 输出波形也是周期性的，唯一不同的是 OUT 输出波形占空比不同。若初值 N 为偶数，在装入计数初值后，每一个 CLK 使减法计数器减 2，当减到 0，一方面 OUT 输出改变状态，另一方面又重新装入计数初值开始新的计数，OUT 输出波形为方波，其重复周期为 N 个 CLK 周期，波形图见图 8-38；若初值 N 为奇数，则在装入计数初值后，第一个 CLK 使减法计数器减 1，以后每个 CLK 使计数器减 2，当计到 0，OUT 输出改变状态，同时重新装入计数初值，这以后第一个 CLK 使计数器减 3，以后每一个 CLK 使计数器仍减 2，直至计到 0，OUT 恢复高电平，重复上述过程。OUT 输出波形重复周期为 N 个 CLK 周期，其中高电平宽度为 (N+1)/2 个 CLK 周期，低电平宽度为 (N－1)/2 个 CLK 周期，波形图见图 8-39。

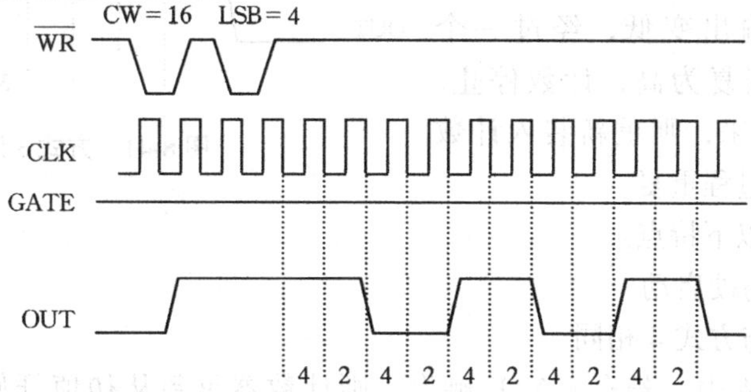

图 8-38　计数值为偶数

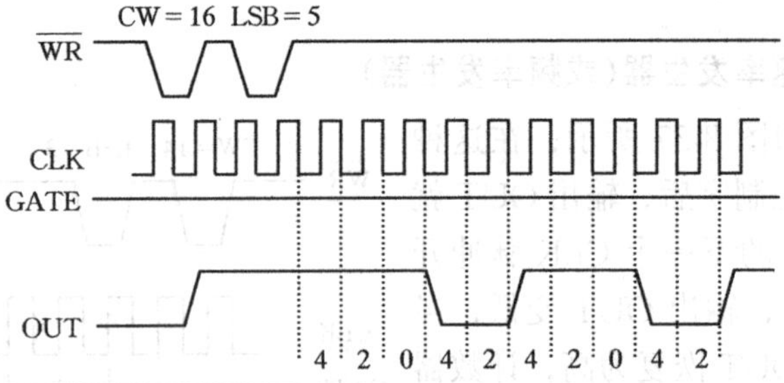

图 8-39　计数值为奇数

8.4.6.5　方式 4：软件触发单脉冲

方式 4 的波形如图 8-40 所示，在这种方式下，也是当 CPU 写入控制字后，OUT 立即变高，写入计数值开始计数，当计数到 0 后，OUT 变低，经过一个 CLK 脉冲后，OUT 变高，这种计数是一次性的(与方式 0 有相似之处)，只有当写入新的计数值后才开始下一次计数。

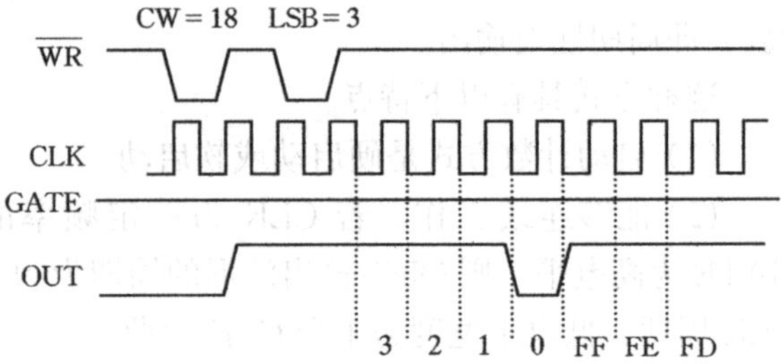

图 8-40　方式 4 波形

这种方式具有如下特点：

(1) 启动计数为软启动；

(2) 计数初值一次有效，只有再次输入计数初值，才开始新的计数；

(3) 在计数过程中，若 GATE 变低，则停止计数，待 GATE 变高后，不是继续计数，而是恢复计数初值重新计数，GATE 不影响 OUT；

(4) 若在计数过程中，写入一个新的计数初值，对本次计数过程无影响，而是等到计数过程结束，新初值才装入到减法计数器，使下一次计数按新的初值进行。

8.4.6.6　方式 5：硬件触发单脉冲

方式 5 的波形如图 8-41 所示，在这种方式下，当控制字写入后，OUT 立刻变高，写入计数值后并不立即开始计数，而是由 GATE 的上升沿触发启动计数的，当计数到 0 时，输出变低，经过一个 CLK 之后，输出恢复为高，计数停止，若再有 GATE 脉冲来，则重新装入计数值开始计数，上述过程重复。

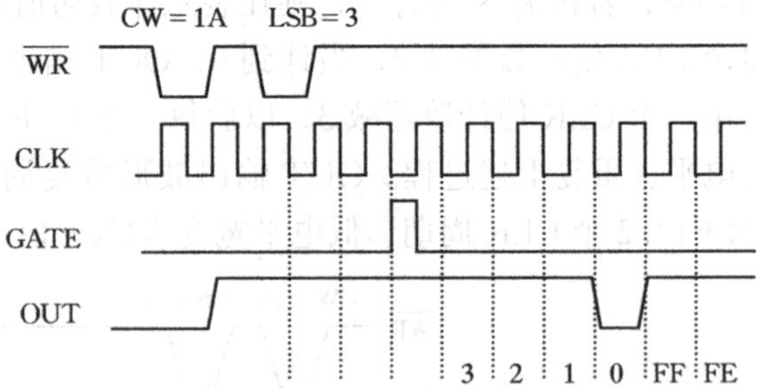

图 8-41　方式 5 波形

这种方式具有以下特点。

(1) 启动计数为硬启动。

(2) 输出波形与方式 4 相同。

(3) 在计数过程中，若有 GATE 触发，则计数器重新从初值开始计数，但不影响 OUT。

(4) 在计数过程中，若写入一个新的计数初值，只要没有 GATE 触发，不影响计数过程。现行计数计到 0 后，若有 GATE 触发，则按新的计数初值开始计数。但在计数过程中，若写入一个。

8.4.7 8253 的初始化编程

要使用 8253，必须首先进行初始化编程，初始化编程包括设置通道控制字和送通道计数初值两个方面，控制字写入 8253 的控制字寄存器，而初始值则写入相应通道的计数寄存器中，其流程图如图 8-42 所示。

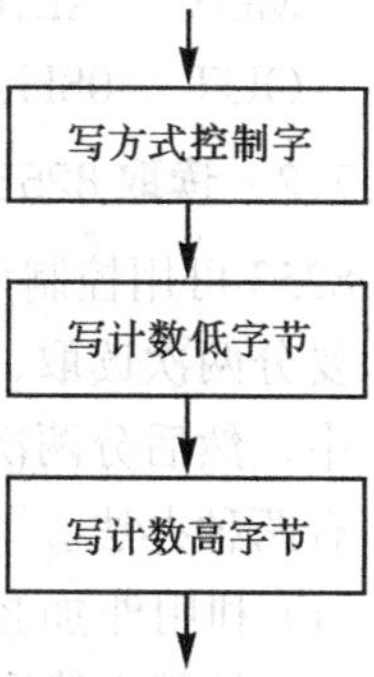

图 8-42　8253 初始化流程图

8.4.7.1 初始化流程

(1) 通过 8253 的控制端口向控制字寄存器写入相应通道的控制字，控制字包括如下信息：指定通道的工作方式，对通道计数器的读写方式，通道计数器计数时所采用的数制；

(2) 通过 8253 的通道端口向相应的通道计数器写入初始计数值。如果在控制字中已确定 16 位的读写方式，则要对通道端口写操作两次，第一次写初始计数值的低 8 位，第二次写高 8 位。

例 8-14　设 8253 的端口地址为：04H～0AH，要使计数器 1 工作在方式 0，仅用 8 位二进制计数，计数值为 128，进行初始化编程。

控制字为：01010000B＝50H

初始化程序：

```
MOV    AL,50H
OUT    0AH,AL
MOV    AL,80H
OUT    06H,AL
```

例 8-15　选择计数器 0 工作于方式 3，计数初值为 1234，十进制计数方式；计数器 2 工作于方式 2，计数初值为 61H，采用二进制计数方式，设 8253 的端口地址为 40～43H。其初始化编程如下：

```
MOV    AL,00110111B        ;对计数器 0 送工作方式字
OUT    43H,AL
MOV    AX,1234H            ;送计数初值
OUT    40H,AL
MOV    AL,AH
OUT    40H AL
MOV    AL,10010100B        ;对计数器 2 送工作方式字
OUT    43H,AL
MOV    AL,61H              ;送计数初值
OUT    42H,AL
```

例 8-16　设 8253 的端口地址为：04H～0AH，若用通道 2 工作在方式 2，按二进制计数，计数值为 02F0H，进行初始化编程。

控制字为：10110100B＝0B4H

初始化程序：

```
MOV    AL,0B4H
```

```
OUT    0AH,AL
MOV    AL,0F0H
OUT    08H,AL
MOV    AL,02H
OUT    08H,AL
```

8.4.7.2 读取 8253 通道中的计数值

8253 可用控制命令来读取相应通道的计数值，由于计数值是 16 位的，而读取的瞬时值，要分两次读取，所以在读取计数值之前，要用锁存命令将相应通道的计数值锁存在锁存器中，然后分两次读入，先读低字节，后读高字节。

有两种办法。

(1) 利用外加控制信号 GATE 使计数器暂停计数，然后按照工作方式控制字中 RL1RL0 的规定读取规定字节。

(2) CPU 向 8253 发出锁存命令字(当控制字中，D_5，D_4=00 时)锁存计数器的当前计数值(当前计数值锁存在输出锁存器 OL，而减 1 计数器可以继续计数)，再读取输出锁存器的计数值。当 CPU 读取了规定的字节数后，OL 自动解除锁存状态，其值又跟随计数器而变化。

如要读通道 1 的 16 位计数器，编程如下：地址 F8H～FEH。

```
MOV    AL,40H;
OUT    0FEH,AL ;锁存计数值
IN     AL,0FAH
MOV    CL,AL;低八位
IN     AL,0FAH;
MOV    CH,AL;高八位
```

8.4.8 8253 的应用

(1) 在 IBM PC/XT 中，8253 作为定时计数器电路，它的 3 个通道的作用如下。

计数器 0 编程为方式 3，$GATE_0$ 固定为高电平，OUT_0 作为中断请求信号接至 8259A 中断控制器的第 0 级 IRQ_0。这个定时中断(约 55 ms)用于报时时钟的时间基准。

计数器 1 编程为方式 2，$GATE_1$ 固定为高电平，OUT_1 的输出经过一个 D 触发器后作为 8237A～5DMA 控制器通道 0 的 DMA 请求 $DREQ_0$，用于定时(约 15 us)启动刷新动态 RAM，这样在 2 ms 内可以有 132 次刷新，大于 128 次(128 次是系统的最低要求)。

计数器 2 编程为方式 3，1KHz 的方波输出，通过滤波，去除高频分量后送扬声器，GATE2 是 8255 的 PB0，OUT 输出经一与门控制，控制信号为 8255 的 PB_1，这样利用 PB_0，PB_1 同时为高的时间来控制发长音还是发短音。

$$T\times N=\text{定时时间}\Rightarrow N=\frac{\text{定时时间}}{T}\quad \text{时钟频率 } F \text{ 为 } 1.19\text{MHz},\ T=1/F$$

8253-5 的地址为 040H～043H，ROM-BIOS 对 8253-5 的编程如下：

计数器 0 用于定时中断。

```
MOV    AL,00110110B             ;00110110——二进制
OUT    43H,AL
```

```
MOV    AL,0                     ;计数初值为 0000,即为
OUT    40H,AL
OUT    40H,AL                   ;定时为:840 ns×2^16 = 55 ms,即频率为18.2 Hz/s
                                 每秒产生 18.2 次时钟中断(CLK 周期为:
                                 1/1.19M)计数器 1 用于定时 DMA 请求。
MOV    AL,01010100B             ;01010100——二进制
OUT    43H,AL
MOV    AL,12H                   ;计数初值为 18D,定时:840 ns×18 = 15 μs
OUT    41H,AL
```

计数器 2 用于产生 1KHZ 的方波送至扬声器发声，声响子程序为 BEEP，入口地址为 FFA08H。

```
BEEP   PROC    NEAR
MOV    AL,10110110B             ;10110110——二进制
OUT    43H,AL
MOV    AX,0533H                 ;计数初值为 1331
OUT    42H,AL
MOV    AL,AH
OUT    42H,AL
IN     AL,61H                   ;取 8255B 端口
MOV    AH,AL                    ;存在 AH
OR     AL,03H                   ;使 PB1PB0 = 11
OUT    61H,AL                   ;输出至 82255 的 B 端口,使扬声器发声
SUB    CX,CX                    ;循环计数
G7:   LOOP G7
MOV    BH,0
DEC    BX                       ;BL 的值为控制长短声,BL = 6(长),BL = 1(短)
JNZ    G7
MOV    AL,AH                    ;恢复 8255B 端口值,停止发声
OUT    61H,AL
RET
BEEP   ENDP
```

(2) 用 8253 设计洗衣机定时程序。设输入频率为 2 MHz，要求能产生 3 分、6 分和 12 分的定时，定时到产生中断，试画出 8253 的连接示意图并编写相应的程序段。

分析：计数器 0 工作于方式 3，初值 $N = 0(10000)(H)$；计数器 1 工作于方式 3，$N = 200(H)$；计数器 2 工作于方式 0，初值由 3 分、6 分、12 分除 1S(减 1)得出，定时连接图如图 8-43 所示。

```
MOV    AL,00110111B             ;计数器零
OUT    43H,AL;
MOV    AL,00H;
OUT    40H,AL;
```

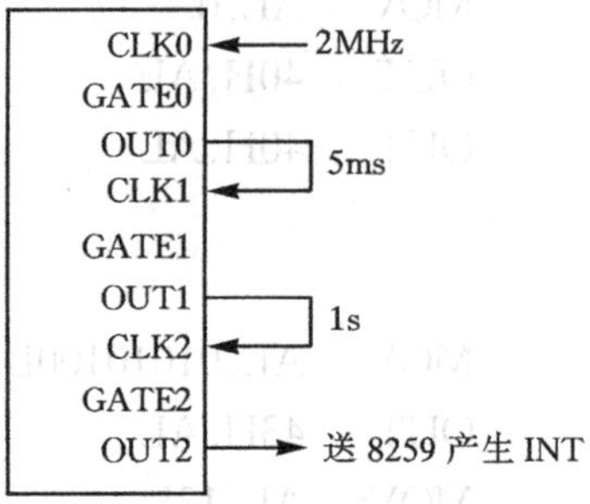

图 8-43　8253 洗衣机定时连接图

```
OUT     40H,AL;
MOV     AL,01110111B;
OUT     43H,AL;
MOV     AL,00H;
OUT     41H,AL;
MOV     AL,02H;
OUT     41H,AL;
3 分定时:N=180/1=180
MOV     AL,10110001B;
OUT     43H,AL;
MOV     AL,80H;
OUT     42H,AL;
MOV     AL,01H;
OUT     42H,AL;
6 分定时:N=360/1=360
MOV     AL,10110001B;
OUT     43H,AL;
MOV     AL,60H;
OUT     42H,AL;
MOV     AL,03H;
OUT     42H,AL;
```

8.5　DMA 控制器 Intel 8237

直接存储器存取(Direct Memory Access，DMA)DMA 方式就是直接存储器存取工作方式。在 DMA 方式下，外设通过 DMA 控制器向 CPU 提出接管总线控制权的总线要求，CPU 在当前的总线周期结束后，响应 DMA 请求，并把总线控制权交给 DMA 控制器。在 DMA 控制器的管理下，外设和寄存器之间就可以直接进行数据交换。

非 DMA 传送方式与 DMA 传送方式比较如图 8-44 和图 8-45 所示。

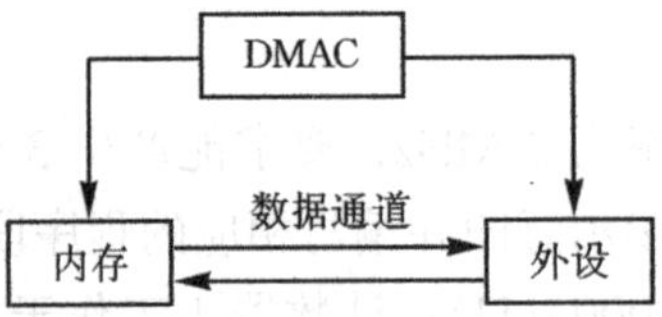

图 8-44　DMA 传送方式

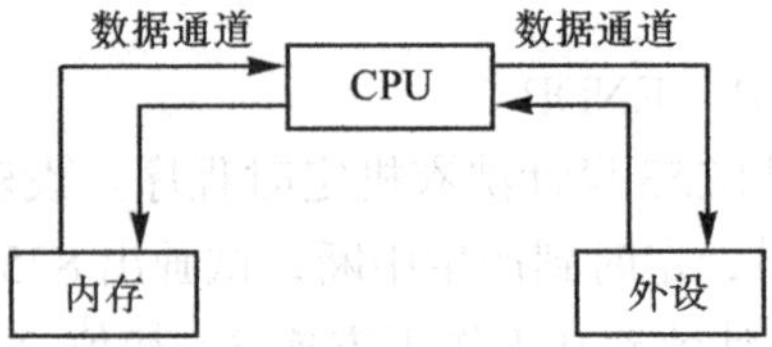

图 8-45　非 DMA 传送方式

DMA 数据传送的基本过程如下。

(1) 编程设定 DMA 的传输模式及其所访问内存的地址区域。

(2) 屏蔽或接受外部设备的 DMA 请求(DREQ)。当有多个设备同时请求时，还要进行优先级排队，首先接受最高级的请求。

(3) 向 CPU 转达 DMA 请求。DMA 控制器要向 CPU 发出总线请求信号 HOLD(高电平有效)，请求 CPU 放弃总线的控制。

(4) 接收 CPU 的总线响应信号(HLDA)。接管总线控制权，实现对总线的控制。

(5) 向相应外部设备转达 DMA 允许信号 DACK。于是在 DMA 控制器的管理下，实现外部设备和存储器之间的数据直接传送。

(6) 在传送过程中进行地址修改和字节计数。在传送完要求的字节数后，向 CPU 发出 DMA 结束信号(EOP)，撤销总线请求(HRQ)，将总线控制权交还给 CPU。

DMA 控制器一方面可以接管总线，直接在其他 I/O 接口和存储器之间进行读/写操作，就像 CPU 一样成为总线的主控器件，这是有别于其他 I/O 控制器的根本不同之处；另一方面，作为一个可编程 I/O 器件，其 DMA 控制功能正是通过初始化编程来设置的。当 CPU 用 I/O 指令对 DMA 控制器写入或者读出时，它又和其他 I/O 电路一样成为总线的从属部件。

8.5.1 Intel 8237 的性能概述

8237A 是由 Intel 公司研制的可编程 DMA 控制器，其基本功能如下。

(1) 具有独立的 4 个 DMA 通道，每个通道可以请求或屏蔽 DMA 传送。

(2) 4 个 DMA 通道具有不同的优先级。通过编程可以工作在固定优先级方式，也可以是循环优先级方式。

(3) 提供 4 个工作模式：单字节传送、数据块传送、请求传送和级联传送，通过编程进行选择。

(4) 提供 3 种 DMA 传送类型：写传送、读传送和校验传送。

(5) 提供外部硬件 DMA 请求和软件 DMA 请求两种方式。

8.5.2 8237 的内部结构

8237A 可编程 DMA 控制器内部结构如图 8-46 所示。主要由如下几部分组成。

8237A 主要由 3 个基本控制逻辑单元、3 个地址/数据缓冲器单元和 1 组内部寄存器组成，其内部结构图如图 8-46 所示。

8.5.2.1 四个独立的 DMA 通道

每个通道都有一个 16 位的基地址寄存器，一个 16 位的基字节数计数器，一个 16 位的当前地址寄存器和一个 16 位的当前字节数计数器及一个 8 位的方式寄存器，方式寄存器接收并保存来自于 CPU 的方式控制字，使本通道能够工作于不同的方式下。

8.5.2.2 定时及控制逻辑电路

对在 DMA 请求服务之前，CPU 编程对给定的命令字和方式控制字进行译码，以确定 DMA 的工作方式，并控制产生所需要的定时信号。

8.5.2.3 优先级编码逻辑

对通道进行优先级编码，确定在同时接收到不同通道的 DMA 请求时，能够确定相应的先后次序。通道的优先级可以通过编程确定为是固定的或者是旋转的。

8.5.2.4 共用寄存器

除了每个通道中的寄存器之外，整个芯片还有一些共用的寄存器：包括 1 个 16 位的地址暂存寄存器，1个 16 位的字节数暂存寄存器，1个 8 位的状态寄存器，1 个 8 位的命

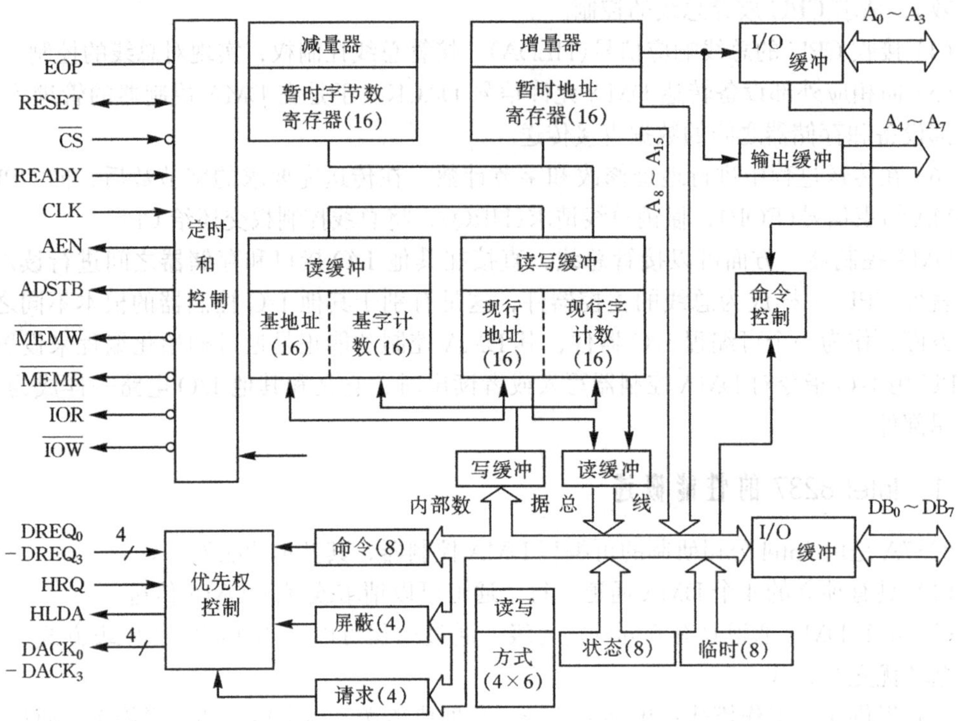

图 8-46　8237 的内部结构

令寄存器，1 个 8 位的暂存寄存器，1 个 4 位的屏蔽寄存器和 1 个 4 位的请求寄存器等。

8237A 的内部寄存器的类型和数量如表 8-5 所示。

表 8-5　　**8237 的内部寄存器**

寄存器名	长度/bit	数　量	寄存器名	长度/bit	数　量
基地址寄存器	16	4	状态寄存器	8	1
基字节数寄存器	16	4	命令寄存器	8	1
当前地址寄存器	16	4	暂存寄存器	8	1
当前字节数寄存器	16	4	方式寄存器	6	4
地址暂存寄存器	16	4	屏蔽寄存器	4	4
字节数暂存寄存器	16	4	请求寄存器	4	4

8.5.2.5　8237 的引线

地址引线都有三态缓冲器，因而可以接也可以释放总线。

8.5.3　8237 的工作周期

有空闲周期和有效周期，每个周期又由若干个时钟周期组成。

8.5.3.1　空闲周期(Lade Cycle)

8237 在编程进入允许 DMA 工作状态之前或虽已编程进入允许 DMA，但无 DMA 请求时，8237 处于空闲周期，执行空闲状态 SI。在空闲周期内，在每个 SI 的下降沿 8237 采样 DREQI 输入信号，以确定是否有通道请求 DMA 服务。同时，还采样 CS 输入引脚，判断 CPU 是否要对该 8237 芯片进行编程写入或读出，若 8237 采样到 CS 有效，只要 HLDA 是低电平，便可以进入编程工作状态(即 CPU 可以访问 8237)。CPU 可以访问由地

址信息 A_3～A_0 寻址的内部寄存器。

8.5.3.2　有效周期(Active Cycle)

(1) 请求应答周期 S_0。对 8237 编程完成后，在 SI 的下降沿采样到 DREQI 有效后，8237 将在 SI 的上升沿，向 CPU 输出占有总线的请求信号 HRQ，并向 CPU 请求 DMA 服务，进入 S0 状态，等待 CPU 同意让出总线的回答信号 HLDA，在 HLDA 有效之前的 S0 状态中，CPU 仍可以访问 8237。S0 状态是 8237 送出 HRQ 信号向 CPU 提出控制总线的请求信号 HRQ 后，到它接收到 CPU 发回同意让出总线的 HLDA 有效信号之间的周期状态。这是 8237 从被动状态过渡到主动状态的过渡时期。

(2) DMA 操作周期。在 HLDA 到达之后，8237 开始进入数据传送周期，开始以 DMA 方式传送数据。一个完整的 DMA 传送周期包括 S_1，S_2，S_3 和 S4 共 4 个状态。如果是慢速的存储器或 I/O 设备，可以由 READY 引脚输入低电平，当 S_3 结束的下降沿采样 READY 为低电平时，就在 S_3 和 S_4 之间插入 S_w 状态，以达到速度的匹配。

对于存储器至存储器之间的数据传送，每传送一个数据，需先从源存储器单元读出数据，将它存入暂存器，再写入目的存储器单元中，这样传送一个数据要 8 个状态。因此，状态标注采用两位数标注，从存储器读出要用 S_{11}，S_{12}，S_{13}和 S_{14}共 4 个状态，写入存储器用 S_{21}，S_{22}，S_{23}和 S24 共 4 个状态。

一个 DMA 有效周期时序是：8237 收到有效的 HLDA 响应信号后进入 S_1 时，立即输出地址允许信号 AEN，这标志着 8237 获得了系统总线控制权和 DMA 周期的开始。8237 在 S_1 期间把高 8 位地址 A_{15}～A_8 送到数据总线 DB_7～DB_0 上，并发出 ADSTB 地址选通信号。在 ADSTB 的下降沿(在 S_2 内)，把高 8 位地址存入地址锁存器，再由地址允许信号 AEN 把高 8 位地址送上地址总线 A_{15}～A_8。低 8 位地址 A_7～A_0 由 8237 直接或经驱动器输出到地址总线 A_7～A_0 上。对于一般的 DMA 在 S_2 发出 DACK 信号，通知请求 DMA 服务的设备，即 DACK 信号可以用作 I/O 端口的片选信号。因为，DMAC 从地址总线上发出的地址已被用来访问存储器。

若是 M→I/O 或 I/O→M 的传送方式，对 I/O 设备的寻址就用 DACK 担任。随后，若是 DMA 读操作，就发出存储器读命令 MEMR；若是 DMA 写操作，则发出 I/O 读命令 IOR 读取要传送的数据。在 S_3 状态中 8237 发出写命令，把读出的数据写入指定的地址单元。对于 DMA 读操作发出 I/O 写命令 IOW；对于 DMA 写操作发出 MEMW 命令。若编程选用扩展写命令，则写入操作和读出操作同时开始。在 S_2 期间同时发出 MEMR 和 LOW 或 IOR 和 MEMW。在存储器和 I/O 设备之间传送数据时，数据不读入 8237，而是保持在数据线 DB_7～DB_0 上。所以，写周期一开始，即可从数据总线上直接写到存储器或 I/O 端口。也就是说，DMA 通道提供了直接传送数据的功能。

8.5.4　8237 的引脚

8237 是 DIP 40 集成电路芯片，如图 8-47 所示。由于它即是主控者又是受控者，故其外部引脚设置也具有特色，如它的 I/O 读/写线(IOR，IOW)和部分地址线(A_0～A_3)都是双向的，另外，还设置了存储器读/写线(MEMR，MEMW)和 16 位地址输出线(DB_0～DB_7，A_0～A_7)。这些都是其他 I/O 接口芯片所没有的。

CLK(Clock)：时钟信号输入引脚，对于标准的 8237，其输入时钟频率为3 MHz，对于8237-2，其输入时钟频率可达 5 MHz。

$\overline{CS}$(Chip Select)：芯片选择信号，输入引脚。

RESET：复位信号，输入引脚，用来清除8237中的命令、状态请求和临时寄存器，且使字节指针触发器复位并置位屏蔽触发器的所有位(即使所有通道工作在屏蔽状态)，在复位之后，8237工作于空闲周期SI。

READY：外设向8237提供的高电平有效的“准备好”信号输入引脚，若8237在S_3状态以后的时钟下降沿检测到READY为低电平，则说明外设还未准备好下一次DMA操作，需要插入S_W状态，直到READY引脚出现高电平为止。

$DREQ_0 \sim DREQ_3$(DMA Request)：DMA请求信号输入引脚，对应于4个独立的通道，DREQ的有效电平可以通过编程来加以确定，优先级可以固定，也可以旋转。

图 8-47　DMA8237A 的引脚图

$DACK_0 \sim DACK_3$(DMA Acknowledge)：对相应通道DREQ请求输入信号的应答信号输出引脚。

HRQ(Hold Request)：8237向CPU提出DMA请求的输出信号引脚，高电平有效。

HLDA(Hold Acknowledge)：CPU对HRQ请求信号的应答信号输入引脚，高电平有效。

$DB_0 \sim DB_7$(Data)：8条双向三态数据总线引脚。在CPU控制系统总线时，可以通过$DB_0 \sim DB_7$对8237编程或读出8237的内部状态寄存器的内容；在DMA操作期间，由$DB_0 \sim DB_7$输出高8位地址信号$A_8 \sim A_{15}$，并利用ADSTB信号锁存该地址信号。

在进行内存不同区域之间的DMA传送时，除了送出$A_8 \sim A_{15}$地址信号外，还分时输入从存储器源区域读出的数据，送入8237的暂存寄存器中，等到存储器写周期时，再将这些数据通过这8个引脚，由8237的暂存寄存器送到系统数据总线上，然后写入到规定的存储单元中去。

$A_3 \sim A_0$(Address)：4条双向三态的低位地址信号引脚。在空闲周期，接收来自于CPU的4位地址信号，用以寻址8237内部的不同的寄存器(组)；在DMA传送时，输出要访问的存储单元或者I/O端口地址的低4位。

$A_7 \sim A_4$(Address)：4条三态地址信号输出引脚。在DMA传送时，输出要访问的存储单元或者I/O端口地址的中4位。

$\overline{IOR}$(I/O Read)：低电平有效的双向三态信号引脚。在空闲周期，它是一条输入控制信号，CPU利用这个信号读取8237内部状态寄存器的内容；而在DMA传送时，它是读端口控制信号输出引脚，与相配合，使数据由外设传送到内存。

$\overline{IOW}$(I/O Write)：低电平有效的双向三态信号引脚，其功能与$\overline{IOW}$相对应。

$\overline{\text{MEMR}}$(Memory Read)：低电平有效的双向三态信号引脚，用于 DMA 传送，控制存储器的读操作。

$\overline{\text{MEMW}}$(Memory Write)：低电平有效的双向三态信号引脚，用于 DMA 传送，控制存储器的写操作。

AEN(Address Enable)：高电平有效的输出信号引脚，由它把锁存在外部锁存器中的高 8 位地址送入系统的地址总线，同时禁止其他系统驱动器使用系统总线。

ADSTB(Address Strobe)：高电平有效的输出信号引脚，此信号把 DB_7～DB_0 上输出的高 8 位地址信号锁存到外部锁存器中。

$\overline{\text{EOP}}$(End of Process)：双向，当字节数计数器减为 0 时，在$\overline{\text{EOP}}$上输出一个有效的低电平脉冲，表明 DMA 传送已经结束；也可接收外部的$\overline{\text{EOP}}$信号，强行结束 8237 的 DMA 操作或者重新进行 8237 的初始化。当不使用$\overline{\text{EOP}}$端时，应通过数千欧的电阻接到高电平上，以免由它输入干扰信号。

+5V、GND 及 N/C 引脚。

8.5.5　8237 的工作模式

8.5.5.1　单字节传送模式

这种模式是只传送一个字节。数据传送后现行字节数寄存器减量，地址要做相应修改(增量或减量，由编程决定。)，然后 HRQ 变为无效，8237 释放系统总线。若传送使字节数减为 0，$\overline{\text{EOP}}$端输出负脉冲或者从$\overline{\text{EOP}}$输入低电平终结 DMA 传送，可重新初始化。

注意：DREQ 信号必须保持有效，直至 DACK 信号变为有效。

8.5.5.2　块传送方式

在这种方式，8237 有 DREQ 启动就连续地传送数据，直至现行字节数计数器减到零或者由外部输入有效的$\overline{\text{EOP}}$信号来终结 DMA 传送。在数据块传送完了或是终结操作，可重新初始化。在这种方式下，DREQ 信号只需维持到 DACK 有效。

8.5.5.3　请求传送方式

在这种工作方式下，8237 可以进行连续的数据传送。当出现以下 3 种情况之一时停止传送：

(1) 字节数计数器减到 0；

(2) 由外界送来一个有效的$\overline{\text{EOP}}$信号；

(3) 外界的 DREQ 信号变为无效(外设的数据已传送完)。

注意：在第三种情况时，8237 释放总线，CPU 可以继续操作；而 8237 的现行地址寄存器和现行字节数寄存器的中间值可以保持不变。只要外设准备好了要传送的新的数据，有 DREQ 再次有效就可以使传送继续下去。

8.5.5.4　级连方式

这种方式用于通过级连以扩展通道，如图 8-48 所示。

说明：(1) 在前 3 种工作方式下，DMA 传送有 3 种类型：DMA 读、写和校验。

(2) 存储器到存储器传送。在这种方式下，必须给请求寄存器编程为 0 通道软件请求。这时就要用到两个通道，通道 0 的地址寄存器编程为源区地址；通道 1 的地址寄存器编程为目的区地址，字节数寄存器编程为传送的字节数。传送由设置一个通道0的软件

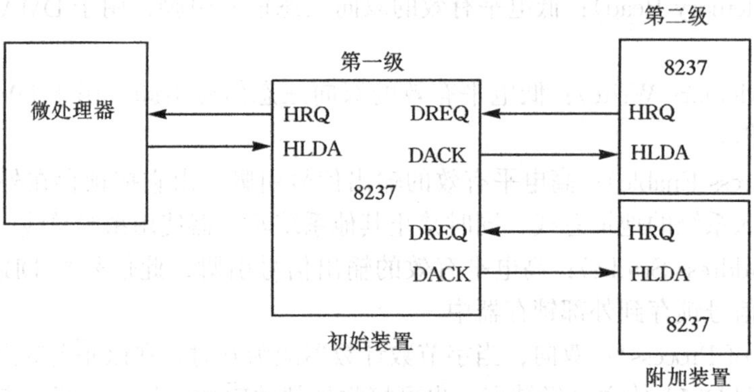

图 8-48　8237 级联方式工作框图

DREQ启动，8237 按正常方式向 CPU 发出 DMA 请求信号 HRQ，待 CPU 用 HLDA 信号响应后传送就可以开始，每传送一个字节要用 8 个时钟周期，4 个时钟周期以通道 0 为地址从源区读数据送入 8237 的临时寄存器；另 4 个时钟周期以通道 1 为地址把临时寄存器中的数据写入目的区。每传送一个字节，源地址和目的地址都要修改(可增量也可以减量修改)，字节数减量。传送一直进行到通道 1 的现行字节数寄存器减到零，在$\overline{EOP}$端输出一个脉冲，结束 DMA 传送。在存储器到存储器的传送中，也允许外部送来一个$\overline{EOP}$信号停止 DMA 传送。

8.5.6　8237 的 DMA 传输类型

DMA 所支持的 DMA 传送，可以在 I/O 接口到存储器；存储器到 I/O 接口及内存的不同区域之间进行，它们具有不同的特点，所需要的控制信号也不相同。

8.5.6.1　I/O 接口到存储器的传送。

当进行由 I/O 接口到存储器的数据传送时，来自 I/O 接口的数据利用 DMAC 送出的$\overline{IOR}$控制信号，将数据输送到系统数据总线 $D_0 \sim D_7$ 上，同时，DMAC 送出存储器单元地址及控制信号，将存在于 $D_0 \sim D_7$ 上的数据写入所选中的存储单元中。这样就完成了由 I/O接口到存储器一个字节的传送。同时 DMAC 修改内部地址及字节数寄存器的内容。

8.5.6.2　存储器到 I/O 接口

与前一种情况类似，在进行这种传送时，DMAC 送出存储器地址及$\overline{MEMR}$控制信号，将选中的存储单元的内容读出放在数据总线 $D_0 \sim D_7$ 上，接着，DMAC 送出控制信号，将数据写到规定的(预选中)端口中去，而后 MDAC 自动修改内部的地址及字节数寄存器的内容。

8.5.6.3　存储器到存储器

8237 具有存储器到存储器的传送功能，利用 8237 编程命令寄存器，可以选择通道 0 和通道 1 两个通道实现由存储器到存储器的传送。在进行传送时，采用数据块传送方式，由通道 0 送出内存源区域的地址和$\overline{MEMR}$控制信号，将选中内存单元的数据读到 8237 的暂存寄存器中，通道 0 修改地址及字节数寄存器的值；接着由通道 1 输出内存目的区域的地址及$\overline{MEMW}$控制信号，将存放在暂存寄存器中的数据，通过系统数据总线，写入到内存的目的区域中去，尔后通道修改地址和字节数寄存器的内容，通道 1 的字节计数器减到零或外部输入$\overline{EOP}$时可结束一次 DMA 传输过程。

8.5.7 8237 的寄存器组

8.5.7.1 当前地址寄存器

每个通道都有一个 16 位长的当前地址寄存器，当进行 DMA 传送时，由它提供访问存储器的地址。在每次数据传送之后，地址值自动增 1 或减 1。CPU 是以连续两字节按先低字节后高字节顺序，对其进行写入或读出的。在自动预置方式下，当 EOP 有效后，将它重新预置为初始值。

8.5.7.2 当前字节计数器

每个通道都有一个 16 位长的当前字节计数寄存器，它保存当前 DMA 传送的字节数。实际传送的字节数比编程写入的字节数大 1，例如，编程的初始值为 10，将导致传送 11 个字节，每次传送以后，字节计数器减 1。当其内容从 0 减 1 而到达 FFFFH 时，将产生终止计数 TC 脉冲输出。CPU 访问它是以连续两字节对其读出或写入的。在自动预置方式下，当 EOP 有效后，将它重新预置成初始值。如果处在非自动预置方式，这个计数器在终止计数之后将为 FFFFH。

8.5.7.3 基地址寄存器和基字节计数器

每个通道均有一个 16 位的基地址寄存器和一个 16 位的基字节计数寄存器，它们用来存放所对应的地址寄存器和字节计数器的初始值。在编程时，这两个寄存器由 CPU 以连续两字节方式与对应的当前寄存器同时写入，但它们的内容不能读出。在自动预置方式下，基地址寄存器的内容被用来恢复当前寄存器的初始值。

8.5.7.4 命令寄存器

8237 的命令寄存器存放编程的命令字。命令字各位的功能如图 8-49 所示。

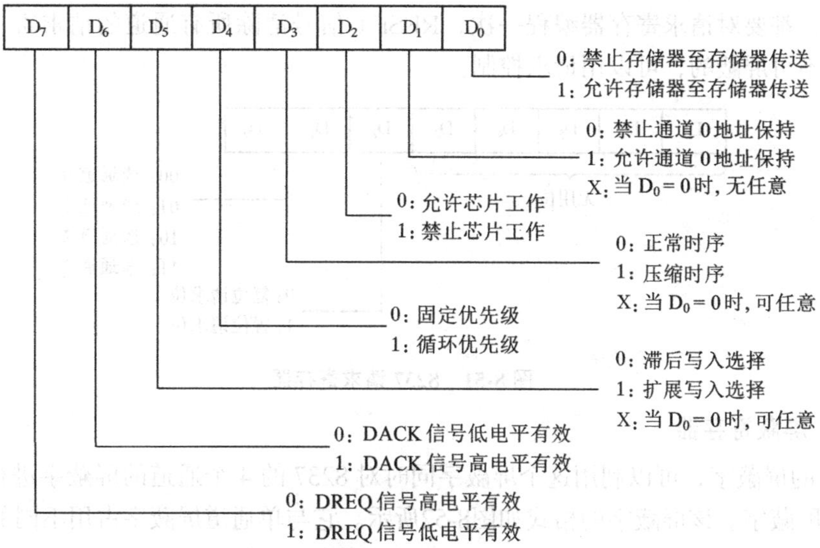

图 8-49 8237 的命令寄存器

8.5.7.5　模式寄存器

每个通道有一个 8 位的方式寄存器，但是它们占用同一个端口地址，用来存放方式字，依靠方式控制字本身的特征位来区分写入不同的通道，用来规定通道的工作方式，各位的作用如图 8-50 所示。

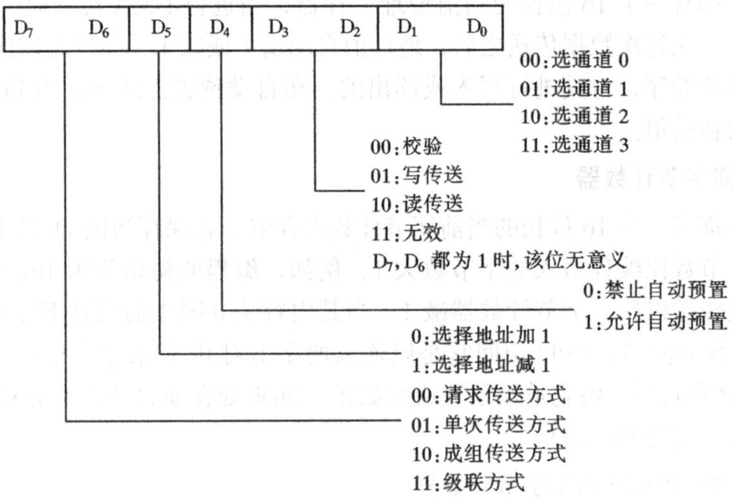

图 8-50　8237 的模式寄存器

8.5.7.6　请求寄存器

DMA 请求可以由 I/O 设备发出 DREQ 信号，也可以由软件发出，请求寄存器就是用于由软件来启动DMA 请求的设备，如图 8-51 所示。存储器到存储器传送，必须利用软件产生 DMA 请求，这种软件请求 DMA 传送操作必须是成组传送方式。在传送结束后，EOP 信号变为有效，该通道对应的请求标志位被清“0”。因此，每用软件执行一次 DMA 请求传送，都要对请求寄存器编程一次，RESET 信号清除所有通道的请求寄存器。软件请求位是不可屏蔽的，可以用请求控制。

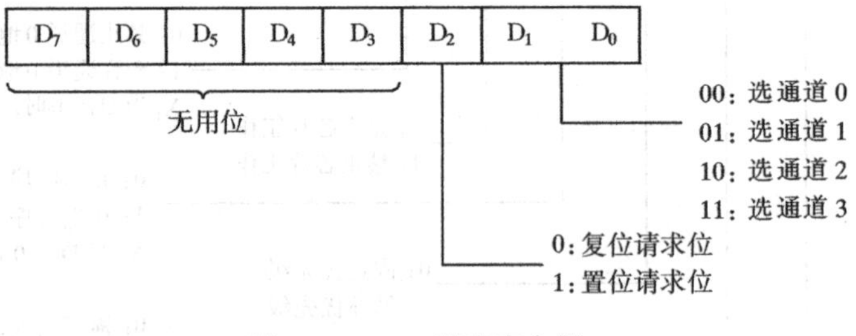

图 8-51　8237 请求寄存器

8.5.7.7　屏蔽寄存器

8237 的屏蔽字，可以利用这个屏蔽字同时对 8237 的 4 个通道的屏蔽字进行操作，故又称为主屏蔽字。该屏蔽字的格式如图8-52所示。它与单通道屏蔽字占用不同的 I/O 接口地址，以此加以区分。

8.5.7.8　状态寄存器

状态寄存器存放各通道的状态，CPU 读出其内容后，可得知 8237 的工作状况。主要

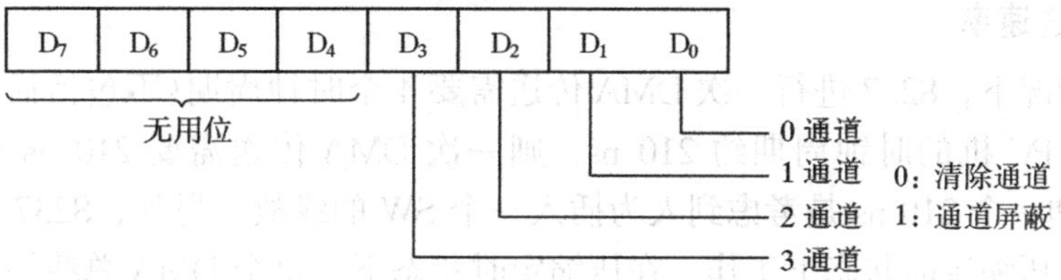

图 8-52　8237 的屏蔽寄存器

有：哪个通道计数已达到计数终点——对应位为1；哪个通道的 DMA 请求尚未处理——对应位为 1。状态寄存器的格式如图 8-53 所示。

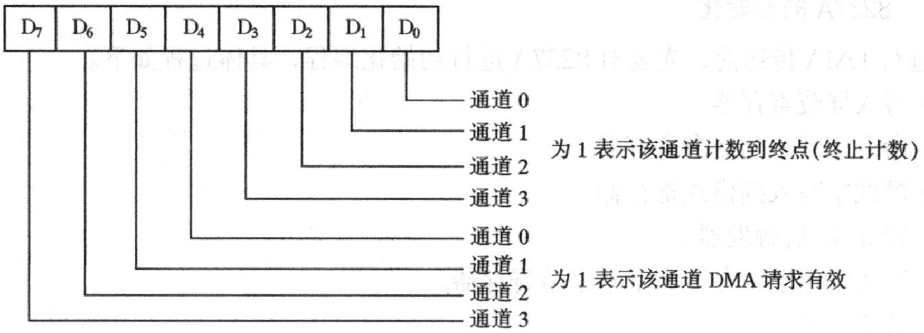

图 8-53　8237 的状态寄存器

8.5.7.9　暂存寄存器

它是公用的 8 位寄存器。在存储器到存储器的传送中暂存中间数据。

8.5.7.10　先后触发器

16 位的基本地址(或基本字节)寄存器是分两次写入的。由先后触发器控制写入顺序。先将触发器清零，就能保证先写入低 8 位，后写入高 8 位。

8.5.7.11　软件命令

(1) 清零先/后触发器命令。对 8237ADMA 的 0CH 端口地址写入 00H 字节，即可使先/后触发器处于复位状态。

(2) 复位命令。对 8237ADMA 的 0DH 端口地址写入 00H 字节，即可实现对 8237A 的总清，其功能与硬件 RESET 信号复位相同。执行复位命令后，命令寄存器、状态寄存器、请求寄存器、暂存寄存器和内部的先/后触发器都被清零，而屏蔽寄存器则被置位。

(3) 清屏蔽寄存器。对 8237ADMA 的 0EH 端口写入 00H 字节，即可将 4 个通道的屏蔽触发器全清零。

8.5.8　8237 各个通道的优先级及传输速率

8.5.8.1　优先级

8237 有两种优先级方案可供编程选择。

(1) 固定优先级。规定各通道的优先级是固定的，即通道 0 的优先级最高，依次降低，通道 3 的优先级最低。

(2) 循环优先级。规定刚被服务通道的优先级最低，依次循环。这就可以保证 4 个通道的优先级是动态变化的，若 3 个通道已经被服务则剩下的通道一定是优先级最高的。

8.5.8.2　传送速率

在一般情况下，8237 进行一次 DMA 传送需要 4 个时钟周期(不包括插入的等待周期 SW)。例如，PC 机的时钟周期约 210 ns，则一次 DMA 传送需要 210 ns×4 + 210 ns = 1050 ns。多加一个 210 ns 是考虑到人为插入一个 SW 的缘故。另外，8237 为了提高传送速率，可以在压缩定时状态下工作。在压缩定时状态下，每个 DMA 总线周期仅用 2 个时钟周期就可以实现，从而可以大幅度地提高数据的传送速率。

8.5.9　8237A 编程及应用

8.5.9.1　8237A 的初始化

在进行 DMA 传送前，先要对 8237A 进行初始化编程，具体过程如下。

(1) 写入屏蔽寄存器。

(2) 命令字写入到命令寄存器。

(3) 模式字写入到模式寄存器。

(4) 置 0 先/后触发器。

(5) 写入基地址寄存器和基本字节寄存器。

(6) 清除屏蔽。

(7) 写入请求寄存器

8.5.9.2　8237A 的端口地址

8237 各端口的寄存器通过 $\overline{CS}$ 和地址线 $A_3 \sim A_0$ 规定不同的地址，高低字节再由字节指针触发器来决定。其中有的寄存器是可读可写的，而有的寄存器是只写的。

8237 各端口寄存器的地址如表 8-6 所列。

表 8-6　　8237 各端口寄存器的寻址

通道	寄存器	操作	$\overline{CS}$	$\overline{IOR}$	$\overline{IOW}$	A_3	A_2	A_1	A_0	字节指针触发器	$D_0 \sim D_7$
	基和当前地址	写	0	1	0	0	0	0	0	0	$A_0 \sim A_7$
										1	$A_8 \sim A_{15}$
	当前地址	读	0	0	1	0	0	0	0	0	$A_0 \sim A_7$
										1	$A_8 \sim A_{15}$
	基和当前字节数	写	0	1	0	0	0	0	1	0	$W_0 \sim W_7$
										1	$W_8 \sim W_{15}$
	当前字节数	读	0	0	1	0	0	0	1	0	$W_0 \sim W_7$
										1	$W_8 \sim W_{15}$
	基和当前地址	写	0	1	0	0	0	1	0	0	$A_0 \sim A_7$
										1	$A_8 \sim A_{15}$
	当前地址	读	0	0	1	0	1	0	0	0	$A_0 \sim A_7$
										1	$A_8 \sim A_{15}$
	基和当前字节数	写	0	1	0	0	0	1	1	0	$W_0 \sim W_7$
										1	$W_8 \sim W_{15}$
	当前字节数	读	0	0	1	0	0	1	1	0	$W_0 \sim W_7$
										1	$W_8 \sim W_{15}$

续表 8-6

通道	寄存器	操作	$\overline{CS}$	$\overline{IOR}$	$\overline{IOW}$	A_3	A_2	A_1	A_0	字节指针触发器	$D_0 \sim D_7$
	基和当前地址	写	0	1	0	0	1	0	0	0	$A_0 \sim A_7$
										1	$A_8 \sim A_{15}$
	当前地址	读	0	0	1	0	0	1	0	0	$A_0 \sim A_7$
										1	$A_8 \sim A_{15}$
	基和当前字节数	写	0	1	0	0	1	0	1	0	$W_0 \sim W_7$
										1	$W_8 \sim W_{15}$
	当前字节数	读	0	0	1	0	1	0	1	0	$W_0 \sim W_7$
										1	$W_8 \sim W_{15}$

8.5.9.3　8237 的应用

(1) 用 0 通道输入 16 KB 的数据块，传送至内存 8000H 开始的区域(增量传送)，连续传送方式，传送完毕不自动预置，DREQ 为低电平有效，DACK 为高电平有效。8237A 端口地址为 00H～0FH，其初始化程序为：

```
OUT   0DH, AL        ; 软件复位命令,使 8237A 进入空闲周期
MOV   AL, 00H        ; AL ← 00H
OUT   00H, AL        ; 基地址和当前地址寄存器 ← 地址低 8 位
MOV   AL, 80H        ; AL ← 80H
OUT   00H, AL        ; 基地址和当前地址寄存器 ← 地址高 8 位
MOV   AL, 00H        ; AL ← 00H
OUT   01H, AL        ; 基字节和当前字节计数器 ← 字节数低 8 位
MOV   AL, 40H        ; AL ← 40H
OUT   01H, AL        ; 基字节和当前字节计数器 ← 字节数高 8 位
MOV   AL, 84H        ; AL ← 84H(=10000100)
OUT   0BH, AL        ; 方式寄存器 ← 84H(块传送方式、增量传送、不自动预
                     ;   置、写传送、通道 0)
MOV   AL, 00H        ; AL ← 00H
OUT   0AH, AL        ; 屏蔽寄存器 ← 00H,清除屏蔽
MOV   AL, 0C0H       ; AL ← 0C0H(=1100000)
OUT   08H, AL        ; 命令寄存器 ← 0C0H(DACK 高电平有效、DREQ 低电
                     ;   平有效、固定优先级)
HLT ;
```

(2) 8237 在 PC 系列机中的应用。下面为 PC/AT 机的软盘驱动器与存储器 RAM 之间进行数据交换的实例。

```
;初始化通道 2
;入口参数:AL=DMA 方式字节
;读盘(DMA 写)=046H
;写盘(DMA 读)=04AH
;DH=传输的扇区数
;ES:BX=RAM 缓冲区首地址
;定义要使用的符号
```

```
DMA       EQU 0             ;第 0 片 DMA 通道端口
DMA1      EQU 0C0H          ;第 1 片 DMA 通道端口
DAM08     EUQ 08            ;第 0 片 DMA 命令寄存器地址
DMA18     EUQ 0D0H          ;第 1 片 DMA 命令寄存器地址
D—SET     PROC NEAR         ;DMA 初始化过程
PUSH      CX                ;保存 CX 寄存器
CLI                         ;关中断
OUT       DMA+12 ,AL        ;清除先/后触发器
JMP       SHORT  $ +2       ;满足 DMA 的 I/O 定时要求
                            ;初始化方式寄存
OUT       DMA+11,AL         ;写方式寄存
MOV       AX,ES             ;取寄存器 RAM 段地址
MOV       CL,4              ;
ROL       AX,CL             ;循环左移 4
MOV       CH,AL             ;高 4 位保存在 CH
AND       AL,0F0H           ;取低落 6 位地址
ADD       AX,BX
JNC       J1
INC       CH                ;有进位加到高 4 位地址
                            ;初始化地址寄存器和页面寄存器
J1:       PUSH AX           ;保存 16 位地址
OUT       DMA+4,AL          ;预置通道 2 地址寄存
JMP       SHORT  $ +2
MOV       AL ,AH
OUT       DMA+4,AL          ;先低字节,后高字节
MOV       AL,CH             ;取最高 4 位地址
JMP       SHORT  $ +2
AND       AL,0FH
OUT       08LH, AL          ;预置通道 2 对应的页面寄存器
                            ;初始化字节计数器
MOV       AH,DH             ;取传输扇区
SUB       AL,AL             ;乘以 256(AL=0)
SHR       AX,1              ;右移,即变成乘以 128
PUSH      AX                ;保存“扇区与 128 的乘积”
MOV       BX,6              ;取软盘基数:每扇区字节数
CALL      GET PARM          ;调用取基数子程序
MOV       CL,AH             ;返回到 AH 基数 N,保存在 CL
POP       AX                ;取出乘积值
SHL       AX,CL             ;右移返回值次数
DEC       AX                ;传输字节值减 1
```

```
PUSH    AX              ;保存字节数
OUT     DMA+5,AL        ;预防、置字节数计数器
JMP     SHORT $ +2      ;
MOV     AL,AH
OUT     DMA+5,AL        ;先低字节,后高字节
                        ;判断 DMA 是否出界
STI                     ;开中断
POP     CX              ;传输字节数至 CX 寄存器
POP     AX              ;位移地址至 AX
ADD     AX,CX           ;相加,若溢出段界则 CF=1
POP     CX              ;恢复入口寄存器
                        ;开通道 2
MOV     AX,2            ;清除通道 2 屏蔽位
OUT     DMA+10,AL       ;写屏蔽寄存器
RET                     ;返回
D—SET   ENDP            ;DMA 结束
```

8.6 A/D，D/A 接口芯片

8.6.1 A/D 转换器

实现 A/D 转换的电路称为 A/D 转换器。A/D 转换器是模拟系统和数字系统之间的接口电路，A/D 转换器在进行转换期间，要求输入的模拟电压保持不变，但在 A/D 转换器中，因为输入的模拟信号在时间上是连续的，而输出的数字信号是离散的，所以进行转换时只能在一系列选定的瞬间对输入的模拟信号进行采样，然后再把这些采样值转化为输出的数字量，一般来说，转换过程包括取样、保持、量化和编码 4 个步骤。

A/D 转换器的种类很多，按转换二进制的位数来分类，包括：8 位的 ADC0801、0804、0808、0809；10 位的 AD7570、AD573、AD575、AD579；12 位的 AD574、AD578、AD7582；16 位的 AD7701、AD7705 等。

8.6.1.1 典型 A/D 转换器件 ADC0809

ADC0809 是一种逐次比较型 ADC。它是采用 CMOS 工艺制成的 8 位 8 通道 A/D 转换器，采用 28 只引脚的双列直插封装。

(1) 主要技术指标。

电源电压	6.5 V
分辨率	8 位
时钟频率	640 kHz
转换时间	100 μs
未经调整误差	1/2 LSB 和 1 LSB
模拟量输入电压范围	0~5 V
功耗	15 mW

(2) 内部结构。ADC0809 的内部结构如图 8-54 所示。

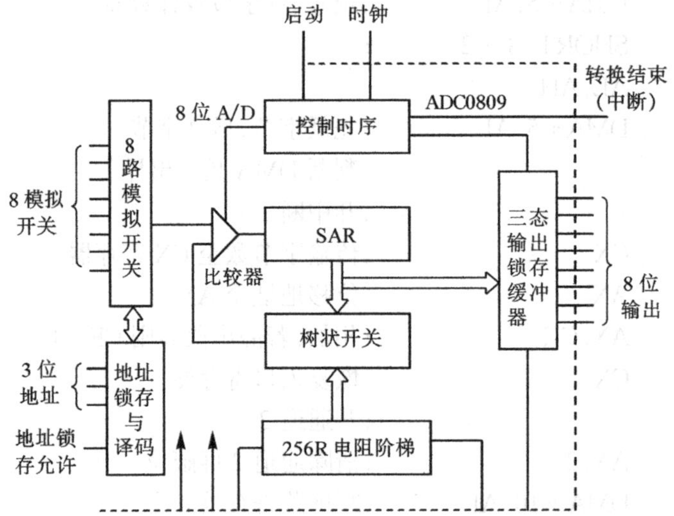

图 8-54 ADC0809 内部结构

ADC0809 有 3 个主要组成部分：256 个电阻组成的电阻阶梯及树状开关、逐次比较寄存器 SAR 和比较器。电阻阶梯和树状开关是 ADC0809 的一个特点。另一个特点是，它含有一个 8 通道单端信号模拟开关和一个地址译码器。地址译码器选择 8 个模拟信号之一送入 ADC 进行 A/D 转换，因此适用于数据采集系统。通道选择见表 8-7 所列。

表 8-7 通道选择表

地址输入			选中通道
ADDC	ADDB	ADDA	
0	0	0	IN_0
0	0	1	IN_1
0	1	0	IN_2
0	1	1	IN_3
1	0	0	IN_4
1	0	1	IN_5
1	1	0	IN_6
1	1	1	IN_7

(3) 外部引脚。0809 采用 DIP28 的封装形式，引脚图如图 8-55 所示。

ADDA、ADDB、ADDC：模拟通道选择地址信号。ADDA 为低位、ADDC 为高位，如 000 则选 0 通道，001 则选 1 通道，依此类推。

VREF(+)、VREF(-)：正、负参考电压输入端；

CLOCK：时钟输入信号，最大 640 kHz；

START：A/D 转换启动信号，最小宽度为允许地址锁存信号；

ALE：允许地址锁存信号，当此信号有效时，送入的通道选择地址便被锁存：

EOC：A/D 转换结束信号，此信号常用作中断请求信号；

OE：允许输出信号，当微机送出此信号，则 0809 三态门与微机数据总线接通，因而可以把转换的数据取走，若在中断方式下，则此信号往往是微机发出的中断响应信号。

(4) 硬件连接。由于 ADC 0809 芯片输出端具有可控的三态输出门，因此与系统总线连接非常简单，即直接和系统总线相连，由读信号控制三态门，在转换结束后，CPU 通过执行一条输入指令，而产生读信号，将数据从 A/D 转换器取出，如图 8-56 所示。

ADC0809 还可以通过并行接口与微机的数据线相连，如 8255A 接口芯片。

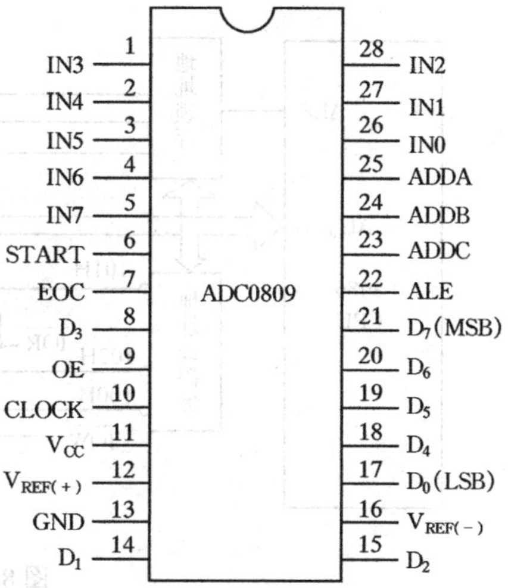

图 8-55　ADC0809 引脚

8.6.1.2　应用举例

(1) 设 DAC0809 端口地址为 PORCT，要把 3 通道的模拟量转换成数字量送到 AL 寄存器中，具体程序如下：

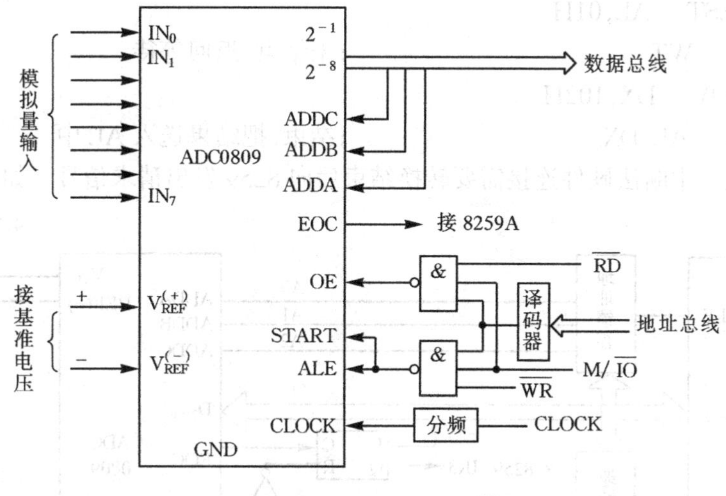

图 8-56　ADC0809 硬件连接

```
START: MOV    AL,03H
       OUT    PORCT,AL        ;送通道地址
       CALL   DELAY           ;调延时子程序
       IN     AL,PORCT        ;读取转换数字量
```

(2) ADC0809 与 8086CPU 的接口。

① 查询法。假设仅对模拟通道 IN0 进行 A/D 转换，硬件连接图如 8-57 所示。

译码器输出的地址分别为：100H、101H、102H 采用查询方式的程序如下(对 0 通道采样一个点)：

```
MOV   DX,100H
OUT   DX,AL          ;选通 IN0,启动 A/D 转换
NOP                  ;延时 2μs 加 8 个时钟周期(不定)
NOP                  ;根据 CPU 速度决定 NOP 的个数
```

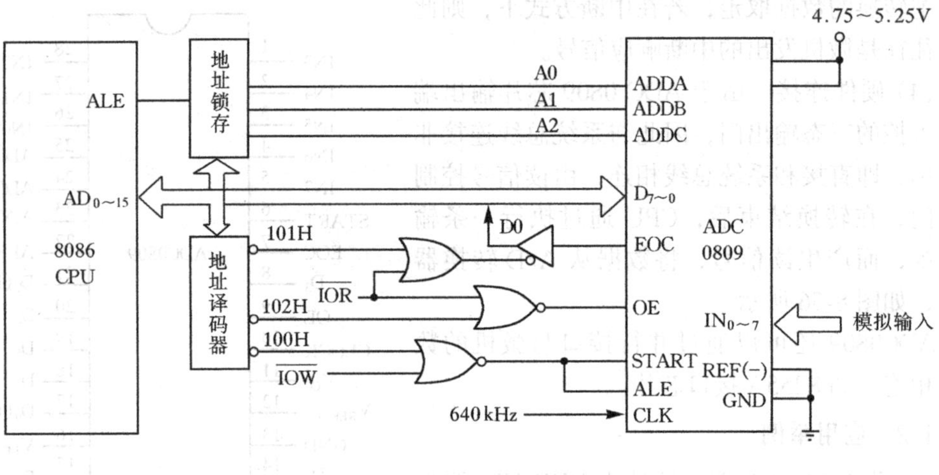

图 8-57　查询法硬件连接

```
       MOV    DX,101H
WT:IN     AL,DX                    ;输入 EOC 标志
       TEST    AL,01H
       JZ    WT                    ;未结束,返回等待
       MOV    DX,102H
       IN     AL,DX                ;结束,把结果送入 AL 中
```

② 中断法。中断法硬件连接需要转换结束后向 8259 发出请求信号，如图 8-58 所示。

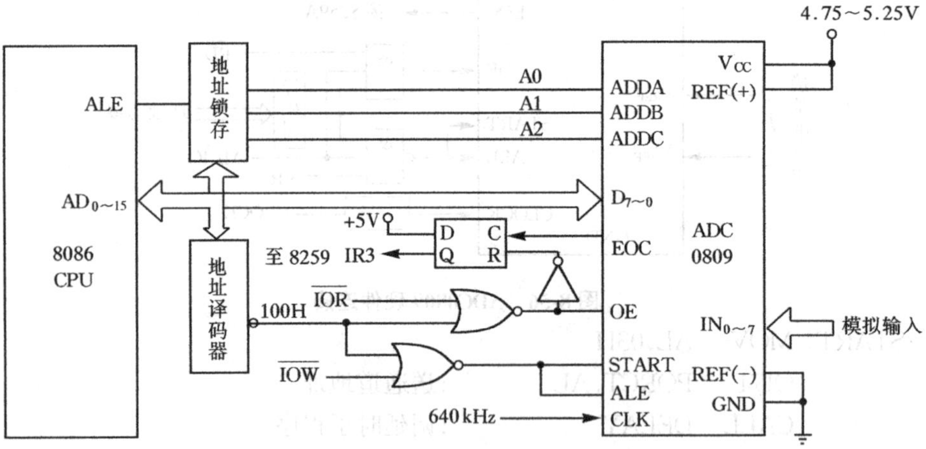

图 8-58　中断法硬件连接

(3) 有一数据采集电路如图 8-59 所示，图中 ADC 0809 通过 8255A 与 8086 CPU 连接，要求从模拟通道 IN0 开始转换，连续采样 24 个数据；然后采样下一个模拟通道 IN1，同样采样 24 个数据；……直至 IN7。采样后的数据存放在数据段中 2000H 开始的数据区中。

程序中 8255A 的端口地址为 1C0H～1C3H，ADC 0809 的 8 个模拟通道的端口地址为 1C8H～1CFH。CPU 采用程序查询方式读取转换的数据。

```
DATA1      SEGMENT
           ORG    2000H
```

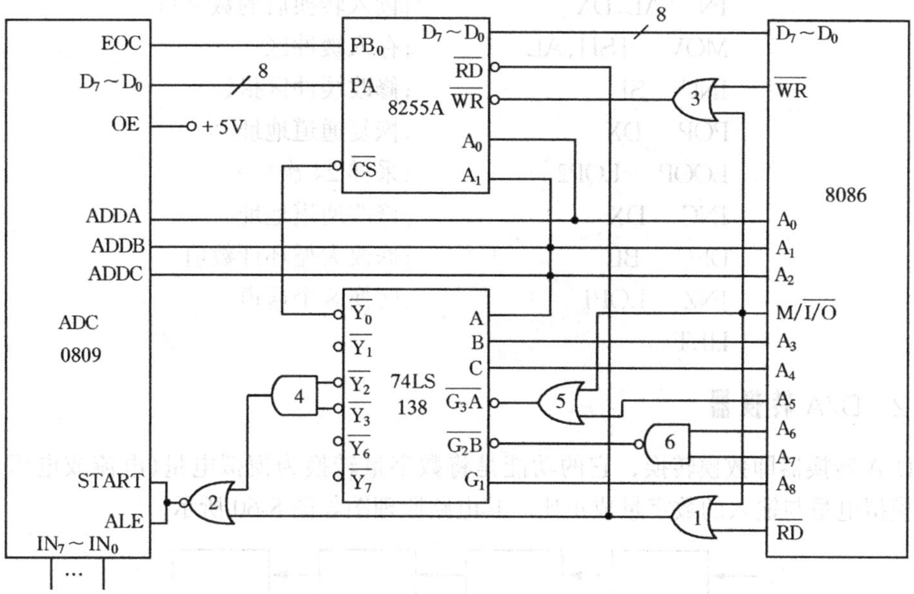

图 8-59　数据采集电路

```
AREA        DB    200 DUP(?)
DATA1       ENDS
STACK1      SEGMENT
            DB 50 DUP(?)
STACK1      ENDS
CODE1       SEGMENT
            ASSUME DS:DATA1,SS:STACK1,CS:CODE1
START:      MOV AL,92H              ;置 8255A 方式字,
                                    ;0 方式,PA、PB 口输入
            MOV    DX,1C3H
            OUT    DX,AL
            MOV    AX,DATA1         ;数据段寄存器赋值
            MOV    DS,AX
            MOV    SI,2000H         ;地址指针指向缓冲区
            MOV    BL,8             ;大循环计数——通道个数
            MOV    DX,1C8H          ;IN0 开始转换
LOP1:       MOV    CX,18H           ;每个通道采样 24 次
LOP2:       IN     AL,DX            ;启动转换
            PUSH   DX               ;启动通道地址
            MOV    DX,1C1H
LOP3:       IN     AL,DX            ;检测 EOC
            TEST   AL,01H
            JZ     LOP3
            MOV    DX,1C0H
```

```
IN    AL,DX            ;读入转换后的数字量
MOV   [SI],AL          ;存入缓冲区
INC   SI               ;修改缓冲区指针
POP   DX               ;恢复通道地址
LOOP  LOP2             ;采样 24 次
INC   DX               ;修改通道地址
DEC   BL               ;修改大循环计数值
JNZ   LOP1             ;转换 8 个通道
HLT
```

8.6.2 D/A 转换器

D/A 转换器即数模转换，它的功能是将数字量转换为模拟电量(电流或电压)，使输出的模拟电量与输入的数字量成正比。其电路原理图如图 8-60 所示。

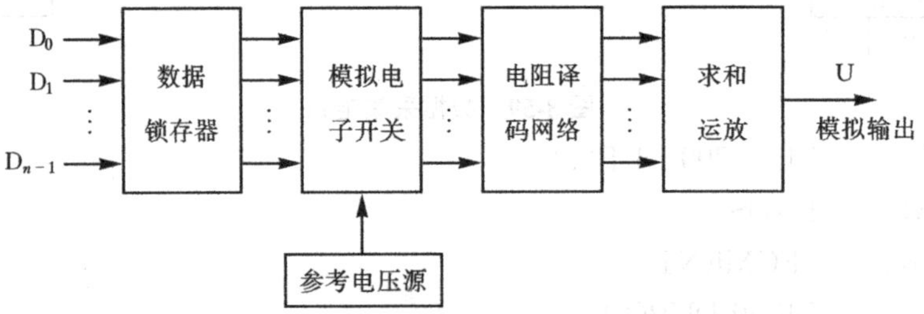

图 8-60　D/A 转换电路原理图

数模转换接口芯片有很多，这里只介绍 DAC0832。

8.6.2.1 DC0832 的内部结构

DAC0832 是用 CMOS 工艺制成的 20 只脚双列直插式单片八位 D/A 转换器。它由八位输入寄存器、八位 DAC 寄存器和八位 D/A 转换器三大部分组成。它有两个分别控制的数据寄存器，可以实现两次缓冲，所以使用时有较大的灵活性，可根据需要接成不同的工作方式。内部结构及外部引脚如图 8-61 所示。

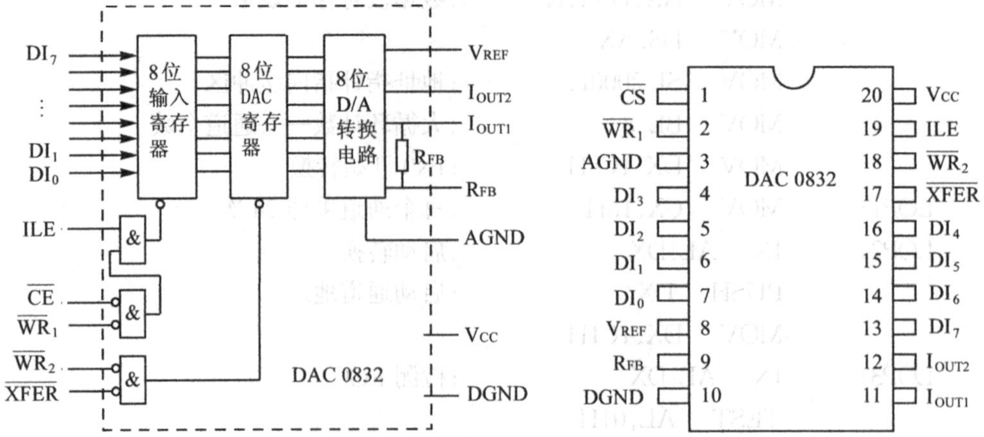

图 8-61　0832 的内部结构及引脚

当 ILE 为高电平，CS 为低电平，WR1 为负脉冲时，在 LE1 产生正脉冲；LE1 为高电平时，输入寄存器的状态随数据输入线状态变化，LE1 的负跳变将输入数据线上的信息存入输入寄存器。

当 XFER 为低电平，WR2 输入负脉冲时，则在 LE2 产生正脉冲；LE2 为高电平时，DAC 寄存器的输入与输出寄存器的状态一致，LE2 的负跳变，输入寄存器内容存入 DAC 寄存器。

8.6.2.2 外部引脚

$\overline{CS}$：片选信号，输入低电平有效。

ILE：输入锁存允许信号，输入高电平有效。

$\overline{WR_1}$：输入寄存器写信号，输入低电平有效。

$\overline{WR_2}$：DAC 寄存器写信号，输入低电平有效。

$\overline{XFER}$：数据传送控制信号，输入低电平有效。

D_{10}～D_{17}：8 位数据输入端，D_{10}为最低位，D_{17}为最高位。

I_{OUT1}：DAC 电流输出 1。此输出信号一般作为运算放大器的一个差分输入信号(通常接反相端)。

I_{OUT2}：DAC 电流输出 2，$I_{OUT1}+I_{OUT2}=$ 常数。

R_{FB}：反馈电阻。

V_{ref}：参考电压输入，可在 +10 V～−10 V 之间选择。

V_{CC}：数字部分的电源输入端，可在 +5 V～+15 V 范围内选取，+15 V 时为最佳工作状态。

AGND：模拟地。

DGND：数字地。

8.6.2.3 工作方式

根据对 DAC 0832 的输入锁存器和 DAC 寄存器的不同的控制方法，DAC 0832 有如下几种工作方式。

(1) 单缓冲方式：此方式适用于只有一路模拟量输出或几路模拟量非同步输出的情形。方法是控制输入寄存器和 DAC 寄存器同时接收数据，或者只用输入寄存器而把 DAC 寄存器接成直通方式。

(2) 双缓冲方式：DAC0832 包含输入寄存器和 DAC 寄存器两个数字寄存器，因此称为双缓冲。即数据在进入倒 T 型电阻网络之前，必须经过两个独立控制的寄存器。这对使用者是非常有利的：首先，在一个系统中，任何一个 DAC 都可以同时保留两组数据；其次，双缓冲允许在系统中使用任何数目的 DAC。

(3) 直通方式：此方式适用于连续反馈控制线路中。方法是：数据不通过缓冲存储器，即 WR1，WR2，XFER，CS 均接地，ILE 接高电平。此时必须通过 I/O 接口与 CPU 连接，以匹配 CPU 与 D/A 的转换。

(4) 信号输出。DAC0832 是电流形式输出，当需要电压形式输出时，必须外接运算放大器。根据输出电压的极性不同，DAC0832 又可分为单极性输出和双极性输出两种方式。

单极性输出：若输入数字为 0～255，则输出为 $V_{out}=-V_{REF}\times B/265$；

双极性输出：若输入数字为 0~255，则输出为 $V_{out} = -(128 - B) \times V_{REF}/256$。

8.6.2.4 应用举例

(1) 要使 DAC 0832 实现一次 D/A 转换，可采用以下程序，程序中假设要转换的数据放在 4000H 单元中：

```
MOV   BX,4000H
MOV   AL,[BX];数据送 AL 中
MOVDX,PORTA;PORTA 为 D/A 转换器端口号
OUTDX,AT
```

在实际应用中，经常需要用到一个线性增长的电压去控制某一个检测过程或者作为扫描电压去控制一个电子束的移动。为了说明 D/A 转换器的应用，我们来看一下怎样利用 D/A 转换器产生一个锯齿电压。

(2) 用 0832 作波形发生器的硬件连接图。通过 8255 扩展对 0832 的系统连接，如图 8-62所示。

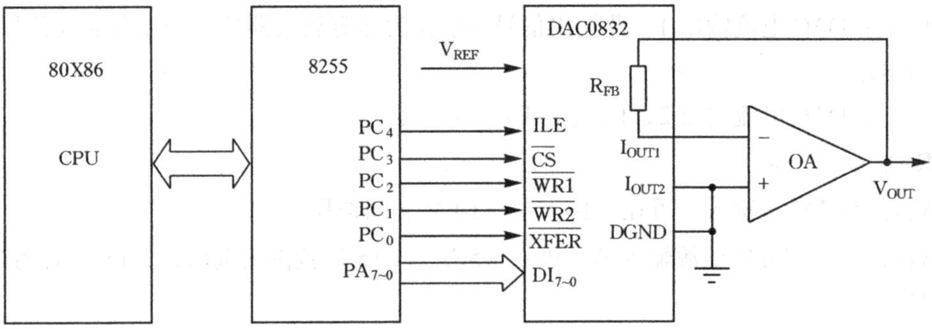

图 8-62 波形发生器硬件连接图

① 8255 初始化。

设 8255A 的端口地址分别为 3F0H，3F1H，3F2H，3F3H：

```
MOV   DX,3F3H        ;8255A 控制口地址
MOV   AL,80H         ;设置 8255 方式字,PA、PB、
OUT   DX,AL          ;PC 均为方式 0 输出
MOV   DX,3F2H        ;8255A 的 C 口地址
MOV   AL,10H         ;置 DAC0832 为直通工作方式
OUT   DX,AL
```

② 锯齿波生成。

```
ROTATE:MOV   DX,PORTA     ;PORTA 为 D/A 转换器端口号
       MOV   AL,0FFH      ;初值为 0FFH
       INC   AL
       OUT DX,AL          ;往 D/A 转换器输出数据
       JMP   ROTATE
```

实际上，上面程序在执行时得到的输出电压会有 256 个小台阶，不过，宏观看，仍为连续上升的锯齿波。对于锯齿波的周期，可以利用延迟进行调整。延迟的时间如果比较短，那么，就可以用几条 NOP 指令来实现，如果比较长，则可用延迟子程序。

例如，下面的程序段就是利用延迟子程序来控制锯齿波周期的。

```
ROTATE:MOV    DX,PORTA               ;PORTA 为 D/A 转换器端口号
       MOV    AL,0FFH                ;初值为 0FFH
ROTATE: INC   AL
       OUT    DX, AL                 ;往 D/A 转换器输出数据
       CALL   DELAY                  ;调用延迟子程序
       JMPDX,ROTATEP
       MOV                    DX,DATA ;往 CX 中送延迟常数
DELAY: LOOP DELAY
       RET
```

习　题　8

1. 试分析 8255A 方式 0、方式 1 和方式 2 的主要区别，并分别说明它们适合于什么应用场合。

2. 当 8255A 的 A 口工作在方式 2 时，其端口 B 适合于什么样的功能？写出此时各种不同组合情况的控制字。

3. 若 8255A 的端口 A 定义为方式 0，输入；端口 B 定义为方式 1，输出；端口 C 的上半部定义为方式 0，输出。试编写初始化程序。(口地址为 80H～83H)。

4. 8251 内部有哪些寄存器？分别举例说明它们的作用和使用方法。

5. 设异步传输时，每个字符对应 1 个起始位、7 个信息位、1 个奇/偶校验位和 1 个停止位，如果波特率为 9600 B/s，则每秒钟能传输的最大字符数是多少？

6. 已知 8251 发送的数据格式为：数据位 7 位、偶校验、1 个停止位、波特率因子 64。设 8251 控制寄存器的地址码是 3FBH，发送/接收寄存器的地址码是 3F8H。试编写用查询法和中断法收发数据的通信程序。

7. 已知加在 8253 上的外部计数时钟频率为 1 MHZ，若在不增加硬件芯片的情况下，欲使 8253 产生周期为 1S 的对称方波，试说明如何去做？

8. 设 8253 计数器通道 0 工作于方式 0，用 BCD 计数，其计数值为 500，设 8253 占用端口地址 0370H～0373H。编写初始化程序。

9. 某系统 8253 通道 2 工作在方式 3，已知计数脉冲 CLK2 的频率为 1 kHz，要求 OUT2 输出频率为 100 Hz，按 BCD 码计数，系统分配给 8253 端口地址为 0A0H、0A2H、0A4H、0A6H。

(1) 设定计数初值及控制字。

(2) 编写初始化程序。

10. 试编写一程序，使 IBM PC 机系统板上的发声电路发出 200～900 Hz 频率连续变化的报警声。

11. 8237 在单字节 DMA 传输和块方式 DMA 传输时，有什么区别？

12. Intel 8237 占几个端口地址？这些端口在读/写时操作过程中的作用是什么？

第 9 章　微型计算机常用外部设备

外部设备(Peripheral Device)也称外围设备(External Device)，其结构图如图 9-1 所示。在计算机硬件系统中，外部设备是相对于计算机主机(CPU 和存储器)而言的，凡是在计算机主机处理数据前后，把数据输入主机、对数据进行加工处理及最终输出处理结果的设备都称为外部设备。因此，除了主机以外的设备原则上都叫外部设备。外部设备一般由媒体、设备和设备控制器组成，如图 9-2 所示。

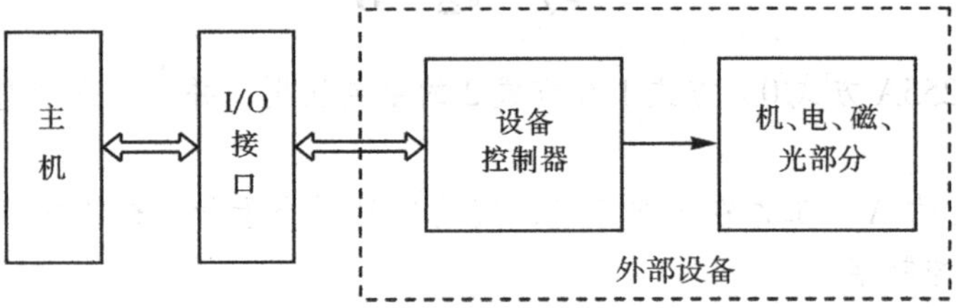

图 9-1　外部设备结构框图

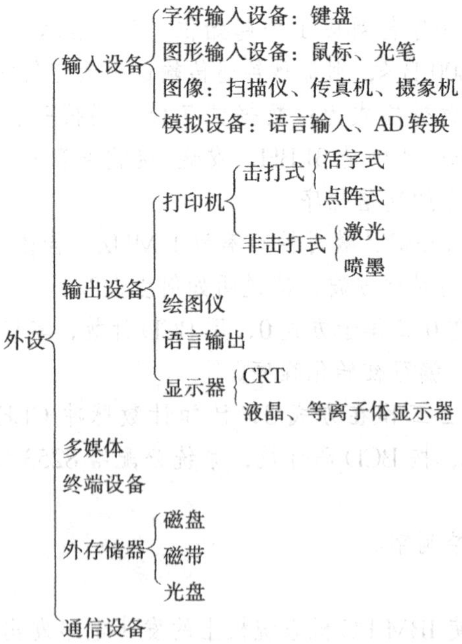

图 9-2　外部设备组成图

9.1　输入设备

输入设备是外界向计算机传送信息的装置。在计算机系统中，最常用的输入设备是键盘和鼠标，还有光笔、数字化仪、数码照相机和图像扫描仪等。

9.1.1 键　盘

键盘是最常用也是最主要的输入设备，通过键盘，可以将英文字母、数字和标点符号等输入到计算机中，从而向计算机发出命令、输入数据等。它是由排列成矩阵形式的按键组成的。PC 系列的键盘有 83 键、84 键的标准键盘和 101 键、102 键的扩展键盘两种。其中 XT 和 AT 机使用的是标准键盘，286 机、386 机、486 机使用的是扩展键盘。586 机使用的是 104 键的键盘。

计算机键盘主要是由 8048 单片机、译码器和 16 行×8 列键开关阵列 3 部分组成。8048 是有 40 个引脚 8 位 CPU，内部有 1024×8 位的 ROM、64×8 位的 RAM、8 位定时器和计数器等。8048 单片机承担了键盘扫描、消抖动并生成键扫描码、对扫描码进行并串转换，并将串行的键扫描码和时钟送到主机。

图 9-3　键盘外观图

键盘的基本结构：计算机键盘可以分为外壳、按键和电路板 3 部分。

9.1.1.1 外　壳

键盘外壳主要用来支撑电路板和给操作者一个方便的工作环境。多数键盘外壳上有可以调节键盘与操作者角度的装置，通过这个装置，用户可以使键盘的角度改变。键盘外壳与工作台的接触面上装有防滑减震的橡胶垫。许多键盘外壳上还有一些指示灯，用来指示某些按键的功能状态。

9.1.1.2 按　键

印有符号标记的按键安装在电路板上。有的直接焊接在电路板上，有的用特制的装置固定在电路板上，有的则用螺丝固定在电路板上。

(1) 触点式按键。在机械式键盘上，按键全部为触点式，其结构为：按键的下部有两个触点，和电路板上的电路焊接在一起，平时两个触点没有接触，相当于断路，当该键被按下后两触点导通。由触点式按键构成的机械式键盘具有如下特点：击键响声大，手感较差，击键时用力较大，容易使手指疲劳，键盘磨损较快，故障率较高，但维修比较方便容易。早期的键盘几乎全部是机械式键盘。

(2) 电容式按键。目前使用的计算机键盘，其按键多采用电容式(无触点)开关。这种按键是利用电容器的电极间距离变化产生容量变化的一种按键开关。由电容式无触点按键构成的电容式键盘具有如下特点：击键声音小，手感较好，寿命较长，但维修起来稍感困难。目前使用的计算机键盘多为电容式无触点键盘。

9.1.1.3 电 路

电路板是整个计算机键盘的核心，主要由逻辑电路和控制电路组成。逻辑电路排列成矩阵形状，每一个按键都安装在矩阵的一个交叉点上。电路板上的控制电路由按键识别扫描电路、编码电路和接口电路组成。

9.1.1.4 键盘接口

键盘接口类型是指键盘与电脑主机之间相连接的接口方式或类型。目前市面上常见的键盘接口有两种：PS/2 接口以及 USB 接口。还有一种是已不常见的老式 AT 接口，俗称“大口”，目前已经基本淘汰。

(1) PS/2 接口。最早出现在 IBM 的 PS/2 的计算机上，因而得此名称，俗称“小口”，其外观如图 9-4 所示。这是一种鼠标和键盘的专用接口，是一种 6 针的圆型接口，但键盘只使用其中的 4 针传输数据和供电，其余 2 个为空脚。PS/2 接口的传输速率比 COM 接口稍快一些，而且是 ATX 主板的标准接口，是目前应用最为广泛的键盘接口之一。

图 9-4 PS/2 接口

键盘和鼠标都可以使用 PS/2 接口，但是按照 PC’99 颜色规范，鼠标通常占用浅绿色接口，键盘占用紫色接口。虽然从上面的针脚定义看来二者的工作原理相同，但这两个接口还是不能混插，这是由它们在电脑内部不同的信号定义所决定的。

(2) USB 接口。USB 是英文 Universal Serial Bus 的缩写，中文含义为“通用串行总线”，它是目前广泛应用的新型接口技术。USB 使用一个 4 针插头作为标准插头，通过这个标准插头，采用菊花链形式可以把所有的外设连接起来，并且不会损失带宽。USB 需要主机硬件、操作系统和外设三方面支持才能工作，如图 9-5 所示。目前主板一般都采用支持 USB 功能的控制芯片组，而且安装了 USB 接口插槽。Windows 98 及以上版本都支持 USB 接口。目前 USB 有两个规范，即 USB 1.1 和 USB 2.0。

图 9-5 USB 接口

USB 接口的性能特点如下。

① 热插拔，使用方便。USB 接口真正实现了热插拔，在安装硬件时再也不需要像串口或并口那样经过关机—连接—开机—装驱动程序—重启这样的烦琐过程，真正实现在开机状态下的 PnP(即插即用)。而且 USB 接口都有自己的单独保留中断号(由 USB 驱动程序自动分配，并在 USB 设备拔出后自动收回)，不会和其他设备竞争有限的资源，可免去许多配置的麻烦。

② 带宽大，速度快。USB 1.1 协议允许 1.5 Mbps 和 12 Mbps 两种数据传送速度规格，这大概是标准串口的 100 倍(115 kbps)以及标准并口的 10 倍，而新的 USB2.0 协议已经可以提供速率为 480 Mbps 的高速传输。

③ 可连接设备多。USB 接口理论上可以通过 USB Hub 采用菊花链的形式扩展连接 127 个设备，节点间的有效距离为 5 m，通过 USB Hub 可以将有效距离延长至 30 m。但注意采用 USB Hub 扩展接口时最多只允许 5 个 Hub 的级联而且有 30 米的有效距离限制。

④ 简单的网络互连功能。可以利用 USB 接口来实现双机互连以交换简单的数据资料，

组建最简单的对等网。

(3) 键盘接口功能。接收键盘输出的键扫描码；输出缓冲器满时，产生键盘中断。

当系统扫描码送入输出缓冲出区后，输出缓冲器满置位，产生键盘中断请求信号(IROI)。当IROI被CPU响应后，则系统调用BIOS中的9号(INT 9)中断服务程序进行键盘代码处理转换，最后存入RAM中的键盘缓冲区。

键盘中断服务程序先从输出缓冲器中读取键盘扫描码，然后对按键进行判别。为了确保CPU读取扫描码，在读数期间，键盘控制器强制时钟线为低电平。禁止键盘输出下一个键盘扫描码，当输入缓冲器为空时，时钟线变高电平，又重新允许键盘输出扫描码。

9.1.1.5 键盘与CPU的通信方式

计算机系统通过两个中断与键盘发生联系。一个是硬件中断09H；另一个是软中断16H。

(1) 硬件中断09H。该中断是由按键动作引发的硬件中断，对键盘上所有的键给予定义。它对键盘上8个特殊键：Ctrl，Alt，Shift-L，Shift-R，Num Lock，Scroll Lock，Caps Lock，Ins只建立标志状态，以控制后续键代码的生成。对其他键均可以完成把键的扫描码转换为两字节的ASCII码或扩展码，送到内存BIOS数据区中的键盘缓冲区。9号中断完成两种转换：把键的扫描码转换为ASCII码，则低字节为ASCII码，其高字节是系统的扫描码；把键的扫描码转换为扩展码，其低字节为0，高字节对应值为0～255(通常功能键和某些组合键对应的是扩展码)。

(2) BIOS INT 16H。该软中断是用于检查是否有键输入，并完成从键盘缓冲区取出键值的操作。16H软中断共有3个子功能分别为：从键盘读一个字符；检测输入字符是否准备好；取当前特殊符的状态。

9.1.1.6 键盘缓冲区的作用

(1) 可实现键盘实时输入要求。用户按键完全是随机实时的，与主机运行是异步的。开辟键盘缓冲区实现随机实时地键入要求。

(2) 满足随机应用的需要。应用程序需要的键值时间不一定与按键同步。键盘缓冲区可事先存放应用程序所需的全部键符。此外，键缓冲区满足快速操作员的键入的要求。

键盘缓冲区是由16个字组成的先进先出循环队列。键盘缓冲区的循环队列形式是由软件实现的。进队列由中断9H处理程序；出队列由INT 16H程序完成。为此，循环队列需要设置头、尾两个指针。头指针Head总是指向缓冲区最早压入的键符位置；尾指针Tail总是指向最后压入的键符的下一个位置。

队列操作如下。

(1) 进队列：键符进入尾指针Tail所指向的单元。同时调整尾指针，指向下一单元。当尾指针Tail指向队列末端时，则返回到队列始端。

(2) 出队列：键符从头指针Head指向的单元中取出，同时调整头指针指向下一单元。当头指针指向队列末端时，则头指针返回队列始端。

(3) 队列空：当头指针和尾指针相等时，表明队列已空，无键符可取。

(4) 队列满：当尾指针修正为新的尾指针之后，它与头指针相等，表明队列已满，键符不能再存进键盘缓冲区。键盘缓冲区共占32字节，当尾指针+2等于头指针时，为队列满，故键盘缓冲区最多可存15个键符。

把 PC 系列键盘视为二维矩阵的行列结构，键盘的识别采用的是行列扫视法。键盘扫视程序周期性地对行、列结构的按键进行扫视。根据回收的信息，确定当前的行、列位置码。

9.1.2 鼠　标

“鼠标”的标准称呼应该是“鼠标器”，英文名为“Mouse”，是控制显示器光标移动的输入设备，是一种手持式的坐标定位部件。它拖着一根长线与接口相连，样子酷似老鼠，故由此得名。由于鼠标器能在屏幕上快速精确地定位，广泛用于屏幕编辑、选择菜单和屏幕作图，现已成为计算机系统中必备的输入设备和电脑用户人见人爱的“宠物”。

9.1.2.1 鼠标器的分类

鼠标器按其内部结构的不同可分为机械式、光机式和光电式三大类。尽管结构不同，但从控制光标原理上讲，三者基本相同，都是把鼠标器的移动距离和方向变为脉冲信号送给计算机，计算机再把脉冲信号转换成显示器光标的坐标位置，从而达到指示位置的目的。

鼠标器的发明人是美国计算机科学家道格拉斯·恩格尔巴特(Douglas Engelbart)，他因发明鼠标器和在超文本领域的突出贡献而荣获 1997 年度的图灵奖，1992 年被 IEEE 授予计算机先驱奖，1994 年当选为美国艺术和科学院院士。1964 年，39 岁的道格拉斯·恩格尔巴特发明了世界上第一只用木头精心雕刻而成的鼠标器，以此代替了传统的键盘，为人机交互技术奠定了基础，因此被 IEEE 列为计算机诞生 50 年来最重大的事件之一。

(1) 机械式鼠标器。机械式鼠标器的结构最为简单，由鼠标底部的胶质小球带动 X 方向滚轴和 Y 方向滚轴，在滚轴的末端有译码轮，译码轮附有金属导电片与电刷直接接触。鼠标的移动带动小球的滚动，再通过摩擦作用使两个滚轴带动译码轮旋转，接触译码轮的电刷随即产生与二维空间位移相关的脉冲信号。由于电刷直接接触译码轮和鼠标小球与桌面直接摩擦，所以精度有限，电刷和译码轮的磨损也较为严重，直接影响机械鼠标的寿命。因此，机械式鼠标很快被与之同样价廉的光机式鼠标代替，如图 9-6 所示。

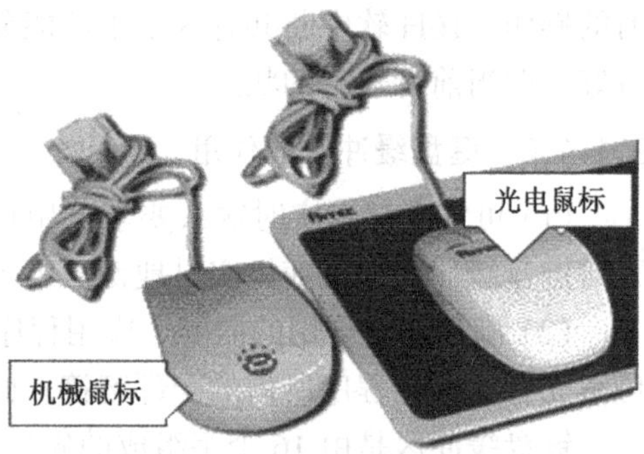

图 9-6　鼠标器

(2) 光机式鼠标器。顾名思义，光机式鼠标器是一种光电和机械相结合的鼠标，这种鼠标在目前市场上最常见。它在机械鼠标的基础上，将磨损最严重的接触式电刷和译码轮改为非接触式的 LED 对射光路元件。当小球滚动时，X，Y 方向的滚轴带动码盘旋转。安装在码盘两侧有两组发光二极管和光敏三极管，LED 发出的光束有时照射到光敏三极管上，有时则被阻断，从而产生两级组相位相差 90°的脉冲序列。脉冲的个数代表鼠标的位移量，而相位表示鼠标运动的方向。由于采用了非接触部件，降低了磨损率，从而大大提高了鼠标的寿命并使鼠标的精度有所增加。光机鼠标的外形与机械鼠标没有区别，不打开鼠标的外壳很难分辨。

(3) 光电式鼠标器。光电式鼠标器的工作原理是，利用一块特制的光栅板作为位移检测元件，光栅板上方格之间的距离为 0.5 mm。鼠标内部有一个发光元件和两个聚集透镜，发射光经过聚集透镜后从底部的小孔向下射出，照在鼠标器下面的光栅板上，再反射回鼠标器内。在光栅板上移动鼠标器时，由于光栅板上有明暗相间的条纹，使反射光有强弱变化，鼠标器内部将强弱变化的反射光变成电脉冲，对电脉冲进行计数即可测量出鼠标器移动的距离。

光电式鼠标器的分辨率较高，且由于接触部件较少，鼠标的可靠性大大提高，但光电式鼠标器的价格较前两种鼠标贵，且必须配备专用的光学鼠标板，使其移动范围受到限制。

(4) 光学鼠标器。光学鼠标器是微软公司设计的一款高级鼠标。它采用 NTELLIEYE 技术，在鼠标底部的小洞里有一个小型感光头，面对感光头的是一个发射红外线的发光管，这个发光管每秒钟向外发射 1500 次，然后感光头就将这 1500 次的反射回馈给鼠标的定位系统，以此来实现准确的定位。所以，这种鼠标可在任何地方无限制地移动。

按键数来分类，鼠标又可分成双键、三键和新型的多键鼠标。三键鼠标使用中键在某些特殊程序中往往能起到事倍功半的作用，例如在 AutoCAD 软件中就可利用中键快速启动常用命令，成倍提高工作效率。多键鼠标是新一代的多功能鼠标，如有的鼠标上带有滚轮，大大方便了上下翻页，有的新型鼠标上除了有滚轮，还增加了拇指键等快速按键，进一步简化了操作程序。

9.1.2.2　鼠标的工作原理

机械鼠标主要由滚球、辊柱和光栅信号传感器组成。当拖动鼠标时，带动滚球转动，滚球又带动辊柱转动，装在辊柱端部的光栅信号传感器产生的光电脉冲信号反映出鼠标器在垂直和水平方向的位移变化，再通过电脑程序的处理和转换来控制屏幕上光标箭头的移动。光电鼠标器是通过检测鼠标器的位移，将位移信号转换为电脉冲信号，再通过程序的处理和转换来控制屏幕上的鼠标箭头的移动。光电鼠标用光电传感器代替了滚球。这类传感器需要特制的、带有条纹或点状图案的垫板配合使用。

(1) 移动滑鼠带动滚球。

(2) X 方向和 Y 方转杆传递滑鼠移动。

(3) 光学刻度盘。

(4) 电晶体发射红外线可穿过刻度盘的小孔。

(5) 光学感测器接收红外线并转换为平面移动速度。

9.1.2.3　鼠标的接口

鼠标按接口类型可分为串行鼠标、PS/2 鼠标、总线鼠标 3 种。串行鼠标是通过串行口与计算机相连，有 9 针、25 针接口及 USB 接口；PS/2 鼠标通过一个 6 针微型 DIN 接口与计算机相连，它与键盘的接口非常相似；总线鼠标的接口在总线接口卡上。

9.2　输出设备

输出设备的作用是将计算机中的数据传送到外部媒介，并转化成某种为人们所识别的形式。在微型计算机中，最常用的输出设备有显示器和打印机，还有绘图仪等。

9.2.1　显示器

显示器又被称为监视器(Monitor)，作为计算机的“脸面”呈现在人们的面前，是计算机最主要的输出设备之一，是人与计算机交流的主要桥梁。按显示设备所用的显示器件分类，有阴极射线管显示器(Cathode Raytube，CRT)，液晶显示器(Liquid Crystal Display，LCD)，等离子显示器等。

9.2.1.1　CRT

CRT 显示器的显示系统与电视机相同，内部结构如图 9-7 所示。它的显像管实际就是电子枪。一般有 3 个电子枪。显示器的显示屏幕上涂有一层荧光粉。电子枪发射出的电子束击打在屏幕上，使被击打位置的荧光粉发光，产生一个个光点(像素)，从而形成图像。每一个发光点又由“红、绿、蓝”三个小的发光点组成(三个电子枪)。由于电子束是分为三条的，分别射向屏幕上的这三种不同颜色的发光小点，从而在屏幕上出现绚丽多彩的画面。

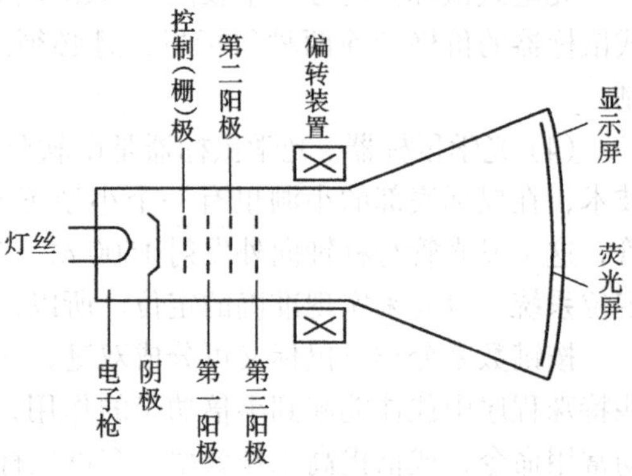

图 9-7　内部结构图

9.2.1.2　LCD

液晶显示器的显像原理，是将液晶分子置于两片导电玻璃薄片之间(电极面向内)，靠两个电极间电场的驱动，引起夹于其间的液晶分子扭曲向列的电场效应，以控制光源透射或遮蔽功能，在电源关开之间产生的明暗而将影像显示出来，若加上彩色滤光片，则可以显示彩色影像。

9.2.1.3　等离子显示器

等离子显示器是一种利用气体放电的显示装置，它采用等离子管作为发光元件，大量的等离子管排列在一起构成屏幕。在等离子管电极间加上电压后，封在两层玻璃之间的等离子管小室内的氖氙气体就会产生紫外光，从而激活平板上的红绿蓝三原色荧光粉发生可见光。每个离子管作为一个像素，由这些像素的明暗变化和颜色变化组合，产生各种灰度和色彩的图像，与其他的显像管的发光原理类似。

9.2.1.4　显示主要性能指标

(1) 分辨率及灰度级。分辨率(Resolution)指的是显示设备所能表示的像素个数。像素越密，分辨率越高，图像越清晰。分辨率取决于荧光粉的粒度、屏的尺寸和电子束的聚焦能力。例如，12 英寸彩色 CRT 的分辨率为 640×480 个像素，因为对角线为 12 英寸(30.48 cm)，长和宽分别为 24.384 cm 和 18.288 cm，有效显示区域要小于这个数据。每个像素的间距为 0.31 mm，水平方向的 640 个像素所占显示长度为 640×0.31 mm＝198.4 mm。垂直方向为 480 个像素，是按照 4:3 的长宽比例分配的(640×0.75＝480)。

灰度级(Gray Level)指的是所显示像素点的暗亮差别，在彩色显示器中则表现为颜色的不同。灰度级越多，图像层次越清晰逼真。灰度级取决于每个像素对应刷新存储器单元的位数和 CRT 本身的性能。如果用 4 位表示一个像素，则只有 16 级灰度或颜色，如果用 8 位表示一个像素，则有 256 级灰度或颜色。字符显示器只用“0”，“1”两级灰度就可以表示字符的有无，这种只有两级灰度的显示器称为单色显示器或黑白显示器。具有多种颜色的显示器称为彩色显示器，具有多种灰度级的黑白显示器称为多灰度级黑白显示器。

(2) 刷新和帧存储器。CRT 器件的发光是由电子束射在荧光粉上引起的。电子束扫过之后，其发光亮度只能维持短暂一瞬(大约几十毫秒)便消失。为了使人眼能看到稳定的图像，就必须在图像消失之前使电子束不断地重复扫描整个屏幕。这个过程叫做刷新(Refresh)。每秒刷新的次数称刷新频率或扫描频率。按照人的视觉生理规律刷新频率应大于 30 次/秒，人眼才不会感到闪烁。显示设备中通常选用电视中的标准，每秒刷新 50 帧(Frame)图像。

9.2.1.5 IBM-PC 机的视频显示原理

显示器通过显示适配器与 PC 机相连。显示器可以简单地分为单色显示器和彩色显示器。随着显示技术的发展，显示器的种类也更加丰富，常见的显示器有阴极射线管(CRT)、存储管式显示器、光栅扫描显示、液晶显示器、等离子显示器和场效发光显示器等。目前，微机系统广泛使用的是光栅扫描显示器，它的显示原理与电视机相似，是以光栅扫描的方式控制像素点阵的亮度来显现字符和图形的，它也分为单色和彩色显示器。

显示适配器也称为显示卡，是计算机和显示器的接口。早期的 PC 机通常使用两种显示适配器：一种是单色显示适配器(Monochrome Display Adaptor ，MDA)；一种是彩色图形适配器(Color Graphics Adaptor，CGA)。MDA 连接单色显示器，它只能显示 ASCII 码字符，字符由标准字母，数字和各种符号组成，还有一些简单的图形，如菱形、矩形及笑脸符等。CGA 可用在彩色显示器上，能以红、绿、蓝彩色显示以点绘制的图形以及 ASCII 码字符。1984 年 IBM 公司基于 PC 和 PS/2 系列计算机开发了增强型图形适配器(Enhanced Graphics Adaptor ，EGA)图形标准，1987 年又开发了视频图形阵列适配器(Video Graphics Array，VGA)，这两种显示适配器的分辨率和彩色功能比 MDA 和 CGA 有很大提高，可以设置为多种字符方式和图形方式，可以驱动单色显示器和彩色显示器。EDA、VGA 在字符显示方式下是与 MDA 和 CGA 兼容的。

显示器的屏幕通常划分为行和列的一个二维系统，适配器就在行列组成的网格位置上显示字符。例如，屏幕以 25 行 80 列的格式来显示字符，一副屏幕上就有 2000 个字符(25 × 80)，0 行 0 列相对于屏幕左上角的位置，24 行 79 列相对于右下角的位置。

对应屏幕上的每个字符位置，主存空间都有相应的存储单元与之对应，因此可以说显示屏幕是“存储器映像”的。这种存储器的映像，使显示器电路很容易知道哪个单元的内容对应屏幕上的哪个位置，也能使程序员从行列值算出主存地址空间中的显示存储区的地址。

对应显示屏幕上的每个字符，在存储器中由连续的两个字节表示，一个字节保存 ASCII 码，另一个字节保存字符的属性。在屏幕上处理字母、数字以及一些字符图形称为文本方式。在文本方式下，属性字节对单色显示和彩色显示都是有效的。

(1) 单色字符显示。对单色显示，字符的属性定义了字符的显示特性，如字符是否闪烁，是否加强亮度，是否反相显示。

属性可以有不同的组合，例如可以在屏幕上显示白底黑字(反相显示)代替通常的黑底白字。正常的属性是 07(二进制 00000111)，即背景为黑色(000)，前景为白色(111)，而闪烁位为正常(0)，加强亮度位也是正常(0)。为改变成反相显示，必须使背景为白色(111)，前景为黑色(000)，所以属性字节的值应为 70，即二进制 01110000。如果想要黑底白字及闪烁显示，属性值应为 87(10000111)。背景为 000，前景为 001，这种组合可产生下划线。

(2) 彩色字符显示。在显示彩色文本时，属性字节能够选择前景(显示的字符)和背景的颜色。每个字符可以选择 16 种颜色中的一种，背景有 8 种颜色可以选择。前景的 16 种颜色由位 0～3 组合，RGB 分别表示红、绿、蓝，BL 表示闪烁，1 为亮度，闪烁和亮度只应用于前景。

(3) 显示存储器。对于所有的显示适配器，文本方式下显示字符的原理都是一样的，所不同的是各种适配器的视频显示存储器(又称为显存)的起始地址不同：对 MDA，显存的起始地址为 B000∶0000；对 CGA、EGA、VGA 是 B800∶0000。每个字符的 ASCII 码和属性码字节存放于连续的两个字节中。

在 25× 80 的文本显示方式下，屏幕可有 2000 个字符位置，因每个字符需要用两个字节来表示，所以显存容量需要 4KB(只使用 4000B)。如果显存有 16KB，则可保存 4 屏幕的字符数据，通常称为 4 页数据。对 CGA，EGA 和 VGA 的 80 列显示方式，0 页在显存中的起始地址是 B800∶0000；1 页是 B800∶1000；2 页是 B8000∶2000；3 页是 B800∶3000。

9.2.1.6 BIOS 显示中断调用及编程

(1) 设置显示方式(功能号 0)。

入口参数：(AH=0) (AL) = 方式(0～7)

AL=0　40×25 黑白文本方式
　　1　40×25 彩色文本方式
　　2　80×25 黑白文本方式
　　3　80×25 彩色文本方式
　　4　320×200 黑白图形方式
　　5　320×200 彩色图形方式
　　6　640×200 黑白图形方式
　　7　80×25 黑白文本方式(单色显示器)

出口参数：无。

例 9-1　设置显示方式为方式 2，80×25 黑白文本方式

```
MOV   AH, 0        ;请求设置显示方式
MOV   AL, 2        ;80×25 黑白文本方式
INT   10H          ;调用 BIOS 的 10H 号中断处理程序
```

(2) 设置光标大小(功能号 1)。光标在屏幕上指示字符的显示位置，它不是 ASCII 字符表中的字符。计算机有专门的硬件来控制光标，我们熟悉的光标符一般是一个下划线或方块符。

利用 INT 10H 的功能 1 使光标显现或关闭。这个功能也控制光标行的开始和结束，也就是控制光标的大小。表示光标行开始和结束的数据分别放在 CH 和 CL 的低 4 位(0～3)，当 CH 的第 4 位为 1 时，光标不显现出来(关闭)；当第 4 位为 0 时，光标在屏幕上显现出来。单色显示器的光标大小的范围从 0 到 13。

(3) 设置光标位置(功能号 2)。INT 10H 的功能 2 设置光标位置。光标位置的行号设在 DH 寄存器中，列号设在 DL 中。在 24×80 的显示方式中，坐标设在(0，0)是屏幕的左上角，(24，79)是屏幕的右下角。BH 中必须包含被输出的页号，对单色显示器来说，页号总是 0。

例 9-2　设置光标开始行为 5，结束行为 7，并把它设置到第 5 行第 6 列。

```
MOV   CH,5        ;BEGINNING OF CURSOR AND TURN ON
MOV   CL,7        ;END OF CURSOR
MOV   AH,1        ;DEFINE CURSOR
INT   10H         ;CALL BIOS
MOV   DH,4        ;ROW 5
MOV   DL,5        ;COLUMN 6
MOV   BH,0        ;PAGE 0
MOV   AH,2        ;PLACE CURSOR
INT   10H         ;CALL BIOS ROUTINE
```

9.2.1.7　读光标位置(功能号 3)

INT 10H 功能 3 是读光标位置，页号必须在 BH 中指定。

此功能把光标位置的行号回送给 DH，列号回送给 DL，光标大小的参数填入 CH 和 CL，也就是说，在 CH 和 CL 中回送的是用功能 1 设置的光标参数。

例 9-3　读 0 页的当前光标位置

```
MOV   AH,3
MOV   BH,0
INT   10H
```

(5) 选择显示页(功能号 5)。INT 10H 的功能 5 可由程后确定显存中的显示区域。ROM BIOS 将 CGA 的显存分为 4 页，每页 25×80 个字符，或分为 8 页，每页 25×40 个字符。每一页的起始地址在 1KB 的边界。这 4 页的起始地址分别为 B800:0000，B800:1000，B800:2000，B800:3000。

例 9-4　选择显示页

```
MOV   AL,VPAGE    ;AL=VIDEO PAGE NUMBER
MOV   AH,5        ;FUNCTION NUMBER
INT   10H         ;CALL BIOS
```

(6) 屏幕上滚(功能号 6)。INT 10H 功能 6 能使屏幕内容上卷指定的行，这个功能需要设置 7 个参数。如果屏幕的起始行列不为(0，0)，结束的行列不为(24，79)，则屏幕只有指定的一部分具有上卷的功能，这个屏幕上的部分区域叫做窗口(Window)，像这样的窗口可以在屏幕上设置多个，这些窗口都可独立使用。如果上卷超过指定窗口的顶部这些行的内容就消失，出现在窗口底部的新行被填为空格，其属性由 BH 寄存器决定。如果 AL=0，则实际完成的工作是清除屏幕的功能，它将按 AL 中的 Blank 字符(0)使指定的窗口为空白。

入口参数:(AH)=6

(AL)=上滚行数

(CX)=上滚部分左上角的行、列号

(DX)=上滚部分右下角的行、列号

(BH)=显示属性

(AL)=0 时,清屏

(AL)为非 0 时,窗口底部为空白输入行

例 9-5 编写清除全屏幕的子程序

```
CLEAR_SCREEN  PROC  NEAR
PUSH   AX
PUSH   BX
PUSH   CX
PUSH   DX
MOV    AH, 6
MOV    AL, 0
MOV    BH, 7
MOV    CH, 0
MOV    CL, 0
MOV    DH, 24
MOV    DL, 79
INT    10H
MOV    DX, 0
MOV    AH, 2
INT    10H
POP    DX
POP    CX
POP    BX
POP    AX
RET
CLEAR_SCREEN  ENDP
```

(7) 屏幕上滚(功能号 7)。10H 的功能 7 和功能 6 类似，也能使屏幕(或窗口)初始化或使屏幕(或窗口)的内容下卷指定的行，其他参数的设置与功能 6 一样。

(8) 在当前光标位置写字符和属性(功能号 9)。10H 的功能 9 把一个字符(字符及其属性)送到显示屏幕，然后光标返回到它的初始位置，所以在当前光标位置上写一个字符之后，必须用 INT 10H 的功能 02 移动光标到下一个字符位置上。

入口参数：(AH)＝9，(BH)＝页号，(AL)＝要写字符的 ASCII 码，(BL)＝属性值，(CX)＝重复次数。

出口参数：无。

(9) 在当前光标位置写字符(属性不改变)。10H 的功能 9 和功能 0AH 都能把一个字符送到显示屏幕，然后光标返回到它的初始位置，所以在当前光标位置上写一个字符之后，必须用 INT 10H 的功能 02 移动光标到下一个字符位置上。

这两种功能的区别是，AH＝9 的功能把字符及其属性输出到当前光标位置上而 AH＝0AH 的功能只输出字符，它的属性值就是这一位置上先前已具有的属性。0AH 功能在使用单色显示器时特别方便，因为此时很少改变显示字符的属性。10H 的功能 8 可读取当前光标位置的字符及属性。

在编写字符显示程序时，彩色显示和单色显示类似。例如，利用 BIOS 10H 的 09 功能显示彩色字符时，BL 中设置的数据应为前景和背景的属性值，属性值的典型组合如表

9.2.4。

例 9-6　在品红背景下，显示 5 个浅绿色闪烁的星号

```
MOV   AH, 09       ;DISPLAY A CHAR AND ATTR
MOV   AL, '*'      ;ASTERISK
MOV   BH, 0        ;PAGE 0
MOV   BL, 0DAH     ;COLOR ATTRIBUTE
MOV   CX, 05       ;FIVE TIMES
INT   10H          ;CALL BIOS
```

使用 INT 10H 的 13H 功能显示字符串有 4 种方式，前两种方式(A＝0，1)要指定整个显示字符串的属性，后两种方式(AL＝2，3)必须指定每个字符的属性。

9.2.2　打印机

9.2.2.1　打印机的基本知识

(1) 打印机的分类。

① 按工作方式分类——针式、喷墨打印机和激光。

② 按与计算机的接口方式——并行接口和 USB 接口。

③ 按照用途——包括通用、专用、商用、家用、便携、网络打印机等。

(2) 打印机的技术指标。主要包括：分辨率、打印速度、打印幅面、工作噪声、行宽、拷贝数、工作寿命、接口方式和缓冲区大小。

9.2.2.2　针式打印机

针式打印机是一种典型的击打式点阵打印机，曾在很长一段时间内作为打印机主流产品占据着市场。即使在目前喷墨打印机和激光打印机已日趋普及，但针式打印机因为其运行成本低廉、易于维护，在对于环境和打印质量要求不太高的场合打印一般文档仍不失为可选产品，针对一些特殊需要目前仍处于不可替代的位置，其内部结构如图 9-8 所示。

(1) 针式打印机的基本工作原理。在联机状态下，通过接口接收主机发送的打印控制命令、字符打印命令或图形打印命令，通过控制电路和检测电路，间歇驱动送纸运动(纵向)和打印头运动(横向)同时激励打印针间歇瞬间冲击打印色带，在纸上打印出所需内容。

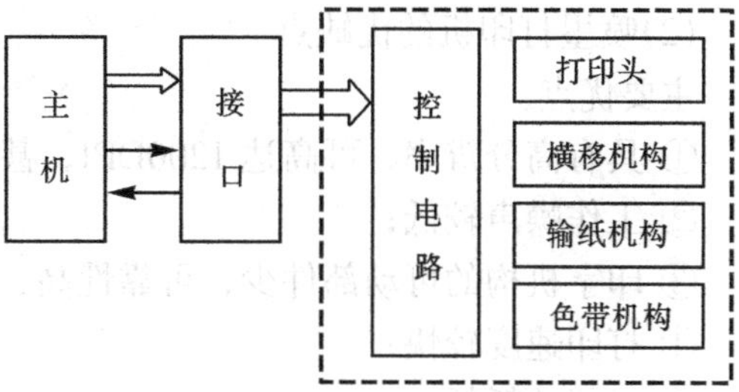

图 9-8　针式打印机结构

(2) 针式打印机的分类。依打印针的数量不同而分类：有 1，5，7，8，9，12，14，16，18，24，32 和 48 针等多种类型。目前国内使用最多的是 24 针打印机。针式打印机一般为单色打印，虽然也有可以实现彩色打印的针式打印机，但因其工作原理是通过控制自动更换不同颜色的色带而造成彩色效果。

针式打印机按用途通常分为：通用针印机(通用针打)、存折针式打印机(存折针打或票据针打)、行式针式打印机(行式针打)和高速针式打印机(高速针打)。

(3) 针式打印机的优缺点。

优点：

① 纸张适应性好；

② 独具拷贝打印功能；

③ 耗材低廉；

④ 操作简单、易于维护。

缺点：

① 分辨率较低；

② 较大；

③ 速度较慢；

④ 价格较高。

9.2.2.3 喷墨打印机

喷墨打印机是一种把墨水喷到纸张上形成点阵字符或图像的打印机。这种印字技术早在20世纪50年代就开始研究，但是由于存在喷墨量的控制、墨滴扩散程度、喷嘴堵塞等问题，直到20世纪60年代末才形成商品投入市场。进入20世纪80年代，随着微型计算机的发展和普及，市场对打印机的需求量增大，喷墨印字技术才得到较大发展。20世纪90年代后，随着技术的不断改进，喷墨打印机具备了结构简单、工作噪声低、体积小、价格日益降低、能进行彩色打印、印字质量又接近于激光打印机等诸多优点，逐步受到用户青睐，迅速得到了普及。

(1) 喷墨打印机的分类。

① 从喷墨技术看有连续式和随机式两种；

② 按颜色可分为单色和彩色两种；

③ 按幅面大小可分为A3幅面和A4幅面，常用的是A4幅面；

④ 按打印机内置字库可分为汉字喷墨打印机和西文喷墨打印机；

⑤ 按用途可分为台式和便携式两种；

按打印机精度即分辨率来分，可分为高、中、低档三种。

(2)喷墨打印机的优缺点。

主要优点：

① 具有高分辨率，可高达1200DPI，甚至更高；

② 工作噪声较低；

③ 印字机构的可动部件少，可靠性高；

④ 打印速度较快；

⑤ 运行功耗低；

⑥ 容易实现质量较高的彩色打印；

⑦ 打印头无磨损或很少出现磨损现象；

⑧ 设备体积小，占用空间较小。

主要缺点：

① 喷墨印字技术同其他非击打式印字技术一样，不具备拷贝能力；

② 打印质量与打印速度、墨质、纸张关系密切；

③ 耗材(主要指墨盒)成本高。

(3)喷墨打印机的组成和工作原理。喷墨打印机基本上由机械和电气两部分组成。机械部分主要由喷头和墨盒、清洁机构、字车和走纸部分组成。其中喷头和墨盒是打印机的关键部件，打印质量和速度在很大程度上取决于该部分的质量和性能。喷头和墨盒的结构大致分为两类，一类是喷头和墨盒做在一起，墨盒上既有墨水又有喷头，墨盒本身即为消耗品，当墨水用完后，需更换整个墨盒，所以耗材成本较高，HP 产品多采用该类墨盒；另一类是喷头和墨盒分开，当墨水用完后仅需更换墨盒，耗材成本较低，EPSON 产品多采用该类墨盒。电气结构主要由主控制电路、驱动电路、传感器检测电路、接口电路和电源等部分组成。

9.2.2.4　激光打印机

激光打印机脱胎于 20 世纪 80 年代末的激光照排技术，流行于 20 世纪 90 年代中期。激光打印机是现代高新技术的结晶，其工作原理与针式打印机和喷墨打印机相差甚远，因而也具有两者完全不能相比的高速度、高品质、高打印量以及多功能和全自动化输出性能。激光打印机一面市就以其优异的分辨率、良好的打印品质和极高的输出速度，赢得用户普遍的赞誉，但因高昂的价格，使得它一度只能高居贵族专业应用领域。所幸的是，随着技术的日趋成熟和它的大规模生产，使其成本和售价不断下降，近年来，在追求质量和效率的现代化办公室里，得到广泛应用，逐渐成为办公自动化必备设备之一。

（1）激光打印机的分类。根据应用环境可以基本分为：普通激光打印机、彩色激光打印机和网络激光打印机 3 种。

（2）激光打印机的工作原理。激光打印机从输入打印命令到产生打印输出结果，一般要经过格式转换、光栅转换和扫描输出 3 个阶段。也就是说，只有经过将打印内容转换成打印机可以识别的命令序列或页面语言来描述，产生页面点阵后，由页面点阵产生的二进制数据控制打印机内的激光扫描部件，在感光鼓上形成与打印内容相同的静电潜影，通过显影、定影、转印等过程，才能将内容最终输出到打印纸上。所以，激光打印机的工作原理与针打和喷打有本质的区别，因而所产生的打印效果也有极大的不同，如图 9-9 所示。

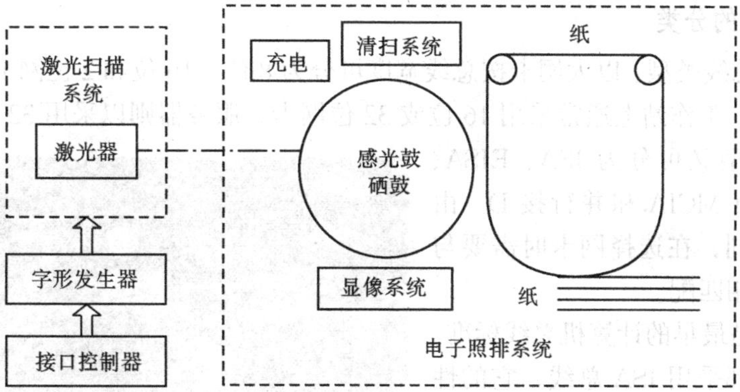

图 9-9　激光打印机原理框图

9.3 网络设备

9.3.1 网　卡

网络接口卡(Network Interface Card，NIC)简称网卡，是插在计算机总线插槽内或某个外部接口上的扩展卡，它与网络程序(网络操作系统)配合工作，控制网络上信息的发送与接收。网卡上一般有1个或多个网络接口，用来连接网络传输介质。

根据网络介质访问方法，网卡可分为以太(Ethernet)、令牌环(Token Ring)、光纤分布式接口(FDDI)和异步传输方式(ATM)几种。目前国内应用最广泛的是以太网卡，而其他几种网卡只在特殊场合使用，所以这里主要介绍以太网卡。

9.3.1.1 网卡的基本功能

负责将用户要传递的数据转换为网络上其他设备能够识别的格式，通过网络介质传输。它的主要技术参数为带宽、总线方式、电气接口方式等。它的基本功能为：从并行到串行的数据转换，包的装配和拆装，网络存取控制，数据缓存和网络信号。

9.3.1.2 网卡的组成结构

以太网卡主要包括以下几个部分：

(1)发送和接收部件；

(2)载波检测部件；

(3)发送和接收控制部件；

(4)曼彻斯特编码1译码器；

(5)LAN管理部件；

(6)微处理器(某些网卡无此部件)。

9.3.1.3 网卡的分类

(1) 网卡总线类型。以太网卡按总线宽度可分为8位、16位和2位网卡。目前8位网卡已经被淘汰。工作站上通常采用16位或32位网卡，服务器则以采用32位网卡为主。

按总线类型又可分为ISA、EISA、MCA、PCI、PCMCIA和并行接D。由于总线类型不同，在选择网卡时需要与使用的计算机相匹配。

ISA总线是最早的计算机总线标准。一般的客户机都采用ISA总线，它的性能较低但具有最好的兼容性，并有众多厂商的支持。如图9-10和图9-11所示。

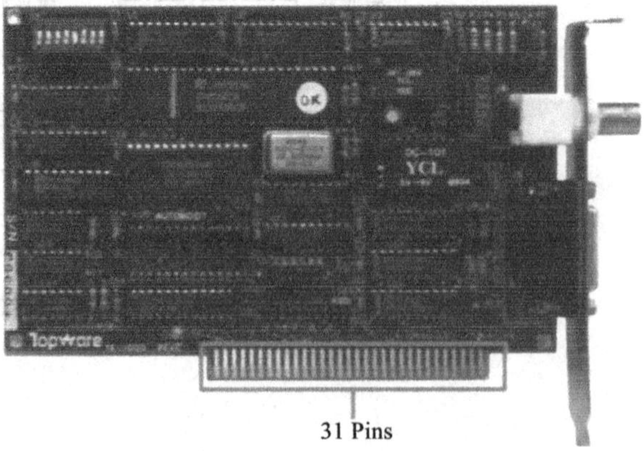

图9-10　8位ISA网卡

为了提高ISA总线的速度，EISA总线应运而生。以前的服务器许多都采用EISA总线，但EISA总线使用起来较麻烦，每加入一个新的板卡都需要重新配置系统，而且它相对ISA总线的速度提升有限。如图9-12所示。

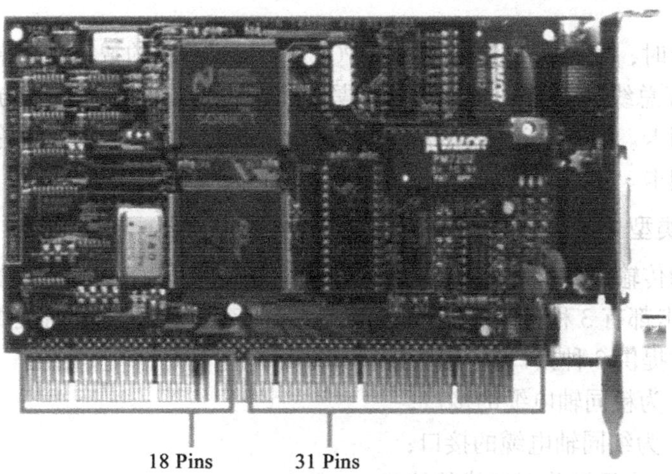

图 9-11　16 位 ISA

Intel 的 PCI 总线一经推出，便同时刷新了在服务器和客户机两个领域上的总线概念——高档的服务器已不再考虑 EISA 总线，几乎清一色地采用 PCI 总线。而工作站上虽然现在还保留了 ISA 总线，但 PCI 总线已几乎成了标准的配置。PCI 总线不仅具有明显的性能优势，而且支持“即插即用”。如图 9-13 所示。

图 9-12　32 位 EISA 网卡

PCMCIA 主要用于便携式笔记本计算机上，这类接口卡体积小巧，类似于一张信用卡，携带非常方便。另外还有

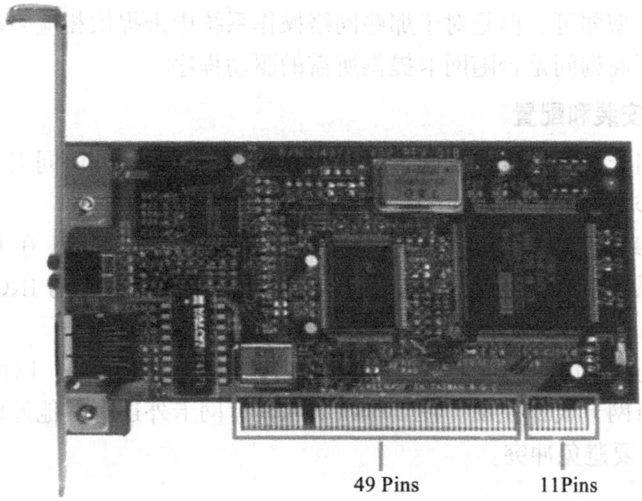

图 9-13　32 位 PCI 网卡

一种并行接口的便携式网卡，它可以直接插在打印机并行接口上使用。虽然传输速率不高，但安装时不用打开机箱，非常简便，既可以在笔记本计算机上使用，也能在普通计算

机上使用。

在选用网卡时，建议在服务器上使用 PCI 或 EISA 总线的智能型网卡，工作站上则可考虑 PCI 或 ISA 总线的普通网卡，若不考虑传输速度，只是为了安装方便也可选用并行接口的便携式网卡。对于笔记本计算机，则以 PCMCIA 总线的网卡为首选，然后是并行接口的便携式网卡。

9.3.1.4 接口类型

由于网络的传输媒介不同(常见的有粗同轴电缆、细同轴电缆、无屏蔽双绞线 3 种类型)，一般的网卡都有 3 种接口类型供选择(有些网卡在一块卡上同时提供两种端口，甚至也有在卡上同时提供 3 种接口)。这些接口分别是：

AUI 接口，为粗同轴电缆的接口；

BNC 接口，为细同轴电缆的接口：

RJ-45 接口，为无屏蔽双绞线的接口。

9.3.1.5 网卡的网络驱动程序

对于网卡来说，网卡厂商为它提供的驱动程序越多，它所能支持的网络操作系统越多，表明网卡的兼容性也就越好。

按应用环境分，网卡一般分为服务器网卡和客户机网卡。对于服务器网卡来说，应该提供 Netware 3.X 和 4X、SCO UNIX、IBM LAN Server 及 Windows NT 等的操作系统使用的网卡驱动程序；对于客户机网卡来说，应该包括 DOS 和 OS/2 的 ODI 网卡驱动程序(登录 Netware 服务器)、NDIS(Windows for Workgroups 及 Microsoft LAN Manager 的驱动程序，用来登录 Microsoft Windows Network 及 LAN Manager 等)以及 Packet Driver(用来连接使用(TCP/IP 协议的系统)的驱动程序。通过这些驱动程序，网卡就可以执行各种协议，完成相互通信。

对于常见网卡的兼容产品(如 NE 2000 的兼容卡)，网卡的驱动程序问题非常简单，因为几乎所有的主流网络操作系统都会提供它们的驱动程序，只要在网卡安装时选择这种网卡的兼容网卡类型即可。但是对于那些网络操作系统中未提供相应驱动程序的网卡，应在购买前向网卡厂商询问是否随网卡提供所需的驱动程序。

9.3.1.6 网卡的安装和配置

网卡具有一组配置选项以保证网卡能与计算机中的其他部件协同工作。这些选项主要包括 IRQ(中断请求)、I/O 地址和存储器基地址。

IRQ 是这些参数中最重要的一个，其缺省配置为一般为 IRQ3，在大多数情况下这个值无需改变。若系统中有其他部件也使用了 IRQ3，就需要将网卡的 IRQ 值改变成其他未使用的值。

I/O 端口地址用来访问网卡上包含的状态寄存器和控制寄存器，以便使工作站了解网卡的工作状态和对网卡实施控制。在工作站上除具有网卡外还有其他外设，因此，在选择 I/O 端口地址时，要避免冲突。

9.3.2 MODEM

9.3.2.1 网络接入设备

(1) 传统的电话线 Modem。传统的电话线、调制解调器作为连接计算机和网络的主要设备，以其使用方便、价格适中、功能齐全等特点，对因特网的普及和发展起到了极其重要的作用，如图9-14所示。随着网络的加速发展，调制解调器在传输速率上有了极大的提高，性能上也日趋完善。短短两三年间，调制解调器的速度就从 2.4 kbit/s 发展到了现在模拟电话线路的极限——56 kbit/s。

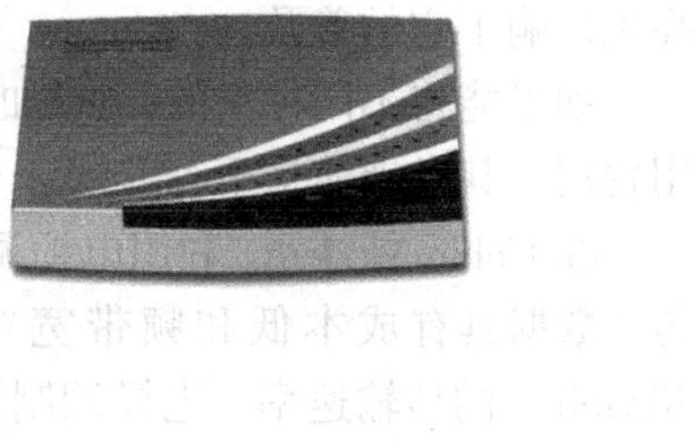

图 9-14　调制解调器

56 kbit/s 的调制解调器在几年前便有产品出现，但一直未能得到大的发展，除价格因素外，56 kbit/s 标准一直分为以 U.S.Robotics 为代表的 X2 技术和以 Rockwell 为代表的 k56 Flex 技术。两种标准争执不休，长期未能统一，严重影响其发展。

1998 年年初，Lucent 和 3COM 就 56 kbit/s 调制解调器标准达成合作协议，促使国际电信联盟(ITU)于 1998 年 2 月 6 日在日内瓦会议上确定了 56 kbit/s 的标准草案——V.90，并于 1999 年 9 月确定 56 kbits/s 标准的最后版本，从而结束了 IT 业界有关 56K 标准的纷争。新标准将 X2 和 K56 Flex 两者之间的判别通过软件技术统一起来。为各大厂家推出统一标准的 56 kbits/s MODEM 扫清了障碍。同时随着提供 56K 接入服务的 ISP 数量的增加和服务质量的提高，更加刺激了 56 kbits/s 调制解调器市场的发展。

V.90 标准的确定使 56 kbits/s 调制解调器迅速成为市场主流。不但业已推出基于 X2 或 K56 Flex 技术的厂家陆续开发出将自己的 56K 产品向 V.90 靠拢的升级软件，而且众多生产厂家也纷纷推出基于 V.90 标准的 56 kbits/s 调制解调器，价格也大大降低。

(2) 新型接入设备。目前，普通用户上网都是通过调制解调器和电话线，其传输速率最高只能达到 56 kbits/s，这也是模拟接入所能达到的极限。即便如此，仍然只有部分用户能达到这一上网速度。但是经过几年的发展，出现了 ISDN 等多种上网方式，人们有了更多的选择。

① ISDN。ISDN 是综合业务数字网的简称，它以纯数字方式进行语音、数据、图像的传输，可在一条普通电话线上提供以 64 kbits/s 速率为基础的点对点数字连接，可开展上网、打电话、视频会议等多种业务，是传统电话的升级换代产品。众多厂家都相继推出了 ISDN 设备。使用 ISDN 需要两个设备，一是相当于接线盒的 NT1，一是终端适配器(Terminal Adapter，TA)，计算机通过 TA 连接至 ISDN。其中 NT1 由电信局提供，而 TA 则需用户购买，其价格在目前在 2000 元左右。上网费用基本上与用调制解调器上网费用一样，通信费用根据电话收费标准进行。

虽然 ISDN 有着众多的技术优势，但由于其设备比较复杂和昂贵，速度上与 56kbits/s 调制解调器的竞争优势也不大，而且 ISDN 的适配器无法同普通调制解调器互联，从而使其不能得到较大范围的应用，但随着其技术的进一步完善和相关产品价格的下降，ISDN 市场将会在不久的将来走向成熟。

② xDSL。xDSL(数字用户线路，Digital Subscriber Line)是以传统电话线为传输介质的传输技术组合，它包括 DSL、HDSL(对称 DSL)、ADSL(为对称 DSL)、vDSL(甚高比特比 DSL)、SDSL(单线制、DSL)、CDSL(Consumer DSL)等，一般称之为 xDSL。

对于普通需要高带宽接入的用户而言，ADSL 是一种值得考虑的方案，它可以提供高达 8Mbit/s 的因特网下载速度。虽然 xDSL 技术已经出现一段时间了，但它在市场中占有率并不算太高，主要原因就是缺乏统一的技术标准，使其被广泛应用的阻力很大。价格较高也影响了它的普及。

如果能将不同种类的DSL加以讨论，制定一个统一的标准，并进一步降低设备及使用费用，其发展前景不容忽视。

③ Cable Modem。利用电缆调制解调器(Cable Modem)在有线电视同轴光缆混合网上传送数据具有成本低和频带宽等优势。使用电缆调制解调器，用户可以获得最高为30Mbit/s的传输速率。电缆调制解调器技术现在已经成熟，ITU也批准了MCNS(多媒体电缆网络系统)标准。我国拥有世界上最大的广播电视网，全国有线电视用户数达8000万户，随着广播电视信息网络的开通和发展，预计使用电缆调制解调器接入网络的用户将会有很大幅度的增长。

9.3.2.2 Modem工作原理和标准

调制解调器由发送、接收、控制、接口、操纵面板及电源等部分组成。数据终端设备以二进制串行信号形式提供发送的数据，经接口转换为内部逻辑电平送入发送部分，经调制电路调制成线路要求的信号向线路发送。接收部分接收来自线路的信号，经滤波、反调制、电平转换后还原成数字信号送入数字终端设备。

电话线可以使通信的双方在相距几千公里的地方相互通话，是由于在每隔一定距离都设有中继放大设备，保证话音清晰。在这些设备上若再配置Modem，则能通电话的地方就可传输数据。一般电话线路的话音带宽在300～3400 Hz，用它传送数字信号，其信号频率也必须在该范围。常用的调制方法有3种：频移键控(FSK)、相移键控(PSK)和相位幅度调制(PAM)。

Modem通常有3种工作方式：挂机方式、通话方式和联机方式。电话线未接通是挂机方式；双方通过电话进行通话是通话方式；Modem已联通，进行数据传输是联机方式。

数模转换的调制方法也有3种。①频移键控(FS K)。用特殊的音频范围来区别发送数据和接收数据。如调频ModemBell-103型发送和接收数据的二进制逻辑被指定的专用频率是：发送，信号逻辑0、频率1070 Hz，信号逻辑1、频率1270 Hz；接收，信号逻辑0、频率2025 Hz，信号逻辑1、频率2225 Hz。②相移键控(PSK)，高速的Modem常用四相制，八相制，而四相制是用4个不同的相位表示00，01，10，11四个二进制数，如调相ModemBell-212A型。该技术可以使300 bps的Modem传送600 bps的信息，因此在不提高线路调制速率仅提高信号传输速率时很有意义，但控制复杂，成本较高，八相制更复杂。③相位幅度调制(PAM)，为了尽量提高传输速率，不提高调制速率，采用相位调制和幅度调制结合的方法。它可用16个不同的相位和幅度电平，使1200 bps的Modem传送19200 bps的数据信号。该种Modem一般用于高速同步通信中。

调制解调器通电后，通常先进入挂机方式，通过电话拨号拨通线路后进入通话方式，最后通过Modem的“握手”过程进入联机方式。正常使用时，由使用者通过控制电话机或Modem前面板的按键、内部开关实现3种方式间的转换。

调制解调器与计算机连接是数据电路通信设备DCE（Data Circutterminating Equipment)与数据终端设备DTE(DataTerminal Equipment)之间的接口问题。DCE与DTE之间的接口是计算机网络使用上的一个重要问题。任何一个通信站总要包括DCE与DTE，因此确定一个统一的标准接口，特别是对公用数据网有重要的意义。数据终端设备DTE是产生数字信号的数据源或接收数字信号的数据宿，或者是两者的结合，像计算机终端、打印机、传真机等就是DTE。将数据终端设备DTE与模拟信道连接起来的设备就叫数据电路通信设备 DCE，像 Modem 就是 DCE。DTE 与 DCE 之间的连接标准有 CCITTV.10/X.26，与 EIARS-423-A 兼容，是一种半平衡电气特性接口。

普通的 Modem 通常都是通过 RS-232C 串行口信号线与计算机连接。RS-232 是一种历史悠久的计算机接口标准(RS 本来是 Recommend Standard 的缩写)，它于 1969 年被国际组织认可。RS-232 的定义包括电气特性(如电压值)、机械特性(如接头形状)及功能特性(如脚位信号)等。它允许一个发送设备连接到一个接收设备以传送资料；其原始规范的最大传输速度为 20 kbps，但事实上，现在的应用早已远超过这个速度范围。RS-232 可说是相当简单的一种通信标准，若不使用硬件流控，则最少只需利用 3 根信号线，便可做到全双工的传输作业。RS-232 的电气特性是属于非平衡传输方式，抗干扰能力较弱，故传输距离较短，约为 15 米左右而已。

RS-232C 串行口信号分为三类：传送信号、联络信号和地线。

(1) 传送信号：指 TXD(发送数据信号线)和 RXD(接收数据信号线)。经由 TXD 传送和 RXD 接收的信息格式为：一个传送单位(字节)由起始位、数据位、奇偶校验位和停止位组成。

(2) 联络信号：指 RTS、CTS、DTR、DSR、DCD 和 RI 6 个信号，各自功能如下。

RTS(请求传送)，是 PC 向 MODEM 发出的联络信号。高电平表示 PC 机请求向 MODEM 传送数据。

CTS(清除发送)，是 MODEM 向 PC 机发出的联络信号。高电平表示 MODEM 响应 PC 发出的 RTS 信号，且准备向远程 MODEM 发送数据。

DTR(数据终端就绪)，是 PC 向 MODEM 发出的联络信号。高电平表示 PC 机处于就绪状态，本地 MODEM 和远程 MODEM 之间可以建立通信信道。若为低电平，则强迫 MODEM 终止通信。

DSR(数据装置就绪)，是 MODEM 向 PC 机发出的联络信号。它指出本地 MODEM 的工作状态，高电平表示 MODEM 没有处于测试通话状态，可以和远程 MODEM 建立通道。

DCD(传送检测)，是 MODEM 向 PC 发出的状态信号。高电平表示本地 DCE 接收到远程 MODEM 发来的载波信号。

RI(振铃指示)，是 MODEM 向 PC 发出的状态信号。高电平表示本地 MODEM 收到远程 MODEM 发来的振铃信号。

(3) 地线信号(GND)，为相连的 PC 和 MODEM 提供同一电势参考点。

9.3.2.3 高速调制解调器技术

调制解调器的传输速最初只有 300 bit/s。1991 年原 CCITT(国家电报电话咨询委员会)颁布了发 V.32bis 建议，实现二线话路 14.4 kbit/s 全双工通信，同年颁布的 V.17 标准又实现了 14.4 kbits/s 的传真通信。14.4 kbit/s 的通信速率在当时来说已是高速通信，并且认为调制解调器的通信速率以后将难以有很大的提高。而事隔不久，ITU 在 1994 年颁布了 V.34 建议，实现二线话路 28.8 kbit/s 全双工通信。1996 年，市场上又出现了 33.6 kbit/s 的调制解调器产品，技术规范为 V.34 bis，但这种与 V.34 无本质的区别。此时的 33.6 kbit/s 速率认为是调制解调器的极限速率，似乎不会再有突破。而就在 1996 年底，56 kbit/s 调制解调技术问世了。56 kbit/s 调制解调器技术的速率几乎达到 V.34 速率的两倍，接近 64k ISDN 的速率。这种前所未有的 56 kbit/s 调制解调器在计算机行业中引起了极大反响，成为人们关注的焦点。

ITU 已于 1998 年颁布了 V.90 建议，正式建立了 56 kbit/s 调制解调器的标准。下面简单介绍一下 56 kbit/s 调制解调器技术的原理。

56 k 高速 Modem 是 1997 年才开始上市的拨号高速调制解调器，它的传输速率之所以能有高于传统电话线路上 33.6 kbps 的极限速率，是因为它采用了完全不同于 33.6 k 的调制解调技术，其工件原理和使用要求与 33.6 k 高速 Modem 相比也有一定的区别。

56 k 高速 Modem 在通信系统中应用时，用户端的模拟调制解调器与 ISP 局端数字式调制解调器(局端 Modem)不是对等设备。其中用户端 56 k 高速 Modem 的工作原理和接入方法与 33.6 K 高速 Modem 没有什么不同，仍然与电话线模拟连接，拨号上网，也仍然是用来完成数/模或模/数转换工作，所以用户在安装和使用 56 k 高速 Modem 时，没有任何新的要求可言。而 ISP 局端的数字 Modem 与普通模拟 Modem 就完全不同了，ISP 局端 Modem 是一种纯数字式调制解调器。该数字式调制解调器将 ISP 局端数字设备直接与公用市话网(PSTN)进行数字连接，也就是说 ISP 局端数字信号进入交换系统时将绕过 PCM 的模/数转换过程，将数字网上的数字信号经过特殊数字编码后取代调制过程，并采用与 PSTN 数字网中现行的 256 离散信号直接进入数字交换。

这样在整个网络系统中，除下载数据端的 PCM 中有数/模转换和用户端 56 k 高速 Modem 中有数/模转换外，其他各处都是纯数字传输。可见，在服务端的纯数字 Modem 与 PSTN 之间就不会产生任何模/数转换噪声了。这样，若从 ISP 端下载信息，则仅在用户端的 56 k 高速 Modem 上经过一次模/数转换，所以下载速率极高。

56 k 高速 Modem 工作的基本条件是：

① 客户端的 56 k 高速模拟调制解调器和主机端的远程接入服务器(纯数字调制解调器)必须支持相同的标准(X2 或 K56Flex)，最好是 V.90 标准；

② 主机端必须是数字线路连接，即干线端通道应该是 T1、或 ISDN、或 PRI/BRI 线路；

③ 在整个传输网中只能存在一次模/数转换，即客户端的 56k 高速模拟调制解调器的模/数转换。

9.3.3 其他网络设备

9.3.3.1 集线器

集线器(HUB)是对网络进行集中管理的最小单元，像树的主干一样，它是各分枝的汇集点，如图 9-15 所示。HUB 是一个共享设备，其实质是一个中继器，而中继器的主要功能是对接收到的信号进行再生放大，以扩大网络的传输距离。正是因为 HUB 只是一个信号放大和中转的设备，所以它不具备自动寻址能力，即不具备交换作用。所有传到 HUB 的数据均被广播到之相连的各个端口，容易形成数据堵塞，因此有人称集线器为“傻 HUB”。

图 9-15　集线器

HUB 的分类：

(1) 根据总线带宽的不同，HUB 分为 10Ml/s，100M 和 10/100Ml/s 自适应 3 种；

(2) 根据配置形式的不同，HUB 分为独立型 HUB，模块化 HUB 和堆叠式 HUB 3 种；

(3) 根据管理方式的不同，HUB 分为智能型 HUB 和非智能型 HUB 2 种；

(4) 根据端口数目的不同，HUB 分为 8 口，16 口和 24 口等。

9.3.3.2　交换机

交换机(Switch)是一种基于 MAC(网卡的硬件地址)识别，能完成封装转发数据包功能的网络设备，如图 9-16 所示。交换机可以“学习”MAC 地址，并把其存放在内部地址表中，通过在数据帧的始发者和目标接收者之间建立临时的交换路径，使数据帧直接由源地址到达目的地址。

9.3.3.3　路由器

所谓路由就是指通过相互连接的网络把信息从源地点移动到目标地点的活动。

路由器(Router)的一个作用是连通不同的网络；另一个作用是选择信息传送的线路。选择通畅快捷的近路，能大大提高通信速度，减轻网络系统通信负荷，节约网络系统资源，提高网络系统畅通率，从而让网络系统发挥出更大的效益来，如图 9-17 所示。

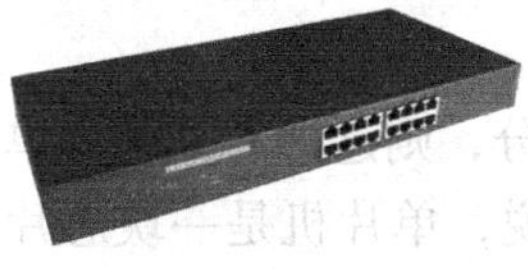

图 9-16　交换机

图 9-17　路由器

习　题　9

1. 显示器的性能指标包括哪些?
2. 键盘接口应具备哪些功能? 有哪些类型的键盘? 各有何特点?
3. 路由器和交换机有什么区别?

第 10 章　单片机原理及应用简介

10.1　微处理器、微型计算机与单片机

典型的微型计算机包括运算器、控制器、存储器、输入/输出设备 4 个基本组成部分。如果把运算器与控制器封装在一小块芯片上，则称该芯片为微处理器(Micro-Processing Unit，MPU)或中央处理器(Central Processing Unit，CPU)。如果将它与大规模集成电路制成的存储器、输入/输出设备在印制电路板上用总线连接起来，就构成了微型计算机。显然，单硅片的中央处理器是微型计算机区别于大、中、小型计算机的主要结构特征。一个只集成了中央处理器的集成电路(Integrate Circuit，IC)封装，只是微型计算机的一个组成部分。

如果在一块芯片上，集成了一台微型计算机的 4 个基本组成部分，则这种芯片称为单片微型计算机(Single Chip Micro Computer)，简称单片机。也就是说，单片机是一块芯片上的微型计算机。以单片机为核心的硬件电路称为单片机系统，单片机系统属于嵌入式系统的应用范畴。嵌入式系统一般指非 PC(Personal Computer)系统，它包括硬件和软件两部分。硬件包括中央处理器、存储器、外设器件、I/O(输入/输出)设备和图形控制器等。软件部分包括操作系统(OS，要求实时和多任务操作)和应用程序，有时设计人员把这两种软件组合在一起。应用程序控制着系统的运作和行为，而操作系统控制应用程序与硬件的交互作用。

为了进一步突出单片机在嵌入式系统中的主导地位，许多半导体公司在单片机内部还集成了许多外围功能电路和外设接口，例如，中断、定时/计数、串行通信、模/数转换(ADC)和脉冲宽度调制(PWM)等单元。这些单元突出了单片机的控制特性。一般来说，单片机利用大规模集成电路技术把中央处理器和数据存储器(RAM)、程序存储器(ROM)及其他 I/O 通信口集成在一块芯片上，来构成一个最小的计算机系统。而现代的单片机则配置了中断单元、定时单元及 A/D 转换等更复杂、更完善的电路，使得单片机的功能越来越强大，应用越来越广泛。在国外，目前习惯称单片机为微控制器(Micro Control Unit，MCU)，本书仍然沿用单片机一词。

20 世纪，微电子、IC 集成电路行业发展迅速，其中，单片机行业的发展最为引人注目。单片机功能强大、价格便宜、使用灵活，在计算机应用领域中发挥着极其重要的作用。从 Intel 公司于 1971 年生产的第一片单片机 Intel-4004 开始，单片机开创了电子应用的智能化的新时代。单片机以其高性价比和高灵活性的特点，牢固树立了其在嵌入式系统中的“霸主”地位，在 PC 机以 286、386、486、Pentium 高速更新换代的同时，单片机却“始终如一”地保持着旺盛的生命力。例如，80C51 系列单片机已有十多年的历史，如今仍保持着上升的趋势，这充分证明了这一点。

尽管单片机主要是为实现控制的目的而设计的，但它仍然具备微型计算机(如 PC 机)

的全部特征，因此，单片机的功能部件和工作原理与微型计算机是基本相同的，可以通过参照微型计算机的基本组成和工作原理逐步了解单片机。

如图10-1所示为一台微型计算机的基本结构。由图10-1可知，一台微型计算机是由运算器、控制器、存储器、输入设备和输出设备5部分组成的。虽然微型计算机技术已经得到了充分的发展，但是微型计算机在体系结构上仍属于经典的计算机结构。这种结构是由“计算机之父”——数学家约翰·冯·诺依曼——最先提出的，所以称之为冯·诺依曼计算机体系结构。至今为止，计算机的发展已经经历了4代，尚未走出冯·诺依曼体系。当前，市场上大多数常见的型号的单片机还遵循着冯·诺依曼体系的设计思路。

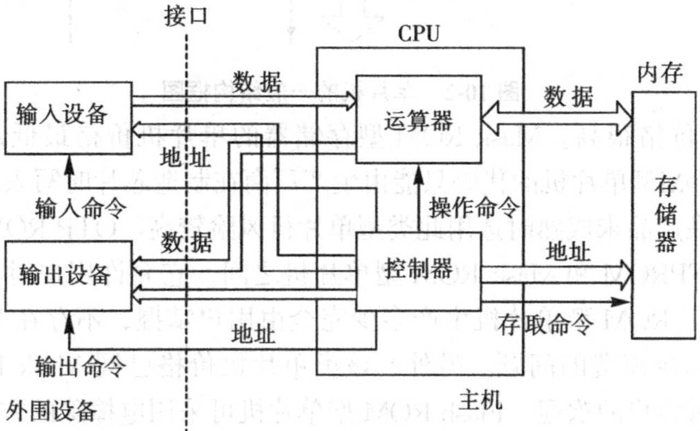

图10-1　微型计算机基本结构

下面介绍微型计算机各部分的作用和工作原理。如果要使微型计算机按照需要解决某个具体问题。人们并不是把这个问题直接让它去解决，而是要用它可以“理解”的语言(如C、Pascal、Basic和PL/M语言)编写出一系列解决这个问题的步骤并输入到计算机中去，命令它按照这些步骤顺序执行，从而使问题得以解决。编写解决问题的步骤，就是人们常说的编写程序(又叫做程序设计或软件开发)。计算机严格按照程序对各种数据或者输入信息进行自动加工处理，因此必须预先把程序以及数据用输入设备送入微型计算机内部的存储器中，处理完成后还要把结果用输出设备输送出来，其中，运算器完成程序中规定的各种算术和逻辑运算操作，而为了使微型计算机的各部件有条不紊地工作，控制器必须理解程序的意图，并指挥各部件协调完成规定的任务。

10.1.1　单片机的结构与组成

单片机的一般结构可用图10-2所示的方框图描述。图10-2与图10-1的对应关系是：CPU包含控制器和运算器：ROM和RAM对应存储器，ROM存放程序，RAM存放数据I/O对应输入设备和输出设备。单片机通过总线实现CPU、ROM、RAM和I/O各模块之间的信息传递。如果具体到某一种型号的单片机，其芯片内部集成的程序存储器ROM和数据存储器RAM大小均可，I/O(输入/输出)口多少均可，但CPU只有一个。

首先介绍单片机内部各部分的功能。

程序存储器(ROM)：用来存放用户程序，可分为EPROM、Mask ROM、OTP ROM和Flash ROM等。利用EPROM型存储器编程(把程序代码通过一种算法写入程序存储器的操作)后，其内容可用紫外线擦除，用户可反复使用，故特别适用于开发过程，但

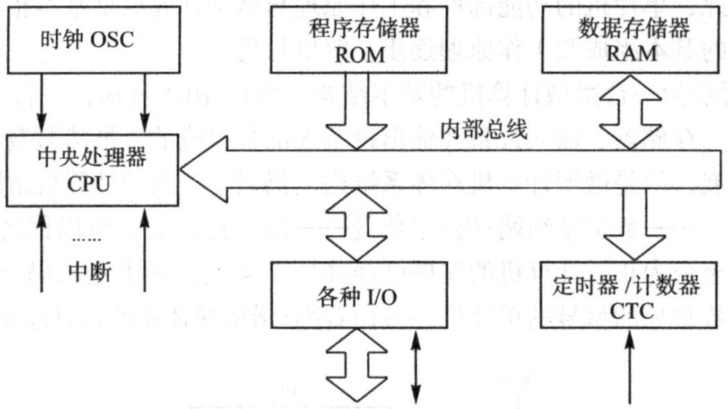

图 10-2　单片机的一般结构框图

EPROM型单片机价格很高。Mask ROM 型存储器的单片机价格最低，适用于大批量生产。由于Mask ROM型单片机的代码只能由生产厂商在制造芯片时写入，故用户更改程序代码十分不便，在产品未成熟时选用此类型单片机风险较高。OTP ROM 型(一次可编程)单片机价格介于 EPROM 和 Mask ROM 型单片机之间，它允许用户对其进行编程，但只能写入一次。OTP ROM 型单片机生产多少完全由用户掌握，不存在 Mask ROM 型单片机有最小起订量和掩模费的问题。另外，该类单片机价格已同 Mask ROM 型十分接近，故特别受中小批量客户的欢迎。Flash ROM 型单片机可采用电擦除的方法修改其内容，允许用户使用编程工具或在系统中快速修改程序代码，且可反复使用，故该类型单片机一推出就受到广大用户的欢迎。Flash ROM 型单片机既可用于开发过程，也可用于批量生产。随着制造工艺的不断改进，价格的不断下降，Flash ROM 型单片机使用越来越普遍，已成为现代单片机的发展趋势。

中央处理器(CPU)：单片机的核心单元，通常由算术逻辑运算部件(ALU)和控制部件构成。CPU 就像人的大脑一样，决定了单片机的运算能力和处理速度。

随机存储器(RAM)：用来存放程序运行时的工作变量和数据，由于 RAM 的制作工艺复杂，价格比 ROM 高得多，所以单片机的内部 RAM 非常宝贵，通常仅有几十到几百字节。RAM 的内容具有易失性(又称为易挥发性)，掉电后内容会丢失。最近出现了 EEPROM 或 Flash RAM 型的数据存储器，方便用户存放不经常改变的数据及其他重要信息。单片机通常还有特殊寄存器和通用寄存器，也属于 RAM，它们在单片机中存取数据速度很快。特殊寄存器还用于充分发挥单片机各种资源的功效，但这部分存储器占用存储空间更小。

并行输入/输出(I/O)口：通常为独立的双向 I/O 口，既可以用作输入，又可以用作输出，方式通过软件编程设定。现代单片机的 I/O 口有不同的功能，有的内部具有上拉或下拉电阻，有的是漏极开路输出，有的能提供足够的电流可以直接驱动外部设备。I/O 口是单片机的重要资源，也是衡量单片机功能的重要指标之一。

串行输入/输出(I/O)口：用于单片机和串行设备或其他单片机的通信。串行通信有同步和异步之分，这可以用硬件或通用串行收发器件实现。不同的单片机可能提供不同标准的串行通信接口，例如，UART、SPI、I2C 和 MicroWire 等。

定时器/计数器(T/C)：用于单片机内部精确定时或对外部事件(输入信号，如脉冲)进行计数，通常单片机内部有多个定时器/计数器。

系统时钟：通常需要外接石英晶体或其他振荡源提供时钟输入信号，有的使用内部 RC 振荡器。系统时钟相当于 PC 机中的主频。

以上只是单片机的基本构成：现代的单片机又加入了许多新的功能部件，例如，模/数转换器(A/D)、数/模转换器(D/A)、温度传感器、液晶(LCD)驱动电路、电压监控、看门狗(WDT)电路、低压检测(LVD)电路等。此时的单片机才属于真正的单片化，内部的 RAM 和 ROM 的容量也越来越大，ROM 寻址空间甚至可达 64KB，可以说，单片机发展到了一个全新的阶段，应用领域更为广泛，许多家用电器均走向利用单片机控制的智能化发展道路。

10.1.2　单片机的分类和指标

单片机从用途上可分为专用型单片机相通用型单片机两大类。专用型单片机是为某种专门用途而设计的，例如，DVD 控制器和数码摄像机控制器芯片等。在用量不大的情况下，设计和制造这样的专用芯片成本很高，而且设计和制造的周期也很长。我们通常所用的都是通用型单片机，通用型单片机把所有资源(如 ROM I/O 等)全部提供给用户使用。当今通用型单片机的生产厂家已不下几十家。种类有几百种之多。下面从单片机的几个重要指标进行介绍。

位数：单片机一次能够处理的数据的宽度，有 1 位机(如 PD7502)、4 位机(如 MSM64155A)、8 位机(如 MCS-51)、16 位机(如 MCS-96)和 32 位机(如 IMST4I14)。

存储器：包括程序存储器和数据存储器，程序存储器空间较大，字节数一般从几 KB 到几十 KB($1KB = 2^{10} B = 1024$ B)。另外还有不同的类型，例如，ROM、EPROM、EEPROM、Flash ROM 和 OTP ROM 型占数据存储器的字节数通常为几十字节到几百字节之间。程序存储器的编程方式是用户选择的一个重要因素，有的是串行编程，有的是并行编程，新一代的单片机有的还具有在系统编程(In-System Programmable，ISP)或在应用再编程(In-Application re-Programmable，IAP)功能，有的还有专用的 ISP 编程接口——JTAG 口。

I/O 口：输入/输出口，一般有几个到几十个，用户可以根据需要进行选择。

速度：指的是 CPU 的处理速度，以每秒执行多少条指令来衡量，常用单位是 MIPS(百万条指令每秒)，目前最快的单片机可达到 100 MIPS。单片机的速度通常是和系统时钟(相当于 PC 机的主频)相联系的，但并不是频率高的处理速度就一定快。对于同一种型号的单片机来说，采用频率高的时钟一般比频率低的速度要快。

工作电压：通常工作电压是 5 V，范围是 ±5% 或 ±10%，也有 3/3.3 V 电压的产品，更低的可在 1.5 V 工作。现代单片机又出现了宽电压范围型，即在 2.5～6.5 V 内都可正常工作。

功耗：低功耗是现代单片机所追求的一个目标，目前低功耗单片机的静态电流可以低至？A(微安，10^{-6}A)或 nA(纳安，10^{-9}A)级。有的单片机还具有等待、关断、睡眠等多种工作模式，以此来降低功耗。

温度：单片机根据工作温度可分为民用级(商业级)、工业级和军用级三种。民用级的温度范围是 0～70℃，工业级是 −40～85℃，军用级是 −55～125℃(不同厂家的划分标准可能不同)。

附加功能：有的单片机有更多的功能，用户可根据自己的需要选择最适合自己的产品。例如，有的单片机内部有 A/D 转换器、D/A 转换器、串口和 LCD 驱动等，使用这种单片机可减少外部器件，提高系统的可靠性。

10.1.3 单片机的发展趋势

近几年来，单片机的发展速度很快，纵观各个系列单片机产品的特性，可以看出单片机正朝着高性能化、存储器大容量化和外围电路内装化等几个方面发展。

10.1.3.1 单片机的高性能化

单片机的高性能化主要是指进一步改进 CPU 的性能，增加 CPU 的字长或提高时钟频率均可提高 CPU 的数据处理能力和运算速度。CPU 的字长有 8 位、16 位和 32 位。时钟频率高达 40MHz 的单片机也已出现。加快指令运算的速度和提高系统控制的可靠性，并加强了位处理功能、中断和定时控制功能；采用流水线结构，指令以队列形式出现在 CPU 中，从而产生很高的运算速度。有的单片机采用了多流水线结构，这类单片机的运算速度要比标准的单片机高出 10 倍以上。单片机内部采用双 CPU 结构也能大大提高处理能力，例如，Rockwell 公司的 R6500/21 和 R65C29 单片机。由于片内有两个 CPU 同时工作，可以更好地处理外围设备的中断请求，克服了单 CPU 在多重高速中断响应时的失效问题。同时，由于双 CPU 可以共享存储器和 I/O 口的资源，因此，还可更好地解决信息通信问题。如 Intel 公司的 8044，它的内部实际上是由 8051 和 SIU 通信处理机组成，由 SIU 来管理 SDLC 的通信。这样既加快了通信的速度，同时还减轻了 8051 的处理负担。

10.1.3.2 存储器大容量化

以往单片机内部的 ROM 为 1～4KB，RAM 为 64～128B。因此在某些复杂的应用上，存储器容量不够，不得不外接扩充。为了适应这个领域的要求，运用新的工艺，使片内存储器大容量化。目前，单片机的 ROM 多达 64KB，RAM 为 2KB。

另外，片内 EPROM 开始向 EEPROM 或 Flash ROM 化发展。早期单片机内 ROM 有的采用可擦式的只读存储器 EPROM，然而 EPROM 必须要高压编程，紫外线擦除，给使用带来不便。近年来，推出的电擦除可编程只读存储器 EEPROM 或 Flash ROM 可在正常工作电压下进行读写，并能在断电的情况下，保持信息不丢失。使用 EEPROM 或 Flash ROM 的单片机采用在系统编程技术大大方便了系统的调试及应用程序的升级。

10.1.3.3 更多的外围电路内部嵌入化

加强片内输入/输出接口的种类和功能，这是单片机发展的主要趋势。最初的单片机，片内只有并行输入/输出接口、定时器/计数器。在实际应用中往往还要外接特殊的接口以扩展系统功能，增加了应用系统结构的复杂性。随着集成度的不断提高，有可能把更多的外围功能器件集成在片内。这不仅大大提高了单片机的功能，使应用系统的总体结构大大简化，而且提高了系统的可靠性，降低了系统的成本。例如，有些单片机的并行 I/O 口，能直接输出大电流和高电压，可直接用以驱动荧光显示管(VFD)、液晶显示管(LCD)和七段码显示管(LED)等。这样减少了应用系统中的驱动器。再如，有些单片机片内含有A/D 转换器，则在实时控制系统中可省掉外部 A/D 转换器。目前，在单片机中已出现的各类新型接口有数十种，例如，A/D 转换器、D/A 转换器、DMA 控制器、CRT 控制器、LCD 驱动器、LED 驱动器、正弦波发生器、声音发生器、字符发生器、波特率发生器、锁相环、频率合成器和脉宽调制器等。

对于片内的定时器/计数器，有些增加了时间监视器(Watchdog)功能；还有的单片机具有锁相环(PLL)控制、正弦波发生器和发声等特殊功能，例如，Motorola 公司的 6805T2 带有 PLL 逻辑；GI 公司的 PIC1600 系列内部含有 8 位实时时钟计数器和 Watchdog 定时器。

10.1.3.4　单片机在制造工艺上的提高

单片机的制造工艺直接影响其性能。早期的单片机采用 PMOS 工艺，随后逐渐采用 NMOS、HMOS 和 CMOS 工艺。目前，8 位单片机产品基本上全部 CMOS 化，16 位单片机已开始推出 CMOS 型产品。例如，68HC 200 和 80C196 等。为了进一步降低功耗，日立公司的 HD 63705 和 RCA 公司的 CDP6805E2 设有等待(Wait)和停止(Stop)两种工作方式。当处于等待方式时，振荡器工作，CPU 停止，存储器的内容不变。当处于停止方式时，振荡器和 CPU 都停止工作，存储器和寄存器内容保持不变。当处于等待方式时，由于 CPU 停止工作，使单片机的总功耗大为下降。当处于停止方式时，则单片机的功耗为最小，例如，RCA 公司的 CDP6805E2，在 5 V 工作电压下，正常功耗为 35 mW，当处于等待和停止方式时，功耗分别仅为 5 mW 和 5 μW。用电池供电的低电压工作、低功耗单片机非常适合野外作业的工控设备。

10.1.4　常用的单片机系列

10.1.4.1　MCS-51 系列及与之兼容的 80C51 系列单片机

由于历史的原因，Intel 公司的 MCS-51 及与之兼容的 80C51 系列单片机(以下统称为 80C51 系列单片机)是国内应用最为广泛的单片机，也是被最多电子设计工程师掌握的单片机。市面上关于单片机的书籍资料有很大一部分是基于 80C51 系列的，各种 80C51 系列单片机的开发工具(如汇编器、编译器、仿真器和编程器等)很容易找到。另外除了 Intel 公司，还有 Atmel、Winbond、Philips、TEMIC、ISSI 和 LG 等公司都生产兼容 80C51 系列单片机的产品。因此用户在采购时有广泛的选择余地，而且由于激烈竞争的关系，各兼容生产厂家不断推出性价比更高的产品，选用该系列的用户就能获得更大的价值。大量熟练的用户群、充足的支持工具、充沛的货源，是 80C51 兼容系列单片机的市场优势。所以自从 80C51 系列单片机推出以来，虽然其他的公司也推出许多新的单片机系列，但是 80C51 系列单片机及其兼容产品仍然占据了国内市场的很大份额。

10.1.4.2　TI 公司的超低功耗 Flash 型 MSP430 系列单片机

关于超低功耗单片机，有业界最佳“绿色微控制器(Green MCUs)”称号的 TI 公司的 MSP430 Flash 系列单片机，是目前业界所有内部集成闪速存储器(Flash ROM)产品中功耗最低的，消耗功率仅为其他闪速微控制器(Flash MCUs)的 1/5。在 3V 工作电压下，其耗电电流低于 350 μA/MHz，待机模式仅为 1.5 μA/MHz，具有 5 种节能模式。该系列产品的工作温度范围为 −40～85 ℃，可满足工业应用要求。MSP430 微控制器可广泛地应用于煤气表、水表、电子电度表、医疗仪器、火警智能探头、通信产品、家庭自动化产品、便携式监视器及其他低耗能产品。

由于 MSP 30 微控制器的功耗极低，可设计出只需一块电池就可以使用长达 10 年的仪表应用产品。MSP 430 Flash 系列单片机的确是不可多得的高性价比单片机。

10.1.4.3 OKI 低电压低功耗单片机

OKI 公司的高性价比 4 位机 MSM64K 系列也是低功耗低电压的微控制器，其工作电压可低至 1.25 V，使用 32 kHz 的工作频率，典型工作电流可低至 3～5 μA，HALT(关断)模式下小于 1μA，而其功能却并不逊色，片内集成了 LCD(液晶显示器)驱动器，可方便地与液晶显示器接口，具有片内掩模(Mask)的程序存储器，有些型号还带有串口、RC 振荡器、看门狗、ADC(模数转换器)和 PWM(脉宽调制)等，几乎不需要外扩芯片即可满足应用，工作温度范围可达 -40～85℃，提供 PGA 封装和裸片。该系列微控制器应用广泛，适用于使用 LCD 显示、电池供电的设备，例如，掌上游戏机、便携式仪表(体温计、湿度计)、智能探头和定时器(时钟)等低成本、低功耗的产品。

10.1.4.4 ST 公司的 ST62 系列单片机

美国 ST 微电子公司是一家独立的全球性公司，专门从事应用于半导体集成电路的设计、生产、制造和销售，以及生产各种微电子应用中的分立器件。应用领域涉及电子通信系统、计算机系统、消费类产品、汽车应用、工业自动化和控制系统等。ST 公司可提供满足各种场合的单片机或微控制器，其中 ST62 系列 8 位单片机以其简单、灵活、低价格等特点，特别适用于汽车、工业、消费领域的嵌入式微控制系统。ST62 系列提供多种不同规格的单片机以满足各种需要，存储器从 1 KB 到 8 KB，有 ROM、OTP、EPROM、EEPROM 和 Flash EEPROM，I/O 口从 9 个到 22 个，引脚从 16 个到 42 个，还有 ADC、LCD 驱动、看门狗、定时器、串行口、电压监控等部件。ST62 单片机采用独特的制造工艺和技术，大大提高了抗干扰能力，能适应各种恶劣环境。

10.1.4.5 AD 公司的带 A/D 与 D/A 转换器的单片机

ADμC812 是 AD 公司推出的全集成 12 位数据采集系统，片内集成了 8 路 12 位高性能的自校准 ADC、2 路 12 位 DAC 和与 80C51 指令兼容的 8 位 MCU。AD 公司最近又推出了 16 位和 24 位 ADC 的 ADμC816 和 ADμC824，其他性能特性与 ADμC812 基本相同。

ADμC812MCU 包括 8 KB 的 Flash 程序存储器、640 B 的 Flash 数据存储器、256 B 的 RAM 和与 80C51 兼容的内核。并且具有看门狗定时器、电源监视器以及 ADC DMA 功能，32 个可编程 I/O 口、I2C/SPI 兼容和标准 UART 串行通信接口。芯片具有正常、空闲和掉电 3 种工作模式，非常适合低功耗应用的电源管理方案，例如，智能传感器、电池供电系统(可移动 PC、手持仪器和终端)、瞬时捕捉系统、DAS 和通信系统等。

10.1.4.6 基于 ARM 核的 32 位单片机

ARM(Advanced RISC Machine)是一种通用的 32 位 RISC 处理器，32 位指处理器的外部数据总线是 32 位的，相比 8 位和 16 位的相同主频处理器性能更强大。ARM 是一种功耗很低的高性能处理器，例如，ARM7TDMI 具有每瓦产生 690 MIPS 的能力，已证明在工业界处于领先水平。ARM 公司并不生产芯片，而是将 ARM 的技术授权其他公司生产。ARM 本质上并不是一种芯片，而是一种芯片结构技术，不涉及芯片生产工艺。授权生产 ARM 结构芯片的公司采用不同的半导体技术，面对不同的应用进行扩展和集成，标有不同系列号。目前可以提供含 ARM 核 CPU 芯片的著名欧美半导体公司有：英特尔、德州仪器、三星半导体、摩托罗拉、飞利浦半导体、意法半导体、亿恒半导体、科胜讯、ADI 公司、安捷伦、高通公司、Atmel、Intersil、Alcatel、Altera、Cimus Logic、Linkup、Parthus、LSI Logic、Micronas、Silicon、Wave、Virata、Portalplayer inc.、NetSilicon 和

Parthus。ARM 的应用范围非常广泛，例如，嵌入式控制——汽车、电子设备、保安设备、大容量存储器、调制解调器和打印机；数字消费产品——数码相机、数字式电视机、游戏机、GPS 和机顶盒；便携式产品——手提式计算机、移动电话、PDA 和灵巧电话。

10.1.5　单片机的特点

单片机除了具有体积小、价格低、性能强大、速度快、用途广、灵活性强、可靠性高等优点外，它与通用微型计算机相比，在硬件结构和指令设置上还具有以下独特之处。

(1) 存储器 ROM 和 RAM 是严格分工的。ROM 用作程序存储器，只存放程序、常数和数据表格，而 RAM 用作数据存储器，存放临时数据和变量。这样的设计方案使单片机更适用于实时控制(又称现场控制或过程控制)系统。配置较大的程序存储空间 ROM，将已调试好的程序固化(即对 ROM 编程，又称烧录或者烧写)，这样不仅掉电时程序不丢失，还避免了程序被破坏，从而确保了程序的安全性。实时控制仅需容量较小的 RAM，用于存放少量随机数据，这样有利于提高单片机的操作速度。

(2) 采用面向控制的指令系统。在实时控制方面，尤其是在位操作方面，单片机有着不俗的表现。

(3) 输入/输出(I/O)端口引脚通常设计多种功能。在设计时，究竟使用多功能引脚的哪一种功能，则可以由用户编程确定。

(4) 品种规格的系列化。属于同一个产品系列、不同型号的单片机，通常具有相同的内核、相同或兼容的指令系统。其主要的差别仅在于片内配置了一些不同种类或不同数量的功能部件，以适用不同的被控对象。

(5) 单片机的硬件功能具有广泛的通用性。同一种单片机可以用在不同的控制系统中，只是其中所配置的软件不同而已。换言之，给单片机固化上不同的软件，便可形成作用不同的专用智能芯片，有时将这种芯片称为固件(Firmware)。

10.1.6　单片机应用系统

单片机应用系统是以单片机为核心构成的智能化产品。其智能化体现在以单片机为核心构成的微型计算机系统，它保证了产品的智能化处理与智能化控制能力。单片机智能化产品包括智能仪表、可编程控制器、空调控制器、全自动洗衣机控制器、DVD 控制器、数据采集系统、金融 POS 机和移动电话机芯等。这些单片机智能化产品中以单片机为核心构成的硬件电路，统称为单片机系统。

为了实现产品的智能化处理与智能化控制，还要嵌入相应的控制程序，称之为单片机应用软件。

嵌入了应用软件的单片机系统称为单片机应用系统。

单片机是单片机系统中的一个器件，单片机系统是构成某一单片机应用系统的全部硬件电路，单片机应用系统是单片机系统和应用软件相结合的产物。

10.1.7　单片机的应用领域

单片机由于其体积小、功耗低、价格低廉。且具有逻辑判断、定时计数、程序控制等多种功能，广泛应用于仪器仪表、家用电器、医用设备、航空航天、专用设备的智能化管理及过程控制等领域。下面简单介绍一下它的典型应用。

10.1.7.1 单片机在智能仪表中的应用

单片机具有体积小、功耗低、控制功能强、扩展灵活、微型化和使用方便等优点，广泛应用于仪器仪表中，结合不同类型的传感器，可用于诸如电压、功率、频率、湿度、温度、流量、速度、厚度、角度、长度、硬度和压力等物理量的测量。采用单片机控制使得仪器仪表数字化、智能化、微型化，且功能比采用电子或数字电路更加强大，提高了其性价比，例如，精密的测量设备功率计、示波器和各种分析仪等。

10.1.7.2 单片机在机电一体化中的应用

机电一体化是机械工业发展的方向。机电一体化产品是指集机械技术、微电子技术、计算机技术、传感器技术于一体，具有智能化特征的机电产品，例如，微机控制的车床、钻床等。单片机作为产品中的控制器，能充分发挥它体积小、可靠性高、功能强等优点，可大大提高机器的自动化、智能化程度。可编程顺序控制器是一个典型的机电控制器，其核心通常就是由一个单片机构成的。

10.1.7.3 单片机在实时控制中的应用

单片机广泛地应用于各种实时控制系统中。例如，在工业测控、航空航天、尖端武器等各种实时控制系统中，都可以用单片机作为控制器。单片机的实时数据处理能力和控制功能，能使系统保持在最佳工作状态，提高系统的工作效率和产品质量。例如，机器人的每个关节或动作部位都是一个单片机实时控制系统。

10.1.7.4 单片机在分布式多机系统中的应用

在比较复杂的系统中，常采用分布式多机系统。多机系统一般由若干台功能各异的单片机应用系统组成，各自完成特定的任务，它们通过串行通信相互联系、协调工作。单片机在这种系统中往往作为一个终端机，安装在系统的某些节点上，对现场信息进行实时测量和控制。单片机的高可靠性和强抗干扰能力，使它可以置于恶劣环境的前端工作。

10.1.7.5 消费类电子产品控制

消费类电子产品控制主要应用在家电领域，例如洗衣机、空调器、汽车电子与保安系统、电视机、录像机、DVD 机、音响设备、电子秤、IC 卡、手机和 BP 机等。在这些设备中，使用单片机机芯之后，其控制功能和性能大大提高，并实现了智能化、最优化控制。

10.1.7.6 终端及外部设备控制

计算机网络终端设备，例如银行终端、商业 POS 机(自动收款机)和复印机等，以及计算机外部设备，例如打印机、绘图机、传真机、键盘和通信终端等。在这些设备中使用单片机，使其具有计算、存储、显示和输入等功能，具有和计算机连接的接口，使计算机的能力及应用范围大大提高，更好地发挥了计算机的性能。

可以毫不夸张地说，凡是能想到的地方，单片机都可以应用得上。全世界单片机的年产量数以亿计，应用范围之广，种类之多，一时难以详述。单片机应用的意义不仅在于它的广阔应用范围。以前必须由模拟电路或数字电路实现的大部分控制功能，现在可以使用单片机通过软件方法来实现。这种以软件取代硬件并能提高系统性能的控制技术称为微控制技术。微控制技术标志着一种全新概念的诞生，随着单片机的推广普及，微控制技术必将不断地发展和日趋完善，而单片机的应用必将更加深入、更加广泛。

单片机与常用的TTL、CMOS数字集成电路相比，掌握起来不容易，问题在于单片机具有智能化功能，不仅要学习其硬件，还要学习其软件，而软件设计需要有一定的创造性。这虽然给学习者带来一定难度，但这也正是它的迷人之处。一个普通的消毒柜配上装有专用软件的单片机，虽然成本增加10余元，但市场售价可高出300余元。原因在于它的科技含量高，其中的软件凝聚着开发者的智慧。

由此可见，单片机技术无疑是21世纪最为活跃的新一代电子应用技术。随着微控制技术(以软件代替硬件的高性能控制技术)的发展，单片机的应用必将导致传统控制技术发生巨大变革。换言之，单片机的应用是对传统控制技术的一场革命。因此，学习单片机的原理，掌握单片机应用系统设计技术，具有划时代的意义。

10.2　MCS-51系列单片机的结构

本章将较详细地介绍单片机概念、单片机系统，单片机的中央处理器CPU、程序和数据存储器、输入输出等部分。重点是片内RAM的分区以及各分区和特殊功能寄存器的作用，这些是单片机应用的基础。

10.2.1　MCS-51系列单片机的结构和引脚

MCS-51是Intel公司生产的一个单片机系列的名称。Intel公司继1976年推出MCS-48系列8位单片机之后，于1980年推出了MCS-51系列高档8位单片机，属于这一系列的单片机芯片主要有8051/8751/8031、8052/8032、8044/8744、80C51BH/87C51/80C31BH、83C252/87C252/80C252等品种。它们的引脚及指令系统相互兼容，主要在内部结构和应用上有些区别。

10.2.1.1　引脚定义及功能

8051单片机芯片采用钉引脚，双列直插封装(DIP)方式，引脚和逻辑符号如图10-3所示。其中某些引脚具有双重功能，简要说明如下。

(1) 电源引脚。

V_{cc}(40脚)：供电电源+5V。

V_{ss}(20脚)：接地线。

(2) 时钟电路引脚。

XTAL2(18脚)和XTAL1(19脚)。

XTAL1与XTAL2分别用做晶体振荡电路的反相器输入和输出端。在使用内部振荡电路时，这两个端子用来外接石英晶体，振荡频率为晶体振荡频率，振荡信号送至内部时钟电路产生时钟脉冲信号。这个部分给单片机提供工作节拍，是单片机的主频。

(3) 控制信号引脚。

RST/VPD(9脚)：RST是复位信号输入端，高电平有效，此端保持两个机器周期(24个时钟周期)以上的高电平时，就可以完成复位操作。RST引脚的第二功能是VPD，即备用电源的输入端。当主电源Vcc发生故障降低到低电平规定值时，将+5V电源自动接入RST端为RAM提供各用电源，以保证存储在RAM中的信息不丢失，从而使复位后能继续正常运行。

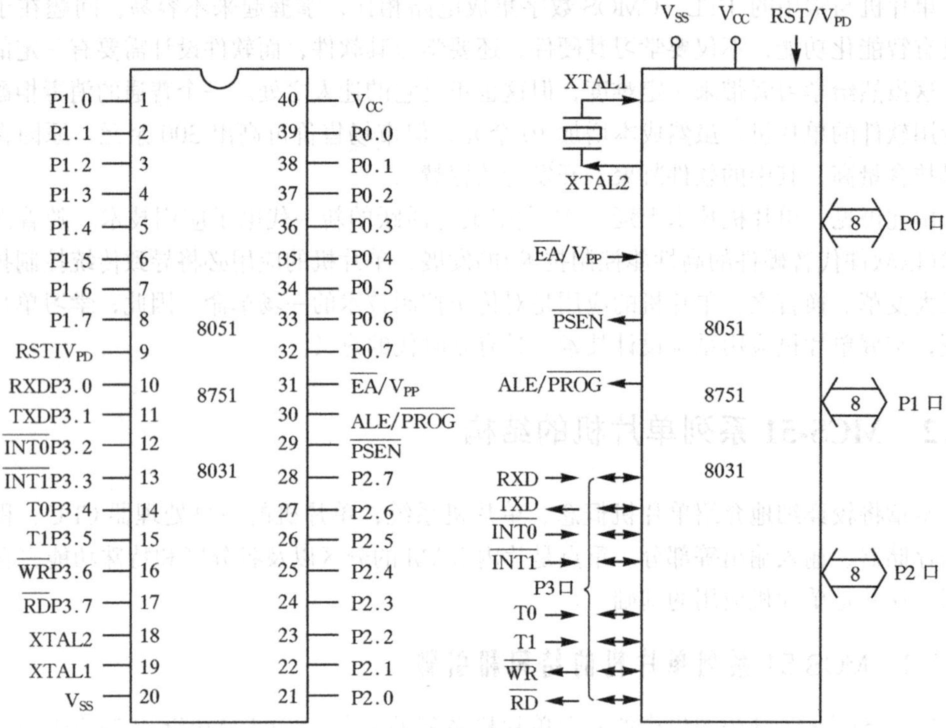

(a) 引脚排列 (b) 引脚功能

图 10-3 8051 引脚排列及引脚功能

ALE/$\overline{\text{PROG}}$(30 脚)：地址锁存允许信号端。在访问外部存储时，ALE 用来锁存 P0 口扩展地址低 8 位的地址信号。在不访问外部存储器时，ALE 以时钟振荡频率的 1/6 的固定速率输出，因而它又可用作外部定时或其他需要。如果想确定8051/S031 芯片的好坏，可用示波器查看ALE端是否有脉冲信号输出，如果有，则 8051/8031 基本上是完好的。

ALE 端的负载驱动能力为 8 个 TTL 负载。

ALE 脚的第二功能是$\overline{\text{PROG}}$，在对片内带有 4KB EPROM 的 8751 编程写入(固化程序)时，作为编程脉冲输入端。

$\overline{\text{PSEN}}$(29 脚)：程序存储允许输出信号端。当访问片外程序存储器时，此脚输出负脉冲作为读选通信号。

$\overline{\text{EA}}$/V_{PP}(31 脚)：EA 是访问外部程序存储器控制信号。对 8051 和 8751，它们片内有 4KB 的程序存储器，当$\overline{\text{EA}}$接高电平时，分两种情况，若访问的地址空间在 0～4KB 范围内，CPU 访问片内程序存储器；访问的地址超出 4KB 时，CPU 将自动访问外部程序存储器，即访问外部 ROM。当接低电平时，CPU 只访问外部 EPROM/ROM，而不管是否有片内程序存储器。对 8031，则必须接地。

第二功能 VPP 是 8751 的 EPROM 的 21V 编程电源的输入端。

(4) 输入/输出端口 P0，P1，P2 和 P3。

P0 口(P0.0～P0.7，39-32 脚)：是一个 8 位漏极开路的双向 I/O 端口。第二功能是在访问外部存储器时，分时提供低 8 位地址线和 8 位双向数据总线。在对 8751 片内 EPROM 进行编程和校验时，P0 口用于数据的输入和输出。

P1 口(P1.0～P1.7，1～8 脚)：P1 口是一个带内部上拉电阻的 8 位准双向 I/O 端口，一般可作为 I/O 端口。在 P1 口作为输入口使用时，应先向 P1 口锁存器写入全 1，此时 P1 口引脚由内部上拉电阻拉成高电平。

P2 口(P2.0～P2.7，21～28 脚)：P2 口是一个带内部上拉电阻的 8 位准双向 I/O 端口。在访问片外 EPROM/RAM 时，它输出高 8 位地址。

P3 口(P3.0～P3.7，10～17 脚)：P3 口是一个带内部上拉电阻的 8 位准双向 I/O 端口，此外 P3 口的每个脚还具有第二功能如表 10-1 所列。

表 10-1　P3 口第二功能

口　线	第二功能
P3.0	RXD(串行接收)
P3.1	TXD(串行发送)
P3.2	$\overline{INT0}$(外部中断 0 输入)
P3.3	$\overline{INT1}$(外部中断 1 输入)
P3.4	T0(定时器 0 外部输入)
P3.5	T1(定时器 1 外部输入)
P3.6	$\overline{WR}$(外部数据存储器写信号)
P3.7	$\overline{RD}$(外部数据存储器读信号)

10.2.1.2　MCS-51 系列单片机的基本组成

现以 MCS-51 系列单片机的 8051 为例介绍其内容结构，其内部结构图如图 10-4 所示，其内部如下。

① 8 位 CPU。

② 片内程序存储器 ROM/EPROM(4KB/8KB)用以存放程序，原始数据和表格。8031 片内无 ROM。

③ 片内数据存储器 RAM(128B/256B)用以存放可以读/写的数据，如中间结果以及欲显示的数据等。

④ 4 个 8 位并行 I/O 端口 P0～P3，每个端口既可以用作输入，也可以用作输出。

⑤ 两个定时器，既可以设置为计数方式，用以对外部事件进行计数，也可以设置成定时方式，并可以根据计数或定时结果实现计算机控制。

⑥ 5 个中断源。

⑦ 一个全双工 UART(异步接收发送器)的串行 I/O 端口用于实现单片机间或与 PC 机的通信。

⑧ 片内时钟振荡器，最高时钟频率为 12 MHz。

10.2.2　8051 单片机存储器结构及其用途

MCS-51 系列单片机存储器具有如下特点。

(1) 程序存储器和数据存储器截然分开，各有自己的寻址系统、控制信号和特定的功能。程序存储器只存放程序和始终要保留的常数，数据存储器通常用来存放程序运行中所需要的大量数据。程序存储器一般为只读存储器 ROM 或 EPROM，数据存储器一般则采用静态随机存储器 RAM。

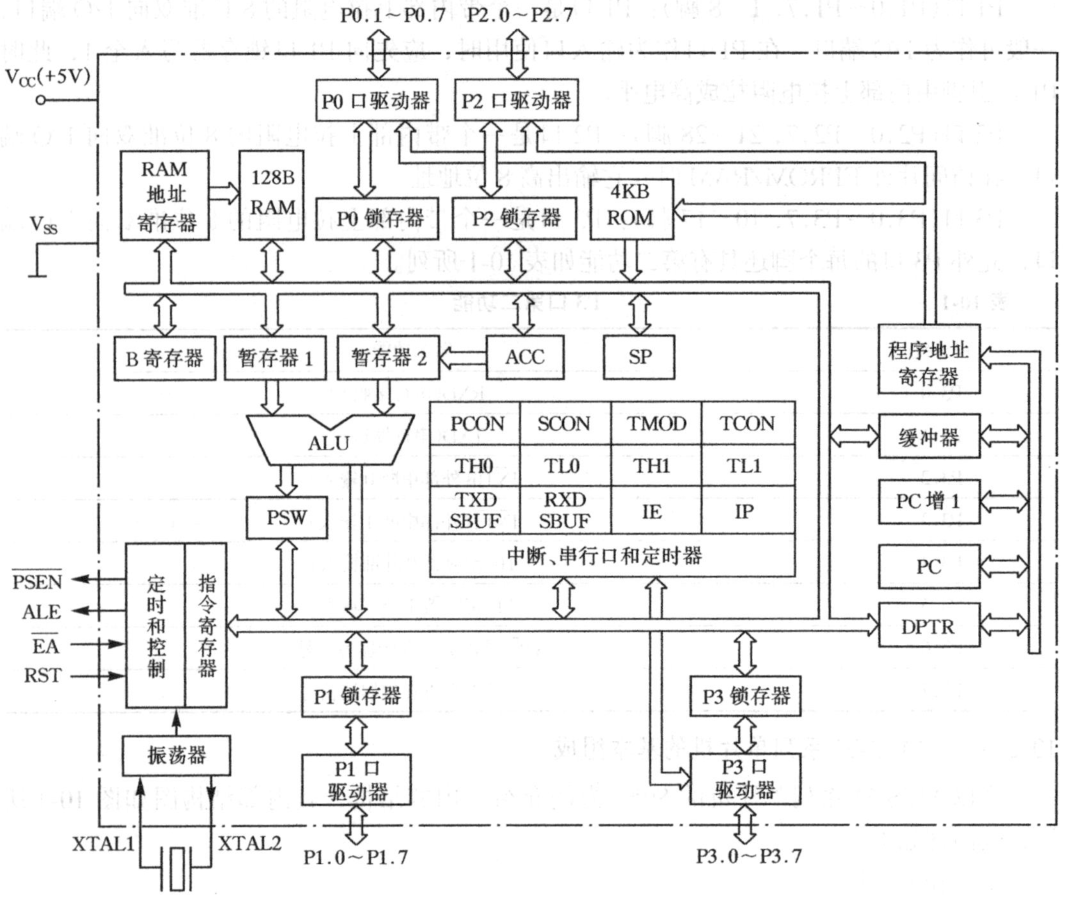

图 10-4 8051 单片机内部结构

(2) 程序存储器和数据存储器、内部存储器和外部存储器、字节地址和位地址，这些存储器空间的地址多数从零开始编址，所以在地址上都有重叠，到底寻址哪一个存储器空间，MCS-51 系列单片机是通过不同的指令形式或控制信号来区分的。

(3) 工作寄存器由 RAM 组成，I/O 接口采用与存储器对应方式。工作寄存器、I/O 接口锁存器和数据存储器 RAM 统一编址。

(4) 具有一个功能很强的布尔处理器，可寻址位空间有 256 位。

MCS-51 系列单片机存储器结构如图 10-5 所示，即由 PC 做地址指针的片内 4 KB (0000H～0FFFH)程序存储器、片外 64 KB(0000H～FFFFH)程序存储器；片外由数据指针做地址的 64 KB 数据存储器、片内 8 位地址的 128 B 的 RAM(00H～7FH)和特殊功能寄存器 SFR(80H～FFH)。

10.2.2.1 程序存储器

程序存储器用于存放程序及表格数据。在 8051(8751)片内有 4KB 的 ROM(EPROM)，且通过 16 位地址线可扩展 64KB 的 EPROM。如前面所述，片内 ROM 和扩展 ROM 是统一编址的。当$\overline{EA}$=1 时，使用的是片内 0000H～0FFFH 和片外 1000H～FFFFH 的存储器地址；当$\overline{EA}$=0 时，所有取指令操作均在外部程序存储器中进行，这时外部扩展的 ROM 可以从 0000H 开始编址。对 8031 单片机来说，由于片内无 ROM，只能外部扩展程序存

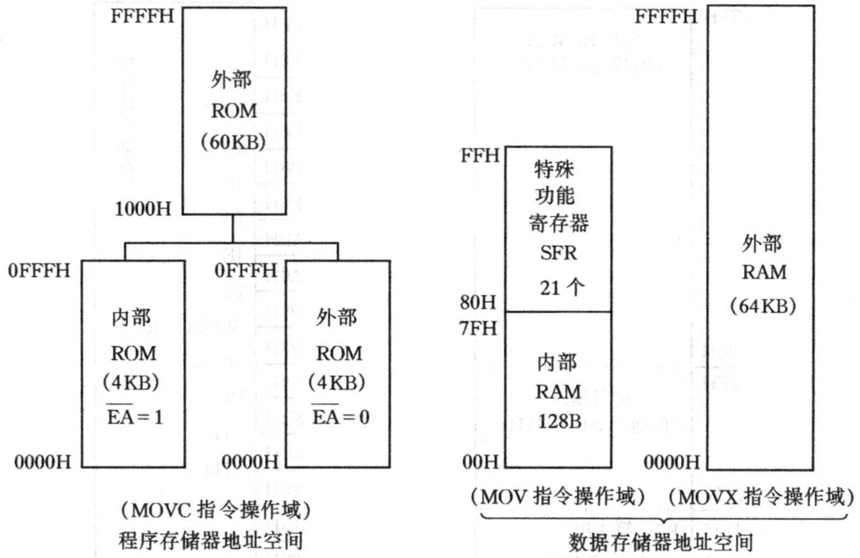

图 10-5　8051 存储器组织结构

储器，其地址范围0000H～FFFFH，访问程序存储器使用 MOVC 指令。

在程序存储器的使用中，某些特定的单元是给系统使用的。比如，复位后，CPU 总是从0000H单元开始执行程序，通常在 0000H～0002H 单元安排一条无条件转移指令，例：LJMP MAIN使之转向主程序入口地址。0003H～002AH 单元均匀地分为五段，被保留用于五个中断服务程序的中断入口。具体地址分配如表 10-2 所列。

表 10-2　系统复位、中断入口地址和保留的存储单元

中断源	入口地址	被保留存储单元
系统复位	0000H	0000H～0002H
外部中断($\overline{INT0}$)	0003H	0003H～000AH
定时器 0 溢出中断	000BH	000BH～0012H
外部中断 1($\overline{INT1}$)	0013H	0013H～01AH
定时器 1 溢出中断	001BH	001BH～0022H
串行口中断	0023H	0023H～002AH

10.2.2.2　数据存储器地址空间

数据存储器用于存放运算的中间结果、缓冲和数据暂存以及设置特征位。数据存储器空间分成片内和片外两大部分，即片内 RAM 和片外 RAM。

8051 片外数据存储器空间为 64 KB，编址为 0000H～FFFFH；片内存储器空间为 256 B，编址为 00H～FFH。通过指令来区别内外 RAM 寻址。用 MOV 类指令寻址片内 RAM，用 MOVX 类指令寻址片外 RAM。

（1）外部数据存储器。外部数据存储器以 16 位的 DPTR 和@Ri 内容作为地址指针，可寻址 64KB 空间。RD/WR 作为外部数据存储器的读/写选通信号。

（2）内部数据存储器。片内 256 B 的数据存储器分为两部分，低 128 B(00H～7FH)是真正的 RAM 区，高 128B(80H～FFH)为特殊功能寄存器(SFR)区，如图 10-4 所示。

从图 10-6 中可以看出在低 128B 的 RAM 中，又分为 3 个区域 00H～1FH 为通用工作

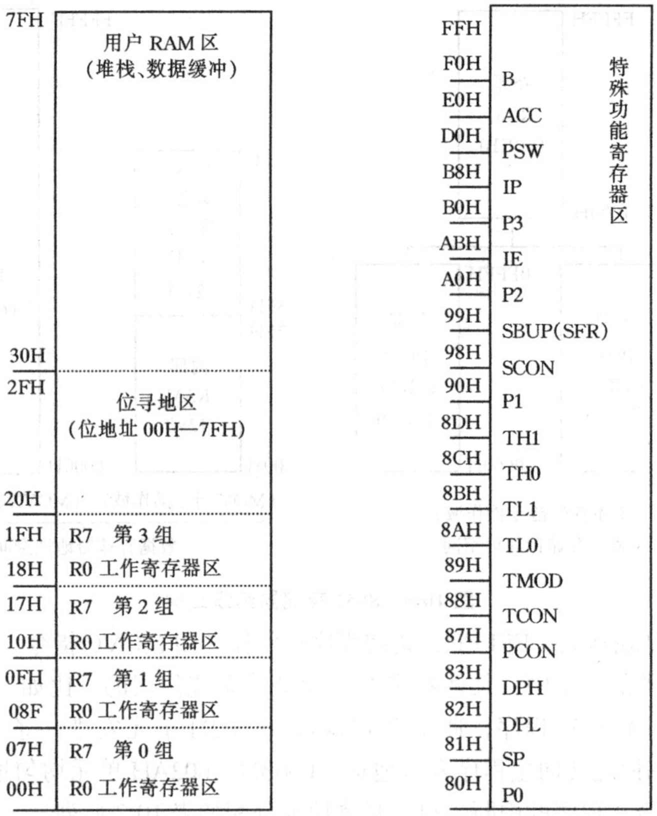

图 10-6 片内 RAM 地址空间

寄存器区；20H～2FH为位寻址区；30H～7FH 为用户 RAM 区。对这三部分的功能叙述如下：

① 通用工作寄存器。工作寄存器共分 4 组(0，1，2，3 组)，每组 8 个寄存器(R0～R7)，占 32 个地址单元 00H～1FH，使用时可以通过对 SFR 中的程序状态字寄存器 PSW 中的 RS1、RS0 两位的设置来任选一个工作寄存器组，如表 10-3 所列。

表 10-3 工作寄存器组的选择

RS1 (PSW.4)	RS0 (PSW.3)	当前使用的工作寄存器组 R_0～R_7
0	0	工作寄存器组 0(00H～07H)
0	1	工作寄存器组 1(08H～0FH)
1	0	工作寄存器组 2(10H～17H)
1	1	工作寄存器组 3(18H～1FH)

利用工作寄存器组，可使系统具有快速保护现场的功能，对于提高程序的效率和中断响应速度是很有利的。如果实际应用中并不需要 4 组工作寄存器，则剩下的工作寄存器组所对应的单元可作为 RAM 使用。

② 位寻址区(20H～2FH)。位寻址区共 16 个字节，每个字节的 8 位均对应一个位地址，编址为 00H～7FH。其地址分布如表 10-4 所列。

表 10-4　　**RAM 位寻址区字节及位地址表**

字节地址	位地址							
	D7	D6	D5	D4	D3	D2	D1	D0
2FH	7FH	7EH	7DH	7CH	7BH	7AH	79H	78H
2EH	77H	76H	75H	74H	73H	72H	71H	70H
2DH	67H	66H	65H	64H	63H	62H	61H	60H
2CH	6FH	6EH	6DH	6CH	6BH	6AH	69H	68H
2BH	57H	56H	55H	54H	53H	52H	51H	50H
2AH	5FH	5EH	5DH	5CH	5BH	5AH	59H	58H
29H	4FH	4EH	4DH	4CH	4BH	4AH	49H	48H
28H	47H	46H	45H	44H	43H	42H	41H	40H
27H	3FH	3EH	3DH	3CH	3BH	3AH	39H	38H
26H	37H	36H	35H	34H	33H	32H	31H	30H
25H	2FH	2EH	2DH	2CH	2BH	2AH	29H	28H
24H	27H	26H	25H	24H	23H	22H	21H	20H
23H	1FH	1EH	1DH	1CH	1BH	1AH	19H	18H
22H	17H	16H	15H	14H	13H	12H	11H	10H
21H	0FH	0EH	0DH	0CH	0BH	0AH	09H	08H
20H	07H	06H	05H	04H	03H	02H	01H	00H

可以通过位指令对这些位进行清零、置位、取反和测试等操作，同样，位寻址区的RAM 单元也可按字节寻址，作为一般的数据缓冲器使用。

例 10-1　MOV A，20H；表示把字节地址 20H 单元的内容送累加器，故该指令为字节操作指令。

例 10-2　MOV C，20H；表示位地址 20H 中的状态送至 CY 中

从表 10-4 中可知，位地址 20H 是字节地址 24H 中的最低位(D0 位)。

以上例子说明 RAM 中位寻址区既可按位寻址，又可按字节寻址。

③ 用户 RAM 区(30H～7FH)。这个区域一般用于数据寄存，还可用作堆栈，以解决调用子程序和响应中断时的现场保护：一般说来，堆栈原则上可设置在 RAM 的任意区域，但由于 00H～1FH 为工作寄存器区，20H～2FH 为位寻址区，所以一般设在 30H～7FH 的范围之内，这个区域只能按字节寻址。下面给出几个使用实例，以帮助理解。

内部 RAM 的各个单元，都可以通过直接给出的字节地址来寻址，例如：

MOV 40H，＃7FH；(40H)←7FH

如果要寻找内部 RAM 中可位寻址的各位，必须在位操作指令中用位地址来寻找，例如：

SETB 1FH；(1FH)←1

对于工作寄存器组中的当前工作寄存器，一般都直接用其符号，如 R0～R7，例如：

MOV R4，＃0FFH；R4←0FH

还能进行内存单元的数据直接传送：

MOV 40H，30H；(40H)←(30H)

④ 特殊功能寄存器(SFR)。MCS-51 系列单片机内部的 I/O 接口寄存器，如串行口数据缓冲器、定时器/计数器、各种控制寄存器和状态寄存器，统称为特殊功能寄存器 SFR(Special Function Registers)。

8051 片内包含 21 个 8 位的 SFR，离散地分布在 80H～FFH 地址空间内。访问特殊功

能寄存器只允许使用直接寻址方式。SFR 的地址分布如表 10-5 所列。

表 10-5　　特殊功能寄存器地址映像

SFR 名称	符号	位地址/位定义								节地址
B 寄存器	B	F7	F6	F5	F4	F3	F2	F1	F0	F0H
累加器 A	ACC	E7	E6	E5	E4	E3	E2	E1	E0	E0H
程序状态字	PSW	D7	D6	D5	D4	D3	D2	D1	D0	D0H
		CY	AC	F0	RS1	RS0	OV		P	
中断优先级控制	IP	BF	BE	BD	BC	BB	BA	B9	B8	
					PS	PT1	PX1	PT0	PX0	
I/O 端口 3	P3	B7	B6	B5	B4	B3	B2	B1	B0	B0H
		P3.7	P3.6	P3.5	P3.4	P3.33	P.2	P3.1	P3.0	
中断允许控制	IE	AF	EA	AD	AC	AB	AA	A9	A8	A8H
		EA			ES	ET1	EX1	ET0	EX0	
I/O 端口 2	P2	A7	A6	A5	A4	A3	A2	A1	A0	A8H
		P2.7	P2.6	P2.5	P2.4	P2.3	P2.2	P2.1	P2.0	
串行数据缓冲	SBUF									99H
串行控制	SCON	9F	9E	9D	9C	9B	9A	99	98	98H
		SM0	SM1	SM2	REN	TB8	RB8	TI	RI	
I/O 端口 1	P1	97	96	95	94	93	92	91	90	90H
		P1.7	P1.6	P1.5	P1.4	P1.3	P1.2	P1.1	P1.0	
定时/计数器 1(高字节)	TH1									8DH
定时计数器 0(高字节)	TH0									8CH
定时计数器 1(低字节)	TL1									8BH
定时/计数器 0(低字节)	TL0									8AH
定时/计数器控制器	TMOD	GATE	C/$\overline{T}$	M1	M0	GATE	C/$\overline{T}$	M1	M0	
电源控制即波特率选择	TCON	8F	8E	8D	8C	8B	8A	89	88	88H
		TF1	TR1	TF0	TR0	IE1	IT1	IE0	IT0	
数据指针高字节	PCON	SMOD				GF1	GF0	PD	IDL	87H
数据指针低字节	DPH									83H
堆栈指针	DPL									82H
I/O 端口	SP									81H
	P0	87	86	85	84	83	82	81	80	80H
		P0.7	P0.6	P0.5	P0.4	P0.3	P0.2	P0.1	P0.0	

SFR 的地址是不连续的且不占满内部数据存储器 80H～FFH 的整个地址空间。80H～FFH 地址空间的很多单元是没有定义的，用户不能使用它。如果对这些未定义的单元进行读/写，将会发现读出的数据不定。

每一个 SFR 都有字节地址，并定义了符号名，其中有 11 个 SFR 具有位地址(可位寻址)，对应的位也定义了位名。由表 10-5 可知，凡是字节地址能被 8 整除的 SFR 都具有位寻址。

在使用特殊功能寄存器时，可以直接寻址，也可以用其符号名寻址，例如：

MOV SP，＃30H

对于具有位地址的 SFR，在表示其某一位时，可以用位地址，也可以用位定义名，或者用“寄存器名 . 位”表示。例如：

D4H(位地址)

RS1(位定义名)

PSW.4(寄存器名 . 位)

上述都表示 PSW 中的 D4H 位。

下面对 SFR 中的主要专用寄存器功能介绍如下。

① 累加器 ACC(E0H)。累加器 ACC 是最常用的专用寄存器，许多指令的操作数取自于 ACC，许多运算结果也存放在 ACC 中。累加器的助记符用 A 表示。

② B 寄存器(F0H)。B 寄存器主要用于乘法和除法操作。对于其他指令，B 寄存器可作为一个通用寄存器用于暂存数据。

③ 程序状态字 PSW(D0H)。PSW 相当于标志寄存器，用于指示指令的执行状态，供程序查询和判别之用。其格式如下。

CY(PSW.7)：进位标志位。在进行加(或减)法运算时，如果执行的结果最高位 D7 有进位(或借位)，CY 置 1，否则 CY 清零。在进行位操作时，CY 又是位操作累加器，助记符用 C 表示。

AC：辅助进位位。当进行加(或减)法运算时，如果低半字节的 D3 向高半字节进(或借)位时，AC 置 1，否则 AC 清零。

RS1 和 RS0：工作寄存器组选择控制位。用户可以由位指令设置 RS1 和 RS0 置 1 或置 0，以选择片内 RAM 的四组工作寄存器之一，作为当前的工作寄存器组。例如：

CLR RS1

SETB RS0

选择寄存器组 1。

单片机在复位后，RS1 和 RS0 自动置为 0。CPU 选择工作寄存器组 0 作为当前工作寄存器。

OV：溢出标志位。当进行补码运算时，如有溢出，即当运算结果超出 －128～＋127 的范围时，OV 位由硬件自动置 1，无溢出时，OV 为 0。

P：奇偶校验标志位。每条指令执行完后，该位始终跟踪累加器 A 中 1 的数目的奇偶性。如果 A 中 1 的个数为奇数，则 P 置 1，否则若 A 中 1 的个数为偶数或 A 为 00H，则 P 清 0。无论执行什么指令，只要 A 中 1 的个数改变，P 就随着改变。

F0：用户标志位。用户可以根据自己的需要对 F0 位赋予一定的含义。由用户置位或复位，作为软件标志。

CY	AC	F0	RS1	RS0	OV	—	P

④ 堆栈指针 SP。堆栈指针 SP 为 8 位，即可指向片内 RAM(00H～7FH)128 B 的任何单元，单片机开机复位后，SP 的初始值自动设置为 07H，这正好是寄存器区 0 组的最后

一个单元。这主要考虑到 CPU 通常至少有一组工作寄存器投入使用，如果在程序设计中，只用一组工作寄存器，可将 SP 设在 07H 处。若要使用多组寄存器，可将 SP 设在内部 RAM 的 30H～7FH 地址空间内，方法是用一条传送指令 MOV SP，＃30H，给 SP 设置初值，也就是确定栈底地址。

堆栈可用于响应中断或子程序调用时的断点地址的保护。断点处的 16 位地址即 PC 的值会自动压入堆栈，它的工作过程为 SP＋1→SP，将低 8 位的地址压入堆栈，SP 再加 1，将高 8 位的地址进栈。例如：主程序执行到 2035H 处响应了中断请求，在转入中断服务程序之前，必须把断点 2035H 保护起来，假设 SP＝30H，则执行情况如下。

SP＋1＝30H＋1→SP，将低位地址 35H 压入堆栈的 31H 中，SP 再加 1，SP＝32H，高位地址 20H 压入堆栈 32H 中。

在中断服务程序或子程序结束时，执行中断返回指令 RETI 或子程序返回指令 RET。原断点地址会自动从堆栈中弹出给 PC，使程序从原断点处继续执行下去。弹出时，先弹出高位地址，SP-1，然后弹出低位地址，SP 再减 1。

对堆栈的操作还可以通过 PUSH 进栈指令和 POP 出栈指令对堆栈进行存取数据，这两条指令常用于保护现场和恢复现场。

⑤ 数据指针 DPTR。DPTR 称为数据地址指针，共 16 位，它由两个 8 位的 SFR 组成，即高 8 位的 DPH 和低 8 位的 DPL。

DPTR 主要用于存放 16 位的外部 RAM 和扩展的 I/O 接口的地址。可寻址的空间位为 0000H～FFFFH。

⑥ I/O 端口锁存器 P0～P3。8051 单片机有 4 个并行端口 P0～P3，与之对应的有 4 个特殊功能寄存器 P0～P3 作为锁存器，当 I/O 端口某一位用于输入时，必须在相应的锁存器中对应位先写入 1。

除了上面已介绍的特殊功能寄存器外，8051 还有如下的 SFR，将在后述课程中介绍。

TMOD：方式寄存器。

TCON：定时器控制寄存器。

T0：定时器 T0，16 位，由 TH0 和 TL1 组成。

T1：定时器 T1，16 位，由 TH1 和 TL1 组成。

IE：中断允许寄存器。

IP：中断优先权控制寄存器。

SCON：串行控制寄存器。

SBUF：串行数据缓冲寄存器。

PCON：电源控制及波特率选择。

10.2.3 并行 I/O 端口

10.2.3.1 并行 I/O 端口的结构

8051 有 4 个 8 位并行双向 I/O 端口。

I/O 端口线都能独立地用作输入或输出。P0～P3，共 32 根 I/O 端口线，每一根 I/O 端口的一位结构如图 10-7 所示。

(1) P0 口。P0 口由 1 个输出锁存器(D 触发器)、2 个三态输入缓冲器、输出驱动电路(场效晶体管FET)及控制电路组成。

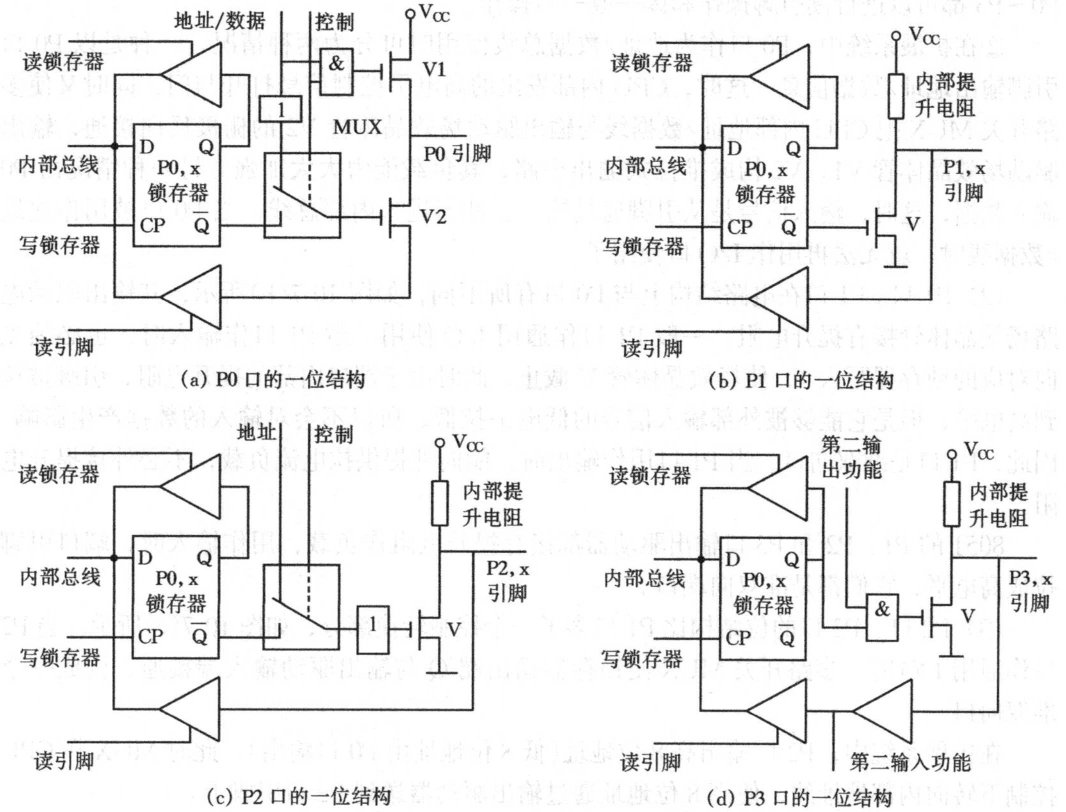

图 10-7　I/O 接口的一位结构

① 当 P0 口作 I/O 使用时，如图 10-7(a)所示，CPU 内部发出控制信号低电平封锁与门，使输出驱动电路上方的场效晶体管(FET)截止，同时又使多路开关 MUX 把锁存器 Q 端与驱动电路下方的场效晶体管的栅极接通。

P0 口用于输出时，执行 MOV P0，A，写脉冲加到锁存器 CP 上，内部总线的信息就会经锁存器和输出驱动器送到 P0 口引脚，而且输出有锁存。由于 P0 口用于输出时，输出驱动器上方 FET 被关断，因此 P0 口是漏极开路电路(称为开漏输出)，若驱动 NMOS 或其他拉电流负载时，需要外接提升电阻。P0 口用于输入时，应该先向锁存器写入 1，使输出驱动电路下方 FET 截止，P0 口引脚处于悬浮状态(高阻态)，具有高阻抗输入特性，因而 P0 口是双向端口。

下面介绍两种输入方法：第一种方法读引脚；第二种方法读输出锁存器。P0 口有两个三态门输入缓冲器读操作。下方的三态缓冲器用于读引脚信号，上方的三态缓冲器用于读端口锁存器的内容。有两类指令分别产生读引脚和读锁存器的脉冲，用于选通三态缓冲器。当执行一条读引脚指令(如 MOV A，P0)时，读引脚脉冲把该三态缓冲器打开，这时端口引脚上的数据经过下方缓冲器读入到内部总线。有时端口已处于输出状态，CPU 的某些操作是先将端口(锁存器)原数据读入，经过运算修改后，再写到端口(锁存器)输出，这类指令读入的数据是锁存器的内容，可能改变其值然后重新写入端口锁存器，称为读一改一写指令。例如：执行一条 RL P0，A 指令时，读锁存器脉冲打开三态缓冲器，CPU 先读取 P0 口锁存器的内容，然后和累加器 A 中的内容进行逻辑与运算，结果送回到 P0 口(锁存器)中。8051 的 4 个端口 P0～P3 都采用两套输入缓冲器的电路结构，因此，对

P0～P3 都可以进行读引脚操作和读—改—写操作。

②在扩展系统中，P0 口作为地址/数据总线使用时可分为两种情况。一种是以 P0 口引脚输出地址/数据信息。这时，CPU 内部发出的高电平控制信号打开与门，同时又使多路开关 MUX 把 CPU 内部地址/数据线与输出驱动场效晶体管 V2 的栅极反向接通，输出驱动场效晶体管 V1，V2 构成推拉式输出电路，其负载能力大大加强。另一种情况由 P0 输入数据，这时，输入信号是从引脚通过输入缓冲器进入内部总线，当 P0 口被用作地址/数据线时，就无法再用作 I/O 口使用了。

(2) P1 口。P1 口在电路结构上与 P0 口有所不同，如图 10-7(b)所示，其输出驱动电路场效晶体管接有提升电阻。一般 P1 口作通用 I/O 使用。当 P1 口作输入时，也必须先向对应的锁存器写入 1，使场效晶体管 V 截止，此时由于端口内部的提升电阻，引脚被拉到高电平，但是它能够被外部输入信号的低电平拉低，所以不会对输入的数据产生影响。因此，P1 口是准双向口。当 P1 口用作输出时，能向外提供拉电流负载，不必外接提升电阻。

8051 的 P1、P2 和 P3 口输出驱动器都接有提升电阻作负载，用作输入时，端口引脚拉成高电平，它们都是准双向端口。

(3) P2 口。P2 口的位结构比 P1 口多了一个控制转换部分，如图 10-7(c)所示。当 P2 口作通用 I/O 时，多路开关 MUX 使锁存器输出端 Q 与输出驱动输入端接通，构成一个准双向口。

在扩展系统中，P2 口输出高 8 位地址(低 8 位地址由 P0 口输出)，此时 MUX 在 CPU 控制下转向内部地址线，使高 8 位地址通过输出驱动器送到 P2 口引脚上。

(4) P3 口。P3 口也是个多功能口，如图 10-7(d)所示，它既可以作为通用 I/O，又具有第二功能，它们之间的转换由图中第二功能控制端决定。当第二输出功能端保持高电平时，打开与非门，锁存器输出可通过与非门和输出驱动场效晶体管送至引脚端，用作通用 I/O 口输出。输入时，仍通过三态缓冲器读引脚信号。

当第二输出功能端保持低电平时，用作第二功能。在 P3 口用于第二功能(见表 10-1)的情况下，输出时，锁存器输出 Q 为 1，打开与非门，第二输出功能端内容通过与非门和输出驱动场效晶体管送至端口引脚。输入时，端口引脚的第二功能信号通过缓冲器送到内部第二输入功能端。

10.2.3.2　并行 I/O 端口操作注意事项

对于每个 I/O 端口读取端口的方法均有两种：读引脚和读锁存器。在 MCS-51 指令系统中，有些指令是读引脚内容，这类操作由数据传送指令实现。有些指令则是读锁存器内容，这类指令由读—改—写指令实现。例如以下一些控制 I/O 的指令：

ANL(逻辑与,如 ANL P1,A)
OR(逻辑或,如 ORL P2,A)
XRL(逻辑异或,如 XRL P3,A)
JBC(测试、清零、跳转、如 JBC P1.1,NEXT)
CPL(位取反,如 CPL P3.0)
INC(加 1,如 INC P2)
DEC(减 1,如 DEC P2)

这些指令有一个共同的特点，就是先读入 I/O 口锁存器中的内容，做相应修改后，再写入该口的锁存器中，因此称为读—改—写指令。读—改—写指令之所以要读锁存器，而不是读引脚，是为了避免判错引脚电平的可能。还有一点要注意：在进行输入操作时，应在对应锁存器中先写入 1。

10.2.4 时钟电路

时钟是单片机的心脏，各部分都以时钟频率为基准，有条不紊地一拍一拍地工作。因此，时钟频率直接影响单片机的速度，时钟电路的质量也直接影响单片机系统的稳定性。常用时钟电路有内部时钟和外部时钟两种。

10.2.4.1 内部时钟电路

利用 8051 内部一个高增益的反向放大器，把一个晶振体和两个电容器组成的自激振荡电路接于 XTAL1(19 脚)和 XTAL2(18 脚)之间。这样，振荡器发出的脉冲直接送入内部时钟电路，如图 10-8 所示。

图中晶振体是石英晶体或陶瓷结构，振荡频率可任选，一般频率在 1.2～12 MHz。对于石英晶体振荡器，电容器 C_1、C_2 在 30 pF 左右，对于陶瓷振荡器，C1、C2 约在 47 pF 左右。

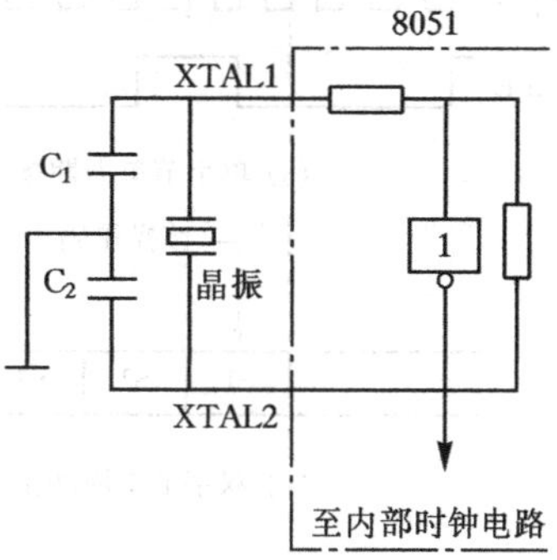

图 10-8 内部时钟电路

10.2.4.2 外部时钟电路

8051 也可使用外时钟信号。对于 HMOS 和 CHMOS 型单片机，外部时钟电路稍有不同。

(1) HMOS 型单片机外部振荡电路。HMOS 型单片机的外部时钟电路如图 10-9 所示。XTAL2 端接外部时钟信号，XTAL1 端接地。注意：XTA2 端不是 TTL 电平，需加上拉电阻(5.1 kΩ)。

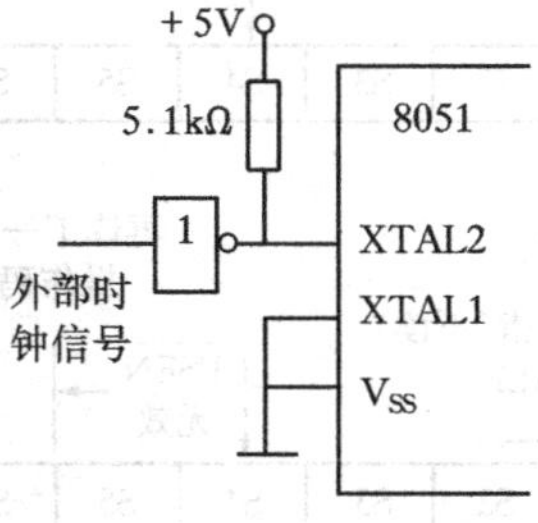

图 10-9 HMOS 型单片机外部时钟电路图

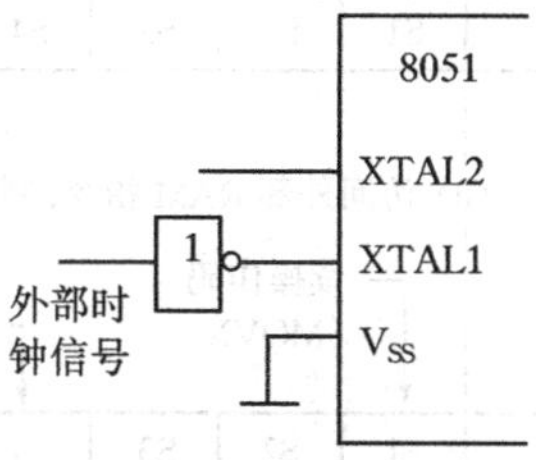

图 10-10 CHMOS 型单片机外部驱动时钟电路

(2) CHMOS 型单片机振荡电路。CHMOS 型单片机，外接时钟信号从 XTAL1 端输入，XTAL2 端悬空，如图 10-10 所示。

10.2.4.3 时钟与时序

CPU 中执行的命令均在时序控制下进行，各种时序均与时钟周期有关。

(1) 时钟周期 T_{CP}。时钟周期是计算机基本的时间单位。若晶体振荡频率为 f_{OSC}，则时钟周期 $T_{CP}=1/f_{OSC}$。如 $f_{OSC}=6$ MHz，$T_{CP}=166.7$ns。

(2) 机器周期 T_S。CPU 完成一个基本操作所需要的时间称为机器周期。计算机中常把执行一条指令的过程分为若干段，每段为一个基本操作，如取指令、读或写数据等。8051 单片机每 12 个时钟周期为一个机器周期，即 $T_S = 12/f_{OSC}$。若 $f_{OSC} = 6$ MHz，$T_S = 2\ \mu s$；$f_{OSC} = 12$ MHz，$T_S = 1\ \mu s$。

（3）CPU 时序。MCS-51 的一个机器周期，分为 6 个状态 S1～S6。每个状态又分为两拍 P1 和 P2。因此，一个机器周期中的 12 个时钟周期可表示为 S1P1，S1P2，…，S6P2，如图 10-11 所示。

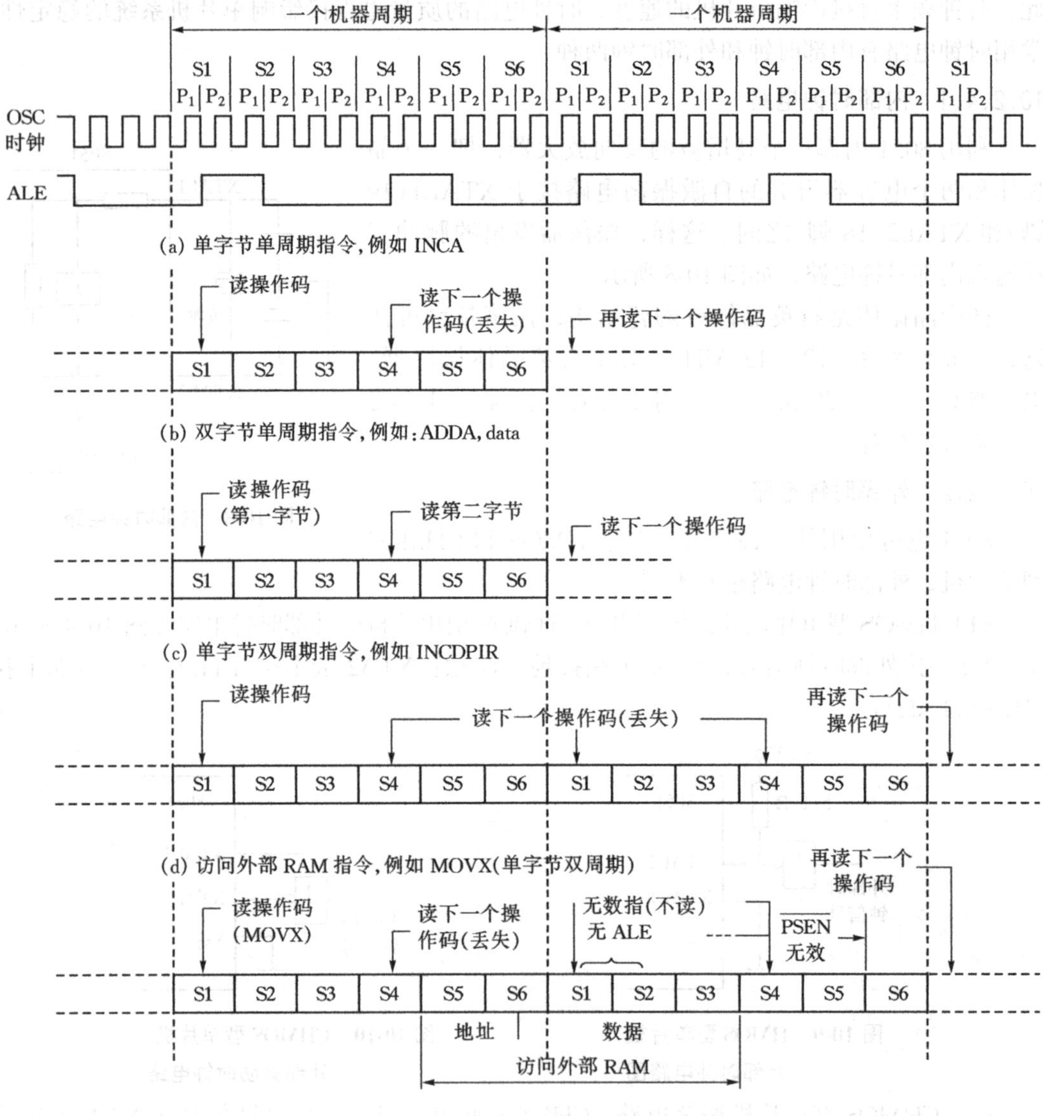

图 10-11 MCS-51 指令执行时序

在 MCS-51 指令系统中，有单字节指令、双字节指令和三字节指令。每条指令的执行时间要占一个或几个机器周期。

每一条指令的执行都可以包括取指令(取指)和执行指令(执行)两个阶段。图 10-11 列举了几种典型指令的取指和执行时序。在取指阶段，CPU 从程序存储器 ROM 中取出指令操作码及操作数，然后再执行这条指令的逻辑功能。对于绝大部分指令，在整个指令执行过程中，ALE 是周期性信号。在每个机器周期中，ALE 信号出现两次，第一次在 S1P2 和

S2P1 期间，第二次在 S4P2 和 S5P1 期间。ALE 信号的有效宽度为一个 S 状态。每出一次 ALE 信号，CPU 就进行一次取指操作。

对于单周期指令，从 S1P2 开始把指令操作码读到指令寄存器。如果是双字节指令，则在同一个机器周期的 S4 读入第二字节。对单字节指令，在 S4 仍有一次读指令码的操作，但读入的内容(它应是下一个指令码)被忽略(不作处理)，并且程序计数器 PC 不加 1，这种无效读取称为假读。在下一个机器周期的 S1 才真正读取此指令码。图 10-11(a)和(b)给出了两种指令的时序，它们都在 S6P2 结束时完成。

对于单字节双周期指令，两个机器周期内进行 4 次读取操作，但后 3 次是假读，如图 10-11(c)所示。访问外部 RAM 的指令(MOVX)，是单字节双周期指令，在第一机器周期 S5 送出外部 RAM 地址后，进行读/写 RAM 操作，因此，第二机器周期不产生第一个 ALE 信号，无取指操作，如图 10-11(d)所示。这种情况，ALE 信号不是周期性的。

10.2.5　复位电路

单片机在启动或断电后，程序需要从头开始执行，机器内全部寄存器、I/O 接口等都必须重新复位。复位方式有自动复位和手动复位两种。

10.2.5.1　单片机复位原理

当 8051 的 ALE 及 PSEN 两引脚输出高电平，RST 引脚高电平到时，单片机复位。RST/VPD 端的高电平，若直接由启动瞬间产生，则为启动复位，若通过按动按钮产生高电平复位称为手动复位。

10.2.5.2　复位电路

图 10-12 是一个简单的上电复位和按钮复位电路。图中，上电时，接通电源，电容器 C 相当于瞬间短路，+5V 加到了 RST/VPD 端，该高电平使 8051 全机复位。若运行过程中，需要程序从头执行，只需按动按钮 S 即可。按下 S，则直接把+5V 加到了 RST/VPD 端，从而复位，这称为手动复位。显然，该电路既可上电复位，也可以手动复位，是常用复位电路之一。

复位后，P0～P3 4 个并行接口全为高电平，其他寄存器全部清零，只有 SBUF 寄存器状态不确定。复位后寄存器的状态如表 10-6 所列。

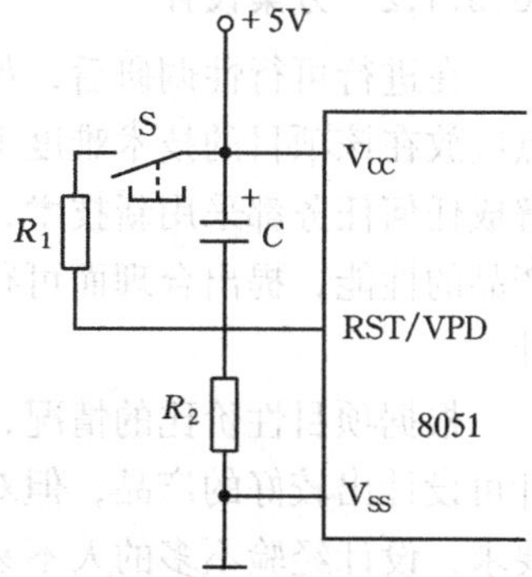

图 10-12　复位电路

表 10-6　寄存器复位状态

寄存器	复位状态	寄存器	复位状态
PC	0000H	TCON	00H
ACC	00H	TL0	00H
PSW	00H	TH0	00H
SP	07H	TL1	00H
DPTR	0000H	TH1	00H
P0～P3	FFH	SCON	00H

续表 10-6

寄存器	复位状态	寄存器	复位状态
IP	XX00 0000B	SBUF	不定
IE	0X00 0000B	PCON	0xxx 0000B
TMOD	00H		

10.3 单片机应用系统开发流程

10.3.1 单片机应用系统开发流程

一般来说，随着用途的不同，应用系统的硬件和软件结构也不相同，但研制、开发的方法和步骤基本上是相同的。应用系统的开发过程主要有以下几个步骤。

10.3.1.1 可行性调研

研制者接到某项任务后，在进行具体设计之前，一般需先进行可行性调研。可行性调研的目的，是分析完成这个项目的可能性。进行这方面的工作，可参考国内外有关资料，看是否有人进行过类似的工作。如果有，则可分析他人是如何进行这方面工作的，有什么优点和缺点，有什么是值得借鉴的；如果没有，则需作进一步的调研，此时的重点应放在能否实现目标这个环节，首先从理论上进行分析，探讨实现的可能性，所要求的客观条件是否具备(如环境、测试手段、仪器设备和资金等)，然后结合实际情况，确定能否立项的问题。

10.3.1.2 方案设计

在进行可行性调研后，如果可以立项，下一步工作就是系统总体方案设计。工作的重点应放在该项目的技术难度上，此时可参考这一方面有关更详细、更具体的资料，不能理解成任何任务都采用新技术，应根据系统的不同部分和所需实现的功能，参考国内外同类产品的性能，提出合理而可行的技术指标，编写出设计任务书，从而完成系统总体方案设计。

根据项目性价比的情况，确定设计的起点，一种是所有设计从电路设计做起，这种设计可设计出较好的产品，但对设计者的知识面、资金、设计周期和设计难度都提出较高的要求，设计经验不多的人不易采用；另一种是采用别人的半成品电路板，进行二次开发，如果是第一次设计项目，这是一种较好的选择，当前有些公司已开发出了用于二次设计的电路板，这样的产品对二次开发介绍较多，所以本章在后面重点介绍电路板设计和系统程序设计，对二次开发略讲。

10.3.1.3 设计方案细化，确定软硬件功能

一旦总体方案确定下来，下一步的工作就是将该项目细化，即需明确哪些部分用硬件来完成，哪些部分用软件来完成。由于硬件结构与软件方案会相互影响，因此，从简化电路结构、降低成本、减少故障率、提高系统的灵活性与通用性方面考虑，提倡软件能实现的功能尽可能由软件来完成，但也应考虑以软件代硬件的实质是以降低系统实时性、增加处理时间为代价的，而且软件设计费用、研制周期也将增加，因此系统的软件、硬件功能分配应根据系统的要求及实际情况而合理安排，统一考虑。

仿真是用开发系统 CPU 替代应用系统(又叫目标系统)的 CPU 进行工作，即用开发系统的资源仿真目标机。开发系统提供的 CPU 称为仿真 CPU，它与目标系统的 CPU 对目标系统的控制作用和工作过程几乎完全一致，用户可以通过开发系统控制仿真 CPU 的运行，并可以观察到运行的结果和问题以便现场修改。

10.3.1.4　固化应用程序，脱机运行

在仿真调试完毕后，借助开发系统的编程器或专用编程器，将调试完毕的应用程序写入 EPROM 或 EEPROM。因写入 EPROM 中的程序和数据不可修改，且停电后也不会丢失，所以称为程序固化。把固化了程序的 EPROM 插入目标系统，目标系统就可以现场独立运行。图 10-13 为单片机应用系统的开发流程图。

10.3.2　应用系统硬件设计

10.3.2.1　单片机应用系统的硬件设计

一个单片机应用系统的硬件设计包括两大部分内容。一是对单片机系统的扩展部分设计。它包括存储器扩展和接口扩展，存储器的扩展指对 EPROM、EEPROM 和 RAM 的扩展。接口扩展是指对 8255、8155、8279、A/D 以及其他功能器件的扩展。二是对各功能模块的设计，如信号测量功能模块、信号控制功能模块、人机对话功能模块、通讯功能模块等。根据系统功能要求配置相应的 D/A、键盘、显示器、打印机等外围设备。为使硬件设计尽可能合理，根据经验，系统的电路设计应注意以下几个方面。

(1) 尽可能选择标准化、模块化的典型电路，提高设计的成功率和结构的灵活性。

(2) 在条件允许的情况下，尽可能选用功能强、集成度高的电路或芯片。

(3) 注意选择通用性强、市场货源充足的元器件，其优点是一旦某种元器件无法获得，也能用其他元器件直接替换或对电路稍作改动后用其他器件代替。

(4) 系统的扩展及各功能模块的设计在满足应用系统功能要求的基础上，应适当留有余地，以备将来修改、扩展之需。

(5) 设计时应尽可能地做些调研，采用最新的技术。因为电子技术发展迅速，器件更新换代很快，市场上不断推出性能更优、功能更强的芯片，只有时刻注意这方面的发展动态，采用新技术、新工艺，才能使产品具有最先进的性能。

(6) 在设计电路时，要充分考虑应用系统各部分的驱动能力。

(7) 工艺设计，包括机箱、面板、配线、接插件等，也是一个初次进行系统设计的人员容易疏忽但又十分重要的问题，在设计时要充分考虑到安装、调试、维修的方便。

(8) 系统的抗干扰设计问题在硬件设计中也是十分重要的。

10.3.2.2　单片机控制板的设计原则

单片机电路板设计是单片机系统开发中的重要一环，涉及一些专业知识、设备和软件。

单片机电路板设计需要遵循的原则如下。

(1) 在元器件的布局方面，应该把相互有关的元件尽量放得靠近一些，例如，时钟发生器、晶振、CPU 的时钟输入端都易产生噪声，在放置的时候应把它们靠近些。对于那些易产生噪声的器件、电感电路、大电流电路和开关电路应尽量使其远离单片机的逻辑控制电路和存储电路(ROM、RAM)，如果可能，可以将这些电路另外制成电路板，这样有

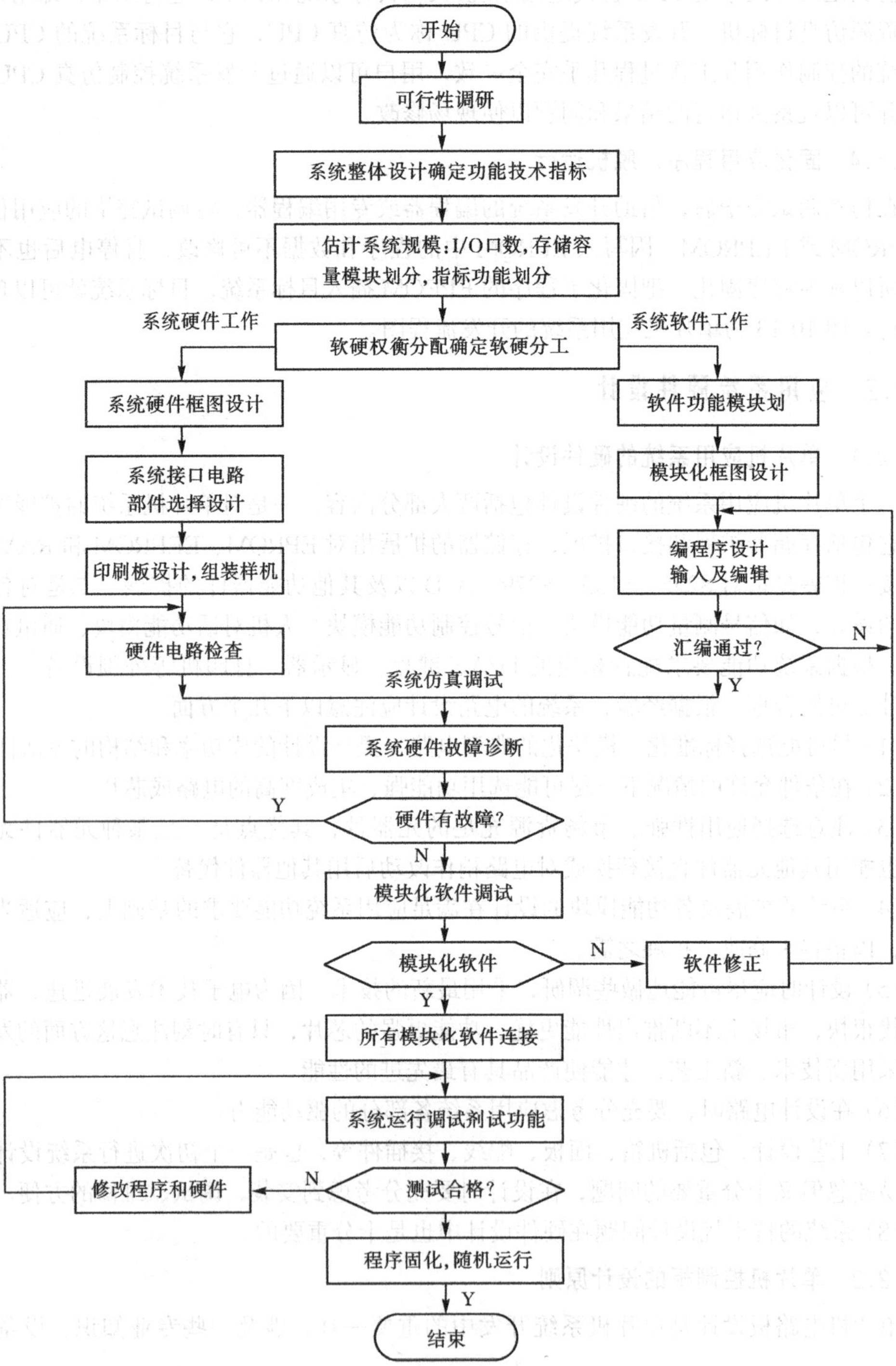

图 10-13　单片机应用系统开发流程图

利于抗干扰，提高电路工作的可靠性。

(2)尽量在关键元件，如 ROM、RAM 等芯片旁边安装去耦电容。实际上，印制电路板走线、引脚连线和接线等都可能含有较大的电感效应。大的电感可能会在 V_{CC}走线上引起严重的开关噪声尖峰。防止 V_{CC}走线上开关噪声尖峰的唯一方法是在 V_{CC}与电源地之间安放一个 0.1 μF 的去耦电容。如果电路板上使用的是表面贴装元件，可以用片状电容直接紧靠着元件，在 V_{CC}引脚上固定。最好是使用瓷片电容，这是因为这种电容具有较低的静电损耗(ESL)和高频阻抗，另外这种电容温度和时间上的介质稳定性也很不错。尽量不要使用钽电容，因为在高频下它的阻抗较高。

在安放去耦电容时需要注意以下几点。

在印制电路板的电源输入端跨接 100～1000 μF 左右的电解电容，如果体积允许的话，电容量大一些则更好。

原则上每个集成电路芯片的旁边都需要放置一个 0.01 μF 的瓷片电容。如果电路板的空隙太小而放置不下时，可以每 10 个芯片左右放置一个 1～10 μF 的钽电容。对于抗干扰能力弱、关断时电流变化大的元件和 RAM、ROM 等存储元件，应该在电源线(V_{cc})和地线之间接入去耦电容。

电容的引线不要太长，特别是高频旁路电容不能带引线。

(3) 在单片机控制系统中，地线的种类有很多，有系统地、屏蔽地、逻辑地和模拟地等。地线是否布局合理，将决定电路板的抗干扰能力。在设计地线和接地点的时候，应该考虑以下问题。

① 逻辑地和模拟地要分开布线，不能合用，将它们各自的地线分别与相应的电源地线相连。在设计时，模拟地线应尽量加粗，而且尽量加大引出端的接地面积。一般来讲，对于输入/输出的模拟信号，与单片机电路之间最好通过光耦合进行隔离。

② 在设计逻辑电路的印制电路板时，其地线应构成闭环形式，提高电路的抗干扰能力。

③ 地线应尽量粗。如果地线很细，则地线电阻将会较大，造成接地电位随电流的变化而变化，致使信号电平不稳，导致电路的抗干扰能力下降。在布线空间允许的情况下，要保证主要地线的宽度至少在 2 mm 以上，元件引脚上的接地线应该在 1.5 mm 左右。

④ 要注意接地点的选择。当电路板上信号频率低于 1 MHz 时，由于布线和元件之间的电磁感应影响很小，而接地电路形成的环流对干扰的影响较大，所以要采用一点接地，使其不形成回路。当电路板上信号频率高于 10 MHz 时，由于布线的电感效应明显，地线阻抗变得很大，此时接地电路形成的环流就不再是主要的问题了，所以应采用多点接地，尽量降低地线阻抗。

⑤ 电源线的布置除了要根据电流的大小尽量加粗走线宽度外，在布线时还应使电源线、地线的走线方向与数据线的走线方向一致。在布线工作的最后，用地线将电路板的底层没有走线的地方铺满，这些方法都有助于增强电路的抗干扰能力。

⑥ 数据线的宽度应尽可能地宽，以减小阻抗。数据线的宽度至少不小于 0.3 mm(12 mil)，如果采用 0.46～0.5 mm(18～20 mil)则更为理想。

⑦ 由于电路板的一个过孔会带来大约 10 pF 的电容效应，这对于高频电路，将会引入太多的干扰，所以在布线的时候，应尽可能地减少过孔的数量。再有，过多的过孔也会造成电路板的机械强度降低。

10.3.3　应用系统软件设计

在进行应用系统的总体设计时，软件设计和硬件设计应统一考虑，相互结合进行。当系统的电路设计定型后，软件的任务也就明确了。

系统中的应用软件是根据系统功能要求设计的。一般地讲，软件的功能可分为两大类。一类是执行软件，它能完成各种实质性的功能，如测量、计算、显示、打印、输出控制等；另一类是监控软件，它是专门用来协调各执行模块和操作者的关系，在系统软件中充当组织调度角色。由于应用系统种类繁多，程序编制者风格不一，因此应用软件因系统而异。尽管如此，作为优秀的系统软件还是有其共同特点及其规律的。设计人员在进行程序设计时应从以下几个方面加以考虑。

(1) 根据软件功能要求，将系统软件分成若干个相对独立的部分。根据它们之间的联系和时间上的关系，设计出合理的软件总体结构，使其清晰、简捷、流程合理。

(2) 培养结构化程序设计风格，各功能程序实行模块化、子程序化。既便于调试、链接，又便于移植、修改。

(3) 建立正确的数学模型，即根据功能要求，描述出各个输入和输出变量之音的数学关系，它是关系系统性能好坏的重要因素。

(4) 为提高软件设计的总体效率，以简明、直观的方法对任务进行描述，在编写应用软件之前，绘制出程序流程图，这不仅是程序设计的一个重要组成部分，而且是决定成败的关键部分。从某种意义上讲，多花一分时间来设计程序流程图，就可以节约几倍源程序编辑调试时间。

(5) 要合理分配系统资源，包括 ROM、RAM、定时器/计数器、中断源等，其中最关键的是片内 RAM 分配。对 8031 来讲，片内 RAM 指 00H～7FH 单元，这 128 个字节的功能不完全相同，分配时应充分发挥其特长，做到“物尽其用”。例如在工作寄存器的 8 个单元中，R0 和 R1 用于放各种标志字、逻辑变量、状态变量等；设置堆栈区时应事先估算出子程序和中断嵌套的级数及程序中栈操作指令的使用情况，其大小应留有余量。若系统中扩展了 RAM 存储器，则应把使用频率最高的数据缓冲器安排在片内 RAM 中，以提高处理速度。当 RAM 资源规划好后，应列出一张 RAM 资源详细分配表，以备编程时查用方便。

(6) 注意在程序的有关位置处写上功能注释，提高程序的可读性。

(7) 加强软件抗干扰设计，它是提高计算机应用系统可靠性的有力措施。

10.3.4 单片机应用实例一：水塔水位控制

10.3.4.1 水塔水位控制原理

图 10-14 所示是水塔水位控制原理图。图中虚线表示允许水位变化的上下限。在正常情况下，应保持水位在虚线范围之内。为此，在水塔内的不同高度安装 3 根金属棒，以感知水位变化情况，其中，A 棒处于下限水位处。C 棒处于上限水位处，B 棒在上下水位之间。A 棒接 + 5 V 电源，B 棒、C 棒各通过一个电阻与地相连。

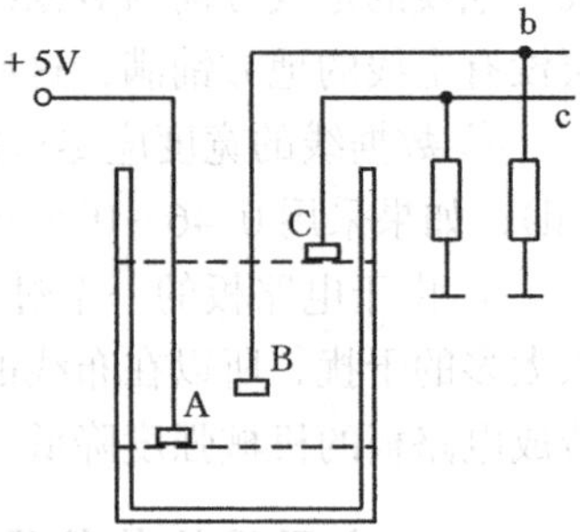

图 10-14 水塔水位控制原理图

水塔由电机带动水泵供水，单片机控制电机转动，以达到对水位控制之目的。供水时，水位上升，当达到上限时，由于水的导电作用，B，C 棒连通 + 5 V。因此，b，c 两端均为 1 状态，这时应停止电机和水泵的工作，不再给水塔供水。

当水位降到下限时，B，C 棒不能与 A 棒导电，b，c 两端均为 0 状态，这时应启动电机，带动水泵工作，给水塔供水。

当水位处于上下限之间时，B 棒与 A 棒导通，因 C 棒不能与 A 棒导通，b 端为 1 状态，C 端为 0 状态，这时无论是电机已在带动水泵给水塔供水，水位在不断上升或者是电机没有工作，用水使水位在不断下降，都应继续维持原有的工作状态。

10.3.4.2　单片机控制电路

水塔水位控制电路如图 10-15 所示。对该控制电路做如下说明。

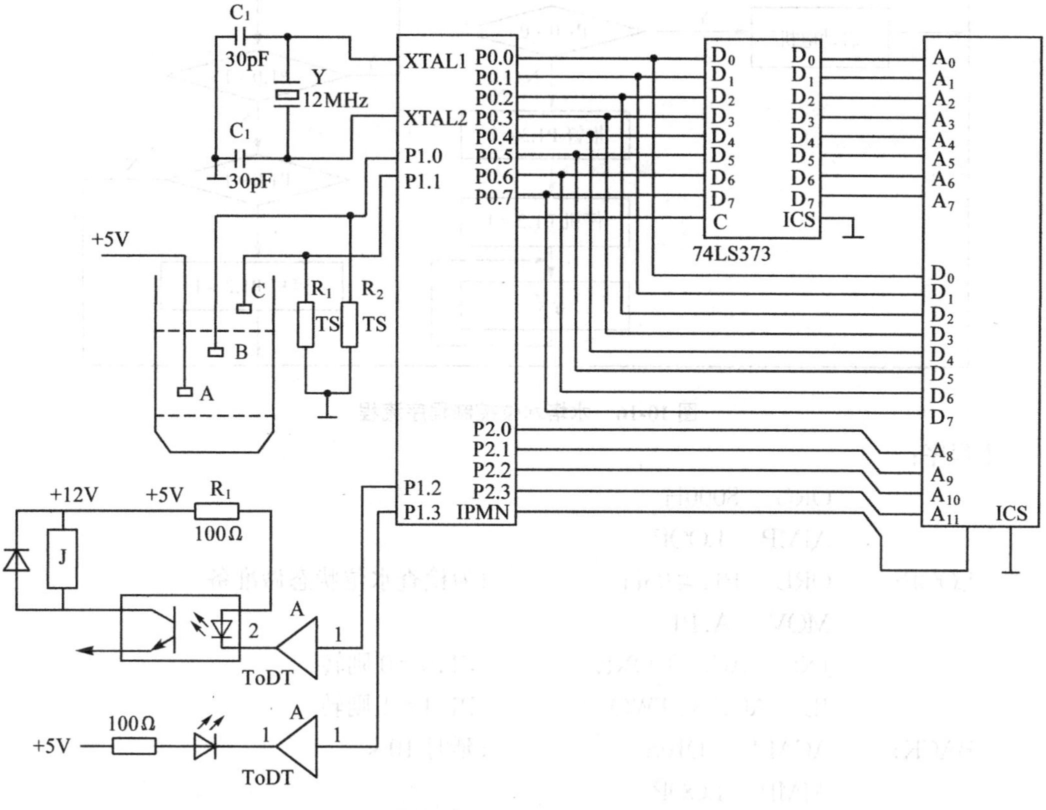

图 10-15　水塔水位控制电路

(1) 使用 8031 单片机。由于 8031 没有内部 ROM，因此，需外扩展 ROM 作为程序存储器。本系统使用 2732 构成 4 KB 的外扩展程序存储器，74LS373 作为地址锁存器。

(2) 两个水位信号由 P1.0 和 P1.1 输入，这两个信号共有 4 种组合状态，如表 10-7 所示，其中，第三种组合(b=0、c=1)在正常情况下是不可能发生的，但在设计中还是应该考虑到并作为一种故障状态。

表 10-7　水位信号及操作状态表

C (P1.1)	B (P1.0)	操　作
0	0	电机运转
0	1	维持原状
1	0	故障报警
1	1	电机停转

(3) 控制信号由 P1.2 输出去控制电机。为了提高控制的可靠性，使用了光电耦合。

(4) 由 P1.3 输出报警信号，驱动一支发光二极管实现光报警。

10.3.4.3 程序设计

程序流程如图 10-16 所示。

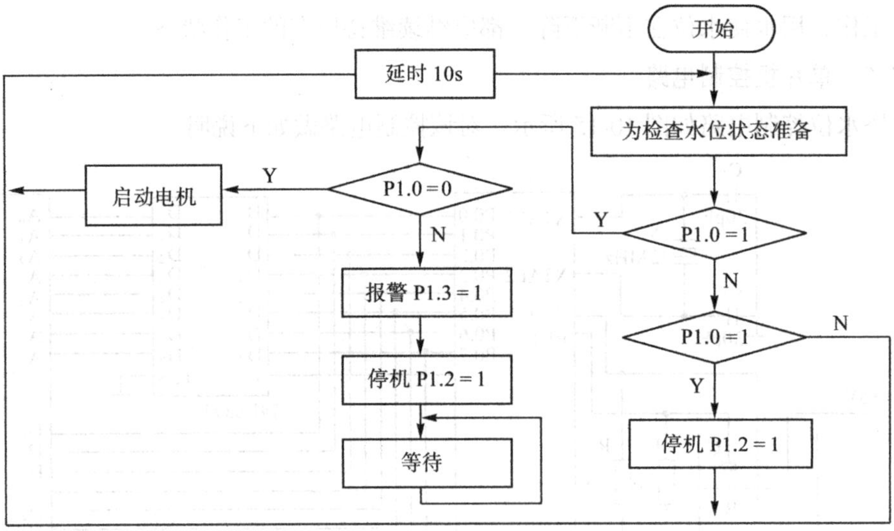

图 10-16 水塔水位控制程序流程

主程序：

```
          ORG    8000H
          AJMP   LOOP
LOOP:     ORL    P1, #03H              ;为检查水位状态做准备
          MOV    A,P1
          JNB    ACC.0,ONE             ;P1.0=0 则转
          JB     ACC.1,TWO             ;P1.1=1 则转
BACK:     ACALL  D10S                  ;延时 10 s
          AJMP   LOOP
ONEL:     JNB    ACC, THREE            ;P1.1=0 则转
          CLR    93H                   ;P1.3←0,启动报警装置
          SETB   92H                   ;P1.2←1,停止电机工作
FOUR:     SJMP   FOUR
THREE:    CLR                    92H   ;启动电机
          AJMP   BACK
TWO:      SETB   92H                   ;停止电机工作
          AJMP   BACK
```

延时子程序 D10s(延时 10 s)

```
          ORG    8030H
          MOV R3, #19H
LOOP3:    MOV    R1, #85H
LOOP1:    MOV    R2, #FAH
```

```
LOOP2:  DJNZ  R2, LOOP2
        DJNZ  R1, LOOP1
        DJNZ  R3, LOOP3
        RET
```

10.3.5　单片机应用实例二：单片机实验板设计

设计单片机自动打铃系统。这个系统要求完成以下任务：①系统可完成自动上下课打铃；②作为实验板使用时，考虑到资源不增加时还可增加可能的其他功能。设计参考步骤如下。

10.3.5.1　总体方案和论证

(1) 电子打铃只需用一只喇叭或一个电铃做声音输出，其驱动可选取可控硅或继电器，铃工作电压为 220 V，要求单片机和电铃之间加光耦隔离。

(2) 显示时间。用 2～6 个数码管显示时间，采用扫描方式，字驱动要用去 7～8 条 I/O线，位驱动用去 2～6 条线。图 10-17 用了 5 个数码管。

(3) 键盘处理。用于输入时间和校正时间，需用去 2～6 条线。

(4) 精确时间的产生。可采用单片机定时器加软件校时的方法产生。也可以外接时钟芯片，这里计划外接串行时钟芯片 DS1302，以防掉电和今后改进设计。

根据以上要求共约 20 条 I/O 线，这样的设备应有高的性价比，考虑采用 AT89C2051 单片机作为核心，其只有 15 条 I/O 线，所以系统扩充 74LS247 作为数码管字显示驱动，NPN 三极管作为位驱动。增加一片 24C02 作为掉电后的数据保存。用双向可控硅驱动功率负载(图中用单向硅)。

由于各器件都可用 +5 V 电源，采用 9 V 变压器供电，自带 5 V 稳压电路，这样一来设计目标基本确定。

数码管采用 DIP 插座，电铃采用 POWER4 插座，为了增加功能加了 1 个 SIP 插座，5 个功能键，1 个复位键。采用 6.144 MHz 晶振。

10.3.5.2　硬件设计

根据设计要求，采用 Protel 软件绘出电路原理图和 PCB 电路图，原理图如图 10-17 所示，电路图设计的好坏一般与设计者的水平和经验有很大关系，这里只给出应用图纸，不做过多的讲解，有兴趣者可做适当研究。

10.3.5.3　软件设计

单片机软件设计实际开始于系统总方案确定之时，很多具体问题在设计方案中应提前考虑，现在是具体落实的时候。实际上学习软件最好的方法是分析一个比较好的应用程序，但这方面工作难度大，耗时多。因为一个应用程序一般很长，一次或两次课很难完成任务，所以很多教材在讲这个部分时只画出一个程序设计方框图，结果学生学完了这门课，一直没见过完整的应用程序，至于让学生设计应用程序就更不好落实了。这里给出了一个程序，由主程序、中断子程序、子程序三部分组成，这个程序可完成计时显示、键扫描，还有一些任务空等待增加，要求学习者多花时间分析程序、修改程序或重新设计程序。

参考程序如下：

```
        ORG   0000H
```

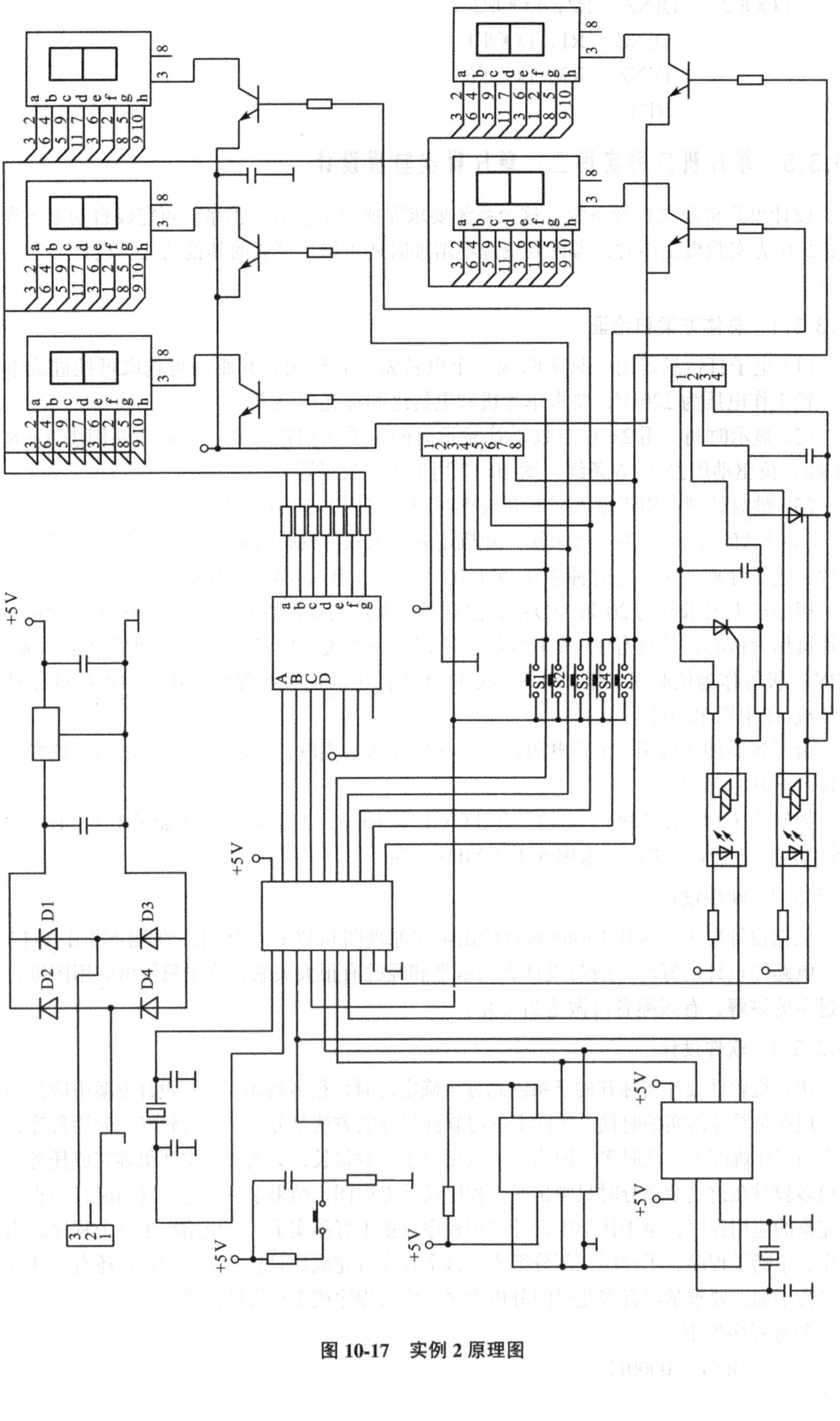

图 10-17　实例 2 原理图

```
START:LJMIP  L0030
ORG    000BH
INTT00:LJMP    INTT1
ORG    001BH
INTT01:LJMP    INTT1
ORG    0030H
L0030:MOV    60H,#00H               ;显示缓冲清零
MOV 61H,#00H
MOV 62H,#00H
MOV 63H,#00H
MOV P1,#0FFH                        ;输出口初始化
MOV P3,#0FFH
MOV SP,#66H
MOV TMOD,#11H
MOV 8BH,#38H
MOV 8DH,#38H
SETB PT1
SETB RS1                            ;工作寄存器设置
SETB RS0                            ;T1 使用三组寄存器
MOV R1,#0FH
SETB ET1                            ;开中断,启动定时
SETB TR1
SETB EA
CLR TR0
CLR RS1                             ;主程序使用零组寄存器
CLR RS0
L01:LCALL DISPLAY1                  ;调用显示子程序
LCALL K1                            ;调用键处理子程序
LCALL QT1                           ;调用其他子程序
SJMP L01
ORG 0100H                           ;定时器中断子程序
INTT1:PUSH ACC                      ;保护现场
PUSH PSW
PUSH DPH
PUSH DPL
MOV A,B
PUSH ACC
SETB RS0                            ;定时器用三组寄存器
SETB RS1
CLR TR1
```

```
MOV TH1, #0FCH                      ;重置初值
MOV TL1, #38H
SETB TR1
NOP
NOP
LOOP2:CPL 10H                       ;中断处理分单双两部分
JNB 10H, LOOPA1                     ;到键处理
CJNE R7, #00H, LOOP3                ;计时寄存器
SJMP LOOP4
LOOP3: DEC R7
LOOP4:INC R2                        ;显示扫描
CJNE R2, #04H, LOOP5
LOOP5: JNC LOOP6
SJMP LOOP7
LOOP6: MOV R2, #00H
LOOP7: CJNE R2, #00H, LOOP8         ;显示一位码
MOV A, 60H
MOV DPTR, #DATA1                    ;查显示字码
MOVC A, @A+DPTR
ORL A, #0FH
MOV R1, A
MOV P1, A
CLR P3.7                            ;显示位位码处理
SJMP LOOPA
LOOP8: CJNE R2, #01H, LOOP9
MOV A, 61H                          ;显示第二位
MOV DPTR, #DATA1
MOVC A, @A+DPTR
ORL A, #0FH
SETB P3.7
CLR ACC.0
MOV R1, A
MOV P1, A
SJMP LOOPA
LOOP9:CJNE R2, #02H, LOOP10         ;显示第三位
MOV A, 62H
MOV DPTR, #DATA1
MOVC A, @A+DPTR
ORL A, #0FH
SETB P3.7
```

```
CLR ACC,1
MOV R1,A
MOV P1,A
SJMP LOOPA
LOOP10:CJNE R2, #03H,LOOPA          ;显示第四位
MOV A,63H
MOV DPTR, #DATA1
MOVC A,@A+DPTR
ORL A, #0FH
SETB P3.7
CLR ACC.2
MOV R1,A
MOV P1,A
SJMP LOOPA
LOOPA:SJMP LOOPRET                  ;显示结束
LOOPA1:CJNE R7, #00H,LOOPRET        ;计时时间到否
LOOP13:MOV R7, #7FH
MOV A,50H                           ;1 s到
INC A
DA A
MOV 50H,A
CJNE A, #60H,LOOP14                 ;60 s到否
MOV 50H, #00H
MOV A,51H                           ;1 分钟计时
INC A
DA A
MOV 51H,A
CJNE A, #60H,LOOP14
MOV 51H, #00H
MOV A,52H                           ; 小时
INC A
MOV 52H,A
CJNE A, #24H,LOOP14
MOV 52H, #00H
MOV A,53H                           ;日
INC A
DA A
MOV 53H,A
CJNE A, #08H,LOOP14A
MOV 53H, #01H
```

```
        LOOP14:MOV A,54H                    ;星期
        INV A
        DA A
        MOV 54H,A
        CJNE A, #31H,LOOP14
        MOV 54H, #01H
        LOOP14:SJMP LOOPRET
        LOOPRET:POP ACC                     ;恢复现场
        MOV B,A
        POP DPL
        POP DPH
        POP PSW
        POP ACC
        RETI                                ;中断程序结束
DATAl:DB 0FH,80H,40H,0C0H,20H,0A0H,60H,0E0H,10H,
          DB 90H,50H,0D0H,030H,0B0H,070H,0F0H,0F0H,
          DISPLAY:MOV A,50H                 ;显示处理子程序
          ANL A, #0FH                       ;一个字节需两位数码显示
          MOV 60H,A
          MOV A,50H
          SWAP A
          ANL A, #0FII
          MOV 61H,A
          MOV A,51H                         ;显示第二个字节
          ANL A, #0FH
          MOV 62H,A
          MOV A,51H
          SWAP A
          ANL A, #0FH
          MOV 63H,A
          RET
          K1:RET                            ;键处理子程序和其他程序略
          END
```

10.4 单片机的 C51 编程

10.4.1 概 述

单片机应用的初期，因为受开发工具的限制，只能使用汇编语言。汇编语言的语法简单，指令易记，不需要引入各种运算符号，也没有什么烦琐的规则，所以使用方便。加上

汇编语言具有直接操作硬件的指令，运行速度快。源程序编好之后，只要一次汇编就可以转换为目标程序。然后用编程器(烧写器)写入ROM，如果系统不太复杂，开发者又比较有经验，甚至可以一次成功。所以直到现在，开发不太复杂的单片机系统时，汇编语言仍是使用者的首选。

但是汇编语言的可读性比较差，用汇编语言编制的一组程序，通常只能为一个系统所使用，建立新系统时很难移植，大都必须重新开发，在系统规模较大的情况下，开发历时长、难度大。因此随着开发工具及集成电路技术的发展，单片机开始使用高级语言，其中也包括C语言。C语言是目前国际上广泛使用的程序设计语言之一，它具有以下特点。

(1) C语言是一种编译型程序设计语言，具有功能丰富的库函数、运算速度快、编译效率高、可移植性好，与汇编语言相比可读性强。

(2) C语言具有完善的模块程序结构，便于改进和扩充。设计程序时，可以按模块分别开发，分开调试，大大缩短了开发周期。

(3) 过去认为用高级语言编制的源程序，所生成的目标程序的代码太长。但现在由于编译器的发展，比汇编语言产生的目标代码一般增加不多。以目前程序存储器的发展水平来衡量，多占用一点存储空间，已经不成什么问题。而C语言在提高程序的开发速度方面，则是汇编语言所无法做到的。

(4) 过去认为高级语言编写的程序运行起来的速度比较慢，现在由于有优良的仿真器支持，可以通过人工优化其中的关键部分，基本上能接近到汇编语言的水平。

但是在单片机上使用C语言编程，是不能使用标准的C编译器，因为标准C编译器是针对PC的，而51系列单片机的存储器结构与PC不同，要通过编译生成能够在51系列单片机上运行的目标程序，必须用专门针对51系列单片机开发出来的C51编译器(简称C51)，才能有效地使用片内、片外的全部资源。目前针对51系列单片机开发出来的编译器有多种，包括Franklin C51、Keil C51 for Windows等。C51编译器的语法规则基本遵循标准C的规定，在运算符、表达式、程序格式、基本结构方面都和标准C语言相同，只是在存储模式、片内资源的使用等方面有些区别。所以学习C51编程，首先要了解C语言的基本语法规则和特点，然后进一步了解C51与标准C的区别。但由于本书不是专门介绍C语言的教材，只能对C语言作一些简要的介绍，并通过一些实例介绍C51编程的基本方法。

10.4.2 程序的格式

下面是几个简单的C语言程序，从中可以了解C语言的程序格式。

例10-3 编制一个输出字符“Welcome to here”的程序。

```
#include "stdio.h"
main()
{
printf("Welcome to here\n");
}
```

这个程序的功能是输出一行“Welcome to here”字符串到标准输出设备。这个标准输出设备对PC来讲就是显示器屏幕，对单片机来讲则是串口。

这是一个简单的C语言程序，程序中只有一个必需的主函数main()，主函数的函数体用一对大括号{}括起来。程序从{开始，至}结束。这个程序的大括号内只有一个输出语句即 printf，printf 是一个输出函数，它的定义存在 C51 的标准函数库名为 stdio.h 的头文件中。

C51 的标准函数库可参看 Keil C51 集成开发软件中的 INC 子目录，使用标准库中的这些函数，必须在程序开头写一行包含处理命令，即＃include "stdio.h"，表示程序使用了标准函数库中的一个名为 stdio.h 的头文件(头文件的扩展名为 .h)。所谓包含处理命令。是指一个源文件将另外一个源文件的全部内容包含进来。或者说是把一个外部所谓文件包含到本文件之中，它的格式为

＃include "文件名"

或者用

＃include<文件名>

printf 语句要用一个双引号将输出的内容括起来，双引号内包括输出字符串和格式控制符，例如程序中的“\n”就是一个表示换行的格式控制符，即输出字符“Welcome to here”后换行。语句以分号作为结尾。

例 10-4 求 3 个整数 a、b、c 之和的程序。

```
#include"stdio.h"
main()                                /*主函数*/
{int a,b,c,sum;                       /*定义变量*/
a=12;b=34;c=56;                       /*给变量赋值*/
sum=a+b+c;                            /*求和*/
printf("sum is%d\n",sum);             /*显示结果*/
}
```

这个程序的功能是求 3 个整数 a，b，c 之和 sum，并通过屏幕输出。/*和*/是注释的起止符号。注释可以加在程序中任何位置，用手帮助读者阅读和理解程序，也是给自己的备忘注解。它对编译和运行不起作用，这里使用了汉字注释，当然也可以用英文或别的字符作注释。程序在变量定义部分，说明了 a、b、c 和 sum 为整型(int)变量。接下来是三个赋值语句，使变量 a、b、c 的值分别为 12、34、56。接下来将 a+b+c 的结果赋予 sum。最后一行中“%d”是控制输入输出格式的字符串，用来指定输入输出时的数据类型和格式，“%d”表示“十进制整数”，在执行输出时，数值以十进制整数表示。printf 函数中的 sum 是要输出的变量，其值为 102(即 12+34+56 之值)。

程序运行后，会输出一行字符，即

sum is 102

例 10-5 求 x 和 y 中数值较大者的程序。

```
#include "stdio.h"
int max(int x,int y)                  /*定义 max 函数,返回值为整型;x,y
                                        为形式参数,整型*/
{
int z;
if(x>y)z=x;
else z=y;
```

```
    return(z);                          /* 将 z 的值返回到调用处 */
    }
    main()                              /* 主函数 */
    {int a,b,m;                         /* 定义三个整型变量 */
    scanf("%d,%d",&a,&b);               /* 从键盘输入变量 a 和 b 的值 */
    m=max(a,b);                         /* 调用 max 函数,将得到的值赋给
    m */
    printf("max=%d",m);                 /* 输出 m 的值 */
    }
```

例 10-5 的程序包括两个函数：主函数 main 和自定义的函数 max，max 函数的作用是将 x 和 y 中数值较大的赋给变量 z，并返回 z 值。return 是返回语句，表示 z 将通过函数名 max 返回到 main 函数的调用处。scanf 是 C 语言提供的标准输入函数。此程序中 scanf 函数的作用是输入 a 和 b 的值。"&" 字符表示的是"取地址"，即 scanf 函数输入两个数值，分别存放到变量 a 和 b 地址所对应的单元中，也就给变量 a 和 b 赋值。其中的"%d,%d"的含义与之前例子相同，它们指定输入的两个数据按十进制整数形式输入。语句 m=max(a，b)为调用 max 函数，在调用时将实际参数 a 和 b 的值分别传送给 max 函数中的形式参数 x 和 y，通过执行 max 函数得到一个返回值(即 max 函数中变量 z 的值)，并赋给变量 m，然后通过 printf 函数输出 m 的值。程序总是从主函数 main()开始执行，而不论 main()所在的位置，程序运行的第一步是输入两个数据，分别赋予 a，b，对于 PC 输入数据是通过键盘，对单片机则是串口输入，运行结果如下：

3，5(输入 3，5 给 a，b)

max=5(输出 max 的值)

通过上面几个例子，读者可以大体了解 C 语言源程序的格式。

(1) C 语言程序书写格式自由，每一行可以写一个语句，也可以写多个语句，但每个语句都必须以";"结尾。一个语句也可以写成几行。

(2) C 语言程序由一个主函数和若干个其他函数组成，其中主函数的名字必须为 main。程序的执行总是从 main 函数开始的，而对 main 函数的位置并无特殊规定，main 函数可以放在程序的开头、最后或是其他位置。

(3) C 语言程序通过函数调用去执行指定的工作。函数调用类似于汇编语言中的调用子程序。被调用的函数可以是系统提供的库函数(如 printf 函数)，也可以是用户自行定义的函数(如 max 函数)。所有函数体都是用一对大括号{}括起来。程序从{开始，至}结束。

(4) 源程序文件需要包含其他源程序文件的内容时，则要在本程序文件头部用包含命令＃include 进行"文件包含"处理，其一般格式为＃include"文件名"。如 include "stdio.h"是将文件"stdio.h"的全部内容包含到现文件中。一条 include 命令只能指定包含一个文件。

C51 程序格式和以上所述的标准 C 的格式基本相同，没有什么区别。

10.4.3 数据类型和存储类型

10.4.3.1 数据类型

数据有常量与变量之分，不论是常量还是变量，同样都有多种类型，各种类型在机器中占有不同的存储长度，为了使编译器能够找一个适当的存储器来安排这些数据，要求程序在引入一个常数或变量、函数时，必须先说明它的类型，定义数据类型实质上就是告诉编译器，该常数、变量或函数需要占用多大的存储空间，以便编译器分配相应数量的存储单元。

下面分别介绍常量与变量的类型划分。

(1) 常量和符号常量。程序运行过程中，其值不改变的量称为常量。对于常量的语法规定，标准C和C51没有什么不同，都可以用一个标识符代表一个常量，称为符号常量。符号常量要用＃define定义，现以下列程序为例说明。

例 10-6 求25与12的乘积。

```
#define PRICE 25
main()
{
int count, total;
count = 12;
total = count * PRICE;
printf("total = %d \n", total);
}
```

程序运行结果：

```
total = 300
```

在这个程序中用了＃define命令定义了一个符号常量PRICE，其值为25，此后在此程序中如出现有PRICE的地方，它都代表常量25。符号常量的值不能改变，也不能再被赋值。习惯上符号常量名用大写，变量名用小写，以示区别。

常量分为以下几种类型。

① 整型常量。整型常量即整型常数。包括十进制、八进制和十六进制的整数。十进制整型常数可用常规方法表示，如123，－456，0；为与十进制相区别，八进制整型常数以0开头，如0123或写成$(123)_8$；十六进制数则以0x开头，如0x123，0x3F。

② 实型常量。实型常量即实型常数，又称浮点数。它由数字和小数点组成，可以用十进制形式表示：如写成0.123，－1.23，23.0，0.0。也可以用指数形式示如1.23e3或1.23E3都代表1.23×10^3。注意字母e(或E)之前必须有数字，且e后面指数必须为整数，如写成e3，在e之前无数字，或写成e3.5，在e之前既无数字，e之后又非整数，则都是不合法的指数形式。

③ 字符常量。C51的字符常量是指用单引号括起来的单个字符。如‘a’，‘x’，‘D’，‘?’都是字符常量。注意‘a’和‘A’是不同的字符常量。

C51还有一种特殊形式的字符常量，就是以一个“\”开头的字符序列。例如，前面遇到过的，在printf函数中的“\n”，它代表一个“换行”符。这种非显示字符难以用一般形式的字符表示，故规定用这种特殊方式。

④ 字符串常量。C51 还有另一种字符数据即字符串。字符串常量与字符常量不同，字符串常量可能由一大串字符组成，并用一对双引号括起来的字符序列。如“You are welcome”“CHINA”“八”“123.45”等都是字符串常量。而字符常量则不同。字符常量由单字符组成，并用一对单引号括起来。printf 语句可以输出一个字符串。如 printf ("How do you do")，也可以只输出一个字符。

(2)变量类型。凡是数值可以改变的量都称为变量。变量由变量名和变量值构成。在单片机内部，变量名实际上代表存储器地址，变量值代表存储器内容。C51 规定变量名只能由字母、数字和下划线组成，且不能以数字开头。变量分成以下几种类型，如表 10-8 所列。

表 10-8　　变量类型表

变量名称	符　号	类　型	数据长度	范围
位型量		bit	1	0，1
有符号字符型	有	signed char	8	$-128\sim+27$
无符号字符型	无	unsigned char	8	$0\sim255$
有符号整数型	有	signed int	16	$-32768\sim+32767$
无符号整数型	无	unsigned int	16	$0\sim65535$
有符号长整型	有	signed long	32	$-2^{31}\sim2^{31}-1$
无符号长整型	无	unsigned long	32	$2^{32}-1$
浮点型		feloot	32	
指针型		指针	8～24	对象地址
特殊位型		sbit	1	0 或 1
8 位特殊功能寄存器型		sfr	8	0～255
16 位特殊功能寄存器型		sfr16	16	0～65535

① 位型变量。定义为位型的变量，其值可以是 0 或 1，它可以存放在可位寻址的存储单元。

② 字符型变量。字符型变量用来存放字符，但只能放一个字符。字符变量的定义形式为：char c1，c2；

一个字符变量在内存中占一个字节。将一个字符放到一个字符变量中，实际上是将该字符的 ASCII 代码放到存储单元中。例如将字符‘a’和‘b’分别赋予 c1 和 c2，字符‘a’和‘b’的 ASCII 代码分别为 97 和 98，在内存中变量 c1 和 c2 的值就分别为 97 和 98。字符数据存储形式与整数的存储形式相类似，正因为这样，C 语言中的字符型数据和整型数据之间可以通用。一个字符数据既可以以字符形式输出，也可以以整数形式输出，以输出时所带的格式符为准。以字符形式输出时，需要先将存储单元中的 ASCII 码转换成相应字符，然后输出。以整数形式输出时，直接将 ASCII 码作为整数输出。也可以对字符数据进行算术运算，此时相当于对它们的 ASCII 码进行算术运算。若最高位为 1，则代表是负数，数据一般用补码表示。但要注意如果 c 被定义为字符变量，例如 char c；则 c='a'是正确的赋值，而 c="a"则是错误的。因为字符串的结尾有一个“字符串结束标志”，以便系统据此判断字符串是否结束。所以字符串“a”实际上在内存占用两个字节，不能赋予只有一个字节的字符变量。

③ 整型变量。从表 10-8 中可知，整型变量又分为 int，unsigned int，signed long，unsigned long 4 种类型，因此在程序中使用整型变量时，必须详细定义。例如：

```
int i, k;              /* 指定变量 i, k 为整型 */
unsigned int m;        /* 指定变量 m 为无符号整型 */
unsigned long p;       /* 指定变量 p 为无符号长整型 */
signed long q, s;      /* 指定变量 q, s 为有符号长整型 */
```

16 位整型变量放在存储器中，先放高位，后放低位。如存储 0x1234 如图 10-18 所示。

④ 长整型变量。长整型为 32 位按如图 10-19 所示的方式存放。

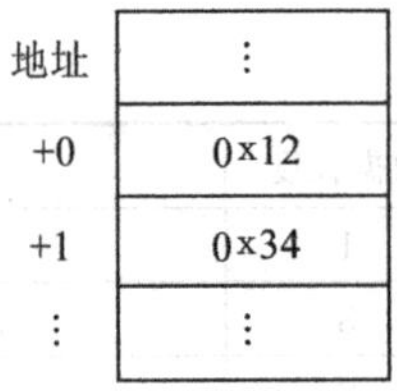

图 10-18　保存整型变量的内存结构图

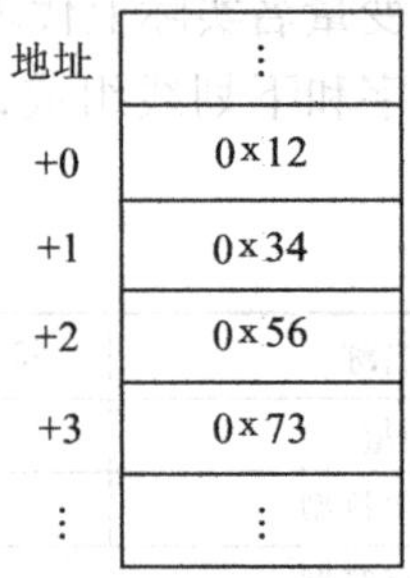

图 10-19　保存长整型变量的内存结构

⑤ 浮点型变量。浮点型变量长度为 32 位占 4 个字节，其中 1 位为符号位(用 s 表示)，8 位为指数位(用 E 表示)，23 位为尾数(用 M 表示)。如下所示：

地址	+3	+2	+1	+0
内容	SEEE EEEE	EMMM MMMM	MMMM MMMM	MMMM MMMM

⑥ 指针。指针变量是指用于表示存放某个变量的地址，不同类型的变量，其数据长度不同，占用的地址也不同，所以指针数据的长度随其对象而定。

10.4.3.2　存储类型

由于 51 系列单片机存储器中，有内部数据 RAM、外部数据 RAM、程序 ROM 之分。内部数据 RAM 中，又有可位寻址的区间和特殊功能寄存器的区间。因此引进工个变量之后，除了定义数据类型外，还要定义该变量要求存放哪个位置。所以存储类型实质上就是指数据在存储器中的定位方式。C51 的定位方式有 6 种，如表 10-9 所列，C51 存储类型及其大小如表 10-10 所列。

表 10-9　C51 存储类型

存储类型	与存储空间的对应关系
data	直接寻址片内数据存储区，访问速度快（128B）
bdata	可位寻址片内数据存储区，允许位与字节混合访问（16B）
idata	间接寻址片内数据存储区，可访问片内全部 RAM 地址空间（256B）
pdata	分页寻址片外数据存储区（256B），由 MOVX　@RO，A 指令访问
xdata	片外数据存储区（64KB），由 MOVX　@DPTR，A 指令访问
code	代码存储区（64KB），由 MOVC A，@A+DPTR 指令访问

表 10-10 C51 存储类型及其大小

存储类型	长度/bit	长度/B	值、范围
data	8	1	0～255（8bit 即 00H—0FFH）
bdata	1		
idata	8	1	0～255（8bit 即 00H—0FFH）
pdata	8	1	0～255（8bit 即 00H—0FFH）
xdata	16	2	0～65535（16bit 即 000H—0FFFFH）
code	16	2	0～65535（16bit 即 0000H—0FFFFH）

因此用 C51 编程时应注意以下几点。

(1) 用标准 C 语言编写的程序，因为是在 PC 中运行，所以在定义一个变量时，只要标明数据类型就可以。例如：

int x

char y

但在单片机中一个变量可以放在不同的存储区，若要求将它放在指定存储区，则定义一个变量时，除了要定义它的数据类型外，还应定义它的存储类型。例如：

int data x, y 表示变量 x, y 为 16 位整型并指定放在片内数据存储区；

int xdata x, y 表示变量 x, y 为 16 位整型并指定放在片外数据存储区；

unsigned char data x 表示变量 x 为 8 位字符型数据，并指定放在片内数据存储区。

在这里先写数据类型，还是先写存储类型，没有硬性规定，一般习惯如上面 3 条，都是先写数据类型，后写存储类型。

(2) 如果没有定义存储类型，C51 编译器在编译的时候，会自动选择默认的存储类型。而默认的存储类型又是由存储模式来确定，表 10-11 列出了存储模式与默认的存储类型关系。存储模式有 3 种，即 SMALL、COMPACT 和 LARGE，它是在编译时随编译命令输入的。例如用 C51 编译器对源程序 SAMPLE.C 进行编译，可输入命令 C51 SAMPLE.C COMPACT。这个命令选择 COMPACT 模式。如果使用默认的存储类型，若不符合设计要求，就可能出错，或者影响程序优化。因此对常量和变量定义，干脆指明存储类型以免出错。

表 10-11 存储模式与默认的存储类型

存储模式	默认的存储类型
SMALL	默认的存储类型为 data，最大为 128B
COMPACT	默认的存储类型为 pdata，每页 256B
LARGE	默认的存储类型为 xdata，最大为 64KB

(3) 选择变量类型时应尽量选用无符号型，可以减少测试符号的额外操作，可以提高代码效率。由于 8051 系列单片机的存储器数量不多，为了节省空间，尽量减少使用一些数据类型，譬如只用字符型和整型。

(4) 为使编程时书写简化，数据类型允许用缩写，但缩写成什么样子，要在程序开头用 #define 语句定义，例如：

#define uchar unsigned char

#define uint unsigned int

＃define ulong unsigned long

这样，就可以用 uchar 代替 unsigned char，用 uint 代替 unsigned int，用 ulong 代替 unsigned long。

从以上内容可知，C51 对数据类型的规定与标准 C 没有什么区别，但为了使数据能合理存放，在 C51 中增加了一些存储类型的规定。

10.4.4 运算符和表达式

10.4.4.1 算术运算符及其表达式

C 语言的基本算术运算符有：

\+ （加法运算符或正值运算符。如 2＋7，＋2）

\- （减法运算符或负值运算符。如 7－2，－2）

* （乘法运算符。如 3＊7）

/ （除法运算符。如 7/2）

% （模运算符，或称求余运算符，要求两侧均为整型数据。如 8%5 的值为 3）

用算术运算符和圆括号将运算对象包括常量、变量、函数、数组等连接起来，并符合 C 语法规则的式子称为算术表达式。如 a＊(b－c)＋2.3＋'a' 就是一个合法的算术表达式。

C 语言还规定了运算符的优先级和结合性，其中优先级规定为：先乘除模（模运算又称求余运算）后加减，括号最优先。结合性规定为“自左至右”，即运算对象两侧的算术运算符优先级相同时，先与左边运算符结合。

如果一个运算符两侧的数据类型不同，则必须转换成同一类型，再进行运算。转换方式有自动转换（默认）和强制转换。强制转换的形式为

(类型名)(表达式);

例如：(int) (m＋n)　　　　　　;(将 m＋n 的值强制转换成整型)

　　　(double) x　　　　　　　;(将 x 强制转换成双精度型)

强制转换只转换表达式的值，并不改变其中的变量的类型。上例中的 x 的类型不会变。

10.4.4.2 关系运算符及其表达式

C 语言的关系运算符有 6 种：

> （大于）

< （小于）

>= （大于或等于）

<= （小于或等于）

!= （不等于）

== （等于）

关系运算符的优先级规定为：

(1) 前 4 种运算符（>，<，>=，<=）优先级相同，后两种也相同，前 4 种高于后两种。

(2) 关系运算符的优先级低于算术运算符。

(3) 关系运算符的优先级高于赋值(=)运算符。

用关系运算符将两个表达式(算术表达式、关系表达式、逻辑表达式等)连接起来的式子称为关系表达式。关系表达式的结果是逻辑值，即“真”或“假”。C 语言没有逻辑型数据，以 1 代表真，以 0 代表假。

例如：a=1，b=2，c=3，则

c>b 的值为“真”，表达式的值为 1；

b>=(a+c)的值为“假”，表达式的值为 0；

x=a>b，因 a>b 的值为“假”，所以 x 的值为 0。

10.4.4.3　逻辑运算符及其表达式

C 的逻辑运算符有 3 种：

&&　逻辑与(两个操作数都为真时，结果才为真，否则为假)；

??　逻辑或(只要两个操作数中有一个为真，结果便为真，否则为假)；

!　逻辑非(对操作数的值取反)。

&& 和|| 要求有两个操作对象，而! 是单目运算符，只要求有一个运算对象。

逻辑运算符的优先级规定为

!(非)→&&(与)→||(或)

当表达式中同时出现不同类型的运算符时，!(非)运算符优先级最高，算术运算符次之，关系运算符再次之，其后是 && 和??，最低为赋值运算符。用逻辑运算符将关系表达式或逻辑量连接起来的式子称为逻辑表达式。逻辑表达式的值只能是 0(假)或 1(真)。

例如：a=2，b=3，则

!a	为 0(假)	(因 a=2 为非 0,所以!a 为 0)
a&&b	为 1(真)	
!a&&b	为 0(假)	(因先执行!a,值为 0,而 0&&b 为 0)

10.4.4.4　位操作运算符及其表达式

&　按位与

|　按位或

∧　按位异或

~　按位取反

<<　位左移

>>　位右移

除按位取反运算符~外，其余位操作运算符都是两目运算符，要求运算符两侧各有一个运算对象。位运算符操作的对象只能是整型或字符型数据。

下面简单介绍位运算符的运算规则。

(1) 按位与 &。参与运算的两操作数，只有双方相应的位都为 1，结果值中该位为 1。否则为 0。即

0&0=0，0&1=0，1&0=0，1&1=1

例如若 a=0x37=00110111B

b=0x7A=01111010B

则 a&b 的值为 00110010B，即 0x32

(2) 按位或|。参与运算的两操作数只要双方相应的位中有1，其结果该位便为1，否则为0，即0|=0，0|1=1，1|0=1，1|1=1

例如：a=0x31=00110001B

b=0x56=01010110B

则 a|b 的值为 01110111B，即 0x77

(3) 按位取反～。对操作数的二进制值按位取反，即0变1，1变0。例如 a=0x3FH =00111111B，则～a 的值为 11000000B 即 0xC0H。

(4) 按位异或∧。参与运算的两操作数，按位进行异或运算，如果对应位的值不同，则运算结果该位为1，否则为0，即0∧0=0，0∧1=1，1∧0=1，1∧1=0。

例如：a=0x31=00110001B

b=0x56=01010110B

则 a∧b 的值为 01100111B，即 0x67

(5) 位左移和位右移。移位运算有两个操作数，例如 a<<2，移位时将左操作数 a 的各二进制位全部左移若干位，所移位数由右操作数决定。式中右操作数为2，表示移2位，移位后留出的空白位补0，溢出的位舍弃。

例如：若 a=0x3E=00111110B

则 a<<2 的值为 00 111110 00，即 0xF8。

舍弃 补进

例如：若 a=0x3E=00111110B

则 a>>2 的值为 00001111 10，即 0x0F。

补进 舍弃

10.4.4.5 自增减运算符及其表达式

自增减运算符的作用是使变量的值增1或减1，例如：

++i (使用i之前，先使i值增1)

--i (使用i之前，先使i值减1)

i++ (在使用i之后，再使i值增1)

i== (在使用i之后，再使i值减1)

例如：若 i=5

j=1++; j 的值为5，执行后 i 的值变为6

j= ++1; j 的值为6，i 的值亦为6

printf("%d", i++); 输出5，然后的 i 值变为6

printf("%d", ++i); 输出6

显然，自增减运算符只能用于变量，不能用于常量或表达式。

10.4.4.6 复合运算符及其表达式

C语言中的两目运算符都可以和赋值运算符“=”一起组成复合赋值运算符。C语言规定使用的复合赋值运算符有以下10种：

+=，-=，*=，/=，%=，<<=，>>=，&=，|=，~=

例如：a+=2 等价于 a=a+2

m*=n+1 等价于 m=m*(n+1)(注意，不是 m=m*n+1)

k<<=2　等价于 k=k<<2

10.4.4.7　对指针操作的运算符

&　取地址运算符；

*　取内容运算符；

&　又能用于按位与，但作为“按位与”的时候，& 的两边必须是变量或常量。

其中 * 又能作为指针变量的标志，但作为指针变量的标志一定出现在对指针定义 C51 编程中有关算术运算符和表达式的使用方法，完全遵循以上标准 C 的所有规定。

10.4.5　指针与函数

10.4.5.1　指针与指针变量

如果在程序中定义一个变量，编译器就会给这个变量分配一个内存空间。分配的空间大小与变量类型有关。例如对字符变量分配一个字节，整型变量分配两个字节，实型变量分配 4 个字节。

一个变量具有一个变量名，对它赋值后就有一个变量值，变量名和变量值是两个不同的概念。变量名对应于内存单元的地址，表示变量在内存中的位置，而变量值则是放在内存单元中的数据，也就是内存单元的内容。变量名对应于地址，变量值对应于内容，不能混淆。例如定义一个整型变量 int x，如果程序给变量赋值，令 x=0x0030，编译器就分配两个存储单元给 x(例如 1000 单元和 1001 单元)。变量名对应于地址 1000 单元和 1001 单元，变量值对应于内容 0x0030。不过这个地址是由编译器分配的，无法事先确定。

把存放变量 x 的地址称为变量 x 的指针，并定义一个指针变量 xp。C 语言规定所有变量使用前都要定义，编译器就会另外再用辟一个存储单元。同样指针变量也要定义，例如定义：

```
char xdata  * data xp
```

也可以写成

```
data char xdata  * xp
```

从这个例子可以看出：

(1) 指针变量名前面冠以“ * ”号，如上例 * xp，表示 * xp 为指针，* 本来还可以表示为取内容运算符，但此处不是取内容的意义，而表示叩为指针。但 * 不一定要放在指针变量的前面，* 号也可以放在指针变量和它的存储类型前面，如 * data Xp。

(2) 定义时，应包括被指变量的数据类型、存储类型以及指针变量的本身的存储类型。指针变量本身的存储类型，写在语句的开头，或者在 * 号与变量名之间。一般可选择存储类型为 data 或 xdata。上例(data char xdata * xp)表示数据类型为 char，数据存储类型为 xdata，指针变量本身的存储类型为写在开头的 data。或者如第一种写法(char xdata * data xp)把 data 放在指针变量 xp 与 * 之间。

(3) 如果只定义被指变量的数据类型和存储类型，而没有定义指针变量本身的存储类型，则 * xp 本身就被置于默认的存储区(由编译模式决定见表 10.11)长度为两字节。

如果既不定义指针变量本身的存储类型，也不定义被指变量的存储类型，（如 char * xp)则编译时就被默认为通用型。

通用型指针处于编译模式默认的存储区，长度为 3B，第一字节为存储类型编码，第

二、第三字节所指地址的高位和低位。凡是在定义中没有指明被指变量的数据类型，或不指明本身的存储类型，则编译时第一字节取默认的存储类型编码值。表 10-12 为通用型指针的存储类型编码。

表 10-12　　通用型指针存储类型编码

存储器类型	idala	xdata	pdata	data	code
编码值	1	2	3	4	5

现在有了 4 个名称，即变量、变量值、变量指针、变量指针值。如果变量 x 是一个字符变量，如果要置它的值为 6，可先定义，然后赋值，即

```
char data x
x=6
```

它的存放地址由编译器决定，例如为片内存储单元 20H，这个值就是变量 x 指针的值，xp 所存放的数据应为 20H，xp 本身存放的地址同样要由编译器决定，例如分配它存于 30H。30H 所存的值是 20H。

现在访问变量 x 可以有两种方式，一是直接访问，如 printf("%d", x)中的 x，就是直接从变量的地址单元中取出。取出的值为 6。另一种是间接访问，先从指针变量 xp 中取出变量 x 的地址，然后从 xp 所指向的内存单元取出变量值，例如 printf("%d", *xp)，其结果也是 6，与 printf("%d", x)完全相同。

要注意，char xdata * data xp 中的 * 是对指针变量定义时作为类型说明，表示 xp 是一个指针变量，而不是一般变量。而 printf("%d", *xp)中的 * 号是一个运算符，表示要从由 xp 所指示的内存单元中读取出所需的变量值。

在 C 语言程序中，经常要用到变量值、变量地址和指针变量值和指针变量地址，故应该分清它们的区别。

10.4.5.2　函　数

C51 程序是由一个主函数和若干个其他函数所构成的，程序中由主函数调用其他函数，其他函数也可以互相调用。其他函数又可分为标准库函数和用户自定义函数。如果在程序中要使用标准库函数，就要在程序开头加上一条文件包含处理命令，例如 #include "stdio.h"，编译时将读入一个包含该标准库函数的头文件。但要注意不同编译器库函数的头文件略有区别，程序中使用的头文件，必须是编译器中有的。如果在程序中要建立一个自定义函数，则需要先对函数进行定义，根据定义的形式可将函数划分为：无参数函数、有参数函数和空函数。

(1) 无参数函数的定义形式。

类型标识符　函数名()

{函数体语句}

类型标识符用来指定函数返回值的类型。无参数函数一般不带返回值，因此可以不写类型标识符。例如要定义一个函数名为抵，函数体为 printf("ok \ n")的函数，可略去类型标识符，它的定义形式为

```
dis()
{
printf("ok \ n");
```

```
}
```

(2) 有参数函数的定义形式。

返回值类型 函数名(形式参数列表及参数说明)

{函数体语句}

例如例 10-5 中的 max 函数；就是一个有参数函数，它的定义形式为

```
int max(int x,int y)        /*类型标识符函数名(形式参数列表及说明)*/
{int z;                     /*函数体语句*/
if(x>y)z=x;
else z=y;
return(z);
}
```

返回值类型可以是基本数据类型(int，char，float，double)，如果没有返回值，可以用 void 做标识符。

(3) 空函数的定义形式。

类型说明符　　函数名()

调用此函数时，什么工作也不做，等以后需要扩充函数时，可以在函数体位置填写。

10.4.6　片内硬件资源的定义

10.4.6.1　特殊功能寄存器的定义

8051 系列单片机的片内有 21 个特殊功能寄存器(简称 SFR)，它们分散在片内 RAM 的高 128 字节中，地址为 80H～0FFH，其中有 11 个寄存器具有位寻址能力。在汇编语言中，这些寄存器都有自己的名称，所以使用起来比较方便，在 C51 中也希望使用这些名称，以便直接访问，因此在 C51 中提供了一种自主形式的定义方法，不过，这些定义方法与标准 C 语言是不兼容的，只能在 C51 编译器中使用。

定义方法用表 10.7 中的 sbit、sfr、sfr16。凡是字节型的特殊功能寄存器，都可以用 sfr 定义，凡是双字节型的，如 DPTR，都可以用 sfr16 定义，特殊功能寄存器中的位，可以用 sbit 定义。

(1) 用 sfr 定义字节型的特殊功能寄存器的符号，例如：

```
sfr   P0=0X80
sfr   P1=0X90
sfr   PCON=0X87
sfr   TCON=0X88
sfr   TMOD=0X89
sfr   SCON=0X98
sfr   PSW=0XD0
```

定义之后就可以直接对它赋值，实际上这些标志符已经在头文件 reg51.h 被定义，所以编程者只要在程序开头写一条文件包含处理命令＃include "reg51.h"，就能自由使用，无须一一定义。

(2) 用 sfr16 定义双字节型的特殊功能寄存器的标志符，例如：

sfr16 DP=0X82(DP 定义为 0X82 和 0X83 的 16 位地址组合，只要标出低 8 位，可作

为16位DPTR使用)

这只限于DPH，DPL这种允许组合成16位的特殊功能寄存器，由于DP是16位变量，所以要用16位数据赋值，如DP＝0X1234，这时DPL＝0X34，DPH＝0X12。当然也可以对DPH、DPL分别定义，需要赋值时可分别赋值。

(3) 用sbit定义特殊功能寄存器位地址空间的位名称。若某个特殊功能寄存器的字节名称定义之后，可以用它定义该寄存器的位名称，但定义时要用运算符“^”代替汇编语言中的“.”，P1^0相当于汇编语言中的P1.0，例如：

```
sbit   P1_0= P1^0        /*定义P1～0为端口P1第0位(D0)*/
sbit   OV=PSW^2          /*定义OV为PSW第2位(D2)*/
```

OV也可以用下面两种方法定义：

```
sbit   OV=0XD0^2         /*定义字节地址第2位(D2)*/
sbit   OV=0XD2           /*定义位地址0XD2*/
Sbit   CY=PSW^7          /*定义CY为PSW第7位(D7)*/
```

CY也可以用下面两种方法定义：

```
sbit   CY=0XD0^7         /*定义字节地址第7位(D7)*/
sbit   CY=0XD7           /*定义为位地址0XD7*/
sbit   TR1=TCON^6        /*定义TR1为TCON第6位(D6)*/
sbit   TR0=TCON^4        /*定义TR0为TCON第4位(D4)*/
```

10.4.6.2 存储器绝对地址定义

在包含处理命令＃include "reg51.h"之后，允许在程序中直接使用SFR名称，对于其他的各种存储空间，为了便于使用，也允许在包含处理命令“absacc.h”之后，使用它的绝对地址，为区分不同的存储空间，在使用绝对地址时前面应冠以关键字，例如要对片外RAM绝对地址为2010H单元操作，可用关键字XBYTE加地址2010H，对片内RAM绝对地址为20H的单元操作，可用关键字DBYTE加地址20H，地址要加方括号，即XBYTE [2010H] 或DBYTE [20H]。规定的关键字有8种，即：

(1) CBYTE程序存储器空间，字节型；

(2) DBYTE片内RAM空间，字节型；

(3) PBYTE分页操作的片外RAM空间，字节型；

(4) XBYTE片外RAM空间，字节型；

(5) CWORD程序存储器空间，字型；

(6) DWORD片内RAM空间，字型；

(7) PWORD分页操作的片外RAM空间，字型；

(8) XWORD片外RAM空间，字型。

还可以使用＃define指令，将不同存储空间各个变量的绝对地址，定义为某个名称，例如：

```
#define   PORT   XBYTE[0X2000]
```

PORT就是要定义的变量，XBYTE为关键字，它表示该变量所处的存储空间和数据长度，括弧内表示该变量在所处空间的绝对地址。定义之后，可以用名称对PORT进行赋值，例如：

```
PORT=0X01
```

表示将数据 0X01 赋予片外存储器 0X2000。

10.4.7　程序的基本结构

C 语言的基本结构类型有 3 种，即顺序结构、分支结构和循环结构。这和本书第 3 章中所介绍的汇编语言 3 种基本结构，不论是工作原理还是执行过程也都基本一样。

10.4.7.1　顺序结构

顺序结构是指程序按语句的先后顺序逐句执行的一种结构，这种结构是最基本、最简单的一种结构。执行这种结构的程序，总是按语句顺序逐行执行，所以检查或阅读都比较容易。

例 10-7　将地址为 2000H、2001H、2002H 的片外数据存储单元的内容，分别传送到 2002H、2003H、2004H 存储单元中去，但改用 C 语言编写。

```
#include<absacc.h>
main()
{
XBYTE[0x2004] = XBYTE[0x2002];
XBYTE[0x2003] = XBYTE[0x2001];
XBYTE[0x2002] = XBYTE[0x2000];
}
```

这里采用绝对地址访问方式(绝对地址已在头文件 absacc.h 中定义)，从以上程序可以看出，用 C 语言编写的顺序结构程序更直观，也更便于阅读，执行时按语句顺序，分 3 次传送。

10.4.7.2　分支结构

分支结构可分为单分支、双分支和多路分支 3 种，为此 C 语言提供了 3 种形式的条件转移语句，即 if 语句，if—else 语句和 switch 语句。

(1) 单分支转移语句。

单分支语句形式：

if(表达式)语句

if 语句的执行步骤是：首先判断 if 后的表达式条件是否成立；

若条件成立(为真)则执行表达式后面的语句部分，否则执行下一条语句。由于 if 语句后面有一个分号作为结束标志，所谓下一条语句就是指分号后的语句。单分支流程图如图 10-20 所示。

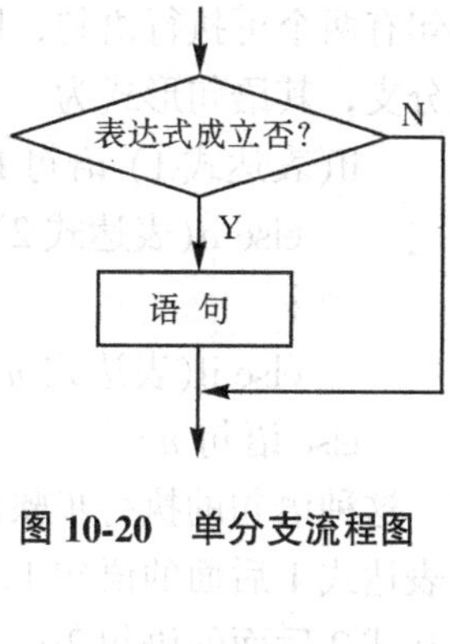

图 10-20　单分支流程图

例 10-8　从键盘输入两实数，然后按值的大小顺序输出。

```
#include "stdio.h"
main()
{
float a,b,t;                              /*定义三个实型变量*/
scanf("%f,%f",&a,&b);                     /*从键盘输入两实数至 a,b*/
```

```
if(a>b)                           /* 判断 a 大于 b 否 */
{t=a;a=b;b=t;}                    /* 交换 a,b 两变量的值 */
Printf("%5.2f,%5.2f",a,b);        /* 按格式输出 a,b 的值 */
}
```

程序运行后屏幕显示为

3.5，2.5

2.50，3.50

(2) 双分支转移语句。

双分支语句的形式：

```
if(表达式)  语句 1;
else        语句 2;
```

双分支语句的执行步骤是：首先判断 if 后的表达式条件是否成立，若条件成立(为真)则执行表达式后面的语句 1，否则执行 else 后面的语句 2，不论是执行语句 1 还是执行语句 2，执行完之后都是执行语句 2 分号后面的下一条语句。双分支流程图如图 10-21 所示。

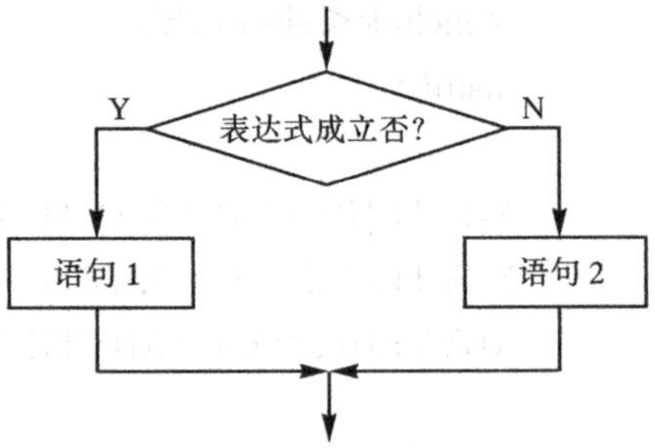

图 10-21 双分支流程图

应该注意 else 不能单独使用，必须与 if 配对，但在书写时每个 else 前面有个分号，整个语句结束处有一个分号。例如：

```
if(x=1)
  y=x+5;
else
  y=x*5;
```

实际上 if 语句和 if else 语句都是一个出口，严格说都只有一个分支，但考虑到 if else 语句有两个可执行语句，所以称它为双分支。双分支语句可以嵌套使用，嵌套后可实现多路分支，其语句形式为

```
if(表达式 1) 语句 1;
  else if(表达式 2) 语句 2;
  ⋮
  else if(表达式 n-1) 语句 n-1;
else 语句 n;
```

这种语句的执行步骤是：首先判断表达式 1 的条件是否成立，若条件成立(为真)则执行表达式 1 后面的语句 1，否则判断表达式 2 的条件是否成立，若条件成立(为真)则执行表达式 2 后面的语句 2…，直至判断表达式 $n-1$，否则执行语句 n。双分支嵌套实现多路分支如图 10-22 所示。

(3) 多分支转移语句。

除了可以用双分支语句的嵌套实现多路分支外，C 语言还提供一种专门用于多分支的开关语句，用起来更加方便，多分支流程图如图 10-23 所示。

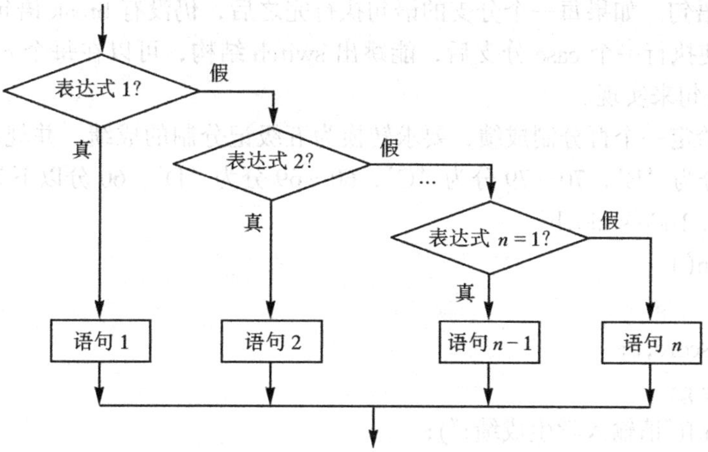

图 10-22　双分支嵌套实现多路分支

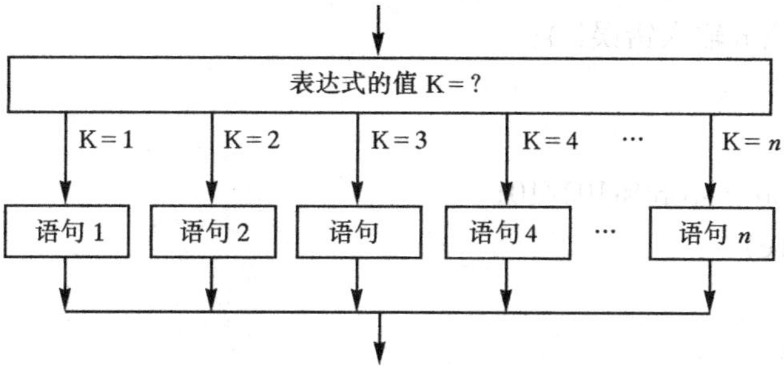

图 10-23　多分支流程图

多分支的语句形式为：

```
switch(表达式)
{
    case 常量表达式 1:语句 1;break;
    case 常量表达式 2:语句 2;break;
    ⋮
    case 常量表达式 n :语句 n ;break;
    default:            语句 n + 1;break;
}
```

要注意以下几点。

① 当 switch 括号内的表达式的值与某一个 case 后面的常量表达式的值相等时，就执行 case 后面的语句，若所有的 case 中的常量表达式值都没有与表达式的值匹配时，就执行 default 后面的语句。

② 每个 case 的常量表达式的值必须互不相同，否则将会出现互相矛盾的现象(对表达的同一个值，有两种或多种执行方案)。

③ 各个 case 和 default 的出现次序不影响执行结果。

④ 一个 case 分支的语句执行完之后，若它的后面没有 break 语句，程序将移到下一个 case 分支或 default 语句，而且不管该 case 分支的表达式条件是否成立，都要继续执行

该 case 分支的语句。如果每一个分支的语句执行完之后，仍没有 break 语句，将会一直执行到后。为了使执行一个 case 分支后，能跳出 switch 结构，可以在每个 case 分支语句后面加个 break 语句来实现。

例 10-9 给定一个百分制成绩，要求转换为五级记分制的成绩，并规定 90 分以上为‘A’，80～89 分为‘B’，70～79 分为‘C’，60～69 分为‘D’，60 分以下为‘E’。

```
#inc1ude"stdio.h"
main()
{
int score,c;
char g;
printf("请输入学生成绩:");
scanf("%d",&score);
if((score>100)!!(score<0))
prinf("\n输入错误!");
else
    {
c=(score-score%10)/10;
switch(c)
    {
case10:
case9:g='A';break;
case8:g='B';break;
case7:g='C';break;
case6:g='D';break;
case5:
case4:
case3:
case2:
case1:
case0:g='E';
    }
prinf("成绩:%d,等级成绩为%c",score,g);
    }
}
```

程序中有的 case 语句后有 break 语句，有的没有。可以分析出：输入 90 分以上的成绩，变量 c 的值为 10 或 9 时都执行 g='A'语句；输入 60 分以下成绩时，即变量 c 的值为 5、4、3、2、1 或 0 时，程序都将顺序执行最后一句的 case 0：g='E'语句。

例 10-10 将本书的例 3-2 改用 C 语言编写，即根据存于 40H 单元中的 ASCII 码(加号 ASCII 码为 2BH、减号 ASCII 码 2DH)，将存于片内存储单元 41H 和 42H 中的甲、乙两数，作加法或减法运算，并将运算结果存于 43H 单元。

```
#include<absacc.h>
int c,d;
main()
{
c=DBYTE[0x40];
{
switch(c)
{
case 0x2b:d=DBYTE[0x41] +DBYTE[0x42];break;
case 0x2d:d=DBYTE[0x41] -DBYTE[0x42];break;
}
DBYTE[0x43]=d;
}
}
```

10.4.7.3　循环结构

(1) while语句。while语句的一般形式为：

while(表达式) 循环体

while语句的执行步骤是：先判断while后的表达式是否成立，若成立(其值为非0)则重复执行while语句中的循环体，否则(其值为0)退出循环去执行while语句的下一条语句。但应注意如果循环体含一个以上的语句，应用花括弧括起来。while语句流程图如图10-24所示。

例10-11　求1+2+3+…+100的和。

```
#include "stdio.h"
main()
{
int i,sum=0;
i=1;
while(i<=100)
{sum=sum+i;
i++;
}
prinf("%d",sum);
}
```

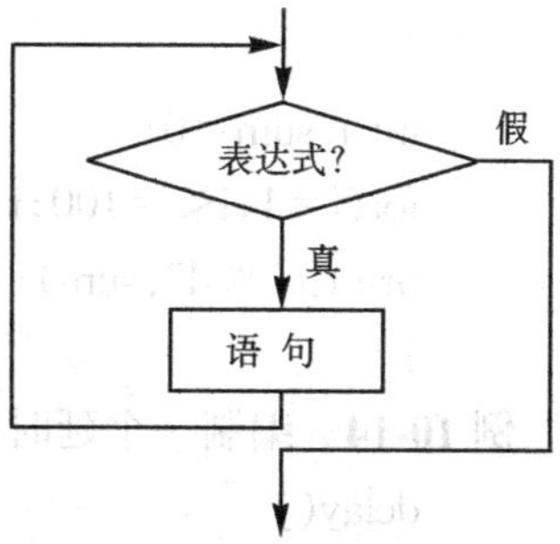

图10-24　while语句流程图

(2) do—while语句。do—whik语句的一般形式为：

do 循环体 while(表达式);

这种形式是先执行do后面的循环体，后判断表达式是否成立，当表达式的值为非零时，返回重新执行循环体，直至表达式值为零，则停止循环，如图10-25所示。

例10-12　将例10.9改用do—while语句实现。

```
#include "stdio.h"
main()
```

```
{
  int i,sum=0;
  i=1;
  do
  {sum=sum+i;
  i++;
  }
  while(i<=100);
  printf("%d",sum);
}
```

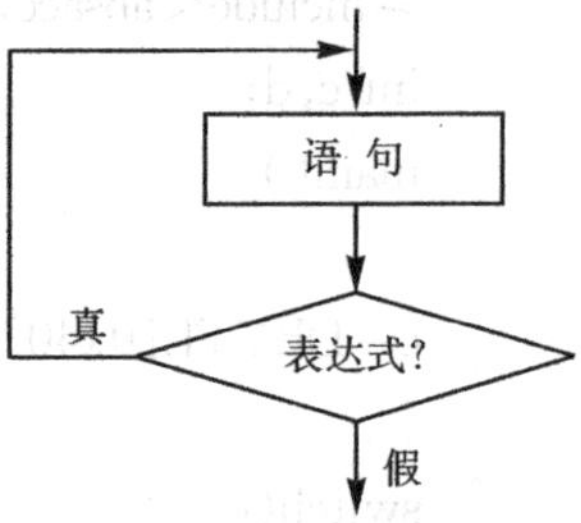

图 10-25 do—while 语句的流程图

(3) for 语句。for 语句的一般形式为：

for(表达式 1；表达式 2；表达式 3)

循环体这种形式的执行步骤是：先求解表达式 1，并作为循环变量的初值，再求解是否满足表达式 2 的条件，若其值为真(非 0)，则执行循环体，然后求解表达式 3，按表达式 3 的要求对循环变量进行修改后返回。如此反复，直到表达式 2 的条件不满足，即其值为假(0)时，则退出循环，执行 for 语句的下一条语句。for 语句的流程图如图 10-26 所示。

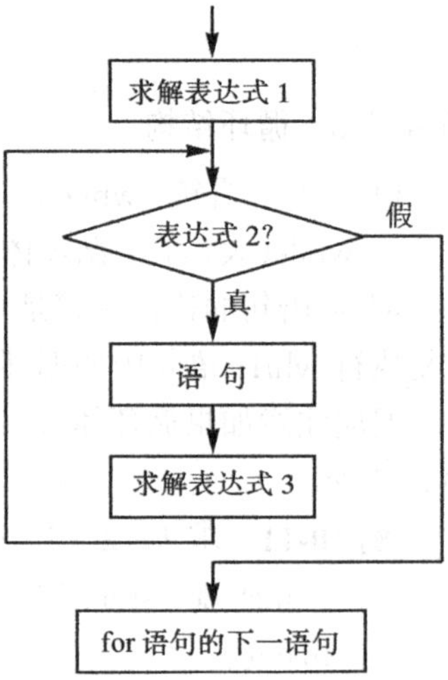

图 10-26 for 语句的流程图

”**例 10-13** 将例 10-12 改为用 for 语句实现。

```
#include "stdio.h"
main()
{
int i,sum=0;
for(i=1;i<=100;i++) sum=sum+i;
printf("%d",sum);
}
```

例 10-14 编制一个延时约为 1s 的函数。

```
delay()                      /*延时函数*/
 {int i,j;
for(i=0;i<250;i++)           /*用双重空循环实现延时*/
for(j=0;j<250;j++);
}
}
```

由于用 C 语言编写的程序，最后还要转换为机器码，因此以上程序延迟的时间，要看机器码的执行时间而定，又因为不同的编译器转换出来的机器码会略有不同，所以要从 C 语言程序本身计算延时，只能作大体估算，执行一次空循环，大约要 4～10 个机器周期，若时钟为 12 MHz，一个空循环约为 4～10 ms，250 次空循环约为 1～2.5 ms，以上程序延时大约为 250～1000 ms。

10.4.8　C51 程序举例

综上所述，用 C51 编程与用标准 C 语言编程没有什么很大区别，但要注意以下几个问题。

(1) C 语言在调用标准库函数时，总是在程序开头用一个文件包含命令，即 #include 语句将标准库函数的头文件包含进来，由于不同的编译器所用的头文件名称可能不同，不但 Turbo C 编译器的头文件与 C51 编译器的头文件有不同，甚至不同版本的 C51 编译器头文件名称也可能不一样。因此用 C51 编译器时，应注意头文件的名称，程序上的名称要与编译器规定名称相符合。

(2) 用 C 语言编写的程序，在定义一个变量时，只要标明数据类型就可以了。但用 C51 编写程序，要定义一个变量，除了要定义它的数据类型外，还应定义它的存储类型。

(3) 8051 单片机有 21 个特殊功能寄存器(SFR)。对这些寄存器的操作，可以直接用其名称，如 SCON，PI，IE。只要在程序前面加上一句 #include "reg51.h"，而不需要一一定义。但对于片外扩充的接口，则需要根据硬件形成的地址，用绝对地址访问方式进行访问。

(4) printf()和 scanf()是 C 语言最常用的格式输出输入函数，经 Turbo c 的编译器编译之后，执行 printf()函数时，可以将输出项显示在计算机屏幕上，执行 scanf()函数时可以从计算机键盘读入一个字节代码。而在 C51 编译器中，printf()函数则表示，从 8051 串口输出所指定的数值或字符串，scanf()函数则表示从 8051 串口读入字符。这两个函数在 C51 源程序上只有短短的一行，而生成的机器码却有相当长的一段，因此可能明显地影响生成的目标程序长度，或者造成片内存储单元不够分配而无法编译，使用时应予注意。

(5) 用 C51 编译器编译源程序的时候，数据类型和存储类型都是可以预先定义的，但数据具体放置在哪一个单元则由编译器编译时确定，不必由用户指定。在汇编语言中要存放一个数据，都需要指定具体的存储单元，这种做法，在 C51 程序中已没有必要。

下面举个应用实例予以说明。

例 10-15　设计一个实验电路，在 AT89C51 并行接口(P1)连接 8 个 LED，要求这 8 个 LED 能循环点亮，点亮顺序为 P1 的各个位左循环移动，当 P1 的相应位输出低电平时，它所连接的 LED 发光，当 P1 的相应位输出高电平时，则 LED 熄灭。“走马灯”电路如图 10-27 所示。

```
#include "reg51.h"
delay(int t)                    /* 延时函数 */
{int i,j;                       /* 采用默认的存储类型 */
for(i=0;i<t;i++)                /* 用双重空循环实现延时 */
for(j=0;j<10;j++);}
main()                          /* 主函数 */
{
char data i,s;
while(1)                        /* 无穷循环 */
{
s=0xfe;                         /* 设置初值,最低一位为 0 */
```

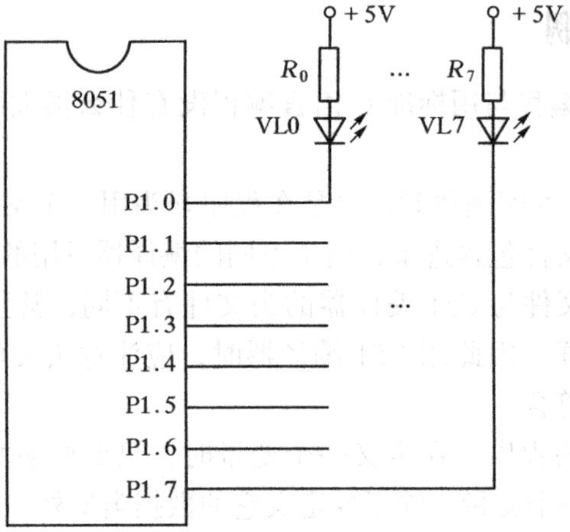

图 10-27 “走马灯”电路

```
P1=s;                    /*由 P1 送出数据,令接 P1.0 的 LED 亮*/
delay(500);
for(i=0;i<8;i++)
{
s=s<<1;                  /*控制 s 值左移一位,最低位补 0*/
s=s||0x01;               /*将最低位置 1*/
P1=s;                    /*由 P1 送出数据,令对应的 LED 亮*/
delay(500);}
}
}
```

程序包括一个主函数 main()和一个延时函数 delay(int t)。延时函数通过空循环达到延时的目的，延时的时间是由主函数调用时所提供的实际参数决定，本例中所提供的 t 等于 500。如果每一次循环为 1ms，500 次循环约为 500ms。

主函数最初送给 P1 的数据为 0xfe，头文件 reg51.h 中已定义为 8051 的 P1 = 0X90，所以可以直接将 s 送 P1，当 111I1110B 送 P1 口时，点亮第一个 LED，经延时后，进入第二层循环，在第二层循环中让 s 左移一位，使之为 11111100B，与 0X01 相或后，s 值为 11111101B，点亮第二个 LED，延时后再次移位、点亮下一个 LED，直至等于 11111111B 为止，这时 i=8，退出第二层循环，然后再置 c 值为 0xfe，重复前面操作，由于程序循环语句 while(1)的表达式为 1，说明退出循环的条件是 1=0，而 1 永不会等于 0，所以永远不会退出，成了无穷循环，使得 LED 也不断循环点亮。如果将 8 个 LED 排成环形，点亮的 LED 就会像“走马灯”一样绕着圆圈旋转。

习 题 10

1. 简述微型计算机的基本组成。
2. 简述单片机的基本含义及应用领域。
3. 单片机的主要特点是什么？
4. 单片机的分类及主要指标是什么？

5. 简述微型计算机与单片机的异同。

6. 简述单片机、单片机系统、单片机应用系统之间的异同。

7. 8051 单片机内部包含哪些主要逻辑功能部件?

8. 8051 的 EA 端有何用途?

9. 8051 单片机存储器的组织结构是怎样的?

10. 8051 如何确定和改变当前工作寄存器组?

11. 8051 单片机有哪几个特殊功能寄存器? 可位寻址的 SFR 有几个?

12. 什么是堆栈? 堆栈指针的作用是什么? 8051 单片机堆栈容量不能超过多少字节?

13. ALE 信号有何功用? 一般情况下它与机器周期的关系如何? 在什么条件下 ALE 信号可用作外部设备的定时信号?

14. 有哪几种方法能使单片机复位? 复位后各寄存器的状态如何? 复位对内部 RAM 有何影响?

15. 程序状态寄存器 PSW 的作用是什么? 常用标志有哪些位? 作用是什么?

16. 位地址 7CH 与字节地址 7CH 如何区别? 位地址 7CH 具体在片内 RAM 中什么位置?

17. 用 C 语言编写下列程序:

(1) 从键盘输入华氏温度，按公式 C=5/9(F−31)，求出摄氏温度，并由屏幕显示。

(2) 求 3 个变量 x，y，z 中哪一个最大，并将最大值存于变量 a。

(3) 将变量 x_1，x_2，x_3 按其数值大小，从最大开始分别赋予变量 y_1，y_2，y_3。

(4) 在一组 5 个数据中，查找是否有等于 43H 的数，如有将变量 m 置 1，否则将变量 m 置 0。

附录　ASCII 码 表

ASCII 值	控制字符	ASCII 值	控制字符	ASCII 值	控制字符	ASCII 值	控制字符
0	NUL	32	(space)	64	@	96	`
1	SOH	33	!	65	A	97	a
2	STX	34	″	66	B	98	b
3	ETX	35	#	67	C	99	c
4	EOT	36	$	68	D	100	d
5	ENQ	37	%	69	E	101	e
6	ACK	38	&	70	F	102	f
7	BEL	39	’	71	G	103	g
8	BS	40	(	72	H	104	h
9	HT	41	)	73	I	105	i
10	LF	42	*	74	J	106	j
11	VT	43	+	75	K	107	k
12	FF	44	,	76	L	108	l
13	CR	45	–	77	M	109	m
14	SO	46	.	78	N	110	n
15	SI	47	/	79	O	111	o
16	DLE	48	0	80	P	112	p
17	DCI	49	1	81	Q	113	q
18	DC2	50	2	82	R	114	r
19	DC3	51	3	83	X	115	s
20	DC4	52	4	84	T	116	t
21	NAK	53	5	85	U	117	u
22	SYN	54	6	86	V	118	v
23	ETB	55	7	87	W	119	w
24	CAN	56	8	88	X	120	x
25	EM	57	9	89	Y	121	y
26	SUB	58	:	90	Z	122	z
27	ESC	59	;	91	[	123	{
28	FS	60	<	92	/	124	|
29	GS	61	=	93	]	125	}
30	RS	62	>	94	ˆ	126	~
31	US	63	?	95	–	127	DEL

NUL　空	VT　垂直制表	SYN　空转同步
SOH　标题开始	FF　走纸控制	ETB　信息组传送结束
STX　正文开始	CR　回车	CAN　作废
ETX　正文结束	SO　移位输出	EM　纸尽
EOT　传输结束	SI　移位输入	SUB 换置
ENQ　询问字符	DLE　空格	ESC　换码
ACK　承认	DC1　设备控制 1	FS　文字分隔符
BEL　报警	DC2　设备控制 2	GS　组分隔符
BS　退一格	DC3　设备控制 3	RS　记录分隔符
HT　横向列表	DC4　设备控制 4	US　单元分隔符
LF　换行	NAK　否定	DEL　删除